Jürgen Schön

Petrophysik

Jürgen Schön

Petrophysik

Physikalische Eigenschaften von
Gesteinen und Mineralen

Mit 194 Abbildungen und 70 Tabellen

AKADEMIE-VERLAG · BERLIN 1983

Prof. Dr. sc. nat. Jürgen Schön

Bergakademie Freiberg
Sektion Geowissenschaften

Erschienen im Akademie-Verlag, DDR-1086 Berlin, Leipziger Straße 3—4
Lektor: Dipl.-Met. Heide Deutscher

Lizenznummer: 202 · 100/455/82
Gesamtherstellung: VEB Druckhaus „Maxim Gorki", 7400 Altenburg
Bestellnummer: 7629949 (6637) · LSV 1425
Printed in GDR
DDR 58,—

Vorwort

Mit der Entwicklung der Geowissenschaften und der Erweiterung ihres Einsatz- und Aufgabenbereiches haben petrophysikalische Arbeiten zunehmende Bedeutung vor allem für die Interpretation geophysikalischer Untersuchungsergebnisse erlangt. Die Aufgaben der Petrophysik reichen dabei von Untersuchungen oberflächennaher Bereiche durch Ingenieur- und Bergbaugeophysik über das umfangreiche Gebiet der geophysikalischen Erkundung mit verschiedenen Verfahren (einschließlich geophysikalischer Bohrlochmessungen), bis zu Beiträgen für die Klärung des stofflich-strukturellen Zustandes tieferer Bereiche der Kruste und des Mantels.

Ihrer komplexen Aufgabenstellung entsprechend hat sich die Petrophysik als Arbeitsgebiet mit ausgeprägtem Querschnittscharakter und enger Verbindung vor allem zu solchen Disziplinen wie Festkörperphysik, Petrologie, Lithologie, Reservoir-, Boden- und Felsmechanik herausgebildet. Eine besonders intensive Entwicklung ist auf dem Gebiet der Untersuchung physikalischer Eigenschaften und Zustände unter Bedingungen hoher Drücke und Temperaturen zu verzeichnen. Hierzu liegen umfangreiche experimentelle Untersuchungen und theoretische Arbeiten vor, die z. B. von Volarovič, Stiller, Lebedev (1977) bzw. Stiller, Volarovič (1979) in Monographien der „Kommission der Akademien der Wissenschaften sozialistischer Länder für die multilaterale Bearbeitung des komplexen Problems „Planetare Geophysikalische Forschungen“ (KAPG) zusammenfassend publiziert wurden.

In diesem Buch werden physikalische Gesteinseigenschaften vorrangig unter dem Aspekt der angewandten Geophysik behandelt. Im Vordergrund stehen daher petrophysikalische Parameter (Dichte, Intensität der natürlichen radioaktiven Strahlung, magnetische, elastische, inelastische, elektrische, thermische Parameter) unter Druck-Temperatur-Bedingungen der oberen Bereiche von Kruste bzw. Lithosphäre.

In der geophysikalischen Fachliteratur liegt hierzu eine Fülle experimentell gewonnenen Datenmaterials vor, aus der ich bemüht war, eine verallgemeinernde und klassifizierende Darstellung von Wertebereich und Haupteinflußfaktoren für die einzelnen petrophysikalischen Parameter zu geben. Auch die Ergebnisse theoretischer Arbeiten werden mit dem Ziel einer Zusammenfassung und Klassifizierung dargestellt. In der Interpretationspraxis werden häufig auf relativ einfachen Modellvorstellungen beruhende theoretische Grundbeziehungen mit empirischen Modifikationen z. B. in Gestalt der Zeit-Mittel-

Gleichung („time-average-relation“) angewandt; auch diese Beziehungen sind mit in die Abschnitte zur Theorie aufgenommen worden.

Obwohl eine Vielfalt von Theorien existiert, verfügt die Petrophysik gegenwärtig noch über kein allgemeingültiges theoretisches Fundament für den untersuchten Bereich. Auf der Grundlage einfacher Modellvorstellungen wird versucht, Ansatzpunkte einer geschlossenen theoretischen Behandlung petrophysikalischer Parameter für einzelne Gesteinsgruppen (insbesondere poröse Gesteine) zu entwickeln und im Vergleich mit experimentellen Daten zu überprüfen.

Die Ausbreitungsgeschwindigkeit elastischer Wellen (Kapitel 5) nimmt innerhalb der Darstellung den breitesten Raum ein. Das ist dadurch bedingt, daß über die Geschwindigkeit als wichtigstem petrophysikalischen Parameter der Seismik die meisten Daten vorliegen und sie besonders geeignet ist, physikalische Grundeigenschaften der Gesteine zu erkennen und zu veranschaulichen.

Die Beziehungen der petrophysikalischen Parameter zueinander und zu geomechanischen Kennwerten werden jeweils in einem gesonderten Kapitel behandelt und unterstreichen die Notwendigkeit komplexer petrophysikalischer Untersuchungen.

Die angestrebte Verallgemeinerung experimenteller und theoretischer Ergebnisse wird in mancher Hinsicht Vollständigkeit und Detail vermissen lassen müssen. Zu detaillierten Angaben sei neben den Tabellen vor allem auf die umfangreichen Datenzusammenstellungen (z. B. von Clarke 1969 und Dortman 1976) verwiesen.

Das vorliegende Buch ist als zusammenfassende und systematisierende Darstellung der Petrophysik für die Druck-Temperatur-Bedingungen der obersten Krustenbereiche ein Versuch; für alle Hinweise und Anregungen bin ich daher sehr dankbar. Herrn Dr. U. Seipold (Akademie der Wissenschaften der DDR Zentralinstitut für Physik der Erde) danke ich herzlich für fruchtbare Diskussion und wertvolle Hinweise bei der Fertigstellung des Manuskriptes.

Herzlichen Dank schulde ich dem Akademie-Verlag, insbesondere Frau Dipl.-Met. Deutscher, für stets entgegenkommende und unterstützende Zusammenarbeit.

Jürgen Schön

Inhaltsverzeichnis

Symbolverzeichnis

Das nachfolgende Symbolverzeichnis enthält nur häufig verwendete Symbole. Die Vielzahl von Parametern und Einflußgrößen erforderte teilweise die mehrfache Verwendung eines Symbols. Im Verzeichnis konnten derartige Fälle durch Angabe des betreffenden Kapitels hinter der Erklärung berücksichtigt werden. In allen anderen Fällen sind die Erläuterungen unmittelbar im Text enthalten.

A_i	Anisotropiekoeffizient des Parameters i
A_i^*	Anisotropiequotient des Parameters i
$A(x)$	Amplitude einer seismischen Welle in der Entfernung x
a	Temperaturleitfähigkeit
$\boldsymbol{B}$	magnetische Flußdichte (magnetische Induktion)
C_i	(Masse-)Anteil des Gesteinsbestandteils i
$\boldsymbol{C}_{ik}^{im}$	Elastizitätstensor
C_{p}	CURIE-Konstante
c	Kompressibilität (Kap. 5)
c_{ad}	adiabatische Kompressibilität
c	spezifische Wärme
c_{p}	spezifische Wärme bei konstantem Druck
c_{v}	spezifische Wärme bei konstantem Volumen
$\boldsymbol{D}$	dielektrische Verschiebung
d	Dichte
d	Korngröße (Kap. 6)
$d^* = d_{\mathrm{GG}}$	Dichte nach Gamma-Gamma-Messung
$\boldsymbol{E}$	elektrische Feldstärke
E	Elastizitätsmodul
E_{stat}	statisch bestimmter Elastizitätsmodul
E_{dyn}	dynamisch bestimmter Elastizitätsmodul
e	Verformung
F	Formationswiderstandsfaktor
f	Frequenz
f^*	charakteristische Frequenz (Gleichung von BIOT 5.78)
f_{k}	Quotient aus Verformungsmoduln bei Normal- und bei Tangentialbeanspruchung eines Kontaktes (Gleichung 5.104)
f_{g}	Reibungskoeffizient bei Gleiten (Kugelkontakte)
f_{h}	Reibungskoeffizient bei Haften (Kugelkontakte)
G, G_1, G_2	Geometriefaktoren
g	Erdbeschleunigung
$\boldsymbol{H}$	magnetische Feldstärke
$\boldsymbol{I}$	magnetische Polarisation

i	Widerstandsindex teilgesättigter poröser Gesteine
j	$j = \sqrt{-1}$
$\boldsymbol{j}$	elektrische Stromdichte
$\boldsymbol{j}_{\mathrm{Q}}$	Wärmestromdichte
K	Kopplungsfaktor in der Theorie von BIOT (Kap. 5)
K_i	Maßzahl zur Charakterisierung unvollkommener Bindung, Klüftigkeit u. ä. bezogen auf den physikalischen Parameter i
K_{M}, K_{P}	Hydrogenindex der Matrix bzw. des Poreninhaltes
k	$k = c^{-1}$ Kompressionsmodul
k	BOLTZMANN-Konstante
k_{h}	hydrodynamische Permeabilität
l^*	mittlere freie Weglänge
M	Größe zur Kennzeichnung lithologischer Eigenschaften (litho-porosity-plot, Kap. 9)
M	$M = E \dfrac{1 - \nu}{(1 + \nu)(1 - 2\nu)}$
$\boldsymbol{M}$	Magnetisierung
m	Masse
m	als Exponent: Zementationsexponent der ARCHIE-Gleichung (Kap. 7)
N	Größe zur Kennzeichnung lithologischer Eigenschaften (litho-porosity-plot, Kap. 9)
P	mechanische Kraft
p	Druck
Q	KÖNIGSBERGER-Quotient (Kap. 3)
Q	Seismischer Gütefaktor (Kap. 6.9)
R	universelle Gaskonstante
r	Korn-, Kugelradius
S_i	Sättigungsgrad bezogen auf den Bestandteil i
$\boldsymbol{S}_{ik}^{im}$	Strukturtensor
T	Temperatur
TG	Tongehalt
T_{c}	CURIE-Temperatur
t	Zeit
Δt	Laufzeit einer elastischen Welle, bezogen auf 1 m Weglänge
U	elektrische Spannung
V	Volumen
V_i	Volumen des Gesteinsbestandteiles i
v	Ausbreitungsgeschwindigkeit elastischer Wellen
v_{p}	Ausbreitungsgeschwindigkeit der Longitudinalwelle
v_{s}	Ausbreitungsgeschwindigkeit der Transversalwelle
v_{D}	Ausbreitungsgeschwindigkeit der Stab- oder Dehnwelle
W	Energie
w	Wassergehalt
Z	Impedanz (Kap. 7)
Z	Kernladungszahl (Kap. 9)
z	Tiefe

häufig verwendete Indizes

F	Festsubstanz
G	Gesteinsgerüst

K	Kontakt
L	Luft
M	Matrix
P	Porengehalt
W	Wasser
α	Absorptionskoeffizient für elastische Wellen (Kap. 6)
α	Strukturwinkel
δ	logarithmisches Dekrement (Kap. 6)
ε	relative Dielektrizitätskonstante (Dielektrizitätszahl)
ε_0	elektrische Feldkonstante (Dielektrizitätskonstante des Vakuums)
ε^*	Dielektrizitätskonstante (Dielektrizitätszahl)
ε_{ik}	Deformationstensor
η	Viskosität
θ_D	DEBYE-Temperatur
$\varkappa$	magnetische Suszeptibilität
$\varkappa^*$	Verhältnis der spezifischen Wärmen $\varkappa^* = c_p/c_v$
λ	Wärmeleitfähigkeit (Kap. 8, 9)
λ, μ	Lamésche Konstanten (Kap. 5, 6, 10)
λ', μ'	viskoelastische Parameter (Kap. 6)
μ_0	magnetische Feldkonstante (Induktionskonstante)
μ	relative, magnetische Permeabilität (Permeabilitätszahl), (Kap. 3)
μ	Reibungsbeiwert in der Bodenmechanik, $\mu = \tan \varphi$ (Kap. 10)
ϱ	spezifischer elektrischer Widerstand
ϱ_0	spezifischer elektrischer Widerstand eines elektrolytgesättigten porösen Gesteins
ϱ_t	spezifischer elektrischer Widerstand eines teilweise elektrolytgesättigten porösen Gesteins
σ	mechanische Spannung
σ_{ik}	Spannungstensor
σ_D	Druckfestigkeit
τ	Relaxationszeit (Kap. 7)
τ	Schubspannung (Kap. 10)
Φ	Porosität
Φ_N	Neutronporosität
φ	Reibungswinkel in der Bodenmechanik (Kap. 10)
χ	seismischer Parameter

Physikalische Konstanten

BOLTZMANN-Konstante	$k = (1{,}380662 \pm 0{,}000043) \cdot 10^{-23}\ \mathrm{J \cdot K^{-1}}$
elektrische Feldkonstante	$\varepsilon_0 = (8{,}854185 \pm 0{,}000006) \cdot 10^{-12}\ \mathrm{F \cdot m^{-1}}$
FARADAY-Konstante	$F = (9{,}648670 \pm 0{,}000006) \cdot 10^{4}\ \mathrm{C \cdot mol^{-1}}$
Lichtgeschwindigkeit im Vakuum	$c_0 = (299792458{,}2 \pm 1{,}1)\ \mathrm{m \cdot s^{-1}}$
magnetische Feldkonstante	$\mu_0 = 1{,}256637 \cdot 10^{-6}\ \mathrm{H \cdot m^{-1}}$
molare Gaskonstante	$R = (8{,}31434 \pm 0{,}00042)\ \mathrm{J \cdot K^{-1} \cdot mol^{-1}}$
PLANCKsches Wirkungsquantum	$h = (6{,}626196 \pm 0{,}000007) \cdot 10^{-34}\ \mathrm{J \cdot s}$

1. Petrophysik — Aufgaben, Gegenstand und Methoden

1.1. Petrophysikalische Untersuchungen — Bestandteil geowissenschaftlicher Arbeiten

Die Bestimmung physikalischer Eigenschaften wird in zunehmendem Maße zur Charakterisierung eines Gesteins bzw. von Gesteinsgruppen, zur Erarbeitung zuverlässiger Interpretationsmethoden vor allem geophysikalischer Daten und für die Klärung physikalischer bzw. physiko-chemischer Prozesse der Kruste und tieferer Bereiche herangezogen. Mit der Möglichkeit der Untersuchung extraterrestrischer Gesteine (Mondgesteinsproben) sind das Spektrum der Untersuchungsobjekte und -bedingungen erweitert und neue Möglichkeiten der vergleichenden Analyse eröffnet worden.

In seiner 1787 erschienenen „Kurzen Klassifikation und Beschreibung der verschiedenen Gebirgsarten" stellte bereits Abraham Gottlob Werner (1749 bis 1817) einleitend fest

„So äußerst mannigfaltig diejenigen Steinarten, welche die Gebirge, oder überhaupt die Masse unseres festen Erdkörpers ausmachen (Bergarten, Gebirgsarten) dem ersten Ansehen nach zu seyn scheinen, so findet man doch bey näherer Untersuchung ... daß die meisten derselben ... sehr ausgezeichnet und bestimmbar sind." —

Dichte bzw. spezifisches Gewicht, magnetische Eigenschaften und die auch für zahlreiche praktische Belange durch Mohs 1832 eingeführte „Härteskala" kennzeichnen die Anfänge einer Einbeziehung physikalischer Eigenschaften in die Klassifizierung und Charakterisierung der Minerale und Gesteine. —

Der zunehmende Bedarf an Rohstoffen und Energieträgern führte auf der Grundlage von Fortschritten der Meßtechnik zur Herausbildung und Entwicklung von Methoden der angewandten Geophysik. Daraus erwuchsen gleichzeitig sowohl die Möglichkeiten als auch die Notwendigkeit einer detaillierten Bestimmung physikalischer Gesteinseigenschaften und ihrer Beziehungen vor allem zu geologisch-lagerstättenkundlichen, aber auch zu technisch-technologischen Parametern. Die Lösung der letztgenannten Aufgabe ist eine entscheidende Vorbedingung für die Interpretation geophysikalischer Daten im Sinne der Übertragung

einer räumlichen Verteilung *geophysikalisch* bestimmter bzw. *bestimmbarer* Parameter (z. B. spezifischer elektrischer Widerstand, Ausbreitungsgeschwindigkeit elastischer Wellen)

in

eine räumliche Verteilung *geologisch-lagerstättenkundlich* (z. B. Gesteinsart, Porosität, Sättigungsverhältnisse, Gehalte an bestimmten Komponenten) bzw. *technisch-technologisch* (z. B. Festigkeits- und Deformationseigenschaften) *interessierender* Parameter mittels komplexer Verknüpfungsbeziehungen. Damit stellt die Petrophysik zugleich ein Bindeglied zwischen solchen Wissenszweigen wie Geophysik, Lithologie, Petrographie, Hydrogeologie und Geomechanik dar. — Die Kenntnis von zu erwartender Größenordnung, Variationsbreite und -ursache eines petrophysikalischen Parameters bildet eine wesentliche Grundlage für die zweckmäßige Wahl und Anlage geophysikalischer Meßverfahren bei der Lösung jeder geologischen bzw. geotechnischen Aufgabenstellung. Tabelle 1.1 enthält eine Gegenüberstellung von Verfahren der *angewandten Geophysik* und den ihrem Meßprinzip entsprechenden petrophysikalischen Parametern. Diese „petrophysikalischen Parameter der angewandten Geophysik", ihre Größenordnung und Abhängigkeit von anderen Parametern (wie z. B. Porosität, Mineralbestand, Druck, Temperatur) bilden den Hauptinhalt des Buches. —

Tabelle 1.1. Gegenüberstellung einiger Verfahren der angewandten Geophysik und petrophysikalischer Parameter

Verfahren	wirksamer petrophysikalischer Parameter
gravimetrische Verfahren	Dichte d
geomagnetische Verfahren	magnetische Suszeptibilität $\varkappa$
geoelektrische Widerstandsverfahren	spezifischer elektrischer Widerstand ϱ
elektromagnetische Verfahren	spezifischer elektrischer Widerstand ϱ, Dielektrizitätskonstante ε
seismische Verfahren	Ausbreitungsgeschwindigkeiten v und Absorptionskoeffizienten elastischer Wellen α, Reflexionskoeffizient
geothermische Verfahren	Wärmeleitfähigkeit λ, Temperaturleitfähigkeit a
radiometrische Verfahren	Aktivität der natürlichen Strahlung
kernphysikalische Verfahren	Parameter, die maßgebend für Wechselwirkungsprozesse Strahlung—Materie sind

Die generelle Schwierigkeit bei der Behandlung der physikalischen Eigenschaften von Gesteinen (etwa im Vergleich zu Metallen) resultiert dabei aus der Tatsache, daß Gesteine im allgemeinen *Mehrstoffsysteme* darstellen. An ihrem Aufbau sind Bestandteile unterschiedlicher physikalischer Eigenschaften mit quantitativ häufig nur sehr schwer anzugebender räumlicher Anordnung bzw. „Struktur" beteiligt. Diese Eigenschaften sowie eine Vielfalt von Wechselwirkungen zwischen den Bestandteilen bestimmen die physikalischen Gesteinseigenschaften, die zusätzlich dem Einfluß der thermodynamischen Größen Druck (σ) und Temperatur (T) unterworfen sind (siehe Abschnitt 1.3).

In diesem Buch werden die physikalischen Eigenschaften von Gesteinen unter σ—T-Bedingungen der Erdkruste behandelt, wobei der gegenwärtig und perspektivisch bergmännisch bzw. bohrtechnisch erschließbare Tiefenbereich im Vordergrund steht.

Unter σ—T-Bedingungen tieferer Bereiche des Erdkörpers sind die Gesteinseigenschaften durch Spezifika bestimmt, die vor allem in einer engen Beziehung physikalischer

Eigenschaften, stofflicher Ausbildung und thermodynamischer Bedingungen (u. a. Phasenübergänge) ihren Ausdruck finden. Die hierbei notwendigen experimentellen Laboruntersuchungen erfordern ausgereifte Hochdruck-Hochtemperatur-Anlagen. Die auf dem Arbeitsgebiet „Eigenschaften von Mineralen und Gesteinen unter hohen p–T-Bedingungen" erzielten umfangreichen und grundsätzlichen Ergebnisse sowohl experimenteller als auch theoretischer Untersuchungen sind vor allem in von Volarovič, Stiller und Lebedev (1977) und Stiller und Volarovič (1979) herausgegebenen Monographien der KAPG (Kommission der Akademien der Wissenschaften sozialistischer Länder zur Bearbeitung des komplexen Problems „Planetare geophysikalische Forschungen") enthalten.

1.2. Klassifizierung und Charakterisierung der Gesteine

Das Gestein als „ein in sich wesensgleicher Teil der Erdkruste, ein Gemenge von Mineralien oder auch nur einer Mineralart" (Brockhaus, 1959) wird unter *geologischem Aspekt* meist einem primär genetisch aufgebauten Klassifikationsschema zugeordnet. Es enthält die drei Hauptgruppen

— Magmatite,
— Sedimentite,
— Metamorphite,

innerhalb derer eine weitergehende Untergliederung vorgenommen wird, die vor allem Merkmale des Mineral- bzw. Stoffbestandes sowie des Gefüges einschließt (vgl. auch Tabellen 1.2 und 1.3). Im petrographischen Sinne wird —

Tabelle 1.2. Mittlere Mineralanteile (Volumenprozent) von Magmatiten und Sedimentiten (nach Vossmerbäumer 1976)

a) Magmatite

	Granit	Granodiorit	Quarzdiorit	Diorit	Gabbro
Quarz	27	21	22	2	—
Plagioklas	30	46	53	63	56
Kalifeldspat	35	15	6	3	—
Amphibol	1	13	12	12	1
Biotit	5	3	5	5	—
Pyroxen	—	—	—	11	32
Olivin	—	—	—	—	5

b) Sedimentite

	Tonsteine	Sandsteine	Kalksteine
Quarz	32···22	70···67	3
Feldspat	18···30	8···12	2
Karbonate		10···11	$37_K/36_D$
Tonminerale	28···25		

Index K Kalkanteil D Dolomitanteil

einer Darstellung von SANDER folgend — das „Gefüge als Summe aller Raumdaten im Innern eines betrachteten Bereichs" definiert (PFEIFFER, KURZE, MATHÉ 1981). Das *Gefüge* schließt damit vor allem Angaben zur Ausbildung und räumlichen Anordnung der Bestandteile eines Gesteins ein. Der Begriff „Gefüge" umfaßt die Begriffe *„Struktur"* und *„Textur"*, die in der Literatur nicht eindeutig definiert und voneinander abgegrenzt sind (in der Kristallographie hingegen wird unter dem Begriff „Struktur" eindeutig die räumliche Anordnung der Kristallbausteine (Ionen, Atome) und ihre Wiedergabe in einem geometrischen Abbild verstanden).

Typische Gefügeausbildungen der Magmatite sind:

Kristallin (holo-, hypo-, makro-, mikrokristallin), glasig bzw. vitrophyrisch und porphyrisch. Bei den Metamorphiten treten flaserige und schiefrige Gefüge auf. Gefügemerkmale der Sedimentite sind vor allem ihre Schichtung, ihre Korngrößenverteilung (Kornverteilungskurve und aus ihr abgeleitete Maßzahlen wie z. B. Medianwert, Ungleichförmigkeitsgrad) und ihre Kornform (z. B. „roundness" nach WADELL, „Abplattungsindex" nach CALLIEUX). — Neben diesen Angaben zum „Mikrogefüge" sind „makroskopische Gefügedaten" (insbesondere zur Ausbildung und Orientierung von Klüften) von besonderer Wichtigkeit für die Kennzeichnung eines Gesteinskörpers.

Umfassende und übersichtliche Darstellungen der Klassifizierung der Gesteine und ihrer Merkmale sind in Lehrbüchern der Petrographie bzw. Lithologie enthalten (siehe z. B. PFEIFFER, KURZE, MATHÉ, 1981).

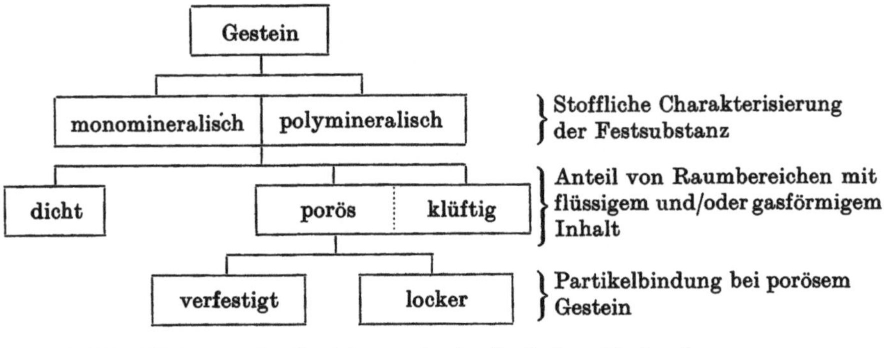

Abb. 1.1. Klassifizierung der Gesteine nach physikalischen Merkmalen

Unter *physikalischem Aspekt* empfiehlt es sich, die Gesteine

— nach dem substantiellen Bestand in monomineralische und polymineralische,
— nach Anteil und räumlicher Ausbildung der festen Bestandteile in dichte, poröse und klüftige,
— nach Art und Grad der Bindung der Partikel poröser Sedimentite in verfestigte und unverfestigte

Gesteine einzuteilen. Diese Merkmale prägen entscheidend die physikalischen Eigenschaften der Gesteine. Die genannten und in Abb. 1.1 dargestellten Gruppen lassen sich den in Tabelle 1.3 angeführten Gruppen der geologischen bzw. genetisch aufgebauten Klassifizierung zuordnen.

Tabelle 1.3. Klassifizierung der Gesteine

Hauptgruppen	weitere Untergliederung in
Magmatite	• Tiefengesteine (Plutonite, Intrusiva) und Ergußgesteine (Vulkanite, Effusiva) • saure (SiO_2-Anteil > 65%), intermediäre (SiO_2-Anteil 40···65%) und basische Magmatite (SiO_2-Anteil < 40%)
Sedimentite	• Klastische Sedimentite (Trümmergesteine) — Psephite (Korngröße > 2 mm) — Psammite (Korngröße 0,063···2 mm) — Pelite (Korngröße < 0,063 mm) als Locker- oder Festgestein • Chemogene Sedimentite — Karbonate (Kalkstein, Dolomit) — Evaporate (Sulfate, Halite) • Organogene Sedimente — kalkig — kieselig — bituminös
Metamorphite	• Orthogesteine (Edukt = Magmatite) und Paragesteine (Edukt = Sedimentite) • regional-, kontakt-, ultrametamorphe und metasomatische Gesteine

1.3. Grundabhängigkeiten und -eigenschaften petrophysikalischer Parameter

Gesteine stellen meist Mehrstoffgebilde (Mineralgemische) dar; sie sind daher im „Mikrobereich“ im allgemeinen heterogen. Die Angabe von physikalischen Parametern bezieht sich in der Regel auf Volumenbereiche, für die eine *„makroskopische Homogenität“* vorausgesetzt werden kann. Sie wird gewährleistet einerseits durch Einhaltung bestimmter Toleranzen in stofflicher Zusammensetzung und Ausbildung des Gesteins im betrachteten Volumenbereich und andererseits durch Relationen zwischen den Dimensionen der Einzelbestandteile und denen der „Probeabmessungen“; dabei sind zusätzlich meßtechnische Bedingungen (z. B. Wellenlänge elastischer Wellen $\gg$ Dimensionen der Einzelbestandteile) einzuhalten. Die für Gesteine und Minerale angeführten Mittelwerte gehen von dieser Voraussetzung makroskopischer Homogenität aus und bilden damit „effektive physikalische Parameter" (HASHIN 1964).

Die zu behandelnden physikalischen Eigenschaften stellen entweder skalare Größen (z. B. Dichte) oder Tensoren 2. Stufe (z. B. Wärmeleitfähigkeit) bzw. 4. Stufe (z. B. Elastizitätstensor) dar. Der tensorielle Charakter drückt sich dabei in einer Richtungsabhängigkeit der betrachteten Eigenschaft aus (Anisotropie). Häufig werden — insbesondere bei gering ausgeprägter Anisotropie — auch bei diesen Eigenschaften mittlere Werte als repräsentativ angegeben. Abb. 1.2 veranschaulicht in einer schematischen Darstellung die Begriffspaare

homogen—inhomogen,

isotrop—anisotrop.

Da die Gesteine meist Mehrstoffgebilde darstellen, werden ihre physikalischen Eigenschaften vor allem von Anteilen und spezifischen Eigenschaften der festen Bestandteile (Minerale) sowie deren Anordnung (Gefüge) und Bin-

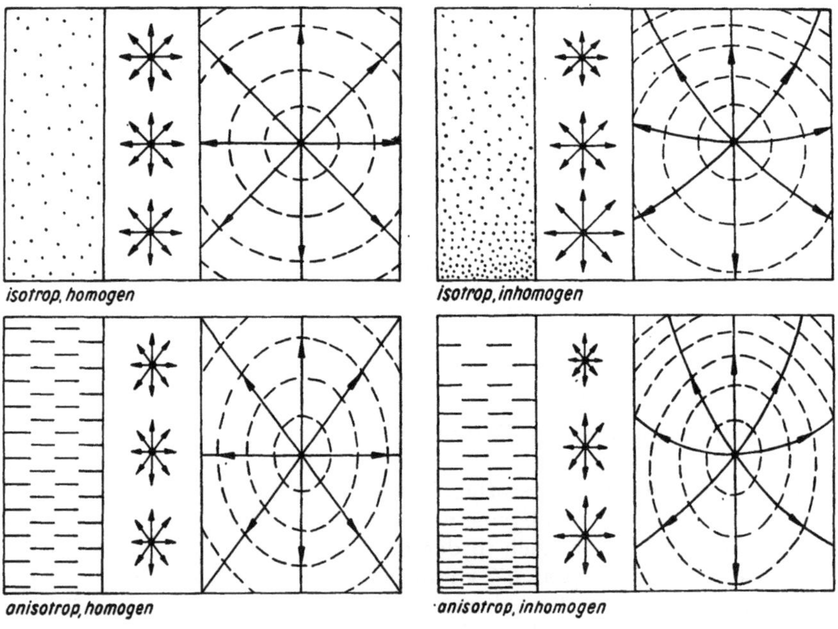

Abb. 1.2. Veranschaulichung der Begriffe „Isotropie", „Anisotropie", „Homogenität", „Inhomogenität"

linke Darstellung: symbolische Abbildung des Mediums;
mittlere Darstellung: seismische Wellengeschwindigkeiten an 3 Punkten (Tiefen);
rechte Darstellung: Wellenfronten und -strahlen bei seismischer Erregung im Mittelpunkt der Darstellung (nach GASSMANN 1964).

dung bestimmt. Sind flüssige oder/und gasförmige Bestandteile am Gesteinsaufbau beteiligt (poröse und klüftige Gesteine), so gewinnen Anteil (Porosität, Sättigung), Verteilung und spezifische Eigenschaften dieser Bestandteile bei den meisten petrophysikalischen Parametern einen großen Einfluß. Die Ursache hierfür ist in der Tatsache zu suchen, daß Festsubstanz und Poren- bzw. Kluftinhalt in nahezu allen physikalischen Eigenschaften markante Unterschiede aufweisen; hinzu kommen evtl. auftretende Wechselwirkungen zwi-

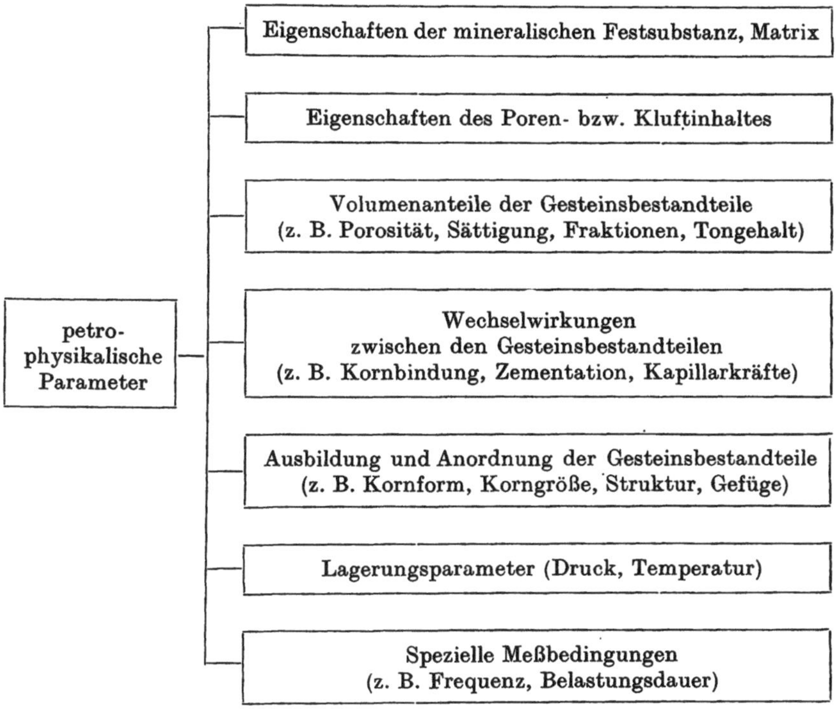

Abb. 1.3. Haupteinflußfaktoren und Grundabhängigkeiten petrophysikalischer Parameter (schematisch)

schen festen, flüssigen und gasförmigen Bestandteilen (z. B. Kapillarspannungen). Darüber hinaus sind die „Lagerungsparameter“ (Druck bzw. Spannungszustand, Temperatur) und in einigen Fällen „Meßparameter“ (z. B. Frequenz) von Einfluß auf die physikalischen Gesteinseigenschaften (Abb. 1.3). Für die Vielfalt der Ausbildung eines Gesteins, das aus Festsubstanz, ggf. flüssigen bzw. gasförmigen Bestandteilen unterschiedlichster räumlicher Anteile und Anordnungen (von „mikrocracks“ in Magmatiten bis zum Porenraum der Sande oder Kiese) besteht, zeigt Abb. 1.4 einige Beispiele.

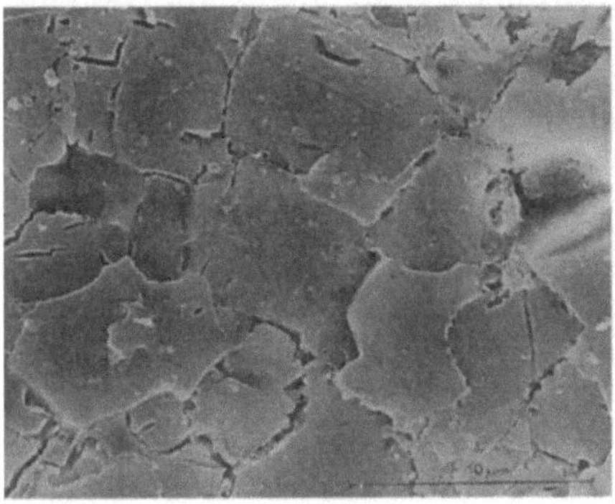

a) Pyroxenquarzporphyr (Lüptitz);

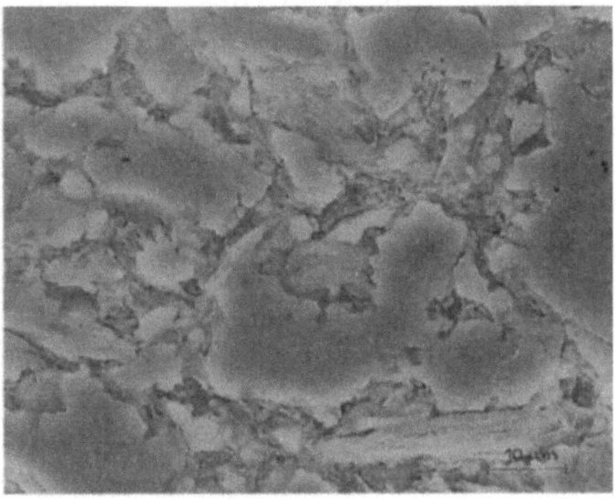

b) Grauwacke (Dobritz, Kulm)

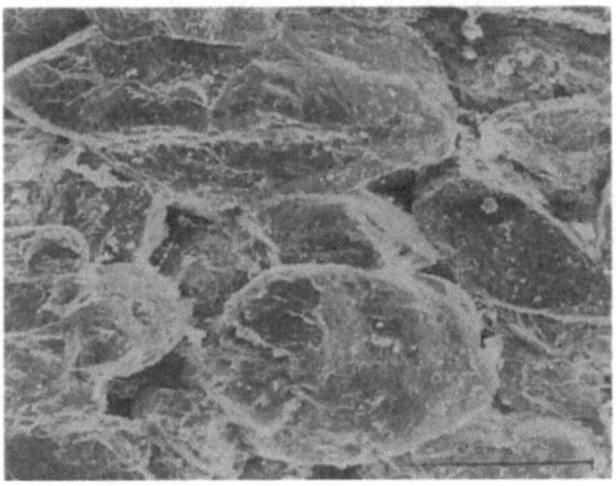

c) Sandstein (Kreide, Rottwerndorf);

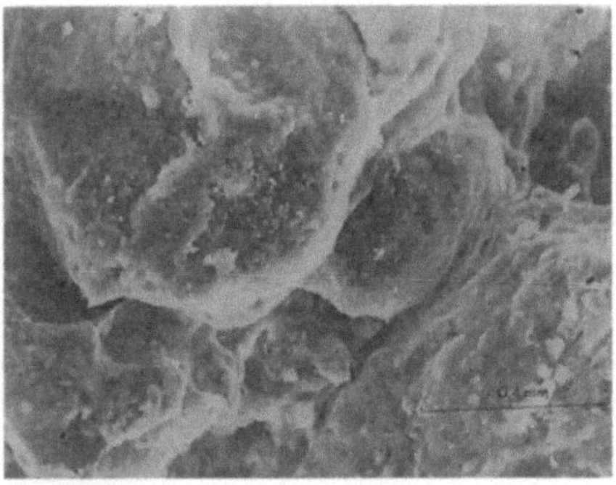

d) Sandstein (unterer Buntsandstein, Thüringen);

Abb. 1.4. Beispiele zur Veranschaulichung der Struktur und Heterogenität der Gesteine (rasterelektronenmikroskopische Aufnahmen)

Die *theoretischen Arbeiten* auf dem Gebiet der Petrophysik verfolgen die Zielstellung

— einer physikalischen Begründung der meist empirisch gefundenen Abhängigkeiten, die in Abb. 1.3 schematisch dargestellt sind;
— einer mathematischen Formulierung von Zusammenhängen, um aus Meßdaten gesuchte Größen ermitteln zu können und dabei Möglichkeiten einer rechentechnischen Bearbeitung zu nutzen;
— einer komplexen Erfassung, Darstellung und Interpretation petrophysikalischer Daten mit Aussagen, die über den Stand empirisch gewonnener Relationen hinausgehen, d. h. einen Erkenntniszuwachs über die physikalischen Gesteinseigenschaften liefern.

e) Ton (Ückermünde)

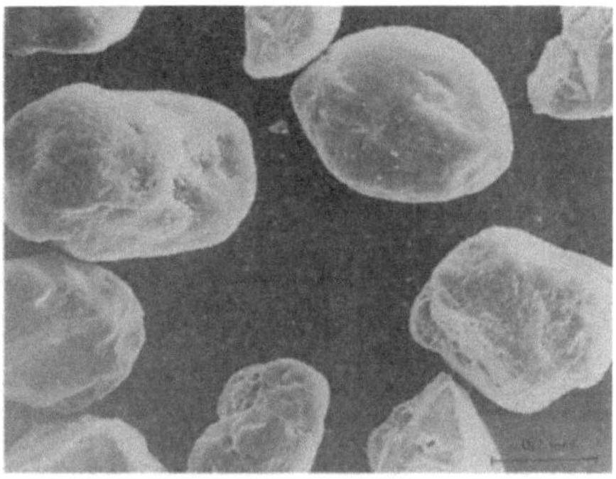

f) Quarzsand (Darß);

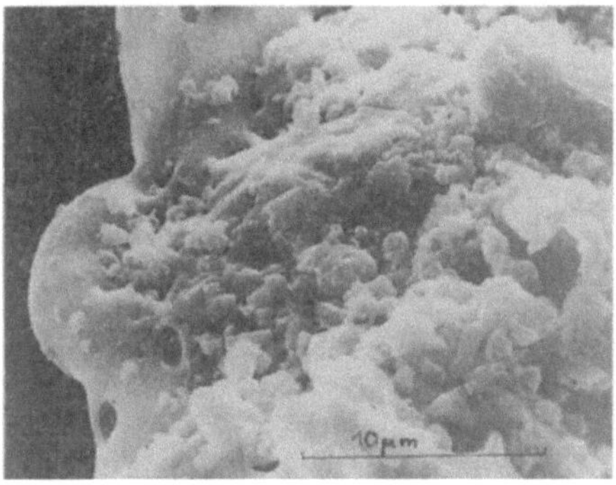

g) Agglomerat (durch partielle Aufschmelzung miteinander verkittete Regolithteilchen wie Gesteinsbruchstücke, Mineralfragmente, Glassubstanz) Luna 20

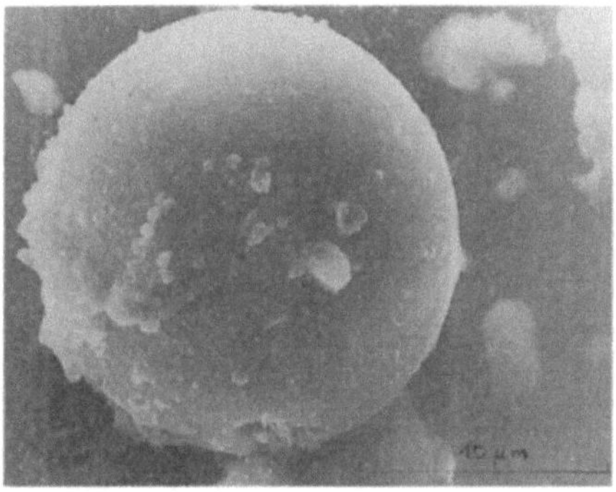

h) Glaskugel mit anhaftenden Regolithpartikeln und Einschlagkrater eines Mikrometeoriten (unten) Luna 24

(Aufnahmen a) bis f): Dr. P. LANGE, Hochschule für Architektur und Bauwesen (Weimar); Aufnahmen g) und h): Archiv des Zentralinstituts für Physik der Erde der AdW der DDR (Potsdam), angefertigt von Dr. H. RAIDT, Zentralinstitut für Elektronenphysik der AdW der DDR und Dr. J. VETTER, Institut für Elektronenmikroskopie der AdW der DDR)

Die Probleme einer derartigen theoretischen Behandlung liegen in erster Linie in der Heterogenität bzw. im Gefüge der Gesteine begründet. Dem durch die Heterogenität bedingten statistischen Charakter der räumlichen Verteilung physikalischer Eigenschaften (von HASHIN 1964 als „random space functions" bezeichnet) entsprechen strenggenommen Theorien statistischer Natur. In den meisten Fällen wird bei der theoretischen Behandlung von der eingangs beschriebenen Homogenität im makroskopischen Bereich ausgegangen. — Jede theoretische Darstellung physikalischer Gesteinseigenschaften geht von einem *Modell* bzw. einer Modellvorstellung für das zu untersuchende Gestein aus. Eine zusammenfassende Darstellung bestehender Theorien läßt eine gewisse Klassifizierung der Theorien zu, wenn das benutzte Modell als Klassifi-

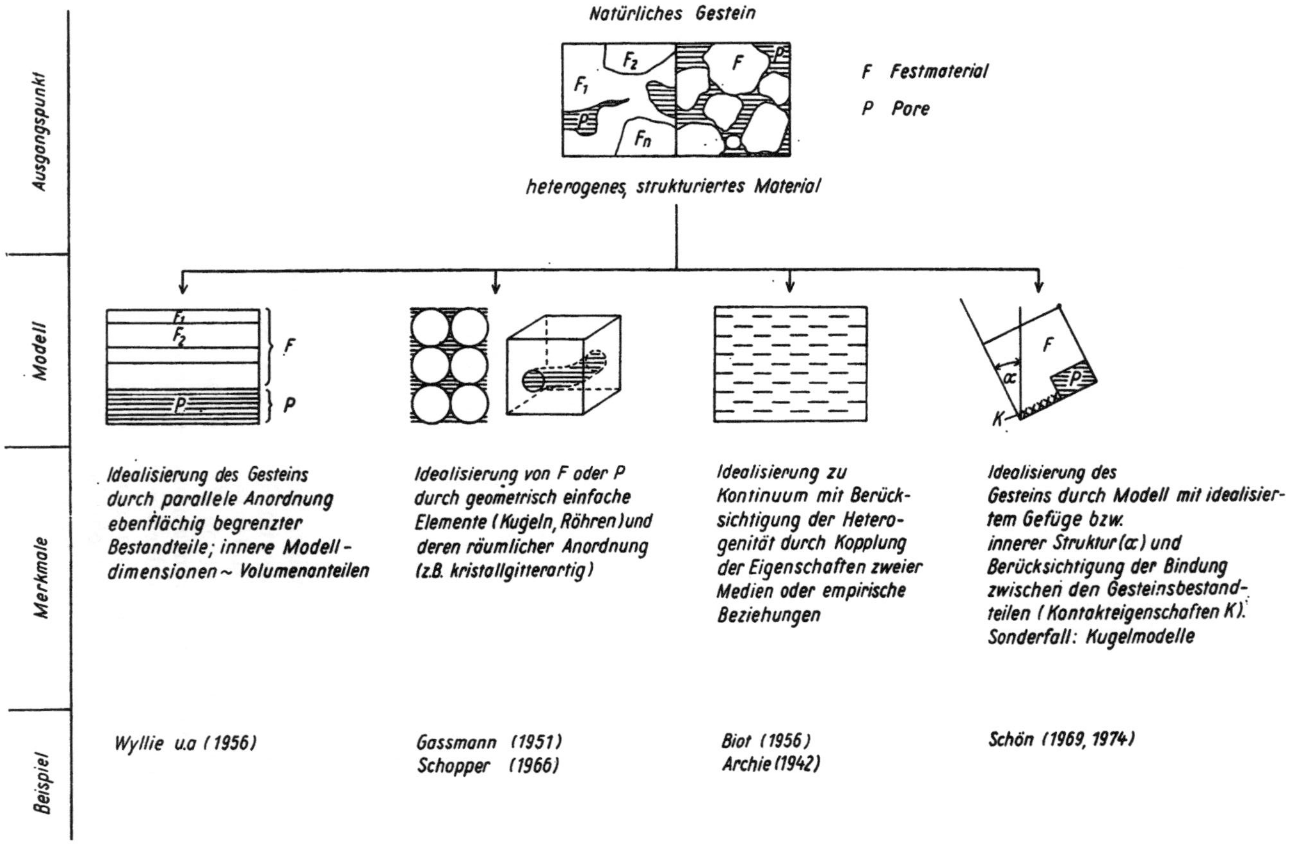

Abb. 1.5. Klassifizierung der Theorien zur Berechnung physikalischer Gesteinseigenschaften nach verwendeten Modellvorstellungen

zierungsmerkmal gewählt wird (SCHÖN 1972). Abb. 1.5 zeigt eine schematische Darstellung zur Klassifizierung bestehender petrophysikalischer Theorien nach vier Grundtypen von Modellen. Die Modelle unterscheiden sich in erster Linie durch die verschiedenartige Idealisierung des „Gesteinsgefüges". Der Vergleich mit „Realbildern" von Gesteinsstrukturen (z. B. Abb. 1.4) unterstreicht, daß in der physikalisch relevanten Quantifizierung gefügekundlicher bzw. struktureller Merkmale und der hinreichenden Idealisierung im Modell eine grundsätzliche Schwierigkeit der Theorie physikalischer Gesteinseigenschaften liegt.

In den folgenden Abschnitten werden einzelne Theorien unter dem Gesichtspunkt obiger Klassifikation dargestellt; eine besondere Vielfalt tritt dabei im Bereich der porösen Gesteine auf.

In der *Erkundungspraxis* werden gegenwärtig überwiegend auf einfachen Modellvorstellungen beruhende Beziehungen mit teilweise empirischen Modifikationen (z. B. Zeit-Mittel-Gleichung, ARCHIE-Beziehung) angewandt, wobei die komplexe Betrachtungsweise einer Vielzahl von petrophysikalischen Daten vor allem in der Interpretation bohrlochgeophysikalischer Daten ausgeprägt ist.

2. Die Dichte der Minerale und Gesteine

Die Dichte ist der für die *Gravimetrie* unmittelbar wirksame petrophysikalische Parameter; sie ist darüber hinaus von Einfluß u. a. auf den Reflexionskoeffizienten (Seismik) und auf das Ergebnis von Gamma-Gamma-Absorptionsmessungen. Eine Korrelation zur Dichte zeigt eine Vielzahl anderer petrophysikalischer Parameter (z. B. Ausbreitungsgeschwindigkeit elastischer Wellen, Wärmeleitfähigkeit). Teilweise lassen sich diese Korrelationen festkörperphysikalisch begründen.

In engem Zusammenhang mit der Dichte stehen die Größen „Porosität" und „Sättigungsgrad", die vor allem zur Charakterisierung von Speichergesteinen bzw. allgemein porösen (und z. T. klüftigen) Gesteinen dienen.

2.1. Physikalische Grundlagen und Maßeinheiten

Die Dichte ist als *Quotient* der beiden skalaren Größen *Masse* m und *Volumen* V definiert[1]:

$$d = \frac{m}{V}. \tag{2.1}$$

Die SI-Einheit ist $kg \cdot m^{-3}$; sie steht mit der häufig verwendeten Einheit $g \cdot cm^{-3}$ in der Beziehung

$$10^3\,kg \cdot m^{-3} = 1\,g \cdot cm^{-3}.$$

Die *Heterogenität* des Gesteins erfordert die Definition mehrerer, auf unterschiedliche Bestandteile bzw. Raumbereiche bezogener Dichten

d_i Dichte des Gesteinsbestandteils i,
d_F Dichte der Festsubstanz (bestehend aus allen festen Mineralanteilen; auch als „*Reindichte*" bezeichnet),
d_P Dichte des Poren- (bzw. Kluft-)inhalts,
d Dichte des heterogenen Gesteinskörpers (auch als „Raum-" oder „*Rohdichte*" bezeichnet).

Ist V_i das vom Bestandteil i eingenommene Volumen, so bezeichnet man den Quotienten V_i/V als Fraktion des Bestandteils (V ist das gesamte Gesteins-

[1] Die Dichte wird in der Literatur meist mit ϱ bezeichnet. Um jedoch eine Verwechslung mit dem ebenfalls mit ϱ bezeichneten spezifischen elektrischen Widerstand auszuschließen, wurde hier d gewählt.

volumen), und es ergibt sich die Gesteinsdichte allgemein zu

$$d = \sum_{i=1}^{n} d_i(V_i/V) \tag{2.2}$$

für ein Gestein aus n Bestandteilen.

Speziell für ein *poröses Gestein* ergibt sich unter Verwendung der Definition für die Porosität Φ als Quotient aus Porenvolumen und gesamtem Gesteinsvolumen

$$d = (1 - \Phi)\, d_F + \Phi d_P. \tag{2.3}$$

Unter „*Porosität*" wird hierbei der gesamte Hohlraumanteil im Gestein verstanden, unabhängig davon, ob die einzelnen Hohlräume miteinander verbunden sind oder nicht („*totale Porosität*"). Vor allem für reservoirmechanische Problemstellungen interessiert daneben die „*effektive Porosität*", sie berücksichtigt nur den Anteil miteinander verbundener Hohlräume.

Bei *klüftigen Gesteinen* läßt sich analog eine *Kluftporosität* als Quotient aus Kluftvolumen und gesamtem Gesteinsvolumen definieren. Dabei kann der kluftfreie Gesteinsanteil selbst eine intergranulare Porosität besitzen.

Die Kluftporosität ist ein Maß zur Charakterisierung des Durchtrennungsgrades eines Gesteins und ist für die Erklärung vieler kluftbedingter Effekte (z. B. auf die elastischen Eigenschaften) nicht ausreichend. Es wurden daher weitere „Kluftmaße" eingeführt (siehe z. B. Stini 1950, Müller 1963, Militzer u. a. 1978). Zur Untersuchung von Mikroklüften (microcracks) wurden gesonderte experimentelle Methoden entwickelt (siehe z. B. Simmons, Siegfried, Richter 1975). — Zwischen den Begriffen *Pore* und *Kluft* existiert keine scharfe Abgrenzung hinsichtlich geometrischer Merkmale dieser beiden Hohlraumarten; bei Klüften überwiegen ebenflächige Grenzen gegenüber der stärker gekrümmten, z. T. sphärischen Kontur eines Porenraumes.

Für die Charakterisierung der volumenmäßigen Zusammensetzung des Poren- (bzw. Kluft)inhalts wird die Angabe des *Sättigungsgrades*

$$S_j = \frac{V_j}{V_P} \tag{2.4}$$

benutzt. Dabei ist V_j das Volumen des Porenbestandteils j und V_P das gesamte Porenvolumen.

Speziell für den Wassersättigungsgrad S_W gilt demnach

$$S_W = \frac{V_W}{V_P}. \tag{2.5}$$

(Der daneben häufig benutzte „*Wassergehalt*" ist massebezogen und als Quotient aus der Masse des Wassers und der der trockenen Festsubstanz definiert.)

Die Dichte eines feuchten Gesteins ist damit

$$d = (1 - \Phi)\, d_F + \Phi S_W d_W. \tag{2.6}$$

Porosität und Sättigungsgrad werden als Dezimalbruch oder in Prozent angegeben.

Tabelle 2.1. Wertebereiche der Dichten von Mineralen

Mineral		Dichte d in 10^3 kg · m^{-3}		
		TRÖGER (1950)	DORTMAN (1976)	
		Wertebereich	Wertebereich	Mittlere Werte für reine Ausbildung bzw. Varietäten
Anhydrit		2,93···2,99	2,8 ···3	2,96
Apatit		3,14···3,22	3,16···3,27	3,18···3,21
Baryt		4,43···4,50	4,3 ···4,7	4,5
Calcit		2,70···2,74	2,6 ···2,8	2,715
Carnallit		1,602		
Dolomit		2,86···2,95	1,8···3,15	2,87
Feldspäte	Orthoklas	2,54···2,59		2,55
	Mikroklin	2,54···2,60		2,57
	Albit	2,61···2,63		2,61
	Anorthit	2,55···2,77		2,76
	Oligoklas	2,63···2,65		2,64
Fluorit		3,15···3,20	3,01···3,25	3,18
Gips		2,31···2,33	2,3 ···2,4	2,3
Glaukonit		2,65···2,70	2,2 ···2,9	2,3 ···2,7
Glimmer	Biotit	2,90···3,07	2,69···3	3 ···3,12
	Muskovit	2,77···2,93	2,5 ···3	2,76···3,1
	Lepidolith	2,80···2,88	2,8 ···2,9	
Graphit		2,20···2,24	2,09···2,25	2,2
Halit		2,168		2,168
Hornblende		3,06···3,40	3 ···3,47	3,15···3,25
Ilmenit		4,68···5,00	4,7 ···5,2	4,79
Kainit		2,132		
Kaolinit		2,57···2,59		2,58···2,6
Kassiterit			6,8 ···7,1	7,03
Kieserit		2,573		
Limonit			2,7 ···4,4	3,5 ···3,8
Leucit		2,44···2,48	2,45···2,5	2,5
Maghemit				4,88
Magnetit				5,17
Montmorillonit			2,04···2,52	2,5
Nephelin		2,60···2,65	2,55···2,65	2,62
Olivin		3,2 ···4,35	3,3 ···3,5	
Polyhalit		2,775		
Pyrit			4,91···5,02	
Pyroxene	Wollastonit		2,79···2,91	2,8 ···2,9
	Hedenbergit		3,5 ···3,6	3,55
Quarz		2,64···2,66		2,65
Serpentin			2,5 ···2,6	
Siderit			3 ···3,9	3,89
Sylvin		1,987		1,99
Titanomagnetit			4,4 ···4,9	4,72
Zirkon		4,68···4,86	3,8 ···4,86	4,68···4,7

2.2. Die Dichte der Minerale

Die Dichte der Minerale ist abhängig von Elementbestand und Bindungstyp bzw. Ausbildung des Kristallgitters. Sie beträgt im Mittel

- für gesteinsbildende Minerale $(2{,}2\cdots3{,}5)\cdot10^3\ \mathrm{kg\cdot m^{-3}}$,
- für Erzminerale $(3{,}5\cdots7{,}5)\cdot10^3\ \mathrm{kg\cdot m^{-3}}$.

Tabelle 2.1 beinhaltet eine Übersicht zu Mittelwerten bzw. Streubereichen der Dichte (zusammengestellt unter Verwendung von Angaben nach DORTMAN (1976) und TRÖGER (1950, zit. bei RÖSLER, LANGE 1972).

Am Beispiel der Plagioklase, die eine isomorphe Mischung des Albit und Anorthit darstellen, wird der Einfluß der Zusammensetzung auf die Dichte deutlich:

Albit	$d = 2{,}61\cdot10^3\ \mathrm{kg\cdot m^{-3}}$
Oligoklas (20% Anorthit)	$d = 2{,}64\cdot10^3\ \mathrm{kg\cdot m^{-3}}$
Andesin (40% Anorthit)	$d = 2{,}67\cdot10^3\ \mathrm{kg\cdot m^{-3}}$
Labrador (60% Anorthit)	$d = 2{,}70\cdot10^3\ \mathrm{kg\cdot m^{-3}}$
Bytownit (80% Anorthit)	$d = 2{,}73\cdot10^3\ \mathrm{kg\cdot m^{-3}}$
Anorthit	$d = 2{,}76\cdot10^3\ \mathrm{kg\cdot m^{-3}}$

(nach Daten von DORTMAN, 1976)

2.3. Die Dichte der Magmatite

Die in Abb. 2.1 dargestellten Mittelwerte und Wertebereiche der Dichte magmatischer Gesteine zeigen die generelle Tendenz einer *Dichtezunahme mit zunehmend basischem Charakter*.

Diese Tendenz wird auch an Abb. 2.2 sichtbar, die zusätzlich schematisiert die Zusammensetzung der verschiedenen Gruppen beinhaltet; deutlich ist der Einfluß zunehmenden Anteils von Mineralen relativ hoher Dichte (insbesondere Hornblende) bei gleichzeitig abnehmendem Anteil des Quarzes in der Reihe Granit—Granodiorit—Quarzdiorit—Diorit zu erkennen (vgl. auch Abb. 2.3). Die in der oberen Darstellung der Abb. 2.2 eingetragenen Kreise sind nach (2.2) berechnete Werte, für die Mittelwerte der Mineraldichte und die Zusammensetzung des Gesteins im untersuchten Bereich verwendet wurden. Die Abweichungen der berechneten Werte bzw. die Streubreite der angegebenen experimentellen Daten sind vorrangig durch Akzessorien, evtl. vorhandene Mikroklüftung oder Abweichungen gegenüber den angenommenen mittleren Mineraldichten bedingt.

Abb. 2.1b zeigt für Gruppen von Effusivgesteinen die Wertebereiche bei unterschiedlicher textureller Ausbildung, dabei ist die Veränderung der Dichte ursächlich auf Unterschiede in der Porosität zurückzuführen.

Die Dichte der Magmatite wird häufig als nahezu tiefenunabhängige Größe angesehen. Treten Veränderungen auf, so sind diese vorrangig auf das Schließen von Klüften und Rissen zurückzuführen. Dieser Vorgang spielt bei

a) Plutonite

Petrophysikalische Gruppe	Dichte d in 10^3 kg · m^{-3} Mittel
Alaskitgranite	2,56
Granosyenite	2,57
Biotitgranite	2,58
Rapakiwigranite	2,59
Syenite	2,62
Biotitgranite	2,62
Hornblendegranite	2,65
Nephelinsyenite	2,68
Granodiorite	2,69
Quarzdiorite	2,75
Diorite	2,81
Hypersthendiorite	2,85
Anorthisite	2,73
Amphibolitgabbros	2,88
Gabbro—Diabase	2,95
Gabbro	2,95
Gabbro—Norite	2,98
Norit	3,00
Olivingabbro	3,08
Drusite	3,10
stark serpentinisierte Ultrabasite	2,90
mittel serpentinisierte Ultrabasite	3,00
schwach serpentinisierte Ultrabasite	3,00
Pyroxenite	3,15
Peridotite	3,20

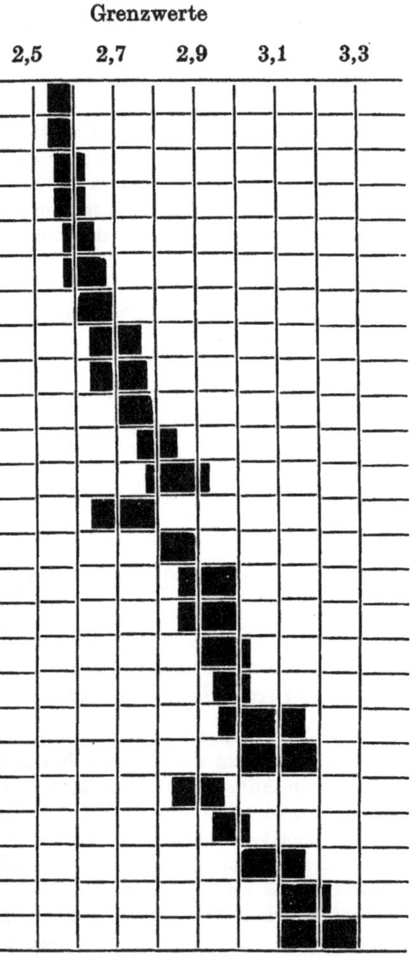

Abb. 2.1. Mittelwerte der Dichte und Wertebereich für Plutonite (a), Effusiva (b) und Metamorphite (c) nach MILITZER, LINDNER (1979)

b) Effusiva

Petrophysikalische Gruppe	Dichte d in 10^3 kg · m^{-3} — Grenzwerte (2,0 … 2,4 … 2,8 … 3,2)
Liparite, Bimssteintextur	
Liparite, Blasentextur	
Liparite, massiv	
Quarzporphyre	
Andesite, Bimssteintextur	
Andesite, Blasentextur	
Andesite, massiv	
Andesit—Porphyrit	
Basalte, Bimssteintextur	
Basalte, grobblasig	
Basalte, Blasentextur	
Basalte, massiv	
Diabase	

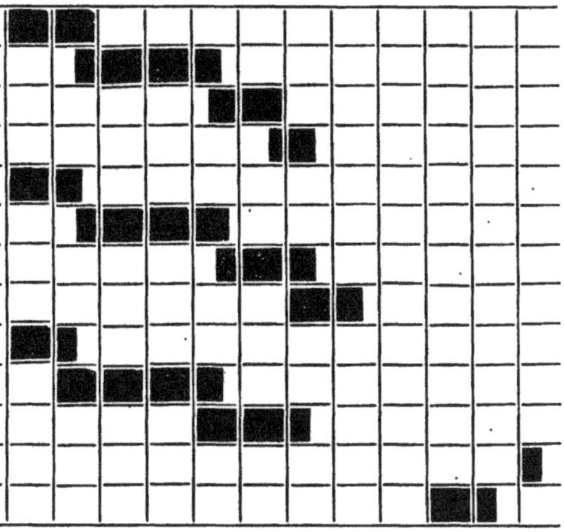

c) Metamorphite

Metamorphose und Fazies		Gesteinsarten	Dichte d in 10^3 kg · m^{-3} Mittel	2,4 2,6 2,8 3,0 3,2 3,4
Regional-metamorphose	Grünschieferfazies	Phyllite	2,75	
		Serizitquarzite	2,58	
		Mikrokristalline Schiefer		
		quarz-serizitisch	2,65	
		quarz-chloritisch	2,62	
		kieselig	2,60	
		chloritisch	2,76	
		Aktinolithschiefer	2,85	
		Glimmerschiefer	2,78	
		Marmorkalke	2,67	

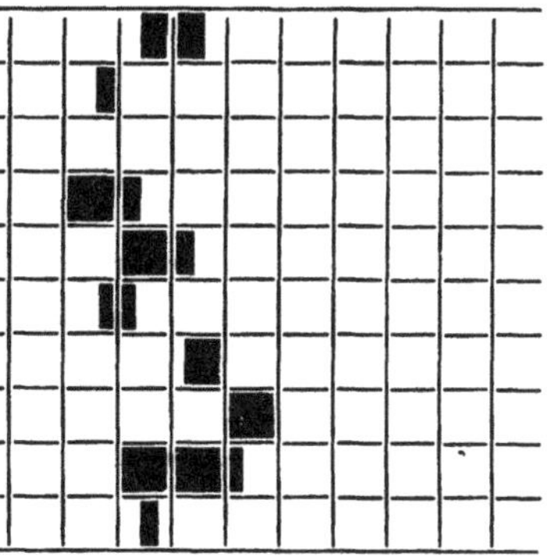

Abb. 2.1. (Fortsetzung)

Metamorphose und Fazies		Gesteinsarten	Dichte *d* in 10^3 kg · m^{-3} Mittel
Regionalmetamorphose	Epidot-Amphibolitfazies	Quarzite	2,64
		Marmore	2,70
		Kristalline Schiefer	
		biotisch	2,63
		biotit-feldspatreich	2,70
		feldspatreich	2,77
		tonerdereich	2,85
	Amphibolitfazies	Gneise	
		Zweiglimmergneis	2,72
		Biotitgneis	2,63
		Tonerdegneis	2,74
		Amphibiolitgneis	2,78
		Pyroxengneis	2,85
		Amphibiolite	
		feldspatreich	2,87
		monomineralisch	3,00
		granatreich	3,10
Granulit-Fazies		Granulite	2,72
		Pyroxenschiefer	3,05
Eklogitfazies		Eklogite	—
Kontakt-metamorphose		Fleckschiefer	2,76
		Hornfelse	2,74
Ultra-metamorphose		Migmatite	2,65
		Charnockite	2,70
		Granite, metasomatisch	
		plagiogranitisch	2,65
		plagiomikroklinisch	2,62
		mikroklinisch	2,58
Hydrothermale Metamorphose		Greisen	2,62
		Skarne	

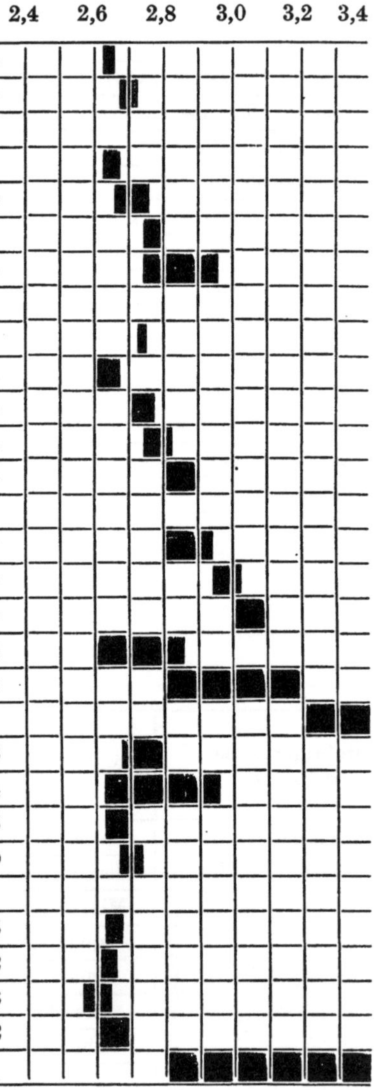

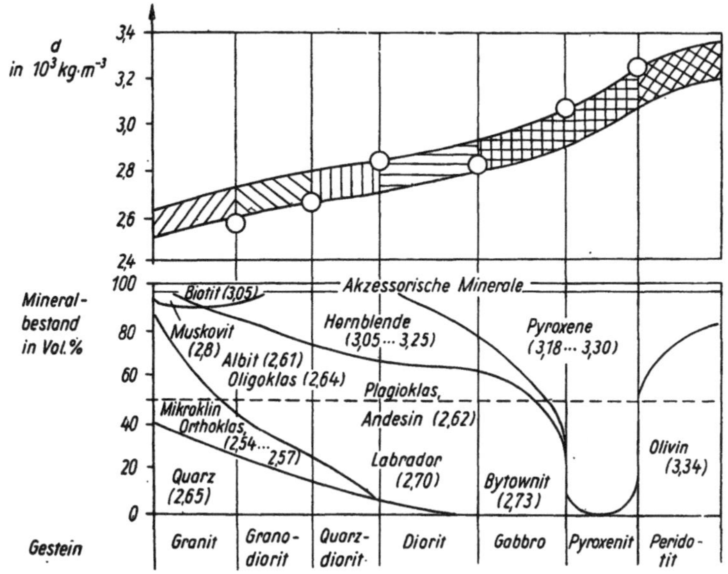

Abb. 2.2. Mittlerer Streubereich der Dichte (obere Abbildung) und schematisierte Darstellung der mineralischen Zusammensetzung (untere Abbildung) von Magmatiten nach DORTMAN (1976)
eingezeichnete Kreise: nach Gleichung (2.2) berechnete Werte unter Verwendung der eingetragenen mittleren Dichtewerte

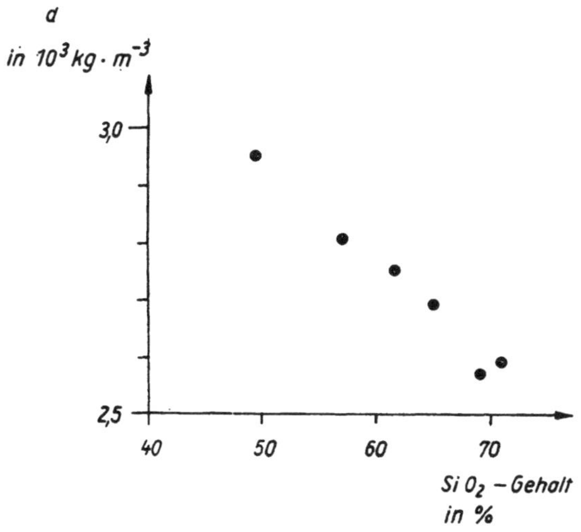

Abb. 2.3. Gegenüberstellung von Dichte und SiO_2-Gehalt für Granite und Diorite nach Daten von DORTMAN (1976)

einer *Druckbeanspruchung* vor allem im Anfangsbereich eine Rolle; bei höheren Drücken sind die Klüfte nahezu vollständig geschlossen und minimale Dichteänderungen treten nur noch durch Kompression der Mineralsubstanz auf (Abb. 2.4).

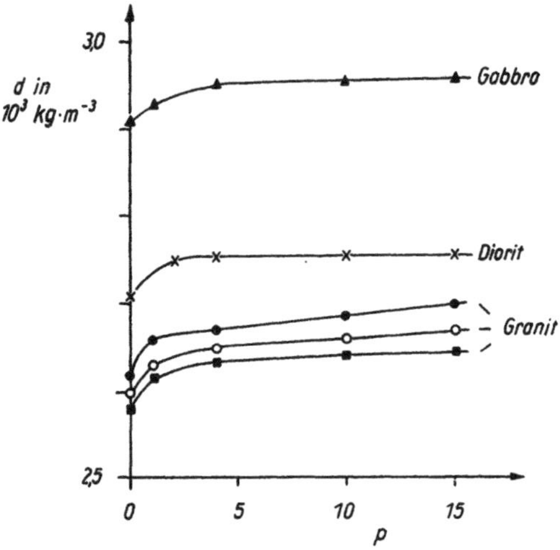

Abb. 2.4. Druckbedingte Dichteänderung von Magmatiten (nach Daten von VOLAROVIČ u. a. 1970); p in 10^2 MPa

VOLAROVIČ, KURSKEEV, LEVYKIN (1970) leiteten aus Untersuchungen zur Druckabhängigkeit der Dichte von Gesteinen Zentralkasachstans Mittelwerte für die Dichtezunahme Δd bei Druckerhöhung um 10^2 MPa (= 1 kbar) ab (Tab. 2.2) und unterschieden dabei zwei Druckbereiche.

Tabelle 2.2. Mittlere Dichtezunahme Δd bei Druckerhöhung um 10^2 MPa (nach VOLAROVIČ u. a. 1970)

Gesteinsart	Dichtezunahme Δd in 10^3 kg · m^{-3} im Druckbereich	
	bis $4 \cdot 10^2$ MPa	$4 \cdot 10^2 \ldots 15 \cdot 10^2$ MPa
saure Gesteine	0,013	0,0017
intermediäre Gesteine	0,016	0,0017
basische Gesteine	0,013	0,0012
Eklogite	0,012	0,0011
Ultrabasite	0,016	0,0006

Für zahlreiche *praktische Belange* des Tiefenbereiches bis etwa 7 km kann daher berechtigt die Dichte der Magmatite als *konstant*, d. h. das Gestein als „nicht kompaktierbar" (KOPF 1977) angesehen werden, sofern es keine Klüftung aufweist.

Bei den Magmatiten können neben dem Einfluß der Klüftigkeit verschiedene *chemische Umwandlungsprozesse* Auswirkungen auf die Dichte haben. Systematische Untersuchungen wie sie hierzu von KOPF (1977) vorgenommen wurden, zeigen, daß z. B. Kaolinisierung, Chloritisierung und vor allem Serpentinisierung erhebliche Dichteminderung bewirken.

2.4. Die Dichte der Metamorphite

Die Dichte der Metamorphite wird wesentlich vom *Ausgangsgestein* (Edukt) und dessen Dichte bestimmt. Beispielsweise haben die aus granitischem Edukt hervorgegangenen Rotgneise des Erzgebirges Dichten von etwa $2{,}64 \cdot 10^3$ kg $\times$ m^{-3}, während die aus Sedimentiten hervorgegangenen Graugneise Werte um $2{,}72 \cdot 10^3$ kg $\cdot$ m^{-3} aufweisen (KOPF u. a. 1961, KOPF 1977).

Tabelle 2.3. Mittelwerte der Dichte für Metamorphite (nach KOPF 1977)

Gestein		d in 10^3 kg $\cdot$ m^{-3}
Orthogneise	Granitgneis	2,62
	Granodioritgneis	2,70
	Dioritgneis	2,80
	Gabbrogneis	3,00
	Ultrabasitgneis	3,35
Paragneis	(Pelit-Psammit-Gneis)	2,72
Muskovit	—Glimmerschiefer	2,65
Granat	—Glimmerschiefer	3,00
Tonschiefer, Phyllit		2,75

Dem entsprechen auch die Mittelwerte, die KOPF (1977) für Metamorphite der Norddeutsch-Polnischen Senke bzw. Mitteldeutschen Hauptscholle angibt (Tab. 2.3). Innerhalb der Orthogneise ist wie bei den Magmatiten eine Dichtezunahme mit basisch werdendem Charakter zu erkennen; chemische Umwandlungsprozesse wirken in gleicher Weise wie bei den Magmatiten. Bei den Glimmerschiefern kann eine durch den Granatanteil bedingte Dichtezunahme auftreten. — Der Einfluß des sedimentären Ausgangsmaterials ist sowohl bei den Paragneisen als auch bei Tonschiefer und Phyllit erkennbar.

Sofern keine Stoffzufuhr erfolgt, weisen die kontaktmetamorphen Gesteine ebenfalls Dichten im Bereich derer des Ausgangsgesteins auf. Demgegenüber zeigen *Metasomatite* (z. B. Skarne und Greisen) eine *starke Dichteveränderung*, die durch Stoffzufuhr (oder Wegführen von Lösungen) bedingt ist und gleichzeitig zu großer Variationsbreite der Dichte führt (KOPF 1977). Abb. 2.1c zeigt für Metamorphite unterschiedlicher Fazies mittlere Wertebereiche und Mittelwerte der Dichten.

Der *Einfluß des Druckes* auf die Dichte der Metamorphite wird nach prinzipiell gleichen Gesetzmäßigkeiten wirksam wie bei den Magmatiten.

2.5. Die Dichte und Porosität der Sedimentite

2.5.1. Übersicht

Die Dichte der Sedimentite wird durch die Dichte der mineralischen Festsubstanz (*Matrix*) d_F, die Dichte des *Poreninhaltes* d_P und die Porosität Φ bestimmt. Innerhalb einer Gesteinsgruppe bewirken vor allem Änderungen der Porosität und der Sättigung (bzw. der Dichte des Poreninhalts) einen relativ breiten Wertebereich der Dichte (vgl. Abb. 2.5). Die mit der Porosität der meisten sedimentären Gesteine gegebene Verformbarkeit führt zu Dichteänderungen mit der *Überlagerungstiefe* (Einfluß von Druck, Temperatur und der Zeitdauer ihres Einwirkens) sowie gegebenenfalls infolge tektonischer Spannungen. Den rein mechanisch bedingten Änderungen können sich *Umwandlungen* (z. B. Drucklösung) oder Zementationsvorgänge bei Stoffzufuhr überlagern.

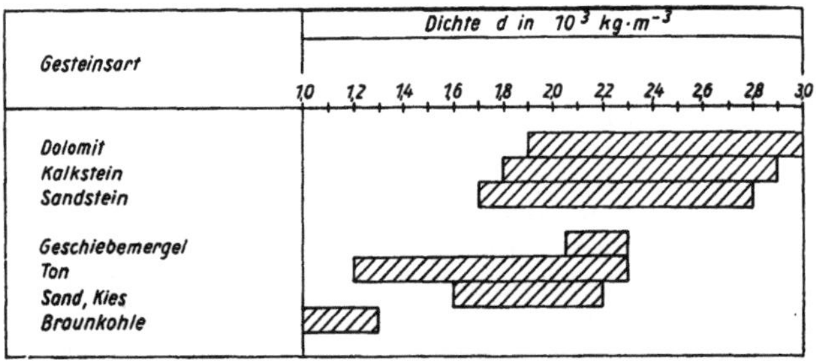

Abb. 2.5. Mittlerer Wertebereich der Dichte von Sedimentiten

Diese häufig allein der Lagerungstiefe zugeordneten Einflußfaktoren umfassen demnach neben dem thermodynamischen Regime in seinem zeitlichen Verlauf auch stoffliche Veränderungen und bestimmen in ihrem komplizierten Zusammenwirken die als *Diagenese* bezeichneten Prozesse.

Vor allem hinsichtlich der Druck- bzw. Tiefenabhängigkeit der Dichte unterscheiden sich daher „dichte" bzw. „porenfreie" und „poröse" Gesteine in sehr markanter Weise. Kopf (1977) unterscheidet die *„Klasse der porenarmen bis porenfreien, praktisch nichtkompaktierbaren Gesteine* ohne bzw. mit einem äußerst geringen vertikalen Dichtegradienten" von der *„Klasse der porösen, kompaktierbaren Gesteine* mit einem irreversiblen Dichtegradienten" und untergliedert in diesem Sinne die Gesteine in solche mit *„tiefenabhängiger"* und *„tiefenunabhängiger"* Dichte.

Die wichtigsten genetischen Gruppen der Sedimentite sind in ihrer Dichte durch folgende Merkmale charakterisiert (vgl. Kopf 1977).

a) Klastite: Der bei der Bildung bereits vorhandene Porenraum führt zu einer stets vorhandenen Druck- bzw. Tiefenabhängigkeit der Dichte (siehe Abschnitt 2.5.2).

b) Karbonate: Rezente Kalkschlämme bzw. unverfestigter Kalk und Schreibkreide weisen aufgrund ihrer Porosität eine Druck- bzw. Tiefenabhängigkeit der Dichte auf. Dichte Karbonate (Kalkstein, Dolomit) sind in ihrer Dichte auch bei anhydritischer Beimengung nahezu druck- bzw. tiefenunabhängig; weisen diese Gesteine sekundäre Porosität auf oder enthalten sie tonige Beimengungen, dann tritt Druck- bzw. Tiefenabhängigkeit der Dichte auf.
c) Evaporate (Salzgesteine): Die meist porenfreien bzw. porenarmen Evaporate zeichnen sich durch nahezu druck- bzw. tiefenunabhängige Dichten aus, die wesentlich von der Gesteinszusammensetzung bestimmt sind (siehe Tab. 2.1). Enthalten sie tonige Anteile (z. B. „Salzton"), dann ist die Dichte analog den tonigen Karbonaten druck- bzw. tiefenabhängig.
d) Kaustobiolithe: Die Dichte der Kaustobiolithe wird im wesentlichen von ihrem Inkohlungsgrad bestimmt (KOPF 1977, vgl. Tab. 2.4). Innerhalb der Braunkohlen, für die aus Untersuchungen an Lagerstätten der DDR CARL und KOPF (siehe KOPF 1977) einen Mittelwert von $1{,}25 \cdot 10^3$ kg $\cdot$ m^{-3} angeben, wird die Dichte vor allem durch Art und Anteil nichtkohliger Beimengungen (z. B. schluffig-tonig, lettig, halitisch) bestimmt. Dieser Einfluß ist die Grundlage für praktische Bestimmungen des Aschegehaltes aus Dichtewerten, wie sie z. B. die geophysikalische Bohrlochmessung liefert.

Tabelle 2.4. Mittlere Dichte einiger Kaustobiolithe (KOPF 1977)

Gesteinsart	Dichte d in 10^3 kg $\cdot$ m^{-3}
Torf	1,03
Weichbraunkohle	1,20
Hartbraunkohle	1,25
Steinkohle	1,35
Steinkohlen-Anthrazit	1,65
Anthrazit	1,80
Graphit	2,25

2.5.2. *Die Druck- bzw. Tiefenabhängigkeit der Dichte von Sedimentiten*

Erste systematische Zusammenstellungen und Untersuchungen der Dichte toniger Sedimente in Abhängigkeit von der Tiefe stammen von HEDBERG (1926) und ATHY (1930), dabei lassen bereits die Untersuchungen von ATHY den *nichtlinearen Charakter der Dichte-Tiefen-Beziehung* deutlich werden.

Die Klastite erfahren durch den mit der Tiefe wachsenden *Überlagerungsdruck* eine *Abnahme ihrer Anfangsporosität*. Die Anfangsporosität ist vor allem von der Korngröße und den Ablagerungsbedingungen abhängig (vgl. Tab. 2.5). Tonige Partikel bauen infolge ihrer Blättchenform und der elektrochemisch bedingten Oberflächenkräfte dabei besonders hochporöse Strukturen auf („Kartenhausstruktur"), sandig-kiesige Partikel lagern sich wesentlich dichter. Diese bei der Bildung wirkenden Einflüsse sind Ursache einer oft zu beobachtenden Korrelation zwischen Korngröße und Dichte bzw. Porosität.

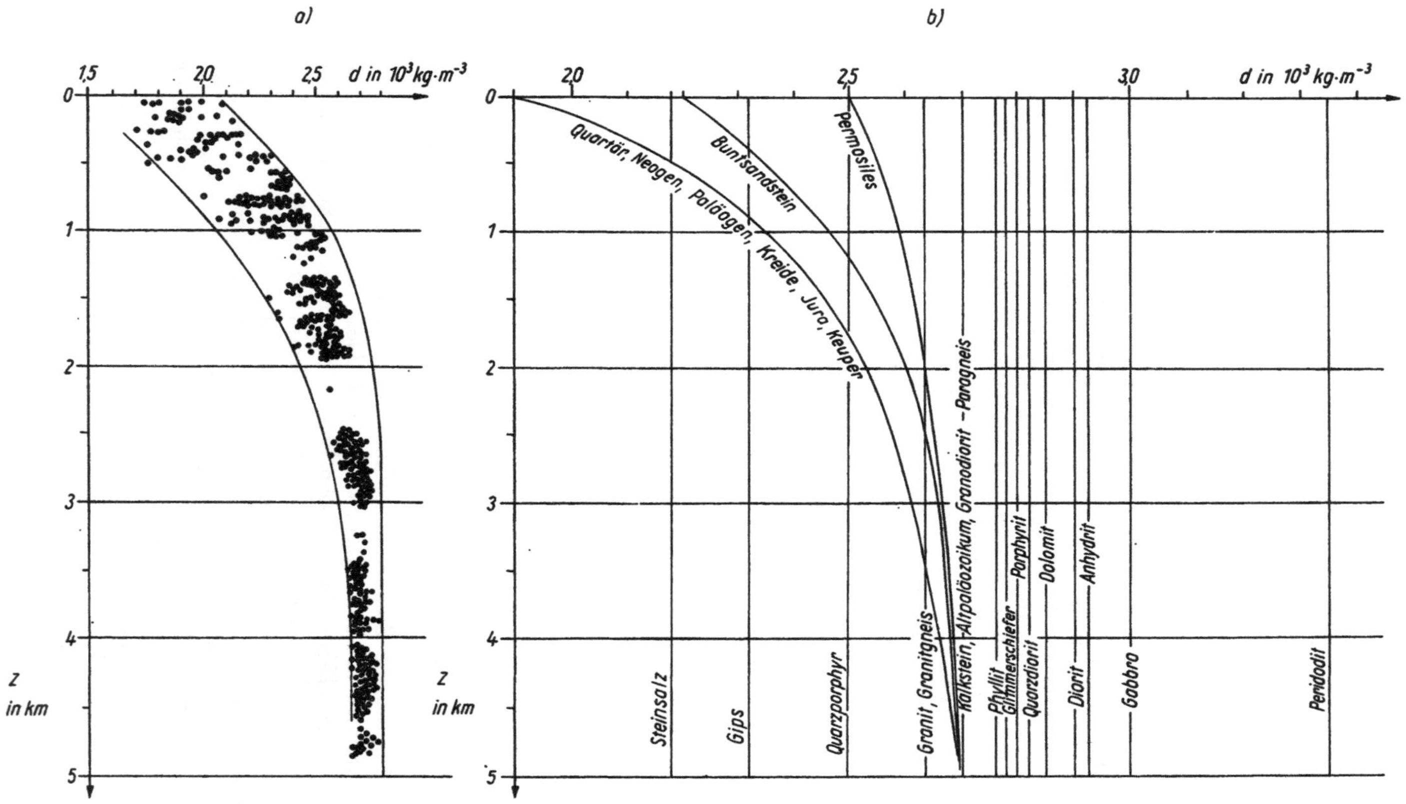

Abb. 2.6. Veränderung der Dichte mit der Lagerungstiefe; a) Schluffsteine, Norddeutsch-Polnische Senke (Trockendichte) nach Kopf (1970); b) Dichte-Tiefen-Verlauf der stratigraphischen Einheiten (Berücksichtigung der Ton-, Schluff-, Sand- und Mergelsteine bei vollständiger Wassersättigung), dichter Sedimentite, Metamorphite und Magmatite der Norddeutsch-Polnischen-Senke nach Kopf (1967)

Tabelle 2.5. Mittelwerte der Anfangsporosität klastischer Sedimente (Hamilton 1972)

Sediment	Porosität bei subaquatischer Sedimentation	Porosität bei terrestrischer Sedimentation
Ton	0,85	0,55
Schluff	0,80	0,50
Sand	0,45	0,45
Kies	—	0,30

Abb. 2.6a enthält ein Beispiel für die Tiefenabhängigkeit der Dichte klastischer Gesteine.

Systematische Untersuchungen zur Tiefenabhängigkeit der Dichte an Gesteinen des Norddeutsch-Polnischen Beckens von Kopf (1977) lassen innerhalb der Klastite erkennen, daß

— durch mechanisch bedingte Kompaktion eine deutlich ausgeprägte stetige Dichtezunahme vor allem bei den *Tonen* und *Schluffen* auftritt, die speziell bei den Tonen vom hochporösen Ton bei der Sedimentation bis zum nahezu porenfreien Tonstein führt. Abb. 2.7 weist überdies darauf hin, daß sich auch die verschiedenen Tone im Verformungsverhalten unterscheiden.

— bei den *Sanden*, d. h. im unverfestigtem Zustand, eine mechanisch bedingte Kompaktion stattfindet, die geringer als bei Tonen und Schluffen ist. Mit der Umbildung des Sandes zu Sandstein werden *Zementationsprozesse* (Drucklösung und Wieder-

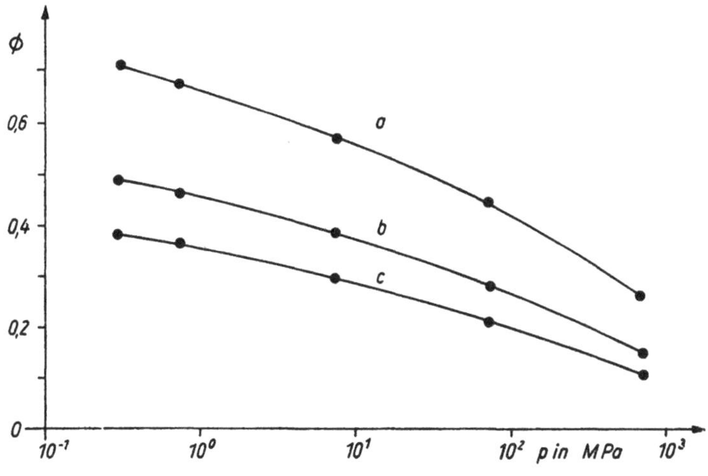

Abb. 2.7. Veränderung der Porosität mit dem Druck für verschiedene Tone

a — Montmorillonit
b — Illit
c — Kaolinit (umgezeichnet nach Chilingar in Desbrandes, 1968)

Tabelle 2.6. Mittlere Werte von Dichte (bei vollständiger Wassersättigung) und magnetischer Suszeptibilität der wichtigsten Gesteinsarten der Norddeutsch-Polnischen Senke (nach Daten von KOPF 1973; zusammengestellt von LINDNER und SCHEIBE 1975)

Stockwerk (Gliederung nach JUBITZ 1969)	Gesteinstyp	d	$\varkappa$	
		10^3 kg · m^{-3}	cgs [10^{-6}]	SI [10^{-5}]
Sediment-Post-salinar	Braunkohle	1,20	10	13
Teilstockwerk	Sand	1,80···2,05	5	6,5
(Känozoikum)	Schluff	1,85···2,10	30	38
$z \approx 50$ m	Ton	1,90···2,15	40	50
	Kies	1,95···2,20	10···500	13···630
	Geschiebemergel	2,00···2,20	10···100	13···130
Sediment-Postsalinar-Teilstockwerk	Halitit, rein	2,18	−1	−1,3
(Mesozoikum)	Quarzsandstein	2,30···2,55	5	6,3
$z \approx 1000$ m	Gipsit, rein	2,32	−2	−2,5
	Sandstein, tonig	2,35···2,67	10	13
	Schluffstein	2,35···2,73	30	38
	Tonstein, Schieferton	2,35···2,75	40	50
	Kalkmergelgestein	2,45···2,74	20	25
	Mergelkalkstein	2,65···2,73	10	13
	Quarzitsandstein	2,65	5	6,5
	Kalkstein, rein	2,71	0	0
	Dolomitstein, rein	2,80	0	0
	Anhydrit, rein	2,94	2	2,5
Salinar-Teilstockwerk	Carnallitit	1,60···2,20	5···15	6,5···19
(Zechstein)	Hartsalz	1,80···2,60	1···12	1,3···15
$z \approx 2000$ m	Halitit, rein	2,18	−1	−1,3
	Gipsit, rein	2,32	−2	−2,5
	Dolomitmergelstein	2,61···2,75	20	25
	Mergeldolomitstein	2,74···2,79	10	13
	Kalkstein, rein	2,70	0	0
	Dolomitstein, rein	2,80	0	0
	Anhydrit, rein	2,94	−2	−2,5
Übergangs-Teilstockwerk	Steinkohle	1,3	5	6,5
(Permosiles,	Porphyrtuff	2,20···2,50	10···200	13···250
ungefaltetes	Quarzsandstein	2,30···2,50	5	6,5
Präsiles)	Quarzporphyr, mäßig zersetzt bis frisch	2,50···2,60	20···400	25···500
$z \approx 4000$ m	Melaphyr, mäßig zersetzt	2,60		
	Sandstein, tonig	2,60···2,67	20	25
	Quarzsandstein	2,65	5	6,5
	Schluffstein	2,65···2,73	30	38
	Tonstein	2,65···2,75	40	50
	Kalkstein, rein	2,71	0	0
	Porphyrit, stark zersetzt	2,55···2,85	20···800	25···1000
	Melaphyr, frisch	2,85	20···1000	25···1300

Tabelle 2.6. (Fortsetzung)

Stockwerk (Gliederung nach JUBITZ 1969)	Gesteinstyp	d	$\varkappa$	
		10^3 kg · m^{-3}	cgs [10^{-6}]	SI [10^{-5}]
Grundgebirgs-	Granit	2,62	0···1400	0···1800
stockwerk	Kieselschiefer	2,64	0	0
gefaltetes	Granulit	2,70	0	0
Präsiles)	Granodiorit	2,70	0···4000	0···5000
$z \approx 5000$ m	Kalkstein, rein	2,71	0	0
	Amphibol-Syenit	2,72	110···2700	140···3400
	Grauwacke	2,72	50	65
	Paragneis	2,72	0···1000	0···1300
	Tonschiefer	2,75	50	65
	Phyllit	2,75	50	65
	Glimmerschiefer	2,75	0···800	0···1000
	Pyroxen-Syenit	2,80	400···8300	500···10500
	Dolomitstein, rein	2,80	0	0
	Quarzdiorit	2,80	0···4300	0···5400
	Diorit	2,90	20···2800	25···3500
	Gabbro	3,00	50···3000	65···3800
	Diabas	3,00	20···5000	25···6500

kristallisation, Zuführung von Substanz durch das Porenwasser) wirksam, die in entscheidendem Maße die Dichte bestimmen, die dann aber von der Tiefe selbst nur noch gering beeinflußt wird (KOPF 1977). Tonige und mergelige Bindemittel bewirken bei Sandsteinen eine ähnliche Dichte-Tiefen-Charakteristik wie bei Tonen bzw. Tonsteinen.

Für die Norddeutsch-Polnische Senke sind in Abb. 2.6b mittlere *Dichte-Tiefen-Funktionen* dargestellt und in Tabelle 2.6 Mittelwerte für deren einzelne Teilstockwerke zusammengestellt (die Tabelle enthält außerdem die Suszeptibilitätsangaben für Kapitel 3). Diese Dichten der porenwassergesättigten Gesteine schließen den Effekt einer tiefenabhängigen Dichte des Porenwassers ein, die dem Einfluß von Salinität, Porenwasserdruck und Temperatur unterliegt und mit $d_P = 1{,}17 \cdot 10^3$ kg · m^{-3} ein Maximum im Bereich um 2700 m Tiefe aufweist. Der Einfluß von Druck und Temperatur auf die Dichte einer NaCl-Lösung ist u. a. von POLJAKOV (1965) untersucht worden.

Derartige *Dichte-Tiefen-Funktionen* sind stets nur für bestimmte petrographische Gruppen repräsentativ und allgemein nicht auf andere regionale oder stratigraphische Bereiche übertragbar (vgl. KOPF 1977). In der Literatur sind eine Reihe von Dichte-Tiefen- bzw. Porositäts-Tiefen-Beziehungen angegeben, die jedoch stets empirisch zu bestimmende Faktoren oder Exponenten enthalten.

Diese Beziehungen enthalten die Tiefe meist im Exponenten oder den Logarithmus der Tiefe, um der *Nichtlinearität* Rechnung zu tragen. Seltener sind lineare Beziehungen, wie z. B. von UHMANN (1963):

$$d(z) = d(z_0) + A_1(z - z_0), \tag{2.7}$$

dabei ist z die Tiefe, z_0 eine gewählte Anfangstiefe, A_1 der empirisch zu bestimmende vertikale Dichtegradient.
Ein Beispiel für eine logarithmische Beziehung ist die Gleichung von POLAK und RAPOPORT (1961), die für Tone abgeleitet wurde,

$$d(z) = d(z_0) + A_2 \cdot \ln z. \tag{2.8}$$

Auch hier ist A_2 empirisch zu bestimmen. STEGENA (1964) gibt eine exponentielle Beziehung an

$$d(z) = d(z_0) + (d(z_m) - d(z_0))\,(1 - e^{-A_3 z}), \tag{2.9}$$

wobei z_m die für den betreffenden Gesteinstyp maximale Versenkungstiefe ist, unterhalb derer praktisch keine Dichtezunahme mehr auftritt. Die Dichte bleibt bei der Gleichung nach Stegena auch für den Fall $z \to \infty$ eine endliche Größe $d(z_m)$.

An dieser Stelle sei darauf hingewiesen, daß der Prozeß der mechanisch bedingten Verdichtung durch Druckeinwirkung vor allem bei unverfestigten Sedimenten durch die *Bodenmechanik* sehr intensiv untersucht wurde (Setzungs- und Konsolidationstheorie). OHDE fand für das Verformungsverhalten von Sanden, Schluffen und Tonen eine Beziehung (siehe Abschnitt 10)

$$\frac{\mathrm{d}p}{\mathrm{d}\varepsilon} = M = M_0 p^m. \tag{2.10}$$

Dabei ist p der Druck, der eine Deformation ε bewirkt, M_0 ist der Verformungsmodul M beim Druck $p = 1\ \mathrm{kp \cdot cm^{-2}}$ bzw. $p \approx 0{,}1$ MPa und m ein Exponent, der für Sand etwa 0,5 und für Ton etwa 1 ist (JANBU, 1963). Damit ergibt sich für die Dichte unter Druckeinwirkung

$$d(p) = d_0 \left[1 - \int_0^p M^{-1}\,\mathrm{d}p\right]^{-1} = d_0 \left[1 - M_0^{-1} \int_0^p p^{-m}\,\mathrm{d}p\right]^{-1}. \tag{2.11}$$

Wird speziell für Ton $m = 1$ gesetzt, dann ergibt sich

$$d(p) = d_0(1 - M_0^{-1} \ln p]^{-1}. \tag{2.12}$$

Die Entwicklung in eine TAYLOR-Reihe führt als Näherung unmittelbar auf einen zu (2.8) analogen Ausdruck

$$d(p) \approx d_0[1 + M_0^{-1} \ln p] \tag{2.13}$$

und unterstreicht den Zusammenhang der empirisch zu bestimmenden Größen A_1, A_2 und A_3 mit den Verformungseigenschaften der Sedimente.

Eine Reihe von Beziehungen stellen die *Veränderung der Porosität mit der Tiefe* bzw. dem Druck dar. Hier hat sich insbesondere eine auf NAGUMO (1965) zurückgehende Gleichung bewährt, die auch bei der Behandlung der Druckabhängigkeit der Geschwindigkeit Anwendung fand (siehe Abschn. 5.4.5.):

$$\Phi(p) = \Phi_0 \, e^{-A_4 p}, \tag{2.14}$$

dabei ist p der effektive Druck, Φ_0 die beim effektiven Druck $p = 0$ herrschende Porosität und A_4 eine empirisch zu bestimmende Größe. Analog aufgebaut ist die von DORTMAN (1976) angegebene Gleichung:

$$\Phi(z) = \Phi_0 \, e^{-0{,}45z}, \tag{2.15}$$

wobei z die Tiefe in km ist.

Einen ähnlichen Aufbau zeigt die Formel von WYBLE (1958)

$$\Phi(p) = \Phi_0[B + (1 - B) \, e^{-A_5 p}], \tag{2.16}$$

hierbei sind B und A_5 empirisch zu bestimmende und von Φ_0 abhängige Größen, wobei die Größe B außerdem mit wachsendem Tongehalt sinkt (VOIGT 1979).

Darüber hinaus existieren auch Versuche, den Einfluß von Zeit t und Temperatur T auf die Porositätsveränderung infolge „chemischer Kompaktion" (WIESENEDER 1976) durch eine von MAXWELL und VERALL (1954) formulierte Beziehung auszudrücken

$$\left(\frac{\Phi(t, T)}{\Phi_0}\right)^{a_1} = 1 + t \, e^{\frac{T - a_2}{a_3 T}}. \tag{2.17}$$

Dabei ist $\Phi(t, T)$ die durch t und T veränderte Initialporosität Φ_0; die Größen a_1, a_2, a_3 sind empirisch zu bestimmen. Weiterführende Untersuchungen hierzu (ebenfalls unter Verwendung von Exponentialfunktionen) stammen u. a. von DOBRYNIN (1970) und MAXWELL (1964).

2.5.3. *Berechnung der Porosität von Kugelmodellen*

Kugelmodelle, d. h. kristallgitterartig angeordnete Kugeln gleichen Radius werden teilweise als Modell für Berechnungen petrophysikalischer Parameter (vgl. Abschnitt 5.3) gewählt. Die Porosität derartiger Kugelmodelle ergibt sich unmittelbar aus dem Kugelvolumen und dem von der Packungsart (Gitteranordnung) abhängigen Volumen eines Elementarbereichs. Für den Fall der kubischen Kugelpackung gilt

$$\Phi = 1 - \frac{\pi r^3}{(2r)^3} \approx 0{,}48. \tag{2.18}$$

Dieser meist als „lockerste Packung" bezeichneten steht die „dichteste Packung" (hexagonal) mit einer Porosität von $\Phi \approx 0{,}26$ gegenüber. Ein Vergleich mit den experimentell ermittelten Werten zeigt, daß die „theoretisch" ermittelten Werte zwar im Bereich der Porositäten von Sanden liegen, aber keinesfalls die gesamte Streubreite der Porosität der Sedimentite umfassen. Die Ursache für diese Abweichung ist vor allem in der Annahme einer einheitlichen Korngröße (statt einer Verteilung) sowie der Idealisierung von Kornform und Struktur bzw. Gefüge zu suchen. Bemerkenswert ist, daß für diese Kugelpackungen die Porosität von der „Korngröße" (Kugelradius) unabhängig ist. Es sei darauf hingewiesen, daß mit der Annahme von 2- und Mehrkorngemischen auch Porositäten $\Phi < 0{,}26$ errechnet werden konnten (siehe z. B. v. ENGELHARDT 1960), die jedoch für geowissenschaftliche Zwecke vorerst ohne praktische Bedeutung blieben.

3. Die magnetischen Eigenschaften der Minerale und Gesteine

Untersuchung und Kenntnis magnetischer Eigenschaften von Gesteinen — insbesondere der magnetischen Suszeptibilität $\varkappa$ und der remanenten Magnetisierung $\boldsymbol{M}_r$ — sind für alle magnetischen und elektromagnetischen Verfahren der angewandten Geophysik von Bedeutung. Sie interessieren darüber hinaus vor allem für die Klärung petrogenetischer Fragen, Probleme der planetaren Entwicklung und haben auch in archäologische Untersuchungen Eingang gefunden.

3.1. Physikalische Grundlagen und Maßeinheiten

Der Zusammenhang zwischen den Vektoren

der magnetischen Feldstärke $\boldsymbol{H}$,
der magnetischen Flußdichte (oder magnetischen Induktion) $\boldsymbol{B}$,
der magnetischen Polarisation $\boldsymbol{I}$ und
der Magnetisierung $\boldsymbol{M}$

wird durch die Gleichungen (3.1) bis (3.3) vermittelt:

$$\boldsymbol{B} = \mu_0 \boldsymbol{H} + \boldsymbol{I} = \mu_0(\boldsymbol{H} + \boldsymbol{M}), \tag{3.1}$$

$$\boldsymbol{B} = \mu_0 \mu \boldsymbol{H} = \mu_0(1 + \varkappa)\,\boldsymbol{H}, \tag{3.2}$$

$$\varkappa = \frac{\boldsymbol{M}}{\boldsymbol{H}} \quad \text{bzw.} \quad \boldsymbol{M} = \varkappa \boldsymbol{H}. \tag{3.3}$$

Dabei ist μ_0 die *magnetische Feldkonstante* (Induktionskonstante), μ die *relative Permeabilität* (Permeabilitätszahl) und $\varkappa$ die *magnetische Suszeptibilität.* Bei magnetisch anisotropem Material ist $\varkappa$ (bzw. μ) ein Tensor.

Teilweise wird $\varkappa$ auch als „Volumensuszeptibilität" im Unterschied zu dem als „Massensuszeptibilität" definierten Quotienten $\varkappa/d$ bezeichnet.

Tabelle 3.1 gibt eine Übersicht zu den für die Beträge der obengenannten Größen geltenden Maßeinheiten und ihrer Beziehungen zu bisher angewandten Einheiten.

Die magnetische Feldkonstante ergibt sich damit zu

$$\mu_0 = 12{,}566 \cdot 10^{-7}\ \mathrm{T \cdot m/A} = 12{,}566 \cdot 10^{-7}\ \mathrm{H/m}$$
$$= 12{,}566 \cdot 10^{-7}\ \mathrm{m \cdot kg \cdot s^{-2} \cdot A^{-2}}.$$

Tabelle 3.1. Magnetische Einheiten

Größe	SI-Einheit	Umrechnung
B, I	Tesla $1\ \mathrm{T} = 1\ \mathrm{V \cdot s/m^2}$	1 Gauß $= 10^{-4}$ T 1 Gamma $= 1$ nT
H, M	Ampere je Meter A/m	1 Oerstedt $= 79{,}6$ A/m
$\varkappa$	dimensionslos	$\varkappa\,[\mathrm{SI}] = 4\pi \cdot \varkappa\,[\mathrm{cgs}]$

Die magnetische Suszeptibilität $\varkappa$ und die relative Permeabilität $\mu = 1 + \varkappa$ sind dimensionslose stoffliche Eigenschaften. Sie erlauben eine *Einteilung der Stoffe* in

— *Paramagnetika,*
— *Diamagnetika,*
— *Ferro-, Ferri-* und *Antiferromagnetika*

anhand folgender Merkmale:

Paramagnetismus: ***Paramagnetika erfahren durch ein Magnetfeld H eine Magnetisierung M, die der Richtung dieses Feldes gleich und seinem Betrag proportional ist.***
Die Ursache der Magnetisierung ist die teilweise Ausrichtung bereits vorhandener magnetischer Momente. Die Magnetisierung ist der Stärke des Feldes proportional. Die Suszeptibilität $\varkappa$ ist bei Paramagnetika eine feldunabhängige positive Konstante in der Größenordnung von etwa 10^{-6} cgs bzw. 10^{-5} SI.
$\varkappa$ hängt bei Paramagnetika im allgemeinen von der Temperatur ab (CURIEsches Gesetz)

$$\varkappa = C_p T^{-1}, \tag{3.4}$$

(C_p = CURIE-Konstante)
Die Temperaturabhängigkeit kann für klassische magnetische Dipole, die entgegen der Temperaturbewegung ausgerichtet werden, auch mit der LANGEVIN-Formel

$$\varkappa = \frac{n\bar{\mu}^{-2}}{3kT}, \tag{3.5}$$

$\bar{\mu}$ — Magnetisches Moment eines einzelnen Dipols,
n — Teilchendichte,
k — BOLTZMANN-Konstante,

bzw. bei quantenstatistischer Behandlung mit der Gleichung von BRILLOUIN (siehe z. B. Brockhaus, abc-Physik) dargestellt werden. In Metallen liefern auch die Leitungselektronen einen Beitrag zur Suszeptibilität (PAULI-Paramagnetismus), der eine von (3.4) abweichende Temperaturabhängigkeit bewirkt.

Diamagnetismus: ***Diamagnetika erfahren durch ein Magnetfeld H eine Magnetisierung M, die der Richtung des Feldes entsprechend der LENZschen Regel entgegengesetzt und seinem Betrag proportional ist.*** Da (3.3) allgemein gilt, ergibt sich, daß $\varkappa$ bei Diamagnetika negativ ist; die Suszeptibilität der Diamagnetika liegt in der Größenordnung von etwa 10^{-6} cgs (bzw. etwa 10^{-5} SI). Auch beim Diamagnetismus kann neben dem Atom- oder Ionendiamagnetismus (LANGEVINscher Diamagnetismus) ein von den

Leitungselektronen herrührender Anteil auftreten (LANDAUscher Diamagnetismus); letzterer ist hauptsächlich bei Metallen vorhanden. Die diamagnetische Suszeptibilität ist nahezu temperaturunabhängig. Sie tritt als Induktionseffekt stets auf, wird jedoch oft vom Einfluß des Para- oder Ferromagnetismus überdeckt.

Ferromagnetismus: *In ferromagnetischen Substanzen* (insbesondere Fe, Co, Ni) führen quantenmechanische Austauschkräfte zu einer *spontanen Parallelstellung atomarer magnetischer Momente.* Nach der WEISSschen Theorie tritt unterhalb der CURIE-Temperatur diese spontane Parallelstellung in kleinen Bereichen, den sogenannten *WEISSschen Bezirken* (lineare Ausdehnung $10^{-4} \cdots 10^{-6}$ cm), auf. Die Magnetisierungsrichtung der Bereiche ist selbst jedoch statistisch. Die Einwirkung eines Magnetfeldes führt zu einer Ausrichtung der WEISSschen Bezirke (BARKHAUSEN-*Sprünge*). Der Zusammenhang zwischen magnetischer Feldstärke und Induktion bzw. Polarisation folgt einem

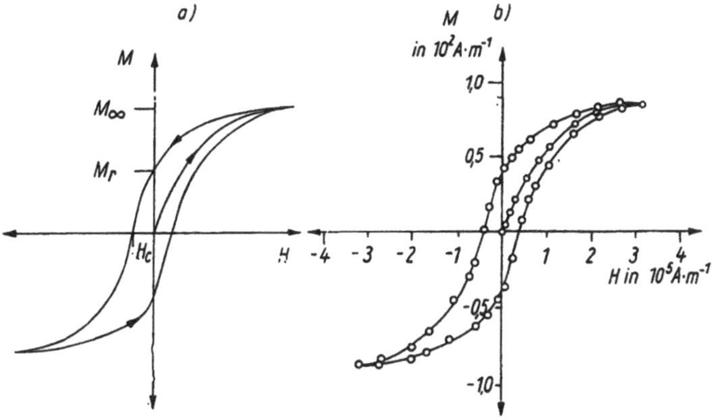

Abb. 3.1. Hysteresekurve ferromagnetischer Substanzen
a) schematische Darstellung (M_∞ Sättigungsmagnetisierung, M_r remanente Magnetisierung, H_c Koerzitivkraft),
b) Hysteresekurve eines vulkanischen Gesteins (umgezeichnet nach NAGATA 1961)

charakteristischen Kurvenverlauf (*Hysteresekurve* Abb. 3.1). Ferromagnetika unterscheiden sich wesentlich von den Para- und Diamagnetika vor allem insofern, als

- ihre Suszeptibilität um Zehnerpotenzen *höher* liegt;
- ihre Suszeptibilität von der Feldstärke sowie der Vorgeschichte abhängt (*Hysteresekurve*);
- ihre Magnetisierung mit wachsender Feldstärke einem Grenzwert zustrebt (Sättigungsmagnetisierung $\boldsymbol{M}_\infty$) und nach Durchlaufen eines Astes der Hysteresekurve eine *Remanenz* bzw. remanente Magnetisierung $\boldsymbol{M}_r$ verbleibt.

Zunehmende Temperatur führt zu wachsender ungeordneter thermischer Bewegung und damit zunehmender Abweichung von der Parallelstellung der Momente (eine spontane Parallelstellung aller Momente ist streng nur am absoluten Nullpunkt gegeben). Damit nimmt die ferromagnetische Suszeptibilität mit wachsender Temperatur ab und verschwindet bei der für die Substanz charakteristischen CURIE-Temperatur (vgl. Tab. 3.2). Oberhalb der CURIE-Temperatur T_C verhält sich die Substanz parabzw. diamagnetisch und folgt dem CURIE-WEISSschen-Gesetz

$$\varkappa = C_p(T - T_C)^{-1}. \tag{3.6}$$

Gleichung (3.6) geht aus (3.4) hervor, indem die Temperatur durch den „Temperaturüberschuß“ über die CURIE-Temperatur ersetzt wird.

Antiferromagnetismus: Der Antiferromagnetismus ist eine Form der magnetischen Ordnung, bei der mehrere ferromagnetische *Untergitter so magnetisiert* bzw. orientiert sind, *daß die resultierende spontane Magnetisierung gleich Null* ist. Antiferromagnetismus kann speziell dadurch bedingt sein, daß gleichgroße benachbarte magnetische Momente antiparallel angeordnet sind. Analog den Ferromagnetika nimmt die Magnetisierung der Untergitter mit steigender Temperatur ab und verschwindet bei der stoffspezifischen NÉEL-Temperatur, oberhalb derer wiederum paramagnetisches Verhalten auftritt. Zu den Antiferromagnetika gehören z. B. Chrom, Mangan sowie Mangan(II)- und Eisen(II)-Oxid.

Ferrimagnetismus: Der Ferrimagnetismus ist eine Form der magnetischen Ordnung, bei der mehrere *Untergitter so magnetisiert* bzw. orientiert sind, *daß nur teilweise eine Kompensation der Momente* und damit eine resultierende spontane Magnetisierung der Substanz *auftritt*. Ferrimagnetismus kann speziell dadurch bedingt sein, daß ungleiche benachbarte magnetische Momente antiparallel angeordnet sind. Die Differenz der Momente tritt als spontane Magnetisierung auf. Damit kann Ferrimagnetismus als unkompensierter Antiferromagnetismus bzw. der Antiferromagnetismus als Grenzfall des Ferrimagnetismus mit vollständiger Kompensation der Untergittermagnetisierung aufgefaßt werden (Lexikon der Physik, 1972). Typische Vertreter der Ferrimagnetika sind Fe_3O_4 sowie die sog. Ferrite.

3.2. Die magnetischen Eigenschaften der Minerale

Die Mehrzahl der Minerale weist para- oder diamagnetische Eigenschaften auf (Tab. 3.2). Chemische Zusammensetzung bzw. magnetische Eigenschaften der am Mineralaufbau beteiligten Elemente, Bindung und Struktur bestimmen das magnetische Verhalten der Minerale.

Paramagnetismus ist an das Vorhandensein von Übergangsmetallionen mit nicht abgeschlossenen Elektronenschalen gebunden. Zu den paramagnetischen Mineralen zählen vor allem eisen- und z. T. manganhaltige Silikate und Alumosilikate wie z. B. Olivine, Pyroxene, Biotit, Amphibole. Bei Kenntnis der chemischen Zusammensetzung ist für diese Minerale eine Berechnung der magnetischen Suszeptibilität nach der Theorie von LANGEVIN möglich (NAGATA 1961, 1966). Abb. 3.2 zeigt dies am Beispiel des Orthopyroxens (Fe^{2+}, Mg) SiO_3. Mit wachsendem Anteil ferromagnetischer Substanzen nehmen die Suszeptibilitäten zu (Abb. 3.3) und bilden nach DORTMAN 1976 bereits einen Übergangsbereich zu den Ferromagnetika, der auch als „*paraferromagnetisch*“ bezeichnet wird.

Ferro- bzw. ferrimagnetische Minerale in natürlichen Gesteinen treten entweder als Oxide vor allem des Eisens und Titans oder als deren Sulfide auf. Dabei bilden die Oxide die überwiegende Mehrheit, während die Sulfide (z. B.

Pyrrhotin) meist nur lokal begrenzt und unter sehr speziellen Bildungsbedingungen auftreten (NAGATA 1966). Innerhalb der Gruppe der Oxide ist das von den Endgliedern TiO_2 (*Rutil*), FeO (*Wüstit*) und Fe_2O_3 (*Hämatit bzw. Maghemit*) gebildete *ternäre System* (Abb. 3.4) von dominierender Bedeutung. Die Untersuchung der magnetischen Eigenschaften dieses ternären Systems liefert „...the most basic knowledge for understanding the ferrimagnetic characteristic of general rocks" (NAGATA 1966). Tabelle 3.2 enthält Angaben zu diesen und einigen nicht zum System $FeO-Fe_2O_3-TiO_2$ gehörenden magnetisch wirksamen Mineralen.

Tabelle 3.2. Magnetische Suszeptibilität und Curietemperatur einiger Minerale (MILITZER, SCHEIBE 1980 (nach Daten von ANGENHEISTER und SOFFEL 1972; DORTMAN 1976), CLARKE 1969)

Mineral		$\varkappa$ 10^{-5} SI	T_c K
Diamagnetika			
Quarz	SiO_2	−1,5	
Kalkspat	$CaCO_3$	−1,2	
Steinsalz (Halit)	NaCl	−1,0	
Flußspat (Fluorit)	CaF_2	−1,6	
Schwerspat (Baryt)	$BaSO_4$	−0,3	
Gips	$CaSO_4 \cdot 2H_2O$	−1,3	
Sylvin	KCl	−1,3	
Orthoklas	$K[AlSi_3O_8]$	−0,6	
Paramagnetika			
Olivin	$[Fe, Mg]_2SiO_4$	10···100	
Fe-haltige Pyroxene	(Enstatit, Bronzit, Hypersten)	150···3000	
Anorthit	$Ca[Al_2Si_2O_8]$	10···1000	
Nephelin	$Na[AlSiO_4]$	1···100	
Biotit		100···1000	
Fe-haltige Amphibole	(Hornblende, Glaukophan)	100···1000	
Pyrit	FeS_2	4···6	
Brauneisen	$\alpha Fe_2O_3 \cdot H_2O$	20···200	
Ferri-, Ferro und Antiferromagnetika			
Hämatit	Fe_2O_3	10···500	948
Magnetit	Fe_3O_4	$(9 \cdots 25) \cdot 10^5$	851
Titanomagnetite	$Fe^{2+}_{1-a}Fe^{3+}_{2-a} \cdot Ti_a{}^{4+}O_4{}^{2-}$	$1 \cdots 10^5$	373···851
Chromit	$FeCr_2O_4$	250···750	
Magnetkies	(Pyrrhotin)	$10^3 \cdots 10^4$	573···598
Maghemit	γFe_2O_3	$(4 \cdots 25) \cdot 10^5$	948
Jacobsit	$MnFe_2O_4$	250	783
Magnesioferrit	$MgFe_2O_4$	10	583

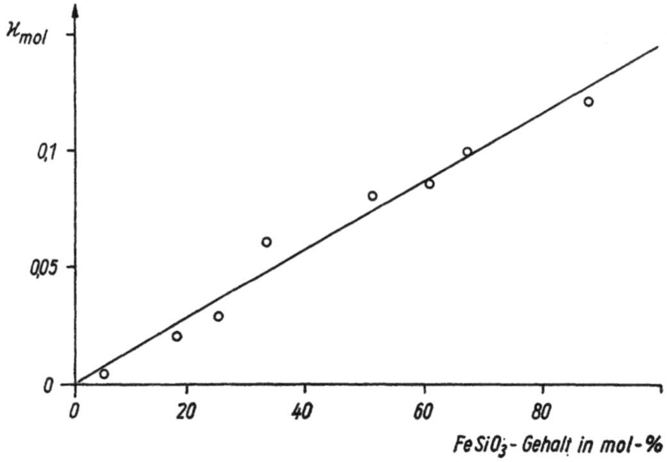

Abb. 3.2. Molare magnetische Suszeptibilität eines Orthopyroxens als Funktion des $FeSiO_3$-Gehaltes [in mol-%]
Kurve: berechnet nach LANGEVIN (umgezeichnet nach AKIMOTO, S.; HORAI, K.; BOKU, T. [in NAGATA 1966)

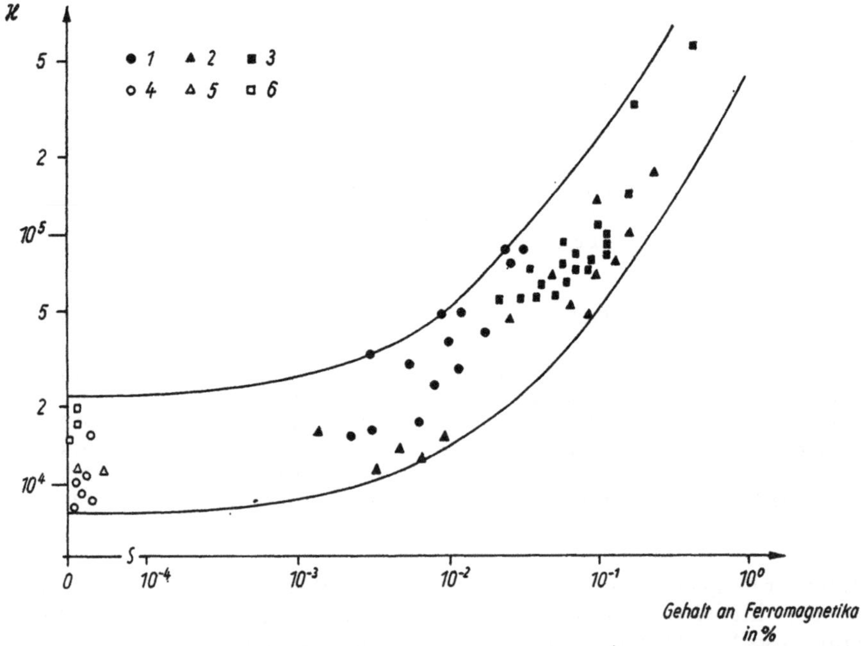

Abb. 3.3. Magnetische Suszeptibilität von Mineralen als Funktion ihres Gehaltes an Ferromagnetika (DORTMAN 1976)
1,4 — Biotite; *2,5* — Amphibole; *3,6* — Pyroxene

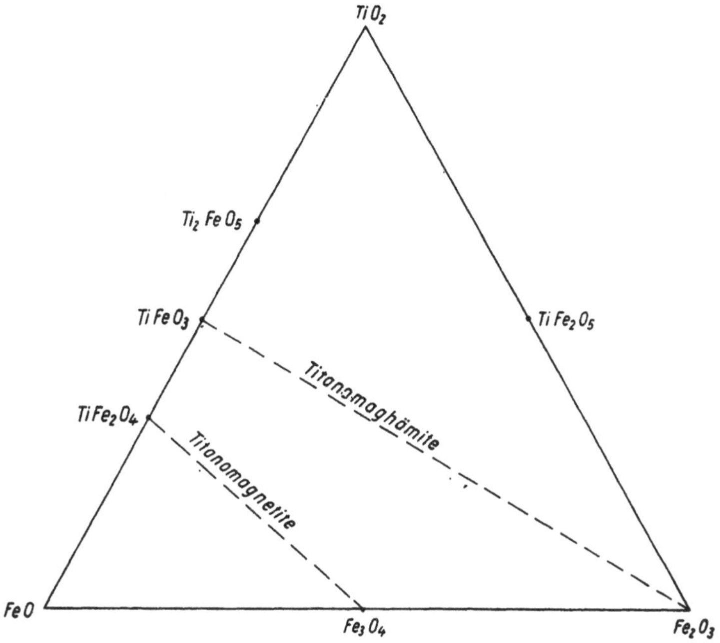

Abb. 3.4. Darstellung der natürlichen ferrimagnetischen Minerale im ternären System $FeO - Fe_2O_3 - TiO_2$

Auf Verbindungslinien je zweier Endglieder liegen

Fe_3O_4 (*Magnetit*; aus $FeO + Fe_2O_3$)
$TiFe_2O_4$ (*Ulvöspinell*; aus $TiO_2 + 2\,FeO$)
$TiFeO_3$ (*Ilmenit*; aus $TiO_2 + FeO$)
Ti_2FeO_5 (aus $2\,TiO_2 + FeO$)
$TiFe_2O_5$ (*Pseudobrookit*; aus $TiO_2 + Fe_2O_3$)

Zwischen diesen Mineralen existieren weitere Mischreihen; insbesondere die

- *Titanomagnetite* mit den Bestandteilen Magnetit und Ulvöspinell (Wüstit-Ilmenit), wobei die Veränderung im Volumenanteil durch die Substitution $2\,Fe^{3+} \rightleftharpoons Fe^{2+} + Ti^{4+}$ erfolgt und die
- *Titanomaghemite* ($V_{Fe_2O_3}Fe_2O_3 - (1 - V_{Fe_2O_3})FeTiO_3$) mit den Bestandteilen Hämatit bzw. Maghemit und Ilmenit, die durch Oxidation aus Titanomagnetiten hervorgehen, sind von besonderer Bedeutung. Von NAGATA (1966) untersuchte Proben von Eruptiva zeigten, daß 90% der magnetisch wirksamen Substanz von diesen beiden Serien dargestellt wird.

Abb. 3.5 zeigt die *Veränderung der* CURIE-*Temperatur* der Titanomagnetite *in Abhängigkeit von ihrer Zusammensetzung* mit annähernd linearem Verlauf.

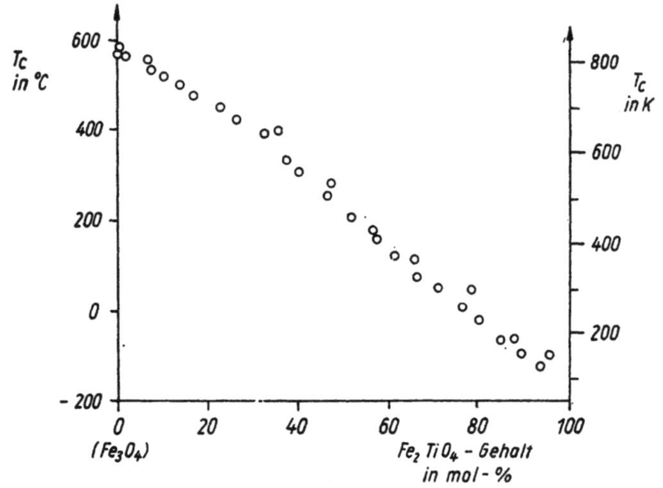

Abb. 3.5. Abhängigkeit der CURIE-Temperatur von der Zusammensetzung des Titanomagnetits (NAGATA 1966)

Dieser kann auch durch folgende Beziehungen dargestellt werden (CLARKE 1969; NAGATA 1961):

$$T_C = 851 - 580\chi_{\text{Ulvösp.}} - 150\chi^2_{\text{Ulvösp.}}, \quad (3.7)$$

dabei ist χ der Molanteil.

Da oberhalb der CURIE-Temperatur die markanten ferromagnetischen Eigenschaften der Minerale bzw. Gesteine verschwinden, treten in Abhängigkeit vom geothermischen Regime unterhalb einer bestimmten Tiefe keine ferromagnetischen Wirkungen mehr auf (sogenannte „CURIE-Isotherme").

3.3. Die magnetischen Eigenschaften der Gesteine

3.3.1. *Übersicht*

Die magnetischen Eigenschaften der Gesteine werden vor allem von den Eigenschaften ihrer Hauptbestandteile (meist dia- oder paramagnetisch) und in ihnen enthaltener ferri- bzw. ferromagnetisch wirksamer Akzessorien bestimmt. Unter letzteren sind die Minerale des ternären Systems $FeO-Fe_2O_3-TiO_2$ von besonderer Bedeutung. Tabelle 3.3. enthält Mittelwerte der Gehalte an FeO, Fe_2O_3 und TiO_2 für verschiedene Gesteinsgruppen.

Daraus erklären sich *Tendenzen* in den magnetischen Eigenschaften:

— Innerhalb der *Magmatite* weisen basische Gesteine höhere Suszeptibilitäten auf als saure Gesteine;

— *Sedimentite* weisen niedrigere Suszeptibilitäten auf als Magmatite; dabei nimmt die Suszeptibilität von den Sandsteinen zu den Tonsteinen zu.

Tabelle 3.3. Mittlere Gehalte an FeO, Fe_2O_3, TiO_2 von Gesteinsgruppen (nach Werten von FRÖLICH/FANSELAU 1959)

Tiefengesteine	Gehalt Vol.-%			Ergußgesteine	Gehalt Vol.-%		
	FeO	Fe_2O_3	TiO_2		FeO	Fe_2O_3	TiO_2
Granit	1,78	1,57	0,39	Liparit/Rhyolith	0,31	1,65	0,48
Syenit	3,28	2,74	0,67	Trachyt	2,62	2,64	0,38
Diorit	4,40	3,16	0,84	Dazit	1,90	2,38	0,57
				Andesit	3,13	3,33	0,77
Gabbro	5,95	3,16	0,97	Basalt	6,37	5,38	1,36
Dunit	5,54	2,84	0,02				
Sedimentite							
Sandstein	0,30	1,08	0,25				
Tonstein	2,46	4,03	0,65				
Kalkstein		0,54	0,06				

Abb. 3.6 illustriert dies an mittleren Wertebereichen der magnetischen Suszeptibilität.

3.3.2. *Die magnetischen Eigenschaften der Magmatite und magnetithaltigen Erze*

Bereits geringe Beimengungen ferro- bzw. ferrimagnetischer Minerale (etwa ab 10^2%) bestimmen wesentlich Größenordnung und Abhängigkeiten (z. B. Temperaturabhängigkeit) der magnetischen Suszeptibilität eines Gesteins. Die magnetische Wirksamkeit dieser Beimengungen ist dabei vor allem abhängig von

— *ihrem Volumenanteil am Gesteinsaufbau,*

— *ihren spezifischen magnetischen Eigenschaften,*

— *der Größe und Form der Partikel.*[1]

Diese Einflußfaktoren sind bei allen Gesteinsgruppen (d. h. auch bei metamorphen und sedimentären Gesteinen) wirksam. Die Zunahme der magnetischen Suszeptibilität mit der Korngröße ferri- bzw. ferromagnetischer Minerale wird mit Abb. 3.7. am Beispiel des Magnetits verdeutlicht. — Tabelle 3.4 enthält Mittelwerte der Suszeptibilität von Erzen.

[1] MILITZER und SCHEIBE (1980) weisen darauf hin, daß Effusiva infolge rascherer Kristallisation meist feinkörniger ausgebildete ferrimagnetische Partikel (insbesondere Magnetit und Titanomagnetite) besitzen als Intrusiva. Aus diesem Korngrößenunterschied wird erklärt, daß bei vergleichbarer mineralogisch-chemischer Zusammensetzung Effusiva häufig niedrigere Suszeptibilitätswerte aufweisen als Intrusiva.

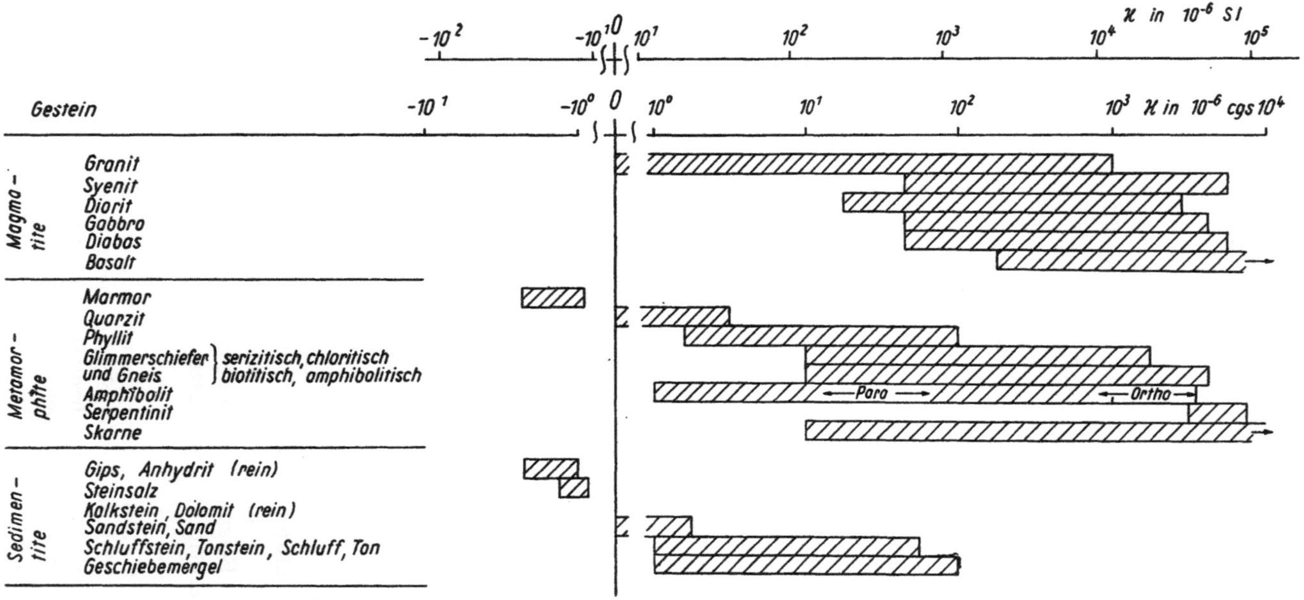

Abb. 3.6. Mittlere Wertebereiche der magnetischen Suszeptibilität verschiedener Gesteinsarten; zusammengestellt nach Angaben von Dortman (1976); Lindner und Scheibe (1975), Militzer u. a. (1978), Peschel (1978), Parasnis (1971)

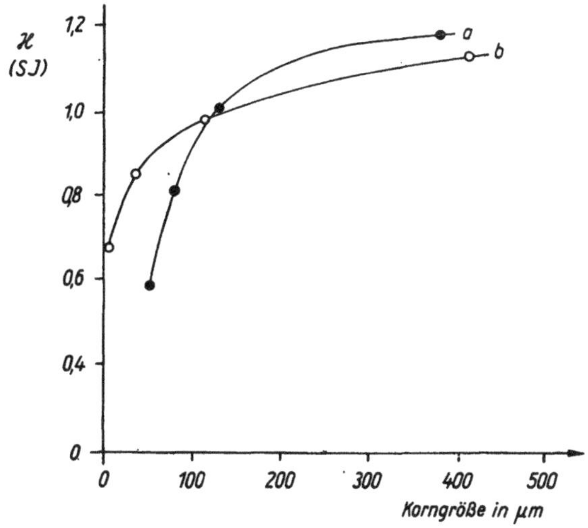

Abb. 3.7. Abhängigkeit der magnetischen Suszeptibilität des Magnetits von der Korngröße [a) nach Spravočnik Geofizika (1966), b) nach AKIMOTO in: NAGATA (1966)]

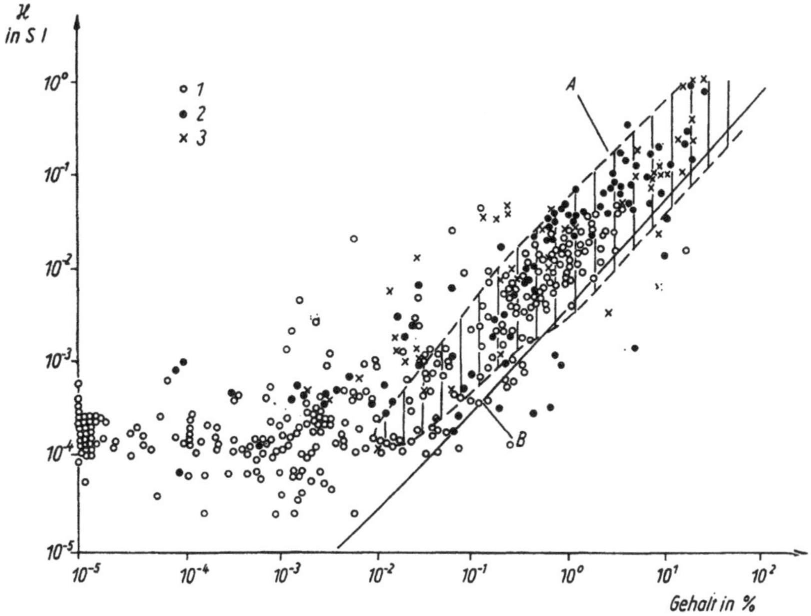

Abb. 3.8. Gegenüberstellung der magnetischen Suszeptibilität von Gesteinen und Erzen und ihrem Gehalt an ferro- bzw. ferrimagnetisch wirksamen Fraktionen nach Ergebnissen verschiedener Autoren

1 – Granitoide
2 – Diorite und Gabbros } DORTMAN (1976)
3 – Ultrabasite

Bereich *A*: von CLARKE (1969) angegebener Wertebereich
Linie *B*: nach Gl. (3.9) berechnet ($P_M = 3{,}6$; $\varkappa_F = 1$)

Tabelle 3.4. Mittelwerte der Suszeptibilität von Erzen (aus MILITZER, SCHEIBE 1980, nach Daten von DORTMAN 1976 und SPRAVOČNIK Geofizika 1966)

Erz			$\varkappa$ (SI)
sedimentär-metamorphe Magnetitquarzite (Krivoi Rog)			1···4
Magnetitskarne	derb		3···10
	reich		1,5···5
	arm		0,7···2,3
Magnesioferritskarne			1···5,5
Titanomagnetiterze		imprägniert	0,4···1
		schlierig	2···4
Martit- und Braunerze			$(1\cdots25)\cdot10^{-3}$
Siderit-Hydrogoethit-Erze			$(1\cdots4)\cdot10^{-3}$
Chromiterze			$(1\cdots40)\cdot10^{-3}$
Kupfer-Nickel-Erze			$(3\cdots300)\cdot10^{-3}$
Zinnerze			$(5\cdots200)\cdot10^{-5}$
Zinnerze mit Pyrrhotin			$(2\cdots48)\cdot10^{-3}$
Kupfererze			$(5\cdots4000)\cdot10^{-5}$
polymetallische Erze, teilweise mit Pyrrhotin			$(5\cdots1000)\cdot10^{-5}$
Silikatbauxite			$(1\cdots200)\cdot10^{-3}$
Kalkbauxite			$(10\cdots900)\cdot10^{-5}$

Eine zusammenfassende Darstellung von durch mehrere Autoren publizierten Suszeptibilitätswerten und Gehalten an ferro- bzw. ferrimagnetisch wirksamen Bestandteilen (Abb. 3.8) läßt sowohl den dominierenden Einfluß der mineralogischen Zusammensetzung als auch den offensichtlichen Einfluß weiterer Faktoren deutlich werden.

Theoretische Untersuchungen dieses Zusammenhanges führten zu verschiedenen Gleichungen. In sehr allgemeiner Form berechnet WEINBERG (1967) die Suszeptibilität zu

$$\varkappa = \sum V_{\mathrm{P,D}}\varkappa_{\mathrm{P,D}} + \sum V_{\mathrm{F1}}\varkappa_{\mathrm{F1}} + V_{\mathrm{F2}}\frac{\varkappa_{\mathrm{F2}}}{1+\frac{4}{3}\pi\varkappa_{\mathrm{F2}}}. \tag{3.8}$$

Dabei stellt der 1. Summand den Beitrag der para(P)- oder diamagnetischen (D) Substanzen dar; der 2. Summand beinhaltet den Einfluß mikrokörniger ferromagnetischer Substanz bei Konzentrationen bis 0,01···0,1%. Der 3. Summand stellt den Beitrag ferromagnetischer Substanz in Konzentrationen $>$ 0,01···0,1% dar. Die dabei verwendete Größe $4\pi/3$ ist der *Entmagnetisierungsfaktor* für den Spezialfall kugelförmiger Körner.

Unter Vernachlässigung der ersten beiden Summanden, d. h. für Konzentrationen $>$ 0,1% (und insbesondere für magnetithaltige Erze) ergibt sich daraus bei Verallgemeinerung der Kornform die u. a. von PUZICHA (1942) und NAGATA (1966) angegebene Beziehung

$$\varkappa = \frac{V_F\varkappa_F}{1 + P_M\varkappa_F(1 - V_F)}. \tag{3.9}$$

Dabei ist $\varkappa$ die magnetische Suszeptibilität des Gesteins bzw. Erzes, $\varkappa_F$ die magnetische Suszeptibilität der ferro- bzw. ferrimagnetischen Bestandteile, V_F der Volumenanteil der ferro- bzw. ferrimagnetischen Bestandteile, P_M der Entmagnetisierungsfaktor.

Für die Größe des Entmagnetisierungsfaktors, der für Ellipsoide z. B. von NAGATA (1961) angegeben ist, gibt PUZICHA (1942) einen mittleren Bereich

$$P_M = 3{,}2 \cdots 3{,}9$$

an. In Abb. 3.8 ist die nach (3.9) berechnete Kurve für ($P_M = 3{,}6\ x_F = 1$) eingezeichnet.

Darüber hinaus wurden *empirische Relationen zwischen Suszeptibilität und Magnetitgehalt* V_F z. B. von BALSEY und BUDDINGTON

$$\varkappa = 0{,}033 V_F^{1,33}$$

und JAHREN

$$\varkappa = 0{,}0145 V_F^{1,39} \tag{3.10}$$

abgeleitet (siehe PARASNIS, 1973).

3.3.3. *Die magnetischen Eigenschaften der Metamorphite*

Die magnetischen Eigenschaften metamorpher Gesteine sind vor allem abhängig von

— *Mineralbestand des Ausgangsgesteins* und
— *Umwandlungsprozessen im Zusammenhang mit Druck- und Temperatureinwirkungen sowie eventueller Stoffzu- bzw. -abfuhr (Metasomatose).*

Von DORTMAN (1976) wurden die bei unterschiedlicher Fazies der Metamorphose zu beobachtenden Veränderungen der Suszeptibilität der Metamorphite untersucht. Während in niederer Fazies der Regionalmetamorphose nahezu keine Veränderung der magnetischen Eigenschaften gegenüber dem Edukt auftritt, machen sich in der Amphibolit- und Granulitfazies stärkere Veränderungen infolge Magnetitneubildung bemerkbar. Die intensivsten Einwirkungen zeigen Vorgänge der Granitisierung sowie der Kontaktmetamorphose und vor allem hydrothermal-metasomatische Prozesse und Autometamorphose. Beispielsweise führt die Serpentinisierung der Ultrabasite zu Erhöhungen der Suszeptibilität, Karbonatisierung der Serpentine hingegen zu starkem Absinken der $\varkappa$-Werte (vgl. auch MILITZER und SCHEIBE 1980).

Die Suszeptibilitätswerte überstreichen daher einen breiten Wertebereich (siehe Abb. 3.6), wobei aufgrund des primären Mineralbestandes die aus Sedimentiten hervorgegangenen *Paragesteine* meist niedrigere Werte aufweisen als die aus Magmatiten entstandenen *Orthogesteine*. Die niedrigsten Suszeptibilitätswerte weisen eisenfreier Quarzit (Ausgangsgestein: Sandstein) und Marmor (Ausgangsgestein: Dolomit, Kalkstein) auf. Hohe Suszeptibilitäten treten bei aus basischen Magmatiten hervorgegangenen Amphiboliten, vor allem aber bei eisenhaltigen Quarziten und bei den durch Kontaktmetamorphose entstandenen Skarnen auf.

In stark geschieferten Gesteinen tritt häufig eine *Anisotropie* in den magnetischen Eigenschaften auf.

3.3.4. Die magnetischen Eigenschaften der Sedimentite

Der Hauptmineralbestand der Sedimentite weist dia- bzw. paramagnetische Eigenschaften auf. Erhöhte Suszeptibilitätswerte der Sedimentite sind daher auf *ferro- bzw. ferrimagnetische Akzessorien* (vor allem Magnetit und seine Varietäten, Maghemit, Hämatit und Eisenhydrosilikate wie z. B. Goethit) zurückzuführen. Dabei sind in gleicher Weise wie bei den übrigen Gesteinen Korngröße und -form dieser Akzessorien von Einfluß.

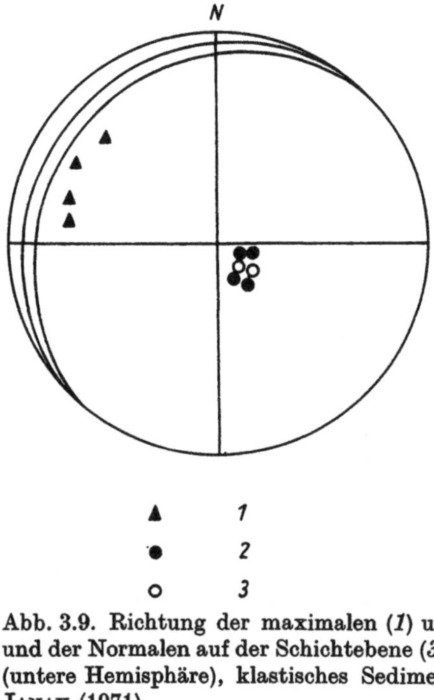

Abb. 3.9. Richtung der maximalen (*1*) und minimalen (*2*) Suszeptibilität und der Normalen auf der Schichtebene (*3*) in stereographischer Projektion (untere Hemisphäre), klastisches Sediment (ČSSR); nach HROUDA und JANAK (1971)

Stofflicher Bestand und Sedimentationsbedingungen bestimmen in erster Linie die magnetischen Eigenschaften der Sedimentite, die hinsichtlich der magnetischen Suszeptibilität folgende Merkmale erkennen lassen:

— *chemische und biogene Sedimentite (Karbonate, Gips, Anhydrit, Salze) sind gering paramagnetisch bzw. diamagnetisch*;

— *klastische Sedimentite haben teilweise durch o. g. Akzessorien erhöhte Suszeptibilitätswerte, wobei häufig bei tonigen Gesteinen höhere Werte als bei sandigen auftreten.*

Die Zunahme der Suszeptibilität mit wachsendem Tongehalt bzw. abnehmender Korngröße ist nicht immer klar ausgeprägt, sondern offenbar stark von Sedimentationsbedingungen und -milieu abhängig.

So lassen die in Tab. 2.6 enthaltenen Werte für die Norddeutsch-Polnische Senke diesen Zusammenhang sehr deutlich erkennen (vgl. auch Abb. 3.6). — HROUDA und JANAK (1971) fanden an devonischen Sedimentiten ebenfalls, daß die mittlere Suszeptibilität (und der Hämatitgehalt) bei grobem Material (Psephite) niedriger ist als bei feinerem (Psammite, Schluff).

Die magnetisch wirksamen Bestandteile in klastischen Sedimentiten sind vorrangig als Detritus bei der Sedimentation eingelagert, teilweise sind sie auch durch spätere chemische Bildung entstanden. Bei der mit der Sedimentation simultanen Ablagerung des Detritus erfolgt eine Einregelung in das Sedimentgefüge. An devonischen Sandsteinen durchgeführte Untersuchungen von HROUDA und JANAK [1971] ergaben einen deutlichen *Zusammenhang zwischen Sedimentgefüge und Anisotropie* der magnetischen Eigenschaften (Abb. 3.9). In Schichtrichtung wurden maximale Suszeptibilitätswerte gemessen, die sich aus einer schichtungsparallelen Einlagerung der Hämatitplättchen erklären lassen. Hämatit zeigt in der c-Achse seiner Minerale die minimale und in der Ebene des Plättchens die maximale Suszeptibilität (UYEDA u. a. 1963; HROUDA und JANAK 1971).

3.4. Die remanente Magnetisierung der Gesteine

Eine Reihe von Gesteinen — insbesondere magmatische und metamorphe Gesteine — weisen außer der induzierten eine remanente Magnetisierung M_r auf. Die remanente Magnetisierung ist definiert als die bei der Feldstärke $H = 0$ vorhandene Magnetisierung. Ihre Größe und Richtung — deren Bestimmung ein wesentliches Mittel paläomagnetischer Untersuchungen ist — wird von den magnetischen Eigenschaften des betreffenden Gesteins und seiner „*magnetischen Vergangenheit*" in Zusammenhang mit den thermodynamischen und chemischen Bedingungen bestimmt. Das Auftreten remanenter Magnetisierung setzt die magnetische Feldeinwirkung und ferri- bzw. ferromagnetische Bestandteile (d. h. Material mit Hystereseeigenschaften) voraus. Daher ist auch oft eine Korrelation zwischen M_r und $\varkappa$ zu beobachten (siehe z. B. DORTMAN, 1976). Das wirksame Feld beim Zustandekommen einer remanenten Gesteinsmagnetisierung ist das magnetische Erdfeld.

Neben der häufig angeführten *thermo-remanenten Magnetisierung*, die bei der Abkühlung magmatischen oder metamorph beanspruchten Materials von Temperaturen oberhalb des CURIE-Punktes auf niedere Temperaturen auftritt,

Tabelle 3.5. Königsberger-Quotient für einige Gesteinsarten (Militzer, Scheibe 1980 (nach Daten von Dortman 1976 und Sharma 1975))

Gestein			$\bar{Q}$	Q_{max}
Sedimentite (ohne Erze)			0,1	1
Metamorphite	1. Grünschieferfazies	Phyllit	0···0,1	
		Quarzit-Sericit-Schiefer, Quarzit-Chlorit-Schiefer Glimmerschiefer	0···0,5	2
		krist. Kalkstein, marmorisiert	0	
		Aktinolith-Chlorit-Schiefer	0···1,0	
	2. Epidot-Amphibolit-Fazies	Quarzit, Marmor	0	
		Biotitschiefer	0···0,3	2
	3. Amphibolitfazies	Gneis	0···0,5	2
		Amphibolit	0···1,0	
	4. Granulitfazies 1···4	Granulit	0···1,0	
		Eisenquarzit	0,1···5,0	
	5. Eklogitfazies	Eklogit	0···0,1	
	Ultrametamorphose	Granit, Migmatit	0···0,3	3
	hydroth.-metasom.	Greisen	0···0,3	3
Intrusiva	sauer	Granosyenit, Granit	0,1···0,3	2
		Aplit, Pegmatit	0···0,3	
		Syenit	0···2,0	
		Granodiorit	0,1···1,0	
	intermediär	Diorit	0···0,3	2
	basisch	Anorthosit	0···0,3	
		Gabbro	0···0,5	3
	ultrabasisch	Hyperbasit, Pyroxenit, Peridotit, Olivinit	0···0,5	5
Effusiva	sauer	Liparit	1···10	
		Quarzporphyr	0,05···2,0	
	intermediär	Andesit	1···15	
		Andesitporphyrit	0,5···3	
		Albitkeratophyr	0···1,0	
	basisch	Basalt	1···20	160
		Diabas	0···5	

können weitere physikalische Effekte zu Arten remanenter Magnetisierung führen, z. B.:

— *chemisch-remanente Magnetisierung,*
— *druck-remanente Magnetisierung,*
— *detrital-remanente Magnetisierung (bei Sedimentiten).*

Die Arten der remanenten Magnetisierung und ihre physikalischen Ursachen wurden vor allem von Königsberger, Thellier, Neel und Nagata beschrieben (s. Nagata 1966).

Die remanente Magnetisierung stellt keine physikalische Materialeigenschaft im engeren Sinne dar. In der Literatur enthaltene Daten weisen eine große Streubreite auf. Häufig wird zur Charakterisierung der remanenten Magnetisierungseigenschaften der Quotient aus remanenter Magnetisierung M_r und der durch das Erdfeld induzierten Magnetisierung M_{ind} angegeben und als Königsberger-ratio Q (bzw. Königsberger-Quotient) bezeichnet:

$$Q = \frac{M_r}{M_{ind}}. \tag{3.11}$$

Tabelle 3.5 enthält hierzu einige Angaben für verschiedene Gesteinsarten.

4. Die radioaktiven Eigenschaften der Minerale und Gesteine

In den Geowissenschaften wird sowohl die den Gesteinen und Mineralen eigene „*natürliche Radioaktivität*" als auch die im Ergebnis von Wechselwirkungsprozessen künstlich eingebrachter Strahler mit dem Gestein auftretende Strahlung („*künstliche Radioaktivität*") gemessen, um Informationen über substantiellen Bestand und physikalische Eigenschaften (Dichte, Wassergehalt) sowie Altersangaben zu erhalten. In diesem Kapitel wird vorrangig die „natürliche" Radioaktivität behandelt. Sie bildet die petrophysikalische Grundlage der „radiometrischen Verfahren". Einige Angaben zu Parametern, die speziell beim Gamma—Gamma- und Neutron—Neutron- bzw. Neutron—Gamma-Verfahren der angewandten Geophysik von Bedeutung sind, werden in Abschnitt 9. kurz dargestellt. Zur Anwendung weiterer „kerngeophysikalischer Verfahren", insbesondere zum *Elementnachweis* mit Aktivierungs- und Spektralverfahren, muß auf die entsprechende Spezialliteratur verwiesen werden (siehe z. B. Czubek 1977, Gorbušina u. a. 1974, Saporošca 1978).

4.1. Physikalische Grundlagen und Maßeinheiten

Radioaktivität beruht auf der Umwandlung bestimmter Nuklide („Radionuklide") unter Emission charakteristischer Strahlung (α, β, γ). Die Umwandlung folgt dabei dem statistisch definierten *Zerfallsgesetz* (*Umwandlungsgesetz*)

$$\frac{\mathrm{d}N}{\mathrm{d}t} = -\lambda N \tag{4.1}$$

bzw.

$$N = N_0 \, \mathrm{e}^{-\lambda t}. \tag{4.2}$$

Dabei ist N_0 die Zahl der zur Zeit $t = 0$ vorhandenen Nuklide, N die Zahl der zur Zeit t vorhandenen Nuklide, λ die Zerfallskonstante.

Zur Charakterisierung des Zerfallsprozesses wird neben λ häufig die „*Halbwertszeit*" $T_{1/2}$ verwendet, die mit der Zerfallskonstanten in folgender Beziehung steht:

$$\lambda = (T_{1/2})^{-1} \ln 2 = 0{,}693 (T_{1/2})^{-1}. \tag{4.3}$$

Die Halbwertszeiten der Nuklide umfassen einen sehr breiten Bereich; sie reichen von ca. 10^{-7} s bei $^{212}_{84}Po$ bis zum praktisch stabilen $^{204}_{82}Pb$ mit ca. 10^{19} Jahren.

α- und β-Strahlung stellen eine *Partikelstrahlung* dar. Beim α-Zerfall werden vom zerfallenden Kern 2 Neutronen und 2 Protonen als positiv geladener Heliumkern ^2_4He emittiert. Beim β-Zerfall wandelt sich im Kern ein Neutron in ein Proton um und emittiert das freiwerdende Elektron als β-Teilchen. Demzufolge ist die α-Strahlung mit einer Verringerung der Ordnungszahl um 2 und der Massezahl um 4 Einheiten und die β-Strahlung mit der Verringerung der Ordnungszahl um 1 Einheit verbunden (FAJANS-SODDYsche Verschiebungsregel).

Durch Strahlungsübergang eines angeregten Kerns zu niedriger angeregten Zuständen oder zum Grundzustand entsteht die γ-Strahlung als hochenergetische *elektromagnetische Welle* mit Wellenlängen von $10^{-9} \cdots 10^{-14}$ cm und Energien von mehr als einigen keV („γ-Abregung"). Die Energiedifferenz zwischen Anfangs- und Endzustand bestimmt die Energie des Gammaquants. Infolge der verschiedenen angeregten Energieniveaus treten bei der γ-Strahlung *Spektren* unterschiedlicher Energie und Intensität auf (vgl. Tab. 4.1). Der γ-Zerfall ändert nur den Energieinhalt des Kerns, nicht aber dessen Masse- oder Ordnungszahl. Die meisten der in Gesteinen vorkommenden radioaktiven Isotope gehören einer der folgenden *Zerfallsreihen* an:

Uranium—Radium-Reihe (Muttersubstanz ^{238}U; Endsubstanz ^{206}Pb),
Uranium—Actinium-Reihe (Muttersubstanz ^{235}U; Endsubstanz ^{207}Pb),
Thorium-Reihe (Muttersubstanz ^{232}Th; Endsubstanz ^{208}Pb).

Mit den durch α- und β-Zerfall verbundenen Umwandlungen wird innerhalb dieser Zerfallsreihen γ-Strahlung unterschiedlicher Energie emittiert (Tab. 4.1). Die einzelnen Zerfallsprozesse erfolgen mit unterschiedlichen Halbwertszeiten. Die dabei auftretende größte Halbwertszeit ist maßgebend für die Einstellung des *„radioaktiven Gleichgewichts"*, bei dem in der Zeiteinheit durch Zerfall des „Mutternuklids" genau die Zahl von „Tochternukliden" nachgebildet wird, die in der gleichen Zeit durch weiteren Zerfall eine Umwandlung erfährt. Dieser Zustand ist erreicht, wenn die Bedingung

$$N_1 \cdot \lambda_1 = N_2 \cdot \lambda_2 = \cdots = N_n \cdot \lambda_n \tag{4.4}$$

erfüllt ist. In der für die Einstellung radioaktiven Gleichgewichts maßgebenden maximalen Halbwertszeit unterscheiden sich die Thorium-Reihe und die Uranium-Reihen: Innerhalb der Thorium-Reihe weist das Radium $^{228}_{88}Ra$ mit 6,7 a die größte Halbwertszeit auf. In der Uranium-Radium-Reihe treten Thorium $^{230}_{90}Th$ mit $8 \cdot 10^4$ a und Radium $^{226}_{88}$ mit 1622 a und in der Uran-Actinium-Reihe das Protactinium $^{231}_{91}Pa$ mit $3{,}4 \cdot 10^4$ a auf. Demzufolge kann bei thoriumhaltigen Gesteinen nach etwa 50 ⋯ 100 a mit radioaktivem Gleichgewicht gerechnet werden, während es sich bei uranhaltigen Gestein im Zeitraum von 10^6 a einstellt und außerdem durch Emanationsvorgänge gestört sein kann.

Darüber hinaus tritt als häufige Ursache radioaktiver Strahlung der Gesteine das *Kaliumisotop* $^{40}_{19}K$ auf. Es ist im natürlichen Kalium zu 0,012% enthalten und kann auf 2 Wegen zerfallen:

1. β-Zerfall (89,1% Wahrscheinlichkeit) $^{40}_{19}K \rightarrow {}^{40}_{20}Ca + \beta^-$,
2. Elektroneneinfang (10,9% Wahrscheinlichkeit) $^{40}_{19}K + e^- \rightarrow {}^{40}_{18}Ar + h\nu$.

Tabelle 4.1. γ-Spektren der Familien des Urans (U), Actinourans (AcU) und des Thoriums (Th) im Energiebereich $E > 10^2$ keV bzw. $E > 16 \cdot 10^{-15}$ J = 16 fJ
(in die Tabelle wurden nur Umwandlungen mit mehr als 10^{-2} Quanten/Umwandlung aufgenommen)
zusammengestellt nach Novikov u. Kapkov (1965)

Energie		Zahl der Quanten je Umwandlung	Nuklid		
fJ	keV		Symbol	historische Bezeichnung	Familie
17,6	110	0,050	^{235}U	AcU	AcU
19,5	122	0,020	^{223}Ra	AcX	AcU
20,6	129	0,106	^{228}Ac	$MsTh_2$	Th
22,9	143	0,120	^{235}U	AcU	AcU
23,0	144	0,041	^{223}Ra	AcX	AcU
24,7	154	0,055	^{223}Ra	AcX	AcU
26,4	165	0,040	^{235}U	AcU	AcU
29,6	185	0,550	^{235}U	AcU	AcU
30,1	188	0,012	^{226}Ra	Ra	U
32,0	200	0,040	^{235}U	AcU	AcU
33,4	209	0,040	^{228}Ac	$MsTh_2$	Th
37,8	236	0,100	^{227}Pb	RdAc	AcU
38,2	239	0,470	^{212}Pb	ThB	Th
38,7	242	0,105	^{214}Pb	RaB	U
43,2	270	0,100	^{223}Ra	AcX	AcU
43,2	270	0,031	^{228}Ac	$MsTh_2$	Th
43,5	272	0,086	^{219}Rn	An	AcU
44,3	277	0,025	^{208}Tl	ThC''	Th
45,9	287	0,011	^{212}Bi	ThC	Th
47,2	295	0,24	^{214}Pb	RaB	U
51,8	324	0,023	^{223}Ra	AcX	AcU
54,1	338	0,095	^{228}Ac	$MsTh_2$	Th
56,3	352	0,453	^{214}Pb	RaB	U
56,6	354	0,144	^{211}Bi	AcC	AcU
64,2	401	0,048	^{219}Rn	An	AcU
64,6	404	0,023	^{211}Pb	AcB	AcU
73,6	460	0,060	^{228}Ac	$MsTh_2$	Th
81,7	511	0,083	^{208}Tl	ThC''	Th
93,3	583	0,311	^{208}Tl	ThC''	Th
97,5	609	0,398	^{214}Bi	RaC	U
104	652	0,030	^{214}Bi	RaC	U
112	703	0,016	^{214}Bi	RaC	U
126	787	0,013	^{214}Bi	RaC	U
126	785	0,017	^{212}Bi	ThC	Th
126	790	0,045	^{228}Ac	$MsTh_2$	Th
133	829	0,050	^{211}Pb	AcB	AcU
133	831	0,016	^{228}Ac	$MsTh_2$	Th
138	860	0,041	^{208}Tl	ThC''	Th

Tabelle 4.1. (Fortsetzung)

Energie		Zahl der Quanten je Umwandlung	Nuklid		
fJ	keV		Symbol	historische Bezeichnung	Familie
145	908	0,250	^{228}Ac	$MsTh_2$	Th
149	934	0,040	^{214}Bi	RaC	U
154	960	0,100	^{228}Ac	$MsTh_2$	Th
161	1010	0,015	^{234}Pa	UX_2	U
172	1073	0,010	^{212}Bi	ThC	Th
179	1120	0,159	^{214}Bi	RaC	U
185	1155	0,024	^{214}Bi	RaC	U
198	1238	0,061	^{214}Bi	RaC	U
205	1281	0,018	^{214}Bi	RaC	U
220	1378	0,047	^{214}Bi	RaC	U
226	1410	0,046	^{214}Bi	RaC	U
235	1471	0,040	^{214}Bi	$MsTh_2$	Th
241	1509	0,033	^{214}Bi	RaC	U
253	1582	0,013	^{214}Bi	RaC	U
256	1600	0,040	^{228}Ac	$MsTh_2$	Th
259	1620	0,028	^{212}Bi	ThC	Th
276	1728	0,019	^{214}Bi	RaC	U
283	1764	0,149	^{214}Bi	RaC	U
285	1783	0,032	^{214}Bi	RaC	U
296	1848	0,014	^{214}Bi	RaC	U
298	1862	0,015	^{214}Bi	RaC	U
338	2117	0,015	^{214}Bi	RaC	U
352	2290	0,054	^{214}Bi	RaC	U
392	2450	0,020	^{214}Bi	RaC	U
418	2614	0,360	^{208}Tl	ThC″	Th

Die beim Elektroneneinfang (K-Einfang) ausgesandte monoenergetische Strahlung hat die Energie 1,45 MeV bzw. 232 fJ.

Von den genannten 2 Strahlungsarten haben infolge des durch Wechselwirkungsprozesse bedingten Energieverlustes die α-Strahlen die geringste *Reichweite*; sie beträgt in Luft etwa 3···8 cm und in Gesteinen etwa 15···50 μm. Die Reichweite der β-Strahlen ist höher, beträgt aber im Gestein auch nur einige mm. Bedeutend höher ist die Reichweite der γ-Strahlen; sie sind damit bei praktischen Messungen im Gelände bzw. Bohrungen leichter nachweisbar.

Zur Charakterisierung radioaktiver Strahlung werden verschiedene Größen verwendet, deren SI-Einheiten und Umrechnungen in Tabelle 4.2 enthalten sind. Speziell zur Darstellung der *Aktivität* wurde das Becquerel (Bq) und zur Darstellung der Energiedosis das Gray (Gy) eingeführt.

Die radioaktiven Eigenschaften der Gesteine werden häufig durch Angabe von *Äquivalent- bzw. Konzentrationsmaßen* (siehe Abschnitt 4.2) ausgedrückt.

Tabelle 4.2. Größen und Maßeinheiten

Größenart	SI-Einheit	Umrechnung
Exposition (Ionendosis)	$C \cdot kg^{-1} = A\ kg^{-1}\ s$	1 Röntgen (R) = $2{,}58 \cdot 10^{-4}\ C \cdot kg^{-1}$
Expositions-leistung (Ionendosis-leistung)	$C \cdot kg^{-1} \cdot s^{-1} = A \cdot kg^{-1}$	1 R/s = $2{,}58 \cdot 10^{-4}\ A \cdot kg^{-1}$ 1 R/h = $71{,}67 \cdot 10^{-9}\ A \cdot kg^{-1}$
Energiedosis	$Gy = J \cdot kg^{-1} = m^2 \cdot s^{-2}$	1 Rad (rd) = 10^{-2} Gy
Aktivität	$Bq = s^{-1}$	1 Curie (Ci) = $3{,}7 \cdot 10^{10}$ Bq

4.2. Die natürliche Radioaktivität der Minerale und Gesteine

Die natürliche γ-Aktivität der Gesteine wird durch deren Gehalt an radioaktiver Substanz, d. h. insbesondere an Uran, Thorium und Kalium, und durch die spezifische Radioaktivität dieser Elemente bestimmt.

Tabelle 4.3. enthält die mittleren Kalium-, Uran- und Thoriumgehalte einiger Minerale. Detaillierte Untersuchungen an Magmatiten — insbesondere granitischen Gesteinen, — lassen erkennen, daß *Thorium* und *Uran* vor allem

Tabelle 4.3. K-, U- und Th-Gehalte (Wertebereiche bzw. mittlere Werte) einiger Minerale; zusammengestellt nach Angaben von Clarke 1969 (a), Rogers und Adams 1969, zit. in Marle 1978 (b), Dortman 1976 (c), Gearhart 1978 (d), Fertl 1979 (e), (k. A. = keine Angaben enthalten)

Mineral (1)	K in %	U in ppm	Th in ppm	Quelle
Feldspate				
Kalifeldspate	k. A.	0,2…3	3…7	a
	k. A.	1…3	2…8	c
Plagioklas	0,54	—	<0,01	e
Orthoklas	11,8…14,0	—	<0,01	e
Mikroklin	10,9	—	<0,01	e
Glimmer				
Biotit	k. A.	1…40	0,5…50	a
	k. A.	1…60	0,5…50	b
	k. A.	4…8	8…18	c
	8,7	k. A.	k. A.	d
	6,7…8,3	—	<0,01	e
Muskovit	k. A.	2…8	—	a
	9,8	k. A.	k. A.	d
	7,9…9,8	—	<0,01	e
Hornblende	k. A.	1…30	5…50	a
	k. A.	0,2…60	5…50	b
	k. A.	4…8	8…18	c

Tabelle 4.3. (Fortsetzung)

Mineral (1)	K in %	U in ppm	Th in ppm	Quelle
Tonminerale				
Bauxit	—	3···30	10···130	e
Glaukonit	3,2···5,8	k. A.	k. A.	d
	5,08···5,30	—	—	e
Bentonit	<0,5	1···20	6···50	e
Montmorillonit	0···0,6/0,22	k. A.	k. A.	d
	0,16	2···5	14···24	e
Kaolinit	0···1,49/0,63	k. A.	k. A.	d
	0,42	1,5···3	6···19	e
Illit	3,51···8,31/5,2	k. A.	k. A.	d
	4,5	1,5	—	e
Akzessorien				
Apatit	—	5···150	20···150	a, e
		10···100	50···250	b
		10···100	30···200	c
Monazit	—	500···3000	$2{,}5 \cdot 10^4 \cdots 2 \cdot 10^5$	a, e
		500···3000	$2 \cdot 10^4 \cdots 2 \cdot 10^5$	b
		600···2000	$1 \cdot 10^4 \cdots 3 \cdot 10^4$	c
Zirkon	—	300···3000	100···2500	a
		100···6000	$100 \cdots 10^4$	b
		400···2000	400···1000	c
— in Pegmatiten	—	100···6000	50···4000	
Epidot	—	20···50	50···500	a, e
		$300 \cdots 4 \cdot 10^4$		b
Xenotim	—	$500 \cdots 3{,}5 \cdot 10^4$		e
Kalisalze				
Sylvin	54			d
Langbeinit	20	—	—	d
Kainit	15,1	—	—	d
Carnallit	14,1	—	—	d
Polyhalit	14	—	—	d

an *Akzessorien* gebunden sind. Typische uran- bzw. thoriumhaltige Minerale sind Uraninite, Carnotite bzw. Monazite, Thorite und Thorianite. Uran kann darüber hinaus durch Adsorption an Kristalloberflächen und Korngrenzen, Lösung in Intergranularen und Flüssigkeitseinschlüssen und an Gitterfehlstellen gebunden sein (Marle, 1978). *Kalium* ist Bestandteil zahlreicher *gesteinsbildender Minerale* (z. B. Orthoklas, Mikroklin, Muskovit, Glaukonit) und Bestandteil der *Kalisalze* (Sylvin KCl, Carnallit $KCl \cdot MgCl_2 \cdot 6\,H_2O$, Kainit $KCl \cdot MgSO_4 \times 3\,H_2O$, Polyhalit $K_2SO_4 \cdot MgSO_4 \cdot 2\,CaSO_4 \cdot 2\,H_2O$, Langbeinit $K_2SO_4 \cdot 2\,MgSO_4$).

Die Verteilung bzw. Anreicherung radioaktiver Elemente in den Gesteinen (Tab. 4.4.) steht in engem *Zusammenhang mit ihrer Genese* bzw. den Differen-

Tabelle 4.4. Mittlere U-, Th- und K-Gehalte in Gesteinen (zusammengestellt nach DORTMAN 1976, PISČALOV u. a. 1978, SAPOROŠCA 1978, Fertl 1979)

Gesteins-gruppe	Gestein	Gehalte			
		K %	U/ppm	Th/ppm	Th/U
Magmatite					
	Granite	3,4···4,0	4···7	15···40	3,5···5,6
	Granodiorit	2,3	2,1	8,3	4,0
	Diorit	1,8	1,8	6,0	3,3
	Gabbro, Diabas	0,7	0,6	1,8	3,0
	Dunit, Pyroxenit	0,15	0,03	0,08	2,7
	Syenit	3,8			
	Basalt	1,0	0,7	2,3	3,2
Metamorphite					
	Amphibolit	0,6···0,8	0,7···1,0	1,8···4	2···4
	Marmor	0,2	1,1	2,2	2,0
	Krist. Schiefer	3,1	2,6	10	3,8
Sedimentite					
	Sandstein	1,7	2,9	10,4	3,6
	Argillit, Ton, Tonschiefer	2,7	4,0	11,5	2,9
	Kalkstein	0,3	1,6	1,8	1,1
	Dolomit	0,4	3,7	2,8	0,8
	Gips, Anhydrit	0,02	1,0	1,0	1,0
	Steinkohle	0,1	3,4	4,8	1,4

tiationsprozessen. Speziell bei Magmatiten ist eine Zunahme der Gehalte von den basischen zu den sauren Gesteinen deutlich; nach BUNTEBARTH (1976) und MARLE (1978) ist dabei die Anreicherung des Urans in Eruptiva höher als in Intrusiva. Sedimentite zeigen eine deutliche Zunahme radioaktiver Substanz mit wachsendem Tonanteil (Abb. 4.2.), auf die später gesondert eingegangen wird.

Für die (integrale) Radioaktivität eines Gesteins ist neben dem Gehalt an radioaktiven Elementen auch deren spezifische Radioaktivität von entscheidender Bedeutung (Tab. 4.5).

Um eine Vergleichbarkeit der „radioaktiven Wirkung" herbeizuführen, wurden Äquivalentmaße eingeführt. Als „*Radiumäquivalent*" (Ra-äqu.) wird diejenige Konzentration einer beliebigen radioaktiven Substanz definiert, deren γ-Strahlung die gleiche Wirkung auf die Meßapparatur besitzt, wie die entsprechende Radiumkonzentration. Dabei gelten folgende Relationen:

$$1 \text{ ppm U-Äquivalent} = 0{,}34 \cdot 10^{-6} \text{ ppm Ra-äqu.},$$

$$1 \text{ ppm Th-Äquivalent} = 0{,}15 \cdot 10^{-6} \text{ ppm Ra-äqu.},$$

$$1 \text{ ppm K-Äquivalent} = 0{,}80 \cdot 10^{-10} \text{ ppm Ra äqu.}$$

Die Einheit ppm (parts per million) steht mit der veralteten Einheit $g \cdot t^{-1}$ in der Beziehung 1 ppm = $1\ g \cdot t^{-1}$ bzw. $1\ \mu\mu g \cdot t^{-1} = 10^{12}$ ppm; in der sowjetischen Literatur wird häufig als Maß $pg \cdot g^{-1}$ (Pikogramm je Gramm) verwendet ($pg \cdot g^{-1} = 10^{-6}$ ppm).

Tabelle 4.5. Spezifische γ-Aktivität

Element	Spezifische Aktivität $Bq \cdot g^{-1}$
Uran	$3{,}2 \cdot 10^4$
Thorium	$9{,}4 \cdot 10^3$
Kalium	3,8

Hohe spezifische Aktivität und relativ geringe Anteile des Urans und Thoriums einerseits und die geringe spezifische Aktivität bei relativ hohem Anteil des Kaliums andererseits führen dazu, daß „der Anteil dieser drei Elemente an der Radioaktivität der Gesteine etwa gleich ist" (LEHNERT und ROTHE 1962).

Abb. 4.1 zeigt die mittleren Wertebereiche der γ-Aktivität verschiedener Gesteinsgruppen. Aus ihr lassen sich folgende Regeln ableiten:

a) da bei den magmatischen Gesteinen die radioaktiven Elemente vorrangig an die sauren Bestandteile gebunden sind, *nimmt die Aktivität von den sauren zu den basischen Gesteinen ab*;
b) da die pelitischen Bestandteile durch die erhöhte Adsorption des Urans und Thoriums an den Tonpartikeln, durch ihren Gehalt an kaliumreichen Mine-

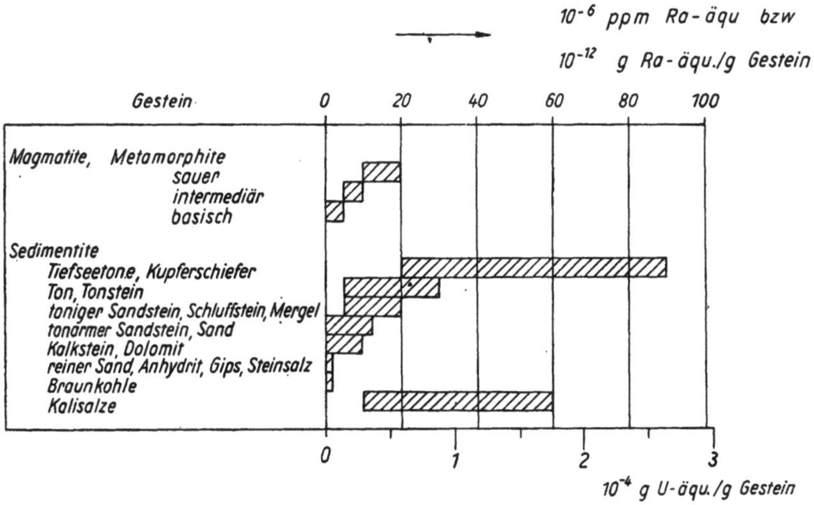

Abb. 4.1. Mittlerer Wertebereich der natürlichen γ-Aktivität von Gesteinen (zusammengestellt nach LEHNERT und ROTHE 1962, MILITZER, SCHÖN, STÖTZNER, STOLL 1978)

ralien und durch die besonderen Ausfällungsbedingungen bei der Sedimentation Hauptträger der Radioaktivität sind, *nimmt die Aktivität mit dem Tongehalt zu.* Dabei besitzen „dunkle Gesteine“ (bituminöse Tone und Tonschiefer) infolge des reduzierenden Milieus und der erhöhten Adsorptionsfähigkeit organischer Kolloide die höchste Aktivität (vgl. Lehnert und Rothe 1962).

Tabelle 4.3. enthält auch Gehaltsangaben für Tonminerale und Glimmer. Tonfreie Sande und Sandsteine können zuweilen eine hohe Aktivität aufweisen, die auf stark radioaktive Beimengungen (z. B. Monazitsand, Glaukonitsand) zurückzzführen ist.

Die natürliche γ-Aktivität der Kalisalze infolge des im natürlichen Kalium mit 0,012% enthaltenen Isotops $^{40}_{19}K$ ist Grundlage der radiometrischen *Kaligehaltsbestimmung.*

Die enge Korrelation zwischen Tongehalt und γ-Aktivität der Sedimente hat in der Bohrlochmessung die Möglichkeit einer

— *Differenzierung von sandigen und tonigen Schichten* und einer
— *Tongehaltsbestimmung*

eröffnet.

Der von Dachnov (1962, 1975), Vendelstein und Larionov (1964), Larionov und Nefedova (1969), Srebredolski und Matčinova (1977) und anderen Autoren untersuchte Zusammenhang zwischen Tongehalt und γ-Aktivität (Abb. 4.2a) wird dabei in der praktischen Anwendung meist als Gegenüberstellung des Tongehaltes mit der Größe ΔI_γ angegeben. Dabei ist

$$\Delta I_\gamma = \frac{I_\gamma - I_{\gamma\max}}{I_{\gamma\min} - I_{\gamma\max}}. \tag{4.5}$$

I_γ ist die an einer beliebigen Stelle gemessene Strahlungsintensität, $I_{\gamma\max}$ die maximal gemessee Intensität im Profil (Tonsteine) und $I_{\gamma\min}$ die minimal gemessene Intensität im Profil (tonfreie Sandsteine). Abb. 4.2b zeigt eine derartige Gegenüberstellung von ΔI_γ und Tongehalt, aus der Dachnov (1962) bzw. Vendelstein und Larionov (1964) die Beziehung

$$\Delta I_\gamma = T_G^{a_\gamma} \tag{4.6}$$

formulierten; der Exponent a_γ beträgt dabei 0,3 ··· 0,8.

Von Hochstrate (siehe Hochstrate, Schön 1983) durchgeführte Untersuchungen an Gesteinen des sedimentären Rotliegenden (Norddeutsch-Polnisches Becken) zeigen ebenfalls eine enge Korrelation zwischen ΔI_γ und dem Tongehalt, die durch eine Beziehung der Form

$$\Delta I_\gamma = a \lg T_{0,02} - b \tag{4.7}$$

ausgedrückt wird. Dabei zeigte sich, daß die oberflächenaktive Wirkung der feinen Bestandteile nicht auf den für Tone in Abschnitt 1 definierten Korngrößenbereich ($d < 0{,}002$ mm) beschränkt ist, sondern auch gröbere Fraktionen wirksam sind. Als Tongehalt wurde in (4.7) daher die Fraktion mit Korndurchmessern $d < 0{,}02$ mm als statistisch gesichertere Bezugsgröße gefunden. Die angegebenen Beziehungen zur Tongehaltsbestimmung von Sandsteinen versagen bei polymikten Gesteinen, wenn diese z. B. Bruchstücke von magmatischen Gesteinen oder Schwermineralkomponenten aufweisen.

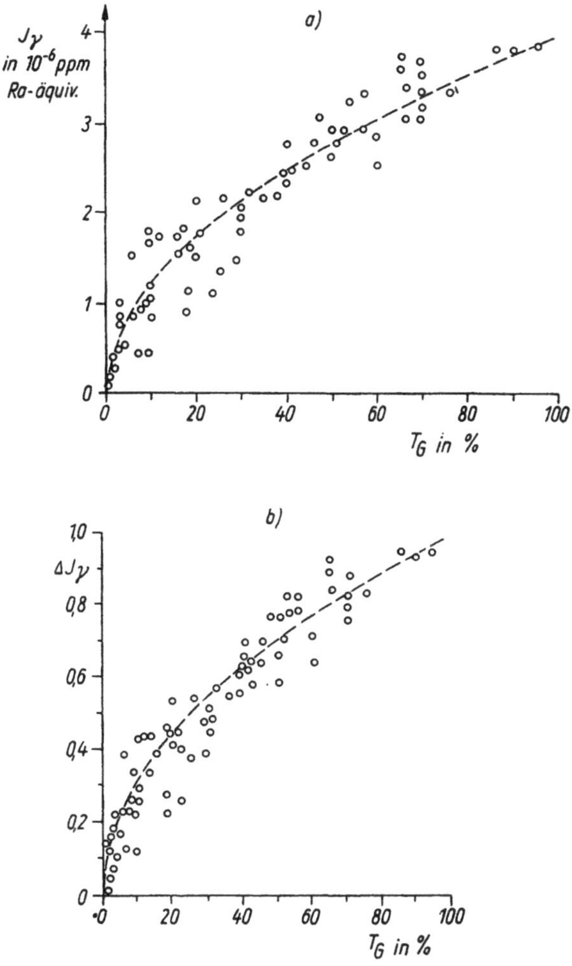

Abb. 4.2. Gegenüberstellung von Tongehalt T_G und natürlicher Radioaktivität
a) γ-Aktivität, als Funktion des Tongehaltes (Dachnov 1975)
b) ΔI_γ als Funktion des Tongehaltes für paläozoische Sedimente (Dachnov 1962)

Wird nicht die integrale, sondern die *spektrale* γ-Intensität der Gesteine untersucht, so sind Rückschlüsse auf die Kalium-, Uranium- und Thoriumgehalte möglich. Hierzu werden entweder vollständige Spektren aufgenommen oder einzelne, typische Energiebereiche ausgewählt. So ist die Energie 1,46 MeV für Kalium, 1,76 MeV für Uran und 2,62 MeV für Thorium besonders markant. —

Die zur Auswertung der Spektren bzw. der Gehaltsbestimmung anwendbaren Verfahren werden z. B. von Höhndorf (1973) beschrieben. Von Lauterbach (1966) wurden eine Reihe derartiger Untersuchungen u. a. an Basalten und Sandsteinen vom Typ Old Red vorgenommen; bei letzteren wurde eine markante ^{40}K-Abnahme mit dem geologischen Alter beobachtet.

Abb. 4.3a zeigt das Spektrum eines Granitgneises (Kurve *3*) und zum Vergleich die Spektren für Thorium, Uranium und Kalium (Kurvem *1, 2, 4*). Das Spektrum der Granitgneisprobe läßt mit den Peaks bei 1,46 MeV und 2,62 MeV deutlich den Kalium- und Thoriumgehalt erkennen. Der (geringere) Urangehalt der Probe ist in dem weniger ausgeprägten Peak bei 1,76 MeV sichtbar. Marle (1978) und Just (1980) führten γ-spektrometrische Untersuchungen an Vulkaniten aus dem Südteil der DDR durch; Abb. 4.3b enthält als Beispiel ein sehr detailliert aufgenommenes Spektrum des Meißner Granits.

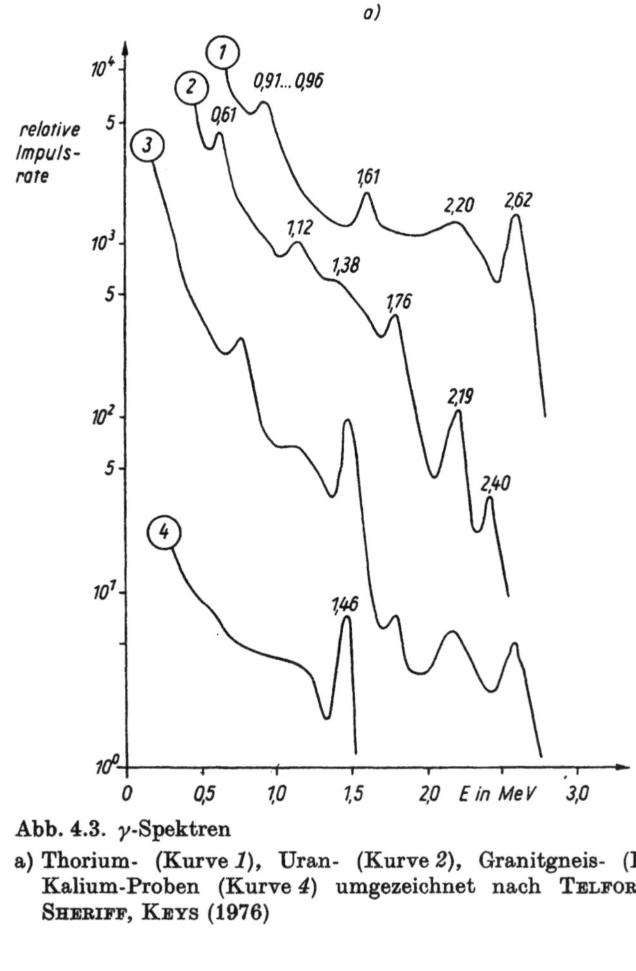

Abb. 4.3. γ-Spektren

a) Thorium- (Kurve *1*), Uran- (Kurve *2*), Granitgneis- (Kurve *3*) und Kalium-Proben (Kurve *4*) umgezeichnet nach Telford, Geldart, Sheriff, Keys (1976)

Die aus derartigen Spektren ermittelten U- und Th-Gehalte (bzw. deren Quotient) und die K-Gehalte sind wichtige Daten geochemischer bzw. *genetischer Untersuchungen* (vgl. auch Tabelle 4.4). Als Mittelwerte wurden für dieses Untersuchungsgebiet die in Tabelle 4.6 enthaltenen Daten ermittelt. Die Überdeckung der in der Tabelle bereits zu-

Tabelle 4.6. Mittlere U- und Thorium-Gehalte von Vulkaniten (Südteil der DDR) nach Marle (1978)

Gestein/Herkunft	U/ppm	Th/ppm	Th/U
Rhyolitische Eruptiva NW-Sachsen, Hallesche Mulde	3,7	18,8	5,1
Rhyolithe/Elbtalzone	2,9	24,8	6,0

sammengefaßten Mittelwerte für die Wertebereiche der Vulkanite Nordwestsachsens und der Halleschen Mulde deutet auf deren engeren Zusammenhang hin (Marle 1978). — Weiterführende Darstellungen insbesondere auch zum Einfluß der *Metamorphose* auf den U- und Th-Gehalt sind beispielsweise von Dortman (1976) publiziert worden.

Fertl (1979) weist darauf hin, daß bei *Sedimentiten* aus dem Th/U-Verhältnis Rückschlüsse auf die *Bildungsbedingungen* gezogen werden können (Th/U $>$ 7 kontinental, oxydierendes Milieu, verwitterte Böden usw; Th/U $<$ 7 marine Ablagerungen, graue und grüne Tone; Th/U $<$ 2 marine dunkle Tone, Phosphate). Das Th/K-Verhältnis zeigt darüber hinaus eine typische Zunahme in der Reihe Glaukonit—Muskovit—Illit—Tone (Wechsellagerung)—Kaolinit—Chlorit—Bauxit (vgl. Abb. 4.4.).

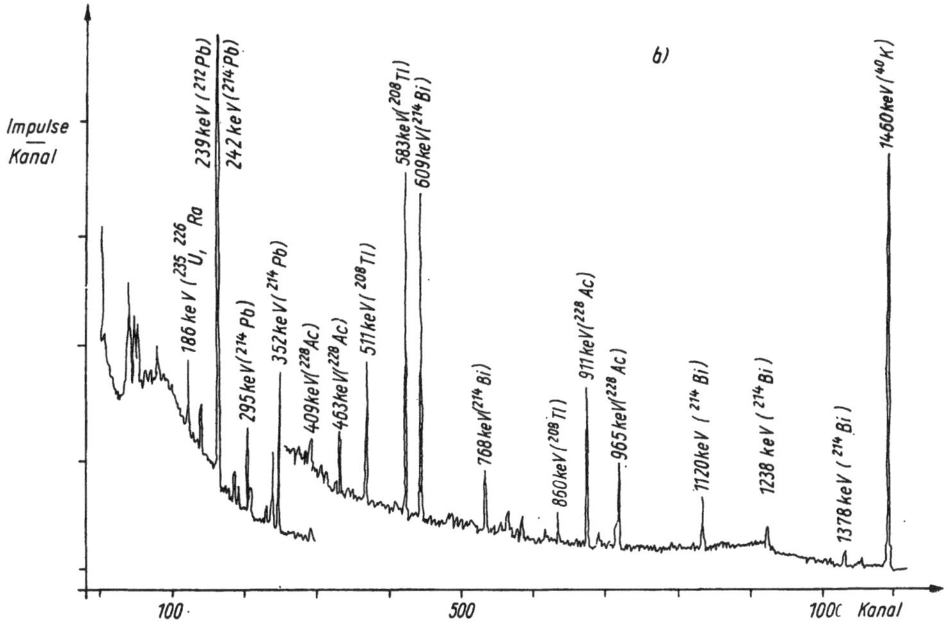

b) Meißner Granit; umgezeichnet nach Marle (1978)

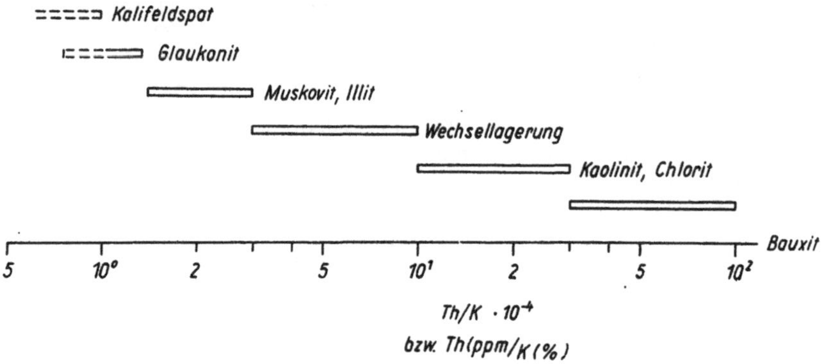

Abb. 4.4. Wertebereich für das Th/K-Verhältnis in kaliumreichen Feldspaten, Glaukonit, Muskovit, Illit, Tonen mit Wechsellagerung, Kaolinit, Chlorit und Bauxit (nach Hassan, u. a. 1976 in Fertl 1979 und Dresser/Spectralog)

4.3. Wärmeproduktion infolge radioaktiven Zerfalls

Mit dem radioaktiven Zerfall ist eine Wärmeproduktion verbunden. Tab. 4.7. enthält für einige Gesteinsgruppen die mittlere Wärmeproduktion je m^3 Gestein, wobei sowohl der Anteil von U, Th und K als auch die Gesamtproduktion aufgeführt sind.

Für die radioaktiv bedingte Wärmeproduktion wird eine gesonderte Maßeinheit HGU ("*Heat generation unit*") verwendet, wobei

$$1\,\mathrm{HGU} = 10^{-13}\,\mathrm{cal} \cdot \mathrm{s}^{-1} \cdot \mathrm{cm}^{-3}$$

ist. Die Wärmeproduktion A^* ergibt sich nach Rybach (1976) als Summe der vom Uran, Thorium und Kalium herrührenden Anteile nach folgender Be-

Tabelle 4.7. Mittlere Wärmeproduktion A^* in 10^{-6} W · m^{-3} infolge radioaktiven Zerfalls und Gehalte C in ppm bzw. % an Elementen (nach Dortman 1976)

Gestein	U		Th		K		Σ
	A^*	C_u	A^*	C_{Th}	A^*	C_K	A^*
Sandsteine, Tone, Schiefer	0,69	2,8	0,63	8,9	0,23	1,5	1,55
Granit, Liparit	1,09	4,2	1,13	1,6	0,34	3,4	2,56
Plagiogranit	0,52	2,0	0,60	8,5	0,25	2,5	1,37
Diorit, Andesit	0,54	2,1	0,52	7,3	0,24	2,4	1,30
Diabas, Basalt, Gabbro	0,22	0,8	0,18	2,5	0,063	0,6	0,46
Ultrabasite	0,004	0,04	0,003	0,04	0,006	0,06	0,013

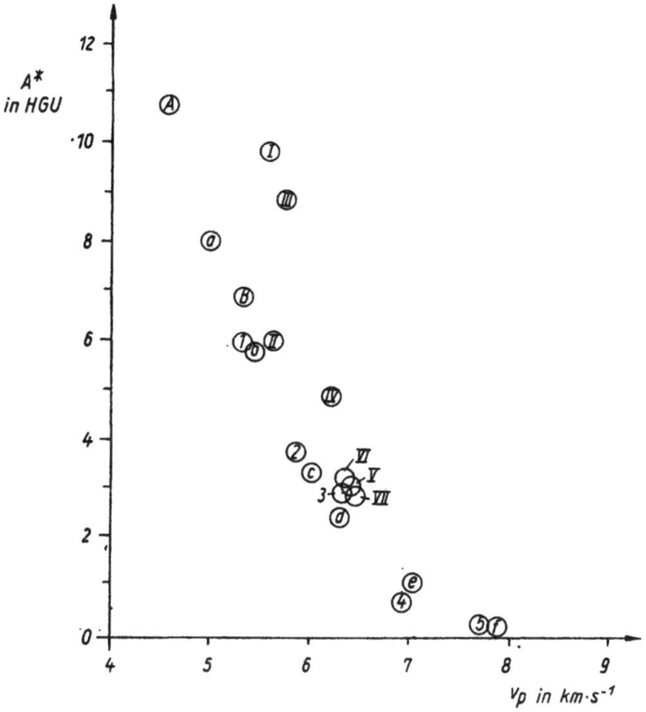

Abb. 4.5. Gegenüberstellung von radioaktiver Wärmeproduktion A^* und Longitudinalwellengeschwindigkeit v_p

Gestein	RYBACH (1974)	SEIPOLD, HURTIG (1977)
Porphyr	—	a
Granit	1	b
Syenit	2	c
Diorit	3	d
Gabbro	4	e
Peridotit	5	f

Gestein	Just (1980)
Saure Magmatitite (Altenberg/Erzgeb.)	A
Geschiebe kristall. Gesteine (Skandinavien)	b
Phonolithe (Lausitz)	I
Nephelindolerite (Lausitz)	II
Phonolithe (W-Erzgebirge)	III
Basalte (W-Erzgebirge)	IV
Basalte (Lausitz)	V
Basalte (Thüringen)	VI
Basalte (Osterzgebirge)	VII

ziehung

$$A^*[\mathrm{HGU}] = 0{,}317d\,(0{,}178 \cdot C_{\mathrm{U}} + 0{,}193 \cdot C_{\mathrm{Th}} + 0{,}262C_{\mathrm{K}}) \qquad (4.7)$$

Dabei ist d die Gesteinsdichte in $\mathrm{g \cdot cm^{-3}}$,

C_{U}; C_{Th} — der Gewichtsanteil des Urans bzw. Thoriums in ppm
C_{K} — der Gewichtsanteil des Kaliums in %

Eine *Gegenüberstellung von radioaktiver Wärmeproduktion A^* und Longitudinalwellengeschwindigkeit* v_{p} (Abb. 4.5.) läßt sich unter Bezugnahme auf Abschnitt 2 und 5 als Widerspiegelung der Tendenz deuten, daß von sauren zu basischen Gesteinen

— die Geschwindigkeit zunimmt,
— die natürliche Radioaktivität abnimmt.

Von Just (1980) an Gesteinsproben aus dem Südteil der DDR vorgenommene Untersuchungen haben relativ hohe Werte für die radioaktive Wärmeproduktion ergeben. So wurden z. B. für Granite des Erzgebirges Werte zwischen 5 und 15 HGU und für tertiäre Basalte/Basoltoide des Erzgebirges und Thüringens Werte zwischen 1,5 und 9 HGU ermittelt. Diese erhöhten Werte gehen auch aus den in Abb. 4.5. eingetragenen Daten hervor und werden in Zusammenhang mit anomalem Wärmefluß gebracht.

5. Die elastischen Eigenschaften (Ausbreitungsgeschwindigkeiten elastischer Wellen) von Mineralen und Gesteinen

5.1. Physikalische Grundlagen und Maßeinheiten

Theoretische Grundlage für die Behandlung der Ausbreitung elastischer Wellen bildet die Mechanik deformierbarer Medien.

Spannungstensor (σ_{ik}) und *Deformationstensor* (ε_{lm}) sind durch das für das untersuchte Medium charakteristische Stoffgesetz miteinander verknüpft. Für ideal elastische Medien, bei denen jedem Spannungszustand ein eindeutig bestimmter Deformationszustand entspricht, erfolgt diese Verknüpfung durch den *Elastizitätstensor* C_{ik}^{lm}

$$\sigma_{ik} = C_{ik}^{lm} \varepsilon_{lm} . \tag{5.1}$$

Der Elastizitätstensor C_{ik}^{lm} ist ein Tensor 4. Stufe, von dessen 81 Komponenten aus Symmetriegründen nur maximal 21 voneinander unabhängig sind. Je nach Symmetrieeigenschaften des Mediums verringert sich die Zahl der unabhängigen Komponenten; bei isotropem Material treten nur noch 2 unabhängige Komponenten (LAMÉsche Konstanten) auf (s. Tab. 5.1).

Tabelle 5.1.

Symmetrieeigenschaften	Zahl der unabhängigen Komponenten
triklin	21
orthorhombisch	9
tetragonal, trigonal	6
hexagonal	5
kubisch	3
isotrop	2

Von besonderer Bedeutung für gesteinsphysikalische bzw. geophysikalische Untersuchungen ist der Fall der *Isotropie* und der hexagonalen Symmetrie; letzterer wird häufig auch als *Transversalisotropie* bezeichnet und tritt vor allem bei schichtungsanisotropen Gesteinen (z. B. Tone, Gneise, Schiefer) auf.

Für den Fall der *Isotropie* erhält die *Spannungs-Deformations-Beziehung* (5.1) die einfache Form

$$\sigma_{ik} = \lambda \delta_{ik}^{mm} \varepsilon_{mm} + 2\mu \varepsilon_{ik} . \tag{5.2}$$

Dabei sind

λ, μ LAMÉsche Konstanten

δ_{ik}^{mm} KRONECKER-Symbol.

Neben den LAMÉschen Konstanten sind vor allem für technische Problemstellungen (vgl. Abschnitt 10.2) folgende Größen gebräuchlich[1]

E Elastizitätsmodul (YOUNG-Modul),

ν POISSON-Zahl

sowie vorrangig zur Charakterisierung der elastischen Eigenschaften von Gasen und Flüssigkeiten

k Kompressionsmodul,

$c = k^{-1}$ Kompressibilität.

Die Umrechnung dieser Größen erfolgt mit den in Tabelle 5.2 enthaltenen Beziehungen.

Die Ausbreitungsgeschwindigkeiten der beiden Raumwellen v_p (Longitudinalwelle) und v_s (Transversalwelle) stehen mit diesen Größen und der Dichte in folgender Beziehung

$$v_p = \left(\frac{\lambda + 2\mu}{d}\right)^{1/2} = \left(\frac{E}{d}\,\frac{1-\nu}{(1+\nu)(1-2\nu)}\right)^{1/2} = \left(\frac{M}{d}\right)^{1/2}, \tag{5.3}$$

$$v_s = \left(\frac{\mu}{d}\right)^{1/2} = \left(\frac{E}{d}\,\frac{1}{2(1+\nu)}\right)^{1/2}. \tag{5.4}$$

Bei Laboruntersuchungen an stabförmigen Proben wird unter bestimmten Voraussetzungen hinsichtlich der Relationen von Probenlänge, -querschnitt und Wellenlänge die *Dehn- oder Stabwellengeschwindigkeit* v_D gemessen. Sie entspricht einem eindimensionalen Spannungszustand, so daß der die POISSON-Zahl enthaltende Term in (5.3) entfällt

$$v_D = \left(\frac{E}{d}\right)^{1/2}. \tag{5.5}$$

POISSON-Zahl und Raumwellengeschwindigkeiten bzw. deren Quotienten sind miteinander durch die Beziehungen (5.6), (5.7) verknüpft,

$$\frac{v_p}{v_s} = \left(2\,\frac{1-\nu}{1-2\nu}\right)^{1/2}, \tag{5.6}$$

$$\nu = \frac{v_p^2 - 2v_s^2}{2(v_p^2 - v_s^2)} = \frac{\left(\frac{v_p}{v_s}\right)^2 - 2}{2\left[\frac{v_p^2}{v_s} - 1\right]}, \tag{5.7}$$

[1] Der „Schubmodul" ist mit der LAMÉschen Konstanten μ identisch.

Tabelle 5.2. Beziehungen zur Umrechnung der Elastizitätszahlen eines homogenen isotropen Mediums

gegeben ↓ gesucht →	E	k	M	λ	μ	ν
M, μ	$\frac{\mu(3M - 4\mu)}{M - \mu}$	$M - \frac{3}{4}\mu$		$M - 2\mu$		$\frac{\mu - 2\mu}{2(M - \mu)}$
λ, μ	$\frac{\mu(3\lambda + 2\mu)}{\lambda + \mu}$	$\lambda + \frac{2}{3}\mu$	$\lambda + 2\mu$			$\frac{\lambda}{2(\lambda + \mu)}$
λ, ν	$\frac{\lambda(1 + \nu)(1 - 2\nu)}{\nu}$	$\frac{\lambda(1 + \nu)}{3\nu}$	$\frac{\lambda(1 - \nu)}{\nu}$		$\frac{\lambda(1 - 2\nu)}{2\nu}$	
k, ν	$3k(1 - 2\nu)$		$\frac{3k(1 - \nu)}{1 + \nu}$	$\frac{3k\nu}{1 + \nu}$	$\frac{3k(1 - 2\nu)}{2(1 + \mu)}$	
k, μ	$\frac{3k\mu}{3k + \mu}$		$k + \frac{4}{3}\mu$	$k - \frac{2}{3}\mu$		$\frac{3k - 2\mu}{2(3k + \mu)}$
E, ν		$\frac{E}{3(1 - 2\nu)}$	$\frac{E(1 - \nu)}{(1 + \nu)(1 - 2\nu)}$	$\frac{E\nu}{(1 + \nu)(1 - 2\nu)}$	$\frac{E}{2(1 + \nu)}$	
E, μ		$\frac{E\mu}{3(3\mu - E)}$	$\frac{\mu(4\mu - E)}{3\mu - E}$	$\frac{\mu(E - 2\mu)}{3\mu - E}$		$\frac{E}{2\mu} - 1$

Die Maßeinheiten der angeführten Größen sind:

Größe	Maßeinheit	
	SI-Einheit	bisher üblich
E, λ, μ, k	$Pa = N \cdot m^{-2}$ $= m^{-1} \cdot kg \cdot s^{-2}$	$kp \cdot cm^{-2} = bar$
c	$Pa^{-1} = N^{-1} \cdot m^2$	$kp^{-1} \cdot cm^2$
v_p, v_s, v_D	$m \cdot s^{-1}$	$m \cdot s^{-1}$
ν	dimensionslos	

Umrechnungen

$1\ kp \cdot cm^{-2} = 98{,}0665\ k\,Pa$
$= 0{,}980665 \cdot 10^5\ N \cdot m^{-2}$
$1\ Pa = 1{,}01972 \cdot 10^{-5}\ kp \cdot cm^{-2}$

Die POISSON-Zahl als Quotient aus relativer Querdeformation und relativer Längendeformation (siehe Gleichung 10.2) hat in isotropen Medien den Wertebereich $0 \leqq \nu \leqq 0{,}5$; daraus folgt, daß $v_p \geqq \sqrt{2} v_s$ ist.

Bei elastisch anisotropen Medien tritt generell eine Richtungsabhängigkeit der Geschwindigkeit auf; reine Longitudinalwellen und reine Transversalwellen treten nur noch unter besonderen Bedingungen bzw. in besonderen Ausbreitungsrichtungen auf. Für den Fall der Transversalisotropie ergibt sich als Lösung der Wellengleichung eine dreiblättrige Fläche (Normalenfläche), deren 1. Blatt die Geschwindigkeit der „Quasilongitudinalwelle" und deren 2. und 3. Blatt die der „Quasitransversalwellen" liefert (HELBIG 1958, RÖSLER 1975). Nur für die Hauptrichtungen (vertikale Richtung bzw. z-Achse und horizontale Richtungen bzw. x-, y-Achse) ergeben sich für diesen Fall der Anisotropie reine Longitudinal- und reine Transversalwellen.

Als *Anisotropiequotient* wird meist der Quotient

$$A_v = \frac{v_{\text{vertikal}}}{v_{\text{horizontal}}} = \frac{v_\perp}{v_\parallel} \tag{5.8}$$

(oder sein reziproker Wert) bezeichnet. Dabei soll speziell bei schichtanisotropem Gestein das Zeichen $\perp$ die Wellenausbreitungsrichtung (Meßrichtung) „senkrecht zu den Schichtflächen" und das Zeichen $\parallel$ die Wellenausbreitungsrichtung (Meßrichtung) „parallel zu den Schichtflächen" symbolisieren. Die Grundlagen für die Berechnung der Wellenausbreitung bei beliebiger Richtung in transversalisotropen Medien sind u. a. von GASSMANN (1964) und HELBIG (1958) ausführlich dargestellt worden.

Für die Behandlung der elastischen Eigenschaften der Gesteine sind zwei *Merkmale im Spannungs-Verformungs-Verhalten* von besonderer Bedeutung:

a) Die Elastizitätszahlen bzw. Komponenten des Elastizitätstensors sind meist spannungsabhängige Größen; die Spannungs-Deformations-Beziehungen werden damit *nichtlinear*.
b) Gesteine stellen *keine ideal-elastischen* Medien dar. Ihr elastisches Verhalten führt dazu, daß es exakt keine eindeutige Verknüpfung von Spannungen und Deformationen gibt, sondern daß auch Deformationsgeschwindigkeit und elastische Vorgeschichte von Einfluß sind. Diese Tatsache äußert sich vor allem im

— Auftreten der Absorption elastischer Wellenenergie
— Unterschied „statisch" und „dynamisch bestimmter Moduln"
(siehe Abschnitte 6 und 10).

5.2. Die elastischen Eigenschaften der gesteinsbildenden Minerale sowie der flüssigen und gasförmigen Bestandteile der Gesteine

5.2.1. *Die elastischen Eigenschaften der gesteinsbildenden Minerale*

Die elastischen Eigenschaften der gesteinsbildenden Minerale werden vor allem von den Eigenschaften der am Mineralaufbau beteiligten Elemente, den Bindungseigenschaften und der Struktur des Minerals bestimmt. Sie erfahren eine zusätzliche Beeinflussung durch Druck und Temperatur. Je nach Kristallklasse ist eine bestimmte Anzahl unabhängiger Elemente des Elastizitätstensors zur vollständigen Charakterisierung der elastischen Eigenschaften erforderlich. Die Grundlagen für die systematische Behandlung physikalischer Eigenschaften von Kristallen wurden bereits von Voigt (1910) erarbeitet.

Umfangreiche Zusammenstellungen aus zahlreichen Literaturangaben sind u. a. von Clarke (1969) und Belikov, Alexandrov und Rysova (1970) publiziert worden.

Tabelle 5.3 enthält für einige Minerale die vollständigen Angaben der elastischen Konstanten. Zusätzlich sind in Tabelle 5.4 für den Plagioklas die elastischen Konstanten bei unterschiedlichem Anorthitgehalt dieser Feldspatart angegeben.

Für die Behandlung der elastischen Eigenschaften von Gesteinen werden häufig Elastizitätsmoduln verwendet, die exakt nur bei isotropem Material anwendbar sind. Da im natürlichen Gestein die Kristallachsen statistisch gleichmäßig orientiert sind, können für Minerale *„effektive"* oder *„makroskopische" Moduln* (z. B. E-Modul, Schubmodul, Poisson-Zahl) unter der Annahme eines quasiisotropen Materials definiert werden. Sie werden entweder unmittelbar experimentell bestimmt oder aus den vollständigen Angaben der Elastizitätszahlen errechnet. Für diese Berechnungen finden z. B. die theoretisch abgeleiteten Beziehungen von Voigt (1910), Reuss (1929), Hill (1952) und Hashin und Shtrikman (1962) Anwendung (s. z. B. Simmons 1967).

Tabelle 5.3. Elastische Konstanten C_{ik}[1] einiger gesteinsbildender Minerale in 10^{10} Pa

	C_{ik}														
Mineral	11	22	33	44	55	66	12	13	23	15	25	35	46	14	Autor
Quarz (α)	8,51		10,53	5,71			0,69	1,4						1,68	a
	8,683		10,594	5,826			0,709	1,193						—1,806	b
Kalzit	14,45		8,31	3,27			5,71	5,34						—2,05	c
Olivin (Forsterit)	32,4	19,8	24,9	6,67	8,10	7,93	5,9	7,9	7,8						d
Muskovit	17,8		5,49	1,22		6,78	4,24	1,45							e
Biotit	18,6		5,40	0,58		7,68	3,24	1,16							f
Orthoklas	5,96	15,68	11,95	1,36	2,26	3,42	3,44	2,80	2,16	—1,07	—0,59	—1,29	—0,18		g
	5,84	14,68	9,88	1,24	1,85	3,43	3,33	3,40	2,16	—1,70	—0,43	—1,30	—0,30		

a VOIGT 1910 (ZWIKKER 1954); b KOGA u. a. 1958 (BELIKOV u. a. 1970); c PESELNIK, ROBIE 1963 (BELIKOV u. a. 1970); d VERMA 1960 (CLARKE 1969); e ALEXANDROV, RYŠOVA 1961 (CLARKE 1969); f ALEXANDROV RYŠOVA 1961 (CLARKE 1969); g RYŠHOVA, ALEXANDROV 1965 (BELIKOV u. a. 1970)

[1] Die hier angewandte verkürzte Indizierung der elastischen Konstanten in der Form c_{ij} statt c_{kl}^{mn} erfolgt nach der Regel

entspricht	*i* oder *j*	1	2	3	4	5	6
	kl oder *mn*	11	22	33	23 32	13 31	12 21

Tabelle 5.4. Abhängigkeit der elastischen Konstanten (in 10^{10}Pa) des Plagioklases von seinem Anorthitgehalt (An) und der Dichte (d) (nach RYŠOVA 1964)

C_{ik} \ d in $kg \cdot m^{-3}$ / An %	9 $2{,}61 \cdot 10^3$	29 $2{,}64 \cdot 10^3$	56 $2{,}69 \cdot 10^3$
11	7,49	8,45	9,89
22	13,75	15,05	17,20
33	12,89	13,25	14,14
44	1,72	1,85	1,99
55	3,03	3,14	3,41
66	3,11	3,43	3,76
12	3,63	4,17	5,21
13	3,76	4,09	4,41
23	3,26	3,30	3,66
15	−0,91	−0,87	−0,81
25	−1,04	−0,69	−0,51
35	−1,91	−1,85	−1,91
46	−0,13	−0,11	−0,19

Tabelle 5.5 enthält eine Zusammenstellung derartiger mittlerer Werte einschließlich der Angaben für die Longitudinal- und Transversalwellengeschwindigkeit. Im Dichtebereich $d < 4 \cdot 10^3\ kg \cdot m^{-3}$ ist die generelle *Tendenz einer Zunahme der Geschwindigkeit* (bzw. der Elastizitätszahlen) *mit wachsender Dichte erkennbar.* Im Bereich oberhalb $4 \cdot 10^3\ kg \cdot m^{-3}$ ist eine gegenläufige Tendenz angedeutet. Darüber hinaus geht aus der Tabelle hervor, daß bei den wichtigsten gesteinsbildenden Mineralen häufig die *sauren Bestandteile (Quarz) niedrigere Geschwindigkeits- und Modulwerte aufweisen als die basischen* (z. B. Olivin).

Die Zunahme von v_p mit der Dichte wurde von DORTMAN und MAGID (1969) durch eine empirische Beziehung dargestellt:

$$v_p = 5{,}75\ e^{0{,}5(d-2{,}6)+0{,}2(20-\overline{m}_A)}, \tag{5.9}$$

dabei wird d in $g \cdot cm^{-3}$ eingesetzt; v_p ergibt sich in $km \cdot s^{-1}$; $\overline{m}_A$ ist die mittlere Atommasse.

Auf den engen Zusammenhang zwischen Dichte und Longitudinalwellengeschwindigkeit unter Einbeziehung der mittleren Atommasse haben u. a. auch BIRCH (1961) und SIMMONS (1964) bei der Untersuchung der elastischen Parameter von Gesteinen hingewiesen (s. Abschnitt 5.3.12).

Die elastischen Eigenschaften der Minerale sind druckabhängige Größen. Umfangreiche Zusammenstellungen von Meßergebnissen werden z. B. von CLARKE (1969), BELIKOV u. a. (1970) und DORTMAN (1976) mitgeteilt. Abb. 5.1 zeigt als Beispiel die Druckabhängigkeit der in drei Richtungen gemessenen Longitudinalwellengeschwindigkeiten für Mikroklin und Oligoklas.

Tabelle 5.5. Mittelwerte der Ausbreitungsgeschwindigkeiten (v_p, v_s), des Elastizitäts- und Schermoduls (E, μ), der POISSON-Zahl ν, der Dichte (d) und Atommasse (m_A) von Mineralen (auszugsweise nach DORTMAN 1976)

Mineral	v_p km · s⁻¹	v_s km · s⁻¹	E GPa	μ GPa	ν	d 10^3 kg × m⁻³	m_A
Mikroklin	5,70	—	—	—	—	2,55	21
Orthoklas	5,90	3,07	63,60	24,20	0,31	2,57	21
Nephelin	5,90	3,45	77,40	31,20	0,24	2,62	—
Quarz	6,03	4,11	96,40	44,00	0,08	2,65	20
Plagioklas:							
Albit	6,06	3,35	74,90	29,20	0,28	2,61	20,2
Oligoklas	6,2	3,39	78,50	30,50	0,29	2,64	20,4
Labrador	6,55	3,54	87,00	33,60	0,29	2,68	20,9
Kalzit	6,60	3,39	81,00	30,70	0,28	2,71	—
Muskovit	6,81	3,36	78,90	31,60	0,25	2,79	—
Biotit	5,13	2,98	69,60	27,40	0,25	2,75	—
Hornblende	7,21	3,99	128,80	50,40	0,28	3,15	19
Pyroxen:							
Diallag	7,01	4,25	145,00	60,00	0,21	3,30	—
Augit	7,20	4,17	143,70	57,80	0,24	3,16	—
Diopsid	7,80	4,39	160,30	63,60	0,26	3,27	—
Olivin	8,40	5,16	200,10	80,80	0,24	3,32	19,3
Granat:							
Almandin	8,51	5,25	241,80	95,40	0,27	4,18	—
Grossular	8,75	5,08	230,50	92,60	0,24	3,60	—
Topas	8,90	—	—	—	—	3,38	17
Spinell	9,95	5,68	293,30	116,50	0,26	3,6	20
Korund	11,00	7,10	460,90	203,00	0,13	4,03	20
Pyrit	7,90	5,05	299,90	125,80	0,16	4,93	40
Magnetit	7,40	4,20	230,80	91,40	0,26	5,17	33
Hämatit	6,70	4,32	211,70	92,80	0,14	5,10	32
Sphalerit	5,31	2,56	70,10	26,00	0,35	4,2	48
Galenit	3,77	2,08	83,30	32,60	0,28	7,3	120
Kassiterit	6,95	3,40	—	—	—	7,02	—

5.2.2. *Die elastischen Eigenschaften fluider Poren- und Kluftinhalte*

Poren- und Klufträume natürlicher Gesteine sind von Gasen (Luft, Erdgas) oder Flüssigkeiten (Wasser, Erdöl) oder Mischungen dieser fluiden Bestandteile erfüllt. Die Elastizitätszahlen der fluiden Bestandteile liegen generell niedriger als die der festen mineralischen Bestandteile.

Zur Charakterisierung der elastischen Eigenschaften von Flüssigkeiten und Gasen wird meist die Kompressibilität c oder der Kompressionsmodul $k = c^{-1}$ verwendet. Die *Geschwindigkeit der Kompressions- bzw. Schallwelle* im Poren- bzw. Kluftraum ergibt sich

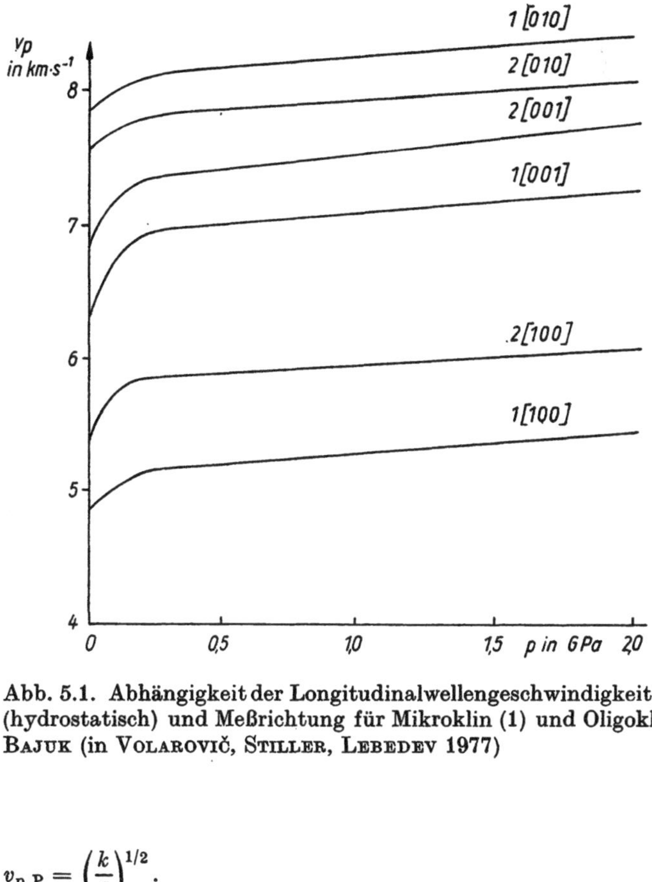

Abb. 5.1. Abhängigkeit der Longitudinalwellengeschwindigkeit von Druck (hydrostatisch) und Meßrichtung für Mikroklin (1) und Oligoklas (2) nach Bajuk (in Volarovič, Stiller, Lebedev 1977)

dann als

$$v_{p,P} = \left(\frac{k}{d}\right)^{1/2}. \tag{5.10}$$

Transversal- oder Scherungswellen treten in Flüssigkeiten oder Gasen nicht auf, da der Schermodul $\mu = 0$ ist.

5.2.2.1. *Die elastischen Eigenschaften von Gasen*

Der Durchgang elastischer Wellen durch ein Gas kann als *adiabatischer Vorgang* behandelt werden. Damit gilt für die Schallgeschwindigkeit

$$v_{p,Gas} = \left(\frac{k_{ad}}{d}\right)^{1/2} = (c_{ad} \cdot d)^{-1/2}$$
$$= \left(\varkappa^* \cdot \frac{p}{d}\right)^{1/2} = \left(\varkappa^* \cdot \frac{R \cdot T}{M}\right)^{1/2}; \tag{5.11}$$

Tabelle 5.6. Schallgeschwindigkeit (bei 273 K), mittlerer Temperaturkoeffizient und Verhältnis der spezifischen Wärmen verschiedener Gase (Angaben nach BERGMANN 1954)

Gas	v_p $m \cdot s^{-1}$	$\Delta v_p/\Delta T$ $m \cdot s^{-1}/K$	$\varkappa^*$
He	965	0,8	1,66
CO_2	259	0,4	1,30
CO	338	0,6	1,4
Luft	331	0,59	1,402
CH_4	430		1,31
SO_2	213	0,47	1,29
N_2	334	0,6	1,40

dabei ist

k_{ad} der adiabatische Kompressionsmodul; c_{ad} die adiabatische Kompressibilität, d die Dichte des Gases, $\varkappa^*$ das Verhältnis der spezifischen Wärmen ($\varkappa^* = c_p/c_V$), p der Gasdruck, R die universelle Gaskonstante $R = (8{,}3143 \pm 0{,}0012)\ J \cdot K^{-1} \cdot mol^{-1}$, T die Gastemperatur (absolute Temperatur), M die Molekularmasse des Gases.

Tabelle 5.6 enthält für verschiedene Gase Angaben zur Schallgeschwindigkeit (bei 273 K) sowie zum mittleren Temperaturkoeffizienten und zum Verhältnis der spezifischen Wärmen. Von EBERT (1975, 1976) werden speziell für Luft folgende Werte angegeben:

$v_p/m \cdot s^{-1}$	263	306,5	331,8	355,3	387,2
T/K	173	233	273	313	373

und darauf verwiesen, daß der Druckeinfluß nur gering ist (eine Druckerhöhung um 50 at ≈ 5 MPa bewirkt eine Geschwindigkeitszunahme mit dem Faktor 1,022).

5.2.2.2. *Die elastischen Eigenschaften von Flüssigkeiten*

Kompressibilität und Schallgeschwindigkeit von Flüssigkeiten sind von *chemischer Zusammensetzung, Druck und Temperatur* der Flüssigkeit abhängig. Mittelwerte für Wasser und Öle bzw. Kohlenwasserstoffe enthält Tabelle 5.7.

Für *Wasser* sind insbesondere die Einflüsse von Salzgehalt, Druck und Temperatur von verschiedenen Autoren untersucht worden. Die Berücksichtigung dieser Einflußfaktoren ist vor allem im Zusammenhang mit Porositätsberechnungen aus Akustiklogmessungen (siehe Abschnitt 5.42.) und für die Untersuchung mariner Sedimente von Bedeutung. Aus Ergebnissen experimenteller Untersuchungen leitete DEL GROSSO (1952) eine empirische Beziehung für die Schallgeschwindigkeit in Wasser ab (s. BULATOVA u. a. 1970):

$$v_{H_2O} = 1410 + 4{,}21 \cdot T^* - 0{,}037(T^*)^2 + 1{,}14 \cdot C + 0{,}18 \cdot p^*; \qquad (5.12)$$

Tabelle 5.7. Dichte, Schallgeschwindigkeit und Temperaturgradient verschiedener Flüssigkeiten (Angaben nach BERGMANN 1954, BULATOVA u. a. 1970, TAGIEV und MUSTAFAEV 1975)

Flüssigkeit	Temperatur K	v_p $m \cdot s^{-1}$	Dichte d $10^3\ kg \cdot m^{-3}$
Wasser (dest.)	298	1497	0,997
Petroleum	307	1295	0,825
Gasolinöl	307	1250	0,803
Paraffinöl	306,5	1420	0,835
Erdöl		1035···1370	
			Temperatur-koeffizient $m \cdot s^{-1}/K$
C_5H_{12}	293	1020	−3,8
C_6H_{12}	293	1080	−4,3
C_7H_{16}	293	1150	−4,5
C_8H_{18}	293	1192	−4,2
C_9H_{20}	293	1230	−4,1
$C_{10}H_{22}$	293	1090	−4,0
H_2O	293	1480	+3,9

dabei ist T^* die Temperatur in °C, C die Salzkonzentration in ‰, p^* der Druck in $kp \cdot cm^{-2}$ ($1\ kp \cdot cm^{-2} = 98{,}1$ kPa).

FÖRSTER (1978) entwickelte für die Interpretation von Akustiklogmessungen das in Abb. 5.2 dargestellte Diagramm.

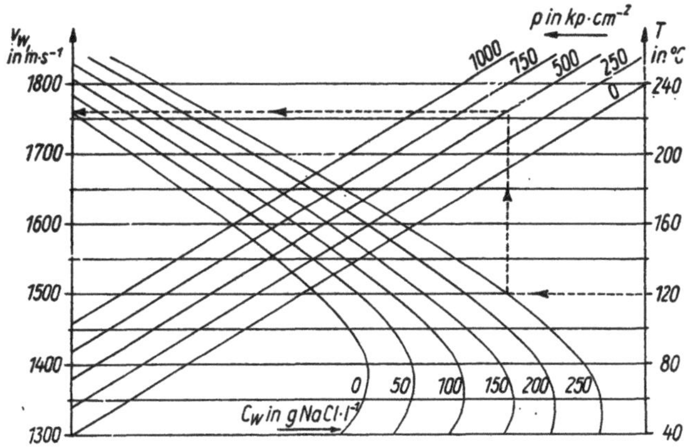

Abb. 5.2. Diagramm zur Ermittlung der Schallgeschwindigkeit v_W von NaCl-Lösungen in Abhängigkeit von Konzentration [g/l], Druck [$kp \cdot cm^{-2}$ ≈ 0,1 MPa] und Celsius-Temperatur [°C] (FÖRSTER 1978)

5.2.2.3. *Die elastischen Eigenschaften von Flüssigkeits-Gas-Gemischen*

Besteht der Poren- bzw. Kluftinhalt aus Gas *und* Flüssigkeit (Bereich der „Teilsättigung"), so ist der Einfluß dieses Mediums auf das elastische Verhalten bzw. die Ausbreitungsgeschwindigkeit elastischer Wellen im Gestein abhängig von

a) den *elastischen Eigenschaften und der Dichte* der den Poren- bzw. Kluftinhalt bildenden Bestandteile,
b) der *volumenmäßigen Zusammensetzung* des Poreninhalts (Sättigungsgrade),
c) der *Verteilung der Bestandteile* im Poren- bzw. Kluftraum und evtl. wirksame *Oberflächenkräfte* (Kapillarspannungen).

Letztgenannter Einfluß (c) schließt gegenwärtig eine allgemeingültige Berechnung der elastischen Eigenschaften von Gas-Flüssigkeits-Gemischen unter dem Gesichtspunkt des Poren- oder Kluftinhaltes aus, da hierbei *Porengeometrie und Benetzungsverhältnisse unberücksichtigt* bleiben müßten.

Unter Vernachlässigung dieser Einflüsse hat Domenico (1977) zur Berechnung *„effektiver Kompressibilitäten"* eines Gas-Wasser-Gemischs die beiden Gleichungen

$$c_{\text{eff}} = S_{H_2O} \cdot c_{H_2O} + (1 - S_{H_2O}) \cdot c_{\text{Gas}}, \tag{5.13}$$

$$\frac{1}{c_{\text{eff}}} = \frac{S_{H_2O}}{c_{H_2O}} + \frac{1 - S_{H_2O}}{c_{\text{Gas}}} \tag{5.14}$$

angegeben. Dabei ist

S_{H_2O} Wassersättigungsgrad, c_{H_2O} Kompressibilität des Wassers, c_{Gas} Kompressibilität des Gases.

Die Gleichungen entsprechen den Beziehungen von Voigt und Reuss (Abschnitt 5.4.2) und liefern obere bzw. untere Grenzen, zwischen denen die tatsächlichen experimentellen Werte liegen. Der große Unterschied zwischen dem nach (5.1.3) und nach (5.1.4) berechneten Werten (im Bereich $0{,}1 < S_{H_2O} < 0{,}9$ mehr als 1 Zehnerpotenz) sowie die Vernachlässigung von Einfluß c) läßt diese Beziehung für praktische Rechnungen als nicht brauchbar erscheinen.

5.3. Die Ausbreitungsgeschwindigkeit elastischer Wellen in Gesteinen – experimentelle Ergebnisse

Elastische Eigenschaften und Ausbreitungsgeschwindigkeiten elastischer Wellen von Gesteinen werden vor allem von den elastischen Eigenschaften der am Gesteinsaufbau beteiligten Minerale und Bestandteile, ihrem Volumenanteil, ihrer räumlichen Anordnung, ihren Bindungseigenschaften sowie den Druck- und Temperaturbedingungen bestimmt. Abb. 5.3 zeigt für Gruppen und Typen häufig auftretender Gesteine den mittleren Streubereich der Geschwindigkeit.

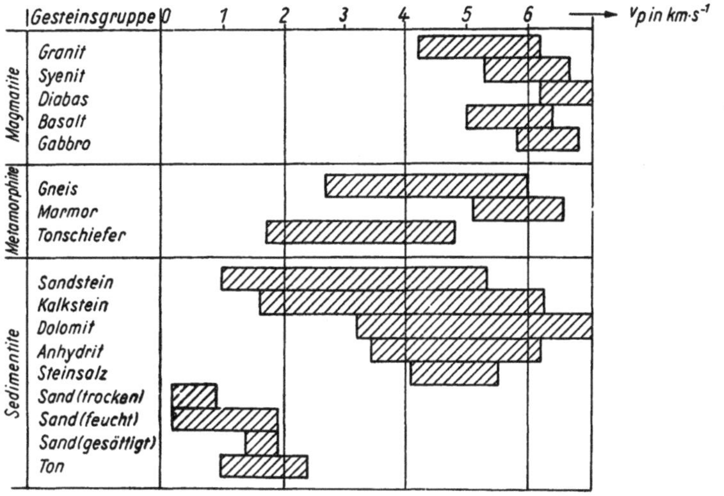

Abb. 5.3. Mittlerer Streubereich der Longitudinalwellengeschwindigkeit von Gesteinsgruppen

5.3.1. *Die Ausbreitungsgeschwindigkeit elastischer Wellen in magmatischen und metamorphen Gesteinen*

5.3.1.1. *Übersicht*

Tabelle 5.8 enthält eine Zusammenstellung von Geschwindigkeitsdaten, die von verschiedenen Autoren an Proben magmatischer und metamorpher Gesteine gemessen wurden. Innerhalb eines Gesteinstyps tritt z. T. ein sehr breiter Wertebereich auf (s. auch Abb. 5.3), der vor allem auf den *Einfluß*

— *der unterschiedlichen mineralischen Zusammensetzung,*
— *einer evtl. vorhandenen Mikroklüftung bzw. Porosität,*
— *von gefügebedingter Anisotropie (insbesondere bei metamorphen Gesteinen)*

sowie die *Druck- und Temperaturbedingungen* zurückzuführen ist.

In Abb. 5.4 ist die Häufigkeitsverteilung der Geschwindigkeitswerte der Longitudinalwelle für die Gesteinstypen Granit, Gabbro, Peridotit/Pyroxen bei verschiedenen Drücken dargestellt. Mit steigendem Druck ist generell eine Geschwindigkeitszunahme zu verzeichnen, die besonders deutlich bei den Graniten ausgeprägt ist und vor allem auf das Schließen von Mikroklüften zurückzuführen ist. Eine sehr geringe Geschwindigkeitszunahme bei dichten, d. h. kluftfreien Gesteinen ist durch die Druckabhängigkeit der elastischen Eigenschaften der festen mineralischen Bestandteile selbst gegeben (s. Abschnitt 5.2.1).

Tabelle 5.8. Geschwindigkeiten der Longitudinal- und Transversalwelle (Maximal-, Mittel- und Minimalwerte), Dichten und Porositäten von magmatischen und metamorphen Gesteinen

Gestein	$\bar{v}_p$	v_{pmin}	v_{pmax}	$\bar{v}_s$ km · s^{-1}	v_{smin}	v_{smax}	d 10 ^{3}kg · m^{-3}	Φ %	Quelle
Granit (Biotitgranit)	5,60	5,15	5,95	2,75	2,70	2,85	2,61	0,7	a
Granit	5,10/5,40								b
Syenit									
Nephelinsyenit	6,15	5,80	6,45	2,85	2,60	3,45	2,66	1,2	a
Amphibolsyenit	5,60/5,90								b
Pyroxensyenit	5,90/6,20								b
Granodiorit	5,95	5,70	6,10				2,67	0,9	a
	5,40/5,70								
Diorit	6,20	5,95	6,50	2,95	2,65	3,40	2,80	1,4	a
	6,00/6,30								
Gabbro, Gabbronorit	6,75	6,10	7,40	3,35	2,70	3,65	2,97	0,9	a
Gabbro	6,30/6,60								b
Pyroxenit/Peridotit	8,20	7,85	8,70	4,70	4,30	4,85	3,31	0,6	a
Ultrabasite	7,40/7,60								
Diabas	6,40	6,25	6,85				3,02	0,6	a
	6,30/6,50								b
Melaphyr	5,92	5,33	6,51						c
Basalt	6,0/6,2								b
Quarz-, Granitporphyr	5,1/5,4								b
	5,29	4,94	5,65						c
Gneis	4,9	5,1	5,7	2,95	2,5	3,6			d
Granitgneis	5,65	5,0	6,10	2,80	2,60	3,05	2,68	1,3	a
	5,10/5,40								b
Gneis (granat-biotit.)	5,70	5,20	6,30	2,85	2,55	3,40	2,77	1,0	a
Gneis (biotit-amphibolitisch)	5,90	5,85	6,35	2,85	2,60	3,55	2,74	0,7	a
Dioritgneis	6,00/6,40								b
Gabbrogneis	6,30/6,60								b

Tabelle 5.8. (Fortsetzung)

Gestein	$\bar{v}_p$	v_{pmin}	v_{pmax}	$\bar{v}_s$	v_{smin}	v_{smax}	d	Φ	Quelle
				km · s⁻¹			10^3 kg · m^{-3}	%	
Amphibolit	6,80	6,50	7,20	4,2			3,08	0,5	a
	5,70/6,00								b
Paragneis	5,40/5,90								b
Biotitgneis	5,43	4,01	6,07						c
Muskowitgneis	5,5	5,1	5,9						c
Glimmerschiefer									
(Muskovitglimmerschiefer)	4,50/5,20								b
(Granatglimmerschiefer)	6,0/6,3								b
Granatglimmerschiefer	5,7	4,3	6,98						c
Tonschiefer, Phyllit	4,90/5,40								b
Granulit	5,70	5,30	6,10	2,75	2,68	3,10	2,83	0,4	a
	5,30/5,70								b

a Gesteine verschiedener Gebiete der UdSSR (Kasachstan, Ural, Baikal, Kola-Halbinsel; Daten nach DORTMAN (1976)
b Mittelwerte für das Grundgebirge des mitteldeutschen Blockes — Daten nach KOPF (1977)
1. Wert: $z = 0$ m, 2. Wert: $z = 7000$ m
c Gneise und Glimmerschiefer des Freiberger Reviers — (Meßwerte aus unterschiedlichen Meßrichtungen) Granitporphyre des Oberkarbon (Norddeutsch-polnisches Becken $z = 4{,}2$ km) Daten nach HURTIG (1966)
d Melaphyre des Rotliegenden ($z = 1{,}8$ km) CHRISTENSEN (1966)

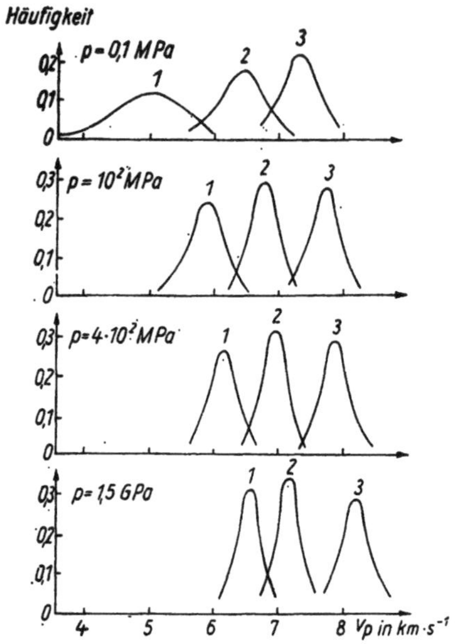

Abb. 5.4. Häufigkeitsverteilung der Geschwindigkeitswerte für Granit (*1*), Gabbro (*2*), Peridotit und Pyroxenit (*3*) bei verschiedenen Drücken nach VOLAROVIČ und BAJUK (in VOLAROVIČ, STILLER, LEBEDEV 1977)

5.3.1.2. *Abhängigkeit der Ausbreitungsgeschwindigkeit elastischer Wellen von Dichte und mineralischer Zusammensetzung*

Bei dichten magmatischen Gesteinen wird die Ausbreitungsgeschwindigkeit der elastischen Wellen vorrangig von der mineralogischen Zusammensetzung bestimmt. Abb. 5.5 verdeutlicht das an der Abhängigkeit $v_p = v_p(SiO_2\text{-Gehalt})$ magmatischer Tiefengesteine; der Quarz weist innerhalb der gesteinsbildenden Minerale eine relativ niedrige Geschwindigkeit auf und ist damit die Ursache der *niedrigeren Geschwindigkeitswerte saurer Gesteine im Vergleich zu basischen bzw. intermediären Gesteinen.* Diese Tendenz kommt auch in Abb. 5.6 zum Ausdruck, die eine Gegenüberstellung von *Dichte und Longitudinalwellengeschwindigkeit* beinhaltet. Sie läßt sich in ihrem Verlauf qualitativ dadurch erklären, daß saure Bestandteile niedrigere Dichten und auch niedrigere Geschwindigkeiten aufweisen als basische Bestandteile. Quantitativ wurde die Korrelation durch eine zu (5.10) analoge empirische Beziehung von DORTMAN (1976) gefaßt:

$$v_p = 5{,}45\ e^{0{,}5(d-2{,}6)} \pm K_T, \tag{5.15}$$

dabei ist die Dichte d in $g \cdot cm^{-3}$ einzusetzen;

v_p ergibt sich in $km \cdot s^{-1}$.

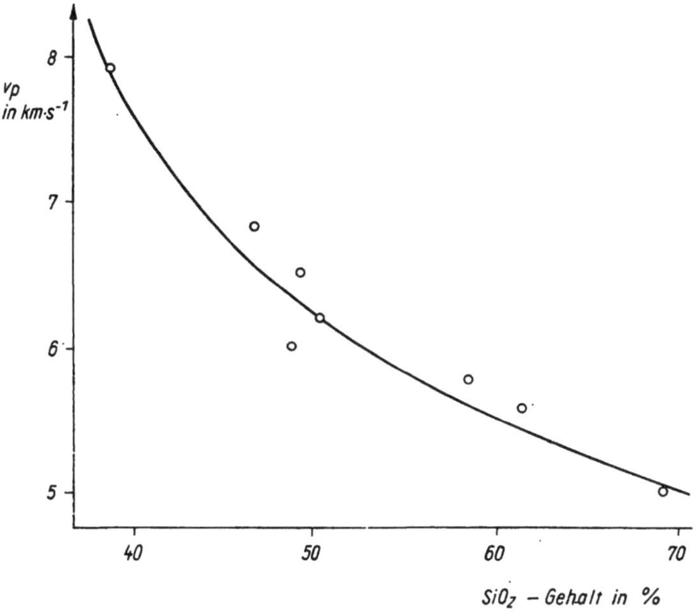

Abb. 5.5. Abhängigkeit der Longitudinalwellengeschwindigkeit magmatischer Gesteine vom SiO_2-Gehalt

Die Größe K_T, die den Streubereich der Geschwindigkeit beinhaltet, wird vorrangig als Textureffekt gedeutet und daher als „Texturkoeffizient" bezeichnet; ihre Größe beträgt $K_T = 0{,}4 \cdots 0{,}5$ km · s⁻¹ (DORTMAN 1976).

Als empirische Beziehung zwischen Longitudinalwellengeschwindigkeit und Dichte wird häufig eine lineare Gleichung gewählt. BIRCH (1961) formulierte eine Beziehung

$$v_p = a + b \cdot d \tag{5.16}$$

für Gesteine einer mittleren Atommasse $\overline{m}_A = 21$ und einen hydrostatischen Druck von 10 kbar (= 10^3 MPa = 1 GPa). Die direkte Korrelation zwischen v_p und d wird damit begründet, daß bei den meisten Gesteinen eine Variation in der mineralischen Zusammensetzung in gleicher Weise auf beide Parameter wirkt (SIMMONS 1964).

Für *magmatische Gesteine* erhielt BIRCH (1961) mit

$$v_p = 2{,}76d - 0{,}98 \tag{5.17}$$

eine gute Näherung (das Untersuchungsmaterial entstammte dem amerikanischen Kontinent und Indien).[1]

---

[1] In den empirischen Beziehungen (5.17) bis (5.28) ist d in $g \cdot cm^{-3}$ (= 10^3 kg · m⁻³) und v in km · s⁻¹ angegeben.

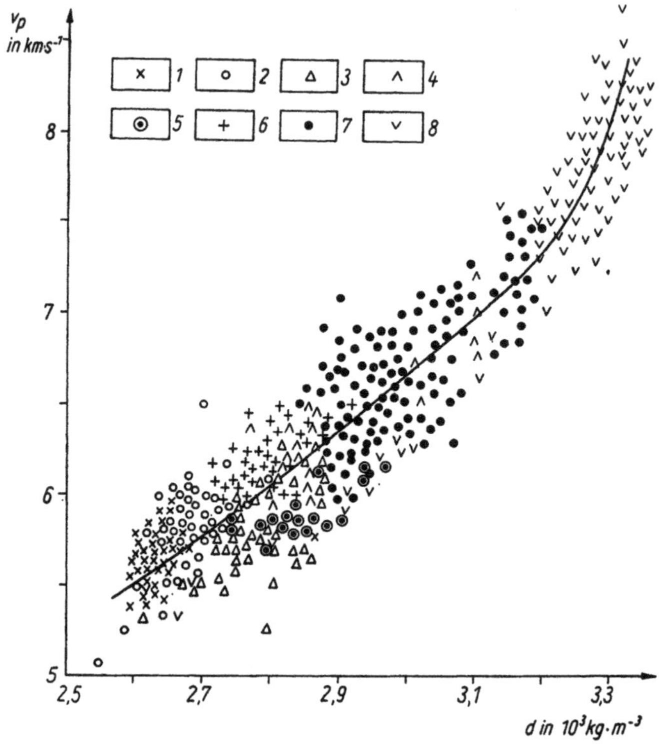

Abb. 5.6. Gegenüberstellung von Longitudinalwellengeschwindigkeit und Dichte magmatischer und metamorpher Gesteine (nach DORTMAN 1976)

1 — Granite,
2 — Gneise (biotitisch und biotit-amphibolitisch),
3 — Gneise (cyanit-granat-biotitisch),
4 — Amphibole und amphibolitische Gneise,
5 — Granulite,
6 — Diorite, Gabbro-Diorite,
7 — Gabbro-Norite,
8 — Ultrabasite

Anwendung und Weiterentwicklung erfuhr die von BIRCH abgeleitete Beziehung (5.16) u. a. durch VOLAROVIČ, BAJUK (1977) und SIMMONS (1964). VOLAROVIČ, BAJUK (1977) erhielten für magmatische Gesteine verschiedener Regionen der UdSSR eine Beziehung

$$v_p = 2{,}67d - 1{,}08 \tag{5.18}$$

mit einem Korrelationskoeffizienten von 0,88. Speziell für Gesteine Kasachstans ergaben detaillierte Untersuchungen bei verschiedenem Druck die in Tabelle 5.9 enthaltenen Beziehungen. Dabei wurde der Geschwindigkeit $v(p)$ bei Beziehung A die bei atmosphärischen Bedingungen vorhandene Dichte d_0 und bei Beziehung B die bei entsprechendem Druck p vorhandene Dichte $d(p)$ gegenübergestellt. Beziehung B zeigt bei höheren Druckstufen eine bessere Korrelation als Beziehung A.

Tabelle 5.9. Empirisch abgeleitete Beziehungen zwischen Dichte und Longitudinalwellengeschwindigkeit nach Angaben von VOLAROVIČ, BAJUK (1977)
v_p in km · s^{-1}; d in g · cm^{-3}

Druck p in		Beziehung A		Beziehung B	
kbar	MPa	$v_p =$	Korrelationskoeffizient	$v_p =$	Korrelationskoeffizient
0,001	0,1	$3{,}35d_0 - 3{,}46$	0,85	$3{,}45d(p) - 3{,}40$	0,82
1	10^2	$2{,}72d_0 - 1{,}24$	0,86	$1{,}86d(p) - 1{,}20$	0,86
4	$4 \cdot 10^2$	$2{,}54d_0 - 0{,}52$	0,86	$1{,}85d(p) + 1{,}43$	0,88
10	10^3	$2{,}44d_0 - 0{,}08$	0,85	$1{,}93d(p) + 1{,}34$	0,90

In Abb. 5.7a werden von MARLE (1978) und KOPF (1977, 1980) an magmatischen Gesteinen des Territoriums der DDR gemessene v_p- und d-Werte unter Verwendung der Beziehung von BIRCH analysiert. Die Plutonite und Vulkanite aus dem Grundgebirge der Norddeutsch-Polnischen Senke bzw. der Mitteldeutschen Hauptscholle ergeben unter atmosphärischen Bedingungen die Beziehungen

$$v_p = 3{,}10d - 2{,}98 \tag{5.19}$$

für Plutonite (Granit, Diorit, Gabbro, Ultrabasit),

$$v_p = 2{,}30d - 0{,}91 \tag{5.20}$$

für Vulkanite (Quarzporphyr, Keratophyr, Diabas, Basalt, Pikrit).

Die Nordwestsächsischen Vulkanite und Porphyre der Halleschen Mulde ergeben davon stark abweichende Parameter a und b

$$v_p = 8{,}7d - 16{,}6 \tag{5.21}$$

und unterstreichen, daß bei *genereller Tendenz der Zunahme der Geschwindigkeit* v_p *mit wachsender Dichte Genese und Teufenlage großen Einfluß auf die Absolutwerte dieser beiden Parameter* haben. Eine Auswertung der Daten der Plutonite unter Druckbedingungen von 7000 m Lagerungsteufe (etwa 170 MPa) ergibt die Beziehung

$$v_p = 3{,}17d - 2{,}91\,. \tag{5.22}$$

In ihrem elastischen Verhalten und insbesondere der Relation zwischen Dichte und Geschwindigkeit den Magmatiten vergleichbar sind unter den *Metamorphiten* Gneis sowie Hornfels und Granulit (vgl. auch Tab. 5.8). Die *Orthogneise* weisen ähnliche Geschwindigkeitswerte auf wie ihre *Ausgangsgesteine.* KOPF (1977) hat bei Untersuchungen an Metamorphiten im Bereich des Norddeutsch-Polnischen Beckens bzw. des Mitteldeutschen Blocks die in Abb. 5.7b gezeigten Mittelwerte für Longitudinalwellengeschwindigkeit und Dichte bestimmt.

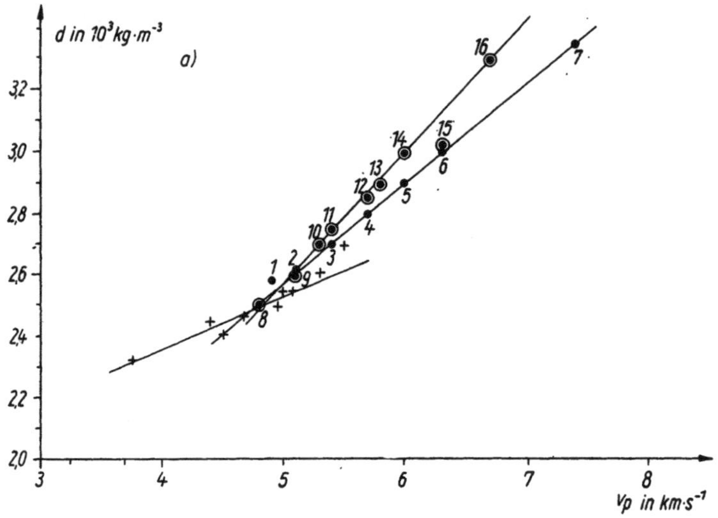

Abb. 5.7a. Gegenüberstellung von Longitudinalwellengeschwindigkeit und Dichte (wassergesättigt)

Plutonite (●) und Vulkanite (◉), Meßbedingung ≙ 0 m Tiefe)

1 — Leukogranit,
2 — Granit,
3 — Granodiorit,
4 — Quarzdiorit,
5 — Diorit,
6 — Gabbro,
7 — Ultrabasit,
8 — Quarzporphyr-Tuff,
9 — Quarzporphyr,
10 — Porphyrtuff,
11 — Quarzporphyrit, Keratophyr,
12 — Melaphyr, Porphyrit;
13 — Basalt-Tuff, Diabas-Tuff,
14 — Basalt,
15 — Diabas,
16 — Pikrit

(Norddeutsch-Polnisches Becken und Mitteldeutscher Block, umgezeichnet nach KOPF 1977, (1980)

+ NW-sächsische Vulkanite und Porphyre der Halleschen Mulde (gezeichnet nach Daten von MARLE 1978)

Aus einer linearen Anordnung der die einzelnen Metamorphite charakterisierenden Punkte fallen Tonschiefer, Phyllit, Knotenschiefer und Glimmerschiefer heraus. Ihre Geschwindigkeiten liegen um 600···700 m · s^{-1} niedriger als die von Magmatiten vergleichbarer Dichte (bzw. um 500···600 m · s^{-1} niedriger als die der Gneis-Hornfels-Granulit-Reihe). Dieses abweichende Verhalten ist durch mineralische Zusammensetzung und Ausbildung bedingt und macht sich auch in einer stärkeren Druckabhängigkeit (bzw. Tiefenabhängigkeit) der Longitudinalwellengeschwindigkeit dieser Gesteine im Vergleich zu Magmatiten und Gneisen bemerkbar (siehe Abb. 5.18).

Für die Reihe der Metamorphite Gneis-Hornfels-Granulit ergibt sich eine Beziehung

$$v_p = 3{,}17d - 3{,}20 \quad \text{(Oberfläche)}, \tag{5.23}$$

$$v_p = 3{,}00d - 2{,}40 \quad \text{(7000 m Tiefe)}. \tag{5.24}$$

Metamorphite weisen häufig deutlich *anisotropes Verhalten* auf (siehe Kapitel 5.3.4).

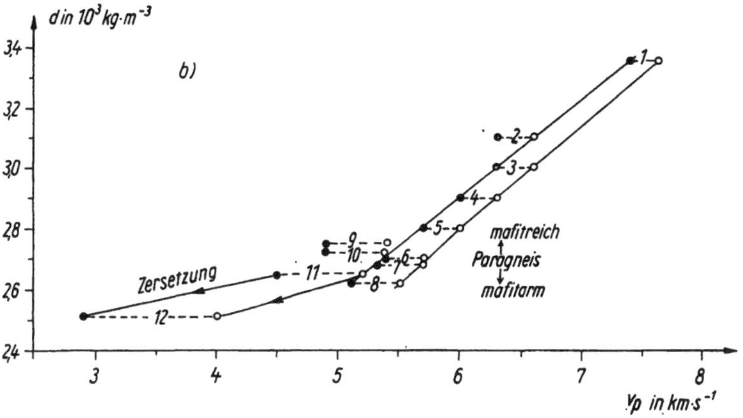

Abb. 5.7 b. Metamorphite des Norddeutsch-Polnischen Beckens bzw. Mitteldeutschen Blockes

○ Meßbedingung ≙ 0 m Tiefe; ● Meßbedingung ≙ 7000 m Tiefe

1 — Ultrabasit-Gneis,
2 — Pyroxen-Granulit,
3 — Gabbro-Gneis,
4 — Diorit-Gneis,
5 — Quarzdiorit-Gneis,
6 — Granodiorit-Gneis,
7 — Granulit,
8 — Granit-Gneis,
9 — Tonschiefer-Phyllit,
10 — Knotenschiefer,
11 — Glimmerschiefer,
12 — Glimmerschiefer, stark zersetzt

(umgezeichnet nach KOPF, 1977, 1980)

Um eine verbesserte Korrelation zu erreichen, wird von BIRCH (1961) die Relation (5.16) *um einen Term erweitert, der die mittlere Atommasse* $\overline{m}_A$ *enthält und damit die Berücksichtigung der stofflichen Zusammensetzung über* diese Größe vornimmt:

$$v_p = 2{,}76d - 0{,}98 + 0{,}7(21 - \overline{m}_A). \qquad (5.25)$$

SIMMONS (1964) stellte bei dem Versuch einer Darstellung experimenteller Werte mittels der Beziehung (5.25) teilweise erhebliche Abweichungen fest, die insbesondere bei CaO-reichen Gesteinen und Feldspäten auftraten. Der deutliche Einfluß des CaO-Gehaltes führt zu einer weiteren Modifikation der Beziehung (5.16)

$$v_p = 2{,}76d - 0{,}98 + 0{,}7(21 - \overline{m}_A) + 4{,}6 \cdot [\text{CaO-Geh.}]. \qquad (5.26)$$

Verallgemeinernd formulierte daraus SIMMONS (1964) für ein Gestein mit n Komponenten eine Beziehung zwischen Longitudinalwellengeschwindigkeit v_p, Dichte d, mittlerer Atommasse $\overline{m}_A$, den Gewichtsfraktionen der Komponenten X_i und empirisch zu bestimmenden Größen A, B, C_i und b:

$$v_p = A + B\overline{m}_A + b \cdot d + \sum_{i=n}^{n} C_i \cdot X_i. \qquad (5.27)$$

Es sei jedoch an dieser Stelle bemerkt, daß bei den meisten Magmatiten und Metamorphiten die Dichteunterschiede sehr gering und damit auch die entsprechenden

Variationen in den Ausbreitungsgeschwindigkeiten (und anderen physikalischen Größen) nur einen schmalen Bereich umfassen. Der Einfluß von Gefügeeigenschaften, Mikroklüften und anderen Imperfektionen des Gesteins ist meist in ähnlicher — z. T. höherer — Größenordnung als der der Dichte (oder „mittlerer" atomphysikalischer Größen). Daher sind alle empirischen Gleichungen generell mit einer erheblichen Streuung behaftet, wobei diese mit zunehmendem Druck häufig geringer wird.

Eine *nicht-lineare* empirische Relation zwischen Dichte und Ausbreitungsgeschwindigkeit an Basalten stellten im Rahmen des „Deep Sea Drilling Projekts" Christensen und Salisbury (1975) auf:

$$v_p = 2{,}33 + 0{,}081 d^{3,63} \quad \text{(Longitudinalwelle)},$$

$$v_s = 1{,}33 + 0{,}011 d^{4,85} \quad \text{(Transversalwelle)}. \qquad (5.28)$$

Die Messungen wurden bei einem Druck von 0,5 kbar (= 50 MPa) vorgenommen. Für das Grundgebirge des Mitteldeutschen Blocks fand Kopf (1977) für Basalt dieses Druckbereiches (d. h. etwa 2000 m Tiefe) als Mittelwerte

$$v_p = 6{,}15 \cdot \text{km}\,\text{s}^{-1},$$

$$d = 3{,}00\ \text{g} \cdot \text{cm}^{-3}.$$

Bei der Dichte $d = 3{,}00\ \text{g} \cdot \text{cm}^{-3}$ liefert (5.28) nach Christensen und Salisbury (1975) einen Wert

$$v_p = 6{,}70\ \text{km} \cdot \text{s}^{-1}.$$

5.3.1.3. *Abhängigkeit der Ausbreitungsgeschwindigkeit elastischer Wellen von Porosität und Klüftigkeit*

Weisen magmatische oder metamorphe Gesteine Poren oder (und) Klüfte auf, so tritt meist eine im Vergleich zum dichten Gestein deutlich *niedrigere Geschwindigkeit* auf. *Physikalische Ursachen* hierfür sind vor allem

— die *Veränderungen in den Bindungen* der Gesteinsbestandteile bzw. Mineralkörner

— der *Einfluß des Poren- bzw. Kluftmediums* als Anteil mit im Vergleich zu den festen Bestandteilen niedrigeren Elastizitätszahlen bzw. Ausbreitungsgeschwindigkeiten der elastischen Wellen

$$v_{\text{Min.S.}} > v_W > v_L;$$

$v_{\text{Min.S.}}$ Geschwindigkeit der festen Mineralsubstanz,
v_W Geschwindigkeit des Poren- bzw. Kluftwassers,
v_L Geschwindigkeit der Poren- bzw. Kluft-Luft.

Abb. 5.8 zeigt die Abnahme der Geschwindigkeit der Longitudinalwelle mit zunehmender Porosität für drei Gruppen von Graniten unterschiedlicher Korngröße der gesteinsbildenden Mineralien. An diesem Beispiel wird der *Einfluß der Korngröße bzw. allgemein der strukturell-texturellen Eigenschaften auf den*

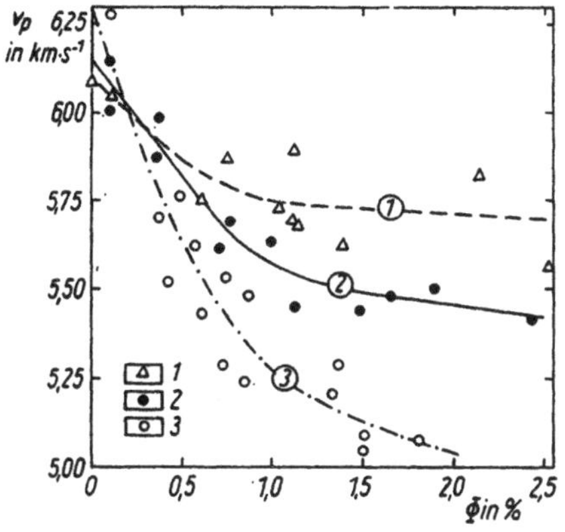

Abb. 5.8. Abhängigkeit der Longitudinalwellengeschwindigkeit von der Porosität (Lebedev u. a. 1974)

1 — Granit, feinkörnig (0,1···0,6 mm)
2 — Granit, mittelkörnig (0,5···1,8 mm)
3 — Granit, grobkörnig (1,7···4,8 mm)

Charakter der $v_p = v_p(\Phi)$*-Beziehung* deutlich: Bei den untersuchten Graniten zeigt sich mit wachsender Korngröße eine zunehmende Beeinflussung der Geschwindigkeit durch die Porosität.

Neben Porosität und Klüftigkeit sind die *Eigenschaften des Poreninhaltes* von Einfluß auf die Ausbreitungsgeschwindigkeit elastischer Wellen in Gesteinen. Abb. 5.9 zeigt die Zunahme der Longitudinalwellengeschwindigkeit mit wachsendem Wassergehalt. Die Tendenz einer Zunahme der Longitudinalwellengeschwindigkeit mit steigendem Wassergehalt bzw. die Erscheinung, daß

$$v_{p(\text{gesättigt})} > v_{p(\text{trocken})},$$

tritt jedoch nur dann auf, wenn das Poren- bzw. Kluftwasser die mechanischen Eigenschaften des festen Mineralverbandes nicht herabsetzt (z. B. Löse- oder Quellvorgänge), und ist um so deutlicher ausgeprägt, je größer die Porosität bzw. Klüftigkeit ist.

Für den Einfluß des Wassergehaltes auf die elastischen Eigenschaften ist darüber hinaus die *Verteilung* des Wassers im Poren- bzw. Kluftraum von Bedeutung; daher sind für ansteigenden und abfallenden Sättigungsgrad häufig unterschiedliche Kurven zu beobachten.

In Abb. 5.10 wird deutlich, daß bei der Longitudinalwellengeschwindigkeit aus diesem Grunde im unteren Druckbereich ein deutlicher Unterschied zwischen $v_{p(\text{gesättigt})}$ und $v_{p(\text{trocken})}$ auftritt, der mit abnehmendem Poren- bzw. Kluftraum bei höheren Druckbereichen verschwindet. Die Transversalwellengeschwindigkeit zeigt hingegen in den untersuchten Druckbereichen keine signifikanten Unterschiede (vgl. auch Abschnitt 5.3.3.).

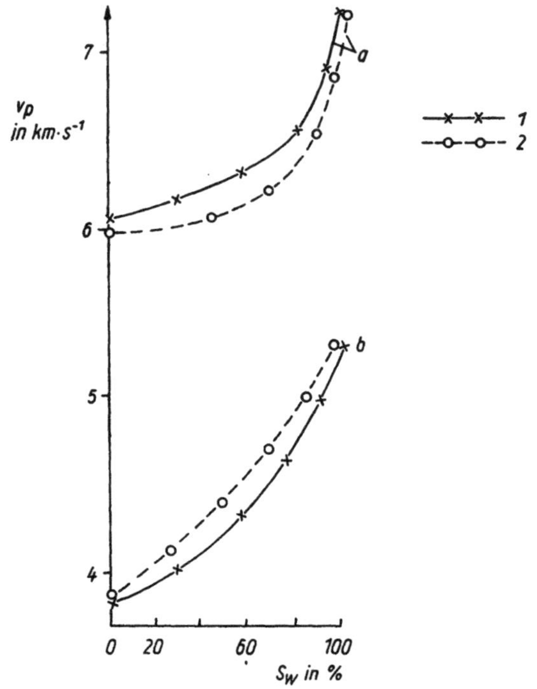

Abb. 5.9. Abhängigkeit der Longitudinalwellengeschwindigkeit vom Wassersättigungsgrad für Peridotit (a) und Granit (b)

1 – zunehmende Sättigung, *2* – abnehmende Sättigung (nach DORTMAN 1976)

5.3.1.4. Abhängigkeit der Ausbreitungsgeschwindigkeit elastischer Wellen von Druck und Temperatur

Die Untersuchung elastischer (und anderer physikalischer) Eigenschaften von Gesteinen und Mineralen unter thermodynamischen Bedingungen von Kruste und Mantel stellen ein Arbeitsgebiet der Petrophysik mit umfangreichen Untersuchungsprogrammen, ausgereiften labortechnischen Einrichtungen (Hochdruck-Temperaturkammern) und intensiver theoretischer Forschung dar.

Der Zielstellung dieses Buches entsprechend, werden diese Untersuchungsergebnisse nur relativ kurz dargestellt und vor allem auf Ergebnisse Bezug genommen, die Aussagen zu Veränderungen physikalischer Eigenschaften im *Teufenbereich bis etwa 20 km* liefern.

Die Veränderungen von physikalischen Eigenschaften der Gesteine und Minerale unter der Einwirkung von Druck und Temperatur sind von grundlegender Bedeutung für die Interpretation geophysikalischer Meßdaten für die verschiedenen Tiefenbereiche. LEBEDEV (1975) verwendet den von MAGNITZKY formulierten Zusammenhang für die

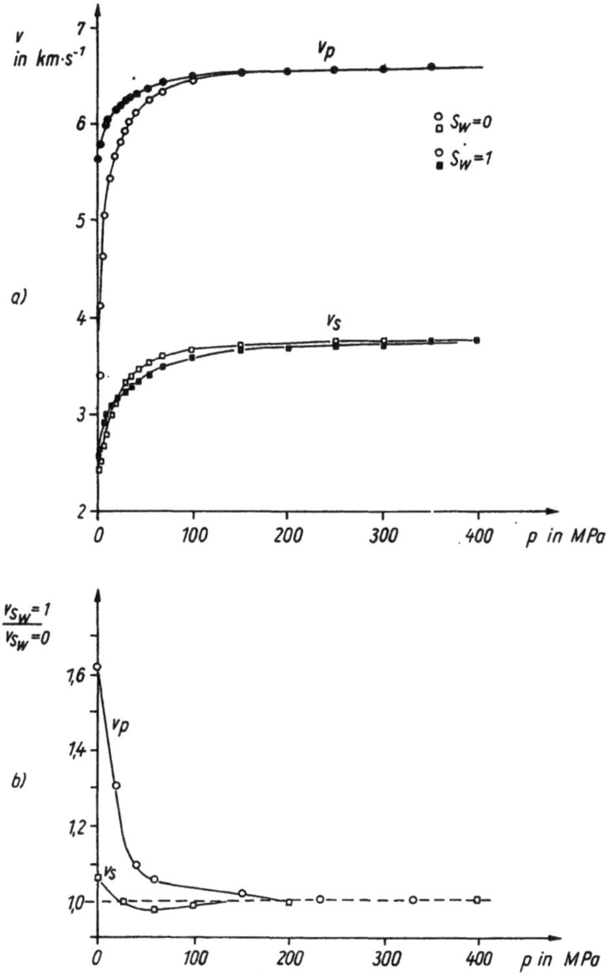

Abb. 5.10. a) Longitudinalwellengeschwindigkeit und Transversalwellengeschwindigkeit eines Granites (Casco-Granit, $d = 2{,}626 \cdot 10^3\ \mathrm{kg \cdot m^{-3}}$) als Funktion des Druckes nach NUR und SIMMONS (1969) im trockenen ($S_W = 0$) und gesättigten ($S_w = 1$) Zustand,

b) Quotient der Geschwindigkeiten im gesättigten ($v_{S_W=1}$) und im trockenen ($v_{S_W=0}$) Zustand *tiefenbedingte Geschwindigkeitsänderung* eines Gesteins:

$$\frac{\mathrm{d}v}{\mathrm{d}z} = \left(\frac{\partial v}{\partial p}\right)_T \cdot \frac{\mathrm{d}p}{\mathrm{d}z} + \left(\frac{\partial v}{\partial T}\right)_p \cdot \frac{\mathrm{d}T}{\mathrm{d}z}; \qquad (5.29)$$

z Tiefe,

$\left(\frac{\partial v}{\partial v}\right)_T$ Änderung der Geschwindigkeit mit dem Druck (isotherm),

$\left(\frac{\partial y}{\partial T}\right)_p$ Änderung der Geschwindigkeit mit der Temperatur (isobar),

$\frac{\mathrm{d}p}{\mathrm{d}z}, \frac{\mathrm{d}T}{\mathrm{d}z}$ vertikaler Druck- bzw. Temperaturgradient.

Im folgenden sollen zunächst die beiden materialbedingten Anteile der Geschwindigkeitsänderung — d. h. Druck- und Temperaturabhängigkeit — untersucht werden.

Die Abhängigkeit der Geschwindigkeit vom Druck, die in den Abb. 5.11 bis 5.13 an Beispielen dargestellt ist, läßt vor allem zwei Merkmale erkennen

— die Beziehung $v = v(p)$ ist *nichtlinear* (in höheren Druckbereichen treten meist geringere Geschwindigkeitsänderungen als in niederen auf),
— es treten *irreversible* Geschwindigkeitsänderungen beim Durchlaufen eines Belastungs-Entlastungs-Zyklus auf (Abbildung 5.13; sogenannte „elastische Hysterese").

Abb. 5.11 zeigt in einer schematisierten Übersicht eine Zusammenstellung der Änderungstendenz der Geschwindigkeit unter Druckeinwirkung für vier Gesteinsgruppen. Die Streubreite ist vor allem auf unterschiedliche Mikro-

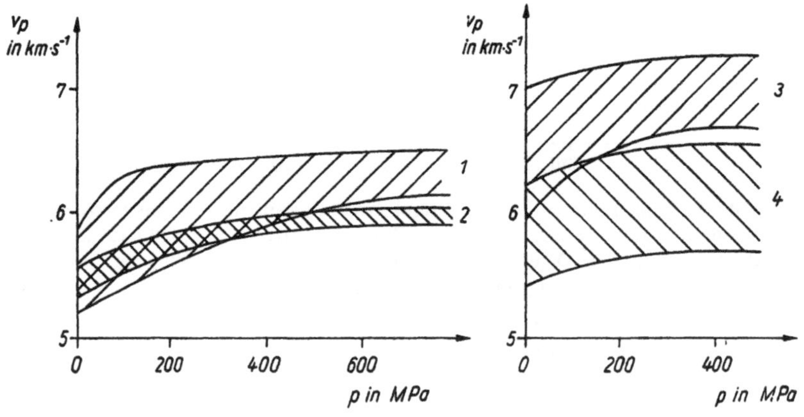

Abb. 5.11. Bereich der druckbedingten Geschwindigkeitsänderung für *1* — Granite, *2* — Quarzporphyrite, *3* — Gabbros, *4* — Basalte (nach Dortman 1976)

klüftung, stoffliche Zusammensetzung und strukturell-texturelle Ausbildung zurückzuführen.

In Abb. 5.12a sind Beispiele der an einzelnen Proben gemessenen Geschwindigkeits-Druck-Abhängigkeiten dargestellt. Longitudinal- und Transversalwellen zeigen einen gleichen Charakter in der $v = v(p)$-Beziehung. Unterschiede in der druckbedingten Veränderung der Geschwindigkeiten werden in Abb. 5.12b sichtbar. Es sei an dieser Stelle darauf verwiesen, daß auch der Quotient von

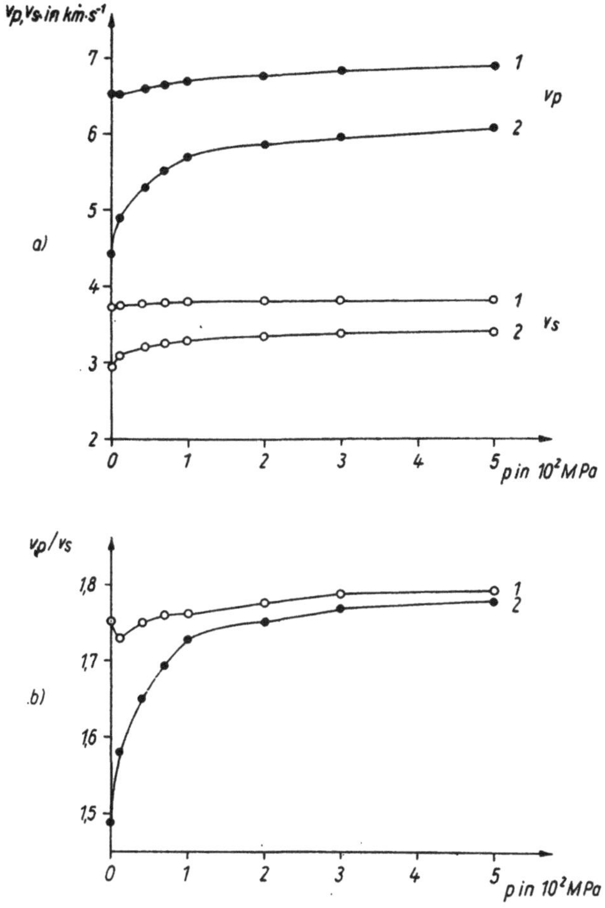

Abb. 5.12. a) Abhängigkeit der Longitudinal- und Transversalwellengeschwindigkeit vom Druck (Daten nach SIMMONS und BRACE 1965)
1 — Diabas (Maryland), *2* — Westerly-Granit,

b) Veränderung des Quotienten v_p/v_s in Abhängigkeit vom Druck in verschiedenen Richtungen gemessenen Geschwindigkeiten (Anisotropie) eine druckbedingte Veränderung erfährt (siehe Abschnitt 5.3.4.); auf beide Erscheinungen wird bei den theoretischen Betrachtungen in Abschnitt 5.4.5. Bezug genommen.

Die Beispiele unterstreichen, daß eine besonders *starke Geschwindigkeitszunahme vor allem im unteren Druckbereich* (bis etwa 10^2 MPa = 1 kbar ≈ 10^3 kp $\times$ cm^{-2}) auftritt; in diesem Bereich unterscheiden sich die Geschwindigkeitsgradienten der Proben deutlich. Oberhalb dieses Bereiches ist die Änderung der Geschwindigkeit nur noch gering, die Gradienten unterscheiden sich ebenfalls nur geringfügig. Die enge *Beziehung* dieser Veränderungen *zu dem strukturell-texturellen Mikroaufbau* einerseits *und der stofflichen Zusammensetzung* andererseits erklären Lebedev, Šapoval und Korčin (1974) damit, daß die

„... starke Zunahme der Geschwindigkeit bei Einwirkung von Drücken bis $1 \cdot 10^3$ kp $\times$ cm^{-2} in erster Linie mit einem Verschluß der Mehrzahl der großen und spaltförmigen Poren sowie der Mikrorisse und Spalten in Verbindung steht. Dabei verbessern sich die Kontakte zwischen den gesteinsbildenden Mineralen. Bei Drücken von über $1 \cdot 10^3$ kp $\times$ cm^{-2} ist die Verdichtung der Minerale im Gestein fast abgeschlossen, so daß die weitere Zunahme von v_p hauptsächlich von elastischen Veränderungen in den gesteinsbildenden Mineralen bewirkt wird. Im Druckbereich von $5 \cdot 10^3$ kp $\cdot$ cm^{-2} ist neben dem endgültigen Verschluß der Spalten und Poren auch die ... Bildung neuer Poren und Mikrospalten möglich."

Letztgenannte Erscheinung muß vor allem auf die Inhomogenität hinsichtlich der Kompressibilität der Gesteinsbereiche, Körner bzw. Minerale und dadurch bedingte Spannungskonzentrationen zurückgeführt werden.

Eine ähnliche Untergliederung der Druckbereiche hinsichtlich der Wirksamkeit von Mikrorissen auf die $v = v(p)$-Abhängigkeit fanden Simmons und Brace (1965) indem sie feststellen, daß bei 2...3 kbar ($2 \cdot 10^2$...$3 \cdot 10^2$ MPa) nahezu alle Risse (cracks) geschlossen sind. Darauf, daß *Veränderungen der Geschwindigkeit im Druckbereich bis etwa* $2 \cdot 10^2$ MPa *vor allem ihre Ursache in Vorgängen an Rissen, Spalten und Poren* haben, weisen auch die in Abb. 5.13 gezeigten Ergebnisse bei Be- und Entlastungsversuchen hin. Veränderungen an Spalten, Rissen und ähnlichen Inhomogenitäten sind teilweise *irreversibel* und führen zu Unterschieden in den Geschwindigkeitswerten bei Be- und Entlastung. Durch die Veränderung der elastischen Eigenschaften der Minerale bedingte Geschwindigkeitsänderungen hingegen sind nahezu reversibel (d. h., die Mineralsubstanz selbst verhält sich nahezu ideal-elastisch); daher fallen Be- und Entlastungskurven im Bereich oberhalb $2 \cdot 10^2$ MPa zusammen.

Der enge Zusammenhang zwischen dem Verlauf der $v = v(p)$-Beziehung und Vorgängen an Mikrorissen, Klüften und Poren ist der Ansatzpunkt für Untersuchungen mit dem Ziel, die druckbedingte Änderung der Geschwindigkeit unmittelbar mit Klüftigkeitsmaßen zu korrelieren.

Die Tabelle 5.10 enthält Mittelwerte für Longitudinalgeschwindigkeit und Porosität in Abhängigkeit vom Druck; dabei wurden die drei Granite unterschiedlicher Körnigkeit verwendet, die bereits mit Abb. 5.8 zur Darstellung der $v_p = v_p(\Phi)$-Beziehung angegeben wurden (Lebedev, Burtnij, Korčin 1974).

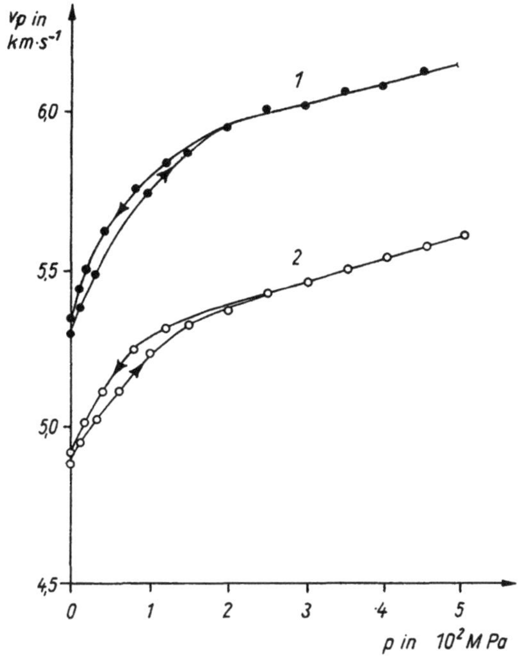

Abb. 5.13. Verlauf der Longitudinalwellengeschwindigkeit in Abhängigkeit vom Druck bei Be- und Entlastung (LEBEDEV und KORNIEC 1967)
1 — Diabas, 2 — Porphyrit

Tabelle 5.10. Geschwindigkeit v_p und Porosität Φ von Granit unterschiedlicher Körnigkeit bei unterschiedlichem Druck (nach LEBEDEV, BURTNIJ, KORČIN 1974)

p	feinkörnig		mittelkörnig		grobkörnig	
	v_p	Φ	v_p	Φ	v_p	Φ
MPa	km · s⁻¹	%	km · s⁻¹	%	km · s⁻¹	%
0,1	5,80	0,71	5,68	0,72	5,41	0,75
10	5,88	0,47	5,90	0,37	5,82	0,33
25	5,935	0,33	5,98	0,24	6,00	0,20
50	5,98	0,23	6,045	0,14	6,15	0,10
75	6,00	0,19	6,075	0,10	6,20	0,06
100	6,02	0,15	6,09	0,08	6,23	0,04
125	6,025	0,14	6,11	0,06	6,255	0,03
150	6,03	0,13	6,12	0,05	6,27	0,01
190	6,04	0,11	6,13	0,03	6,28	0
220	6,045	0,10	6,135	0,02	—	—
260	6,05	0,09	—	—	—	—

Der Verlauf von $v_p = v_p(p)$ und der relativen Porositätsänderung $\frac{\Phi_0 - \Phi}{\Phi} = f(p)$ läßt erkennen, daß bei dem untersuchten Material die Dimensionen der Minerale im Gesteinsverband eine wichtige Einflußgröße darstellen. Grobkörnige Varietäten weisen die stärksten Änderungen auf, feinkörnige die geringsten. Die Ursache hierfür kann in einem durch die Korngröße bedingten Unterschied in der Poren- bzw. Kluftform liegen. Grobkörniges Material weist vorrangig spaltförmige („slit-shaped") Mikroklüfte auf, die bei Druckeinwirkung zuerst geschlossen werden; feinkörniges Material hingegen ist durch dreidimensionale Poren gekennzeichnet, deren Schließen höhere Drücke erfordert (Lebedev, Burtnij, Korčin 1974).

Eine Gegenüberstellung von Porositätsänderung

$$\frac{\Delta\Phi}{\Phi_0} = \frac{\Phi_0 - \Phi_p}{\Phi_0} \tag{5.30}$$

und Geschwindigkeitsänderung

$$\frac{\Delta v}{v_0} = \frac{v_p \cdot v_0}{v_0} \tag{5.31}$$

(der Index 0 symbolisiert den Meßwert unter atmosphärischen Bedingungen, der Index p den beim Druck p gewonnenen Meßwert) läßt die beiden Einflußgrößen Körnigkeit und Druck als Kurvenparameter erkennen (Abb. 5.14).

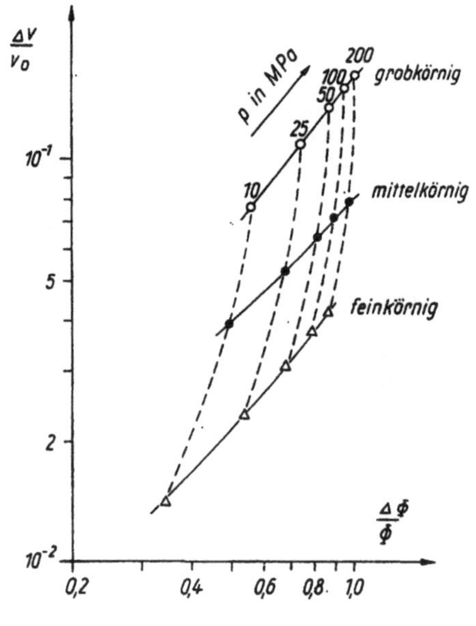

Abb. 5.14. Gegenüberstellung von relativer Geschwindigkeitszunahme $\frac{\Delta v}{v_0}$ und Porositätsabnahme $\frac{\Delta\Phi}{\Phi}$ infolge hydrostatischen Druckes (Kurvenparameter) für drei Granitarten (Tabelle 5.10)

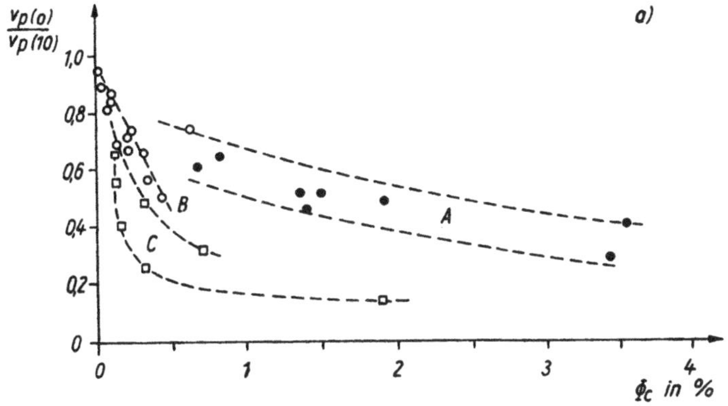

Abb. 5.15. Druckbedingte Geschwindigkeitsänderung bei unterschiedlicher Porosität

a) Quotient der bei 0,1 MPa ($v_{p(0)}$) und bei 10^3 MPa ($v_{p(10)}$) gemessenen Geschwindigkeit als Funktion der „crack-Porosität"; umgezeichnet nach SIMMONS u. a. (1975)

Bereich A: shock-Wellen-beanspruchte Gesteine (Nördlinger Ries, lunare Gesteine, terrestrische Brekzien),
Bereich B: terrestrische Gesteine (Kalkstein, Dolomit, Diabas, Granit), tektonische Beanspruchung,
Bereich C: zyklische thermisch beanspruchte Gesteine (Granit, Diabas);

Eine ähnliche Form der Darstellung der Zusammenhänge zwischen Porosität und Geschwindigkeitsänderung verwenden SIMMONS, TODD und BALDRIDGE (1975). Sie stellen die Kluftporosität Φ_c ("crack porosity") dem Quotienten der bei $p = 1$ bar $= 0{,}1$ MPa ($v_{p(0)}$) und der bei $p = 10$ kbar $= 1$ GPa ($v_{p(10)}$) gemessenen Geschwindigkeit gegenüber. Für $p = 10$ kbar wird dabei angenommen, daß die Probe kluftfrei ist. Abb. 5.15a läßt neben der Korrelation zwischen $v_{p(0)}/v_{p(10)}$ und Φ_c auch den Einfluß der kluftbildenden Prozesse auf die Ausbildung und elastische Wirksamkeit der Klüfte anhand der Bereiche A (shock-Wellenbeanspruchung), B (terrestrische Gesteine mit tektonischer Beanspruchung), C (durch zyklische thermische Beanspruchung geklüftetes Material) erkennen.

Eine analoge Bearbeitung der von LEBEDEV, BURTNIJ und KORČIN (1974) publizierten Daten für Granit (Abb. 5.15b) ergibt eine vergleichbare Tendenz mit deutlicher Differenzierung in fein-, mittel- und grobkörnige Varietäten, die Ursache verschiedener Kluftausbildung sind. Die Unterschiede in den Absolutwerten zwischen Abb. 5.15a und Abb. 5.15b liegen vor allem darin begründet, daß bei ersterer nur die Kluftporosität, bei letzterer die gesamte Porosität verwendet wurde (außerdem mußte als obere Druckstufe in Abb. 5.15b $p = 5$ kbar $= 0{,}5$ GPa gewählt werden).

Der *Einfluß erhöhter Temperatur macht sich bei magmatischen und metamorphen Gesteinen generell in einer Abnahme der Ausbreitungsgeschwindigkeit bemerkbar.* Dabei treten — im Unterschied zu dem beim Druckeinfluß festgestellten Verlauf — im Anfangsbereich (bis etwa 100···150 °C) geringere Änderungen

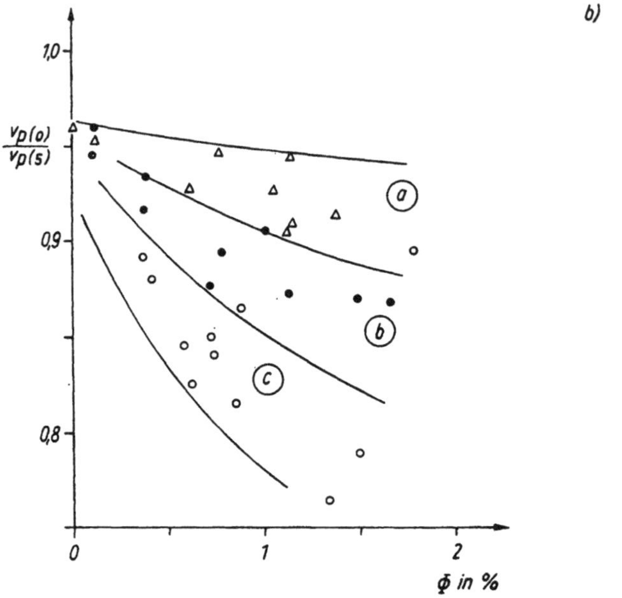

Abb. 5.15 b Quotient der bei 0,1 MPa ($v_{p(0)}$) und bei $5 \cdot 10^2$ MPa ($v_{p(5)}$) gemessenen Geschwindigkeit als Funktion der Porosität (Daten nach Tabelle 5.10)

Bereich a: feinkörniger Granit,
Bereich b: mittelkörniger Granit,
Bereich c: grobkörniger Granit

auf, als in höheren Bereichen (Abb. 5.16). *Ursachen* der Geschwindigkeitsänderung sind vor allem

a) *Übergang leichtflüchtiger Bestandteile bzw. des Porenwassers in den gasförmigen Zustand und dadurch bedingte Änderungen an den Kontakten von Körnern und Bestandteilen,*
b) *durch unterschiedliche thermische Ausdehnungskoeffizienten bedingte Kontaktänderungen,*
c) *Veränderungen der elastischen Eigenschaften der festen mineralischen Bestandteile.*

Dabei dürfte a) vor allem im Bereich bis ca. 150 °C Hauptursache von Geschwindigkeitsänderungen sein; in höheren Temperaturbereichen wirken vor allem b) und c).

Für die Ermittlung des *Geschwindigkeits-Tiefen-Verlaufes* ist die Berücksichtigung von *Druck- und Temperatureinfluß* unter Kenntnis der für das Untersuchungsgebiet zutreffenden repräsentativen vertikalen *Druck- und Temperaturgradienten* entsprechend (5.29) erforderlich.

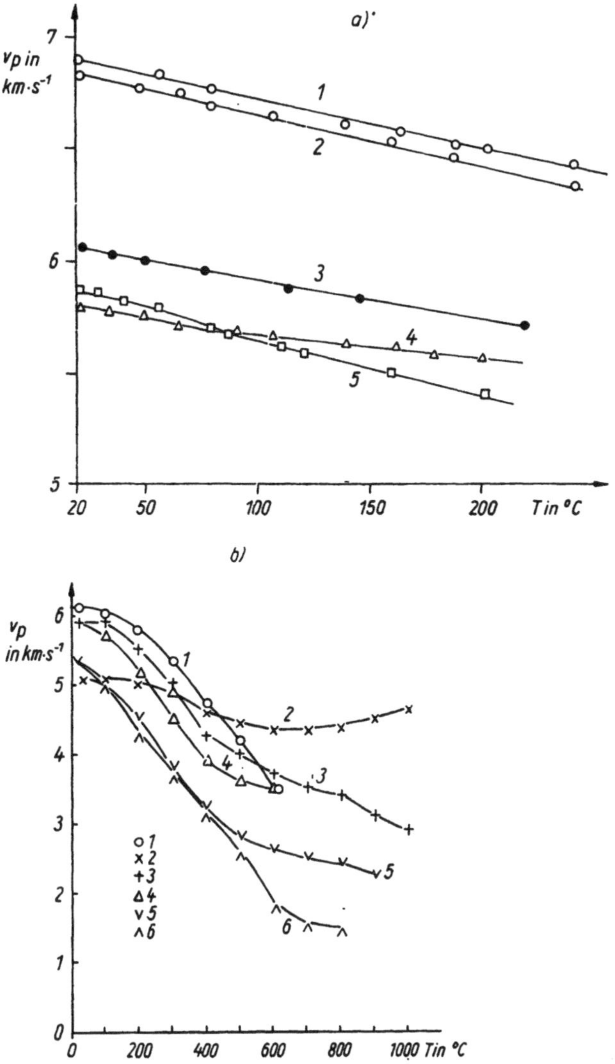

Abb. 5.16. Abhängigkeit der Longitudinalwellengeschwindigkeit von der Temperatur

a) Ergebnisse nach VOLAROVIČ und BAJUK (1977)
hydrostatischer Druck 4 · 10² MPa
1, *2* — Diabas, *3*, *4* — Granit, *5* — Serpentinit

b) Ergebnisse nach „Spravočnik geofizika" (1966)
atmosphärischer Druck
1 — Diabas, *2* — Basalt, *3* — Gabbro, *4* — Diorit, *5* — Labradorit, *6* — Granit

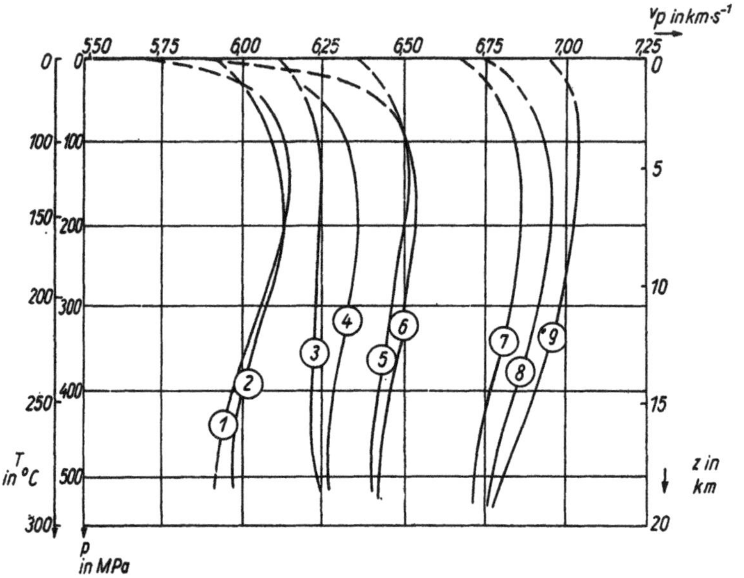

Abb. 5.17. Geschwindigkeits-Tiefen-Funktionen des Zentralteils des Ukrainischen Schildes (nach LEBEDEV 1975)

1 — Gneise, *2* — Migmatite, *3* — Gabbro-Monzonite, *4* — Granite, *5* — Charnokite, *6* — Rapakiwi-Granite, *7* Gabbro-Norite, *8* — Gabbro-Amphibolite, *9* — Labradorite

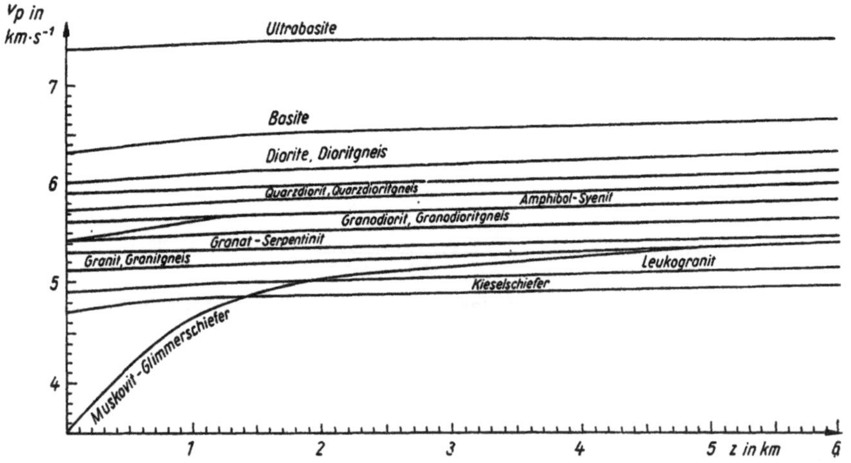

Abb. 5.18. Geschwindigkeits-Tiefen-Funktion für Magmatite und Metamorphite (KOPF 1977)

Abb. 5.17 zeigt so ermittelte mittlere Geschwindigkeits-Tiefen-Funktionen für Gesteine des Zentralteils des Ukrainischen Schildes. Bis in einen Tiefenbereich von 5⋯7 km ist bei allen Gesteinsgruppen die vor allem durch den Druck bedingte Zunahme in der Geschwindigkeit festzustellen. Bei größeren Tiefen führt das Überwiegen des geschwindigkeitsmindernden Temperatureinflusses gegenüber der nur noch geringen geschwindigkeitserhöhenden Wirkung des Druckes insgesamt zur Abnahme der Geschwindigkeit.

Für die von Kopf (1977) untersuchten Magmatite und Metamorphite aus dem Grundgebirge der Norddeutsch-polnischen Senke ergibt sich im Bereich bis 7 km Tiefe ebenfalls eine druckbedingte, nichtlinear verlaufende Zunahme der Longitudinalwellengeschwindigkeit (Abb. 5.18).

5.3.2. *Die Ausbreitungsgeschwindigkeit elastischer Wellen in Sedimentiten*

5.3.2.1. *Übersicht*

Bei der Beurteilung der elastischen Eigenschaften der Sedimentite ist die Zuordnung nach den in Kapitel 1 angegebenen Klassifikationsmerkmalen unter physikalischem Aspekt besonders wichtig. Bereits in Abschnitt 5.3.1.3. wurde der starke Einfluß von Porosität und Klüftigkeit auf die Geschwindigkeit deutlich; er macht sich insbesondere im Absinken der Geschwindigkeitswerte selbst und in einer ausgeprägten Druckabhängigkeit bemerkbar. Diese Einflüsse, deren Ursachen vor allem in den erheblichen Unterschieden der elastischen Eigenschaften von gesteinsbildender Festsubstanz und Poreninhalt begründet sind, bestimmen das elastische Verhalten der porösen Sedimentite besonders stark.

Tabelle 5.11 gibt eine Übersicht zu Mittelwerten der Ausbreitungsgeschwindigkeit der Longitudinalwellen v_p, des Verhältnisses v_s/v_p und der Poisson-Zahl ν. Gegenüber den magmatischen und metamorphen Gesteinen weisen insbesondere die porösen sedimentären Gesteine niedrigere Geschwindigkeitswerte und eine größere Streubreite innerhalb eines Gesteinstyps auf.

Bereits aus Tabelle 5.11 gehen Hinweise auf die *wichtigsten Einflußfaktoren* hervor, die Größe und Abhängigkeit der Geschwindigkeit bestimmen:

— *Mineralsubstanz (Matrix),*
— *Verfestigungsgrad, Zementation,*
— *Porosität und Eigenschaften des Poreninhaltes,*
— *Druck und Temperatur.*

Bei zusätzlicher Klüftigkeit (Karbonate, chemogene Sedimentite) überlagert sich dieser Einfluß den vorgenannten. *Gefüge bzw. Struktur* der Sedimentite sind weitere Faktoren, die vor allem Ursache einer *Anisotropie* in den elastischen Eigenschaften sein können.

In den folgenden Abschnitten werden die genannten Einflußgrößen detaillierter behandelt; dabei ist ähnlich der Darstellung des Einflusses von Klüftigkeit und Druck bei den Magmatiten/Metamorphiten eine streng isolierte Behand-

Tabelle 5.11. Wertebereich von Longitudinalwellengeschwindigkeit v_p, Quotient v_s/v_p und POISSON-Zahl ν für Sedimentite

Gestein	v_p in 10^3 km · s^{-1}					v_s/v_p		ν	
	a	b	c	d	e	a	d	a	d
Sandstein	0,8···4,5	1,4···4,3	2,1···5,3	3,0···5,3	2,6···5,4	0,4···0,6	0,56···0,59	0,19···0,35	0,19···0,23
Schluffstein					1,9				
Aleurolith	0,8···4,0					0,5···0,6			
Tonstein			···4,9	2,4	2,2···4,2		0,19		0,48
Argillit	0,9···4,5				4,7	0,5···0,55			
Dolomit	0,9···6,3	3,5···6,9	3,2···5,6	5,9···6,4	6,2	0,5···0,6	0,53···0,57		0,26···0,30
Kalkstein	1,0···5,5	1,7···6,4	3,0···7,0	2,6···5,8	5,6	0,5···0,6	0,53···0,63		0,18···0,32
Mergeldolomitstein					4,2···4,3				
Mergelkalkstein									
Mergelstein	1,3···4,5		2,0···3,8		2,1···2,5	0,55···0,5			
Schreibkreide									
Sand	0,3···1,5	0,2···1,8	0,3···0,8¹)		0,4···2,1	0,1···0,3			
Ton	0,3···3,0	1,1···2,5	1,0···2,4	0,4···1,7	0,4···1,8	0,7···0,6	0,1···0,6		
Löß	0,3···0,6	0,3···0,6		0,38···0,4		0,3···0,6	0,33		0,44
Lehm	0,8···1,8					0,55···0,6			
Anhydrit	1,5···6	5,0	3,4···6,3	5,0···5,6	5,6	0,5···0,6	0,53···0,6²)		
Gips	1,5···4,6	2,0···3,5	3,5···3,6		5,1	0,5···0,6			
Steinsalz (Halit)	4,5···5,5		3,8···5,5		4,1	0,5···0,6			
Carnallit			3,3		2,8				
Steinkohle			0,8···1,5		1,9···3,1	0,5···0,6			
Braunkohle					0,5···1,8				

a nach DORTMAN (1976); b nach CLARKE (1969); c nach KARL, MANTHEY, SCHUSTER (1965); d nach SPRAVOČNIK geofizika (1966); e nach KOPF (1977)

¹) trocken; ²) aus Quelle b

lung der Einflußgrößen auf Grund des komplexen Zusammenhanges nicht möglich.

Infolge des großen Unterschiedes in den Absolutwerten und teilweise in den Einflußgrößen werden *verfestigte* und *unverfestigte* Sedimentite gesondert dargestellt.

5.3.2.2. *Die Ausbreitungsgeschwindigkeit elastischer Wellen in verfestigten Sedimentiten*

5.3.2.2.1. Abhängigkeit der Geschwindigkeit von der mineralischen Zusammensetzung der Matrix und der Porosität

Die mineralische Zusammensetzung sedimentärer Gesteine ist von großem Einfluß auf die Geschwindigkeit, da sie in Abhängigkeit von der volumenmäßigen Zusammensetzung

— maßgebend für „mittlere bzw. effektive" Elastizitätszahlen des Gesteins und
— in vielen Fällen entscheidend für Kornbindungen, Zementation u. ä. Kontakteigenschaften auch bei volumenmäßig geringen Anteilen (beispielsweise Ton, Karbonate u. ä.) ist.

Innerhalb einer Gesteinsart ist die Porosität eine Haupteinflußgröße.

Evaporate wie Salze, Gips und Anhydrit sind praktisch *porenfreie* Gesteine. Sie zeigen daher bei reiner Ausbildung auch nur eine geringe Tiefenabhängigkeit in den Geschwindigkeitswerten, die vor allem auf Veränderungen der intergranularen Kontaktbedingungen zurückzuführen sind (vgl. Abb. 5.22). Die Geschwindigkeitswerte einiger dieser Gesteine sind in Tabelle 5.11 enthalten.

Bei duo- oder polymineralischer Ausbildung nehmen diese Gesteine in ihren Geschwindigkeiten Werte an, die etwa der Beziehung

$$v = \sum_{i=1}^{n} \frac{v_i}{V_i} \tag{5.32}$$

gehorchen, wobei v Geschwindigkeit im polymineralischen Gestein mit n Komponenten, v_i Geschwindigkeit der Komponente i, V_i Volumenanteil der Komponente i ist (diese Beziehung wird in Kapitel 9 als wichtiges Hilfsmittel einer lithologischen Ansprache benutzt).

So verändert sich nach Kopf (1977) beispielsweise die Geschwindigkeit eines Anhydrits bei jeweils 50%iger Beimengung in folgender Weise (Geschwindigkeitswerte unter Oberflächenbedingungen):

Anhydrit rein		$5{,}6 \cdot 10^3$ m · s^{-1}
—	kalkig	$5{,}6 \cdot 10^3$ m · s^{-1}
—	dolomitisch	$5{,}9 \cdot 10^3$ m · s^{-1}
—	gipsitisch	$5{,}4 \cdot 10^3$ m · s^{-1}
—	halitisch	$4{,}9 \cdot 10^3$ m · s^{-1}

In analoger Weise erklären sich Veränderungen in den Geschwindigkeiten dichter Karbonate mit folgenden Tendenzen:

Dolomit: Geschwindigkeitsabnahme mit wachsendem Kalk- und Anhydritanteil,
Kalkstein: Geschwindigkeitszunahme mit wachsendem Dolomitanteil; praktisch kein Einfluß eines Anhydritanteils.

Bei allen Sedimentiten bewirkt eine *tonige Beimengung*

— *eine Geschwindigkeitsabminderung,*
— *eine stärker ausgeprägte Druck- bzw. Tiefenabhängigkeit der Geschwindigkeit.*

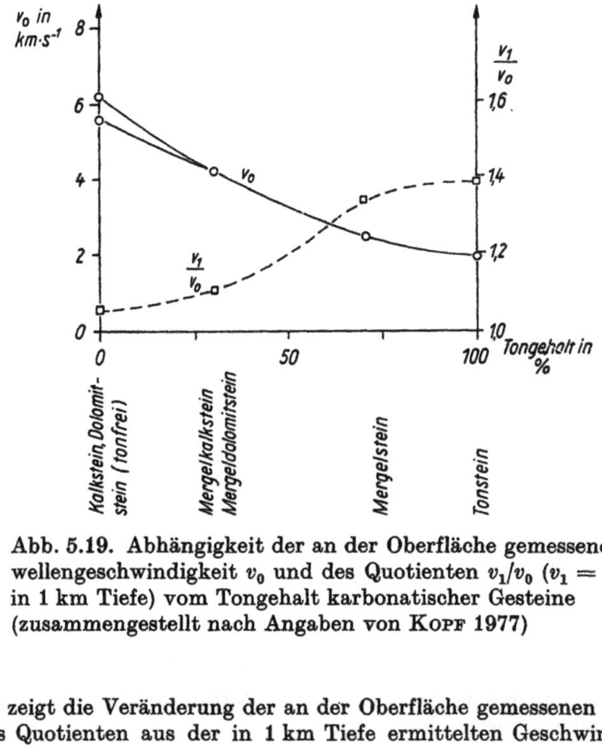

Abb. 5.19. Abhängigkeit der an der Oberfläche gemessenen Longitudinalwellengeschwindigkeit v_0 und des Quotienten v_1/v_0 (v_1 = Geschwindigkeit in 1 km Tiefe) vom Tongehalt karbonatischer Gesteine (zusammengestellt nach Angaben von Kopf 1977)

Abb. 5.19 zeigt die Veränderung der an der Oberfläche gemessenen Geschwindigkeit v_0 sowie des Quotienten aus der in 1 km Tiefe ermittelten Geschwindigkeit (v_1) und v_0 in Abhängigkeit vom Tongehalt karbonatischer Sedimentite des Norddeutsch-Polnischen Beckens. Diese Effekte sind bei Halit bis ca. 3500 m, bei den anderen genannten Sedimenten bis ca. 5000 m Tiefe deutlich ausgeprägt.

Eine extrem niedrige Geschwindigkeit ($v_p \approx 3000$ m · s^{-1}) weist der Salzton auf.

Bei den *porösen* klastischen und karbonatischen Sedimentiten sind *Porosität und Matrixsubstanz* (einschließlich Bindung, Zementation u. ä.) *Haupteinflußfaktoren.* Dabei tritt die Geschwindigkeits-Porositäts-Abhängigkeit um so klarer hervor, je stärker die Eingrenzung auf eine „Gesteinsart", d. h. eine bestimmte Matrixzusammensetzung, ist (vgl. Abb. 5.20 und 5.21). Das Zusammenspiel von Porosität und Matrixeigenschaften hat zur Ableitung der *„Zeit-Mittel-Gleichung"* (siehe Abschnitt 5.4.2) geführt.

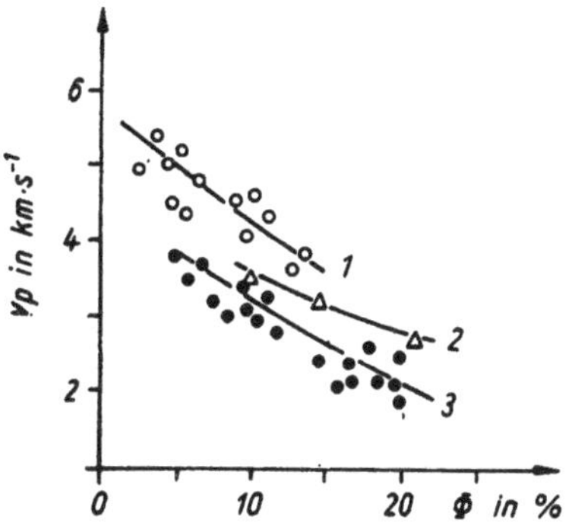

Abb. 5.20. Die Abhängigkeit der Longitudinalwellengeschwindigkeit von der Porosität

1 — Dolomit, *2* — Kalkstein, *3* — Sandstein (Spravočnik geofizika, 1966)

5.3.2.2.2. Abhängigkeit der Geschwindigkeit von der Tiefe bzw. von Druck und Temperatur

Aus Feldmeßdaten wurde von Faust (1957) eine empirische Beziehung zwischen *Longitudinalwellengeschwindigkeit* v_p in m · s^{-1}, *Tiefe z* in m und *geologischem Alter* t_G in a abgeleitet:

$$v_p = L \cdot (z \cdot t_G)^{1/6} \qquad (5.33)$$

(L ist ein „lithologischer Einflußfaktor").

Besonders bemerkenswert für die weiterführenden Betrachtungen ist die Darstellung der *Geschwindigkeits-Tiefen-Funktion* in *Gestalt eines Potenzgesetzes.* — Eine unmittelbare Korrelation zum „geologischen Alter" ist nur bedingt zu verallgemeinern, da die Beeinflussung der elastischen Eigenschaften im Laufe der geologischen Entwicklung vor allem durch die zeitlich veränderlichen thermodynamischen (und gegebenenfalls stofflichen) Prozesse bestimmt wird.

Für den NW-Teil der DDR wurden für die Interpretation seismischer Daten von Reinhardt (1967) analytische Beziehungen aus Meßdaten entwickelt. Von Kopf (1977) zusammengestellte Daten für das Norddeutsch-Polnische

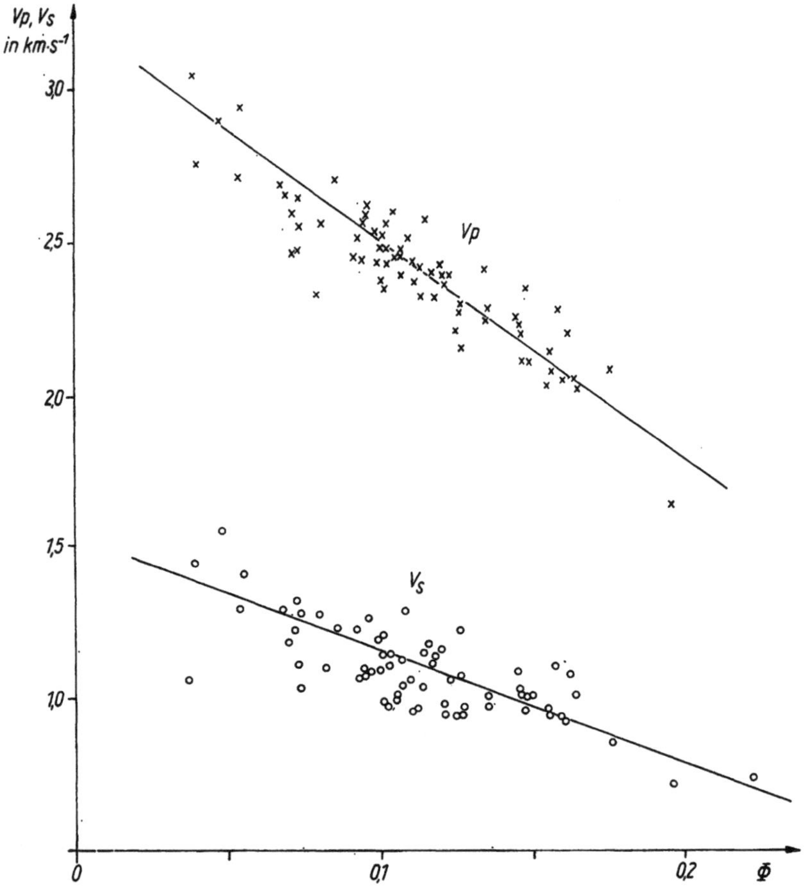

Abb. 5.21. Abhängigkeit der Longitudinal- und Transversalwellengeschwindigkeit sandig-toniger Gesteine von der Porosität
(wassergesättigt, einaxialer Druck $p = 14$ MPa)

Sedimentbecken sind in Abb. 5.22 enthalten. Deutlich ausgeprägt sind die bereits z. T. in den vorangegangenen Abschnitten genannten *Merkmale*

— *der nichtlinearen Tiefenabhängigkeit der Geschwindigkeit mit starken Änderungen in den obersten Sedimentbereichen,*
— *der besonders starken Tiefenabhängigkeit toniger Gesteine,*
— *der nur geringen Tiefenabhängigkeit der dichten Sedimentite* (z. B. Anhydrite, Salze, Dolomit).

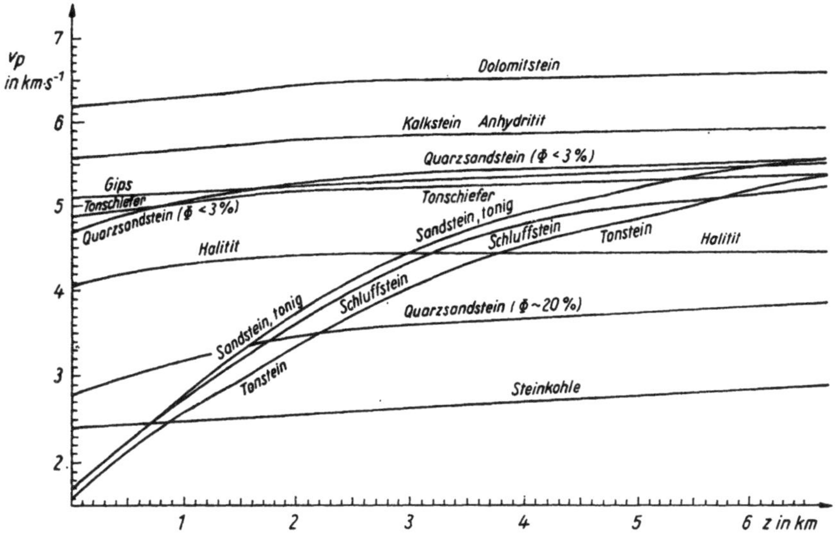

Abb. 5.22. Geschwindigkeit-Tiefen-Verlauf für verschiedene Sedimentgesteine des Norddeutsch-Polnischen Beckens (nach Kopf 1977)

Unter der Voraussetzung gleichbleibender Lithologie und Mineralisation der Schichtwässer spiegelt sich in der Tiefenabhängigkeit der Ausbreitungsgeschwindigkeit die Druck- und Temperaturabhängigkeit wider. Diese beiden Einflußfaktoren werden im folgenden näher betrachtet.

Abb. 5.23 läßt die Grundtendenz des Einflusses von Druck und Temperatur auf die Longitudinalwellengeschwindigkeit sedimentärer Gesteine erkennen.

Beispiele für den Verlauf der Geschwindigkeits-Druck-Abhängigkeit verschiedener Typen sedimentärer Gesteine zeigt Abb. 5.24, aus der folgende Merkmale ableitbar sind:

— die Druckabhängigkeit der elastischen Eigenschaften ist um so ausgeprägter, je deformierbarer das Gesteinsskelett ist, d. h., je höher Porosität und Tongehalt sind;
— die Geschwindigkeits-Druck-Abhängigkeit zeigt einen nichtlinearen Verlauf;
— inelastische Deformationsanteile führen zur Erscheinung einer „Hysterese";
— Longitudinal- und Transversalwellengeschwindigkeit nehmen generell mit dem Druck zu, gehorchen aber offenbar unterschiedlichen Funktionen, d. h., das Verhältnis v_p/v_s bzw. die Poisson-Zahl erfährt eine Veränderung bei Druckbeanspruchung.

Darüber hinaus zeigt auch die *Anisotropie* eine Veränderung mit dem Druck (siehe Abschnitt 5.3.4).

Physikalische Ursache für die Zunahme der Geschwindigkeit mit dem Druck bei porösen Sedimentiten sind

— Veränderungen an den *Kornkontakten*,
— Veränderungen in der *Porosität*

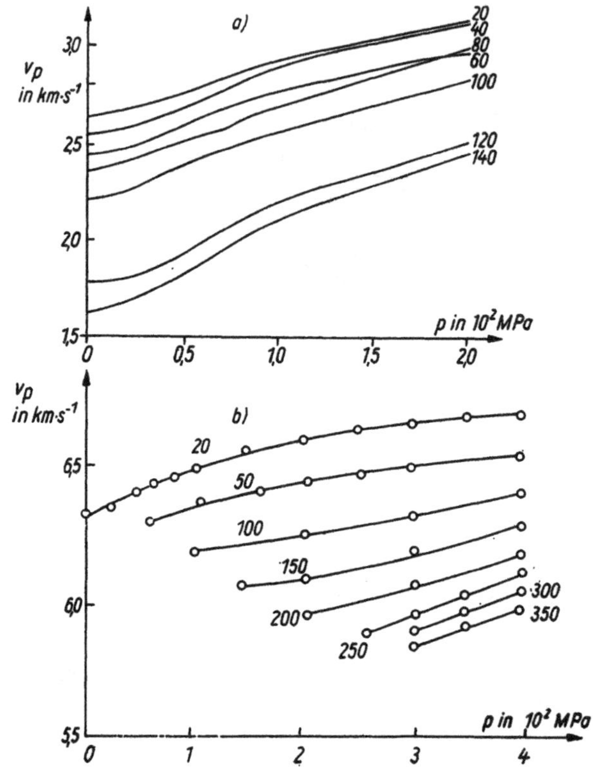

Abb. 5.23. Abhängigkeit der Longitudinalwellengeschwindigkeit in Sedimentgesteinen von Druck und Temperatur (in °C)

a) feinkörniger Sandstein, $\Phi \approx 0{,}2$; Poreninhalt NaCl-Lösung (20%); (nach Kopf 1977)

b) Kalkstein; (nach Volarovič und Bajuk 1977)

(die Veränderung der elastischen Eigenschaften der Mineralsubstanz spielt demgegenüber eine untergeordnete Rolle). Beide Einflüsse führen zu Veränderungen des Gesteinsskeletts bzw. Gesteinsgerüstes. Demzufolge ist *der auf das Gesteinsgerüst wirkende deformierende Druck („effektiver Druck")* die entscheidende Größe. Wird ein Teil des gesamten äußeren Druckes p vom Poreninhalt aufgenommen (Poreninnendruck bzw. „Porenwassersdruck" der Bodenmechanik p_P), dann ergibt sich der auf das Gesteinsgerüst wirkende Druck p_{eff} als Differenz

$$p_{eff} = \Delta p = p - p_P. \tag{5.34}$$

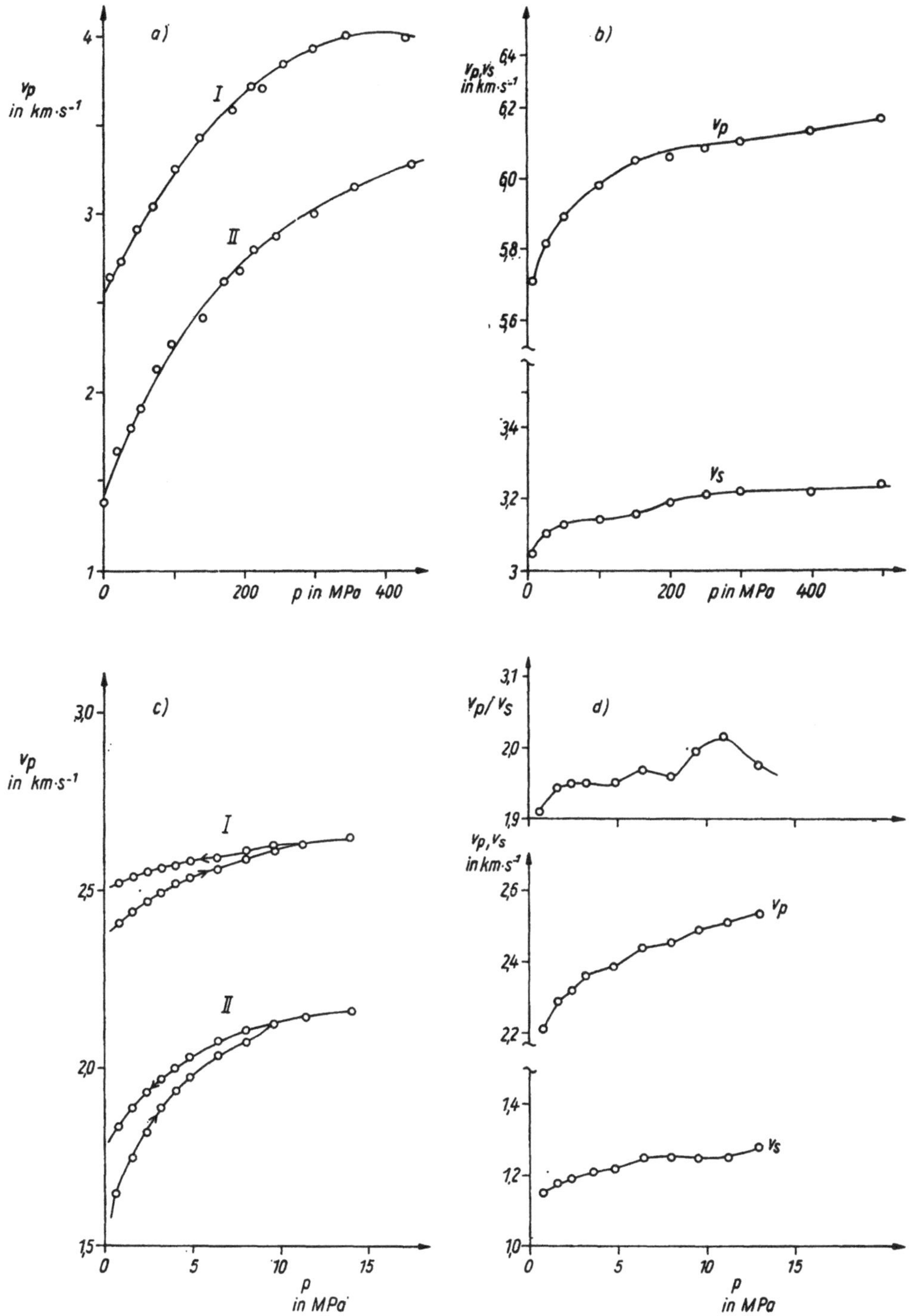
a)
v_p in km·s⁻¹
I
II
p in MPa
b)
v_p, v_s in km·s⁻¹
v_p
v_s
p in MPa
c)
v_p in km·s⁻¹
I
II
p in MPa
d)
v_p/v_s
v_p, v_s in km·s⁻¹
v_p
v_s
p in MPa

Besonders hohe Poreninnendrücke treten bei verhindertem Austritt des Porenwassers (geschlossene oder teilgeschlossene Systeme) z. B. als *Porenwasserdruck* in der Bodenmechanik oder in sog. „*Hochdruckzonen*" auf.

Abb. 5.25 unterstreicht, daß für die Veränderung der Geschwindigkeit der *effektive Druck entscheidend* ist; eine Zunahme des äußeren Druckes bei gleichzeitiger Steigerung des Poreninnendruckes um den gleichen Betrag führt zu keiner Veränderung in v_p. Untersuchungen von AVČAN u. a. (1968), DOBRYNIN (1963), DESAI u. a. (1969), KOPF (1977) TODD, SIMMONS (1972) u. a. weisen

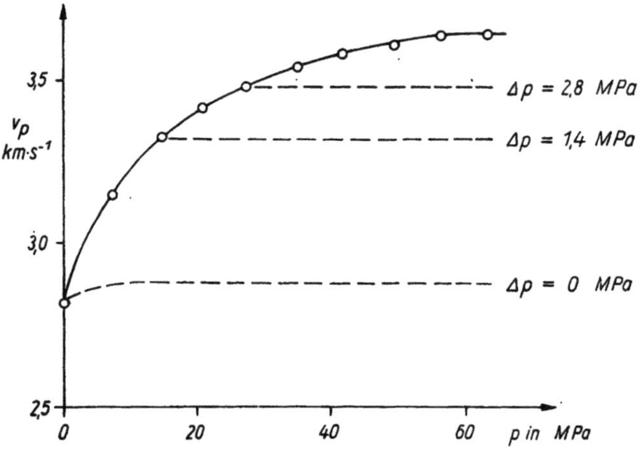

Abb. 5.25. Abhängigkeit der Longitudinalwellengeschwindigkeit v_p vom äußeren Druck p bei unterschiedlichem Differenzdruck (effektive Spannung) Δp in MPa für Sandstein (nach HICK und BERRY (1956))

Abb. 5.24. Beispiele zur Abhängigkeit der Geschwindigkeit vom Druck

a) Belastung von Tonsteinproben
Kurve I $\Phi = 0{,}04$; Kurve II $\Phi = 0{,}22$
(umgezeichnet nach VOLAROVIČ u. a. 1966)

b) Belastung einer Karbonatgesteinsprobe
($d = 2{,}74 \cdot 10^3$ kg $\cdot$ m^{-3})
(nach Ergebnissen von HUGHES und CROSS, 1951)

c) Belastung und Entlastung von Sandsteinproben (Mesozoikum)
Kurve I $\Phi = 0{,}063$; Kurve II $\Phi = 0{,}19$

d) Belastung einer Sandsteinprobe (Mesozoikum $\Phi = 0{,}12$)
— Longitudinal- und Transversalwellengeschwindigkeit (untere Darstellungen)
— Quotient v_p/v_s (obere Darstellung)

darauf hin, daß dies bei den meisten Gesteinsarten nicht exakt erfüllt ist und daß für die Berechnung des effektiven Druckes eine modifizierte Beziehung

$$p_{\mathrm{eff}} = p - n p_{\mathrm{P}} \tag{5.35}$$

verwendet werden muß. Der Faktor n (von Dobrynin, 1963 mit $n = 0{,}83$; von Kopf, 1977 als tiefenabhängige Größe $n = 0{,}63 \cdots 1{,}2$ angegeben) beinhaltet die Volumenkompressibilität des Matrixmaterials (in (5.34) als inkompressibel vorausgesetzt). Es muß außerdem damit gerechnet werden, daß hohe Poreninnendrücke zu Veränderungen an den Kornkontakten und damit einer Beeinflussung der „Gerüsteigenschaften" führen.

5.3.2.2.3. Abhängigkeit der Geschwindigkeit von Poreninhalt und Sättigungsgrad

Eine Veränderung des Poreninhaltes (z. B. Luft, Wasser) kann auf die elastischen Eigenschaften eines Gesteins vor allem in zweierlei Hinsicht Einfluß haben

a) *durch Veränderung der elastischen Eigenschaften des Poreninhaltes selbst,*
b) *durch mögliche Veränderungen der elastischen Eigenschaften des Gesteinsgerüstes infolge der Einwirkung des Poreninhaltes auf Kornkontakte o. ä.*

Beide Einflüsse werden an Abb. 5.26 sichtbar:

— *Kalkstein* zeigt (mit Ausnahme des Anfangsbereiches) eine Zunahme der Geschwindigkeit in der Reihenfolge der Schallgeschwindigkeiten des jeweiligen Poreninhaltes (Luft—Öl—Wasser). Eine Veränderung der Gerüsteigenschaften tritt hier nicht auf bzw. ist von untergeordneter Bedeutung. Gleiches Verhalten zeigt reiner, d. h. tonfreier Sandstein.
— *Tonstein und toniger Sandstein* weisen zwar beim Poreninhalt Öl eine höhere Geschwindigkeit als im trockenen Zustand auf, die Geschwindigkeit des wassergesättigten Gesteins liegt aber unterhalb der des trockenen Gesteins. Während Öl offenbar die Gerüsteigenschaften nicht oder nur gering beeinflußt und infolge seines höheren Kompressionsmoduls zu einer Geschwindigkeitszunahme gegenüber dem trockenen Gestein führt, wirkt das Wasser durch Quellungs-, Plastifizierungs- und Lösungserscheinungen sehr stark abmindernd auf die Elastizitätszahlen des Gesteinsgerüstes.

Ist der Poreninhalt aus mehreren Bestandteilen (z. B. Luft, Wasser) zusammengesetzt, so sind in Abhängigkeit von der volumenmäßigen Zusammensetzung (Sättigungsgrad) vor allem drei Einflußfaktoren für die elastischen Eigenschaften maßgebend:

— Veränderung der mittleren bzw. wirksamen Elastizitätseigenschaften des Poreninhaltes,
— Veränderung der Dichte von Poreninhalt und Gestein,
— Wechselwirkungen zwischen den Bestandteilen des Gesteins (z. B. Kapillarspannungen).

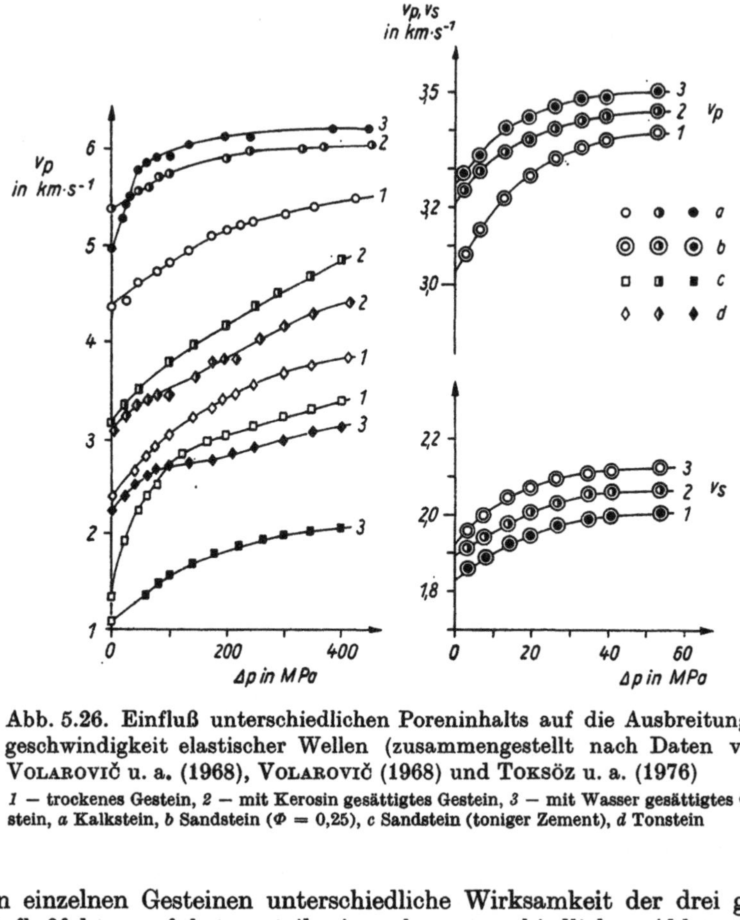

Abb. 5.26. Einfluß unterschiedlichen Poreninhalts auf die Ausbreitungsgeschwindigkeit elastischer Wellen (zusammengestellt nach Daten von Volarovič u. a. (1968), Volarovič (1968) und Toksöz u. a. (1976)

1 — trockenes Gestein, *2* — mit Kerosin gesättigtes Gestein, *3* — mit Wasser gesättigtes Gestein, *a* Kalkstein, *b* Sandstein (Φ = 0,25), *c* Sandstein (toniger Zement), *d* Tonstein

Die bei den einzelnen Gesteinen unterschiedliche Wirksamkeit der drei genannten Einflußfaktoren führt zu teilweise sehr unterschiedlichen Abhängigkeiten der Geschwindigkeit vom Sättigungsgrad. Abb. 5.27 zeigt ein Beispiel hierzu. Häufig tritt mit zunehmendem Wassergehalt zunächst eine durch *Kapillarspannungen* bedingte Geschwindigkeitszunahme im Bereich bis etwa $S_W = 0{,}2$ auf; das Zusammenfließen der Kapillarringe an den Kontakten (s. auch Abschnitt 5.3.2.3.4) führt bei weiterer Sättigungszunahme zu einem Absinken der Geschwindigkeit. In dem Maße, wie Porenräume vollständig mit Wasser gesättigt sind, bewirkt deren hoher Kompressionsmodul eine deutliche Geschwindigkeitszunahme im oberen Sättigungsbereich.

Die in Abb. 5.27 dargestellten Abhängigkeiten wurden mit unterschiedlicher Versuchstechnik zur Erzeugung einer Teilsättigung erhalten. Die markanten Unterschiede (Trocknung und Zentrifuge) weisen darauf hin, daß der Geschwindigkeitswert sowohl vom *Volumenanteil* des Porenwassers (Sättigungsgrad) als auch von der *Verteilung* und

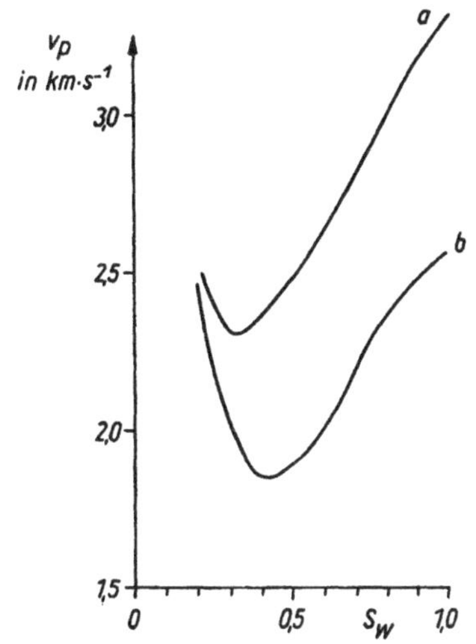

Abb. 5.27. Longitudinalwellengeschwindigkeit in Abhängigkeit vom Wassersättigungsgrad (Kopf 1977)

Quarzsandstein, Φ = 0,2, Kurve *a*: durch Zentrifuge entsättigt, Kurve *b*: durch Trocknung entsättigt

Haftung des Wassers im Porenraum beeinflußt wird. Bei tonigen Gesteinen oder Gesteinen mit löslichen Bestandteilen können sich den genannten Einflüssen die bereits angeführten Löse-, Quell- und Plastifizierungseffekte überlagern.

5.3.2.3. *Die Ausbreitungsgeschwindigkeit elastischer Wellen in unverfestigten Sedimentgesteinen*

5.3.2.3.1. Vorbemerkungen

Innerhalb der unverfestigten Sedimente unterscheiden sich *kohäsive* und *kohäsionslose* Gesteine teilweise sehr stark. Diese Unterschiede sind vor allem auf die unterschiedlichen *Bedingungen an den Korn-Korn-Kontakten* zurückzuführen, die bei den kohäsiven Gesteinen (z. B. Tone) vorrangig von physikochemischen Erscheinungen, bei den kohäsionslosen vorrangig von Reibungskräften geprägt sind.

Die Mehrzahl experimenteller Untersuchungen bezieht sich auf kohäsionslose Lockergesteine, wobei neben natürlichen (Sand, Kies) auch künstlich hergestellte Sedimente (Glaskugelschüttungen) verwendet wurden. Innerhalb einer Gesteins- bzw. Bodenart ist dabei die Geschwindigkeit vor allem abhängig von

- Porosität,
- Druck,
- Wassersättigungsgrad.

Unterschiedliche Gesteinsarten zeigen insbesondere hinsichtlich der Porositäts- als auch der Druckabhängigkeit zwar ähnlichen Verlauf, aber z. T. stark voneinander abweichende Geschwindigkeitswerte. Diese Unterschiede sind in der mineralischen Zusammensetzung und in damit häufig zusammenhängenden korngeometrischen Größen (Korngrößenverteilung, Kornform) begründet (vgl. auch Krizek u. a. 1974).

5.3.2.3.2. Abhängigkeit der Geschwindigkeit von Porosität und Dichte

Ähnlich wie bei verfestigten Sedimenten tritt auch bei Lockergesteinen eine deutlich ausgeprägte *Korrelation zwischen Porosität und Geschwindigkeit* elastischer Wellen auf; die Geschwindigkeitswerte liegen dabei wesentlich niedriger

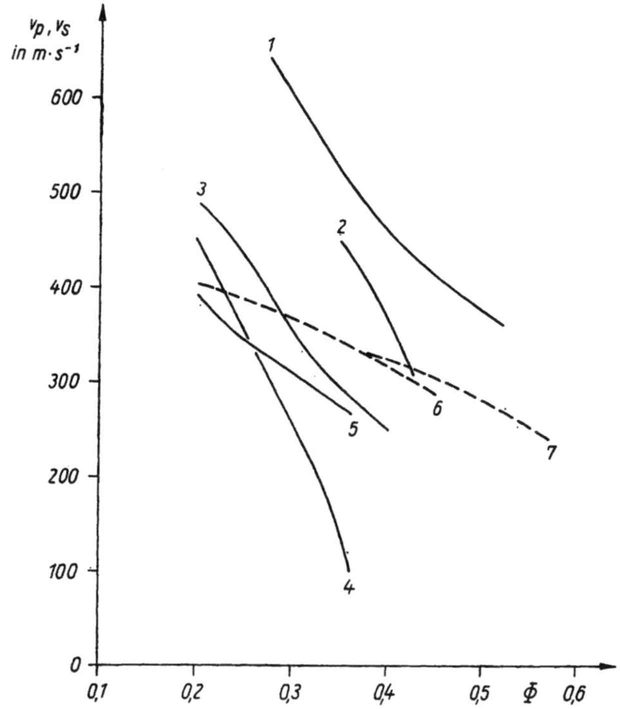

Abb. 5.28. Ausbreitungsgeschwindigkeit elastischer Wellen in Abhängigkeit von der Porosität unverfestigter trockener Sedimente (Schön 1969)

Kurve	Sediment	Geschwindigkeit
1	Sand	v_p
2	Glaskugeln	v_p
3	Sand	v_p
4, *5*	Steinschüttung	v_p
6	Sand (gerundet)	v_s
7	Sand (kantig)	v_s

als bei verfestigten Sedimenten. Vor allem in der Longitudinalwellengeschwindigkeit tritt ein deutlicher Unterschied zwischen trockenem und gesättigtem Sediment auf.

Abb. 5.28 stellt eine Zusammenstellung von Geschwindigkeits-Porositäts-Abhängigkeiten trockener Lockergesteine auf Grund experimenteller Untersuchungen an verschiedenen Gesteinsarten dar.

Abb. 5.29 stellt ein Beispiel für die auch bei wassergesättigten Sedimenten ausgeprägte Abhängigkeit der Geschwindigkeit von der Porosität dar. Der Vergleich mit Abb. 5.28 läßt erkennen, daß die *Longitudinalwellengeschwindigkeit im wassergesättigten Sediment deutlich höher als im trockenen* ist und etwa im Bereich der Schallgeschwindigkeit in Wasser bzw. darüber liegt. Die extrem

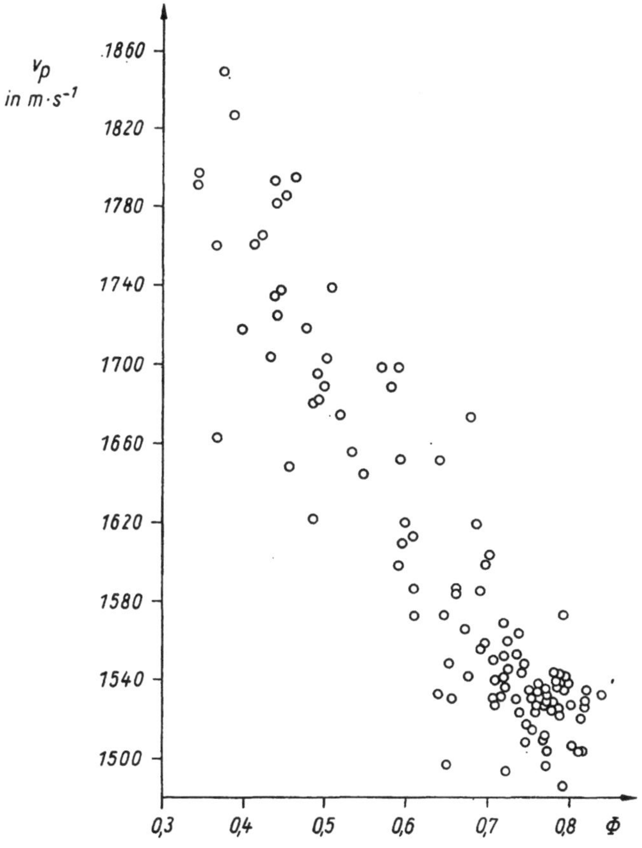

Abb. 5.29. Longitudinalwellengeschwindigkeit in Abhängigkeit von der Porosität unverfestigter wassergesättigter mariner Sedimente (nach HAMILTON 1971)

hohen Porositäten sind einerseits durch die Spezifik der Sedimentationsbedingungen (rezente marine Bildungen) und andererseits dadurch bedingt, daß sehr feinkörniges Material hochporöse Sediment- bzw. Gesteinsgerüste aufbaut (vgl. Kap. 2). Infolge der meist nur gering variierenden Dichte der mineralischen Festsubstanz läßt sich der Zusammenhang Geschwindigkeit — Porosität auch als *Zusammenhang Geschwindigkeit — Dichte* darstellen.

Sowohl Geschwindigkeits-Dichte- als auch Geschwindigkeits-Porositäts-Korrelation werden teilweise in *empirischen Gleichungen* dargestellt, die der Beziehung von BIRCH (1961) entsprechen und die bereits bei der Darstellung der Geschwindigkeits-Dichte-Korrelation magmatischer Gesteine (5.17) Anwendung fand. Neben der von BIRCH angegebenen Form (5.16) $v_p = a + bd$ wird dabei zuweilen auch eine Form

$$v_p = a^* - b^* \cdot \Phi \tag{5.36}$$

angewandt, die sich als vollkommen äquivalent erweist, denn es ist

$$\begin{aligned} v_p &= a + bd = a + b[(1 - \Phi)\, d_F + \Phi\, d_p] \\ &= (a + bd_F) - \Phi(d_F - d_P) \cdot b\,. \end{aligned} \tag{5.37}$$

Teilweise werden auch Erweiterungen dieser Gleichungen vorgenommen (5.39).

Die folgenden Gleichungen (5.38) bis (5.44) stellen Beispiele derartiger Korrelationen dar:

a) Korrelation Geschwindigkeit — Porosität
Von MORGAN (1969) wurden aus Experimenten an Sedimenten des Erie-Sees die Regressionsgleichungen

$$v_p = 1{,}917 - 0{,}566 \cdot \Phi \tag{5.38}$$

$$v_p = 2{,}380 - 2{,}197 \cdot \Phi + 1{,}333 \cdot \Phi^2 \tag{5.39}$$

ermittelt (dabei wird v_p in $km \cdot s^{-1}$ angegeben).

Tabelle 5.12.

Geschwindigkeitsbereich (v_p) $km \cdot s^{-1}$ bzw. Tiefenbereich (z) m	Regressionsgleichung (v_p in $km \cdot s^{-1}$, d in $g \cdot cm^{-3}$)	
$v_p = 6{,}6 \cdots 3{,}0$	$d = 0{,}112 v_p + 1{,}979$	(5.40)
$v_p = 3{,}0 \cdots 1{,}9$	$d = 2{,}351 - 7{,}497 v_p^{-4{,}656}$	(5.41)
$z = 0 \cdots 500$ (entspricht etwa $v_p = 1{,}5 \cdots 2{,}0$)	$d = 1{,}135 v_p - 0{,}190$	(5.42)

b) Korrelation Geschwindigkeit — Dichte:
HAMILTON (1978) gilt für karbonatische Sedimentite verschiedene Korrelationsbeziehungen an, die bestimmten Tiefenbereichen bzw. Geschwindigkeitsbereichen zugeordnet sind (Tabelle 5.12). Sie umfassen den gesamten Bereich von unverfestigten marinen Ablagerungen bis zum kompakten Karbonatgestein bzw. Kalzit.

Die für den oberen Geschwindigkeitsbereich geltende Beziehung (5.40) ist einer von GOLISDRA (1978) für sedimentäre und magmatische Gesteine abgeleiteten Regressionsgleichung

$$d = 0{,}182 v_p + 1{,}834 \qquad (5.43)$$

und nach Umformung in die Gleichung

$$v_p = 5{,}49 d - 10{,}08 \qquad (5.44)$$

der Beziehung (5.21) ähnlich.

In der Literatur zuweilen dargestellte Abhängigkeiten zwischen Geschwindigkeit und *Korngröße* sind vermutlich als Sekundäreffekt zu deuten (SCHÖN, 1964), da sie eine Verknüpfung der Korrelation zwischen Geschwindigkeit und Porosität und des Zusammenhanges zwischen Porosität und Korngröße (vgl. Kapitel 2.) beinhalten; das trifft vor allem auf den Kies-Sand-Bereich zu.

Bei zunehmendem *Tongehalt* hingegen ist infolge der Unterschiede in den elastischen Eigenschaften von Tonpartikeln und gröberem Matrial (Sand) ähnlich wie bei verfestigten Sedimenten eine Abnahme der Geschwindigkeit mit zunehmendem Tongehalt festzustellen (Abb. 5.30).

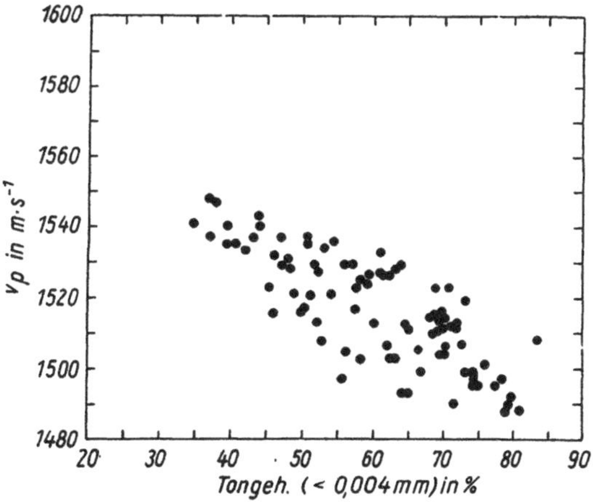

Abb. 5.30. Longitudinalwellengeschwindigkeit in marinen wassergesättigten Sedimenten als Funktion des Tongehaltes (Partikelgröße des Tones $d > 4 \cdot 10^{-3}$ mm); (HAMILTON 1970)

5.3.2.3.3. Abhängigkeit der Geschwindigkeit vom Druck

Abb. 5.31a zeigt typische *Merkmale* der Geschwindigkeits-Druck-Beziehung kohäsionsloser Lockergesteine:

a) *Zunahme der Geschwindigkeit mit dem Druck nach einer nichtlinearen Beziehung,*

b) *deutlicher Unterschied zwischen trockenem und wassergesättigtem Sediment in der Longitudinalwellengeschwindigkeit,*

c) *nur geringe Unterschiede zwischen trockenem und wassergesättigtem Sediment in der Transversalwellengeschwindigkeit.*

Die Zunahme der Geschwindigkeit mit dem Druck ist vorrangig auf die Veränderung der elastischen Eigenschaften im Bereich der *Kornkontakte* zurückzuführen; die druckbedingte Veränderung der Porosität allein vermag die starke Geschwindigkeitszunahme nicht zu erklären (bei den in Abb. 5.31a dargestellten Messungen nahm die Porosität von 38,2% auf 36,7%, d. h. um nur 1,5%, ab).

Werden die Geschwindigkeits-Druck-Abhängigkeiten doppeltlogarithmisch dargestellt, ergeben sich in erster Näherung Geraden. Abb. 5.31b und c zeigen Beispiele hierzu. Aus Abb. 5.31c geht darüber hinaus der starke Einfluß der Porosität der Probe bei Versuchsbeginn hervor. Maßgebend für die druckbedingte Geschwindigkeitszunahme ist der auf das Gesteinsgerüst wirkende Druck, d. h. der „wirksame Druck" im Sinne von (5.34) bzw. (5.35).

Die mit Abb. 5.31b und c gegebene Darstellung weist auf einen Zusammenhang zwischen Geschwindigkeit und Druck in Form eines *Potenzgesetzes* hin:

$$v \sim p^m \tag{5.45}$$

bzw.

$$v = v_0 \left(\frac{p}{p_0}\right)^m, \tag{5.46}$$

dabei ist v die Longitudinal- bzw. Transversalwellengeschwindigkeit beim Druck p, v_0 die Longitudinal -bzw. Transversalwellengeschwindigkeit bei einem Anfangsdruck p_0. v_0 und der Exponent m sind empirisch zu bestimmende Größen. Tabelle 5.13 enthält zu diesem Exponenten einige Angaben.

Da die Ursachen für den mit (5.46) gegebenen Zusammenhang in den Spannungs-Verformungs-Eigenschaften der Kornkontakte liegen, prägen durch *unterschiedliche Kornform* bedingte *verschiedenartige Kornkontakte* den Verlauf der $v = v(p)$-Beziehung (Abb. 5.32). Der Exponent m ist bei kantigem Material (Splitt) deutlich niedriger als bei gerundetem Material; die Ursache hierfür liegt in angenähert ebenflächigen Kontaktbereichen des gebrochenen Materials (im gedachten Extremfall ebener Korngrenzen und vollständigen Kontaktes wird $m = 0$).

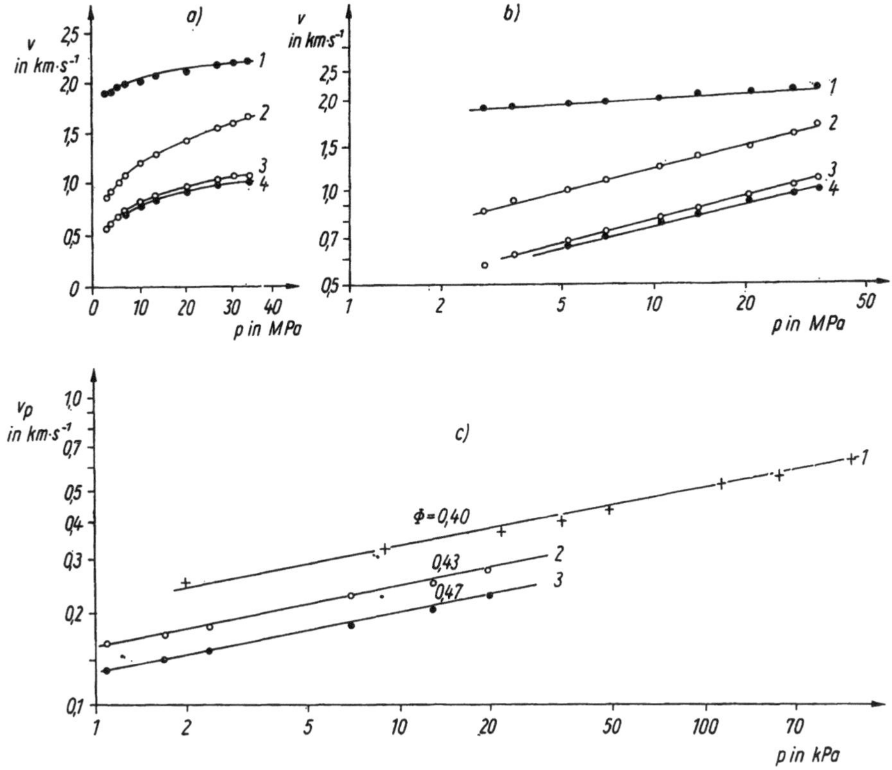

Abb. 5.31. Geschwindigkeit in Abhängigkeit vom Druck (effektiver Druck) an Sandproben

a) Ottawa-Sand (Daten nach DOMENICO, 1977), lineare Darstellung

Kurve	Geschwindigkeit	Zustand der Probe
1	v_p	wassergesättigt
2	v_p	trocken
3	v_s	trocken
4	v_s	wassergesättigt

b) Ottawa-Sand (Daten nach Abbildung a in doppeltlogarithmischer Darstellung)
c) Longitudinalwellengeschwindigkeit in trockenem Sand unterschiedlicher Porosität
1 — Darß/Ostsee, *2*, *3* — Heller/Dresden

Tabelle 5.13. Zahlenwert des Exponenten m

Sediment	trockenes Sediment		wassergesättigtes Sediment		Autor
	v_p	v_s	v_p	v_s	
Sand	1/6···1/5				HUNTER (1961)
Sand	1/6				ZAREVA (1956)
Sand (Ottawa-Sand)	0,2537 ≈ 1/4	1/4	1,17	1/4,4	DOMENICO (1977)
Sand (Heller/ Dresden)	1/5···1/4	1/5···1/4	1/18···1/14	1/5···1/4	Vf.
Glaskugeln	0,2436 ≈ 1/4,1	1/4,3	1/20	1/4,2	DOMENICO (1977)

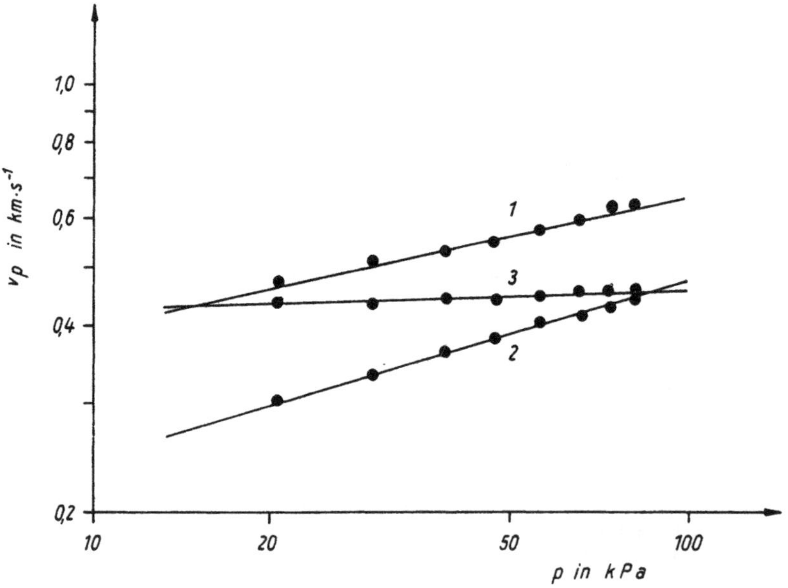

Abb. 5.32. Geschwindigkeit in Abhängigkeit vom Druck bei unterschiedlicher Kornform (trockenes Sediment)

Kurve 1: Glaskugeln (mittlere Korngröße 1,3 mm; Φ = 0,40)
Kurve 2: Sand (mittlere Korngröße 1,4 mm; Φ = 0,42)
Kurve 3: Splitt (mittlere Korngröße 4,5 mm; Φ = 0,47)

Tabelle 5.14. Geschwindigkeits-Tiefen-Beziehungen (HAMILTON 1976)

Bodenart	Tiefenbereich	empirische Beziehung (Geschwindigkeit v in $m \cdot s^{-1}$; Teufe z in m
Feinsand	0···20	$v_p = 1681 \cdot z^{0,013}$ $v_s = 120 \cdot z^{0,28}$
Grobsand	0···20	$v_p = 1869 \cdot z^{0,016}$ $v_s = 127 \cdot z^{0,31}$
Schluffe, Tone	0···36	$v_s = 116 + 4,65z$
	36···120	$v_s = 237 + 1,28z$
	120···650	$v_s = 322 + 0,58z$

Die an Geschwindigkeits-Druck-Beziehungen gefundenen Abhängigkeiten bei kohäsionslosen unverfestigten Sedimenten lassen erkennen, daß das Verhalten der

— *Longitudinalwellengeschwindigkeit im trockenen Zustand* des Sediments ($S_W = 0$) im wesentlichen *von den Gerüsteigenschaften, im gesättigten Zustand* ($S_W = 1$) dagegen sehr stark *von den Eigenschaften der Porenfüllung*
— *Transversalwellengeschwindigkeit* sowohl bei $S_W = 0$ als auch bei $S_W = 1$ im wesentlichen *von den Gerüsteigenschaften* bestimmt wird.

Die Abhängigkeiten spiegeln sich u. a. in Geschwindigkeits-Tiefen-Beziehungen wider, die z. B. von HAMILTON (1976) für wassergesättigte Sedimente abgeleitet wurden (Tabelle 5.14).

Zusammenfassend kann die Druck- bzw. Tiefenabhängigkeit der Geschwindigkeit in unverfestigten Sedimenten demnach in einer allgemeinen Form

$$v = v_1 + v_2 \cdot z^{m_1} \tag{5.47}$$

dargestellt werden, wobei als Tendenz festzustellen ist:

kohäsionslose Gesteine: $v_1 \to 0$, $m_1 < {}^1/_3$;

kohäsive Gesteine $v_1 > v_2$, $m_1 \approx 1$.

5.3.2.3.4. Abhängigkeit der Geschwindigkeit vom Sättigungsgrad bzw. Wassergehalt

Der Verlauf der Geschwindigkeit im Bereich teilweiser Sättigung $0 < S_W < 1$ ist bisher nur mit wenig verallgemeinerungsfähigen Ergebnissen untersucht worden. Die dabei auftretenden Schwierigkeiten liegen bereits im Problem der

Gewährleistung einer homogenen Teilsättigung von Proben begründet. Generell werden auch bei unverfestigten Sedimenten die unter Abschnitt 5.3.2.2.3. angeführten Einflußfaktoren wirksam, wobei z. T. durch Oberflächenkräfte bedingte Spannungen (Kapillarspannungen) von besonderem Einfluß sein können (vgl. auch Abschnitt 5.4.5.3). Sie sind darüber hinaus auch die Ursache der aus der Bodenmechanik bekannten „scheinbaren Kohäsion". Abb. 5.33 zeigt Beispiele für den Verlauf der Geschwindigkeit in Abhängigkeit vom Sättigungsgrad, die folgende *Merkmale* erkennen lassen:

a) bei der *Longitudinalwelle* bleibt die Geschwindigkeit von $S_W = 0$ bis zu relativ hohen Sättigungsgraden etwa in der gleichen Größenordnung und steigt erst unmittelbar vor der vollständigen Sättigung fast *sprunghaft* an;

b) bei der *Transversalwelle* ist insgesamt eine nur *geringe* Änderung in der Geschwindigkeit festzustellen;

c) im unteren Sättigungsbereich ($S_W < 0,3$) tritt teilweise ein Geschwindigkeitsmaximum auf, das vor allem bei feinem Korn und geringem Druck deutlich wird und auf die genannten *Kapillarkräfte* zurückzuführen ist.

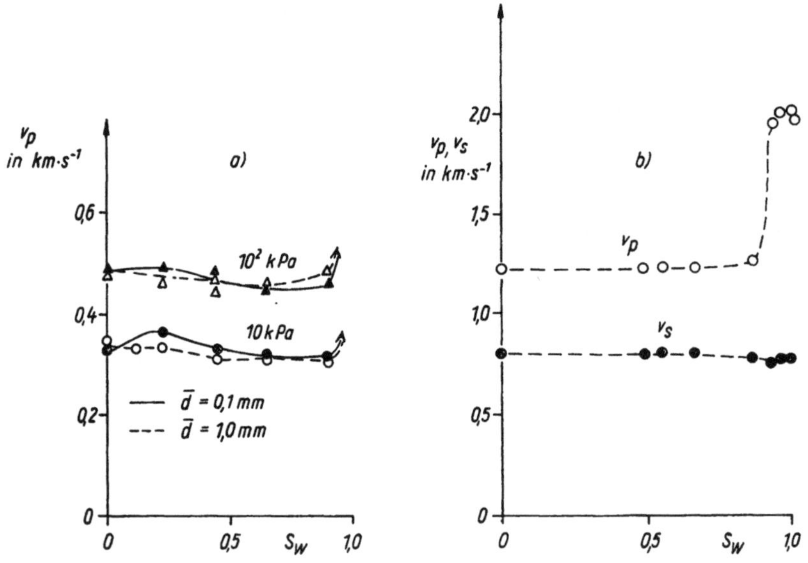

Abb. 5.33. Geschwindigkeit in Abhängigkeit vom Sättigungsgrad S_w

a) Glaskugelsediment (SCHÖN 1969)
Kurvenparameter: Korngröße und Druck

b) Ottawa-Sand (umgezeichnet nach DOMENICO 1977)
Druck $p = 10,3$ MPa

5.3.3. *Die Richtungsabhängigkeit der Geschwindigkeit (Anisotropie)*

Die Ausbreitungsgeschwindigkeit elastischer Wellen zeigt in vielen Gesteinsarten eine Richtungsabhängigkeit (Anisotropie); sie ist besonders ausgeprägt bei geschichteten und geschieferten Gesteinen.

Die Anisotropie kann vor allem durch drei *Ursachen* bedingt sein:

a) Anisotropie der das Gestein bildenden *Kristalle,*
b) Geometrie d. h. *Anordnung und Ausbildung der Bestandteile* (Gefüge, Struktur, Textur), einschließlich der Poren und Klüfte,
c) durch *Spannung* bewirkte Anisotropieeffekte.

Von diesen Ursachen sind bei den meisten Gesteinen infolge der meist statistischen Orientierung der Kristallachsen im Gestein b) und c) maßgebend und miteinander verbunden. In den meisten Fällen wird für Gesteine Schicht- oder *Transversalisotropie* (s. Abschnitt 5.1) angenommen. In der Literatur finden zur quantitativen Beschreibung der Anisotropie der Geschwindigkeit verschiedene Maßzahlen Anwendung, wobei meist die an einer Probe gemessene maximale (v_{max}) und minimale (v_{min}) Geschwindigkeit als Ausgangswerte dienen. Es wird für die folgenden Betrachtungen definiert als

„*Anisotropiekoeffizient*“ $$A_v = \frac{v_{max} - v_{min}}{v_{min}} \tag{5.48}$$

(dieser Koeffizient wird bei mehreren Autoren, z. B. Česnokov, 1977, in % angegeben),

„*Anisotropiequotient*“ $$A_v{}^* = \frac{v_{max}}{v_{min}}. \tag{5.49}$$

Damit gilt

$$A_v = A_v{}^* - 1 \quad \text{bzw.} \quad A_v{}^* = A_v + 1. \tag{5.50}$$

Bei geschichteten bzw. geschieferten Gesteinen werden häufig die Geschwindigkeiten *parallel* $v_\parallel$ und *senkrecht* $v_\perp$ zur Schicht- bzw. Schieferungsrichtung zur Berechnung verwendet und

$$A_v = \frac{v_\parallel - v_\perp}{v_\perp} \quad \text{bzw.} \quad A_v{}^* = \frac{v_\perp}{v_\parallel} \tag{5.51}$$

definiert.

Zu einer vollständigen Beschreibung der Richtungsabhängigkeit der Geschwindigkeit sind im allgemeinen Messungen in zwei Richtungen allein nicht ausreichend; von Proš (1977) und Babuška (1977) wurden Messungen an *kugelförmigen* Proben durchgeführt, die ein vollständiges Bild der Anisotropie geben.

Tabelle 5.15. Anisotropiekoeffizient einiger magmatischer und metamorpher Gesteine (atmosphärische Bedingungen)

Gestein	A_{v_p}		A_{v_s}		Quelle
	Bereich	Mittelwert (Einzelwert)	Bereich	Mittelwert (Einzelwert)	
Biotitgranit, massiv, mittelkörnig,		0,11			Dortman 1976
schwach gneisartig,		0,16			
gneisartig		(0,39)			
Granit (Mass./USA $d = 2{,}64 \cdot 10^3$ kg · m^{-3})				(0,05)	Česnokov 1971
Granit (Westerly-Granit)		(0,17)		(0,12)	
Granodiorit (Grusin. SSR)		(0,044)			
Diabas (Maryland/USA)		(0,024)		(0,02)	
Gabbro					
Dunit (Wash./USA $d = (3{,}08 \cdots 3{,}31) \cdot 10^3$ kg · m^{-3})	0,21···0,007	0,07			Česnokov 1971
Granitgneis		(0,10; 0,14)			Babuška 1977
Biotitgneis (Freiberg)	0,08···0,51	0,26			Hurtig 1966
Biotit-Amphibol-Gneise	0,46···0,80	0,68			Galdin 1966
Gneis	0,02···0,32		0,12···0,38		Česnokov 1977
Gneis, chloritisiert		(0,60)			Babuška 1977
Glimmerschiefer					
Quarz-Amphibol.-Gl.sch.		(0,13)			Galdin 1966/ Babuška 1977
Quarz-Plagiokl.-Gl.sch.		(0,32)			Galdin 1966
Epidot-Amphib.-Gl.sch.		(0,48)			Galdin 1966/ Babuška 1977
Granatglimmersch. (Freiberg)		0,35			Hurtig 1966
Zweiglimmerschiefer		(0,63)			Babuška 1977
Marmor (CSSR)	0,058···0,173	0,10			Babuška 1977
Marmor (Usbek. SSR)		(0,052)		(0,051)	Česnokov 1977
(Grusin. SSR)		(0,173)			
(UdSSR, $d = 2{,}71 \cdot 10^3$ kg · m^{-3})		(0,29)			

In der Literatur werden einige zusammenfassende Darstellungen von Anisotropiedaten mitgeteilt (z. B. BABUŠKA 1968; ČESNOKOV 1977; KARL u. a. 1965; HURTIG, 1966, 1968; GALDIN, 1966). Die Tab. 5.15 und 5.16 enthalten eine Zusammenstellung aus einem Teil der genannten Arbeiten und Untersuchungen an mesozoischen Sandsteinen. Sie lassen einen breiten Streubereich der Anisotropiewerte erkennen, aus dem sich

- im Bereich der *magmatischen und metamorphen Gesteine* die *Gneise und Glimmerschiefer* durch hohe Werte hervorheben,
- im Bereich der *Sedimentgesteine* die Tendenz einer Zunahme der Anisotropie von den Sandsteinen zu *Schluff- und Tonsteinen* andeutet.

Bei den Sedimentgesteinen weisen dichte Karbonate und Anhydrite meist relativ niedrige Anisotropie auf. An Proben des Norddeutsch-Polnischen Beckens wurden an Anhydrit-(Perm), Dolomit-(Perm) und Kalkstein-(Karbon) Proben von HURTIG (1966) Anisotropiewerte im Bereich

$$A_v = 0 \cdots 0{,}2$$

ermittelt. Die innerhalb der Sand-, Schluff- und Tonsteine bereits angedeutete Zunahme anisotroper Eigenschaften mit tonig werdender Ausbildung wird an den Mittelwerten in Tabelle 5.16 und an Abb. 5.34 deutlich.

Innerhalb einer Gesteinsgruppe ist dabei teilweise eine Korrelation zwischen Porosität und Anisotropiekoeffizienten vorhanden, wie dies z. B. HURTIG (1966) an Tonsteinen feststellte.

BACHMANN (1979) nahm eine statistische Auswertung von Geschwindigkeitsdaten vor, die bei Messungen parallel ($v_\parallel$) und senkrecht ($v_\perp$) zur Schichtrichtung von Sedimenten erhalten wurden. Dabei ergaben sich die folgenden Regressionsbeziehungen (Geschwindigkeitsangaben in km · s⁻¹):

$$v_\perp = 0{,}18 + 0{,}89 v_\parallel$$

(Probenanzahl = 313; $r = 0{,}95$) karbonatische Sedimente und

$$v_\perp = 0{,}25 + 0{,}83 v_\parallel$$

(Probenanzahl = 140; $r = 0{,}95$) siltig-tonige Sedimente.

Mit den Untersuchungen wurde der Bereich von den marinen unverfestigten Sedimente ($v \approx 1{,}5$ km · s^{-1}) bis zu verfestigten Sedimenten ($v \approx 5$ km · s^{-1}) erfaßt.

Tabelle 5.16. Mittelwerte des Anisotropiekoeffizienten an Sand-, Schluff- und Tonsteinen des Norddeutsch-Polnischen Beckens

Gestein	A_{v_p}
Sandsteine (Mesozoikum, Tongehalt < 5%)	0,12
Sandsteine (Paläozoikum)	0,20*
Schluffsteine (Paläozoikum)	0,27*
Tonsteine (Tertiär, Jura)	0,48*

* nach Daten von HURTIG (1966) berechnet

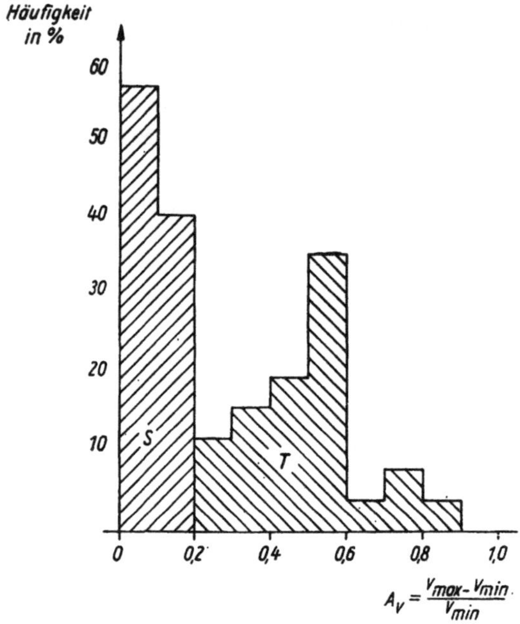

Abb. 5.34. Häufigkeitsverteilung des Anisotropiekoeffizienten A_v

S: Sandsteine (Mesozoikum, Tongehalt $< 5\%$)
T: Tonsteine (Jura, Tertiär);
Daten nach HURTIG 1966)

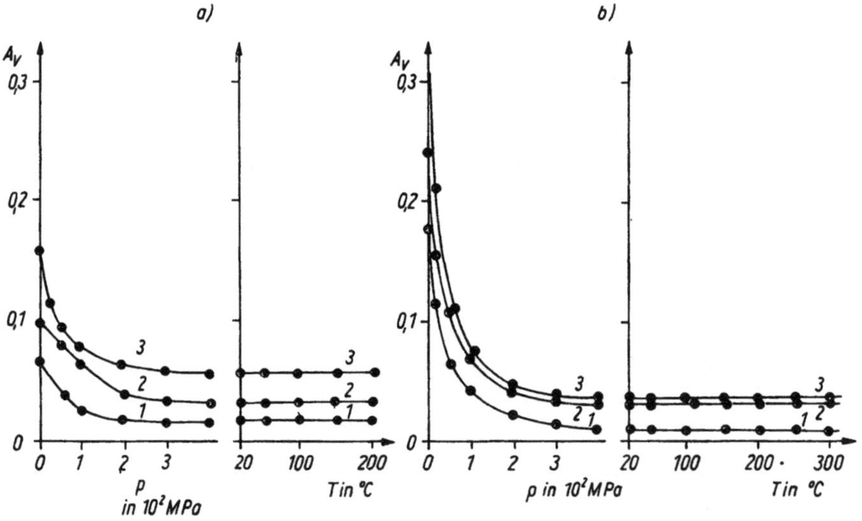

Abb. 5.35. Abhängigkeit des Anisotropiekoeffizienten von Druck und Temperatur (BAJUK und TEDEV 1978)

a) Longitudinalwelle, b) Transversalwelle

1 — Schiefer, *2*, *3* — Gneis

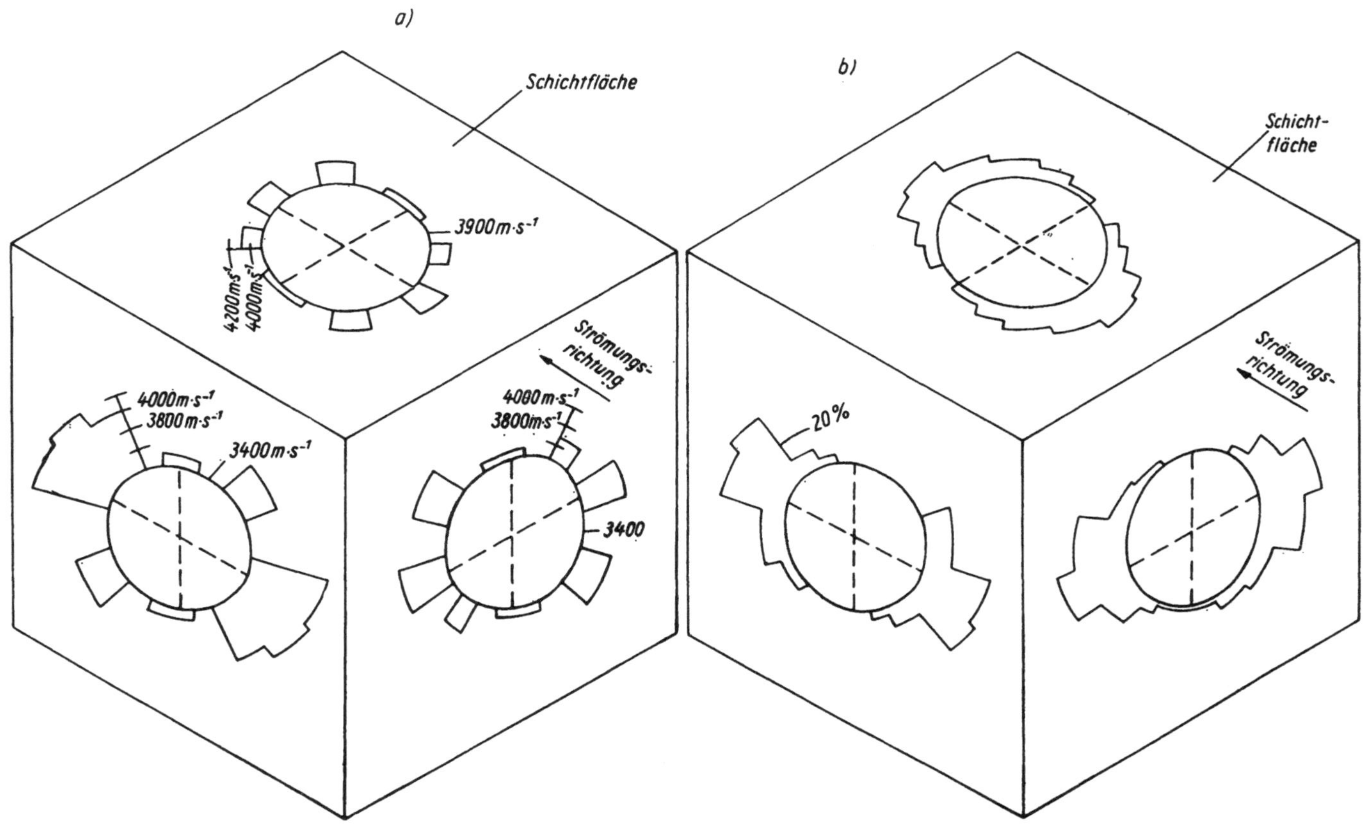

Abb. 5.36. Blockbild eines Sandsteines mit
a) Geschwindigkeitswerten in drei Ebenen,
b) Regelungsrichtung der Quarzkornlangachsen (Doering 1972)

Unter *Druckeinwirkung* verändert sich das Gefüge eines Gesteins (Schließen von Mikrorissen, Reduzierung des Porenraumes, Rißneubildung). Verbunden damit ist eine Veränderung der Anisotropieeigenschaften. Bei hydrostatischer Druckeinwirkung tritt dabei meist eine Abnahme des Anisotropiekoeffizienten mit steigendem Druck auf (Abb. 5.35). Die *Temperatur* hat — wie aus Abb. 5.35 hervorgeht — im Bereich bis etwa 600 K auf die Anisotropie kaum einen Einfluß.

Für systematische Untersuchungen der Anisotropieeigenschaften vor allem im Zusammenhang mit *Gefügeuntersuchungen* ist die Messung der Geschwindigkeiten in mehr als zwei zueinander senkrechten Richtungen erforderlich. Ergebnisse derartiger Untersuchungen lassen — wie das Beispiel in Abb. 5.36 zeigt — einen engen *Zusammenhang zwischen petrographischen Daten und Anisotropieeigenschaften* erkennen.

Ein vollkommenes Bild der Richtungsabhängigkeit der Geschwindigkeit wird mit einer von Proš und Babuška (1977) beschriebenen Methode erhalten. Dabei wird eine kugelförmige Probe diametral durchschallt; die Geschwindigkeitswerte werden als Isolinienbild in stereographischer Projektion dargestellt. Abb. 5.37 verdeutlicht am Beispiel eines Granodiorits anhand des Isolinienbildes, daß bei hydrostatischer Druckbeanspruchung geringere Geschwindigkeitsunterschiede auftreten (Abstand der Isolinien), aber dennoch der Charakter der anisotropen Eigenschaften im wesentlichen erhalten bleibt (Hauptrichtung der Isolinien).

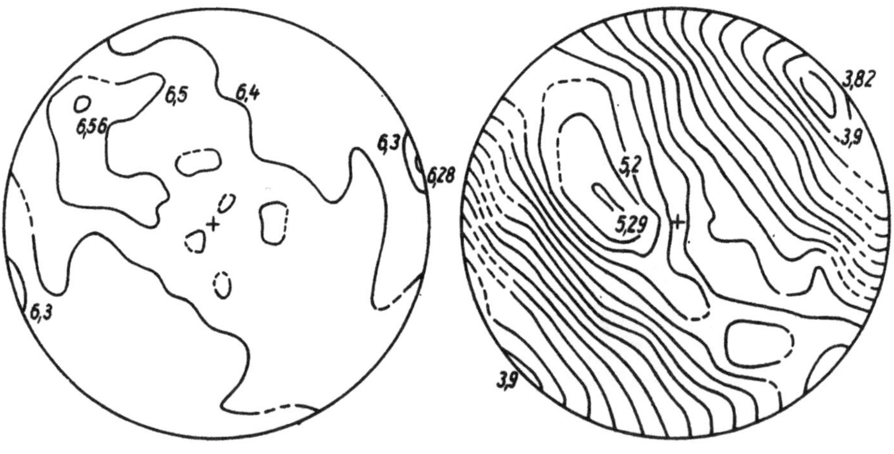

Abb. 5.37. Anisotropie der Geschwindigkeit (Longitudinalwelle) in der Darstellung als Isolinien (Proš 1977, Babuška 1977) (Granodiorit)

rechte Abbildung: bei $p = 3 \cdot 10^2$ MPa
($v_{max} = 5{,}112$ km · s^{-1}, $v_{min} = 3{,}526$ km · s^{-1}; $A = 0{,}36$)
linke Abbildung: bei $p = 10^{-1}$ MPa
($v_{max} = 6{,}562$ km · s^{-1}, $v_{min} = 6{,}278$ km · s^{-1}; $A = 0{,}044$)

Enge Korrelationen zwischen innerer Struktur bzw. gefügebedingten Änderungen und Anisotropiedaten gehen auch aus Untersuchungen von GIESEL (1963) und ATTEWELL (1970) hervor.

5.4. Theorien zur Berechnung der elastischen Eigenschaften von Gesteinen

5.4.1. Übersicht

Zur Erklärung und Darstellung der elastischen Eigenschaften bzw. der Ausbreitungsgeschwindigkeiten elastischer Wellen und ihrer Abhängigkeiten existiert eine Vielzahl von Theorien. Die Zielsetzung dieser Theorien ist in einer möglichst geschlossenen Wiedergabe der in Abb. 1.3 schematisch dargestellten Grundabhängigkeiten in quantitativer Form zu sehen.

Den verschiedenen Theorien liegt als Ausgangspunkt stets eine bestimmte *Modellvorstellung* zugrunde. Sie stellt eine der Berechnung zugängliche Idealisierung des heterogenen Mediums „Gestein" dar. Diese Modelle lassen sich trotz ihrer Vielfalt *Grundtypen* zuordnen, die damit eine Klassifizierung der Theorien gestatten (SCHÖN 1972, 1974). Abb. 1.5 zeigt in einer Übersicht die vier Modelltypen bzw. Theoriengruppen. In den folgenden Kapiteln werden zu diesen Gruppen einzelne Theorien in ihren Grundzügen dargestellt, wobei besonders

— die getroffenen Idealisierungen und
— die damit bedingte Aussagefähigkeit bezüglich der in Abb. 1.3 dargestellten Einflußgrößen

untersucht werden soll. Ein Teil dieser Theorien ist nur für einzelne Gesteinsgruppen abgeleitet (z. B. poröse Gesteine).

Generell wird bei allen angeführten Theorien vorausgesetzt, daß Modellbildung und Theorie sich auf ein *homogenes Gesteinselement* beziehen, das die *effektiven physikalischen Eigenschaften* wiedergibt. HASHIN (1964) weist darauf hin, daß die physikalischen Parameter eines Gesteins als heterogenes Medium räumliche Zufallsfunktionen bilden und für die Ermittlung effektiver Parameter im makroskopischen Bereich die Annahme eines „representative volume element" Grundvoraussetzung ist.

Eine Reihe von Gleichungen zur Ermittlung elastischer Parameter bzw. Wellengeschwindigkeiten ist aus

— *Kombinationen* verschiedener Ansätze bzw. Theorien (z. B. ZAREVA 1956)
— empirischen *Modifikationen* (z. B. "time-average-relation", Gleichung von PICKETT 1960)

hervorgegangen.

5.4.2. *Gestein als Anordnung ebenflächig begrenzter, parallel angeordneter Elemente bzw. Bestandteile*

Bei dieser Theoriengruppe wird das aus n Bestandteilen aufgebaute Gestein in n ebenflächig begrenzte Elemente (Platten) aufgelöst, die parallel aneinander liegen. Jedes Element (Platte) weist die physikalischen Eigenschaften eines Bestandteils i auf. Die Plattendicken verhalten sich zueinander wie die Volumenanteile der Bestandteile. Von den in Abb. 1.3 angeführten *Einflußgrößen* berücksichtigt dieses Modell die folgenden:

— Eigenschaften und Anteile der Festsubstanz,
— Anteil des Porenraumes (bzw. Kluftraumes),
— Eigenschaften des Poren- bzw. Kluftinhalts.

Die Struktur des Gesteins (Anordnung der Bestandteile) ist plattenartig (lamellenartig) idealisiert. Wechselwirkungen zwischen den Bestandteilen bleiben unberücksichtigt; Druck und Temperatur werden nur über die Veränderung der physikalischen Eigenschaften der Bestandteile wirksam.

Die beiden auf diesem Modell beruhenden grundlegenden Theorien von VOIGT (1910) und REUSS (1929) unterscheiden sich in der Annahme hinsichtlich des im Gestein wirkenden Spannungs- bzw. Deformationszustandes. VOIGT (1910) nimmt für das Gestein *homogenen strain* an; dem entspricht im Modell eine Spannungseinwirkung parallel zu den Trennflächen. Damit ergibt sich bei n Bestandteilen:

$$k_V = \sum_{i=1}^{n} V_i \cdot k_i, \tag{5.52}$$

$$\mu_V = \sum_{i=1}^{n} V_i \cdot \mu_i. \tag{5.53}$$

Dabei ist

k_V, μ_V der Kompressions- bzw. Schubmodul des Gesteins nach VOIGT, k_i, μ_i der Kompressions- bzw. Schubmodul des Bestandteils i, V_i der Anteil des Bestandteils i am Gesamtvolumen.

REUSS (1929) nimmt für das Gestein *homogenen stress* an; dem entspricht im Modell eine Spannungseinwirkung senkrecht zu den Trennflächen. Damit ergibt sich bei n Bestandteilen für den Kompressions- bzw. Schubmodul des Gesteins nach REUSS:

$$k_R^{-1} = \sum_{i=1}^{n} V_i \cdot k_i^{-1}, \tag{5.54}$$

$$\mu_R^{-1} = \sum_{i=1}^{n} V_i \cdot \mu_i^{-1}. \tag{5.55}$$

Die Beziehungen von VOIGT und REUSS stellen *Extrema sogenannter „Mischungsregeln“* dar (Gleichungen nach VOIGT ergeben die obere, Gleichungen nach REUSS die untere Grenze der Moduln). Experimentell ermittelte Werte liegen meist im Bereich zwischen den beiden Kurven. Zu einer besseren Annäherung experimentell ermittelter und berechneter Werte wurden — ausgehend von der Theorie von VOIGT und REUSS — zwei Wege beschritten:

a) *Mittelwertbildung* der nach VOIGT und REUSS berechneten Elastizitätszahlen
HILL (1952) berechnet das *arithmetische Mittel* der Elastizitätszahlen

$$k_{\mathrm{H}} = \frac{1}{2}\,(k_{\mathrm{V}} + k_{\mathrm{R}}). \tag{5.56}$$

Da die so berechneten Werte teilweise deutlich über den experimentell ermittelten liegen, wird durch KUMAZAWA (1969) das geometrische Mittel als bessere Näherung vorgeschlagen (von KUMAZAWA als “Hills value” bezeichnet):

$$k_{\mathrm{K,H}} = (k_{\mathrm{V}} \cdot k_{\mathrm{R}})^{1/2}. \tag{5.57}$$

b) Unter Anwendung von *Variationsprinzipien* weitere Einengung der nach den Gleichungen (5.52) bis (5.55) gegebenen Grenzen

Theoretische Arbeiten von HASHIN und SHTRIKMAN (1962) bzw. HASHIN (1964) führen auf engere Bereiche der bei bestimmten Verhältnissen der Moduln der Bestandteile möglichen effektiven Moduln des Gesteins. Speziell für ein aus zwei Bestandteilen der Volumenanteile V_1 und V_2 bestehendes Gestein ergeben sich die Grenzwerte (“HASHIN-bounds”) für Kompressions- und Schubmodul (BELIKOV u. a. 1970):

obere Grenze

$$k_1^* = k_2\left[1 - V_1(1-a) - \frac{V_1V_2(1-a)^2}{\alpha_1 + V_1(1-a)}\right], \tag{5.58}$$

$$\mu_1^* = \mu_2\left[1 - V_1(1-b) - \frac{V_1V_2(1-b)^2}{\beta_1 + V_1(1-b)}\right]; \tag{5.59}$$

untere Grenze

$$k_2^* = k_2\left[1 - V_1(1-a) - \frac{V_1V_2(1-a)^2}{\alpha_2 - V_2(1-a)}\right] \tag{5.60}$$

$$\mu_2^* = \mu_2\left[1 - V_1(1-b) - \frac{V_1V_2(1-b)^2}{\beta_2 - V_2(1-b)}\right]; \tag{5.64}$$

dabei ist

k_1, k_2 Kompressionsmodul von Bestandteil 1 bzw. 2 ($k_1 < k_2$),

μ_1, μ_2 Schubmodul von Bestandteil 1 bzw. 2 ($\mu_1 < \mu_2$),

$$a = \frac{k_1}{k_2}, \qquad b = \frac{\mu_1}{\mu_2},$$

$$\alpha_i = \frac{3k_i + 4\mu_i}{3k_2}, \qquad \beta_i = \frac{5(3k_i + 4\mu_i)\,\mu_1}{6(k_i + 2\mu_i)\,\mu_2}. \tag{5.62}$$

Tabelle 5.17. Berechnete Mittel- und Grenzwerte für einen Sonderfall des zweikomponentigen Gesteins (Kumazawa 1969)

Gleichung	$k = \lambda + 2/3\mu$ (in Einheiten von $k_1 = \lambda_1 + 2/3\mu_1$)			μ (in Einheiten von μ_1)		
	Maximum	Mittelwert	Minimum	Maximum	Mittelwert	Minimum
Voigt und Reuss	0,5500		0,1818	0,5500		0,1818
arithmetisches Mittel		0,3659			0,3659	
geometrisches Mittel		0,3162			0,3162	
Hashin, Shtrikman	0,4000		0,2286	0,4231		0,2406

Tabelle 5.17 enthält berechnete Mittelwerte und Grenzwerte für den Fall, daß das gedachte Gestein aus 2 Bestandteilen gleichen Volumenanteils ($V_1 = V_2 = 0{,}5$) besteht, deren elastische Konstanten (Lamésche Konstanten) folgender Bedingung genügen:

$$\lambda_1 = \mu_1, \qquad \lambda_2 = \mu_2,$$

$$\lambda_1 = 10 \cdot \lambda_2, \qquad \mu_1 = 10 \cdot \mu_2.$$

Zusätzlich zu der von Voigt bzw. Reuss vorgeschlagenen Berechnungsmethode wurde von Alexandrov und Eisenberg (1966) eine auf *logarithmischer Mittelwertbildung* beruhende Gleichung

$$\ln k_A = \sum_{i=1}^{n} V_i \cdot \ln k_i \tag{5.63}$$

$$\ln \mu_A = \sum_{i=1}^{n} V_i \cdot \ln \mu_i \tag{5.64}$$

angegeben, auf deren Anwendbarkeit bei verschiedenen magmatischen Gesteinen insbesondere Belikov, Alexandrov und Ryšova (1970) hinweisen. Tabelle 5.18 enthält eine Gegenüberstellung von experimentellen und berechneten Werten.

Als theoretische Grundlage für die Berechnung der Schallgeschwindigkeit von *Suspensionen* oder hochporösen marinen Sedimenten wird häufig die Gleichung von Wood (1930) benutzt:

$$v_p = \left[\frac{1}{(1 - \Phi)\, c_F + \Phi c_P} \cdot \frac{1}{(1 - \Phi) \cdot d_F + \Phi \cdot d_P}\right]^{1/2}; \tag{5.65}$$

Φ Porosität, c Kompressibilität, d Dichte, Index F Festsubstanz bzw. suspendiertes Medium), Index P Poreninhalt (bzw. suspendierendes Medium).

Tabelle 5.18. Gegenüberseellung experimentell ermittelter und berechneter Kompressionsmoduln
(nach Belikov, Alexandrov, Ryšova 1970 — Auszug)

Gestein	k in 10^{10} Pa			Porosität in %
	k_{exp}	k_H	k_A	
Granit	4,91	4,90	4,91	0,50
Granit	5,46	5,23	5,10	0,46
Granodiorit	6,04	5,73	6,08	1,0
Gabbro-Diorit	7,53	8,69	8,65	0,91
Gabbro-Diorit	8,15	8,48	8,46	0,46
Pyroxenit	9,48	9,42	9,92	0,38

Sie ergibt sich unmittelbar als Sonderfall aus der Beziehung von Reuss (5.54) sowie der Gleichung für die Dichte (2.3).

Die Vorstellung eines „Plattenmodells" stellt auch den Ausgangspunkt für die Ableitung der Zeit-Mittel-Gleichung ("time-average-relation") von Wyllie u. a. (1956) dar, die interpretationstheoretische Grundlage für die Porositäts-

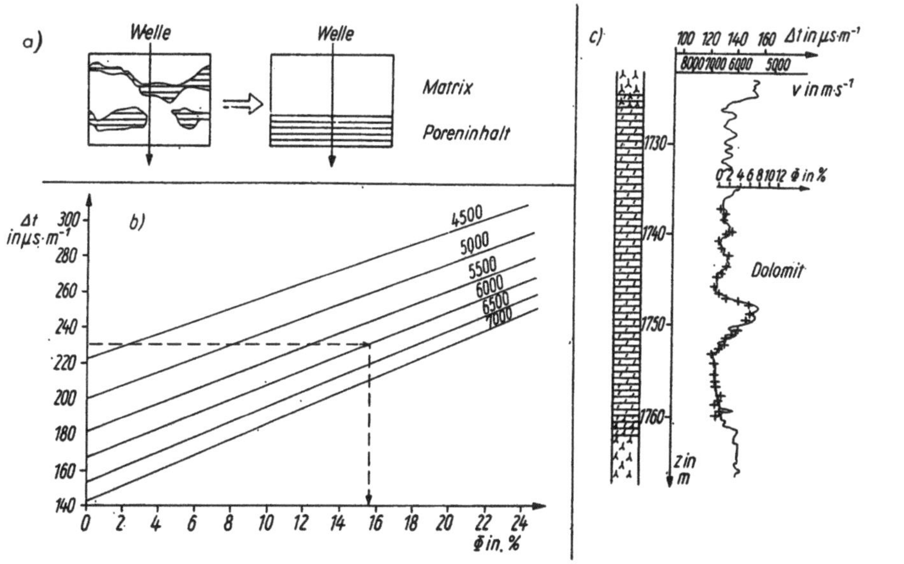

Abb. 5.38. Ableitung und Anwendung der Zeit-Mittel-Gleichung ("time-average-relation")

a) Modellvorstellung

b) Auswertediagramm (Kurvenparameter: v_M [in m · s^{-1}; v_P = 1750 m · s^{-1})

c) Meßbeispiel im Dolomit mit eingetragener Porositätsskala und an Bohrkernen ermittelten Porositäten (+) (VEB Geophysik, gemessen mit USBA 21 T) bestimmung aus Akustiklogmessungen in breitem Umfang ist [siehe z. B. Monographien zur Bohrlochgeophysik von DESBRANDES (1968), DACHNOV (1975), KOMAROV (1973), ITENBERG (1978)]. Bei der Ableitung wird die Summe der Teillaufzeiten von Festmaterial bzw. Matrix und Poreninhalt gebildet (siehe Abb. 5.38a). Die Gesamtlaufzeit der elastischen Longitudinalwelle ergibt sich zu

$$t = t_1 + t_2 = \frac{l}{v} = \frac{(1 - \Phi) \cdot l}{v_M} + \frac{\Phi \cdot l}{v_p}, \tag{5.66}$$

daraus resultiert unmittelbar die "time-average-relation" (Zeit-Mittel-Gleichung):

$$\frac{1}{v} = \frac{1 - \Phi}{v_M} + \frac{\Phi}{v_p}. \tag{5.67}$$

Sie verknüpft die Geschwindigkeit im porösen Gestein (v) mit der des Matrixmaterials, d. h. der porenfreien Festsubstanz (v_M) *und der des Poreninhaltes* (v_P) *sowie der Porosität* Φ.

Häufig wird die Zeitmittelgleichung nicht mit Geschwindigkeitstermen, sondern mit *Laufzeiten* Δt, Δt_M, Δt_p angegeben, die auf einen Wellenweg von $l = 1$ m bezogen sind und praktisch eine reziproke Geschwindigkeit darstellen,

$$\Delta t = (1 - \Phi)\, \Delta t_M = \Phi \cdot \Delta t_p. \tag{5.68}$$

Der Vorteil dieser Darstellung für die praktische Anwendung seismischer bzw. akustischer Messungen liegt

- in der linearen Verknüpfung von Δt und Φ (siehe Abb. 5.38b)
- in der Tatsache, daß der Meßwert z. B. bei Akustiklogmessungen eine Laufzeit ist, die durch geeignete Maßstabswahl direkt als Δt-Wert registriert und mit einer Porositätsskala (Abb. 5.38c) versehen werden kann.

Die *Porosität* ergibt sich aus (5.67) und (5.68) unmittelbar zu

$$\Phi = \frac{\Delta t - \Delta t_M}{\Delta t_p - \Delta t_M} = \frac{(v_M - v) \cdot v_p}{(v_M - v_p) \cdot v}. \tag{5.69}$$

Die *Matrixparameter* Δt_M bzw. v_M sind *empirisch zu bestimmende Größen*, die die gesamte Eigenschaften der Festsubstanz (Mineralbestand, Ausbildung und Anordnung der Bestandteile usw.) beinhalten. Tabelle 5.19 enthält Mittelwerte für einige Gesteine.

In der mit (5.67) bzw. (5.68) angegebenen Form ist die Zeit-Mittel-Gleichung mit den Matrixwerten nach Tabelle 5.19 nur bei Wassersättigung und für *Tiefen* $z > 2000$ m anwendbar. Unterhalb dieser Tiefe ist die druckbedingte Geschwindigkeitsänderung nur noch gering, so daß für praktische Belange mit der druck- bzw. tiefenunabhängigen Matrixgeschwindigkeit gerechnet werden kann. Für *oberflächennähere* Schichten muß entweder

- eine Korrektur unmittelbar an den Porositätswerten („Kompaktionskorrektur") angebracht oder
- mit einer tiefenabhängigen Matrixgeschwindigkeit $v_M(z)$ gerechnet werden.

Tabelle 5.19. Mittelwerte für Matrixgeschwindigkeiten und Matrixlaufzeiten

Matrixmaterial		Matrixparameter (a)		(b)	(c)
		v_M $m \cdot s^{-1}$	Δt_M $\mu s \cdot m^{-1}$	v_M $m \cdot s^{-1}$	v_M $m \cdot s^{-1}$
Quarz	SiO_2	5910	169,0	5580	ca. 5900
Dolomit	$CaCO_3 \cdot MgCO_3$	7000	143,5	7000	6400...7900
Calcit	$CaCO_3$	6415	156,0	6400	
Anhydrit	$CaSO_4$	6100	164,0		6100
Gips	$CaSO_4 \cdot 2H_2O$	5800	172,0		
Halit	NaCl	4550	220,0		4600
Sylvin	KCl	4120	242,5		
Carnallit	$KCl \cdot MgCl_2 \cdot 6H_2O$	3910	256,0		

(a) Orientierungswerte (DDR) nach Lehnert, Irmert, Hochstrate (1970)
(b) nach Pirson (1963, 1966)
(c) nach Bulatova, Volkova, Dubrov (1970)

Einen anderen Weg beschreiten Stiller u. a. (1971), indem sie die Porosität in der „Zeit-Mittel-Gleichung" als Funktion des Druckes einführen und dabei einen Ansatz von Nagumo (1965) verwenden

$$\Phi(\sigma) = \Phi_0 e^{-Ap}, \tag{5.70}$$

dabei ist Φ_0 die Anfangsporosität ($p \to 0$), p der Druck, A ein empirisch zu bestimmender Faktor, der für Sandstein, Schluffstein und Tuff

$$A = 17 \cdot 10^{-4} \text{ cm}^2 \cdot \text{kp}^{-1}$$
$$\approx 17 \cdot 10^{-3} \text{ MPa}^{-1}$$

beträgt (Nagumo 1965) bzw. mit

$$A = 10^{-2} \dots 10^{-3} \text{ cm}^2 \cdot \text{kp}^{-1} \approx 10^{-1} \dots 10^{-2} \text{ MPa}^{-1}$$

angegeben wird (Stiller u. a. (1971).

Die Anwesenheit von *Ton* führt meist zu einer deutlichen *Geschwindigkeitsabminderung* gegenüber tonfreien Gesteinen. Da die niedrigeren Geschwindigkeiten bzw. längeren Laufzeiten nach (5.69) eine erhöhte Porosität vortäuschen können, werden bei tonigen Gesteinen sogenannte „Tongehaltskorrekturen" vorgenommen. Dabei wird bei Bohrlochmessungen als Maß für den Tongehalt entweder das

— Eigenpotential (SP) nach dem Verfahren von Pickett (1960) oder die
— Intensität der natürlichen Gammastrahlung (I_G) nach dem Verfahren von Förster (1978)

verwendet. Von MILLICAN (1960) wurde für tonige Gesteine das Grundmodell der Zeitmittelgleichung auf zwei Festbestandteile (Sand, Ton) erweitert:

$$\frac{1}{v} = \frac{1 - \Phi - \mathrm{TG}}{v_{\mathrm{Sand}}} + \frac{\mathrm{TG}}{v_{\mathrm{Ton}}} + \frac{\Phi}{v_{\mathrm{p}}} \tag{5.71}$$

(TG = Tongehalt).

Von WACHHOLZ (1962) wurde die lineare Beziehung (5.68) zwischen Δt und Φ zu einer kubischen Gleichung erweitert, die vor allem bei hochporösen Sedimenten eine teilweise bessere Annäherung an experimentelle Werte liefert. —

Entwickelt man die in der Form

$$v = v_{\mathrm{M}}[1 - \Phi \cdot v_{\mathrm{M}}(v_{\mathrm{M}}^{-1} - v_{\mathrm{P}}^{-1})]^{-1} \tag{5.72}$$

geschriebene Zeit-Mittel-Gleichung (5.67) in eine *Potenzreihe* nach Φ bis zum linearen Glied, so ergibt sich

$$v = v_{\mathrm{M}}[1 + \Phi \cdot v_{\mathrm{M}}(v_{\mathrm{M}}^{-1} - v_{\mathrm{P}}^{-1})]. \tag{5.73}$$

Diese Gleichung läßt sich mit (2.3) direkt in eine der Gleichung von BIRCH (5.16) analoge Form bringen

$$v = v_{\mathrm{M}} \left[1 - \frac{v_{\mathrm{M}} - v_{\mathrm{P}}}{v_{\mathrm{P}}} \frac{d_{\mathrm{M}} - d}{d_{\mathrm{M}} - d_{\mathrm{P}}}\right]. \tag{5.74}$$

Das heißt, für sehr kleine Porositäten kann die *Beziehung von* BIRCH *formal als eine Näherung der Zeit-Mittel-Gleichung* dargestellt werden, wobei sich die beiden empirischen Größen a und b der Gleichung von BIRCH durch Vergleich von (5.16) und (5.74) ergeben

$$a = v_{\mathrm{M}} \left[1 - \frac{v_{\mathrm{M}} - v_{\mathrm{P}}}{v_{\mathrm{P}}} \frac{d_{\mathrm{M}}}{d_{\mathrm{M}} - d_{\mathrm{P}}}\right], \tag{5.75}$$

$$b = \frac{v_{\mathrm{M}}(v_{\mathrm{M}} - v_{\mathrm{P}})}{v_{\mathrm{P}}(d_{\mathrm{M}} - d_{\mathrm{P}})}. \tag{5.76}$$

Für die Lösung *geotechnischer Aufgaben* legten SJØGREN, OFSTHUS und SANDBERG (1979) die Zeit-Mittel-Gleichung vergleichenden Untersuchungen zwischen Ausbreitungsgeschwindigkeit und gesteinsmechanischen Parametern (mittlere crack-Häufigkeit und "Rock quality designation (RQD)") an Metamorphiten und Magmatiten zugrunde.

5.4.3. Poröses Gestein als Anordnung zweier gekoppelter elastischer Medien

Von BIOT (1956) wurde eine Theorie der elastischen Eigenschaften poröser Medien abgeleitet, die von zwei *stress-strain-Beziehungen* ausgeht (Beziehung für „Gesteinsgerüst“ und Beziehung für „Poreninhalt“). Beide Gleichungen sind miteinander *durch* einen zusätzlichen *Parameter verknüpft* (elastische Kopplung der beiden Bestandteile „Gerüst“ und „Poreninhalt“). Bei der Ableitung der Wellengleichung wird außerdem eine massebedingte Kopplung eingeführt.

Die Kopplung zwischen Festmaterial und Poreninhalt äußerst sich als gekoppelte Bewegung beider Bestandteile und ist u. a. durch strömungsmechanische Eigenschaften mitbestimmt. Eine Relativbewegung zwischen beiden Bestandteilen führt zur *Energiedissipation* und ermöglicht so die Berechnung von Absorptionskoeffizienten (GEERTSMA, SMITH 1961, WHITE 1965). Von GEERTSMA, SMITH (1961) wurde die Theorie weitergeführt, und die Gleichungen für die Ausbreitungsgeschwindigkeit wurden in petrophysikalisch gebräuchliche Termini transformiert.

Für die *Longitudinalwellengeschwindigkeit* eines isotrop angenommenen porösen Gesteins ergibt sich (DOMENICO 1977)

$$v_p = \left\{\left[\left(\frac{1}{c_G} + \frac{4}{3}\,\mu_G\right) + \frac{\dfrac{\Phi d}{K d_p} + (1-\beta)\left(1 - \beta - 2\,\dfrac{\Phi}{K}\right)}{(1 - \Phi - \beta)\,c_F + \Phi c_p}\right]\left[d - d_p\,\frac{\Phi}{K}\right]^{-1}\right\}^{1/2}; \tag{5.77}$$

dabei ist c Kompressibilität, K Kopplungsfaktor, Φ Porosität, $\beta = c_F/c_G$, μ Schubmodul, d Dichte, Index F Festmaterial (Mineralsubstanz), Index P Poreninhalt, Index G Gesteinsgerüst (bzw. Matrix), $d = (1 - \Phi)\,d_F + \Phi d_P$. Der Kopplungsfaktor K beschreibt den Grad der Kopplung zwischen Poreninhalt und Gesteinsgerüst und nimmt Werte zwischen

$K = 1$ (keine Kopplung) und

$K = \infty$ (vollständige Kopplung) an.

Die Kopplungsbedingungen können auch durch eine Frequenz f^* charakterisiert werden (GEERTSMA, SMITH 1961; SCHÖN 1964; WHITE 1965), die eine von Porosität, Dichte, Viskosität des Poreninhaltes η und hydrodynamischer Permeabilität k_h abhängige Gesteinskenngröße darstellt:

$$f^* = \frac{\eta \Phi}{2\pi d_p k_h}. \tag{5.78}$$

Das Verhältnis von verwendeter Meßfrequenz zu charakteristischer Frequenz bestimmt den Kopplungstyp:

$$\begin{aligned} f/f^* &\to 0 \quad \text{vollständige Kopplung } (K = \infty), \\ f/f^* &\to \infty \quad \text{keine Kopplung } (K = 1). \end{aligned} \tag{5.79}$$

Für den Fall *vollständiger Kopplung*, der im unteren Frequenzbereich ("low frequency range") auftritt, vereinfacht sich (5.77) zu

$$v_p = \left\{\left[\left(c_G^{-1} + \frac{4}{3}\,\mu_G\right) + \frac{(1-\beta)^2}{(1 + \Phi - \beta)\,c_F + \Phi c_p}\right] d^{-1}\right\}^{1/2} = \left\{\frac{M}{d}\right\}^{1/2}. \tag{5.80}$$

Dieser Ausdruck ist identisch mit der von GASSMANN (1951) angegebenen Gleichung für ein „geschlossenes poröses System“.

In analoger Weise läßt sich aus den Beziehungen von Biot (1956) für die *Transversalwellen* ableiten (DOMENICO 1977)

$$v_s = \left\{\mu_G \left(d - d_p \frac{\Phi}{K}\right)^{-1}\right\}^{1/2} \tag{5.81}$$

und unter der Bedingung

$$f/f^* \to 0 \qquad v_s = \{\mu_G d^{-1}\}^{1/2}. \tag{5.82}$$

Eine direkte Berechnung der Ausbreitungsgeschwindigkeiten elastischer Wellen ist nach der beschriebenen Theorie meist deshalb nicht möglich, weil die Kenntnis der „Gerüstmoduln“ c_G und μ_G nicht gegeben ist. Sie müssen experimentell ermittelt werden (siehe SCHÖN 1964, WHITE 1965).

Die Theorie bietet aber die *Möglichkeit einer Berechnung der Ausbreitungsgeschwindigkeiten (oder Elastizitätsmoduln) eines gesättigten Gesteins bei Kenntnis der des trockenen Gesteins* (SCHÖN 1964, 1966) auf folgendem Weg:

Für ein trockenes Gestein ($S_w = 0$) kann infolge der extrem hohen Kompressibilität der Luft bzw. Gase der zweite Term des Nenners in (5.80) vernachlässigt werden ($c_{Luft} \gg c_G$, c_F), damit ergibt sich:

$$v_{p(S_w=0)} = \left\{\left(\frac{1}{c_G} + \frac{4}{3}\mu_G\right) d^{-1}\right\}^{1/2}$$

$$= \left\{\frac{3}{c_G}\left(\frac{1-\nu_G}{1+\nu_G}\right) d^{-1}\right\}^{1/2}; \tag{5.83}$$

unter der Annahme

$$\nu_G \approx 0{,}2$$

vereinfacht sich (5.83) zu

$$v_{p(S_w=0)} = \left\{\frac{2}{c_G d}\right\}^{1/2}. \tag{5.84}$$

Ist die Geschwindigkeit $v_{p(S_w=0)}$ durch eine Messung bekannt und zusätzlich die Dichte d ermittelt worden, so läßt sich hiermit die Gerüstkompressibilität c_G berechnen. Für den Fall der Sättigung des Gesteins mit einem Medium (Flüssigkeit) der Kompressibilität c_p und der Dichte d_p kann bei bekannter Porosität Φ nunmehr die Geschwindigkeit des flüssigkeitsgesättigten Gesteins $v_{p(S_w=1)}$ mit (5.80) berechnet werden. In analoger Weise kann der umgekehrte Weg beschritten werden.

Die Umrechnung kann auch unmittelbar für die Moduln $M_{(S_w=0)}$ bzw. $M_{(S_w=1)}$ erfolgen. Sie ist in Abb. 5.39 graphisch dargestellt. Dabei wurden für die Kompressibilitäten folgende Werte verwendet:

$$c_F = 2{,}7 \cdot 10^{-11}\ \text{Pa}^{-1} \qquad \text{(Quarz)},$$

$$c_p = 46 \cdot 10^{-11}\ \text{Pa}^{-1} \qquad \text{(Wasser)}.$$

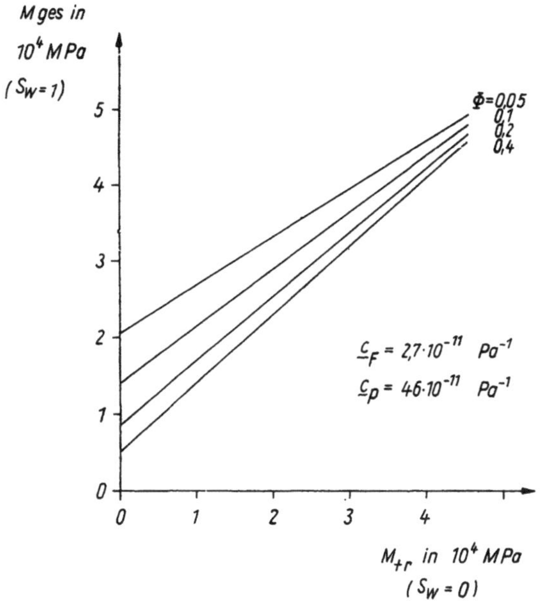

Abb. 5.39. Diagramme zur Umrechnung der Moduln M bzw. E für trockene ($S_w = 0$) und wassergesättigte ($S_w = 1$) Gesteine

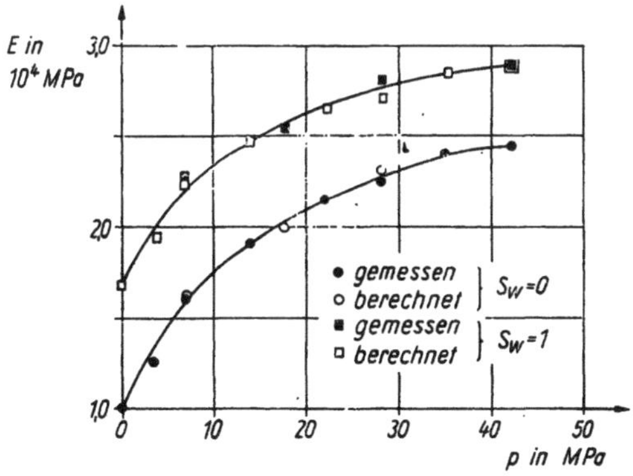

Abb. 5.40. Experimentell ermittelte und berechnete Werte des E-Moduls als Funktion des Druckes; Sandstein, (experimentelle Werte nach GREGORY 1963)

Die folgenden Beispiele sollen Leistungsfähigkeit und Grenzen der Anwendbarkeit dieser Theorie zur Umrechnung verdeutlichen. Dabei werden die für Abb. 5.54 verwendeten Kompressibilitäten und die Dichten $d_F = 2{,}65 \cdot 10^3$ kg $\cdot$ m^{-3} und $d_w = 1{,}0 \cdot 10^3$ kg $\times$ m^{-3} verwendet.

In Abb. 5.40 sind von Gregory (1963) veröffentlichte experimentell ermittelte Elastizitätsmoduln E von trockenen und gesättigten Sandsteinproben als Funktion des Druckes dargestellt (gefüllt dargestellte Symbole). Diese Werte wurden nach (5.80) bis (5.83) bzw. unter Verwendung der Abb. 5.39 umgerechnet (offen dargestellte Symbole). Die berechneten Werte liegen im Verlauf der gemessenen. Bei der Umrechnung wurde

$$E \approx M \quad \text{bzw.} \quad \frac{E_{(S_w=0)}}{E_{(S_w=1)}} \approx \frac{M_{(S_w=0)}}{M_{(S_w=1)}} \tag{5.85}$$

gesetzt.

Abb. 5.41a zeigt experimentelle Daten zur Geschwindigkeit v_p bzw. Laufzeit Δt in Abhängigkeit von der Porosität. Durch die Meßpunkte der trockenen Proben wurde eine Kurve I gezogen und diese mit (5.80) bis (5.83) auf $S_w = 1$ umgerechnet (Kurve II); die erhaltene Kurve liegt im Bereich der experimentellen Werte für gesättigte Proben.

Analog wurde bei Abb. 5.41b verfahren. Die Meßwerte wurden an Proben des Buntsandstein ermittelt. Die nach (5.80) bis (5.83) berechneten Werte für gesättigte Proben (Kurve II) liegen deutlich oberhalb der experimentell ermittelten Werte. Die Ursache für die Abweichung ist vermutlich der Tongehalt der verwendeten Sandsteinproben (im Mittel zwischen 4 und 10%), der dazu führt, daß die Gerüstkompressibilität c_G nicht — wie vorausgesetzt — konstant ist, sondern bei Wassersättigung durch Veränderung der mechanischen Eigenschaften des Tones zunimmt. Kurve III wurde unter der Annahme berechnet, daß sich die Gerüstkompressibilität auf diese Weise verdoppelt.

Umrechnungen der beschriebenen Art nach der Theorie von Biot (1956), Geertsma und Smith (1961) sind demnach nur möglich, *wenn die Gerüsteigenschaften unabhängig von dem Einfluß des Poreninhaltes sind.* Weiterhin muß die Bedingung ($f/f^* \to 0$) erfüllt sein oder ein endlicher Kopplungsparameter eingeführt werden; so ermittelte Domenico (1977) für Labormessungen an Glaskugeln und Ottawa-Sand Werte für K im Bereich $K = 1 \cdots 3$.

Aus der Theorie von Biot (1956), Geertsma und Smith (1961) *lassen sich eine Reihe von Gleichungen als Sonderfall ableiten, so z. B.*:

— Gleichung von Wood (1930) für die Schallgeschwindigkeit in Suspensionen (siehe auch (5.65)):

$$v_p = \{[(1 - \Phi)\, c_F + \Phi c_p]\,[(1 - \Phi)\, d_F + \Phi d_p]\}^{-1/2}, \tag{5.86}$$

hierbei bedeutet der Index F das suspendierte Medium, der Index P das suspendierende Medium. Diese Beziehung ergibt sich unmittelbar aus (2.3) und (5.80) für $c_G = \infty$.

— Gleichung von Laughton (1957) für Ozeansedimente:

$$v_p = \left\{\frac{\Phi}{d}\left[\frac{\Phi c_P + c_G}{c_P c_G}\right]\right\}^{1/2}. \tag{5.87}$$

Diese Berechnung ergibt sich unmittelbar aus (5.80) unter der Annahme inkompressibler Festsubstanz, d. h. $c_F = 0$.

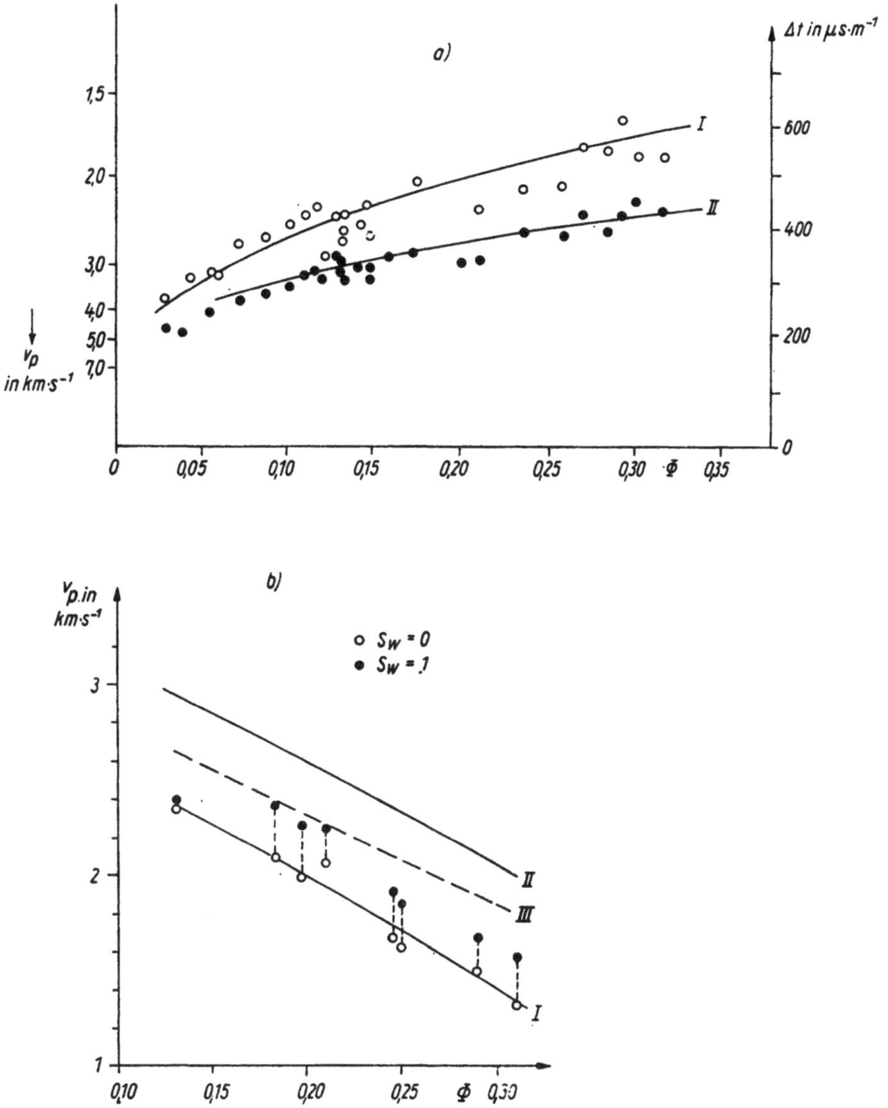

Abb. 5.41. Experimentell ermittelte und berechnete Geschwindigkeits- und Laufzeitwerte

a) Experimentell ermittelte Werte (Punkte) für Sandstein (WYLLIE u. a., 1956)

b) Buntsandstein (Tongehalt 4 ··· 10%)

Kurve I: mittlere Kurve für $S_w = 0$; Kurve II: auf $S_w = 1$ transformierte Kurve I mit $c_{A,\text{gesättigt}} = 2c_{A,\text{trocken}}$

5.4.4. *Gestein als regelmäßige Anordnung diskreter Elemente (Kugeln)*

Die Idealisierung des Gesteins durch eine Kugelanordnung ist speziell bei kohäsionslosen Lockergesteinen eine sehr naheliegende Modellvorstellung. Die ersten Arbeiten hierzu stammen von HARA (1935) und GASSMANN (1951). Die Theorien dieser Gruppe beruhen auf

— der bereits 1881 von G. HERTZ erarbeiteten und von DUFFY, MINDLIN (1957) und DERESIEVICS (1958) erweiterten Theorie über die *Spannungs-Deformations-Beziehungen am Kontakt sphärischer Körper (Kugeln)* und
— Annahmen über die *Anordnung von Kugeln gleicher Größe in kristallgitterähnlicher Geometrie* (z. B. kubisches oder hexagonales Gitter).

Nach der Theorie von HERTZ (siehe z. B. LANDAU, LIFSHITZ 1965) nähern sich unter dem Einfluß einer Kraft P die Zentren zweier sich berührender Kugeln von Radius R um einen Betrag $\Delta(2R)$ an

$$\Delta(2R) = \left\{\frac{9(1-\nu_F^2)^2 \cdot P^2}{2 \cdot E_F^2 \cdot R}\right\}^{1/3}. \tag{5.88}$$

Die Kraft wirkt hierbei normal zur Berührungsfläche (in Abschnitt 5.4.5 werden darüber hinaus auch tangential wirkende Kräfte berücksichtigt).

Mit der Annahme einer kristallgitterähnlichen Struktur der Kugelanordnung und der Umrechnung von Kräften in Spannungen (bzw. Tiefen z) kann für ein derartiges Kugelaggregat die Ausbreitungsgeschwindigkeit der Longitudinalwelle bestimmt werden. Die von GASSMANN (1951) für die hexagonale und von HARA (1935), WHITE und SENGBUSH (1953) für die kubische Anordnung erhaltenen Beziehungen unterscheiden sich nur in einer Konstante K_K:

$$v_p = \left\{K_k \cdot \frac{E_F^2 \cdot g}{(1-\nu_F^2)^2 \cdot d_F^2} \cdot z\right\}^{1/6}. \tag{5.89}$$

Diese Theorien liefern eine *Geschwindigkeits-Tiefen-Funktion* der Gestalt

$$v \sim z^{1/6}, \tag{5.90}$$

die in guter Übereinstimmung mit Meßergebnissen in Sedimentbereichen (FAUST 1957; Gleichung (5.33)) und in der Gestalt

$$v \sim p^{1/6} \tag{5.91}$$

auch mit Labormeßergebnissen an trockenen Lockergesteinen steht (siehe (5.45)). Darüber hinaus ist bemerkenswert, daß die Geschwindigkeit nach dieser Theorie unabhängig von der Korngröße ist. Ein Mangel dieser Theoriengruppe liegt in der *unzureichenden Wiedergabe der Geschwindigkeits-Porositäts-Abhängigkeit.* Mit unterschiedlichen Gitteranordnungen werden bestimmte Porositäten relalisiert (vgl. Abschnitt 2.5.3). Im Geschwindigkeitsausdruck ergeben sich unterschiedliche Werte K_k (Tab. 5.20).

Eine Porositätsabnahme von $\Phi = 0{,}46$ auf $\Phi = 0{,}26$ ist demzufolge mit einer Geschwindigkeitszunahme mit dem Faktor 1,03 verbunden; nach experimentellen Ergebnissen besteht jedoch eine wesentlich stärkere Abhängigkeit

Tabelle 5.20.

Gitteranordnung	Porosität	K_k
kubisch	$\approx 0{,}26$	$\frac{13{,}5}{\pi^2} \approx 1{,}37$
hexagonal	$\approx 0{,}46$	$\frac{16}{\pi^2} \approx 1{,}62$

der Geschwindigkeit von der Porosität. *Ursache* für die unbefriedigende Wiedergabe der Porositätsabhängigkeit der auf derartigen Kugelmodellen beruhenden Theorie ist offenbar die *Idealisierung des Gefüges* zu kristallgitterartigen Anordnungen von Kugeln. In Abschnitt 5.4.5 wird daher statt dieser eine statistisch definierte innere Struktur eines Kugelmodells eingeführt. Die Proportionalität

$$v \sim z^{1/6}$$

bzw.

$$v \sim p^{1/6}$$

ist allein in der Annahme sphärischer Kontaktbereiche begründet und unabhängig von der Struktur der Kugelanordnung.

5.4.5. *Gesteinsmodelle mit variabler Struktur*

5.4.5.1. *Übersicht*

Eine zusammenfassende Betrachtung der Theorien zur Berechnung elastischer Gesteinseigenschaften bzw. der Ausbreitungsgeschwindigkeit elastischer Wellen zeigt, daß diese stets nur einen Teil der in Abb. 1.3 gezeigten Einflußgrößen wiedergeben. Ausgehend von der im vorangegangenen Abschnitt getroffenen Feststellung, daß auch *strukturelle Eigenschaften* des Gesteins in einer derartigen Theorie Berücksichtigung finden müssen, wurde zunächst für unverfestigte Sedimente ein Kugelmodell gewählt, dessen innere Struktur durch einen „Strukturwinkel" α gekennzeichnet ist (Schön 1969), und dieses auf poröse verfestigte Sedimente erweitert (Schön 1974).

Eine weitere Verallgemeinerung führt zur Darstellung des Gesteins als eine Anordnung von geometrisch definierten Bestandteilen unterschiedlicher elastischer Eigenschaften. Grenzen bzw. Grenzbereiche zwischen diesen Bestandteilen (z. B. Korngrenzen, Kluftflächen, Kontur des Porenraumes) werden als Unstetigkeitsflächen aufgefaßt, deren räumliche Orientierung durch einen statistisch definierten Winkel angegeben werden kann. Dieser „*Strukturwinkel*" α wird als Winkel zwischen der vertikalen Raumrichtung und der Normalen

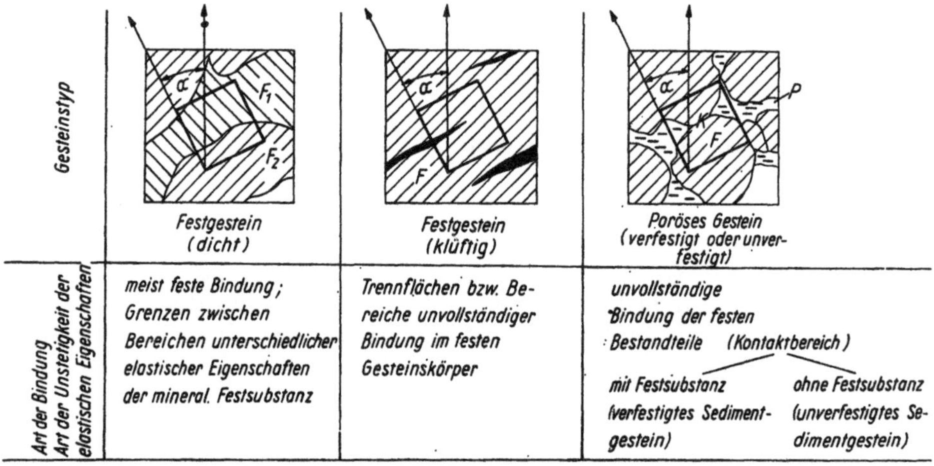

Abb. 5.42. Schematische Darstellung der Typen von Gesteinsmodellen mit innerer Struktur bzw. idealisierten Gefügemerkmalen (der zu betrachtende Modellbereich ist als stark umrandetes Quadrat in die Darstellung eingetragen)

auf der Unstetigkeitsfläche definiert (Abb. 5.42). Ein derartiges Modell schließt damit unter entsprechender Idealisierung folgende Bestandteile bzw. Einflußgrößen ein

- die physikalischen *Eigenschaften der Bestandteile* des Gesteins (im vorliegenden Fall der Behandlung elastischer Eigenschaften sind dies speziell deren Elastizitätszahlen und Dichte)
- den *volumenmäßigen Anteil* der Bestandteile (z. B. mineralogische Zusammensetzung, Fraktionen, Porosität) und die *geometrische Ausbildung* der Bestandteile (z. B. Kornform)
- die *Struktur* des Gesteins und die *Kontakt- bzw. Bindungseigenschaften* an Unstetigkeitsflächen bzw. Grenzbereichen.

Der Begriff „Struktur" wird hier in seiner physikalischen Bedeutung angewandt. Er beinhaltet die Vorstellung über den Aufbau des Systems Gestein aus Untersystemen (Minerale, Mineralgruppen, Poren, Klüfte usw.) bzw. deren räumliche Anordnung.

Die Berechnung elastischer (und anderer petrophysikalischer) Parameter erfolgt dabei stets in zwei Schritten:

1. Berechnung der Eigenschaften in einem Koordinatensystem, dessen $x_{\bar{1}}$- und $x_{\bar{2}}$-Achse in der Unstetigkeitsfläche liegen und dessen x_3-Achse die Normale hierzu bildet („*Mikrosystem*");
2. Transformation der so berechneten Eigenschaften in das „*Makrosystem*" (x_1- und x_2-Achse horizontal, $x_{\bar{3}}$-Achse vertikal) mit Funktionen des „Strukturwinkels" α.

Der Strukturwinkel α wird von den Achsen x_3 und $x_{\bar{3}}$ gebildet. Eingeschlossen in diesen Rechengang ist die Annahme von *Transversalisotropie* hinsichtlich der x_3-Richtung. Im folgenden werden zunächst der Fall des porösen Festgesteins dargestellt und daraus die übrigen als Sonderfall abgeleitet.

5.4.5.2. *Modell für poröse Gesteine*

Abb. 5.43 zeigt das Prinzip der Ableitung des Modells. Das poröse Gestein (a) wird durch ein statistisch äquivalentes *Gesteinselement* (b) dargestellt. Es weist die gleichen elastischen Eigenschaften auf wie der zu betrachtende Gesteinsbereich und besteht aus zwei Partikeln der *Festsubstanz F*, die sich in einer *Kontaktregion K* berühren. Den Raum zwischen den Partikeln nimmt der *Poreninhalt P* ein. Je nach der inneren Struktur ist dieses Gesteinselement unter dem statistisch definierten *Winkel* α gegen die Vertikale geneigt. Zur weiteren Berechnung genügt die Betrachtung des durch eine gebrochene Linie umrandeten Bereichs in (b) — des „*Modellelements*" (c). Unter Berücksichtigung der für das physikalische Verhalten wesentlichen Bestandteile *F*, *K* und *P* sowie des Strukturwinkels α wird dieses „Modellelement" als Quader mit einem umlaufenden Porenkanal idealisiert („*Gesteinsmodell*" d). Die Abmessungen des Quaders simulieren dabei die „Korngröße", seine Seitenverhältnisse die „Kornform" und das Verhältnis der Volumina von Porenkanal und Quader die Porosität. — Dieses Modell gestattet die Berechnung elastischer, elektrischer, thermischer und hydrodynamischer Parameter (Schön 1974).

Zur Berechnung der elastischen Eigenschaften im „Mikrosystem" kann die in Abb. 5.44 dargestellte Aufgliederung des Modells dienen. Die elastischen Eigenschaften der Bestandteile des Modells werden für die Berechnung dabei wie Federn (Abb. 5.44) behandelt. Damit vereinfachen sich die Verformungs-Spannungs-Beziehungen im „Mikrosystem" (Gleichungen 5.92 bis 5.99) insofern, als bei einer Spannungskomponente nur die in der gleichen Richtung hervorgerufene Verformung zu berücksichtigen ist, nicht aber in den dazu orthogonalen Richtungen.

Bei einer Belastung in Richtung $x_{\bar{3}}$ durch die Spannungskomponente $\sigma_{\bar{3}}$ treten zwei *Verformungsanteile* auf, die auf die *unterschiedlichen elastischen Eigenschaften der beiden Bestandteile „Festsubstanz" und „Kontaktbereich"* zurückzuführen sind:

— *Verformungsanteil der Festsubstanz*

$$d\varepsilon_{\bar{3},\mathrm{F}} = \frac{1}{M_\mathrm{F}} \cdot G \cdot d\sigma_{\bar{3}}, \tag{5.92}$$

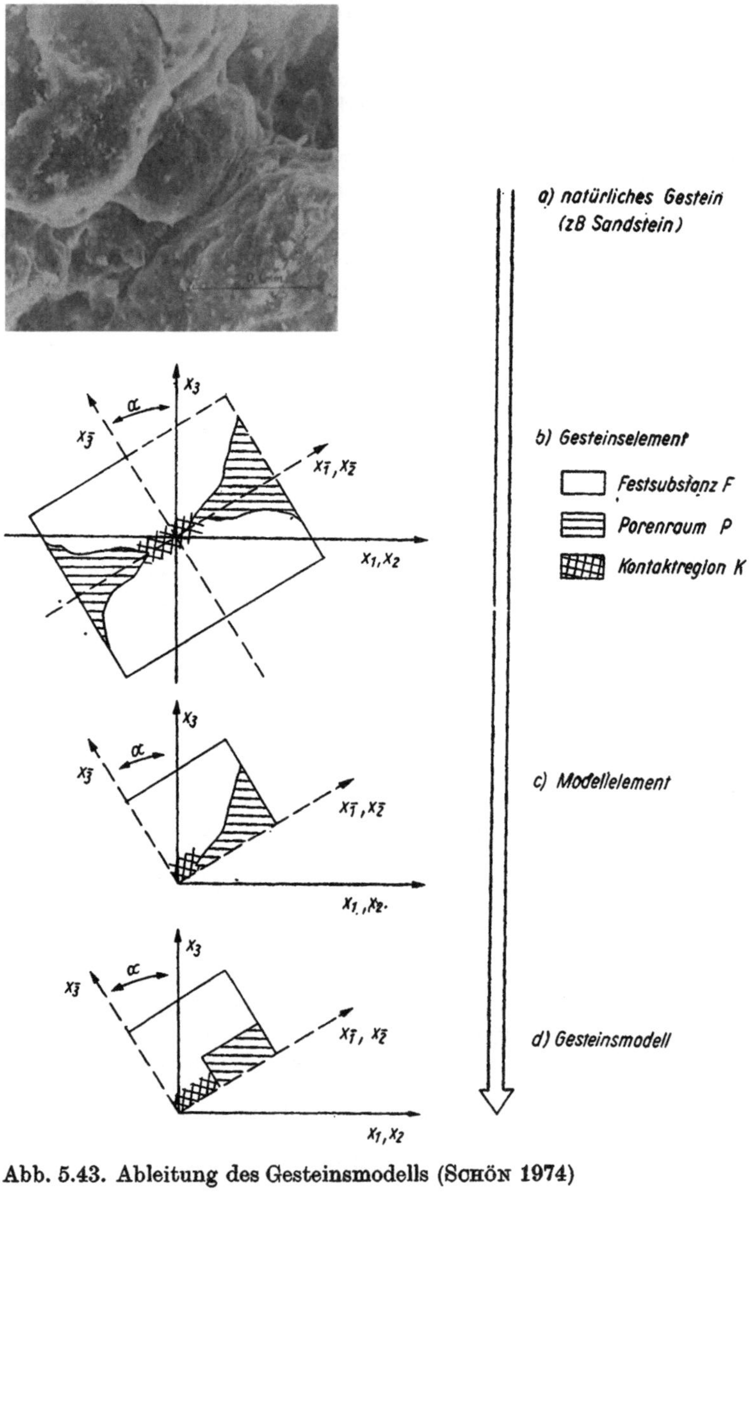

Abb. 5.43. Ableitung des Gesteinsmodells (Schön 1974)

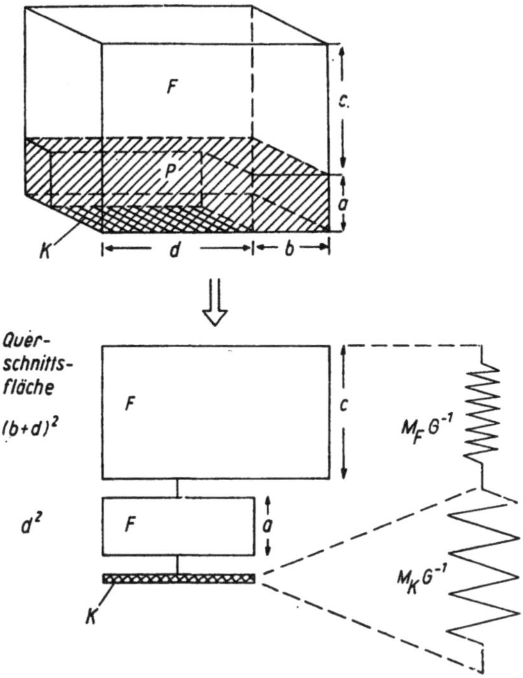

Abb. 5.44. Aufgliederung des Modells zur Behandlung elastischer Eigenschaften

dabei ist M_F der für eindimensionale Deformation wirksame Modul

$$M_F = E_F \frac{(1 - \nu_F)}{(1 + \nu_F)(1 - 2\nu_F)} \tag{5.93}$$

und G eine von den geometrischen Abmessungen des Modells abhängige Größe

$$G = \left[c + a \cdot \frac{(b + d)^2}{d^2}\right] \cdot (a + c)^{-1}; \tag{5.94}$$

— *Verformungsanteil der Kontaktregion*

$$de_{\bar{s},K} = \frac{1}{M_K} \cdot G \cdot d\sigma_{\bar{s}}, \tag{5.95}$$

dabei ist M_K ein die elastischen Eigenschaften der Kontaktregion charakterisierender Modul

$$M_K = E_K \frac{(1 - \nu_K)}{(1 + \nu_K)(1 - 2\nu_K)}. \tag{5.96}$$

Die Gesamtdeformation ist

$$de_{\mathfrak{Z}} = de_{\mathfrak{Z},\mathrm{F}} + de_{\mathfrak{Z},\mathrm{K}} \qquad (5.97)$$

Damit lauten die strain-stress-Beziehungen für die $x_{\mathfrak{Z}}$-Richtung (d. h. Normalbelastung der Kontaktebene):

$$de_{\mathfrak{Z}} = M_{\mathrm{F}}^{-1} \cdot \left(1 + \frac{M_{\mathrm{F}}}{M_{\mathrm{K}}}\right) \cdot G \cdot \mathrm{d}\sigma_{\mathfrak{Z}} = (M_{\mathrm{N}}^{*})^{-1} \cdot \mathrm{d}\sigma_{\mathfrak{Z}}. \qquad (5.98)$$

In analoger Weise ergibt sich für die $x_{\mathfrak{X}}$- und $x_{\mathfrak{Z}}$-Richtung (d. h. Tangentialbelastung der Kontakte):

$$de_{\mathfrak{X},\mathfrak{Z}} = \mu_{\mathrm{F}}^{-1} \cdot \left(1 + \frac{\mu_{\mathrm{F}}}{\mu_{\mathrm{K}}}\right) \cdot G \cdot \mathrm{d}\sigma_{\mathfrak{X},\mathfrak{Z}} = (M_{\mathrm{T}}^{*})^{-1} \cdot \mathrm{d}\sigma_{\mathfrak{X},\mathfrak{Z}}. \qquad (5.99)$$

Aus (5.98) und (5.99) ergeben sich durch *Transformation* der Spannungen und Deformationen mittels trigonometrischer Funktionen die strain-stress-Beziehungen im Gesteinssystem und daraus durch Umformen die *stress-strain-Beziehungen*

$$\mathrm{d}\sigma_{ik} = C_{ik}^{lm} \cdot de_{lm} \qquad (5.100)$$

mit dem für die Geschwindigkeitsberechnung erforderlichen *Elastizitätstensor* C_{ik}^{lm}:

$$C_{ik}^{lm} = \begin{Bmatrix} c_{11}^{11} & c_{22}^{11} & c_{33}^{11} & 0 & 0 & 0 \\ c_{22}^{11} & c_{11}^{11} & c_{33}^{11} & 0 & 0 & 0 \\ c_{33}^{11} & c_{33}^{11} & c_{33}^{33} & 0 & 0 & 0 \\ 0 & 0 & 0 & c_{13}^{13} & 0 & 0 \\ 0 & 0 & 0 & 0 & c_{13}^{13} & 0 \\ 0 & 0 & 0 & 0 & 0 & \frac{1}{2}(c_{11}^{11} - c_{22}^{11}) \end{Bmatrix} \qquad (5.101)$$

Der Elastizitätstensor besteht aus einem skalaren und einem tensoriellen Anteil

$$C_{ik}^{lm} = \left[M_{\mathrm{F}} \left(1 + \frac{M_{\mathrm{F}}}{M_{\mathrm{K}}}\right)^{-1} G^{-1}\right] S_{ik}^{lm}(\alpha, f). \qquad (5.102)$$

Dabei lauten die Elemente des Tensors („*Strukturtensor*“) S_{ik}^{lm}

$$s_{11}^{11} = (1 - \nu_2\nu_3)\,\{(f(\nu)\,[f - (f - 1)\,a_{13}^2]\}^{-1},$$

$$s_{22}^{11} = (\nu_1 - \nu_2\nu_3)\,\{f(\nu)\,[f - (f - 1)\,a_{13}^2]\}^{-1},$$

$$s_{33}^{11} = \nu_3(1 + \nu_1)\,\{f(\nu)\,[f - (f - 1)\,a_{13}^2]\}^{-1},$$

$$s_{33}^{33} = (1 - \nu_1^2)\,\{f(\nu)\,[f - (f - 1)\,a_{33}(a_{11} + a_{12})]\}^{-1},$$

$$s_{13}^{13} = \nu_2\{(\nu_2 + \nu_3 + 2\nu_2\nu_3)\,[f - (f - 1)\,a_{33}(a_{11} + a_{12})]\}^{-1}; \qquad (5.103)$$

hier ist

$$\begin{aligned}
a_{11} &= {}^1/_2(\cos\alpha + 1),\\
a_{12} &= {}^1/_2(\cos\alpha - 1),\\
a_{13} &= \sqrt{{}^1/_2}\,\sin\alpha,\\
a_{33} &= \cos\alpha\\
\nu_1 &= [(f-1)\,a_{13}^2]\,[f-(f-1)\,a_{13}^3]^{-1},\\
\nu_2 &= [(f-1)\,a_{13}(a_{11}+a_{12})]\,[f-(f-1)\,a_{13}^2]^{-1},\\
\nu_3 &= [(f-1)\,a_{13}a_{33}]\,[f-(f-1)\,a_{33}(a_{11}+a_{12})]^{-1},\\
f(\nu) &= (1+\nu_1)\,(1-\nu_1-2\nu_2\nu_3),
\end{aligned} \tag{5.104}$$

$$f = \frac{M_N{}^*}{M_T{}^*}. \tag{5.105}$$

Die drei eingeführten POISSON-Zahlen haben folgende Bedeutung:

ν_1 — Einfluß einer horizontalen auf die dazu unter 90° orientierte horizontale Verformung; ν_2 — Einfluß einer horizontalen auf die vertikale Verformung; ν_3 — Einfluß der vertikalen auf die horizontale Verformung.

Der Tensor S_{ik}^{lm} bzw. seine Komponenten s_{ik}^{lm} sind demnach nur vom

— Winkel α (Strukturwinkel) und vom
— Quotienten f

abhängig; er wird daher als „Strukturtensor" bezeichnet (Abb. 5.45). Auch die POISSON-Zahlen sind nur von α und f abhängig.

Für die *Geschwindigkeit* der Longitudinal- und Transversalwellen sowohl in vertikaler als auch in horizontaler Ausbreitungsrichtung ergibt sich daraus ein *gemeinsamer Ausdruck*:

$$v = \left\{\frac{M_F}{d_F}\cdot\left[1+\frac{M_F}{M_K}\right]^{-1}\cdot[G(1-\Phi)]^{-1}\cdot s\right\}^{1/2} \tag{5.106}$$

Der Geschwindigkeitsausdruck stellt sich demnach — ebenso wie der Elastizitätstensor — als ein Produkt aus vier *Faktoren* dar, die unterschiedliche Einflußgrößen beinhalten:

$\dfrac{M_F}{d_F}$ nur Eigenschaften der *Festsubstanz*;

$\left[1+\dfrac{M_F}{M_K}\right]^{-1}$ das Verhältnis der elastischen Eigenschaften von Festsubstanz und Kontaktbereich (*Kontaktbedingungen*) und schließt — wie später gezeigt wird — die Druckabhängigkeit ein;

$[G\cdot(1-\Phi)]^{-1}$ den Einfluß der *Porosität und „Kornform"*; die Porosität ergibt sich aus den Modelldimensionen (vgl. Abb. 5.43, 5.44);

$$\Phi = \frac{ab(b+2d)}{(a+c)\,(b+d)^2}; \tag{5.107}$$

s ist der Betrag einer Komponente des Strukturtensors und beinhaltet demnach vor allem die *Struktur*, ausgedrückt durch den Winkel α. Welche Komponente des Tensors dabei zu wählen ist, richtet sich nach Ausbreitungs- und Polarisationsrichtung (Tabelle 5.21).

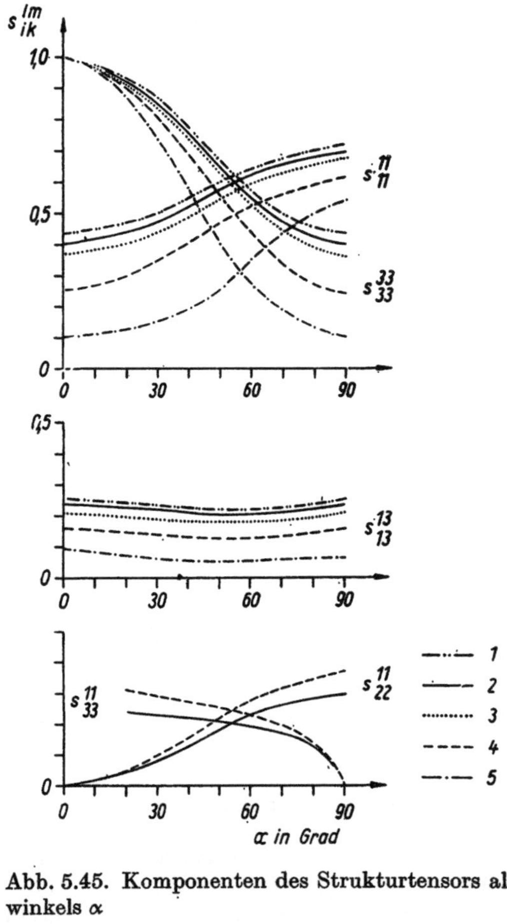

Abb. 5.45. Komponenten des Strukturtensors als Funktion des Strukturwinkels α

Kurve	f
1	2,3
2	2,5
3	2,8
4	4,0
5	10,0

(Schön 1974)

Tabelle 5.21

Bezeichnung	Ausbreitungs-richtung	Schwingungs-richtung des Teilchens bzw. Polarisations-richtung	s
$v_{\text{p}\,11}$	$x_1(x_2)$	$x_1(x_2)$	s_{11}^{11}
$v_{\text{p}\,33}$	x_3	x_3	s_{33}^{33}
$v_{\text{s}13}$	$x_1(x_2)$	x_3	s_{13}^{13}
$v_{\text{s}\,31}$	x_3	$x_1(x_2)$	s_{13}^{13}
$v_{\text{s}\,12}$	$x_1(x_2)$	$x_2(x_1)$	$1/2(s_{11}^{11} - s_{22}^{11})$

Für ein bestimmtes Gestein unterscheiden sich demnach die Ausbreitungsgeschwindigkeiten von Longitudinal- und Transversalwellen sowie von Wellen mit vertikaler und horizontaler Ausbreitungsrichtung nur in dem letzten (strukturbedingten) Term.

Die Gleichung (5.106) zeigt in verallgemeinerter Form folgenden Aufbau:

$$\underbrace{v}_{\text{Makroeigenschaft}} = f\Big(\underbrace{f_1(M_\text{F}, d_\text{F})\, f_2\left(\frac{M_\text{F}}{M_\text{K}}\right)}_{\text{Mikroeigenschaft}},\ \underbrace{f_3\,(\Phi, \text{Kornform})\, f_4\,(\alpha, f)}_{\text{Gesteinsaufbau Struktur}}\Big) \tag{5.108}$$

Da in (5.106) der erste Term die Eigenschaften der porenfreien Festsubstanz enthält, tragen die übrigen Terme der durch die Aufgliederung des Gesteins bewirkten Geschwindigkeitsabnahme Rechnung.

Die angegebenen Gleichungen gelten für trockene poröse Gesteine; für den Fall der Flüssigkeitssättigung kann eine Umrechnung nach der Theorie von Biot (Abschnitt 5.4.3) erfolgen. In den folgenden Beispielen werden Gegenüberstellungen experimentell gefundener und berechneter Abhängigkeiten der Geschwindigkeit von einzelnen Einflußgrößen angegeben.

a) Abhängigkeit der Geschwindigkeit vom Druck

Der zweite Faktor in (5.106) enthält mit dem Modul M_K die *Kontakteigenschaften, die wesentlich vom Druck beeinflußt werden.*

Für sphärisch ausgebildete Kontaktbereiche würde sich nach der Theorie von Hertz (Abschnitt 5.4.4) eine Proportionalität zwischen Kontaktmodul M_K und Druck p

$$M_\text{K} \sim p^{1/3}$$

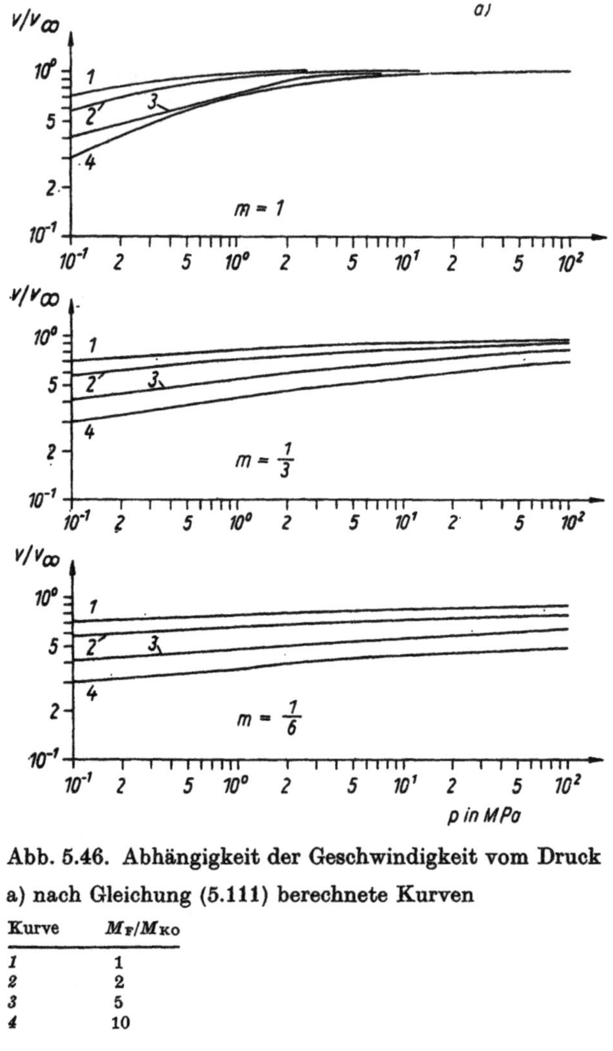

Abb. 5.46. Abhängigkeit der Geschwindigkeit vom Druck

a) nach Gleichung (5.111) berechnete Kurven

Kurve	M_F/M_{K0}
1	1
2	2
3	5
4	10

ergeben. Verallgemeinert zu

$$M_K = M_{K0} p^m \tag{5.109}$$

läßt sich der gesamte Faktor als

$$\left[1 + \frac{M_F}{M_K}\right]^{-1} = \left[1 + \frac{M_F}{M_{K0}}\, p^{-m}\right]^{-1} \tag{5.110}$$

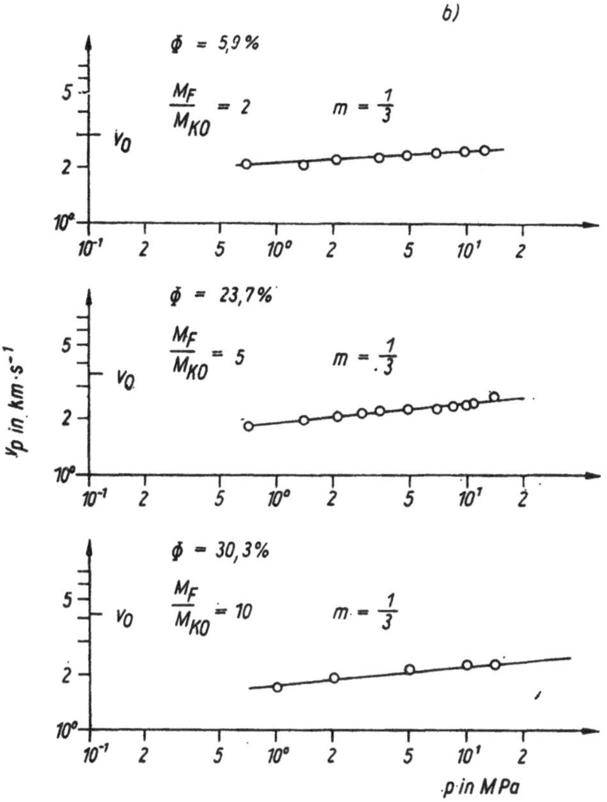

Abb. 5.46b) Vergleich berechneter Kurven und experimentell ermittelter Abhängigkeiten (Sandstein)

schreiben. Die *Druckabhängigkeit der Geschwindigkeit* ergibt sich damit in folgender Weise

$$v = v_\infty \left[1 + \frac{M_F}{M_{K0}}\, p^{-m}\right]^{-1/2} \tag{5.111}$$

Der Druck soll dabei in vertikaler Richtung (x_3) wirken. v_∞ ist die Geschwindigkeit bei $p \to \infty$.

Abb. 5.46a zeigt nach (5.111) berechnete Kurven in doppeltlogarithmischer Darstellung. Für drei Sandsteinproben unterschiedlicher Porosität wurden Meßergebnisse in ein gleiches Koordinatennetz eingetragen und bei achsenparalleler Überdeckung die berechnete Kurve optimaler Übereinstimmung ausgewählt und eingetragen (Abb. 5.46b). Während der Exponent in allen drei Fällen gleich ist ($m = 1/3$) und auf sphärische Kontaktform hinweist, deutet die Zunahme des Quotienten M_F/M_{K0} mit wachsender Porosität darauf hin, daß der Kontaktmodul mit der Porosität abnimmt (M_F kann als konstant vorausgesetzt werden. Der Quotient M_F/M_{K0} kann damit evtl. Hinweise auf Diagenesemerkmale geben.

b) Abhängigkeit der Geschwindigkeit von der Porosität

Der dritte Faktor in (5.106) beinhaltet die Porositätsabhängigkeit der Geschwindigkeit. In Abb. 5.47 ist dieser Faktor

$$f(\Phi) = [G(1 - \Phi)]^{-1/2}, \tag{5.112}$$

für zwei verschiedene „Kornformen" aufgetragen (Abbildung a) und mit experimentellen Werten verglichen (Abbildung b).

c) Einfluß struktureller Größen auf die Geschwindigkeit bzw. Geschwindigkeitsquotienten

Aus (5.106) und Tabelle 5.21 geht hervor, daß *Geschwindigkeitsquotienten* (z. B. v_p/v_s bzw. Anisotropiequotient) allein von Komponenten des Strukturtensors bzw. vom *Strukturwinkel* α *und der Größe* $f = M_N^*/M_T^*$ *abhängig* sind.

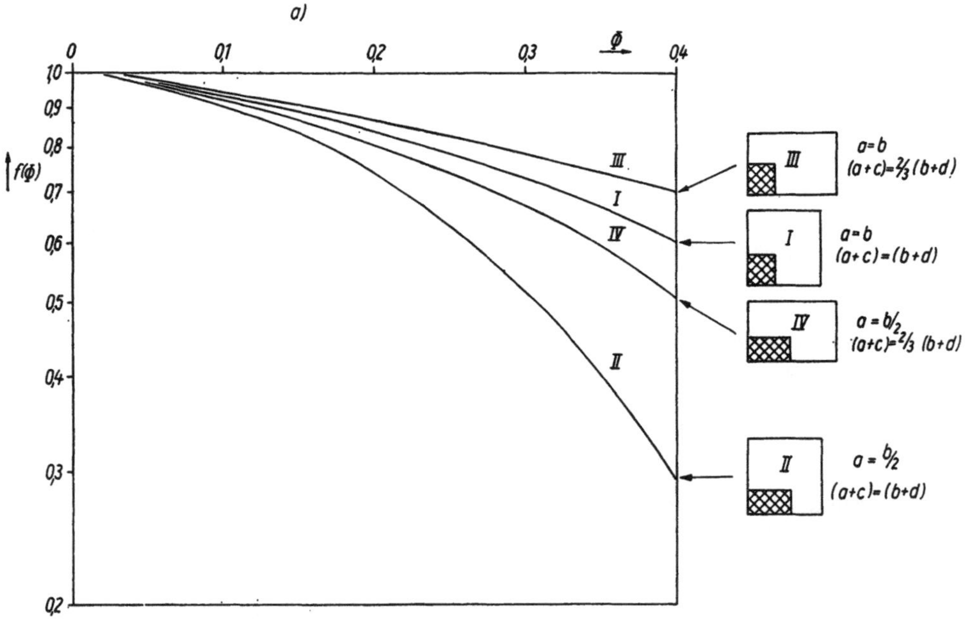

Abb. 5.47. Abhängigkeit der Geschwindigkeit von der Porosität

a) nach Gleichung (5.112) berechnete Kurven

Eine detaillierte Betrachtung dieser Größe f zeigt, daß sie mit schlechter werdender Kornbindung zunimmt (SCHÖN 1974). *Damit stellen Geschwindigkeitsquotienten Funktionen von Struktur und Kornbindung des porösen Gesteins dar und können zu deren Charakterisierung benutzt werden.*

Von MOLOTOVA und VASSILJEV (1960) wurden *Quotienten* v_p/v_s den v_s-Werten gegenübergestellt (Abb. 5.48a). Für die vertikale Ausbreitungsrichtung gilt

$$\frac{v_p}{v_s} = \left(\frac{s_{33}^{33}}{s_{13}^{13}}\right)^{1/2}. \tag{5.113}$$

Wird der Quotient dem v_s-proportionalen Term $(s_{13}^{13})^{1/2}$ gegenübergestellt bzw. empirisch

$$v_s = 4 \cdot (s_{13}^{13})^{1/2} \tag{5.114}$$

gesetzt, so ergibt sich eine relativ gute Übereinstimmung zwischen berechnetem Kurvennetz und experimentellen Daten (Abb. 5.48b). In ähnlicher Weise läßt sich der *Anisotropiequotient*

$$A_{v_p}^* = \left(\frac{s_{11}^{11}}{s_{33}^{33}}\right) \tag{5.115}$$

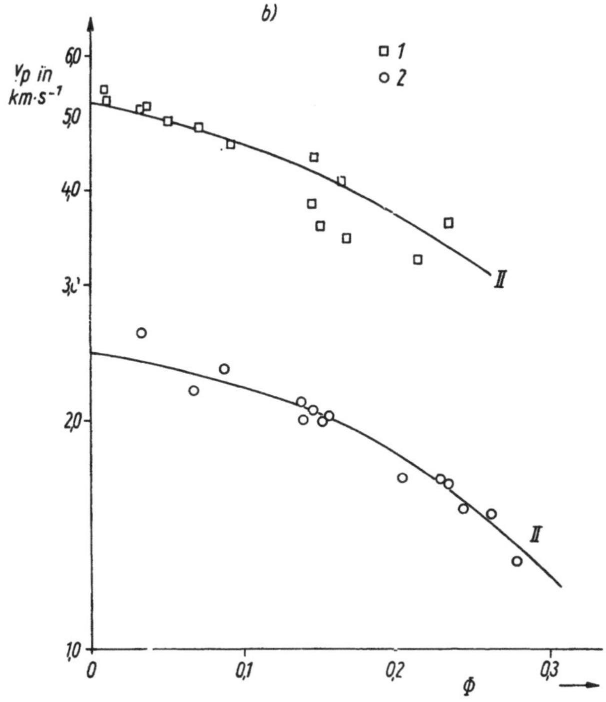

Abb. 5.47b) Vergleich berechneter Kurven und experimenteller Abhängigkeiten
1 — Kalkstein; *2* — Sandstein

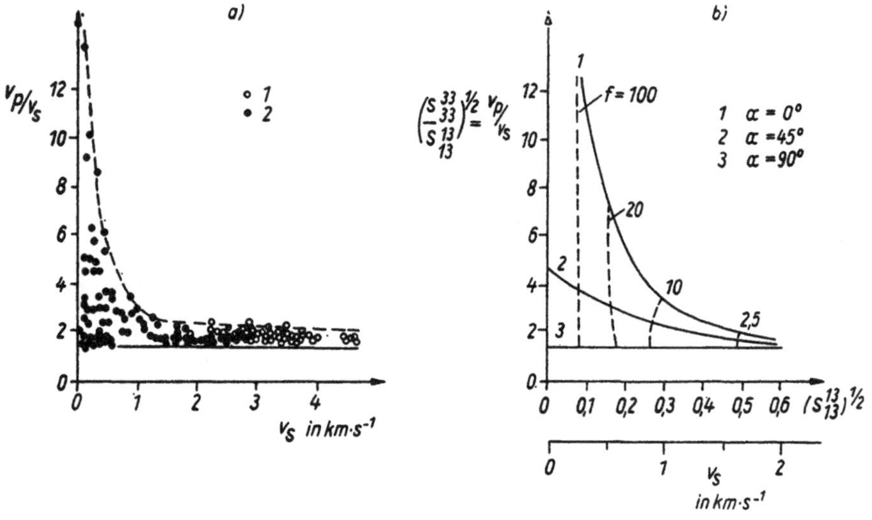

Abb. 5.48. Verhältnis von Longitudinal- und Transversalwellengeschwindigkeit

a) $v_p/v_s = f(v_s)$ nach MOLOTOVA und VASSILJEV (1960)

1 — kristalline Gesteine, *2* — Sedimentgesteine

b) berechnete Abhängigkeiten für das Gesteinsmodell

angeben. Er unterscheidet sich von dem mit Gleichung (5.49) definierten Anisotropiequotienten insofern, als letzterer stets > 1 ist. Die (5.49) entsprechende Ordinate ist daher zusätzlich rechts in Abb. 5.49 eingetragen.

Der mit (5.115) gegebene Ausdruck ist analog zu (5.51) bei horizontal geschichteten Gesteinen aufzufassen, d. h.

$$\left(\frac{s_{11}^{11}}{s_{33}^{33}}\right)^{1/2} = \frac{v_{\parallel}}{v_{\perp}}. \tag{5.116}$$

Die Tabelle 5.16 entnommenen Mittelwerte wurden in Abb. 5.49 eingetragen und lassen erkennen, daß die *Anisotropie stark strukturbedingt* ist.

5.4.5.3. *Kugelmodell mit statistisch definierter Struktur*

Für *kohäsionslose* Sedimente ist vor allem bei guter Kornrundung die *Approximation der Kornform durch eine Kugel* günstig. Wie in Abschnitt 5.4.4 gezeigt wurde, liefern kristallgitterähnliche Kugelanordnungen hinsichtlich der Porositätsabhängigkeit keine befriedigenden Ergebnisse.

Die Charakterisierung der *inneren Struktur* eines statistisch angeordneten Kugelhaufwerkes als Modell für ein kohäsionsloses Sediment kann in prinzipiell gleicher Weise wie in Abschnitt 5.4.5.2 durch einen *mittleren Struktur-*

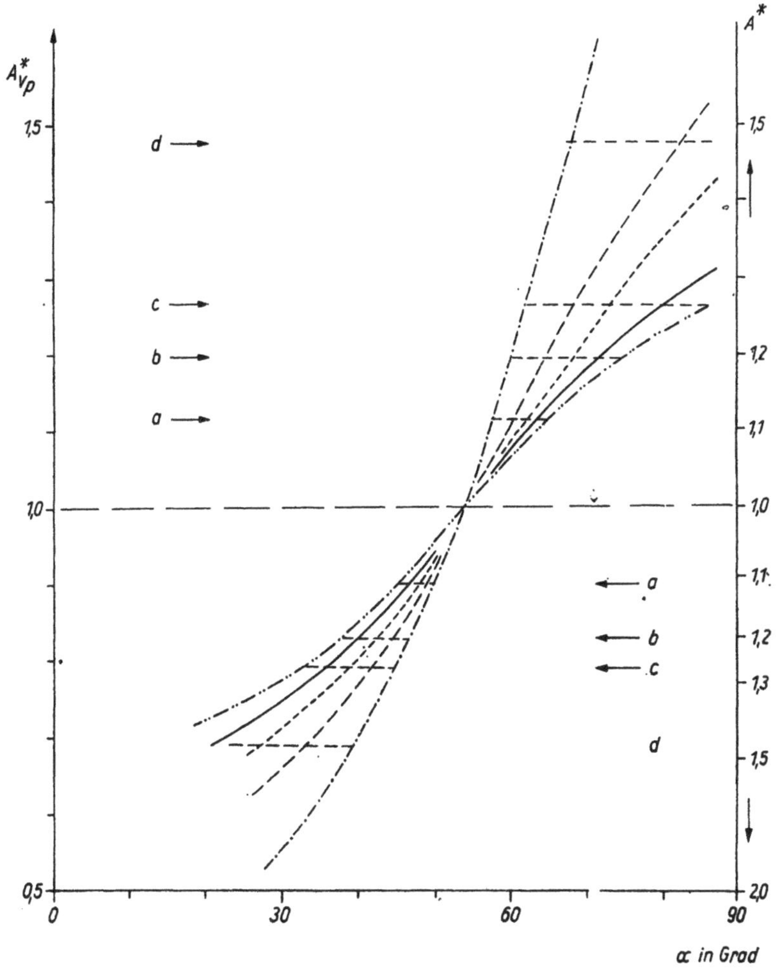

Abb. 5.49. Anisotropiequotient als Funktion des Strukturwinkels α
(linke Ordinate: Definition nach Gleichung (5.115)
rechte Ordinate: Definition nach Gleichung (5.49))
Signatur der Kurven wie Abb. 5.45
Durch Pfeil markiert: Mittelwerte nach Tabelle 5.16

a — Sandsteine (Mesozoikum), *b* — Sandsteine (Paläozoikum), *c* — Schluffsteine (Paläozoikum), *d* — Tonsteine (Tertiär, Jura)

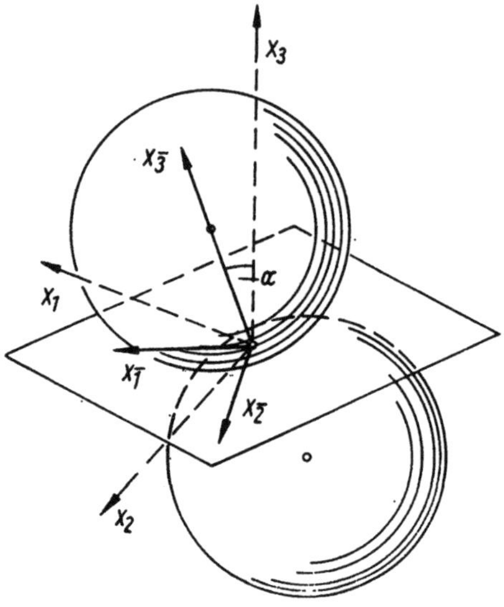

Abb. 5.50. Definition des Strukturwinkels im Kugelmodell

winkel α erfolgen (Abb. 5.50). Die Kontakteigenschaften lassen sich bei Kugeln bzw. sphärischen Berührungsregionen mit der Theorie von Hertz und den von Deresievics (1958) angegebenen Beziehungen für Normal- und Tangentialspannungen berechnen.

Es ergibt sich eine zu (5.106) analoge Beziehung für das *trockene* Sedimentmodell im eindimensionalen Verformungszustand (Druckrichtung x_3):

$$v = \left\{ \left[\frac{6E_F^2}{d_F^3(1-\nu_F^2)^2} \right]^{1/3} \cdot p^{1/3} \cdot \left[\frac{n_K}{G(\Phi)} \right]^{2/3} \cdot s(\alpha, f) \right\}^{1/2} \tag{5.117}$$

mit

$$G(\Phi) = 2\pi(1-\Phi)^{3/2} \left[1 + \left(\frac{\Phi}{1-\Phi} \right)^{2/3} \right]. \tag{5.118}$$

Die hier auftretende Größe n_K ist die Zahl der Kontaktstellen einer Kugel zu Nachbarkugeln (*Koordinationszahl*). Die beiden *strukturcharakterisierenden Größen* α und n_K wurden experimentell als Funktion der Porosität ermittelt (Schön 1969) und in Abb. 5.51 dargestellt. Für die Größe f ist dabei der Materialreibungskoeffizient der aneinandergrenzenden Kornoberflächen zu setzen.

Die Abbildungen 5.52 und 5.53a, b zeigen nach (5.117) berechnete Geschwindigkeitswerte im Vergleich mit Ergebnissen experimenteller Untersuchungen an Glaskugel-

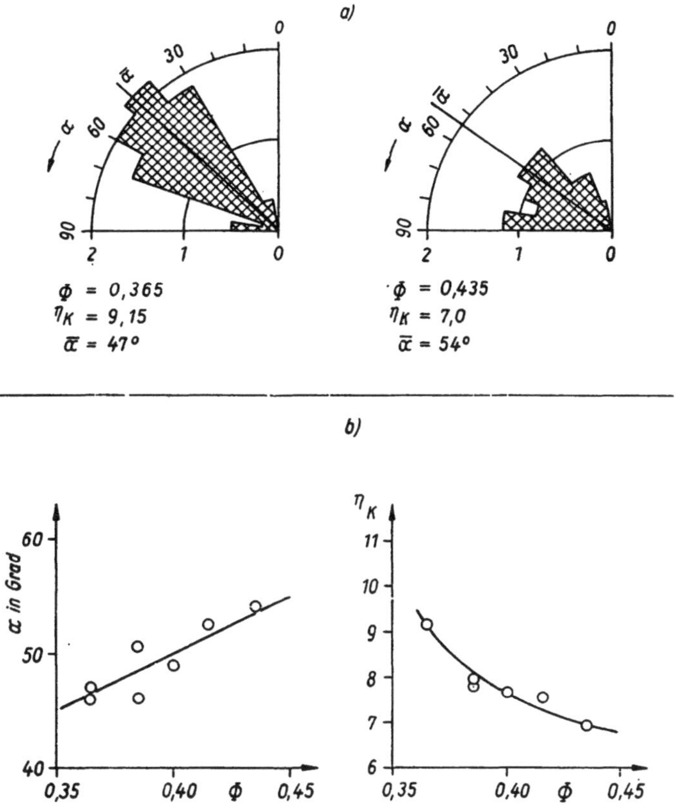

Abb. 5.51. Strukturwinkel und Zahl der Kontaktstellen

a) azimutale Verteilung des Strukturwinkels bei 2 Glaskugelschüttungen unterschiedlicher Porosität

b) Zahl der Kontaktstellen n_K und Strukturwinkel als Funktion der Porosität (Schön 1969)

sedimenten. Für die Berechnung wurden folgende Materialkennwerte benutzt:

$$E_F = 30 \text{ G Pa}, \qquad d_F = 2{,}55 \cdot 10^3 \text{ kg} \cdot \text{m}^{-3},$$

$$\nu_F = 0{,}2, \qquad f = 0{,}3.$$

Die Berechnung der Kurven für *gesättigtes* Sediment (Abb. 5.53b) erfolgte nach der Theorie von Biot (Abschnitt 5.43).

In Abb. 5.53c, d sind von verschiedenen Autoren ermittelte Geschwindigkeits-Druck-Beziehungen zusammengestellt. Trotz Verschiedenartigkeit des Materials lassen sie eine weitgehende Übereinstimmung in der Tendenz der Kurven über einen Druckbereich von

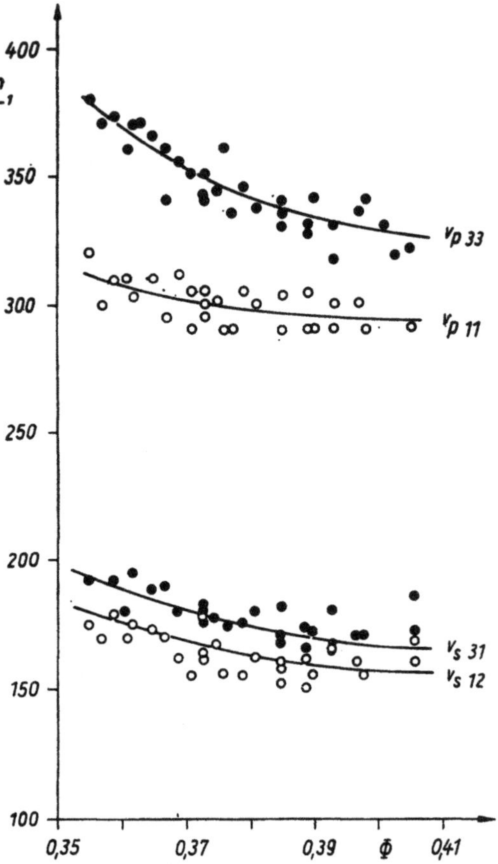

Abb. 5.52. Longitudinal- und Transversalwellengeschwindigkeit als Funktion der Porosität (trockenes Glaskugelsediment, $p = 10$ kPa)
Punkte – experimentell ermittelte Werte (Bezeichnung der Geschwindigkeiten nach Tabelle 5.21)

10^0 bis 10^5 kPa erkennen. In Abb. 5.53d sind die im trockenen Sediment gemessenen Longitudinalwellengeschwindigkeiten berechneten Kurven für drei verschiedene Porositäten gegenübergestellt. Speziell die von HAMILTON (1971) ermittelten experimentellen Werte lassen erkennen, daß die gegenüber dem theoretischen Verlauf

$$v \sim p^{1/6}$$

stärkere Abhängigkeit

$$v \sim p^{1/4}$$

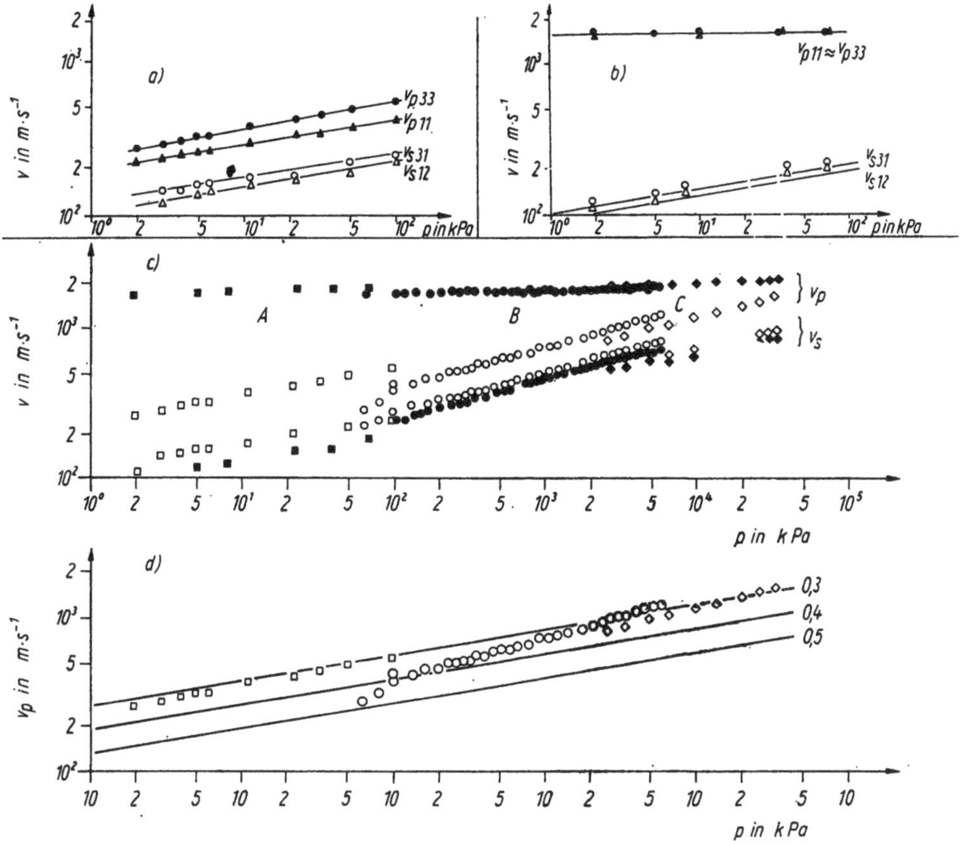

Abb. 5.53. Longitudinal- und Transversalwellengeschwindigkeit als Funktion des Druckes

a) Vergleich von Ergebnissen experimenteller Untersuchungen am trockenen Glaskugelsediment ($\Phi = 0{,}36$) mit Berechnungen (eingetragene Geraden)

b) Vergleich von Ergebnissen experimenteller Untersuchungen am wassergesättigten Glaskugelsediment ($\Phi = 0{,}41$) mit Berechnungen (eingetragene Geraden)

c) Zusammenstellung experimenteller Ergebnisse

Bereich A — Glaskugelsedimente (SCHÖN 1969),
Bereich B — Ottawa-Sand (DOMENICO 1977),
Bereich C — Grobsand (HAMILTON 1971)

d) Vergleich der für drei verschiedene Porositäten berechneten $v_p = v_p\ (p)$-Kurven mit experimentellen Daten aus Abb. c, (trockenes Sediment) dadurch zu erklären ist, daß die Probe bei der Belastung eine deutliche Porositätsabnahme (Verdichtung) erfährt. Die experimentell ermittelte $v = v(p)$-Beziehung schließt die Wirkung dieser Porositätsabnahme ein.

Das Modell gestattet auch die Berechnung der durch *Kapillarkräfte* hervorgerufenen Spannungen im Bereich der *teilweisen Sättigung* ($0 < S_w < 0{,}3$) und der dadurch bedingten Geschwindigkeitsmaxima. In Übereinstimmung mit den in Abschnitt 5.3.2.3.4 dargestellten Ergebnissen wird dabei der Effekt von Korngröße und Druck sichtbar. Die dennoch nicht befriedigende Übereinstimmung mit experimentellen Ergebnissen ist vermutlich auf die statistische Verteilung der Flüssigkeitsringe im Sediment zurückzuführen (Schön 1964).

Das Modell wurde in einer Weiterentwicklung für stark gekrümmte *Kornmorphologie* bei der Behandlung elastischer Eigenschaften des *Regoliths* (Abb. 1.5) angewandt. Im einfachsten Fall werden dabei zur Charakterisierung der Kornmorphologie zwei Radien eingeführt: R-mittlerer Radius der als Kugel angenäherten Partikel, r — mittlerer Radius der Krümmung einzelner Oberflächenelemente der Partikel. Die nach (5.117) berechneten Geschwindigkeitswerte sind mit dem Faktor $(r/R)^{1/6}$ zu multiplizieren und werden demzufolge bei „unruhiger" Kornmorphologie gegenüber „glattem" Korn abgemindert. Der Abminderungsfaktor kann auch für eine Radienverteilung angegeben werden (s. Schön 1979).

5.4.5.4. *Anwendung des Modells auf geklüftetes Festgestein*

Die Schwierigkeiten bei einer theoretischen Behandlung der elastischen Eigenschaften bzw. der Ausbreitungsgeschwindigkeit elastischer Wellen von geklüfteten Gesteinen liegen bereits in der Annahme eines geeigneten *Kluftkörpermodells* begründet. Gegenwärtig werden dabei zwei Wege beschritten

1. Anwendung der Modellvorstellung der *„Zeit-Mittel-Gleichung"* (5.67) auf den geklüfteten Körper.
2. Anwendung der für die Deformation eines *elastischen Mediums mit Spalt* von Walsh (1965) abgeleiteten Beziehungen

Bei *Anwendung der „Zeit-Mittel-Gleichung"* (5.67) müssen

— die elastischen Eigenschaften des Poreninhaltes durch die des Kluftinhaltes,
— die Porosität durch die „Klüftigkeit" (Anteil des Kluftvolumens)

ersetzt werden. Vergleiche mit experimentellen Ergebnissen zeigten, daß die formale Anwendung der Zeit-Mittel-Gleichung meist zu hohe Klüftigkeitswerte liefert, die nach Militzer u. a. (1978) vor allem auf Effekte der Geometrie des Wellenweges zurückgeführt werden. Die Gleichung gestattet damit nur eine *„Abschätzung der Klüftigkeit"*.

Während bei der „Zeit-Mittel-Gleichung" als einzige kluftgeometrische Größe das *Kluftvolumen* berücksichtigt wird, enthalten die von Walsh (1965) abgeleiteten Beziehungen eine *relative Spaltlänge* $\bar{c}$ (siehe auch Stiller, Wagner und Vollstädt 1979).

Im Falle ebenen Spannungszustandes ergeben sich für die *effektiven Elastizitätszahlen* E_{eff} und ν_{eff} nach Vereinheitlichung folgende Beziehungen:

$$E_{\text{eff}} = E_{\text{F}} \cdot \left(1 + \frac{4\pi\bar{c}^3}{3\overline{V}} \cdot A_E\right)^{-1}, \tag{5.119}$$

$$\nu_{\text{eff}} = \nu_{\text{F}} \left(1 + \frac{4\pi\bar{c}^3}{3\overline{V}} \cdot A_\nu\right). \tag{5.120}$$

Die Faktoren A_E und A_ν sind abhängig davon, ob der Spalt offen oder geschlossen ist:

$$A_E = 1 \quad \text{offener Spalt,}$$

$$A_E = \frac{1}{5} \left\{\frac{2 + 3\mu_s^2 + 2\mu_s^4}{(1 + 2\mu_s^2)^{2/3}}\right\} \text{ geschlossener Spalt,} \tag{5.121}$$

$$A_\nu = 1 \quad \text{offener Spalt,}$$

$$A_\nu = \frac{(1 - 2\nu_{\text{F}})(1 - \nu_{\text{F}}^2)}{2} \cdot A_E \quad \text{geschlossener Spalt;} \tag{5.122}$$

dabei ist $\overline{V}$ das einen Spalt der mittleren Länge $\bar{c}$ umschließende Volumen, μ_s der am Spalt wirksame Reibungskoeffizient.

Ausgehend von der Vorstellung, daß in relativ dichten Gesteinen der *Einfluß von Klüften und Mikrorissen auf die Geschwindigkeit nicht in erster Linie durch ein Kluftvolumen, sondern durch den Grad unvollkommener elastischer Bindung der Bestandteile verursacht* wird, läßt sich eine einfache Beziehung in folgender Weise ableiten (Schön 1973):

Der Grad der Klüftigkeit bzw. unvollkommenen elastischen Bindung in einem Gestein wird durch eine relative Länge K ausgedrückt. Unter der Annahme, daß der effektive Elastizitätsmodul (bzw. Verformungsmodul) dem Grad vollständiger Bindung proportional ist, d. h.

$$E_{\text{eff}} = E_{\text{F}}(1 - K) \tag{5.123}$$

gilt, kann für die Geschwindigkeit der Longitudinalwelle geschrieben werden

$$v_{\text{p}} = v_{\text{pF}}(1 - K)^{1/2}. \tag{5.124}$$

Wird weiterhin angenommen, daß sich die Länge K mit zunehmendem Druck nach einer Beziehung

$$-\frac{\mathrm{d}K}{\mathrm{d}p} \sim K \quad \text{bzw.} \quad -\frac{\mathrm{d}K}{\mathrm{d}p} = Ap \tag{5.125}$$

ändert, so ergibt sich

$$\frac{v_{\text{p}}}{v_{\text{pF}}} = (1 - K_0\, \mathrm{e}^{-Ap})^{1/2} \tag{5.126}$$

(K_0 ist der Anfangswert).

Diese Gleichung beinhaltet die relative *Geschwindigkeitsänderung in Abhängigkeit vom Druck, dem „Grad unvollkommener elastischer Bindung" bzw. der „Klüftigkeit" K_0 und der von der Kompressibilität abhängigen Größe A.*

Eine graphische Darstellung der Beziehung (5.126) in doppeltlogarithmischem Maßstab (Abb. 5.54a) gestattet bei achsenparalleler Überdeckung mit in gleicher Weise dargestellten experimentellen Daten einen unmittelbaren Vergleich (Abb. 5.54b) und damit eine Bestimmung von K_0. Diese Methode wurde u. a. zur Erklärung der $v-p$-Beziehung an *lunaren Gesteinsproben* angewandt (SCHÖN 1973). Wie aus der Abbildung hervorgeht, kann die trotz hoher Dichte anomal starke Druckabhängigkeit der lunaren Gesteinsproben auf eine *starke Störung der inneren Bindung* der Bestandteile zurückgeführt werden (shock-Wellenbeanspruchung, thermische Einwirkungen).

Eine ähnliche Beziehung entwickelten STILLER, WAGNER, VOLLSTÄDT (1976, 1979) aus einer Kombination der „Zeit-Mittel-Gleichung" mit einem Ansatz von NAGUMO (1965) für druckbedingte Porositätsveränderungen

$$\frac{v_p}{v_{pF}} = (1 + K^* e^{-A^*p})^{-1} \tag{5.127}$$

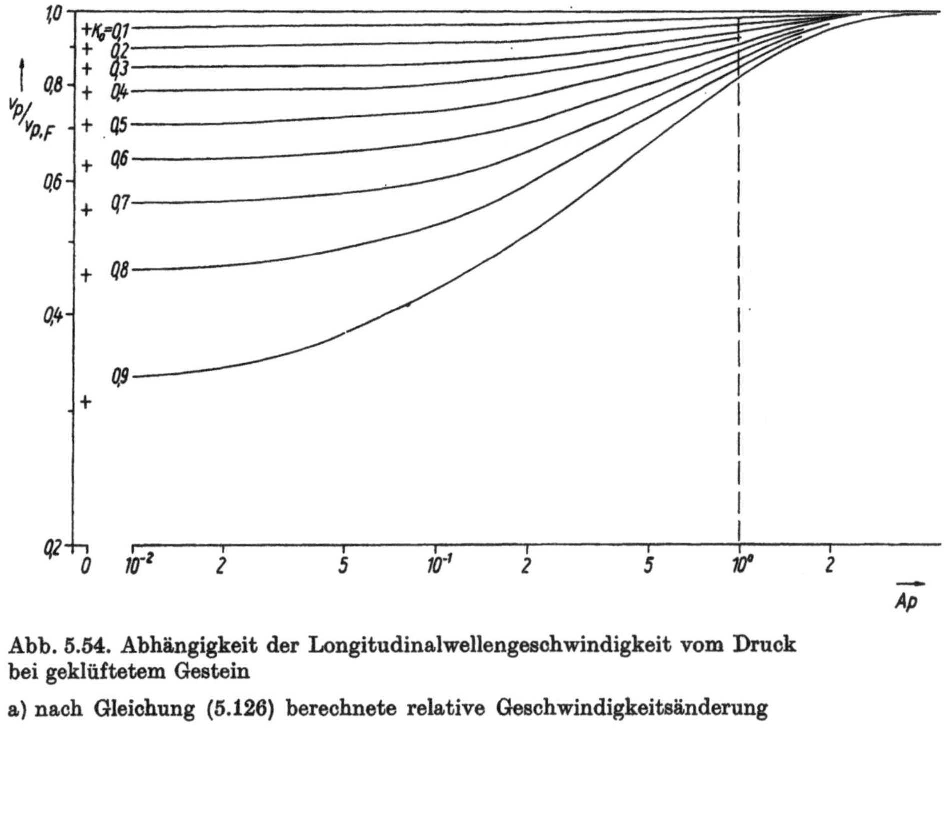

Abb. 5.54. Abhängigkeit der Longitudinalwellengeschwindigkeit vom Druck bei geklüftetem Gestein

a) nach Gleichung (5.126) berechnete relative Geschwindigkeitsänderung und zeigen, daß sich (5.126) und (5.127) auch als Näherungslösung der von Hashin (1962) angegebenen Beziehung für die elastischen Moduln von festen Medien mit sphäroidischen Einlagerungen ergeben.

Die Berücksichtigung struktureller Eigenschaften, d. h. der *Orientierung des „Bereiches bzw. der Fläche elastisch unvollkommener Bindung“*, kann dadurch erfolgen, daß die angenommene Modellvorstellung als Gesteinsmodell im „Mikrosystem“ aufgefaßt und einer Transformation nach Abschn. 5.4.5.2 unterzogen wird. Es ergibt sich dann unmittelbar in Analogie zu (5.106) mit (5.126)

$$v^2 = v_{pF}^2(1 - K_0\, e^{-Ap})\, s(\alpha, f) \tag{5.128}$$

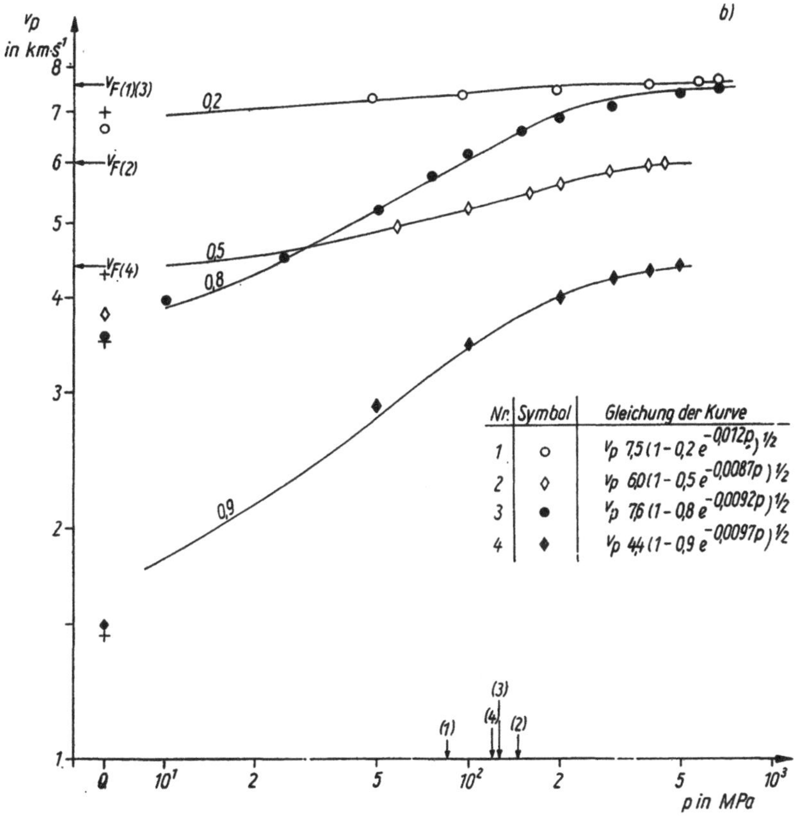

Abb. 5.54 b) mit Abbildung a) ausgewertete experimentelle Ergebnisse

1 — Dunit (terrestrisch) $d = 3{,}31 \cdot 10^3\ kg \cdot m^{-3}$
2 — Gneis (terrestrisch) $d = 2{,}72 \cdot 10^3\ kg \cdot m^{-3}$
3 — Basalt (lunar) $d = 3{,}33 \cdot 10_4\ kg \cdot m^{-3}$
4 — Brekzie (lunar) $d = 2{,}35 \cdot 10^3\ kg \cdot m^{-3}$ (Schön 1973)

Dabei ist in diesem Falle $f = \frac{E_F}{\mu_F} = 2(1 + \nu_F)$ zu setzen. (In analoger Weise ist das Verfahren auch auf (5.127) anwendbar.)

5.4.5.5. *Anwendung des Modells auf dichtes polymineralisches Gestein*

Als *strukturelles Merkmal* im Sinne des Modells kann bei dichten polymineralischen Gesteinen die mittlere *Orientierung der Grenzfläche von Bestandteilen (Mineralen) unterschiedlicher elastischer Eigenschaften* gelten (Abb. 5.42). Das führt zu Modellvorstellungen nach VOIGT (1920) und REUSS (1929) innerhalb des „*Mikrosystems*"; es gilt analog (5.98) und (5.108):

$$de_{\bar{1},\bar{2}} = M_V{}^{-1} \cdot d\sigma_{\bar{1},\bar{2}}, \tag{5.129}$$

$$de_{\bar{3}} = M_R{}^{-1} \cdot d\sigma_{\bar{3}}. \tag{5.130}$$

Dabei sind M_V und M_R die nach VOIGT bzw. REUSS berechneten Verformungsmoduln (Anwendung der Gleichungen (5.52) bis (5.55)).

Die *Transformation* der Moduln in das „*Makrosystem*" kann unmittelbar nach der in Abschnitt 5.4.5.2 beschriebenen Methode erfolgen; dabei ist für

$$f = \frac{M_R}{M_V} \tag{5.131}$$

zu setzen.

Für eine Spannungseinwirkung in Richtung x_3 bzw. die vertikal laufende Longitudinalwelle erhält damit der Modul für das Gesteinsmodell die Gestalt

$$M_S = M_R \mid s_{33}^{33}(\alpha, f) \mid, \tag{5.132}$$

und die Geschwindigkeit ergibt sich zu

$$v_p = \left(\frac{M_S}{d}\right)^{1/2}. \tag{5.133}$$

Für den Fall eines aus zwei Bestandteilen mit den Moduln M_1 und M_2 bestehenden Gesteins (wobei $M_2 = 1{,}5 M_1$ ist) wird in Abb. 5.55 der Verlauf des mit M_1 normierten Moduls M als Funktion des Volumenanteils von Bestandteil „1" dargestellt. Als Grenzen ergeben sich die nach VOIGT und REUSS berechneten Kurven; sie entsprechen Grenzwerten der Strukturwinkel

$$\lim_{\alpha \to 0} M_S = M_R, \tag{5.134}$$

$$\lim_{\alpha \to 90^\circ} M_S = M_V. \tag{5.135}$$

Der zwischen den Grenzkurven liegende Bereich entspricht Strukturwinkeln

$$0^\circ < \alpha < 90^\circ.$$

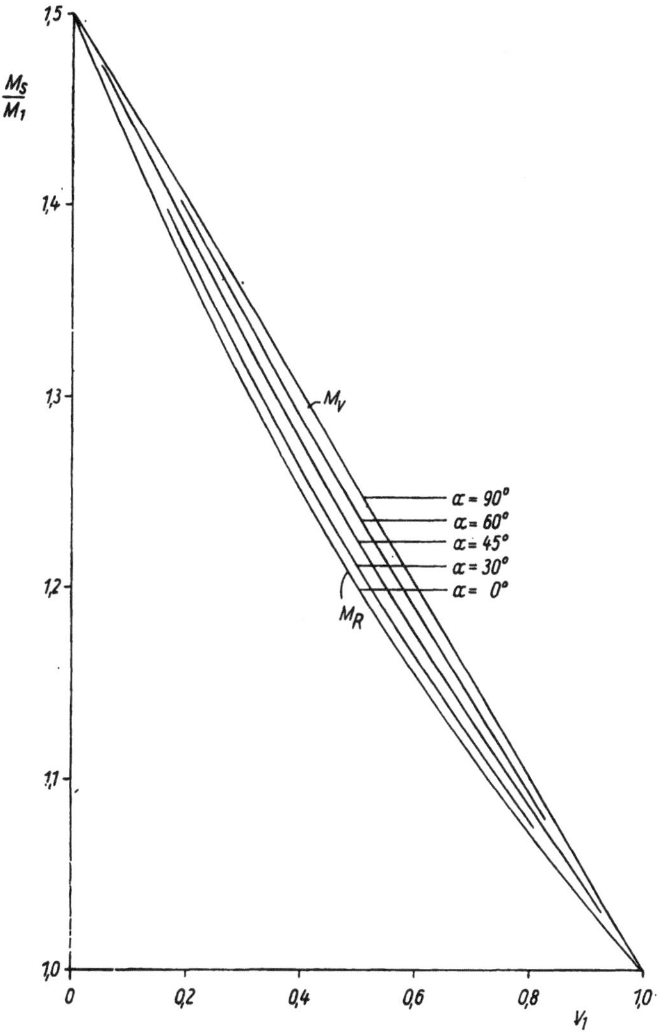

Abb. 5.55. Abhängigkeit des mit M_1 normierten Moduls M_s vom Volumenanteil V_1

M_1 — Modul des Bestandteils 1, M_S — Modul des Gesteinsmodells mit Struktur, M_V — Modul nach VOIGT, M_R — Modul nach REUSS, V_1 — Volumenanteil des Bestandteils 1, Kurvenparameter: Strukturwinkel α

Tabelle 5.22. Vergleich berechneter und experimentell bestimmter elastischer Parameter (experimentelle Daten nach ALEXANDROV, BELIKOV, RYSHOVA 1966)

a) Mineralische Zusammensetzung und experimentelle bestimmt Parameter der Gesteine

Gestein	Probe-Nr.	Quarz	Mikroklin	Orthoklas	Oligoklas
Granit (Baltischer Schild)	792	0,40	0,26		0,24
Granodiorit (Baltischer Schild)	223	0,296	0,289		
Granodiorit (Tadshikische SSR)	4066	0,20		0,11	0,57
Gabbro (Ukrainischer Schild)	1772				

b) Für die Berechnung verwendete Elastizitätszahlen		Quarz	Mikroklin	Orthoklas	Oligoklas
	k 10^{10} Pa	3,83	5,78	5,74	6,30
	μ 10^{10} Pa	4,46	2,72	2,42	3,14

c) Berechnete elastische Parameter und Longitudinalwellengeschwindigkeiten

Gestein/Probe-Nr.	nach VOIGT (V) und REUSS (R)					
	10^{10} Pa		10^{10} Pa		10^{10} Pa	
	k_V	k_R	μ_V	μ_R	M_V	M_R
Granit/792	5,017	4,802	3,497	3,328	9,705	9,245
Granodiorit/223	5,092	4,911	3,297	3,137	9,437	9,078
Granodiorit/4066	5,778	5,499	3,369	3,238	10,24	9,825
Gabbro/1772	8,571	8,147	4,475	4,067	14,63	13,39

Damit wird die Position experimentell gefundener Werte im Bereich zwischen den beiden Extremwertkurven nicht durch einen Mittelwert im Sinne der Gleichungen (5.56) bzw. (5.57) oder der von HASHIN berechneten Grenzen, sondern *durch eine strukturelle Angabe näher bestimmt.*

Im folgenden wird diese Methodik auf die Analyse experimenteller Daten angewandt, die von ALEXANDROV, BELIKOV und RYŠOVA (1966) ermittelt wurden und magmatische Gesteine mit bis zu fünf Komponenten (Hauptmineralanteile) betreffen. Tabelle 5.22a enthält die mineralische Zusammensetzung (Volumenanteile), den Mittelwert der Dichte d, die experimentell bestimmte Longitudinalwellengeschwindigkeit $v_{p(exp)}$ und den daraus berechneten Modul $M_{(exp)}$. — In Tabelle 5.22b sind die für die Berechnung verwendeten Elastizitäten k und μ enthalten. Die Berechnung der elastischen Parameter und Longitudinalwellengeschwindigkeiten (Tab. 5.22c) erfolgte nach (5.52) bis (5.55) für k_V, μ_V und k_R, μ_R. Mit den in Tabelle 5.2 enthaltenen Beziehungen ergeben sich die Werte für M_V, v_V und M_R, v_R. Die Anwendung der Gleichungen (5.131) bis (5.133) und

Labrador	Albit	Biotit	Pyroxene	Sonstige	d g · cm^{-3}	$v_{p(exp.)}$ km · s^{-1}	$M_{(exp.)}$ 10^{10} Pa
		0,10			2,64	5,95	9,346
	0,269	0,146			2,69	5,89	9,332
		0,08		0,04 (Hornblende)	2,681	6,13	10,07
0,634			0,36	0,06 (Magnesit)	2,937	6,90	13,98
				(Hornblende)	(Magnetit)		
7,04	5,73	5,04	11,14	9,68	16,17		
3,36	2,92	2,74	6,36	5,04	9,14		

km · s^{-1} v_v	v_R	$f = \frac{M_R}{M_v}$	v in m · s^{-1} nach Strukturmodell $\alpha = 30°$	$\alpha = 45°$	$\alpha = 60°$	$\frac{M_{(exp)}}{M_R} = \left(\frac{v_{exp}}{v_R}\right)^2$	α
6,063	5,918	0,95	5974	5978	6008	1,011	30°
5,923	5,809	0,96	5838	5868	5897	1,028	56°
6,180	6,054	0,96	6084	6115	6146	1,025	52°
7,059	6,752	0,93	6819	6892	6964	1,044	46°

(5.103) liefert mit dem Parameter f die den gewählten Winkeln $\alpha = 30°, 45°, 60°$ entsprechenden Geschwindigkeitswerte. Sie kommen den gemessenen Werten nahe. — In Abb. 5.56 ist für vier Werte von f die Abhängigkeit des Quotienten M_S/M_R (d. h. Modul des „strukturierten" Modells/Modul nach REUSS) bzw. des Quotienten $v_{p,S}/v_{p,R}$ vom Strukturwinkel α dargestellt. Werden die an den untersuchten Proben ermittelten Werte $M_{(exp)}/M_R$ und f in das Diagramm eingetragen, so ergeben sich die folgenden „Strukturwinkel":

Granit	(Probe 792):	$\alpha \approx 30°$,
Granodiorit	(Probe 223):	$\alpha \approx 56°$,
Granodiorit	(Probe 4066):	$\alpha \approx 52°$,
Gabbro	(Probe 1772):	$\alpha \approx 46°$.

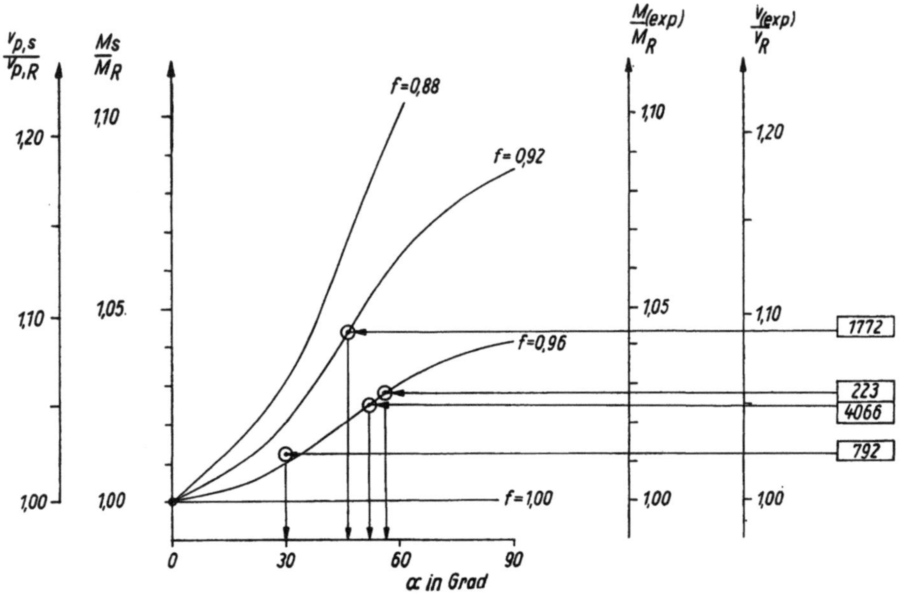

Abb. 5.56. Vergleich theoretisch ermittelter Abhängigkeiten der Quotienten

$$\frac{M_S}{M_R} \quad \text{bzw.} \quad \frac{v_{p,S}}{v_{,pR}}$$

von Strukturwinkel α und dem Parameter f mit Ergebnissen experimenteller Untersuchungen an magmatischen Gesteinen

6. Die inelastischen Eigenschaften (Absorption elastischer Wellen) der Gesteine

6.1. Physikalische Grundlagen und Maßeinheiten

Die inelastischen Eigenschaften der Gesteine führen zur Abnahme der Energie- bzw. Amplitude elastischer Wellen bei ihrem Durchgang durch das Gestein. *Ursachen* dieser Amplitudenabnahme, deren Mechanismus im Detail noch weitgehend ungeklärt ist, sind vor allem *Umwandlungen der elastischen Energie in andere Energieformen* (z. B. thermische Energie) und Streuprozesse (siehe Abschnitt 6.3.5).

Für *ebene Wellen* läßt sich die *Amplitudenabnahme* mit wachsender Entfernung vom Ausgangspunkt x_0 durch folgende Gleichung beschreiben

$$A(x) = A(x_0)\, e^{-\alpha(x-x_0)}. \tag{6.1}$$

Dabei ist $A(x)$ die Amplitude der Welle in der Entfernung x, $A(x_0)$ die Amplitude der Welle in der Entfernung x_0, α der Absorptionskoeffizient.

Bei *nicht-ebenen Wellen* tritt neben dieser durch Absorption bedingten Amplitudenabnahme eine zusätzliche Minderung von Energie bzw. Amplitude mit zunehmender Entfernung infolge der *räumlichen Divergenz* auf. Dieser Anteil der Amplitudenabnahme kann allgemein durch eine „Divergenzfunktion" $f(x, x_0)$ beschrieben werden. Gleichung (6.1) geht dann über in

$$A(x) = A(x_0)\, f(x, x_0)\, e^{-\alpha(x-x_0)}. \tag{6.2}$$

$f(x, x_0)$ ist dabei von der Geometrie der Wellenausbreitung bzw. der Abstrahlcharakteristik des Wellenerregers abhängig. Speziell

— für ebene Wellen ist $f(x, x_0) = 1$,

— für Kugelwellen ist $f(x, x_0) = \left(\frac{x}{x_0}\right)$.

Bei *geschichteten Sedimenten* größerer Mächtigkeit können zusätzliche Energieverluste durch „innere multiple Reflexionen" ("intrabedded multiple reflections") auftreten, die z. B. nach Schoenberger und Levin (1974) bis etwa 1/3···1/2 der gesamten Amplitudenabnahme verursachen können.

Aus (6.1) und (6.2) ergibt sich der Absorptionskoeffizient mit der Maßeinheit m^{-1}. Wird der Absorptionskoeffizient aus den Amplituden an 2 Punkten in der Entfernung x_0 und $x_0 + \lambda$ (λ ist die Wellenlänge) bestimmt, so ergibt sich unter Verwendung der

Beziehung $\lambda = v \cdot f^{-1}$

$$\alpha = \frac{1}{\lambda} \ln \frac{A(x_0)}{A(x_0 + \lambda)} = \frac{1}{\lambda} \cdot \vartheta = \frac{f}{v} \vartheta; \tag{6.3}$$

ϑ ist dabei das logarithmische *Dekrement*, v die Geschwindigkeit und f die Frequenz. Die aus dem Logarithmus dieses Quotienten abzuleitende Einheit für die Absorption bzw. Dämpfung ist das dB · m⁻¹ (Dezibel · m⁻¹) mit der Umrechnung

$$\alpha \text{ m}^{-1} = 8{,}686\alpha \text{ dB} \cdot \text{m}^{-1}.$$

Der zur Charakterisierung der elastisch-inelastischen Eigenschaften häufig benutzte „*Gütefaktor*" Q ergibt sich zu

$$Q^{-1} = \frac{\vartheta}{\pi} = 2\frac{\alpha \cdot v}{\omega} = \frac{\alpha \cdot v}{\pi \cdot f}. \tag{6.4}$$

Dabei ist α in dB · m^{-1} einzusetzen; ω ist die Kreisfrequenz.

6.2. Die Absorption elastischer Wellen in Gesteinen — experimentelle Ergebnisse

6.2.1. *Übersicht*

Generell sind die absorbierenden Eigenschaften von Gesteinen bzw. Mineralaggregaten deutlich größer als die des einzelnen Minerals. So geben z. B. PESELNICK und ZIETZ (1959) folgende Vergleichswerte an:

Kalzit	$Q \approx 1900$	bzw.	$Q^{-1} \approx 5 \cdot 10^{-4}$,
Kalkstein	$Q \approx 200$	bzw.	$Q^{-1} \approx 5 \cdot 10^{-3}$.

Das unterstreicht, daß die *Hauptursachen* der Absorption elastischer Wellenenergie in Gesteinen an deren *innere* (*mikroskopische*) *Inhomogenität* gebunden sind.

Die in den Abbildungen 6.1 und 6.2 gegebenen übersichtsmäßigen Darstellungen lassen bereits zwei wichtige Charakteristika des Absorptionskoeffizienten erkennen:

a) der Absorptionskoeffizient α ist ein *frequenzabhängiger Parameter*. α nimmt mit der Frequenz zu (Tiefpaßwirkung der Gesteine), wobei aus der Abbildung in erster Näherung eine Proportionalität

$$\alpha \sim f^n \qquad n \approx 1 \tag{6.5}$$

erkennbar ist. Für den Fall dispersionsfreier Wellenausbreitung geht die Proportionalität $\alpha \sim f$ unmittelbar aus (6.3) hervor;

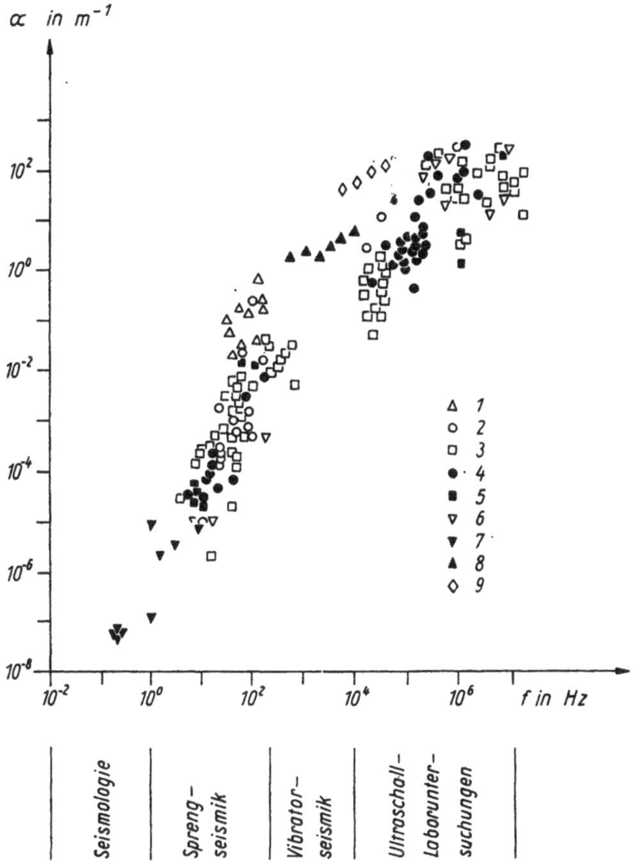

Abb. 6.1. Absorptionskoeffizient α verschiedener Gesteinsarten in Abhängigkeit von der Frequenz (ergänzte Darstellung nach MILITZER, SCHÖN, STÖTZNER, STOLL 1978)

1 — lockere Sedimente, *2* — schwach verfestigte Sedimente, *3* — verfestigte Sedimente, *4*, *5* — Eruptiva, *6* — Metamorphite, *7* — aus in 100 km Tiefe erhaltenen Reflexionen, *8* — Kalkstein (Erzgebirge), *9* — Sand (trocken)

b) mit zunehmendem *Verfestigungsgrad* der Gesteine und mit zunehmender *Tiefenlage* nimmt der Absorptionskoeffizient ab (siehe Abschnitt 6.2.3, 6.2.4).

Im folgenden werden diese Abhängigkeiten sowie der Einfluß weiterer Faktoren (Porosität, Wassersättigungsgrad u. a.) näher untersucht. Dabei muß bemerkt werden, daß — vor allem durch meßtechnische Probleme der reproduzierbaren *Ankopplung* von Schwingungsgeber und -aufnehmer (siehe z. B.

Schön, Stoll 1970). — zum Absorptionskoeffizienten wesentlich weniger Daten als bei der Geschwindigkeit bzw. Daten mit teilweise großem Fehlerbereich vorhanden sind.

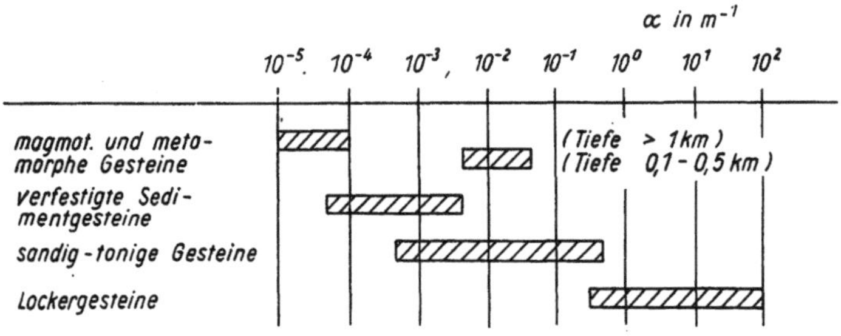

Abb. 6.2. Mittlerer Wertebereich des Absorptionskoeffizienten verschiedener Gesteinsarten ($f = 50 \cdots 100$ Hz)

6.2.2. *Die Abhängigkeit des Absorptionskoeffizienten von der Frequenz*

Die mit (6.5) angegebene Proportionalität ist in der Form

$$\alpha = \alpha_1 \cdot f^n \tag{6.6}$$

Grundlage für eine analytische Darstellung der meisten Untersuchungen zur Frequenzabhängigkeit des Absorptionskoeffizienten. Die Größe α_1 stellt dabei den bei $f = 1$ Hz gemessenen bzw. auf $f = 1$ Hz extrapolierten Absorptionskoeffizienten dar (von Berzon, 1977, wird diese Größe mit m, von Hamilton, 1972 mit k bezeichnet).

Untersuchungen zur Absorption elastischer Wellen beziehen sich in Abhängigkeit vom verwendeten Meß- bzw. Beobachtungsverfahren auf sehr unterschiedliche und sehr unterschiedlich breite Frequenzbereiche. Attewell und Ramana (1966) erhalten im Frequenzbereich $f = 1 \cdots 10^8$ Hz im Ergebnis einer statistischen Betrachtung Exponenten, die im Bereich $n = 0{,}91 \cdots 1{,}04$ liegen. Berzon (1977) erhält für Frequenzen $f = 10^{-1} \cdots 10^7$ Hz ebenfalls eine nahezu lineare Abhängigkeit zwischen α und f, wobei jedoch bei einigen sedimentären (tonigen) Gesteinen auch Exponenten $n > 1$ auftreten.

Zahlreiche Beispiele (u. a. Karus, Pasečnik 1954; Bulatova, Volkova, Dubrov 1970; Silaeva, Schamina 1960; Knopoff 1965; White 1965; Attewell, Ramana 1966) mit einem meist engeren Frequenzbereich bestätigen, daß mit einer Beziehung

$$\alpha = \alpha_1 \cdot f \tag{6.7}$$

in erster Näherung die Frequenzabhängigkeit des Absorptionskoeffizienten für die meisten Gesteine im Bereich $f < 10^7$ Hz wiedergegeben werden kann.

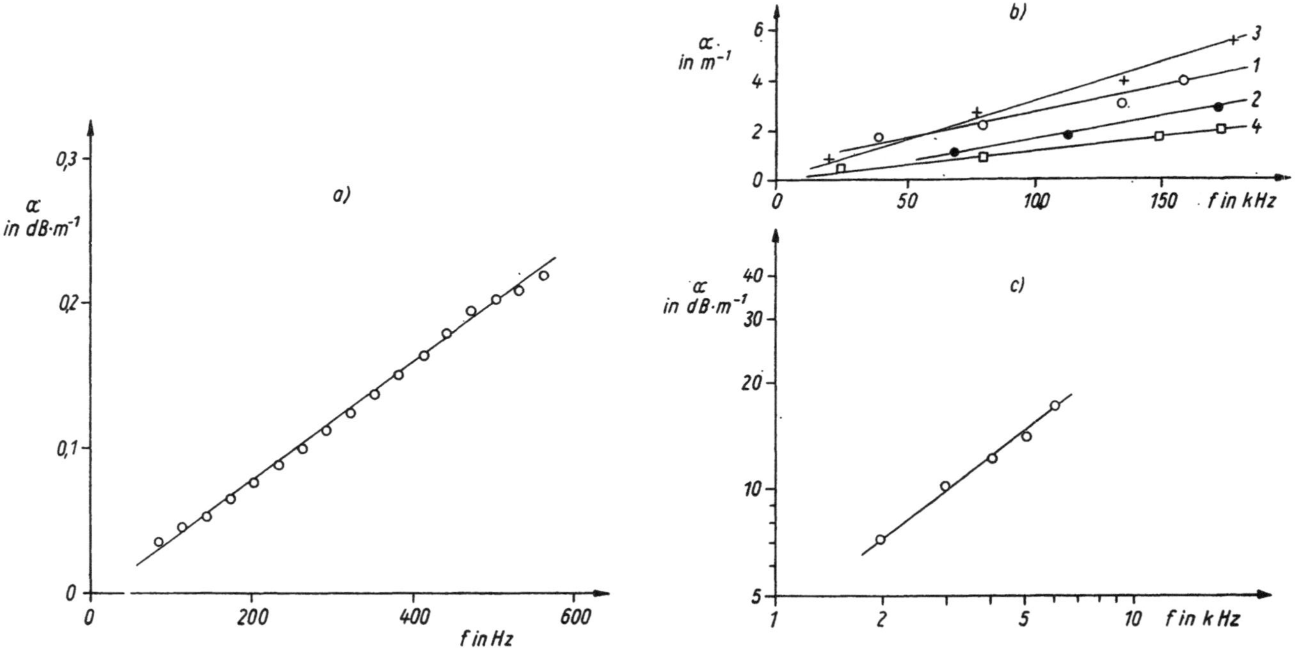

Abb. 6.3. Beispiele zur annähernd linearen Abhängigkeit des Absorptionskoeffizienten von der Frequenz

a) Schluffstein (Pierre shale); umgezeichnet nach Angaben von McDonald (siehe White 1965)

b) Granite (Silaeva und Schamina 1960)

1 – Granit (rosa-rot) Messung parallel zur Schichtung, *2* – Granit (rosa-rot) Messung senkrecht zur Schichtung, *3* – Granit (rot), *4* – Granit (dunkelgrau)

c) wassergesättigtes Glaskugelsediment (Käppler und Schön 1979) Korngröße 2 mm

In Abb. 6.3 sind hierzu einige Beispiele zusammengestellt. Sie enthält Angaben von Fest- und Lockergesteinen. Zu letzeren liegen relativ viele Untersuchungsergebnisse aus dem Bereich der marinen Sedimente vor. Dabei wurden insbesondere von HAMILTON (1972, 1976) und McCANN, McCANN (1969) verschiedene Fraktionen untersucht, die näherungsweise ebenfalls $n = 1$ ergeben (Tabelle 6.1).

Tabelle 6.1. Exponent n bei verschiedenen marinen Sedimenten (nach Daten von HAMILTON 1972)

Sediment	mittlere Korngröße in mm	n
Feinsand	0,177	1,26 ± 0,13
Feinsand	0,121	1,17 ± 0,13
Feinsand	0,072	1,00 ± 0,01
Schluff	0,025	1,05 ± 0,15
Mittelsand	0,401	1
Schluff — Ton	—	1

Ist die Bedingung $n \approx 1$ erfüllt, können die absorbierenden Eigenschaften des Gesteins durch die frequenzunabhängigen Größen α_1, Q oder ϑ beschrieben werden. Sie sind sowohl für die longitudinalen als auch für die transversalen Raumwellen definiert.

Abb. 6.4 zeigt Ergebnisse von Absorptionsmessungen bei Frequenzen $f \approx 20 \cdots 160$ kHz, die in den meisten Fällen eine nahezu frequenzunabhängige Größe Q^{-1} liefern. In Tabelle 6.2 sind für verschiedene Gesteine hierzu Angaben enthalten, wobei zusätzlich die Geschwindigkeiten angegeben sind. Die Werte für α_1 reichen von der Größenordnung 10^{-3} m^{-1} · s für *Lockergesteine* bis etwa 10^{-6} m^{-1} · s für *dichte unverwitterte Gesteine.* Für Erdkruste und -mantel wird von BERZON (1977) der Bereich $10^{-6} \cdots 10^{-7}$ m^{-1} · s angegeben. Gleichzeitig läßt Tabelle 6.2 die Tendenz erkennen, daß unverwitterte kristalline und metamorphe Gesteine für die Quotienten von Geschwindigkeiten, Absorptionskoeffizienten und Dekrementen die Größenordnung $v_p/v_s \approx 1{,}7 \cdots 2$; $\alpha_p/\alpha_s \approx 0{,}5 \cdots 0{,}6$ und $\vartheta_p/\vartheta_s \approx 1$ aufweisen, während lockere bzw. poröse Gesteine durch Werte in der Größenordnung $v_p/v_s > 2$; $\alpha_p/\alpha_s \approx 0{,}1 \cdots 0{,}2$ und $\vartheta_p/\vartheta_s \approx 0{,}2 \cdots 0{,}4$ charakterisiert sind (vgl. BERZON 1977). Im Bereich der Sedimentgesteine werden von HAMILTON (1976) als Mittelwert angegeben

Sand	$\vartheta_p/\vartheta_s \approx 0{,}3$,
schluffiger Ton	$\vartheta_p/\vartheta_s \approx 0{,}1$.

Deutliche *Abweichungen vom linearen Verlauf* $\alpha = \alpha_1 f$ treten auf:

a) *bei wasserhaltigen* porösen bzw. mikroklüftigen Gesteinen,
b) *im Frequenzbereich* $f > 10^7 \cdots 10^8$ Hz, bei dem die Wellenlänge in der Größenordnung der Mikroinhomogenitäten des Gesteins (Korn- bzw. Porengrößen u. ä.) liegt.

Zum *Einfluß des Wassergehaltes* auf die Frequenzabhängigkeit liegen bereits von BORN (1941) Meßergebnisse vor, die an Sandstein gewonnen wurden.

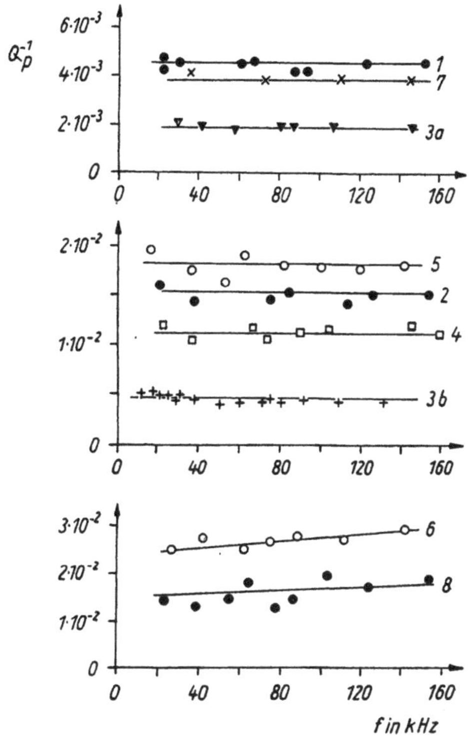

Abb. 6.4. Parameter Q^{-1} für verschiedene Gesteine im Frequenzbereich $f = 20 \cdots 160$ kHz (MERKULOVA 1968)

1 — Gabbro-Diabas, *2* — Gabbro-Porphyrit, *3 a, b* — Quarzite, *4* — Granitgneis, *5* — Granit, *6* — Sandstein, *7* — metamorpher Schiefer, *8* — tonig-kohliger Schiefer

Abb. 6.5 zeigt, daß schon geringe Wassergehalte zu einer Frequenzabhängigkeit des Dekrementes führen, die als eine Zunahme *viskoser Absorptionsmechanismen* mit steigendem Wassergehalt zu deuten ist. Für *Flüssigkeiten* besteht annähernd Proportionalität zwischen dem Absorptionskoeffizienten und dem *Quadrat der Frequenz* (vgl. Abschnitt 6.3.2), d. h.

$$\alpha \sim f^2 \quad \text{bzw.} \quad Q^{-1} \sim f. \tag{6.8}$$

Für Wasser wird von BERGMANN (1954) bei 20 °C als Mittelwert $\alpha = 8{,}5 \cdot 10^{-15} f^2$ in m^{-1} angegeben; der Absorptionskoeffizient der Flüssigkeiten nimmt mit wachsender Temperatur ab.[1]) Damit ergeben sich bei feuchten bzw. flüssigkeitsgesättigten Gesteinen

[1] Angaben zu Absorptionskoeffizienten von Wasser und Erdöl werden auch von GARANIN u. a. (1965) mitgeteilt.

Tabelle 6.2. Geschwindigkeits- und Absorptionswerte verschiedener Gesteine

zusammengestellt unter Verwendung von Angaben nach: Berzon, 1977 (-a-), Rshewski, Jamščikov 1973 bzw. Levykin 1965 (-b-); White 1965 (-c-); Khattri, Gaur 1978 (-d-); Hamilton 1972 (-e-); Kudo, Shima 1970 (-f-); Hamilton 1976 (-g-); Volarovič u. a. 1978 (-h-); Mason 1971 (-i-); Wolf 1975 (-k-); Merkulova 1968 (-l-)

Gesteinsart	Bemerkungen	v_p km · s^{-1}	v_s km · s^{-1}	v_p/v_s
Granit	$\sigma = 0 \cdots 40$ MPa	4,88···5,10	—	1,67···1,73
	$d = 2{,}71$ g · cm^{-3}	5,10	2,69	1,9
	—	4,88	2,99	1,63
	—	5,50	3,30	1,67
	$d = 2{,}58$ g · cm^{-3}	4,35	—	—
	$d = 2{,}63$ g · cm^{-3}	4,63	—	—
	$d = 2{,}69 \cdots 2{,}70$ g · cm^{-3}	$v_D = 4{,}065 \cdots 4{,}168$	—	—
Gabbro	$\sigma = 4 \cdots 40$ MPa	6,3	—	1,73
	$d = 3{,}09$ g · cm^{-3}	6,3	3,63	1,72
	(Gabbro-Diabas)	5,608···5,57	—	—
Quarzporphyr (Petersberg)	$d = 2{,}70$ g · cm^{-3}	$v_D = 4{,}77 \cdots 5{,}02$	—	—
Diabas (Lauterbach)	$d = 2{,}99$ g · cm^{-3}	$v_D = 5{,}214$	—	—
Gneis (Zweiglimmer)	$z = 0 \cdots 50$ m	4,00···4,40	—	2,5···3,0
	$\sigma = 4 \cdots 40$ MPa	4,75···5,68	—	1,70···1,78
	$d = 2{,}74 \cdots$ g · cm^{-3}	5,30	1,72	3,10
	(Granitgneis)	5,25···5,26	—	—
Serpentinit	$\sigma = 4 \cdots 40$ MPa	6,4	—	1,7
	$d = 2{,}74$ g · cm^{-3}	6,4	3,73	1,69
Kalkstein	$z = 200 \cdots 900$ m	2,50	—	1,9
	$z = 800 \cdots 1600$ m	3,50···4,00	—	1,7
	—	5,56···6,10	—	1,9
	(Solnhofen)	5,56	2,90	1,9
	(Solnhofen)	5,65	—	—
	(Solnhofen)	5,65	—	—
Anhydrit	$d = 2{,}93$ g · cm^{-3}	$v_D = 5{,}109$	—	—
Steinsalz	$z = 100 \cdots 1500$ m	4600	—	1,8

α_{1p} $s \cdot m^{-1}$	α_{1s} $s \cdot m^{-1}$	ϑ_p	ϑ_s	Q_p	f Hz	Autor
$(6{,}5\cdots15) \cdot 10^{-6}$	—	0,03···0,07	0,04···0,16	—	$5\cdots10^{6}$	a
$13 \cdot 10^{-6}$	$22 \cdot 10^{-6}$	—	—	—	10^{6}	b
$14 \cdot 10^{-6}$	$17 \cdot 10^{-6}$	—	—	—	$(30\cdots180) \cdot 10^{3}$	c
$27 \cdot 10^{-6}$	$33 \cdot 10^{-6}$	—	—	—	$(30\cdots180) \cdot 10^{3}$	c
—	—	—	—	55,6	1550···6970	h
—	—	—	—	142	1760···5820	h
—	—	—	—	108···143	$(14\cdots18) \cdot 10^{3}$	k
$5 \cdot 10^{-6}$	—	0,03	0,03	—	10^{6}	a
$5 \cdot 10^{-6}$	$8 \cdot 10^{-6}$		—	—	10^{6}	b
—	—	—	—	222	$(2\cdots16) \cdot 10^{4}$	e
—	—	0,021···0,024	—	131···150	$(13\cdots17) \cdot 10^{3}$	k
—	—	0,028	—	112	19626	k
$(4\cdots9) \cdot 10^{-5}$	—	0,16···0,36	0,12···0,14	—	50···100	a
$(1{,}2\cdots1{,}4) \cdot 10^{-5}$	—	0,06···0,07	0,06···0,07	—	10^{6}	a
$1{,}2 \cdot 10^{-5}$	$1{,}85 \cdot 10^{-5}$	—	—	—	10^{6}	b
—	—	—	—	91	$(2\cdots16)\ 10^{4}$	e
$8{,}4 \cdot 10^{-6}$	—	0,05	0,03	—	10^{6}	a
$8{,}5 \cdot 10^{-6}$	$8{,}8 \cdot 10^{-6}$	—	—	—	10^{6}	b
10^{-4}	—	0,20···0,25	—		10···500	a
$(0{,}5\cdots1{,}1) \cdot 10^{-5}$	—	0,02···0,05	—		10···500	a
$(3\cdots5) \cdot 10^{-6}$	—	0,02···0,03	0,01···0,02		$2 \cdot 10^{4}$	a
$5{,}2 \cdot 10^{-6}$	$5{,}8 \cdot 10^{-6}$	—	—		$(3\cdots15)\ 10^{6}$	c
—	—	—	—	250	$3 \cdot 10^{4}$	i
—	—	—	—	91	$3{,}5 \cdot 10^{6}$	i
—	—	0,0096	—	327	25492	k
$2 \cdot 10^{-6}$	—	0,02	0,05	—	40···80	a

Fortsetzung Tabelle 6.2.

Gesteinsart	Bemerkungen	v_p km · s^{-1}	v_s km · s^{-1}	v_p/v_s
Sandstein	$d = 2{,}72$ g · cm^{-3}	5,85		
	$d = 2{,}55$ g · cm^{-3}	3,365		
	—	5,00		
	$\Phi = 0{,}15$	4,109		
	$\Phi = 0{,}20$ (trocken)	1,622		
	$\Phi = 0{,}20$ (ölgesättigt)	3,44		
	$\Phi = 0{,}20$ (wassergesättigt)	3,736		
Sandstein (Harzvorland) geklüftet	$d = 1{,}8 \cdots 1{,}9$ g · cm^{-3}	$v_D = 2{,}26 \cdots 2{,}798$		
Schluffstein	$\Phi = 0{,}20$ (Pierre shale)	3,153	—	
Ton, Tonstein		2,20	0,81	2,7
Sand trocken	$z = 0 \cdots 1$ m	0,50		1,8
	$z = 7 \cdots 30$ m	1,50···1,90		1,8
feucht	$z = 30$ m	1,70		3,6
	$z = 900 \cdots 1\,600$ m	2,20		3,1
wassergesättigt	$\Phi = 0{,}38 \cdots 0{,}48$	1,63···1,75		—
$d = 0{,}15 \cdots 0{,}4$ mm	$\Phi = 0{,}3 \cdots 0{,}37$	1,66···1,73		—
schluffiger Sand sandiger Schluff wassergesättigter Schluff,	$\Phi = 0{,}51 \cdots 0{,}61$	1,537···1,619		
toniger Schluff (wassergesätt.)	$\Phi = 0{,}61 \cdots 0{,}66$	1,465		

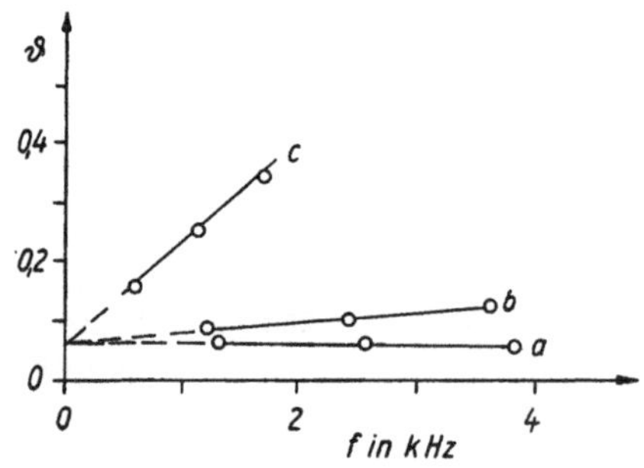

Abb. 6.5. Dekrement als Funktion der Frequenz (BORN 1941)
Amherst — Sandstein

a — trocken, *b* — Wassergehalt = 0,25%, *c* — Wassergehalt = 0,4%

α_{1p} $s \cdot m^{-1}$	α_{1s} $s \cdot m^{-1}$	ϑ_p	ϑ_s	Q_p	f Hz	Autor
	—	$0{,}006 \pm 0{,}003$		523	$(2{,}1 \cdots 7{,}5) \cdot 10^3$	h
	—	0,071		44,5	—	h
	$3{,}5 \cdot 10^{-6}$	—		179	—	c
	—	—		75	—	d
	—	—		20	—	d
	—	—		55	—	d
	—	—		65	—	d
	—	$0{,}022 \cdots 0{,}051$		$61 \cdots 142$	$(6{,}9 \cdots 9{,}5) \cdot 10^3$	k
—	—			40	—	d
$45 \cdot 10^{-6}$	$4 \cdot 10^{-4}$			—	$20 \cdots 450$	c
$(1{,}4 \cdots 2) \cdot 10^{-3}$		$0{,}7 \cdots 1$	—		$20 \cdots 40$	a
$(1{,}6 \cdots 4) \cdot 10^{-4}$		$0{,}3 \cdots 0{,}6$	—		$100 \cdots 200$	a
$(1 \cdots 1{,}2) \cdot 10^{-4}$		0,15	0,25		$300 \cdots 400$	a
$(1{,}5 \cdots 5) \cdot 10^{-4}$		$0{,}1 \cdots 0{,}15$	0,08		$40 \cdots 60$	a
$(4{,}7 \cdots 5{,}6) \cdot 10^{-4}$		—	—		$(3{,}5 \cdots 100) \cdot 10^3$	e
$(2{,}8 \cdots 4{,}5) \cdot 10^{-4}$		—	—		$(3{,}5 \cdots 100) \cdot 10^3$	e
$(6{,}1 \cdots 7{,}4) \cdot 10^{-4}$					$30 \cdots 80$	f
$(1{,}6 \cdots 1{,}8) \cdot 10^{-4}$					$(3{,}5 \cdots 100)\ 10^3$	e

Abweichungen von der linearen Beziehung, die entweder dadurch ausgedrückt werden können, daß in (6.6) ein Exponent $n > 1$ angenommen wird (z. B. Attewell und Ramana, 1966, für wassergesättigte Gesteine $n = 1 \cdots 2$) oder daß der Absorptionskoeffizient aus zwei Anteilen zusammengefügt wird:

$$\alpha = \alpha_1 f + \alpha_2 f^2. \tag{6.9}$$

Der Einfluß des Wassergehaltes ist vermutlich auch die Ursache für das in Abb. 6.4 erkennbare geringe Ansteigen des Wertes Q^{-1} bei Sandstein *(6)* und tonig-kohligem Schiefer *(8)*.

Liegt die *Wellenlänge im Größenordnungsbereich der Korn- bzw. Porendimensionen*, tritt an diesen Inhomogenitäten zusätzlich Rayleigh-*Streuung* auf, die zu einer Absorption führt, deren Größe

$$\alpha_{\text{Rayleigh-Streuung}} \sim d^{*3} f^4 \tag{6.10}$$

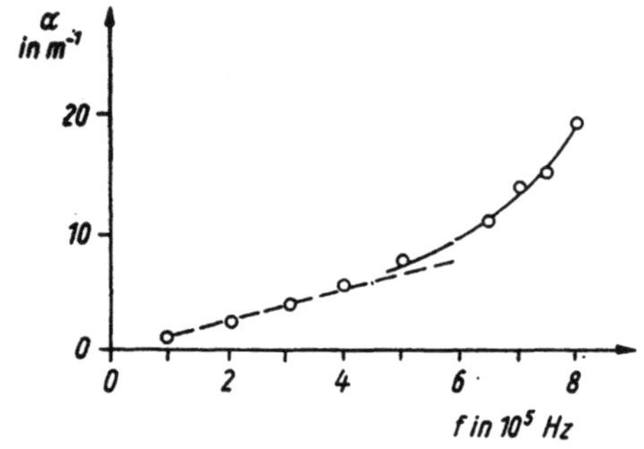

Abb. 6.6. Absorptionskoeffizient (ermittelt aus Oberflächenwellen) als Funktion der Frequenz für Westerly-Granit (KNOPOFF und PORTER 1963)

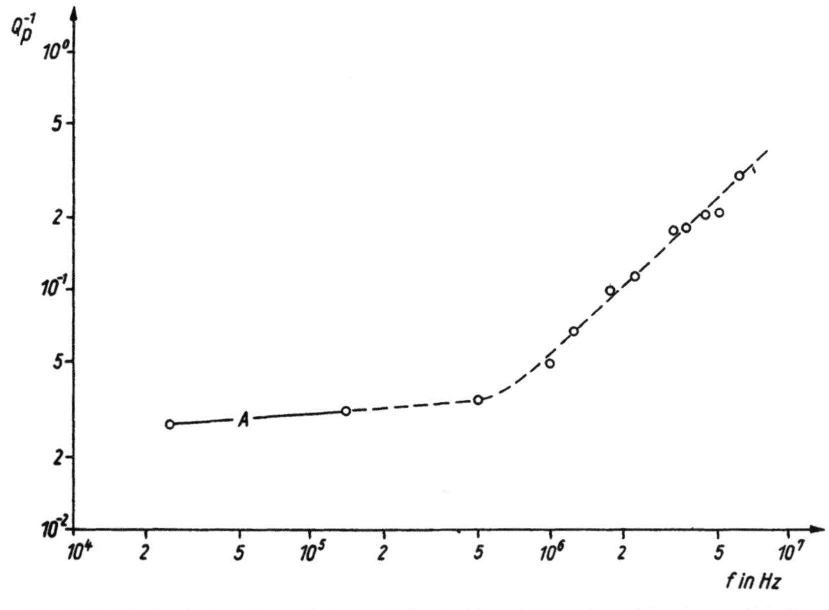

Abb. 6.7. Verlauf des Parameters Q^{-1} als Funktion der Frequenz für Sandstein (mittlere Korngröße 1 mm); zusammengestellt nach Daten von MERKULOVA (1966 und 1968)

Abschnitt A: Kurvenverlauf aus Abb. 6.4 (Kurve *6*)

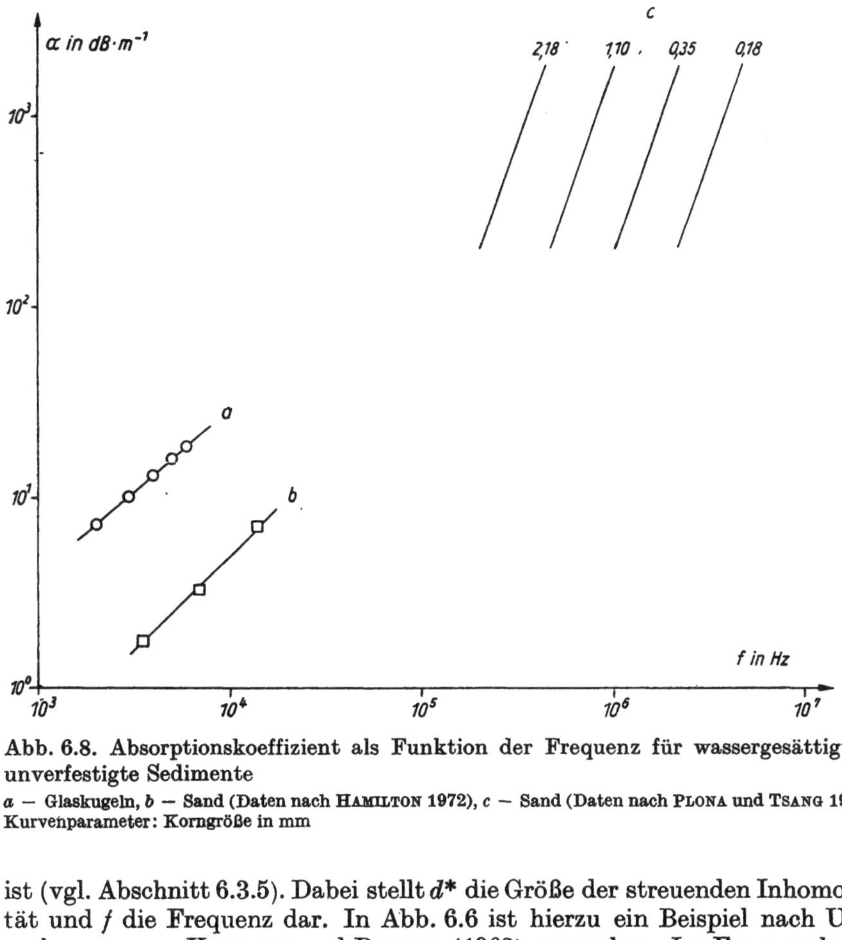

Abb. 6.8. Absorptionskoeffizient als Funktion der Frequenz für wassergesättigte unverfestigte Sedimente

a — Glaskugeln, *b* — Sand (Daten nach HAMILTON 1972), *c* — Sand (Daten nach PLONA und TSANG 1979)
Kurvenparameter: Korngröße in mm

ist (vgl. Abschnitt 6.3.5). Dabei stellt d^* die Größe der streuenden Inhomogenität und f die Frequenz dar. In Abb. 6.6 ist hierzu ein Beispiel nach Untersuchungen von KNOPOFF und PORTER (1963) angegeben. Im Frequenzbereich $f = 100 \cdots 400$ kHz folgen die Meßergebnisse annähernd der Beziehung

$$\alpha = 1{,}34 \cdot 10^{-5} \cdot f, \tag{6.11}$$

während im Bereich $f = 400 \cdots 1000$ kHz unter der Annahme einer additiven Verknüpfung mit dem Einfluß der RAYLEIH-Streuung die Beziehung

$$\alpha = 1{,}34 \cdot 10^{-5} \cdot f + 1{,}36 \cdot 10^{-23} \cdot f^4 \tag{6.12}$$

eine gute Näherung darstellt.

In Abb. 6.7 sind für einen Sandstein die Ergebnisse der Bestimmung von Q^{-1} im Frequenzbereich $f \approx 10^4 \cdots 10^7$ Hz dargestellt. Sie lassen unterhalb $f = 10^6$ Hz die bereits erwähnte geringe Zunahme vermutlich infolge Wassergehaltes (Abb. 6.4) und oberhalb $f = 10^6$ Hz eine deutliche Zunahme infolge RAYLEIGH-Streuung erkennen. Da die Longitudinalwellengeschwindigkeit dieses Sandsteins $v_p = 3600 \text{ m} \cdot \text{s}^{-1}$ beträgt, ergibt sich bei $f = 10^6$ Hz eine Wellenlänge von ≈ 3,6 mm; die mittlere Korngröße des untersuchten Sandsteins ist $d = 1$ mm.

Der Einfluß der RAYLEIGH-Streuung im Bereich hoher Frequenzen tritt auch bei unverfestigten Sedimentgesteinen auf, wie Abb. 6.8 zeigt. Dabei sind den an Glaskugeln im Bereich $f = 1 \cdots 7$ kHz gewonnenen Meßergebnissen Resultate experimenteller Untersuchungen von HAMILTON ($f = 3{,}5 \cdots 14$ kHz) und PLONA und TSANG (1979) im Bereich $f = 0{,}2 \cdots 2$ MHz beigefügt (vgl. auch Abschnitt 6.2.3).

6.2.3. *Der Einfluß von Dichte, Porosität, Poreninhalt und Korngröße auf die Absorption elastischer Wellen*

Bereits aus den im vorangegangenen Kapitel dargestellten Ergebnissen ist die *Tendenz eines gegenläufigen Verlaufes von Geschwindigkeit und Absorptionskoeffizient* erkennbar (Vergleich unverfestigter, poröser und dichter Gesteine). Diese Tendenz wird vor allem bei der Untersuchung des Einflusses der Dichte und des Druckes (Abschnitt 6.2.4) deutlich, ohne daß bisher hieraus allgemeingültige Gesetzmäßigkeiten ableitbar sind.

Tabelle 6.3. Dichte, Geschwindigkeit und „Gütefaktor" Q von Granit (MERKULOVA 1965)

d $\text{kg} \cdot \text{m}^{-3}$	v_p $\text{m} \cdot \text{s}^{-1}$	Q
$2{,}42 \cdot 10^3$	4690	160
$2{,}46 \cdot 10^3$	4700	190
$2{,}48 \cdot 10^3$	4710	170
$2{,}48 \cdot 10^3$	4726	180
$2{,}54 \cdot 10^3$	4860	50
$2{,}62 \cdot 10^3$	4750	140

Stellt man die von VOLAROVIČ u. a. (1978) erhaltenen Absorptionskoeffizienten *dichter magmatischer Gesteine* bzw. Minerale (Peridotit, Olivinit, Andesit, Dunit, Aktinolith, Almandin, Danburit) in Abhängigkeit von der Dichte dar, so ergibt sich innerhalb dieser Gesteinsgruppen eine *Abnahme von α mit zunehmender Dichte* (Abb. 6.9a), die dem Verlauf der Geschwindigkeit gegenläufig ist (Abb. 6.9b). Da Dichte und Mikroklüftung auf Geschwindigkeit und Absorption sehr unterschiedlich wirken, ist dieser Zusammenhang selbst innerhalb einer Gesteinsart jedoch nicht immer vorhanden (Tab. 6.3).

Bei *porösen Gesteinen* ist häufig eine *Zunahme der Absorption mit wachsender Porosität* bzw. abnehmender Dichte festzustellen. Eine umfassende Darstellung

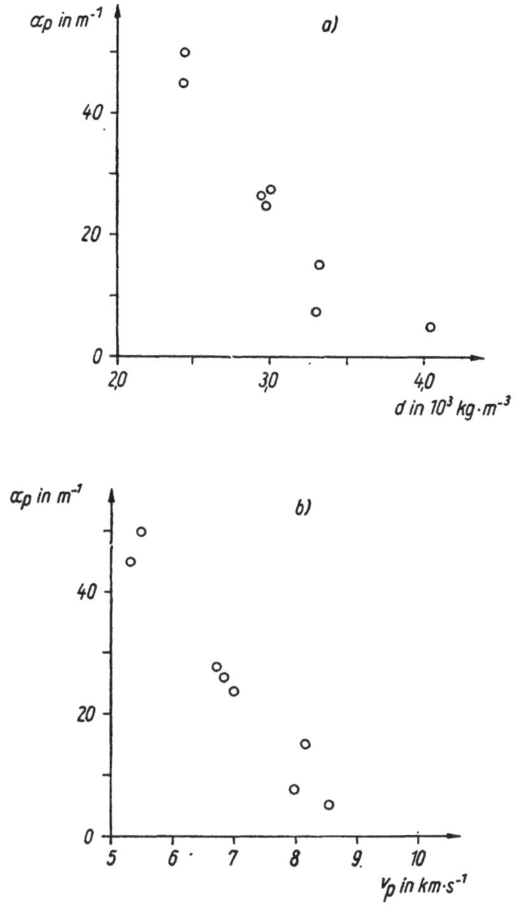

Abb. 6.9. Absorptionskoeffizient dichter basischer Gesteine
a) Absorptionskoeffizient (bei 773 K) in Abhängigkeit von der Dichte
b) Gegenüberstellung von Absorptionskoeffizient (bei 773 K) und Geschwindigkeit (bei 293 K) und 10^9 Pa)
experimentelle Werte nach VOLAROVIČ u. a. (1978) Frequenz $f = 2 \cdots 5$ MHz

von Daten, die von WYLLIE u. a. (1962) für verschiedene Sandsteine mitgeteilt werden, bestätigt die Tendenz und läßt zugleich den *Einfluß unterschiedlichen Poreninhaltes* deutlich werden (Abb. 6.10).

Der Einfluß des Wassergehaltes auf die Absorptionseigenschaften poröser bzw. klüftiger Gesteine ist in Abb. 6.5 bereits am Verlauf des Dekrements enthalten und wird zusätzlich durch Abb. 6.11 am Verlauf des Faktors Q verdeutlicht. Die Abbildungen 6.11a—c lassen erkennen, daß der *Einfluß des*

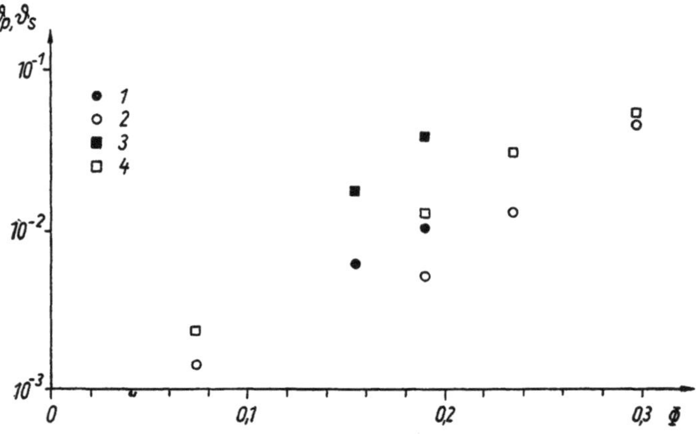

Abb. 6.10. Gegenüberstellung der Dekremente für Longitudinal- und Transversalwelle und Porosität für Sandsteine

1 — Longitudinalwelle, Poreninhalt: Wasser, *2* — Longitudinalwelle, Poreninhalt: Öl, *3* — Transversalwelle, Poreninhalt: Wasser, *4* — Transversalwelle, Poreninhalt: Öl, Frequenz $f = 7{,}5 \cdots 25$ kHz (nach Daten von Wyllie u. a. 1962)

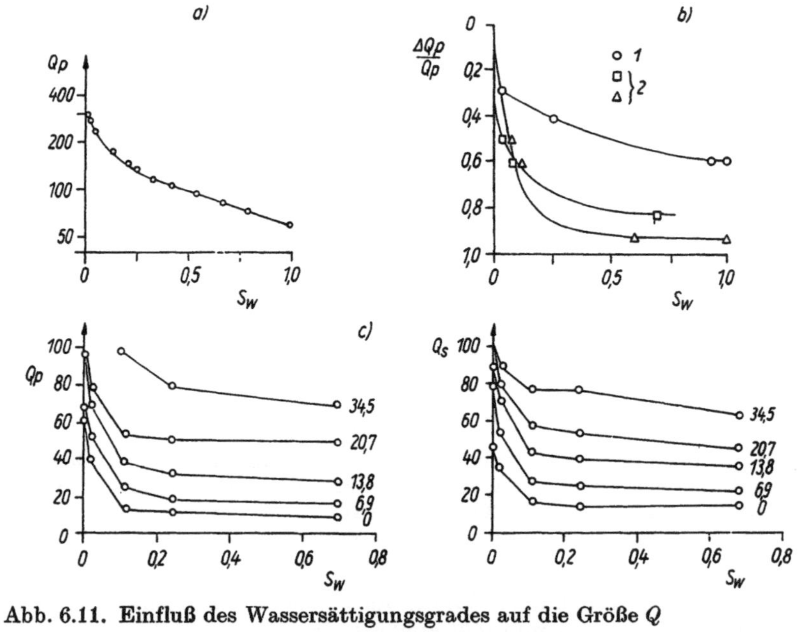

Abb. 6.11. Einfluß des Wassersättigungsgrades auf die Größe Q

a) $Q = f(S_w)$ für Tuffproben (umgezeichnet nach Berckhemer u. a. 1976)

b) Änderung $\Delta Q/Q = f(S_w)$ für Schiefer (*1*) und Kalkstein (*2*) (umgezeichnet nach Johnston u. a. 1979)

c) $Q = f(S_w)$ für Berea-Sandstein bei unterschiedlichem Druck (MPa) nach Ergebnissen von Resonanzmessungen (Gardner u. a. 1964)

Extensions-Mode (linke Darstellung); Torsions-Mode (rechte Darstellung)

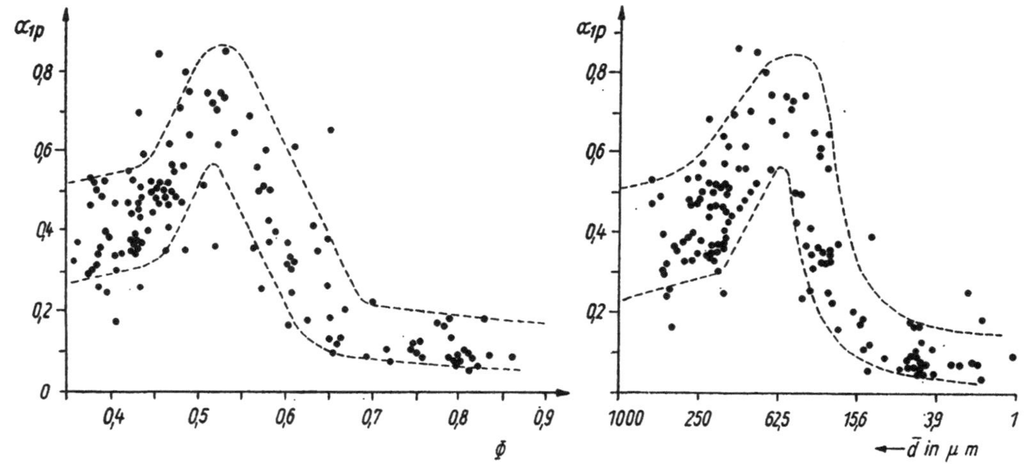

Abb. 6.12. Abhängigkeit des Parameters $\alpha_{1p} = \alpha_p \cdot f^{-1}$ von der Porosität Φ und der mittleren Korngröße d mariner Sedimente (HAMILTON 1976)

Frequenz $f = 3{,}5 \cdots 14$ kHz; α_{1p} in 10^{-3} dB · m^{-1} · s (= dB/m · kHz)

Wassergehaltes auf die Größe Q *vor allem bei niederen Sättigungsgraden* (bis etwa $S_W \approx 40\%$) sehr stark ist und in höheren Sättigungsbereichen kaum noch zu Veränderungen führt. Das deutet darauf hin, daß vor allem an Benetzung in Klüften und Poren sowie evtl. an chemische Prozesse gebundene Phänomene die Ursache derartiger Veränderungen von Q sein können. Dies wird auch dadurch unterstrichen, daß der Effekt unterschiedlicher Wassersättigung bei Gesteinen unter erhöhtem Druck (Abb. 6.11c) durch das (teilweise) Schließen von Klüften u. ä. geringer ist.

Beim Übergang zu *unverfestigten Sedimenten* ist bis zu Porositäten von etwa $\Phi = 0{,}5$ ebenfalls eine Zunahme der Absorption mit wachsender Porosität festzustellen. Oberhalb $\Phi = 0{,}5$ tritt bei marinen Bildungen mit dem Übergang in *suspensionsartige Zustände* meist feinstkörniger Sedimente eine Abnahme mit zunehmendem Anteil des „Poreninhalts" Wasser auf, wie sie ausführlich u. a. von HAMILTON (1972, 1976) und SHUMWAY (1960) beschrieben ist (Abb. 6.12).

Bei der in Abb. 6.12 gegebenen Darstellung tritt mit dem *Einfluß der Korngröße zugleich der Einfluß der Porosität auf,* da etwa folgende Zuordnung besteht:

$\Phi = 0{,}36\cdots0{,}47$	Grob-, Mittel- und Feinsand,
$\Phi = 0{,}47\cdots0{,}52$	sehr feinkörniger Sand,
$\Phi = 0{,}52\cdots0{,}65$	gemischte Körnung,
$\Phi = 0{,}65\cdots0{,}90$	Schluff, Ton.

Im Korngrößenbereich des Sandes ist — wie Abb. 6.13 zeigt — häufig eine Zunahme der Absorption mit der Korngröße zu verzeichnen. (Die Ursache für den in Abb. 6.12b zum Teil gegenläufigen Verlauf ist vermutlich in der bereits erwähnten Überlagerung des Korngrößeneffektes durch den Porositätseinfluß zu suchen; die Wirksamkeit dieser beiden Einflußanteile d und Φ wird bei verschiedenen Frequenzen unterschiedlich sein.)

Bei Verwendung von *Wellenlängen im Bereich der Korngröße tritt* auch hier *RAYLEIGH-Streuung* auf, die zu einer Proportionalität $\alpha \sim d^3 \cdot f^4$ führt und bereits in Abschnitt 6.2.2 bzw. Abb. 6.8 dargestellt wurde.

6.2.4. *Der Einfluß von Druck und Temperatur auf die Absorption elastischer Wellen*

Die Ergebnisse experimenteller Untersuchungen zur Abhängigkeit des Absorptionskoeffizienten oder anderer, das inelastische Verhalten charakterisierender Parameter (z. B. Q^{-1}, ϑ) bestätigen in vielen Fällen die bereits erwähnte Tendenz eines zur Geschwindigkeit gegenläufigen Verhaltens (Abb. 6.14, 6.15a und 6.16).

Bei Festgesteinen nimmt unter Druckbeanspruchung (hydrostatisch) vor allem durch Schließen von Klüften und Ausbildung besserer Kontakte an Korngrenzen oder anderen Unstetigkeiten in den mechanischen Eigenschaften meist

— *die Geschwindigkeit zu,*
— *der Absorptionskoeffizient ab.*

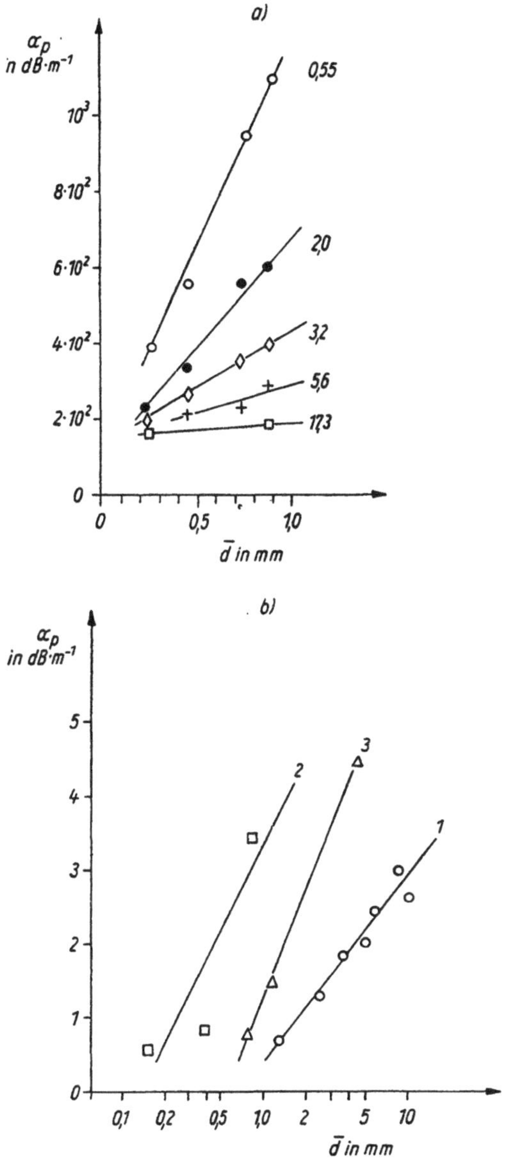

Abb. 6.13. Abhängigkeit des Absorptionskoeffizienten von der Korngröße $\bar{d}$
a) trockener Sand; Kurvenparameter: Druck (kPa) (umgezeichnet nach HUNTER u. a. 1961),
b) wassergesättigte Sedimente ($f = 20$ kHz, $p = 4$ kPa)
1 — Glaskugeln, *2* — Sand, *3* — gebrochener Quarzit

Abbildung 6.14 zeigt diese gegenläufige Abhängigkeit und läßt zugleich erkennen, daß Gesteine bzw. Materialien mit geringer Geschwindigkeitsänderung (Quarz, Gabbro) aus o. g. Gründen häufig auch nur geringe Veränderungen, solche mit größeren Geschwindigkeitsänderungen (z. B. Granit) hingegen auch starke Veränderungen in den absorbierenden Eigenschaften erfahren. Auch die Erscheinungen der „*Hysterese*" spiegeln sich in beiden Parametern wider (Kurve *3*).

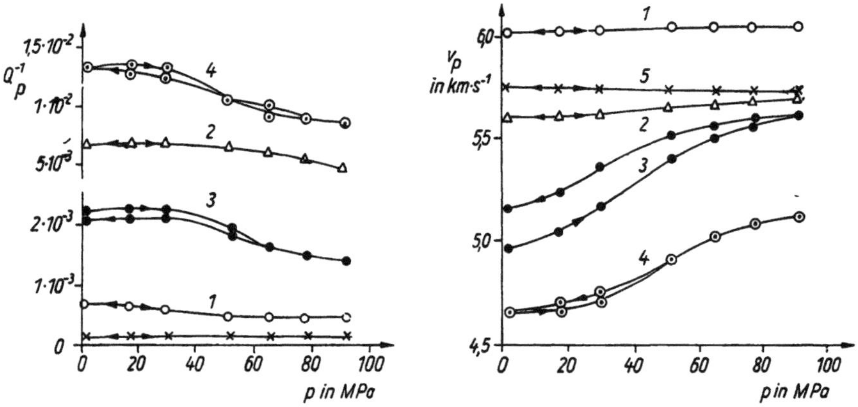

Abb. 6.14. Einfluß hydrostatischen Druckes auf Geschwindigkeit und absorbierende Eigenschaften
Frequenz $f \approx 32$ kHz
1 — Gabbro, *2* — Quarzit, *3* — Quarzit (thermisch beansprucht, $T = 323$ K), *4* — Granit, *5* — Quarz (aufgeschmolzen) (nach MERKULOVA u. a. 1972)

Ähnliche Untersuchungsergebnisse liegen u. a. von LEVYKIN (1965), JOHNSTON u. a. (1979) und KLIMA u. a. (1964) vor. Für den Bereich hoher Drucke und Temperaturen wurde von VOLAROVIČ u. a. (1978) die Veränderung des Absorptionskoeffizienten der Longitudinalwelle untersucht (Abb. 6.15). Als Bezugswert für die Abhängigkeit dieser Veränderung von Druck und Temperatur dient der Absorptionskoeffizient bei atmosphärischem Druck und einer Temperatur von 280 K (bzw. 7 °C).

Poröse Gesteine weisen eine durch Veränderungen am Kornkontakt und der Porosität bedingte — meist sehr deutliche — Druckabhängigkeit des Absorptionskoeffizienten auf. Demzufolge ist für die Veränderung auch des Absorptionskoeffizienten in erster Linie der effektive Druck p_{eff} gemäß (5.34) maßgebend. Abb. 6.16 zeigt für Berea-Sandstein den Verlauf der beiden Faktoren Q als Funktion der effektiven Spannung (hydrostatisch).

Bei unverfestigten Sedimenten ist die Druckabhängigkeit *besonders ausgeprägt.* Untersuchungen hierzu liegen u. a. von HUNTER u. a. (1961), HAMILTON (1976), GARDNER u. a. (1964), SCHULZE (1975), KÄPPLER (1977), KÄPPLER und SCHÖN (1979) vor. Die dabei ermittelten Abhängigkeiten $\alpha = \alpha(p)$ weisen generell eine *nichtlineare* Abnahme des Absorptionskoeffizienten mit zunehmendem Druck

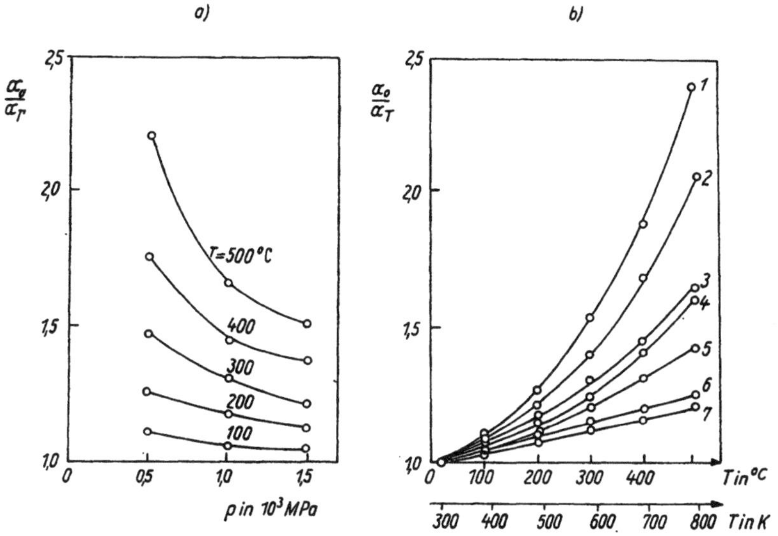

Abb. 6.15. Veränderung des Absorptionskoeffizienten infolge Druck- und Temperaturzunahme

a) Metagabbrodiabas (amphibolitisiert)

b) verschiedene Gesteine und Materialien:

1, 2 — Andesit, *3* — Metagabbrodiabas, *4* — Quarzglas, *5* — Aktinolith, *6* — Danburit, *7* — Granat (nach VOLAROVIČ u. a. 1978)

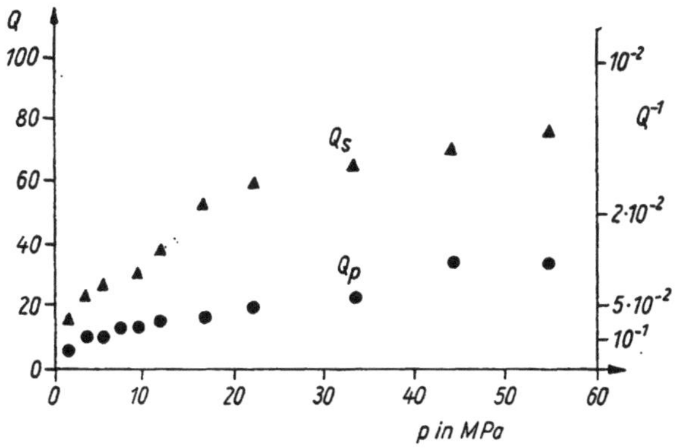

Abb. 6.16. Faktor Q von Longitudinal- und Transversalwelle in Abhängigkeit von der effektiven Spannung ($p_{\text{Pore}} = 0{,}465 p_{\text{äuß.}}$) für Berea-Sandstein (umgezeichnet nach TOKSÖZ u. a. 1979)

auf. Abb. 6.17 zeigt hierzu ein Beispiel, das gleichzeitig nochmals die Gegenläufigkeit der Abhängigkeit von Geschwindigkeit und Absorptionskoeffizienten verdeutlicht. Es ist naheliegend — in Analogie zu Abschnitt 5.3.2.3.3. — zur Darstellung des Zusammenhanges zwischen Absorptionskoeffizienten und Druck bei unverfestigten Sedimenten ein *Potenzgesetz* der Form

$$\alpha \sim p^n \tag{6.13}$$

bzw.

$$\alpha_1 \to p^n \tag{6.14}$$

zu verwenden. Experimentelle Ergebnisse von HUNTER u. a. (1961) ergeben für Sand einen Exponenten $n = 1/6$. HAMILTON (1976) gibt für wassergesättigte Sande Werte zwischen $n = 1/6$ und $1/2$ an.

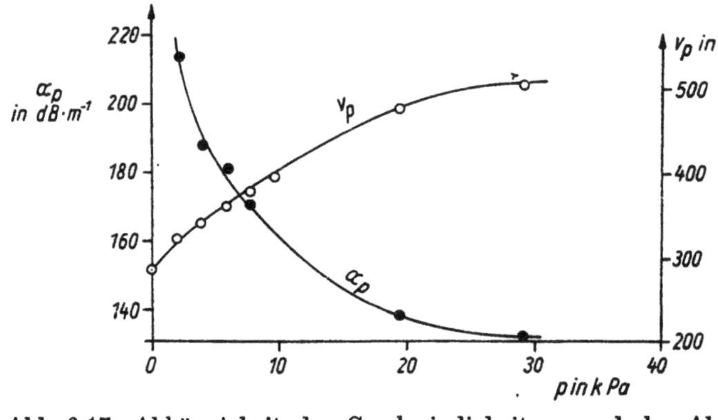

Abb. 6.17. Abhängigkeit der Geschwindigkeit v_p und des Absorptionskoeffizienten α_p vom Druck
trockener Sand, Frequenz $f = 25$ kHz (umgezeichnet nach HUNTER u. a. 1961)

Die in Abb. 6.18 in doppeltlogarithmischem Koordinatennetz dargestellten Ergebnisse experimenteller Untersuchungen an kohäsionslosen unverfestigten Sedimenten unterschiedlicher Kornform und -größe ergeben ebenfalls in erster Näherung eine Abhängigkeit entsprechend der Proportionalitätsbeziehung (6.13) und lassen erkennen, daß der *Exponent von den granulometrischen Eigenschaften beeinflußt* wird. Darüber hinaus bestätigt ein Vergleich der Kurven *3* und *4* die bekannte Tatsache, daß im Bereich unverfestigter Sedimente die Absorption im trockenem Zustand deutlich größer als im wassergesättigten ist.

Von HAMILTON (1976) wurden zahlreiche Ergebnisse von Untersuchungen an *marinen Sedimenten* verschiedener Tiefenbereiche aus unterschiedlichen Ozean- bzw. Meeresbereichen zusammengestellt. Ein Teil dieser Daten ist in Abb. 6.19 als Abhängigkeit des Absorptionskoeffizienten (Mittelwerte) vom Tiefenbereich schematisch dargestellt. Trotz des breiten Streubereiches ist die einheitliche *Abnahme des Absorptionskoeffizienten mit der Tiefe infolge zunehmender Kompaktion und Verbesserung der Kornkontakte* deutlich ausgeprägt.

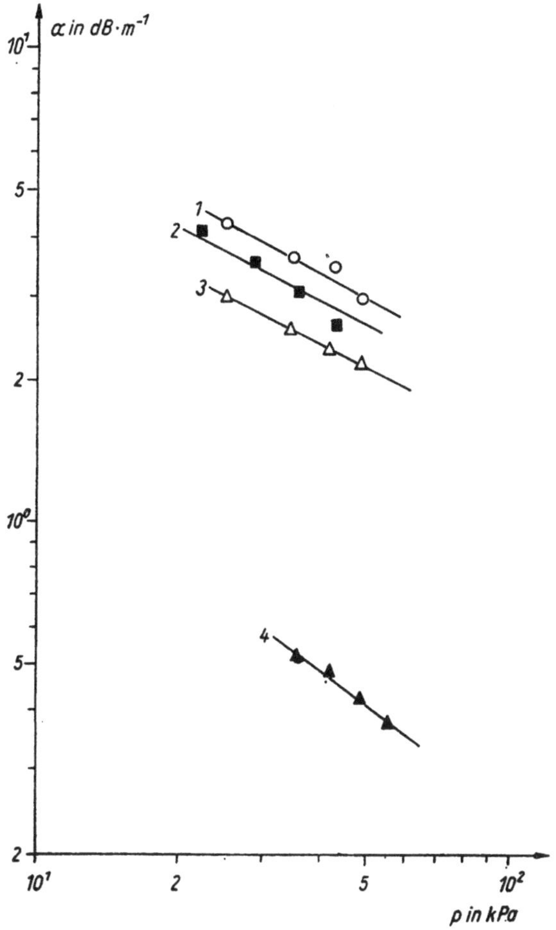

Abb. 6.18. Abhängigkeit des Absorptionskoeffizienten α_p vom Druck (Frequenz $f = 20$ kHz)

Kurve	Material		Exponent
1	Glaskugeln	$d = 5{,}7$ mm ($S_w = 0$)	1/2
2	Sand	$d = 1{,}4$ mm ($S_w = 1$)	1/2
3	Quarzit, gebr.	$d = 4{,}5$ mm ($S_w = 0$)	1/2
4	Quarzit, gebr.	$d = 4{,}5$ mm ($S_w = 1$)	1/1,5

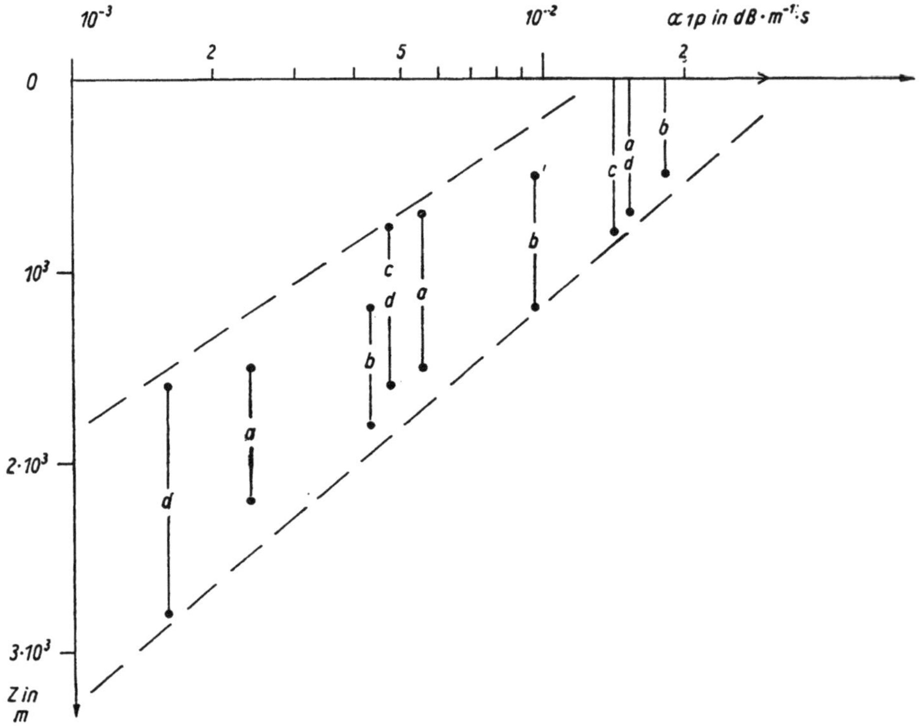

Abb. 6.19. Abhängigkeit des Absorptionskoeffizienten α_{1p} (Mittelwerte) wassergesättigter mariner Sedimente von der Tiefe (Frequenz $f = 20 \cdots 200$ Hz)

a — Schwarzes Meer, *b* — Japan. Meer, *c* — Arabische See, *d* — Indischer Ozean, Golf von Bengalen (zusammengestellt nach Daten von HAMILTON 1976)

6.3. Die Absorption elastischer Wellen in Gesteinen — Ergebnisse theoretischer Untersuchungen

6.3.1. *Vorbemerkungen*

Die Theorien zur Absorption elastischer Wellen in Gesteinen reichen von der Anwendung bzw. Übertragung thermodynamisch begründeter Ansatzpunkte der Festkörperphysik bis zu Analogien zum viskosen Verhalten von Flüssigkeiten. Die theoretischen Grundlagen für die Behandlung viskoser und thermischer Prozesse bei der Absorption wurden bereits von STOKES in seiner 1845 erschienenen Arbeit "On the theories of internal friction of fluids ...", Trans. Cambridge Philos. Cos. 8 (Part III) und von KIRCHHOFF (POGGENDORFFS Ann. 134 (1888) 177) dargestellt. Besondere Bedeutung innerhalb viskos bedingter Ursachen haben viskoelastische Modellvorstellungen im Sinne *rheologischer Körper* erlangt. Daneben wurden verschiedene Mechanismen trockener *Reibung* als Ausgangspunkt entsprechender Berechnungen gewählt. Für den Bereich hoher Frequenzen können *Streuprozesse* eine Ursache der Absorption sein.

Insgesamt kann mit dem gegenwärtig verfügbaren theoretischen Fundament das Zusammenwirken der sehr verschiedenartigen Einzelursachen der Absorption und ihre Abhängigkeit von solchen Einflußgrößen wie Lithologie, Porosität, Wassergehalt u. a. nicht befriedigend wiedergegeben werden. *Grundforderung an eine möglichst allgemeingültige theoretische Darstellung ist dabei, daß in den meisten Fällen im Frequenzbereich* $f = 1 \cdots 10^8$ Hz

— *der Absorptionskoeffizient annähernd linear mit der Frequenz wächst bzw. daß der Parameter Q unabhängig von der Frequenz ist,*

— *die Geschwindigkeit keine bzw. eine nur sehr geringe Dispersion zeigt* (vgl. hierzu u. a. auch HAMILTON, 1972).

Die folgenden Darstellungen umfassen nur abrißartig einige Ansatzpunkte und Ergebnisse unter dem Aspekt dieser Grundforderung. Dabei werden nach einer Behandlung der „makroskopischen" Analogie rheologischer Körper „mikroskopische" Vorstellungen zu den Ursachen der Absorption (Inelastizität der Matrix, Viskosität des Poreninhalts, Streuung an Inclusionen) dargestellt und abschließend Betrachtungen zur Übertragung von Ansatzpunkten aus der thermodynamisch bedingten Absorption bzw. dem Verhalten von Flüssigkeiten vorgenommen.

6.3.2. Darstellung der Absorption auf der Grundlage rheologischer Körper

Aus der Beobachtung *zeitabhängiger Deformationen* bei statischer Belastung von Gesteinen (siehe auch Kapitel 10) geht hervor, daß viele Gesteine viskoelastische Eigenschaften aufweisen. In diesem Falle muß die mit dem HOOKEschen Gesetz (Gleichung (5.1) bzw. (5.2)) gegebene Darstellung des Zusammenhanges zwischen Spannung und Deformation um einen Term bzw. mehrere Terme zeitlicher Ableitungen erweitert werden.

Die elastischen Eigenschaften werden durch die *Elastizitätsparameter* (z. B. LAMÉsche Konstanten oder Elastizitätstensor) erfaßt, die viskosen hingegen durch entsprechende *Viskositätsparameter*. Für die Darstellung ihrer unterschiedlichen Kombinationsmöglichkeiten in Gestalt *„rheologischer Modelle"* werden die elastischen Eigenschaften durch ein *Federelement* und die viskosen durch ein *Dämpfungsglied* symbolisiert. In Kapitel 10 (Abb. 10.2) sind einige dieser rheologischen Körper einschließlich ihres Spannungs-Verformungs-Zeit-Gesetzes (sogenanntes *„Stoffgesetz"* des betreffenden Modells") angegeben.

Für die folgende Betrachtung wird das durch eine Parallelanordnung von elastischer Feder und viskoser Dämpfung gekennzeichnete KELVIN-VOIGT-Modell benutzt.

Für *isotropes Material* lautet das zu (5.2) analoge Stoffgesetz des viskoelastischen KELVIN-VOIGT-Modells

$$\sigma_{ik} = \lambda \delta_{ik} \varepsilon_{mm} + 2\mu \varepsilon_{ik} + \lambda' \delta_{ik} \frac{\partial \varepsilon_{mm}}{\partial t} + 2\mu' \frac{\partial \varepsilon_{ik}}{\partial t}. \tag{6.15}$$

Dabei charakterisieren λ' und μ' die viskosen Eigenschaften, die mit den Verformungsgeschwindigkeiten multipliziert den viskos bedingten Stress-Anteil ergeben.

Durch Einsetzen von (6.15) in die LAGRANGEsche Bewegungsgleichung ergibt sich nach Bildung der Divergenz und Rotation die Wellengleichung für Longitudinal- bzw. Transversalwellen im viskoelastischen Medium. Die Lösung führt bei Ansatz einer harmonischen Welle auf eine *komplexe Wellenzahl* und ergibt speziell für die *Longitudinalwelle* folgende Beziehungen für Ausbreitungsgeschwindigkeit und Absorptionskoeffizient:

$$v_p = \left(\frac{\lambda + 2\mu}{d}\right)^{1/2} \cdot \left[\frac{2\left(1 + (\omega/\omega_0)^2\right)}{\left(1 + (\omega/\omega_0)^2\right)^{1/2} + 1}\right]^{1/2}, \tag{6.16}$$

$$\begin{aligned} \alpha_p &= v_p^{-1} \cdot \omega \cdot \left[\frac{\left(1 + (\omega/\omega_0)^2\right)^{1/2} - 1}{2\left(1 + (\omega/\omega_0)^2\right)}\right]^{1/2} \\ &= v_p^{-1} \cdot \omega \cdot \frac{(\omega/\omega_0)}{\left\{2\left(1 + (\omega/\omega_0)^2\right)\left[\left(1 + (\omega/\omega_0)^2\right)^{1/2} + 1\right]\right\}^{1/2}}. \end{aligned} \tag{6.17}$$

Dabei ist die Größe ω_0 als Quotient der Elastizitäts- und Viskositätszahlen definiert

$$\omega_0 = \frac{\lambda + 2\mu}{\lambda' + 2\mu'} \tag{6.18}$$

und hat die Dimension einer Frequenz. Diese Größe bestimmt entscheidend die Frequenzabhängigkeit von Absorptionskoeffizienten und Geschwindigkeit. Hierzu werden zwei Grenzfälle betrachtet: *Für niedrige Frequenzen* ($\omega \ll \omega_0$) ergibt sich eine frequenzunabhängige Geschwindigkeit (d. h. keine Dispersion), die dem ideal-elastischen Verhalten entspricht

$$v_p = \left(\frac{\lambda + 2\mu}{d}\right)^{1/2}, \tag{6.19}$$

und ein Absorptionskoeffizient, der dem *Quadrat der Frequenz* proportional ist

$$\alpha_p = \omega^2 (2\omega_0 v_p)^{-1}. \tag{6.20}$$

Für hohe Frequenzen ($\omega \gg \omega_0$) sind sowohl Geschwindigkeit als auch Absorptionskoeffizienten proportional der *Quadratwurzel der Frequenz.*

Analoge, ebenfalls auf einem Dissipationsterm in der Wellengleichung aufbauende Ableitungen werden von RICKER (1977) angegeben.

Ein Vergleich mit den in Abschnitt 6.2 dargestellten Ergebnissen zeigt, daß diese Frequenzabhängigkeiten für v_p und α_p nicht typisch für die meisten Gesteine sind. Für den Frequenzbereich $\omega \ll \omega_0$ ergibt sich zwar einerseits eine frequenzunabhängige Geschwindigkeit (d. h. keine Dispersion), aber andererseits $\alpha \sim f^2$. Um eine Proportionalität $\alpha_p \sim f$ bzw. ein frequenzunabhängiges Q zu erzielen, weist RÖSLER (1975) auf die Möglichkeit der Annahme einer Viskosität hin, deren Betrag umgekehrt proportional der Frequenz ist.

In gleicher Weise lassen sich Berechnungen für weitere rheologische Modelle vornehmen. Von KOGAN (1966) und STOLL (1971) wurden neben dem KELVIN-VOIGT-Modell das MAXWELL- und das lineare Standardmodell untersucht; auch hier ergibt sich keine Frequenzabhängigkeit, die der in Abschnitt 6.3.1 formulierten Forderung entspricht.

Generell setzt die Anwendung rheologischer Modelle, die gegebenenfalls durch weitere Elemente erweitert werden können, das Vorhandensein viskoser und elastischer Eigenschaften voraus, ohne daß über deren petrophysikalische Ursache eine Annahme getroffen werden muß. Die in den folgenden Abschnitten behandelten Ansatzpunkte gehen im Gegensatz hierzu von einer „mikroskopischen Betrachtung" möglicher Ursachen im heterogenen Gesteinsgebilde aus. Sie führen im Ergebnis teilweise auf Endgleichungen, die denen rheologischer Modelle entsprechen, sich aber insofern von ihnen unterscheiden, als die Viskositätsparameter durch petrographisch-petrophysikalische Kenngrößen gegeben sind (z. B. Porenraumparameter und Eigenschaften der Porenflüssigkeit in der Theorie von BIOT).

6.3.3. *Absorption infolge Inelastizität der Gesteinsmatrix*

Inelastische Eigenschaften der Gesteinsmatrix treten auf als

— inelastische Eigenschaften der *Matrixsubstanz*

— inelastische Eigenschaften infolge der Reibungsverluste bei Relativbewegungen an *Korngrenzen oder crack-Oberflächen bzw. Trennfugen* des Gesteinskörpers.

Dabei überwiegen bei Gesteinen meist die letztgenannten Ursachen, obwohl ihr exakter Mechanismus bisher weitgehend ungeklärt bzw. nur für stark idealisierte Sonderfälle rechnerisch dargestellt werden konnte. Die Problematik liegt dabei vorrangig in der ungenügenden Kenntnis und Formulierung der an den Korn- bzw. crack-Grenzen auftretenden Eigenschaften.

Für ein *geklüftetes Gestein* nehmen WALSH (1966) und JOHNSTON u. a. (1979) Ellipsoide extremer Achsenverhältnisse im ebenen Verformungszustand als Modell für cracks an. Mit der von JOHNSTON u. a. angegebenen Beziehung ergibt sich damit für den Parameter Q_D^{-1} der Ausdruck

$$Q_D^{-1} = \frac{E_{eff}(1 - \nu_{eff})}{E_F(1 - 2\nu_{eff}^2)} \frac{(\bar{c}_{1/2})^3\, n}{\bar{V}} F_D(f, \nu_{eff}). \tag{6.21}$$

Dabei ist E_F Elastizitätsmodul der Festsubstanz, E_{eff} effektiver Elastizitätsmodul nach WALSH (vergleiche Abschnitt 5.4.5.4), ν_{eff} effektive POISSON-Zahl nach WALSH (vergleiche Abschnitt 5.4.5.4), n ist die Zahl der Klüfte mit einer Halblänge $\bar{c}_{1/2}$ im Volumen $\bar{V}$. Die Funktion $F_D(f, \nu_{eff})$ ist außer von ν_{eff} und den Reibungskoeffizienten der crack-Oberflächen f auch durch den Winkel zwischen Ausbreitungsrichtung der Welle und räumlicher Orientierung der crack-Flächen bestimmt. Sie steht damit in direktem Zusammenhang mit dem in Kapitel 5.4.5 eingeführten „Strukturwinkel“ α.

Für die *Transversalwelle* ergibt sich

$$Q_s^{-1} = \frac{E_{\text{eff}}}{E_F(1 + \nu_{\text{eff}})} \cdot \frac{(\bar{c}_{1/2})^3 \, n}{\bar{V}} \cdot F_s(f). \tag{6.22}$$

In Übereinstimmung mit der in 6.3.1 formulierten Forderung ergeben sich sowohl Q_p^{-1} als auch Q_s^{-1} als *frequenzunabhängige* Größen.

Aus den Spannungs-Verformungs-Beziehungen extrem flacher Sphäroide leiten Johnston u. a. (1979) eine Beziehung für die Druckabhängigkeit des Parameters Q_p^{-1} ab:

$$Q_p^{-1}(p) = Q_{p0}^{-1} \cdot \frac{E_F}{E_{\text{eff}}} \cdot e^{-A_\alpha p}; \tag{6.23}$$

A_α ist von der Sphäroidform, der Spannung und der Kompressibilität der Matrix abhängig und im allgemeinen nur empirisch bestimmbar; der Index 0 kennzeichnet den Anfangszustand ($p = 0$).

Die *exponentielle Abhängigkeit von der Spannung* steht in Analogie zu den Geschwindigkeits-Druck-Beziehungen klüftiger Gesteine in Abschnitt 5.4.5.4. Bemerkenswert ist, daß für hohe Drücke, d. h. $p \to \infty$, die Größe $Q_p \to 0$ bzw. $\alpha \to 0$ geht. Das bedeutet, daß in diesem Fall der Kluft- bzw. crack-bedingte Absorptionsanteil verschwindet, damit jedoch nicht andere Absorptionsursachen ausgeschlossen sind.

Johnston u. a. weisen darauf hin, daß die Schwierigkeit in der Anwendung dieser Modellvorstellung einerseits in der Vielzahl unbekannter Parameter (crack-Geometrie, physikalische Eigenschaften), andererseits aber in der großen Variabilität vor allem des Reibungskoeffizienten mit veränderlichem Wassergehalt[1] und dadurch bedingten Gleiteffekten liegt. *Gleiteffekte* an Korn- bzw. crack-Grenzen bei zunehmendem strain werden als Ursache für eine damit verbundene Abnahme des Parameters Q angesehen und hieraus Unterschiede in Q-Werten, die mit verschiedenen Meßmethoden ermittelt wurden, gedeutet.

Für *poröse Gesteine* werden — wie in Abschnitt 5.4.4 dargelegt — häufig kristallgitterartige *Kugelanordnungen* als Modell gewählt. Duffy, Mindlin (1957), Deresievics (1958) und White (1965) führten theoretische Untersuchungen zur Berechnung des Energieverlustes ΔW beim Durchgang von Transversalwellen durch eine kubische Kugelanordnung (Ausbreitung in vertikaler Richtung) aus. Für den Kontakt wird dabei die Gültigkeit des Coulombschen *Reibungsgesetzes* in seiner einfachsten Form Scherspannung = Reibungskoeffizient · Normalspannung angenommen und *auf den Kugelkontakt* übertragen.
Als Normalspannung wird dabei die vertikale Spannung (σ_N), als Tangential- oder Scherspannung der durch die Transversalwelle auftretende horizontale Stress ($\Delta\sigma_T$) angesetzt (Abb. 6.20a). Von White (1965) wird *für zwei Fälle der*

[1] Die extrem hohen Werte für Q, die an völlig trockenem lunarem Probematerial ($Q = 2000 \cdots 5000$) gemessen wurden, erfuhren unter atmosphärischen Bedingungen signifikante Abminderungen, die auf „Gleiteffekte“ infolge dünner Wasserfilme an den Oberflächen zurückgeführt werden.

relative Energieverlust $\Delta W/W$ *beim Durchlaufen einer Periode* angegeben, der mit dem Parameter Q in der Beziehung

$$Q^{-1} = \frac{1}{2\pi} \frac{\Delta W}{W} \tag{6.24}$$

steht:

a) *Gleiten an Kontaktflächen*

Die in Abb. 6.20b dargestellte Kurve zeigt die beim Durchlaufen einer Periode wirksamen Spannungs-Verformungs-Beziehungen. Die Ordinate wird gebildet vom Quotienten $\Delta\sigma_T/f_g\sigma_N$, die Abszisse von der Größe $A_K \cdot \Delta s/\sigma_N$. Dabei ist Δs die Verschiebung

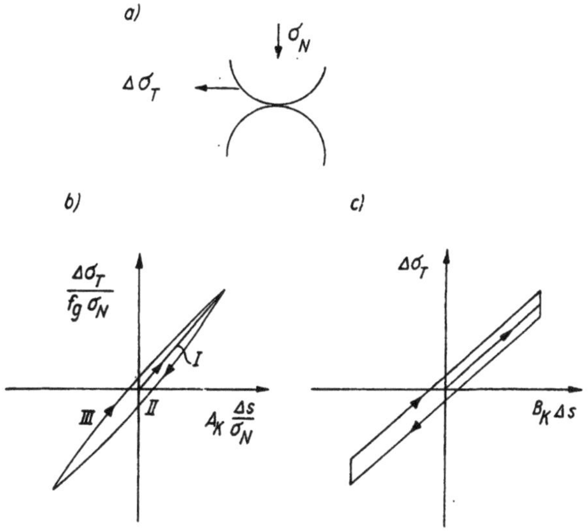

Abb. 6.20. Hystereseerscheinungen im Spannungs-Verformungs-Verhalten von Kugelpackungen (umgezeichnet nach WHITE 1965)
a) Kontakte zweier Kugeln,
b) „Hysterese" bei Gleitreibung,
c) „Hysterese" bei Haft- und Gleitreibung

und die Größe A_K von den elastischen Eigenschaften der Kugeln, dem Koeffizienten für *„Gleitreibung"* f_g und dem Radius der Kontaktfläche abhängig. Nach Zunahme von $\Delta\sigma_T = 0$ auf einen Maximalwert (Kurventeil I) nimmt $\Delta\sigma_T$ mit Durchlaufen des unteren Kurvenastes (Kurventeil II) auf einen Minimalwert ab (negative Halbwelle), um anschließend dem oberen Kurvenast folgend (Kurventeil III) wieder den Maximalwert (positive Halbwelle) zu erreichen. *Der Flächeninhalt dieser „Hysteresekurve" ist ein Maß für den Energieverlust.* Es ergibt sich für den relativen Energieverlust in einer Periode

$$\frac{\Delta W}{W} = \frac{4}{9} \frac{\Delta\sigma_T}{f_g\sigma_N} \tag{6.25}$$

bzw.

$$Q_s^{-1} = \frac{2}{9\pi} \frac{\Delta\sigma_T}{f_g \Delta\sigma_N}. \tag{6.26}$$

b) *Haften und Gleiten an Kontaktflächen*

Infolge unterschiedlicher Reibungskoeffizienten für „*Gleitreibung*" f_g und „*Haftreibung*" f_h treten zusätzliche Hystereseerscheinungen auf, die für kleine Werte des Quotienten $\Delta\sigma_T/f_g \cdot \sigma_N$ (d. h. kleine Amplituden) zu einer Kurvenform führt, wie sie Abb. 6.20c zeigt. Die Achsen werden hier von $\Delta\sigma_T$ und $B_K\Delta s$ gebildet (B ist von den elastischen Eigenschaften des Kugelmaterials und dem Radius der Berührungsfläche abhängig. Es ergibt sich:

$$Q_s^{-1} = \frac{4}{\pi} \left(\frac{f_h - f_g}{f_g}\right)^2. \tag{6.27}$$

Beide Mechanismen liefern im Ergebnis der Berechnung Werte für Q_s^{-1}, *die unabhängig von der Frequenz sind.* Die Absorptionskoeffizienten ergeben sich demzufolge als frequenzproportionale Ausdrücke:

$$\alpha_s = \frac{2}{9} \frac{\Delta\sigma_T}{f_g\sigma_N} \cdot \frac{f}{v_s}, \qquad \text{Fall a)} \tag{6.28}$$

$$\alpha_s = 4 \left(\frac{f_h - f_g}{f_g}\right)^2 \cdot \frac{f}{v_s}. \qquad \text{Fall b)} \tag{6.29}$$

Speziell Fall a) bzw. (6.28) läßt darüber hinaus folgende Merkmale erkennen:

- der Absorptionskoeffizient nimmt mit wachsender *Spannung* ab;
- mit zunehmender *Amplitude* bzw. wachsendem $\Delta\sigma_T$ nimmt die Absorption zu (vgl. MAVKO und KIARTANSSON 1979);
- abnehmende *Reibungskoeffizienten* f_g bewirken eine Zunahme in der Absorption; diese Abnahme kann z. B. durch Wasser bedingt sein.

Die für die kubische Kugelanordnung und Transversalwellen vorgenommene Berechnung kann mit den verwendeten Beziehungen für das Spannungs-Verformungs-Verhalten auch auf das Kugelmodell mit statistisch definierter Struktur (siehe Abschnitt 5.4.5.3) übertragen werden und gibt die Möglichkeit, sowohl Transversal- als auch Longitudinalwellenabsorption zu berechnen. Hierzu werden wiederum die Spannungen an der Kontaktfläche in Normal- und Tangentialkomponenten zerlegt. Damit findet auch bei der Berechnung der Absorption der Strukturwinkel α Berücksichtigung.

6.3.4. *Absorption infolge Strömung des viskosen Poreninhaltes*

Die in Abschnitt 5.4.3 dargestellte Modellvorstellung für ein poröses Gestein nach BIOT (1956) gestattet auch die Berechnung der absorbierenden Eigenschaften. *Die Energieverluste treten dabei infolge der Flüssigkeitsbewegung in den Poren auf,* die durch den Stress der seismischen Welle induziert wird. Unter Berücksichtigung der für die Strömung maßgebenden Parameter des Porenraumes und des Poreninhaltes werden damit grundsätzlich *viskose Eigenschaften als Ursache* der Absorption angenommen. Diese Tatsache spiegelt sich in der Frequenzabhängigkeit der Endgleichungen wider, die der des viskoelastischen Mediums (KELVIN-VOIGT-Modell) nach Abschnitt 6.3.2 entspricht.

Für den *unteren Frequenzbereich*, in dem die Strömung vom POISEUILLEschen Typ ist, ergibt sich (WHITE 1965)

$$\alpha_p = \frac{2\pi^2}{v_p} \cdot \frac{d_p{}^2}{d} \cdot \frac{k_h}{\eta} \left(1 - \frac{d}{d_p} \frac{c_F}{M} \frac{1 - c/c_F}{1 - \Phi + \Phi c_F/c_p - c/c_F}\right)^2 f^2, \quad (6.30)$$

$$\alpha_s = \frac{2\pi^2}{v_s} \cdot \frac{d_p{}^2}{d} \cdot \frac{k_h}{\eta} \cdot f^2 \quad (6.31)$$

(Symbole siehe Abschnitt 5.43). Das heißt, es ist

$$\alpha_p \sim f^2, \qquad \alpha_s \sim f^2. \quad (6.32)$$

Bei höheren Frequenzen ergibt sich

$$\alpha_p \sim f^{1/2}, \qquad \alpha_s \sim f^{1/2} \quad (6.33)$$

in Übereinstimmung mit Abschnitt 6.3.2.

Trotz des Vorteils, daß solche petrophysikalischen Parameter wie Permeabilität und Porosität in den Beziehungen Berücksichtigung finden, schränkt die erhaltene Frequenzabhängigkeit die Anwendbarkeit dieser Theorie ein bzw. *reduziert sie auf eine mögliche Berücksichtigung des durch Strömungsvorgänge verursachten und meist geringen Absorptionsanteils.* Nach STOLL und BRYAN (1970), JOHNSON u. a. (1979) können derartige Effekte bei hochpermeablen Gesteinen im Ultraschallbereich von Bedeutung sein. Im Bereich seismischer Frequenzen von $f = 10 \cdots 200$ Hz sind sie von untergeordneter Bedeutung.

Einen ähnlichen Mechanismus der Absorption seismischer Wellen nehmen MAVKO und NUR (1975) an und betrachten den zwischen miteinander verbundenen Klüften bzw. cracks induzierten Flüssigkeitsstrom. Bei der mathematischen Behandlung dieses als „*squirting mechanism*" bezeichneten Vorganges wird die Strömung zwischen zwei Platten als Ausgangspunkt gewählt. Von JOHNSTON u. a. (1979) wird diese Vorstellung auf spektrale Verteilungen der Plattendimensionen erweitert. Auch diese Theorie beinhaltet viskose Eigenschaften und Vorgänge als Ursache und führt zu den bereits dargestellten hierfür charakteristischen Frequenzabhängigkeiten.

6.3.5. *Absorption infolge* RAYLEIGH-*Streuung*

Liegen bei sehr hohen Frequenzen die *Wellenlängen in der Größenordnung der Gesteinsinhomogenitäten,* so tritt ein Energieverlust infolge RAYLEIGH-*Streuung* auf (vgl. Abschnitt 6.2.2). Die dadurch bedingte Absorption wurde unter der

Voraussetzung von untereinander unbeeinflußten Streuprozessen an Kugeln des Durchmessers d^* (z. B. bei PLONA und TSANG 1979) und an sphärischen Poren (YAMAKAWA 1962) des Durchmessers d^* berechnet und zeigt folgende Proportionalität (vgl. Gleichung 6.10)

$$\alpha_p \sim d^{*3} \cdot f^4, \tag{6.34}$$

die im betreffenden Frequenzbereich in Übereinstimmung mit experimentellen Ergebnissen steht.

6.3.6. *Absorption infolge von Wärmeleitungsprozessen und Kombination mit Verlusten durch innere Reibung*

Ausgehend von der Vorstellung, daß *beim Durchgang einer Longitudinalwelle durch ein Medium im Bereich des komprimierten Teils eine Erwärmung und im Bereich des dilatierten Teils eine Abkühlung* auftritt und zwischen diesen ein *Wärmeaustausch* stattfindet, berechnen KNOPOFF und MCDONALD (1960) einen Zusammenhang zwischen Q^{-1}, thermischer Diffusität, Longitudinalwellengeschwindigkeit und Kreisfrequenz ω, wobei

$$Q^{-1} \sim \omega$$

ist. Die Vorstellung eines derart thermisch bedingten Verlustes an mechanischer Schwingungsenergie ist nur für Longitudinalwellen anwendbar.

LANDAU und LIFSCHITZ (1965) ziehen zur Berechnung der Absorption elastischer Wellen in festen Körpern neben dem durch *Wärmeleitung* bedingten Anteil in Analogie zum Verhalten von Flüssigkeiten auch Verluste infolge *innerer Reibung* oder Zähigkeit in Betracht. Es ergibt sich als *Absorptionskoeffizient für die Longitudinalwelle*

$$\alpha_p = \omega^2(2dv_p^3)^{-1}\left\{(4/3\eta + \xi) + \lambda T d^2 v_p^2 \left(\frac{a}{c_p}\right)^2 \left(1 - 4/3\left(\frac{v_s}{v_p}\right)^2\right)^2\right\}, \tag{6.35}$$

dabei ist d Dichte, v_p Longitudinalwellengeschwindigkeit, v_s Transversalwellengeschwindigkeit, η, ξ Zähigkeitskoeffizienten, λ Wärmeleitfähigkeit, T Temperatur, a Temperaturleitfähigkeit, c_p spezifische Wärme bei konstantem Druck. Der erste Term in der Klammer beinhaltet die durch innere Reibung (Viskosität), der zweite die durch thermische Vorgänge bedingte Absorption.

Für die *Transversalwelle* reduziert sich der Ausdruck auf den durch innere Reibung bei reiner Formänderung bedingten Term

$$\alpha_s = \omega^2 \cdot \eta(2dv_s^3)^{-1}. \tag{6.36}$$

Beide Absorptionskoeffizienten weisen demnach eine Proportionalität

$$\alpha \sim \omega^2 \tag{6.37}$$

auf.

Gleichung (6.35) ist der u. a. von BERGMANN (1954) angegebenen und von GARANIN u. a. (1965) angewandten Beziehung für die Schallabsorption in Flüssigkeiten analog, die ebenfalls aus einem viskos und einem thermisch bedingten Anteil besteht.

$$\alpha_p = \omega^2 (2 d v_p^3)^{-1} \{4/3 \eta + \lambda(\varkappa^* - 1)\, c_p^{-1}\}, \tag{6.38}$$

$\varkappa^*$ ist dabei das Verhältnis der spezifischen Wärmen.

Die in (6.35) bis (6.38) enthaltene Proportionalität $\alpha \sim \omega^2$ bzw. $\alpha \sim f^2$ ist wiederum charakteristisch für alle Modellvorstellungen, die als Ursache der Absorption viskose Gesteinseigenschaften ansetzen, wobei hier neben den viskosen auch thermische Eigenschaften Berücksichtigung finden. Beide sind jedoch in ihrem mathematischen Formalismus hinsichtlich des Frequenzeinflusses vollkommen gleich.

Der mit dem 2. Term von (6.35) erfaßte Einfluß von Wärmeleitungsvorgängen auf die Absorption elastischer Wellen bezieht sich auf isotrope amorphe Körper. In *polykristallinen Gebilden* bzw. Gesteinen treten — verursacht durch Inhomogenitäten an den Kontakt- bzw. Berührungsflächen der Bestandteile — thermisch bedingte Absorptionseffekte auf, die vor allem von ISSAKOWITSCH und ZENER untersucht und z. B. von LANDAU und LIFSCHITZ (1965) dargestellt sind. Wird ein polykristalliner Körper, dessen Einzelbestandteile die mittlere Abmessung r haben, von einer elastischen Welle mit einer Wellenlänge, die größer als r ist durchlaufen, so treten in Abhängigkeit vom Charakter des Wärmeaustauschprozesses unterschiedliche Frequenzabhängigkeiten auf. Maßgebend hierfür ist das Verhältnis von der Kreisfrequenz der Welle ω und der für den thermischen Prozeß maßgebenden *Relaxationszeit* r^2/a; dabei ist a die Temperaturleitfähigkeit. Man kann zwei Fälle unterscheiden:

a) Für $\omega \ll a/r^2$ ergibt sich

$$\alpha \sim \omega^2 \frac{r^2}{a} T. \tag{6.39}$$

b) Für $\omega \gg a/r^2$ ergibt sich

$$\alpha \sim \omega^{1/2} \frac{a^{1/2}}{r} T. \tag{6.40}$$

In beide Beziehungen gehen zusätzlich Dichte, Ausbeitungsgeschwindigkeit der elastischen Welle und weitere thermische Parameter ein. (6.39) liefert eine Frequenzabhängigkeit wie bei viskosen Medien ($\alpha \sim \omega^2$) und gilt für niedrige Frequenzen; der dann folgende Bereich weist eine andere Frequenzabhängigkeit auf ($\alpha \sim \omega^{1/2}$), an der sich bei sehr hohen Frequenzen ($\omega \gg v/r$) wiederum die Proportionalität $\alpha \sim \omega^2$ ausschließt (vgl. LANDAU und LIFSCHITZ 1965).

7. Die elektrischen Eigenschaften der Minerale und Gesteine

Die elektrischen Parameter der Gesteine — vor allem der *spezifische elektrische Widerstand* und die *Dielektrizitätszahl* sind maßgebende stoffliche Eigenschaften für alle elektrischen und elektromagnetischen Verfahren der Geophysik. — Darüber hinaus ist im Bereich niederer Frequenzen die „*induzierte Polarisation*" der Gesteine von Bedeutung; für besondere Erkundungsaufgaben werden außerdem spezielle elektrische Eigenschaften bzw. Effekte bestimmter Minerale (z. B. piezoelektrischer Effekt) ausgenutzt.

7.1. Physikalische Grundlagen und Maßeinheiten

Elektrische Leitfähigkeit σ und *Dielektrizitätszahl* (bzw. Dielektrizitätskonstante) ε^* bestimmen die in einem Medium durch eine elektrische Feldstärke $\boldsymbol{E}$ hervorgerufene Stromdichte $\boldsymbol{j}$ bzw. Verschiebung $\boldsymbol{D}$

$$\boldsymbol{j} = \sigma \boldsymbol{E}, \tag{7.1}$$

$$\boldsymbol{D} = \varepsilon^* \boldsymbol{E}. \tag{7.2}$$

Der reziproke Wert der Leitfähigkeit σ ist der *spezifische elektrische Widerstand* ϱ, d. h.

$$\varrho = \sigma^{-1}. \tag{7.3}$$

In elektrisch anisotropen Medien sind Leitfähigkeit und Dielektrizitätskonstante Tensoren 2. Stufe.

Die Einheit des spezifischen elektrischen Widerstandes ist das $\Omega \cdot \mathrm{m}$ (Ohm mal Meter) mit folgender Beziehung zu den Grundeinheiten

$$1\,\Omega \cdot \mathrm{m} = 1\,\mathrm{m}^3 \cdot \mathrm{kg} \cdot \mathrm{s}^{-3} \cdot \mathrm{A}^{-2}.$$

Die Einheit der Leitfähigkeit ist das $\mathrm{S} \cdot \mathrm{m}^{-1}$ (Siemens je Meter). Dabei ist

$$1\,\mathrm{S} \cdot \mathrm{m}^{-1} = 1\,\Omega^{-1} \cdot \mathrm{m}^{-1}.$$

(In der amerikanischen Literatur wird statt „S" die Einheit „mho" verwendet; sie stellt die Umkehr der Reihenfolge der Buchstaben der Einheit „ohm" dar.)

Die *Dielektrizitätskonstante* (auch als Verschiebungskonstante und Permittivität bezeichnet), wird meist als Produkt

$$\varepsilon^* = \varepsilon_0 \varepsilon \tag{7.4}$$

angegeben. Dabei ist

$$\varepsilon_0 = 8{,}8542 \cdot 10^{-12}\ \mathrm{F} \cdot \mathrm{m}^{-1}$$

die „elektrische Feldkonstante“ (Dielektrizitätskonstante des Vakuums) und ε die „relative Dielektrizitätskonstante“ (dimensionslos).

Hinsichtlich der physikalischen Ursachen und meist auch hinsichtlich des Betrages der Leitfähigkeit *unterscheiden sich die festen Gesteinsbestandteile* (*Minerale, Matrixsubstanz*) *markant von den Poren- bzw. Kluftwässern. Die Poren- und Kluftwässer weisen eine elektrolytische Leitfähigkeit* auf, die meist den dominierenden Anteil an der Gesteinsleitfähigkeit darstellt. Die *festen Bestandteile* werden häufig in Leiter, Halbleiter und Isolatoren eingeteilt. Als Kriterium für die Zuordnung wird dabei meist der Betrag der Leitfähigkeit gewählt. Eine derartige Einteilung ist für viele Belange ausreichend, physikalisch jedoch vor allem in bezug auf die Abgrenzung von Halbleiter und Isolator nicht eindeutig. Sinnvoller ist eine *Einteilung* in

— *metallische Leiter:* Die Leitfähigkeit beruht darauf, daß im Grundzustand frei bewegliche Leitungselektronen vorhanden sind. Hierzu gehören reine Metalle mit $\varrho \approx 10^{-8}\ \Omega \cdot \mathrm{m}$ und Graphit mit $\varrho \approx 10^{-6}\ \Omega \cdot \mathrm{m}$.

— *elektronische Halbleiter:* Die Leitfähigkeit beruht auf einer von der thermischen Energie der Elektronen abhängigen „Eigenleitung“ (intrinsic conduction) und/oder „Störleitung“ (impurity conduction). Die Temperaturabhängigkeit innerhalb eines Leitfähigkeitsbereiches wird nach einem Exponentialgesetz der Form

$$\sigma \sim \mathrm{e}^{-A/kT} \tag{7.5}$$

angegeben. Dabei ist A ein Bandparameter bzw. die Aktivierungsenergie, k die BOLTZMANN-Konstante und T die absolute Temperatur. Hierzu gehören Sulfide, Oxide, Arsenide, Telluride mit $\varrho \approx 10^{-6} \cdots 10^{4}\ \Omega \cdot \mathrm{m}$.

— *feste Ionenleiter:* Die Leitfähigkeit beruht auf der Wanderung von Ionen in Ionenkristallen und Gläsern; sie tritt ebenfalls als „Eigenleitung“ und „Störleitung“ auf und folgt einer Temperaturabhängigkeit nach (7.5). Hierzu gehören die meisten gesteinsbildenden Minerale; sie weisen bei normalen Temperaturen spezifische Widerstände $\varrho > 10^{8}\ \Omega \cdot \mathrm{m}$ auf (NOSSKE, 1977).

— *Dielektrika:* Ideale Dielektrika haben keine freien Ladungsträger; demzufolge findet unter Einwirkung eines elektrischen Feldes nur eine Verschiebung von Ladungen bzw. Ladungsschwerpunkten (dielektrische Polarisation) sowohl polarer als auch unpolarer Bausteine statt. Als „dielektrische Polarisation“ $\boldsymbol{P}$ wird die Dipoldichte, d. h. der Quotient aus Dipolmoment und Volumen, bezeichnet.

Zur physikalischen *Erklärung der dielektrischen Polarisation* müssen — ausgehend von einem mikroskopischen Strukturmodell — *verschiedene Mechanismen* herangezogen werden, die bei bestimmten Frequenzbereichen wirksam werden und z. B. von ROST (1978) zusammenfassend bzw. von LICHTENECKER (1926), HOWELL und LICASTRO (1961), FRÖHLICH (1958) und v. HIPPEL (1954) detailliert beschrieben werden (vgl. Abb. 7.1).

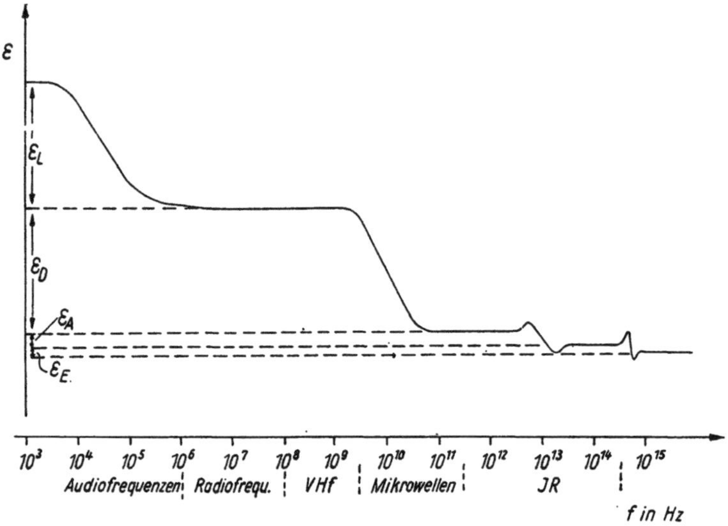

Abb. 7.1. Frequenzverhalten von Polarisationserscheinungen (schematisch)
E — Elektronenpolarisation, *A* — Atompolarisation,
D — Dipolpolarisation, *L* — Ladungspolarisation

Unter dem Einfluß eines elektrischen Feldes verschieben sich Ladungsschwerpunkte der Atomhülle gegenüber denen des Kerns und bewirken die „*Elektronenpolarisation*", deren Einstellzeit etwa $10^{-15} \cdots 10^{-14}$ s beträgt. — Bei Stoffen mit Ionenbindung bewirkt das äußere Feld infolge der unterschiedlichen Ladungen eine unterschiedliche Verrückung der Atome aus ihren Gleichgewichtslagen („*Atom-, Gitter- oder Ionenpolarisation*"; Einstellzeit etwa 10^{-13} bis 10^{-12} s). — Enthalten Stoffe Moleküle, die bereits permanente elektrische Dipolmomente besitzen, die aber durch Wärmebewegung statistisch verteilt orientiert sind, so bewirkt ein äußeres Feld eine „*Orientierungs- oder Dipolpolarisation*" mit Relaxationszeiten von $10^{-11} \cdots 10^{-9}$ s und starker Temperaturabhängigkeit.

Für Gase und Flüssigkeiten werden die Elektronen-, Ionen- und Dipolpolarisation durch die Theorie von CLAUSIUS-MOSOTTI und DEBYE dargestellt. So ergibt sich für die Dielektrizitätszahl ε nach DEBYE die Beziehung

$$\frac{\varepsilon - 1}{\varepsilon + 1} \frac{m}{d} = 4\pi N(\alpha_e + \alpha_d) = 4\pi N \left(\alpha_e + \frac{\mu^2}{3kT}\right), \tag{7.6}$$

dabei ist m relative Molekülmasse, d Dichte, N AVOGADROsche Zahl, α_e Elektronenpolarisation (und Ionenpolarisation), α_d Dipolpolarisation, μ elektrisches Moment der polaren Moleküle, k Boltzmann-Konstante, T absolute Temperatur.

Darüber hinaus können in heterogenen Substanzen *zusätzliche Polarisationswirkungen* dadurch auftreten, daß sich in bestimmten Raumbereichen der Substanz mobile Ladungsträger befinden, deren Beweglichkeit jedoch durch Inhomogenitäten so eingeschränkt ist, daß kein Ladungsausgleich (Stromfluß an den Elektroden) stattfindet. Infolge der Ladungstrennung weist die Substanz eine Polarisation auf, die im einzelnen durch verschiedene physikochemische Vorgänge bedingt sein kann (MAXWELL-WAGNER-Effekt, *induzierte Polarisation*) und bei Gesteinen vor allem *im relativ niederfrequenten Bereich* (etwa $10^{-1} \cdots 10$ Hz) ausgeprägt ist (siehe Abschnitt 7.3). Die elektrische Polarisierbarkeit eines Stoffes hängt demnach außer von seinen physiko-chemischen Eigenschaften in der mit Abb. 7.1 schematisch gezeigten Art von der Frequenz ab.

Reale Stoffe weisen stets sowohl Leitfähigkeit als auch Polarisierbarkeit auf. Ein angelegtes Wechselfeld führt daher in diesen Medien (die häufig auch als „verlustbehaftete Dielektrika" bezeichnet werden), sowohl zu einem Leitungsstrom als auch einem Verschiebungsstrom. Ihre Anteile können sich dabei sehr stark voneinander unterscheiden.

Dieser Eigenschaft wird durch Einführen einer *komplexen Leitfähigkeit* σ_K (bzw. eines komplexen spezifischen Widerstandes ϱ_K),

$$\sigma_K = \sigma' + j\sigma'', \tag{7.7}$$

$$\varrho_K = \varrho' - j\varrho'', \tag{7.8}$$

und einer *komplexen Dielektrizitätszahl*

$$\varepsilon_K = \varepsilon' - j\varepsilon'' \tag{7.9}$$

$$\left(j = \sqrt{-1}\right)$$

Rechnung getragen.

Ihr Zusammenwirken wird meist in Form eines Ersatzschaltbildes dargestellt, deren einfachstes eine Parallelschaltung von Kondensator und Ohmschem Widerstand ist. Die Berechnung der charakteristischen Größen kann mittels eines „Zeigerdiagramms" erfolgen (Abb. 7.2). Wird an dieses verlustbehaftete Dielektrikum eine Wechselspannung

$$U = U_0 e^{j\omega t} \tag{7.10}$$

angelegt (ω = Kreisfrequenz), so ergeben sich die Imaginärteile der Ausdrücke (7.7) bis (7.9) zu

$$\sigma'' = \omega\varepsilon_0\varepsilon', \tag{7.11}$$

$$\varrho' = \sigma' A^{-1}, \ \varrho'' = \sigma'' A^{-1}, \ A = (\sigma')^2 + (\sigma'')^2, \tag{7.12}$$

$$\varepsilon'' = \sigma'(\omega\varepsilon_0)^{-1}. \tag{7.13}$$

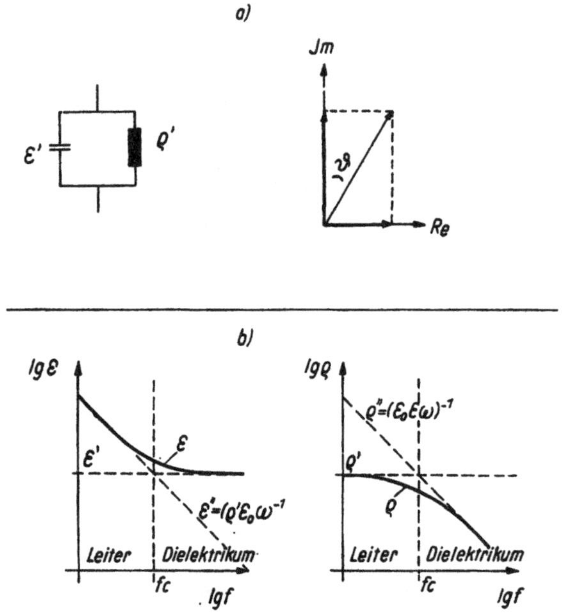

Abb. 7.2. Darstellung der komplexen elektrischen Eigenschaften
a) Ersatzschaltbild und Zeigerdiagramm (komplexe Leitfähigkeit)
b) ε und ϱ als Funktion der Frequenz (schematisch)

Die Beträge der frequenzabhängigen Größen Leitfähigkeit bzw. Widerstand und Dielektrizitätszahl sind damit

$$|\sigma_k| = \{(\sigma')^2 + (\omega\varepsilon_0\varepsilon')^2\}^{1/2}, \tag{7.14}$$

$$|\varrho_k| = \{(\varrho')^{-2} + (\omega\varepsilon_0\varepsilon')^2\}^{-1/2}, \tag{7.15}$$

$$|\varepsilon_k| = \{(\varepsilon')^2 + (\omega\varepsilon_0\varrho')^{-2}\}^{1/2}. \tag{7.16}$$

Im unteren Teil der Abb. 7.2 ist der hieraus resultierende Verlauf von ε bzw. ϱ als Funktion der Frequenz in doppeltlogarithmischer Darstellung gezeigt. Aus ihr geht auch hervor, daß sich der Realteil des spezifischen Widerstandes durch eine Messung mit Gleichstrom bzw. Wechselstrom mit sehr niedrigen Frequenzen ($\omega \to 0$) ergibt, während die Ermittlung des Realteils der Dielektrizitätszahl hohe Frequenzen erfordert.

Katsube und Collett (1976) nehmen eine *Abgrenzung von „Dielektrikum" und „Leiter"* aufgrund der vorherrschenden Eigenschaft bzw. Charakteristik vor. Die Grenze der beiden Bereiche liegt bei einer „kritischen" Frequenz, die durch die Bedingung

$$\tan \vartheta = \frac{\sigma'}{\sigma''} = \frac{\varepsilon''}{\varepsilon'} = 1 \tag{7.17}$$

bestimmt ist (ϑ wird als „Verlustwinkel" bezeichnet).

Es sei darauf hingewiesen, daß jedes Anbringen der für eine Messung erforderlichen Elektroden zusätzlich zu den geschilderten Vorgängen zu einer „Elektrodenpolarisation" führt (siehe auch Abschnitt 7.3).

Für ein verlustbehaftetes polares Dielektrikum führt die Darstellung der komplexen Dielektrizitätskonstante (7.5) nach einem DEBYEschen *Relaxationsmodell* (siehe z. B. PARCHOMENKO 1965, SAINT-AMANT 1970) auf

$$\varepsilon_K = \varepsilon_\infty + \frac{\varepsilon_0 - \varepsilon_\infty}{1 + j\omega\tau} = \varepsilon_\infty + (\varepsilon_0 - \varepsilon_\infty)\frac{1 - j\omega\tau}{1 + \omega^2\tau^2}, \quad (7.18)$$

dabei ist τ die Relaxationszeit und

$$\varepsilon_\infty = \lim_{\omega \to \infty} \varepsilon, \qquad \varepsilon_0 = \lim_{\omega \to \infty} \varepsilon. \quad (7.19)$$

Die beiden Anteile der komplexen Dielektrizitätskonstanten ergeben sich zu

$$\begin{aligned} \varepsilon' &= \varepsilon_\infty + \frac{\varepsilon_0 - \varepsilon_\infty}{1 + \omega^2\tau^2} && \text{(Realteil)}, \\ \varepsilon'' &= \frac{\varepsilon_0 - \varepsilon_\infty}{1 + \omega^2\tau^2}\,\omega\tau && \text{(Imaginärteil)}. \end{aligned} \quad (7.20)$$

Die bei unterschiedlichen Frequenzen bestimmten Größen ε' und ε'' werden häufig in einem „COLE-COLE-Diagramm" dargestellt. Dabei wird der Realteil ε' auf der Abszisse, der Imaginärteil ε'' auf der Ordinate abgetragen. In dieser komplexen ε-Ebene liefern die verschiedenen Frequenzen entsprechende Wertepaare für das DEBYE-Modell als Ortskurve einen Halbkreis. Sein linker Schnittpunkt mit der Abszisse liegt bei ε_∞ und sein rechter Schnittpunkt bei ε_0 (siehe z. B. Brockhaus, Lexikon der Physik, 1972).

7.2. Die elektrischen Eigenschaften (spezifischer elektrischer Widerstand und Dielektrizitätskonstante) der gesteinsbildenden Minerale sowie der Erze

7.2.1. *Der spezifische elektrische Widerstand*

In diesem und den folgenden Kapiteln wird — sofern nicht gesondert vermerkt — unter dem spezifischen elektrischen Widerstand ϱ der *Realteil* des komplexen spezifischen elektrischen Widerstandes verstanden; analog wird bei der Leitfähigkeit verfahren.

Tabelle 7.1 enthält eine Auswahl von Angaben zu elektrischen Eigenschaften von Mineralen, die umfangreichen Zusammenstellungen experimentell ermittelter Daten von PARCHOMENKO (1965), CLARKE (1969) und DORTMAN (1976) entnommen sind. Daraus geht hervor, daß die *Mehrzahl der gesteinsbildenden Minerale* (z. B. Quarz, Feldspäte, Glimmer, Kalkspat, Salze) *spezifische Widerstände* $\varrho > 10^7\ \Omega \cdot \mathrm{m}$ aufweist. Niedrige spezifische Widerstände weisen neben gediegenen Metallen vor allem Erzminerale (z. B. Pyrit, Hämatit, Magnetit) und Graphit auf.

Tabelle 7.1. Mittlere Wertebereiche bzw. Mittelwerte des spezifischen elektrischen Widerstandes und der relativen Dielektrizitätskonstanten von Mineralen (zusammengestellt nach Angaben von PARCHOMENKO 1965, CLARKE 1969, DORTMAN 1976, RSHEWSKI u. NOWIK 1978)

Gruppe	Mineral		ϱ in $\Omega \cdot m$	ε
Elemente	Graphit	C	$10^{-6} \cdots 10^{-3}$	> 81
Sulfide	Sphalerit	ZnS	$10^{5} \cdots 10^{7}$	6,9···12,1
	Pyrit	FeS_2	$10^{-4} \cdots 10^{-1}$	33,7···81,0
	Galenit	PbS	$10^{-6} \cdots 10^{-1}$	> 81
	Pyrrhotin	$Fe_6S_7 \cdots Fe_{11}S_{12}$	$10^{-5} \cdots 10^{-4}$	> 81
	Chalkopyrit	$CuFeS_2$	$10^{-3} \cdots 10^{-1}$	> 81
Oxide	Hämatit	Fe_2O_3	$10^{-2} \cdots 10^{2}$	25···170
	Ilmenit	$FeTiO_3$	10^{0}	35···80
	Magnetit	Fe_3O_4	$10^{-2} \cdots 10^{5}$	34···81
	Rutil	TiO_2	$10^{2} \cdots 10^{3}$	80···173
Karbonate	Kalzit	$CaCO_3$	$10^{7} \cdots 10^{12}$	7,5···8,7
	Dolomit	$CaMg[CO_3]_2$	10^{8}	6,8
	Siderit	$FeCO_3$	$10 \cdots 10^{3}$	5,2···7,4
Sulfate	Anhydrit	$CaSO_4$	$10^{7} \cdots 10^{10}$	6,5
	Gips	$CaSO_4 \cdot 2\,H_2O$	10^{10}	7,0
Haloide	Halit	NaCl	$10^{14} \cdots 10^{15}$	5,7···6,2
	Sylvin	KCl	$10^{13} \cdots 10^{15}$	4,4···6,2
	Fluorit	CaF_2	10^{14}	6,3···6,8
Silikate	Quarz	SiO_2	$10^{12} \cdots 10^{14}$	4,2···5,0
	Olivin	$(Mg,Fe)_2SiO_4$	10^{5}	6,8
	Labrador	$Na_2Ca_3[AlSi_3O_8]_8$	10^{11}	6,3···6,6
	Biotit	$K(Mg, Fe)_3 \cdot (OH)_2$ $[Al, FeIII)Si_3O_{10}]$	$10^{13} \cdots 10^{15}$	10,3
	Muskovit	$KAl_2[OH, F_2/AlSi_3O_{10}]$	$10^{13} \cdots 10^{15}$	
	Orthoklas	$K[AlSi_3O_8]$	$10^{11} \cdots 10^{12}$	4,5···6,2
	Albit	$Na[AlSi_3O_8]$	$10^{11} \cdots 10^{12}$	5,4···6,0
	Anorthit	$Ca[AlSi_3O_8]$	$10^{11} \cdots 10^{12}$	6,9···7,2
	Hornblenden		10^{12}	4,9···5,8
	Diopsid	$Ca, Mg[S_2O_6]$	10^{10}	10

DORTMAN (1976) weist auf einen Zusammenhang zwischen spezifischem elektrischem Widerstand und *Dichte* hin, da beide Größen vor allem von Elementbestand und Art der kristallochemischen Bindung nach festkörperphysikalischen Gesetzmäßigkeiten abhängen. Eine Darstellung der physikalischen Grundlagen und Prozesse, die bei Mineralen (und Gesteinen) bezüglich ihrer Halbleitereigenschaften von Bedeutung sind, wird z. B. von VOLAROVIČ und PARCHOMENKO (1976) gegeben. Die verschiedenen Leitungsmechanismen (Eigen-

und Störleitung) zuzuordnenden Leitfähigkeitsbeiträge sind — wie in Abschnitt 7.1 dargestellt — von *Aktivierungsenergie* A und *Temperatur* T abhängig. Zahlreiche experimentelle Untersuchungen z. B. von HAMILTON (1965), VOLAROVIČ und PARCHOMENKO (1976), STILLER, SEIPOLD, VOLLSTÄDT (1975) bestätigen den mit (7.5) gegebenen Verlauf. Bei einer Darstellung $\lg \sigma = \lg (\varrho^{-1}) = f\left(\frac{1}{T}\right)$ ergeben sich für bestimmte Temperaturbereiche Geraden. Abbildung 7.3 zeigt ein Beispiel dazu, aus dem zugleich der Einfluß der chemischen Zusammensetzung und die Wirkung des Druckes hervorgehen. Zunehmender *Druck* bewirkt ein Absinken der Aktivierungsenergie und damit eine Leitfähigkeitszunahme. Die hier dargestellten Abhängigkeiten spiegeln sich vor allem im Verhalten der *trockenen* Gesteine wider.

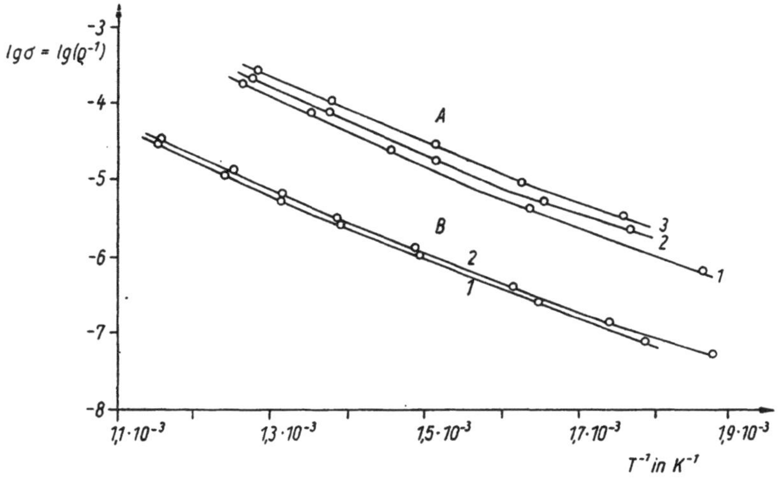

Abb. 7.3. Temperaturabhängigkeit der elektrischen Leitfähigkeit im $\lg (\varrho^{-1}) = f(T^{-1})$-Diagramm für Olivin (umgezeichnet nach HAMILTON 1965); ϱ in $\Omega \cdot m$
A — 17,5% Fayalitgehalt, B — 10,4% Fayalitgehalt
$1 = 1{,}15 \cdot 10^3$ MPa, $2 = 2{,}16 \cdot 10$ MPa, $3 = 3{,}18 \cdot 10^3$ MPa

7.2.2. *Die Dielektrizitätskonstante (Dielektrizitätszahl)*

In diesem und den folgenden Kapiteln wird unter der Dielektrizitätszahl ε der *Realteil* der komplexen relativen Dielektrizitätszahl verstanden.

Die Dielektrizitätszahl der meisten *gesteinsbildenden Minerale* zeigt bei Frequenzen von etwa 10^2 Hz bis in den MHz-Bereich eine nur *geringe Dispersion* bzw. nahezu kontante Werte über relativ breite Frequenzbereiche (z. B. Frequenzen der Radiowellen), wie dies aus Beispielen in Abb. 7.4a hervorgeht. Dieses Verhalten spiegelt sich auch in der nur geringen Frequenzabhängigkeit

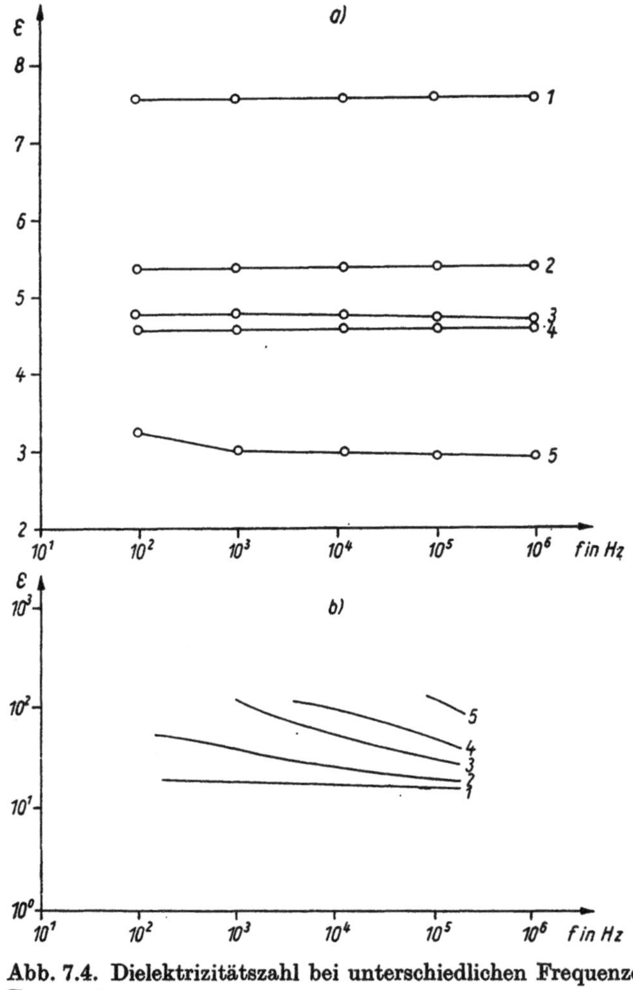

Abb. 7.4. Dielektrizitätszahl bei unterschiedlichen Frequenzen und Temperaturen

a) Gesteinsbildende Minerale

1 – Kalzit, *2* – Muskovit, *3* – Biotit, *4* – Quarz, *5* – Orthoklas

b) Labradorit (dicht, trocken) bei unterschiedlichen Temperaturen

1 – T = 373 K, *2* – T = 573 K, *3* – T = 773 K, *4* – T = 973 K, *5* – T = 1173 K (gezeichnet nach Daten von CLARKE 1969)

der Dielektrizitätskonstante DK bei trockenen Gesteinen und niedrigen Temperaturen wider (Abb. 7.4b). Mit zunehmender *Temperatur* sind ein *Ansteigen der DK und zunehmende Dispersion* zu verzeichnen. Černiak (1964) leitet für einige Minerale mittlere Temperaturkoeffizienten der DK ab und gibt im Radiowellenbereich und bei Temperaturen zwischen 293 K und 373 K beispielsweise für Steinsalz eine Zunahme der DK um $3{,}40 \cdot 10^{-4}$ und für Sylvin eine Zunahme um $3{,}03 \cdot 10^{-4}$ pro Grad an.

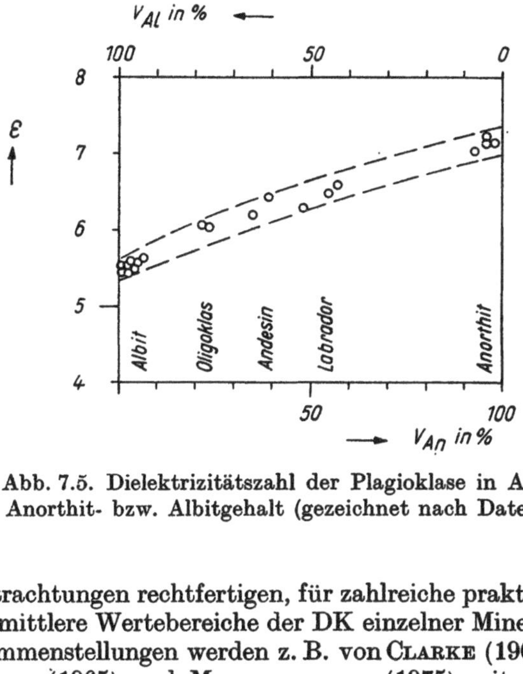

Abb. 7.5. Dielektrizitätszahl der Plagioklase in Abhängigkeit von ihrem Anorthit- bzw. Albitgehalt (gezeichnet nach Daten von Clarke 1969)

Diese Betrachtungen rechtfertigen, für zahlreiche praktische Belange Mittelwerte bzw. mittlere Wertebereiche der DK einzelner Minerale anzugeben. Derartige Zusammenstellungen werden z. B. von Clarke (1969), Dortman (1976), Parchomenko (1965) und Melnikov u. a. (1975) mitgeteilt. Einen Auszug enthält Tabelle 7.1. Relativ hohe Werte weisen neben Graphit dabei die Sulfide und Oxide infolge der großen Ionenradien der S^{2-}- bzw. O^{2-}-Anionen auf. Innerhalb der Gruppe der Silikate, deren DK im Mittel bei $\varepsilon = 5 \cdots 7$ liegt, treten erhöhte Werte bis etwa 10 in den Mineralen auf, die Ca^{2+}, Fe^{2+}- oder Fe^{3+}-Kationen enthalten (vgl. Dortman 1976, Parchomenko 1965). Auf diesen Zusammenhängen mit atom- und festkörperphysikalischen Eigenschaften beruhen Korrelationen z. B. zwischen der DK und der *Dichte*, wie sie anhand experimenteller Daten von Kobranova (1962) dargestellt wurden.

Den Einfluß von Zusammensetzung und Ausbildung des Minerals auf die Dielektrizitätskonstante verdeutlicht Abb. 7.5 am Beispiel der isomorphen Mischungsfolge der Plagioklase.

7.3. Die elektrischen Eigenschaften (spezifischer elektrischer Widerstand und Dielektrizitätskonstante) der Poren- und Kluftinhalte

7.3.1. *Der spezifische elektrische Widerstand*

Luft und Gas stellen — sofern sie nicht mit Wasserdampf angereichert sind oder sich im ionisierten Zustand befinden — praktisch *Nichtleiter* dar. Als Nichtleiter kann gleichfalls Erdöl in seinen verschiedenen Zusammensetzungen eingeordnet werden; die spezifischen Widerstände liegen im Bereich $\varrho = 10^9$ bis $10^{16}\ \Omega \cdot \mathrm{m}$ (Dortman, 1976). Den *entscheidenden Leitfähigkeitsanteil* des Poren- und Kluftraumes bzw. in den meisten Fällen (falls keine Vererzungen oder andere leitenden Akzessorien vorhanden sind) des gesamten Gesteins, liefern in ihm befindliche *wäßrige Lösungen.* Das bedeutet gleichzeitig, daß bei den meisten porösen bzw. klüftigen Gesteinen der elektrolytische Leitfähigkeitsanteil gegenüber dem elektronischen dominiert.

Der spezifische elektrische Widerstand wäßriger Lösungen ϱ_W bzw. deren Leitfähigkeit hängt vor allem von

— *der Art und Konzentration des gelösten Elektrolyten und von*
— *der Temperatur*

ab. Die Grundlage zur Theorie der Leitfähigkeit von Elektrolyten wurde insbesondere von Arrhenius, Debye, Hückel und Onsager geschaffen; nach Kohlrausch (1955) läßt sich allgemein die folgende Proportionalität angeben

$$\varrho_W^{-1} \sim C\, \alpha_{\mathrm{diss}} \cdot (u + v) \qquad (7.21)$$

dabei sind C die Konzentration des Elektrolyten, α_{diss} der Dissoziationsgrad, u, v die Ionenwanderungsgeschwindigkeiten. Die in dieser Beziehung enthaltenen elektrochemischen Größen schließen die Einflüsse der Art des Elektrolyten und der Temperatur ein.

Tabelle 7.2. Faktoren zur Umrechnung der spezifischen Widerstände von Lösungen ($\varrho_{\text{Lösung}}$ = Faktor $\times\, \varrho_{\text{NaCl-Lösung}}$) (Dachnov 1975)

Konzentration (Gramm äquivalent)	NaCl	KCL	$CaCl_2$	$MgCl_2$
0,02	1	0,87	1,07	1,18
0,02···0,06	1	0,88	1,04	1,15
0,06···0,2	1	0,89	1,01	1,11
0,2···0,6	1	0,90	0,99	1,08
0,6···2	1	0,96	0,97	1,02
2	1	1,13	0,94	0,96

Für die *praktische* Handhabung in der Geophysik werden meist *Nomogramme* benutzt, die die *Abhängigkeit des spezifischen elektrischen Widerstandes* ϱ_W *einer NaCl-Lösung von Temperatur und Konzentration* enthalten (Abb. 7.6). Die Umrechnung auf spezifische elektrische Widerstände von Lösungen anderer bzw. mehrerer Elektrolyte erfolgt durch Multiplikation mit den in Tabelle 7.2 enthaltenen Faktoren.

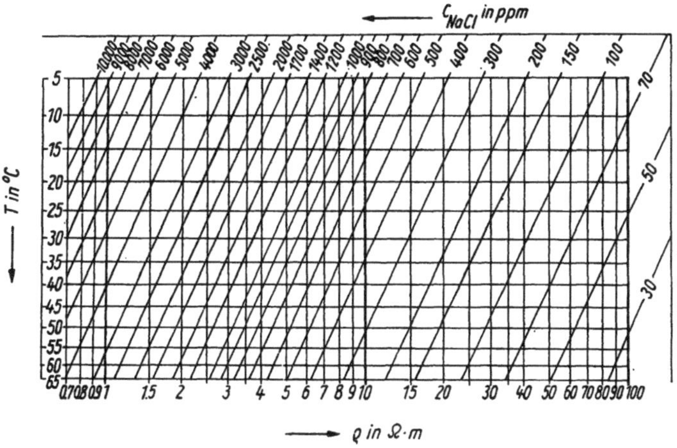

Abb. 7.6. Spezifischer elektrischer Widerstand ϱ von NaCl-Lösungen als Funktion von Konzentration C und Temperatur T

Zur Darstellung der Temperaturabhängigkeit einer bestimmten Lösung werden häufig empirisch bestimmte Beziehungen der Form

$$\varrho_W(T) = \varrho_{W(293K)} \{a\Delta T + b(\Delta T)^2\}^{-1} \tag{7.22}$$

benutzt. Dabei ist $\varrho_W(T)$ der spezifische elektrische Widerstand bei der Temperatur T in K, $\varrho_{W(293K)}$ der spezifische elektrische Widerstand der Bezugstemperatur 293 K bzw. 20°C, ΔT die Differenz zwischen Temperatur T und Bezugstemperatur. Die Faktoren a und b sind von der chemischen Zusammensetzung des Elektrolyten abhängig und betragen z. B. für NaCl nach DACHNOV (1975)

$$a = 2{,}16 \cdot 10^{-2}$$

$$b = \quad 8 \cdot 10^{-6}.$$

Für praktische Belange wird der Term $b(\Delta T)^2$ meist vernachlässigt (vgl. z. B. LEHNERT, ROTHE 1962).

7.3.2. *Die Dielektrizitätskonstante (Dielektrizitätszahl)*

Für die Dielektrizitätskonstante der fluiden Poren- bzw. Kluftinhalte und ihnen ähnliche Substanzen werden die in Tabelle 7.3 enthaltenen Werte angegeben. Speziell für Wasser liegen detaillierte Untersuchungen zum Einfluß von Elektrolytgehalt und Temperatur auf die Dielektrizitätskonstante vor.

Bitterlich und Wöbking (1972) zeigen, daß für Wasser etwa bis $f \approx 10^2$ Hz Raumladungspolarisation, bis $f \approx 10^9$ Hz Orientierungspolarisation, bis $f \approx 10^{13}$ Hz atomare Polarisation und bis $f \approx 10^{15}$ Hz schließlich Elektronenpolarisation wirksam ist. Für den Bereich der Raumpolarisation nimmt — wie aus Abb. 7.7a hervorgeht — die Dielektrizitätskonstante mit steigender *Temperatur* ab.

Tabelle 7.3. Dielektrizitätskonstante fluider Poren- und Kluftinhalte

Medium	ε	Quelle
Luft	1,000592	Lexikon der Physik (1972)
Wasser	80,8	Lexikon der Physik
Erdöl	2,0···2,7	Rshewski, Nowik (1978)
Petroleum	2,0···2,2	Ebert (1957, 1976)
Silikonöl	2,2···2,8	Lexikon der Physik (1972)
Eis	3,1	Ebert (1957, 1976)

Der Einfluß der *Konzentration* wird meist durch eine empirische Beziehung angegeben, die für Konzentrationen bis 5 g/l bzw. 5 g/dm³ anwendbar ist (siehe z. B. Černiak 1964; Parchomenko 1965):

$$\varepsilon = \varepsilon_d + 3{,}79\sqrt{C}. \tag{7.23}$$

Dabei ist ε_d die Dielektrizitätskonstante reinen Wassers ($\varepsilon_d \approx 81$) und C die Konzentration in Mol/l (bzw. Mol/dm³).

Diese Beziehung entspricht der Debye-Falkenhagen-Theorie für schwache Elektrolyte

$$\varepsilon = \varepsilon_d + \alpha\sqrt{C_{mol}}$$

$$\alpha = \alpha\ (\text{Wertigkeit der Ionen, Temperatur})$$

Nach Falkenhagen gelten dabei für wäßrige Lösungen von 18 °C folgende Werte für

KCl	$\alpha = 3{,}79$
$MgCl_2$	$\alpha = 10{,}9$
$MgSO_4$	$\alpha = 30{,}3$
$CaCl_3$	$\alpha = 13{,}8$

Abb. 7.7b zeigt die Gegenüberstellung der Frequenzabhängigkeit von Dielektrizitätskonstante und spezifischer elektrischer Leitfähigkeit zweier Wasserproben. Deutlich unterscheiden sich die beiden elektrischen Parameter in ihren Absolutwerten auf Grund der Ionenkonzentration. Das „destillierte Wasser" weist bei Frequenzen $f > 3000$ Hz nahezu keine Frequenzabhängigkeit auf und ergibt einen Wert von $\varepsilon \approx 80$; bei niederen Frequenzen tritt Dispersion auf, die auf das Vorhandensein von Ionen hindeutet. Das natürliche Gebirgswasser mit relativ hohem Elektrolytgehalt weist gegenüber „destilliertem Wasser" neben besserer Leitfähigkeit eine vor allem nach niederen Frequenzbereichen stark erhöhte Dielektrizitätskonstante mit ausgeprägter Dispersion auf.

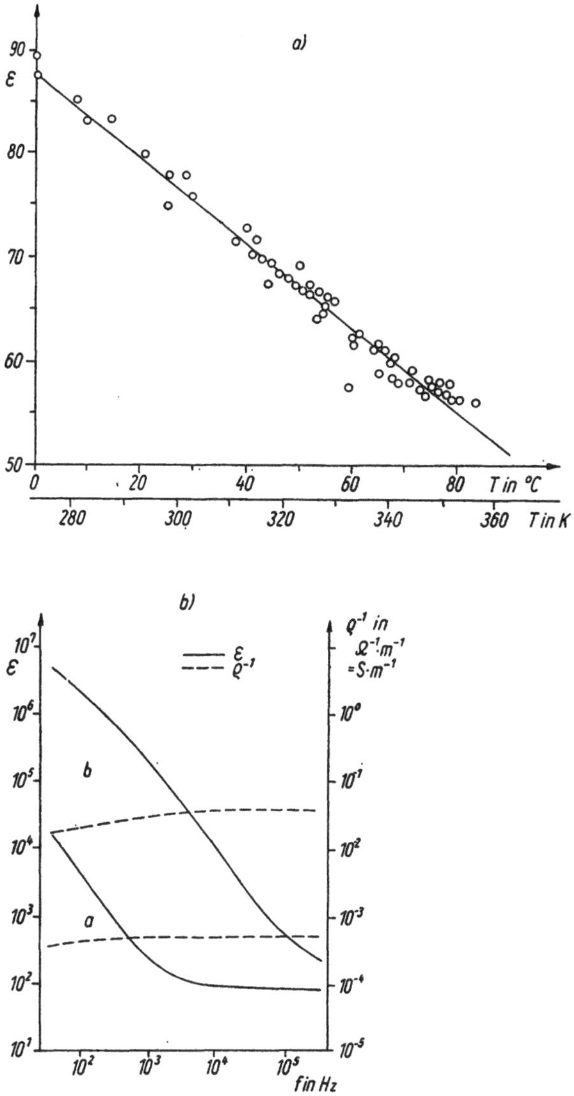

Abb. 7.7. Elektrische Eigenschaften des Wassers

a) Temperaturabhängigkeit der Dielektrizitätszahl des Wassers (nach ČERNIAK 1964)

b) Dielektrizitätszahl ε und elektrische Leitfähigkeit ϱ^{-1} als Funktion der Frequenz

a — destilliertes Wasser

b — natürliches Gebirgswasser (Großkogl/Brixlegg) (nach BITTERLICH, WÖBKING 1972)

7.4. Die elektrischen Eigenschaften (spezifischer elektrischer Widerstand und Dielektrizitätskonstante) der Gesteine

7.4.1. *Übersicht*

Die spezifischen elektrischen Widerstände der Gesteine überdecken einen Wertebereich von mehreren Zehnerpotenzen. Abb. 7.8 enthält hierzu eine Übersicht der mittleren Widerstandsbereiche einiger Gesteinsarten bzw. -gruppen. Wie aus den vorangegangenen Abschnitten hervorgeht, stellen *die*

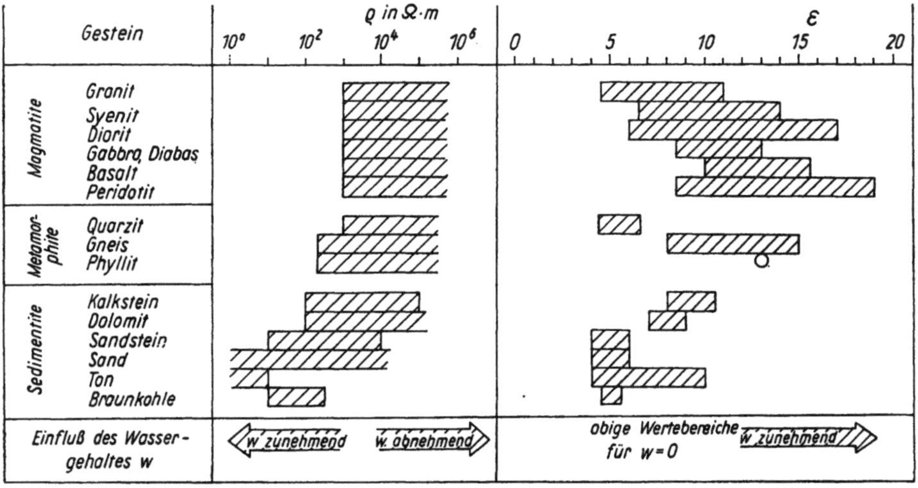

Abb. 7.8. Mittlere Wertebereiche bzw. Einzelwert (Kreis) des spezifischen elektrischen Widerstandes und der Dielektrizitätszahl ($f = 10^3 \cdots 10^7$ Hz) nach Angaben von PARCHOMENKO (1965) und DORTMAN (1976)

meisten gesteinsbildenden Minerale schlechte Leiter ($\varrho > 10^7\ \Omega \cdot m$) dar. Eine erhöhte Leitfähigkeit der Gesteine ist auf die *elektrolytische Leitfähigkeit der Poren- und Kluftwässer* oder auf *gutleitende Akzessorien* (Vererzung, Graphit) im Gestein zurückzuführen. Innerhalb der *porösen und klüftigen Gesteine* selbst tritt daher ein durch unterschiedliches Poren- bzw. Kluftvolumen sowie Sättigungsgrad und Leitfähigkeit des Elektrolyten bedingter großer Wertebereich des spezifischen Widerstandes auf. Hohe Widerstandswerte sind geringporösen oder (und) niedrigen Sättigungsgraden oder (und) geringer Mineralisation des Porenwassers zuzuordnen; niedrige Widerstände entsprechen höheren Werten in den genannten Größen.

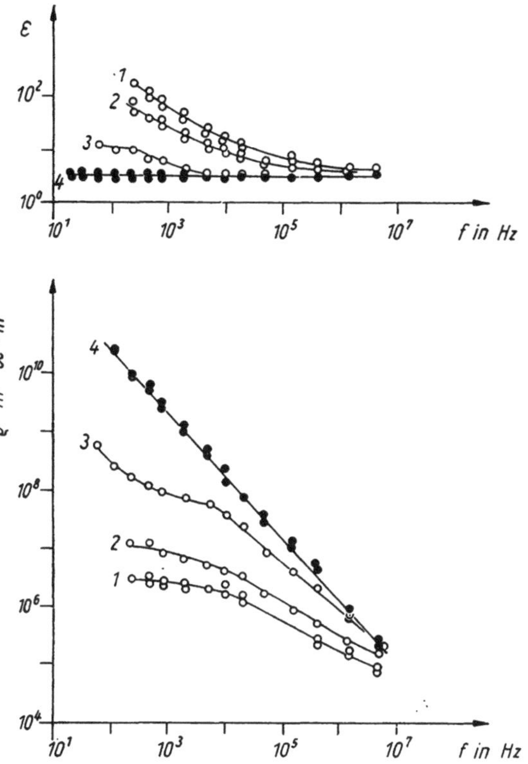

Abb. 7.9. Abhängigkeit der Dielektrizitätszahl und des spezifischen elektrischen Widerstandes von der Frequenz; Quarzsand

1 – Wassergehalt w = 12%, *2* – Wassergehalt w = 0,4%, *3* – Wassergehalt w = 0,03%, *4* – Wassergehalt w = 0% (Poreninhalt P_2O_5) (nach PARCHOMENKO, 1965)

Die Dielektrizitätskonstante der meisten gesteinsbildenden Minerale weist Werte $\varepsilon < 10$ auf. Erhöhte Dielektrizitätszahlen sind bei dichten bzw. trockenen (Abb. 7.8) Gesteinen auf Akzessorien mit hohen ε-Werten (vgl. Tabelle 7.1) zurückzuführen. Eine besonders ausgeprägte *Erhöhung* der Dielektrizitätskonstanten — verbunden mit deutlicher *Dispersion* — erfahren die Gesteine durch *Poren- bzw. Kluftwässer* (siehe Abb. 7.9, vgl. Abb. 7.2).

Der Unterschied in der Art der vorherrschenden elektrischen Leitungs- und Polarisationsvorgänge, in der Größenordnung von ϱ und ε sowie ihrer Abhängigkeit von verschiedenen Einflußgrößen begründet eine *Einteilung* in:

— *Gesteine ohne elektrolytische Leitfähigkeitsanteile* und Polarisationseffekte von Poren- bzw. Kluftwässern (dichte und wasserfreie poröse oder klüftige Gesteine)

— *Gesteine mit* (meist dominierendem) *elektrolytischem Leitfähigkeitsanteil* und ausgeprägtem Polarisationsverhalten von Poren- bzw. Kluftwässern (wasserführende poröse und klüftige Gesteine).

7.4.2. *Elektrische Eigenschaften von Gesteinen ohne elektrolytischen Leitfähigkeitsanteil von Poren- und Kluftwässern*

Dichte Gesteine und wasserfreie poröse bzw. geklüftete Gesteine weisen sehr hohe Widerstandswerte auf. Hauptvertreter dieser Gruppe sind vor allem dichte, unverwitterte Magmatite, Metamorphite und chemogene Sedimentite (Anhydrit, Gips, Salze) sowie alle Gesteine im trockenen Zustand. Eine *erhöhte Leitfähigkeit* weisen nur *graphitführende over vererzte Gesteine* auf, wobei neben dem Gehalt an gutleitenden Akzessorien (Tab. 7.1) vor allem auch die elektrische Verbindung der leitenden Partikel oder Bereiche untereinander entscheidend ist. In dichten bzw. wasserfreien Gesteinen bewirken die in Abschnitt 7.1 angeführten Leitungsvorgänge (freie Ionenleiter, elektronische Halbleiter) eine Zunahme der Leitfähigkeit mit wachsender *Temperatur* nach einer Exponentialfunktion (7.5); Abb. 7.10a bestätigt diesen Zusammenhang. Die aus Abb. 7.10b hervor-

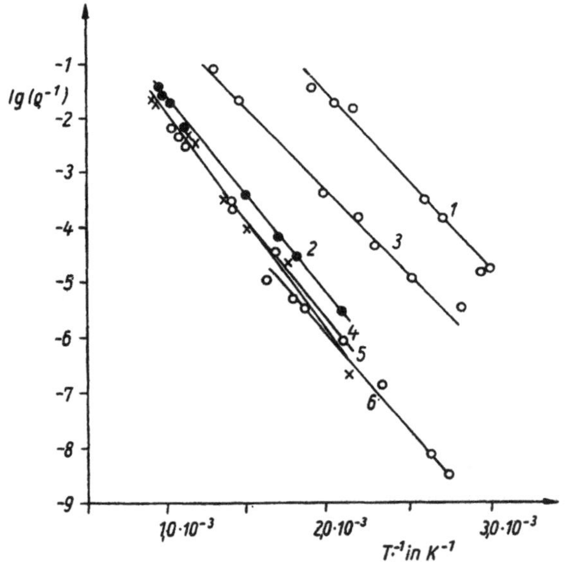

Abb. 7.10. Abhängigkeit des spezifischen elektrischen Widerstandes bzw. der elektrischen Leitfähigkeit von Temperatur und Druck bei dichten bzw. wasserfreien Gesteinen

a) Temperaturabhängigkeit im $\lg(\varrho^{-1}] = f(T^{-1})$-Diagramm (PARCHOMENKO 1965); Angabe von ϱ in $\Omega \cdot m$

1 — Peridotit, *2, 4* — Basalt, *3, 5, 6* — Diabas

gehende Abnahme des spezifischen elektrischen Widerstandes mit dem *Druck* ist auf die bereits angeführte Abnahme der Aktivierungsenergie zurückzuführen. Bei Mikroklüftung kann sich dieser eine durch Schließen der Klüfte bewirkte Abnahme des Widerstandes überlagern; die in Abb. 7.10c gezeigte „Hysterese“ deutet auf einen derartigen Einfluß hin.

Die durch Schließen von Klüften, microcracks u. ä. bewirkte Widerstandsabnahme trockener Gesteine mit steigendem Druck läßt sich mit dem in Abschnitt 5.4.5.4 beschriebenen einfachen Modell näherungsweise beschreiben.

Die Abminderung der Leitfähigkeit des kluftfreien Matrixmaterials ϱ_F^{-1} wird danach durch eine „Abminderung des leitenden Querschnitts“ infolge des nichtleitenden Kluftbereiches K_ϱ beschrieben

$$\varrho^{-1} = \varrho_F^{-1}(1 - K_\varrho) . \tag{7.24}$$

Für die Änderung der Größe K_ϱ infolge des Druckes p wird wiederum ein Exponentialansatz gewählt:

$$K_\varrho = K_{\varrho 0}\, e^{-A_\varrho p} . \tag{7.25}$$

Die Größen A_ϱ und K_ϱ sind analog Abschnitt 5.4.5.4 definiert. Der Index ϱ soll ausdrücken, daß sich beide Größen auf die Wirkung der Deformationseigenschaften und Klüftigkeit hinsichtlich des spezifischen elektrischen Widerstandes (bzw. der Leit-

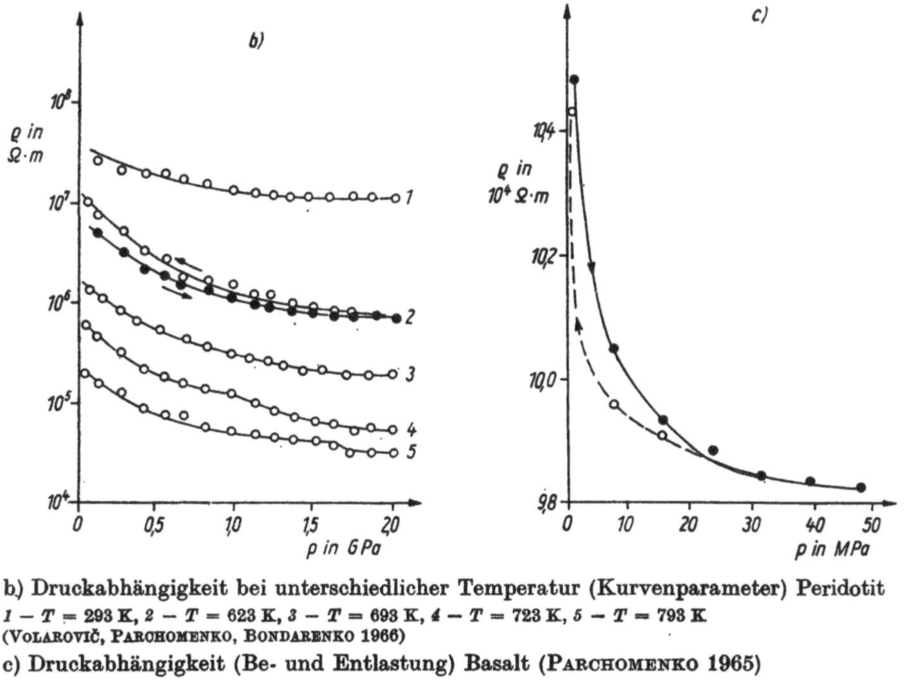

b) Druckabhängigkeit bei unterschiedlicher Temperatur (Kurvenparameter) Peridotit
1 – T = 293 K, 2 – T = 623 K, 3 – T = 693 K, 4 – T = 723 K, 5 – T = 793 K
(Volarovič, Parchomenko, Bondarenko 1966)

c) Druckabhängigkeit (Be- und Entlastung) Basalt (Parchomenko 1965)

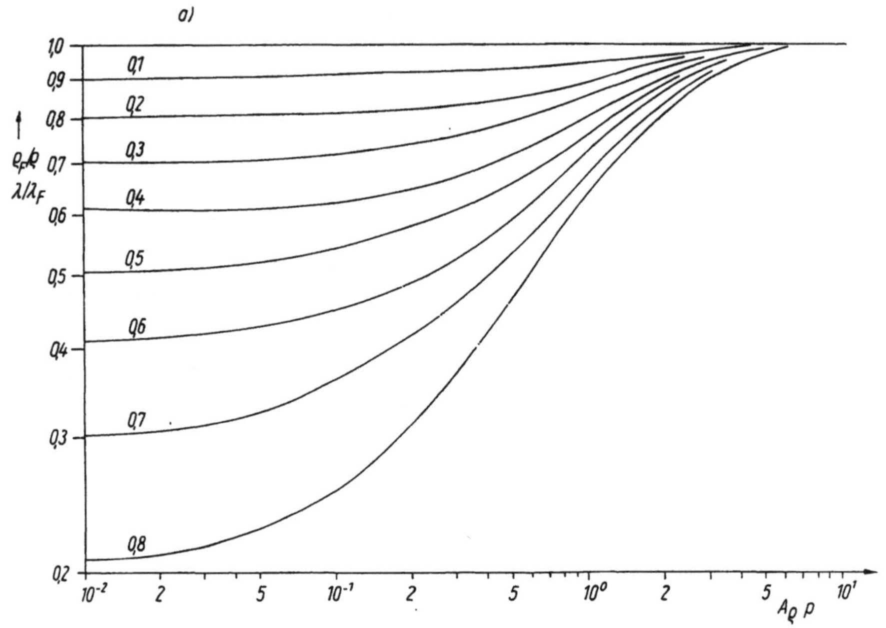

Abb. 7.11. Abhängigkeit des spezifischen elektrischen Widerstandes bzw. der spezifischen elektrischen Leitfähigkeit trockener Gesteine vom Druck

a) Nach Gleichung (7.26) berechnete Abhängigkeit des Quotienten ϱ_F/ϱ (bzw. λ/λ_F, siehe Kapitel 8) von der Größe $A_\varrho p$; Darstellung in doppeltlogarithmischem Maßstab („Musterkurven")

fähigkeit) des Gesteins beziehen. Es kann nicht vorausgesetzt werden, daß die Wirkung der Deformationseigenschaften und Klüftigkeit auf elastische, elektrische und thermische Eigenschaften (s. Abschnitt 8.4.5) durch die gleichen empirischen Größen A und K beschrieben werden kann.

Durch Einsetzen von (7.25) in (7.24) ergibt sich die druckbedingte Leitfähigkeitsänderung

$$\varrho_F/\varrho = 1 - K_{\varrho 0}\, e^{-A_\varrho p}. \qquad (7.26)$$

Die daraus berechneten „Musterkurven" (Abb. 7.11a) gestatten in völliger Analogie zu Abschnitt 5.4.5.4 eine Interpretation experimentell gewonnener Daten durch unmittelbaren Vergleich. In Abb. 7.11b sind auf diese Weise Ergebnisse von Untersuchungen an zwei Basaltproben dargestellt. Bei optimaler Übereinstimmung von experimentellen Daten und „Musterkurven" lassen sich direkt die Größen $K_{\varrho 0}$ (Kurvenindividuum), ϱ_F^{-1} (bei $\varrho_F/\varrho = 1$) und A_ϱ^{-1} (bei $A_\varrho p = 1$) entnehmen und damit die Leitfähigkeits-Druck-Beziehung als Gleichung angeben. Abschnitt 7.4.3.7 enthält eine Betrachtung zur Druckabhängigkeit des Widerstandes poröser Sedimentite.

Die in Abb. 7.8 angegebenen Wertebereiche der *Dielektrizitätskonstanten* für dichte bzw. wasserfreie Gesteine müssen als *„untere Wertebereiche"* angesehen

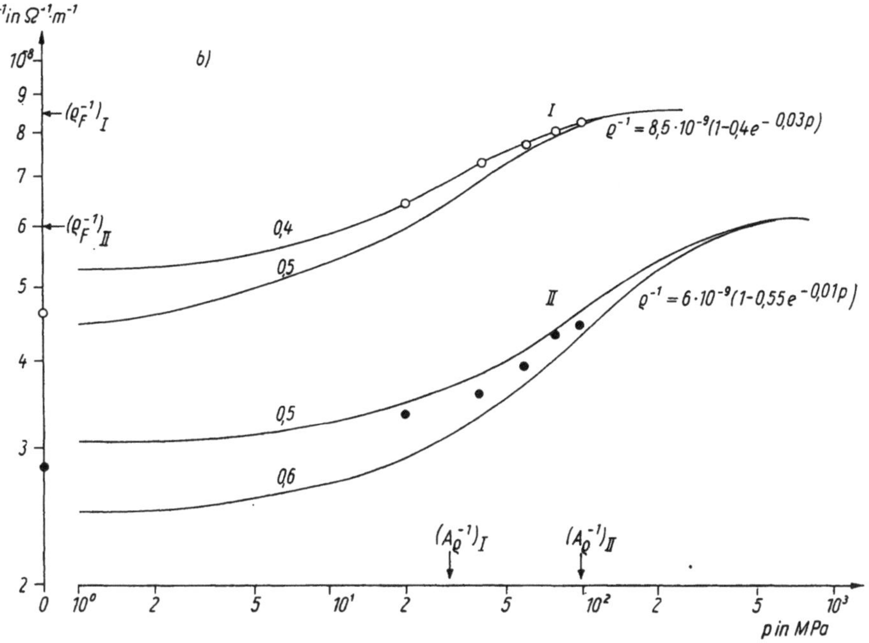

b) Mit „Musterkurven“ (Abb. a) ausgewertete Ergebnisse experimenteller Untersuchungen von PARCHOMENKO (1965) an trockenen Basaltproben und Ableitung von $\varrho^{-1} = \varrho^{-1}(p)$-Beziehungen

werden, da Wasser und bestimmte Akzessorien (insbesondere Sulfide, vgl. Tab. 7.1) zu erheblich über die Bereiche hinausgehenden Werten führen können. So wurden beispielsweise an Granitporphyr mit 2,16% sulfidischen Anteilen ein Wert von $\varepsilon = 27$ und an Gabbro mit 3,2 bis 6,4% sulfidischen Anteilen Werte von $\varepsilon = 13 \cdots 40$ (CLARKE 1969) ermittelt.

Gesteine mit ausgeprägter Schichtung oder Schieferung weisen eine deutliche *Anisotropie* auf, so gibt PARCHOMENKO (1965) für Gneis ein Verhältnis der parallel und senkrecht der Schieferung gemessenen Werte von 1:1,5 an.

Innerhalb der magmatischen Gesteine weist KRAJEW (1957) auf die durch zunehmenden Gehalt an Plagioklas, Olivin, Glimmer und Pyroxenit bedingte *Tendenz einer Zunahme der Dielektrizitätskonstanten von sauren zu basischen Gesteinen hin.* Für einzelne Gesteinsgruppen magmatischer Gesteine ist in Abb 7.12a der Verlauf von ε als Funktion der *Frequenz* f dargestellt.

Für Gesteine basaltischer Zusammensetzung ist in Abb. 7.12b die Frequenzabhängigkeit der Dielektrizitätszahl bei unterschiedlichen Temperaturen aufgetragen. Die beiden Probetypen weisen bei höheren Temperaturen eine deutliche Dispersion im niederfrequenten Bereich auf, als deren Ursache Akzessorien bzw. Defekte im Kristallgitter in Betracht kommen (der Einfluß der Polarisierbarkeit des Wassers scheidet aus, da es

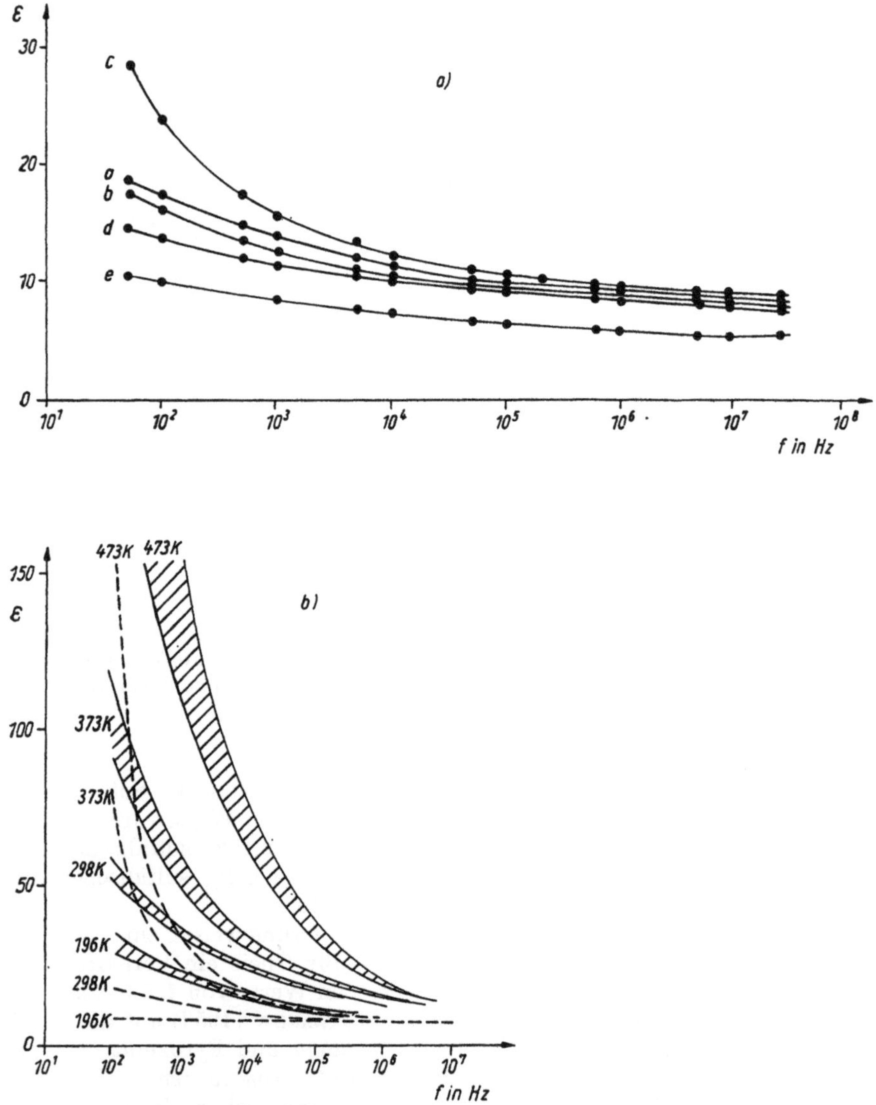

Abb. 7.12. Abhängigkeit der Dielektrizitätszahl von der Frequenz

a) Einzelproben magmatischer Gesteine (umgezeichnet nach Parchomenko 1965)

a — Diorit, *b* — Gabbro, *c*, *d* — Diabase, *e* — Granit

b) Gesteinsproben basaltischer Zusammensetzung bei verschiedenen Temperaturen (umgezeichnet nach Chung u. a. 1970)

Kurven: terrestrischer Basalt (Hawaii)

schraffierter Bereich: lunare Gesteinsproben (10020, 10057)

sich um trockene Proben handelt). Die lunaren Proben weisen höhere Absolutwerte und auch im hochfrequenten Bereich noch ausgeprägtere Dispersion auf. CHUNG u. a. (1970) geben für eine Temperatur von 298 K im MHz-Bereich die in Tabelle 7.4 enthaltenen Werte an. Das vom terrestrischen Material abweichende Verhalten der dichten lunaren Proben kann auf den erhöhten Ilmenitgehalt ($\varepsilon = 35 \cdots 80$, vgl. Tab. 7.1) zurückgeführt werden. Der niedere ε-Wert der Breccie ist durch etwas niederen Ilmenitanteil und durch die Porosität bedingt, die bei trockenem Porenraum stets zu einer Abnahme der Dielektrizitätszahl im Vergleich zum porenfreien Material führt.

Tabelle 7.4. Dielektrische Eigenschaften und Angaben zur Zusammensetzung basaltischer Gesteine (nach CHUNG u. a., 1970, 1971)

Gestein		d in 10^3 kg $\times$ m^{-3}	ε	Anteile in %			
				Plagioklas	Pyroxene	Ilmenit	Olivin
terrestrischer Basalt							
Hawai		2,68	7	48	24	1	21
Cape Neddik		2,60	6	55	26	1	17
lunare Proben							
dichtes Gestein	(10020)	3,18	10···15	25	53	15	1
	(10057)	2,88	9···13	20	51	16	1
Breccie	(10046)	2,21	6···9	20	57	9	1

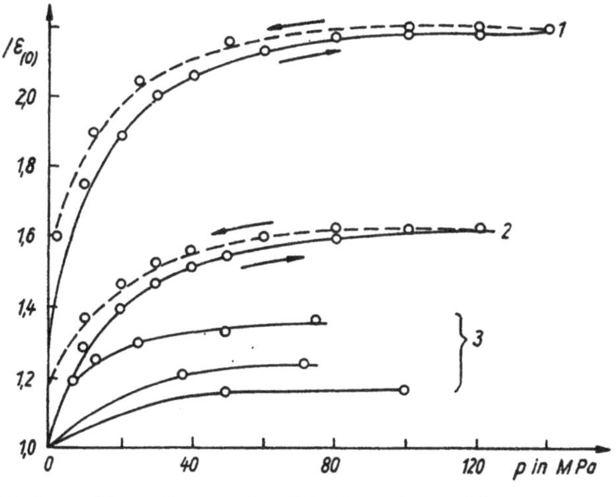

Abb. 7.13. Veränderung der Dielektrizitätszahl mit dem Druck (hydrostatisch)

$\varepsilon(p)$ Dielektrizitätszahl beim Druck p, $\varepsilon(0)$ Dielektrizitätszahl beim Druck $p = 0$,
1 — Sandstein, *2* — Syenit, *3* — Granit (umgezeichnet nach PARCHOMENKO 1965)

Die Dielektrizitätszahl erfährt unter erhöhtem *Druck* eine Zunahme (Abb. 7.13), die bei Gesteinen mit Poren- bzw. Kluftvolumen infolge der höheren Deformierbarkeit deutlicher ausgeprägt ist als bei kompakten, nahezu kluftfreien Gesteinen.

7.4.3. Der spezifische elektrische Widerstand von Gesteinen mit elektrolytischem Leitfähigkeitsanteil von Poren- bzw. Kluftwässern

7.4.3.1. Vorbemerkungen

Hauptvertreter der Gesteinsgruppe mit meist dominierendem elektrolytischem Leitfähigkeitsanteil der Poren- bzw. Kluftwässer sind *wasserhaltige poröse Sedimentite* (insbesondere klastische Gesteine) und *geklüftete Magmatite bzw. Metamorphite.* Infolge ihrer Bedeutung als mögliche Speicher sind dabei klastische Sedimentite besonders intensiv untersucht worden.

Tabelle 7.5. Mittelwerte bzw. Wertebereich des spezifischen elektrischen Widerstandes oberflächennaher Sedimente (NOSSKE 1977)

Gesteinsart	ϱ in $\Omega \cdot$ m	
	Quartär	Tertiär
Kiese, Schotter	ca. 200···300	
Sande	ca. 100···300	ca. 50 (Feinsande)
Geschiebemergel	ca. 70	
Lehm	ca. 50	
Tone	ca. 20	ca. 2···5

Die im Vergleich zur Leitfähigkeit der Poren- bzw. Kluftwässer meist geringe bzw. vernachlässigbare Leitfähigkeit der festen Mineralbestandteile führt dazu, daß die Gesteinsleitfähigkeit sehr stark vom *Anteil des Elektrolyten am Gesamtvolumen* (Porosität, Sättigung) und der *Leitfähigkeit des Elektrolyten* (Porenlösung) selbst bestimmt wird.

Die Leitfähigkeit der Porenlösung ist in größeren Tiefen höher (hochmineralisierte Schichtwässer, Temperatur) als im oberflächennahen Bereich. — Der Einfluß der Schichtwassermineralisation auf den spezifischen Widerstand von Sedimenten geht auch aus Tabelle 7.5 hervor (Schichtwasserwiderstand der tertiären Sedimente meist deutlich geringer als der quartärer Sedimente, vgl. NOSSKE, 1977).

Eine detaillierte Untersuchung der elektrolythaltigen Gesteine führt auf eine *Untergliederung in zwei Gruppen.* Bei *Gesteinen mit vernachlässigbarem Leitfähigkeitsbeitrag der Matrix* (sogenannten „reinen“ Gesteinen) ist die Porenleitfähigkeit der einzig wirksame Anteil. Eine nähere Untersuchung dieser Gesteine (Abschnitt 7.4.3.2) führt auf die klassischen Beziehungen der Interpretation elektrischer Bohrlochmessungen nach ARCHIE und DACHNOV.

Daneben existieren eine Reihe von Gesteinsarten (insbesondere tonige Gesteine) *mit zusätzlichen, nicht vernachlässigbaren Leitfähigkeitsanteilen der Matrix.* Eine nähere Betrachtung (Abschnitt 7.4.3.3) zeigt, daß für eine Zuordnung zu dieser Gruppe neben den Matrixeigenschaften (insbesondere Tongehalt, Korngröße) auch die elektrische Leitfähigkeit des Porenwassers (bzw. ihr Verhältnis zur Leitfähigkeit der Matrixbestandteile) entscheidend ist.

Zur Kennzeichnung der verschiedenen spezifischen Widerstände[1] werden folgende Symbole verwendet

ϱ_0 spezifischer elektrischer Widerstand eines Gesteins, dessen Poren- bzw. Kluftraum vollständig mit wäßriger Lösung bzw. Wasser gesättigt ist ($S_W = 1$),
ϱ_t spezifischer elektrischer Widerstand eines Gesteins, dessen Poren- bzw. Kluftraum teilweise mit wäßriger Lösung bzw. Wasser gefüllt ist ($0 < S_W < 1$),
ϱ_W spezifischer elektrischer Widerstand des Poren- bzw. Kluftwassers,
ϱ_F spezifischer elektrischer Widerstand der festen Gesteinsbestandteile (Matrix)

7.4.3.2. *Gesteine mit vernachlässigbarem Leitfähigkeitsanteil der Matrix. Ergebnisse experimenteller Untersuchungen. Gleichungen von* Archie *und* Dachnov

Ausgehend von der z. B. bei tonfreien Sandsteinen oder Sanden geltenden *Voraussetzung*, daß der spezifische Widerstand der Matrixsubstanz praktisch unendlich groß ist,

$$\varrho_F \to \infty,$$

bzw. die *Matrixleitfähigkeit* gegenüber der Leitfähigkeit des Porenwassers *zu vernachlässigen* ist, d. h.

$$\varrho_F \gg \varrho_W,$$

formulierten Sundberg (1932) bzw. Archie (1942) die Proportionalität zwischen spezifischem Widerstand des wassergesättigten Gesteins ϱ_0 und spezifischem Widerstand des Porenwassers ϱ_W

$$\varrho_0 \sim \varrho_W. \tag{7.27}$$

Unter Einführung des „*Formationswiderstandsfaktors*" F (meist nur als „Formationsfaktor" bezeichnet) ergibt sich das nach Archie benannte Gesetz

$$\varrho_0 = F\varrho_W. \tag{7.28}$$

Es gilt in dieser Form für die zunächst zu betrachtenden wassergesättigten

---

[1] In der bohrlochgeophysikalischen Literatur wird zur Kennzeichnung des spezifischen elektrischen Widerstandes das Formelzeichen R (mit entsprechendem Index) angewandt.

Gesteine. Der Formationswiderstandsfaktor F ist ein Maß für die Vergrößerung des spezifischen elektrischen Widerstandes einer wäßrigen Porenlösung durch die Anwesenheit einer nichtleitenden Gesteinsmatrix (Formation). *Der Formationswiderstandsfaktor ist abhängig von der durch innere Struktur des Gesteins bzw. Porenraumes und Benetzungsverhältnisse gegebenen geometrischen Ausbildung des leitenden Elektrolyten im Gestein.* Er wird damit vor allem — aber nicht allein — von der *Porosität* bestimmt. Da die Poren die Funktion leitender Verbindungen haben, ist für die elektrischen Leitvorgänge die effektive Porosität maßgebend. Experimentelle Untersuchungen, deren Ergebnisse meist als *Gegenüberstellung von Formationsfaktor und Porosität* in doppeltlogarithmischer Darstellung angegeben werden und in erster Näherung Geraden liefern (Abb. 7.14 bis 7.16), führten unmittelbar zur Formulierung eines *empirischen Zusammenhanges* zwischen den beiden Größen Φ und F (Archie 1942).

$$F = \frac{1}{\Phi^m}. \qquad (7.29)$$

Diese Beziehung bzw. nachfolgend angeführte Modifikationen gehören zum praktisch bewährten empirischen Grundbestand bohrlochgeophysikalischer quantitativer Interpretationsmethodik, da sie eine Verbindung von elektrischen Größen und Speicherparametern darstellen. Der Exponent m, der aus dem Kurvenanstieg hervorgeht, wurde bereits von Archie als eine von der Gesteinsart abhängige Größe erkannt und als „*Zementationsexponent*" bezeichnet (vgl. auch Guyod 1944). Die Beziehung von Archie erfuhr spezifische Modifikationen z. B. durch Humble (siehe Pirson 1963)

$$F = \frac{0{,}62}{\Phi^{2,15}}. \qquad (7.30)$$

Von weitaus größerer Bedeutung ist jedoch ihre Verallgemeinerung durch Dachnov (1959) in der Form

$$F = \frac{a}{\Phi^m}. \qquad (7.31)$$

Beide Größen — a und m — sind empirisch für die betreffende Gesteinsart bzw. stratigraphisch-lithofazielle Einheit zu bestimmende Größen (rechnerisch oder graphisch aus Darstellungen der Art der Abb. 7.14a, b, c). Tabelle 7.6 enthält hierzu einige Mittelwerte bzw. mittlere Wertebereiche, die z. T. in Abb. 7.14 d, e graphisch dargestellt sind (bei hohen Porositäten weichen die Kurven teilweise von der Geraden ab).

Der Exponent m, für den sich in der Literatur allgemein die Bezeichnung „Zementationsexponent" eingebürgert hat, zeigt bei den klastischen verfestigten Sedimentiten meist die Tendenz einer Zunahme mit der Zementation, wie u. a. auch aus Tabelle 7.6 ersichtlich ist (vgl. auch Lehnert, Fricke 1978), auch wenn sie innerhalb einzelner Gesteinsgruppen nicht in jedem Falle deutlich sichtbar bzw. erfüllt ist (vgl. z. B. Peschel, Dai 1977).

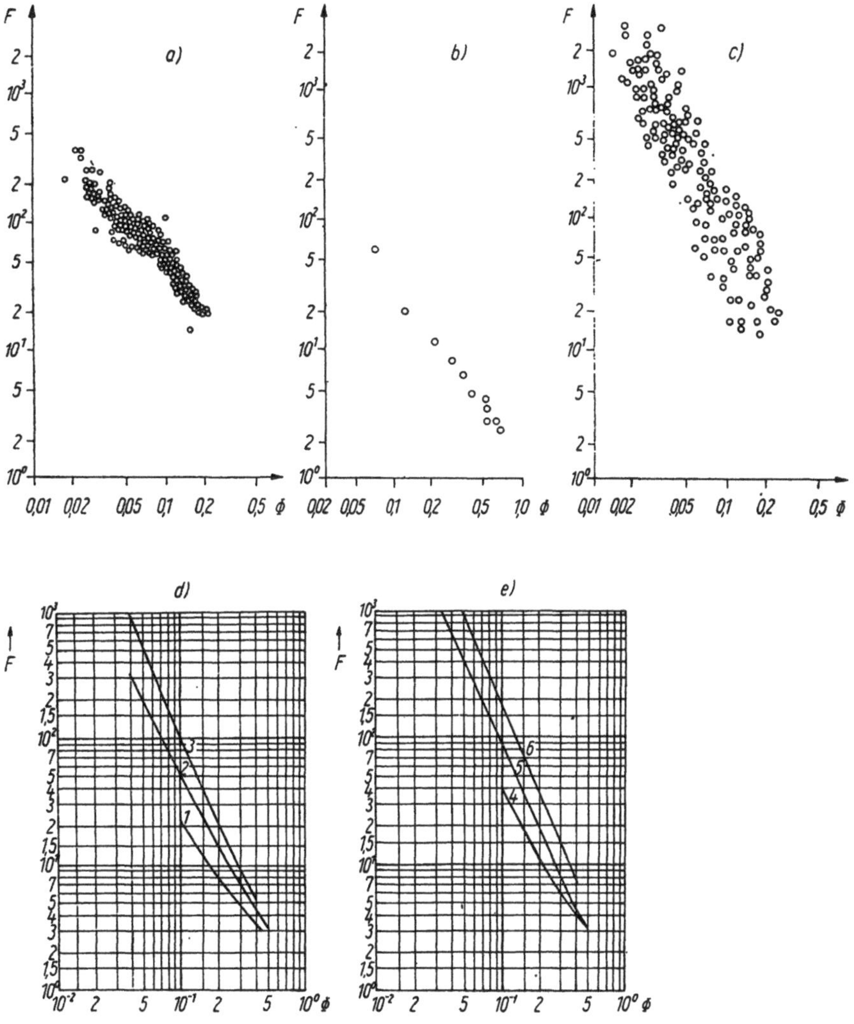

Abb. 7.14. Zusammenhang zwischen Formationswiderstandsfaktor F und Porosität Φ

a) Sandstein (Tunn 1966),
b) Sand (Dachnov 1975),
c) Kalkstein, Karbon (Dachnov 1975),
d), e) Mittelwertskurven zur F-Φ-Beziehung; Bezeichnung nach Tabelle 7.6
(Lehnert, Rothe 1962)

Tabelle 7.4. Mittelwerte empirisch bestimmter Größen a und m der Gleichung von ARCHIE bzw. DACHNOV

Lithologische Charakteristik	DACHNOV (1962) LEHNERT, ROTHE (1962)			PIRSON (1963)		DACHNOV (1975)	
	a	m	Kurven Nr. Abb. 7.14	a	m	a	m
lockere Sande	1	1,3	1				
nichtzementierte Gesteine (lockere Sande, oolithische Kalke)				1	1,3		
sehr gering zementierte Gesteine (Gulf-coast Sandsteine)				1	1,4···1,5		
Sande und wenig zementierte Sandsteine						0,9···0,75	1,2···1,7
schwach zementierte Gesteine (Sandsteine $\Phi \geqq 0{,}2$)				1	1,6···1,7		
wenig verfestigte Sandsteine	0,7	1,9	2				
Sandsteine (mittlerer Zementation)	0,5	2,2	3			0,9···0,5	1,5···2,1
Gesteine mittlerer Zementation (dichte Sandsteine $\Phi \leqq 0{,}15$)				1	1,8···1,9		
Stark zementierte Sandsteine						0,7···0,4	2
Stark zementierte Gesteine (geringporöse Sandsteine, Quarzite, Dolomite und Kalksteine mit intergranularer Porosität)				1	2,0···2,2		
körnige Kalksteine	0,55	1,85	4				
grobkristalline Kalksteine und Dolomite	0,6	2,15	5				
dichte Kalksteine und Dolomite mit intergranularer und Kluftporosität						0,75···0,4	1,7···2,4
dichte, feinkristalline Kalksteine und Dolomite	0,8	2,3	6				
dichte Kalksteine und Dolomite mit vorrangig kavernöser Porosität						0,6···0,35	>2,2

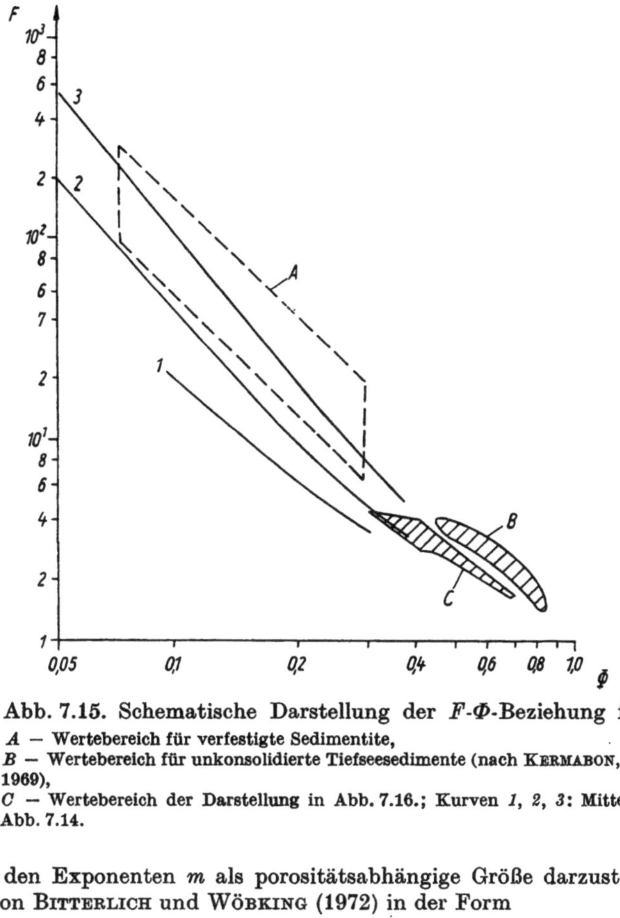

Abb. 7.15. Schematische Darstellung der F-Φ-Beziehung für Sedimente
A – Wertebereich für verfestigte Sedimentite,
B – Wertebereich für unkonsolidierte Tiefseesedimente (nach KERMABON, GEHIN, BLAVIER 1969),
C – Wertebereich der Darstellung in Abb. 7.16.; Kurven *1*, *2*, *3*: Mittelwertskurven in Abb. 7.14.

Versuche, den Exponenten m als porositätsabhängige Größe darzustellen, wie beispielsweise von BITTERLICH und WÖBKING (1972) in der Form

$$m = u \cdot \Phi + v \tag{7.32}$$

(u, v empirisch zu bestimmende Größen) oder von DACHNOV (1975) mit der Gleichung

$$m = m_0 - (m_0 - 1)\,\Phi \tag{7.33}$$

(m_0 sogenannter „Strukturkennwert") haben bisher noch keine entscheidende zusätzliche Information über den petrophysikalisch-petrographischen Inhalt dieses Exponenten geliefert.

Die *unverfestigten Sedimentgesteine* schließen sich in der F-Φ-Darstellung in der Tendenz den verfestigten Sedimentiten nach höheren Porositätswerten und niederen Formationsfaktoren an (Abb. 7.15). Auch für unverfestigte Sedimentite hat sich zur Darstellung dieses Zusammenhanges die Gleichung von ARCHIE bzw. DACHNOV bewährt, wobei sie meist in der Form (7.29) angewandt wird. Systematische Untersuchungen an Sedimentiten unterschiedlicher Korngröße und Kornform haben ergeben, daß im Bereich der unverfestigten Sedimentite der *Exponent m* in erster Linie *von der Kornform beeinflußt wird.* Die Kornform und der durch sie beeinflußte strukturelle Aufbau des Sediments bestimmen entscheidend die Geometrie der „gutleitenden Porenkanäle". Dabei weisen Sedimente mit gerundetem Korn einen niedrigeren Exponenten m auf als solche mit eckigem Korn, wie aus Tabelle 7.7 und Abb. 7.16 hervorgeht.

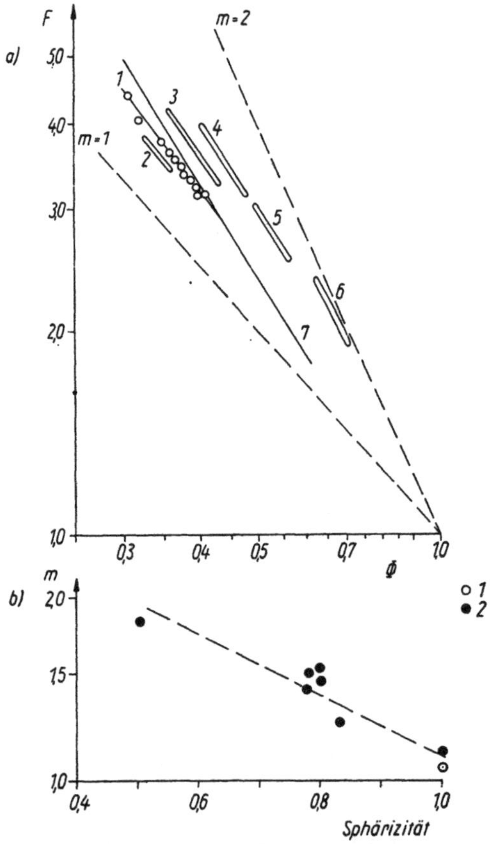

Abb. 7.16. Zusammenhang zwischen Formationswiderstandsfaktor und Porosität bei unverfestigten Sedimentiten unterschiedlicher Kornform

a) F-Φ-Beziehung verschiedener Sedimente

Kurve *1*: Glaskugeln, Bereiche *2* bis *6*: Wertebereiche nach Ergebnissen von JACKSON u. a. (1978): *2* – Kugeln, *3* – gerundeter Quarzsand, *4* – Sand mit abgeflachtem Korn, *5* – Mischung von Kugeln und Muschelfragmenten (1:1), *6* – Muschelfragmente, Kurve *7*: Mittelwertskurve für Sand (DACHNOV 1795),

b) Gegenüberstellung von Sphärizität und Exponent m

1 – Untersuchungen an Glaskugeln, *2* – Meßergebnisse von JACKSON u. a. 1978

Systematische Untersuchungen zum Einfluß der Kornform auf den Exponenten m wurden u. a. von JACKSON, SMITH und STANFORD (1978) an natürlichen Sanden, marinen Sedimenten (mit Muschelfragmenten) und künstlichen Mischungen vorgenommen. Bei der von den Autoren benutzten Meßanordnung ist die Stromrichtung parallel zur Sedimentationsebene (horizontal). Sie werden in Abb. 7.16a mit Untersuchungsergebnissen an Glaskugeln kombiniert, und hieraus — sowie unter Verwendung weiterer Daten von JACKSON u. a. (1978) — wird eine Gegenüberstellung des Exponenten m und der Sphärizität abgeleitet (Abb. 7.16b).

Speziell für hochporöse *marine Sedimente* nahmen KERMABON u. a. (1969) eine Erweiterung der Gleichung von ARCHIE in die Form

$$F = \frac{a}{(a + \Phi)^m} \tag{7.34}$$

vor und entwickelten diese Beziehung in ein Polynom 4. Grades.

Tabelle 7.7. Exponent m der ARCHIE-Gleichung bei unverfestigten Sedimentiten

Gesteinsart	m	Autor
Glaskugeln (Korndurchmesser 0,1···5 mm)	1,1	Vf.
Glaskugeln	1,3	WYLLIE, GREGORY (1953)
Sand	1,6	Archie (1942)
Sand	1,2···1,7	DACHNOV (1975)
marine Sande	1,4···1,6	JACKSON u. a. (1978)
Sand (Quarz)	1,5···1,6	WINDLE, WROTH (1975)
plattige Partikel (Tone)	1,8···3,0	ATKINS, SMITH (1961)
Kaolinit, Illit	2,0	TAYLOR, SMITH (1971)

Ist der Porenraum nur teilweise mit wäßriger Lösung gefüllt, so tritt durch die isolierende Wirkung der Luft (bzw. des Gases oder Öls) eine Widerstandserhöhung gegenüber dem Gestein im wassergesättigten Zustand auf. Die elektrische Leitfähigkeit des teilgesättigten Gesteins hängt wiederum von der Leitfähigkeit des Porenwassers und dessen räumlicher Verteilung und Verbindung im Porensystem ab. Damit wird der Charakter der $\varrho_t = \varrho_t(S_W)$-Beziehung vor allem von *porengeometrischen Parametern und den Benetzungsverhältnissen* bestimmt. Zur Darstellung wird meist ein $\varrho_t/\varrho_0 = f(S_W)$-Diagramm benutzt (Abb. 7.17) und die durch Teilsättigung bedingte relative Widerstandszunahme (bezogen auf ϱ_0) veranschaulicht. Der Quotient

$$i = \frac{\varrho_t}{\varrho_0} \tag{7.35}$$

wird auch als „*Widerstandsindex*" bezeichnet. In doppeltlogarithmischer Darstellung werden die Wertepaare $i = f(S_W)$ meist durch eine Gerade angenähert, die einer Beziehung

$$i = \varrho_t/\varrho_0 = S_W^{-n} \tag{7.36}$$

entspricht und in Kombination mit (7.31) den *spezifischen elektrischen Widerstand des teilgesättigten Gesteins* nach folgender Gleichung liefert

$$\varrho_t = \varrho_W \frac{a}{\Phi^m} S_W^{-n}. \tag{7.37}$$

Der Wert des Sättigungsexponenten n ist mit einer erheblichen Streuung behaftet. Als Mittelwert wird häufig $n \approx 2$ benutzt. (z. B. SCHLUMBERGER); DESBRANDES (1968) gibt einen Bereich $n \approx 1{,}3 \cdots 2$ an.

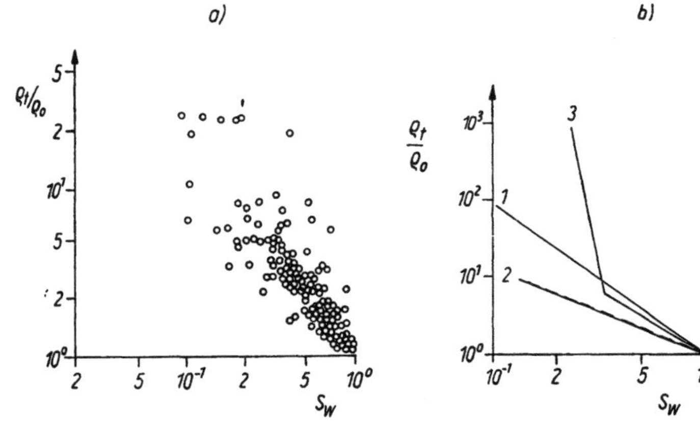

Abb. 7.17. Widerstandsindex i als Funktion des Wassersättigungsgrades S_W
a) Sandstein/Bausteinschichten
(nach TUNN 1966)
b) *1* — Sandstein; *2* — toniger Sandstein; *3* — Karbonat (ölbenetzend)
(aus MEINHOLD 1965)

Bei schlechter Benetzung Porenwasser/Porenwand entstehen besonders bei niedrigen Sättigungsgraden „isolierte Wassereinschlüsse", die keinen Leitfähigkeitsbeitrag liefern und Ursache abnormal hoher Widerstandswerte sind; erst bei Erreichen mittlerer Sättigungswerte fließen diese Wassereinschlüsse zusammen und tragen zu „durchgehenden Strombahnen" bei (Kurve *3* in Abb. 7.17b). Insgesamt ist die Aussage zum Sättigungsexponenten n statistisch wesentlich geringer gesichert als zum Zementationsexponenten m. Eine Ursache hierfür liegt bereits in der Schwierigkeit der experimentellen Realisierung einer homogenen Teilsättigung. Andersereits kommt der Kenntnis des Sättigungsexponenten für die *Interpretation von Bohrlochmessungen* für die Kohlenwasserstofferkundung fundamentale Bedeutung zu, da in den meisten Fällen aus einem (oder mehreren) „porositätsempfindlichen" Verfahren (z. B. Akustiklog oder Gamma-Gamma-Dichtelog) und der Widerstandsmessung *Porosität und Sättigung* (Wasser- oder Öl- bzw. Gassättigung) ermittelt werden.

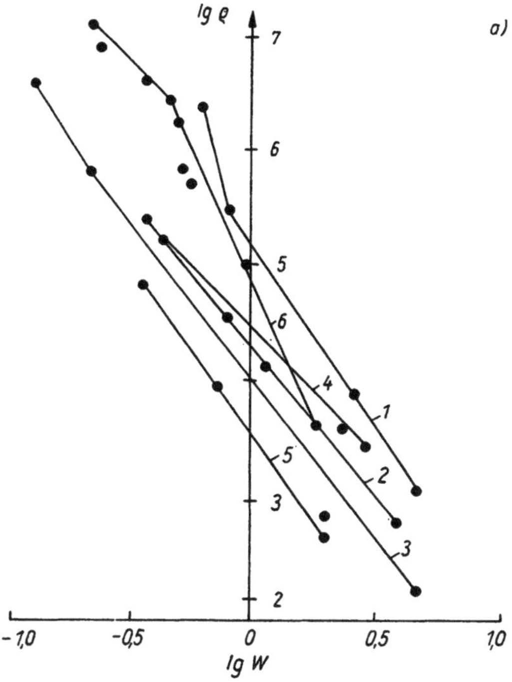

Abb. 7.18. Einfluß von Poren- bzw. Kluftwasser auf den spezifischen Gesteinswiderstand

a) Abhängigkeit des spezifischen elektrischen Widerstandes vom Wassergehalt (bzw. Gehalt von NaCl-Lösung); w in %

1 — Gneis	(0 g/l = 0 g · dm^{-3}),
2 — Gneis	(10 g/l = 10 g · dm^{-3}),
3 — Gneis	(20 g/l = 20 g · dm^{-3}),
4 — Albitporphyr	(6 g/l = 6 g · dm^{-3}),
5 — Basalt	(0,5 g/l = 0,5 g · dm^{-3}),
6 — Basalt	(3 g/l = 3 g · dm^{-3})

Die bei Sedimentiten festgestellten Einflußgrößen der Gesteinsleitfähigkeit (Leitfähigkeit der Porenlösung, Porosität, Wassersättigungsgrad) treten *auch bei wasserhaltigen klüftigen Magmatiten und Metamorphiten* auf.

Aus Abb. 7.18a geht die Zunahme der Gesteinsleitfähigkeit mit steigendem Wassergehalt w hervor. Bei der doppeltlogarithmischen Darstellung ergeben sich näherungsweise Geraden, die einem Gesetz der Form

$$\lg \sigma = a \lg w + b \tag{7.38}$$

folgen (a und b empirisch zu bestimmende Größen). Die daraus resultierende Proportionalität

$$\varrho \sim w^{-a} \tag{7.39}$$

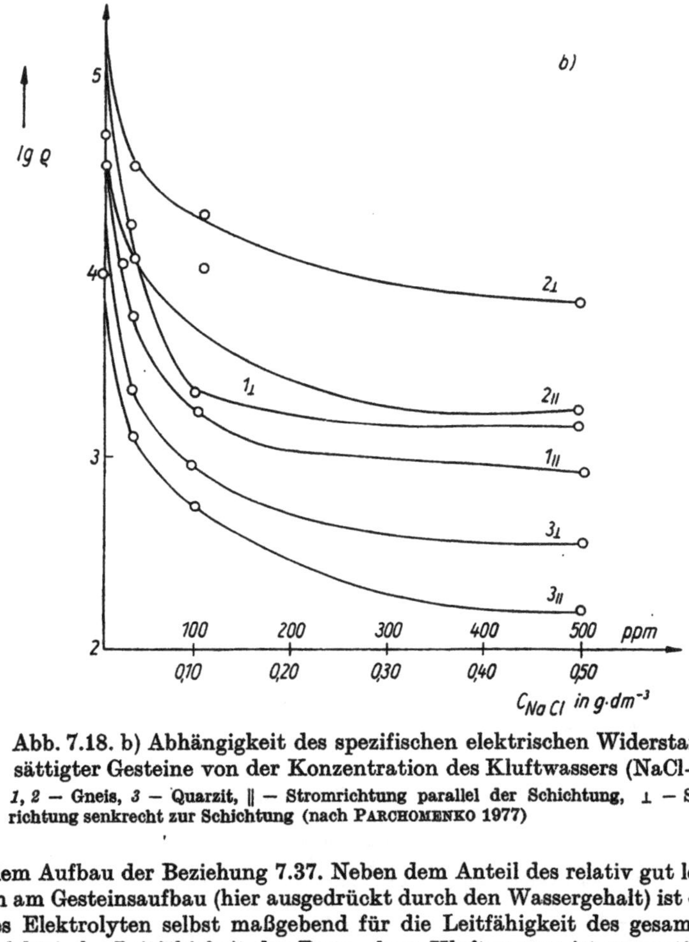

Abb. 7.18. b) Abhängigkeit des spezifischen elektrischen Widerstandes gesättigter Gesteine von der Konzentration des Kluftwassers (NaCl-Lösung)
1, *2* — Gneis, *3* — Quarzit, ∥ — Stromrichtung parallel der Schichtung, ⊥ — Stromrichtung senkrecht zur Schichtung (nach PARCHOMENKO 1977)

entspricht dem Aufbau der Beziehung 7.37. Neben dem Anteil des relativ gut leitenden Elektrolyten am Gesteinsaufbau (hier ausgedrückt durch den Wassergehalt) ist die Leitfähigkeit des Elektrolyten selbst maßgebend für die Leitfähigkeit des gesamten Gesteins. Die elektrische Leitfähigkeit des Poren- bzw. Kluftwassers ist proportional der *Konzentration C* und erklärt damit die in Abb. 7.18b gezeigte Abnahme des spezifischen Gesteinswiderstandes mit steigender Konzentration des Poren- bzw. Kluftwassers. Gleichzeitig verdeutlicht die Abbildung die *Anisotropie* im spezifischen elektrischen Widerstand. In Schicht- bzw. Schieferungsrichtung treten geringere Widerstände auf als senkrecht zur Schicht- bzw. Schieferungsrichtung, da die Klüfte im erstgenannten Fall gute „Strombahnen" darstellen und zu einer relativ hohen Leitfähigkeit führen.

Bei *Druckbeanspruchung* ergibt sich — vor allem bei wassergesättigten klüftigen Gesteinen — eine Zunahme des spezifischen elektrischen Widerstandes infolge Reduzierung des Kluft- bzw. Porenraumes. Die gleiche Tendenz ist auch bei nur teilgesättigten bzw. feuchten Gesteinen festzustellen — hier werden durch Schließen von Klüften oder Kluftabschnitten „leitende Strombahnen" unterbrochen.

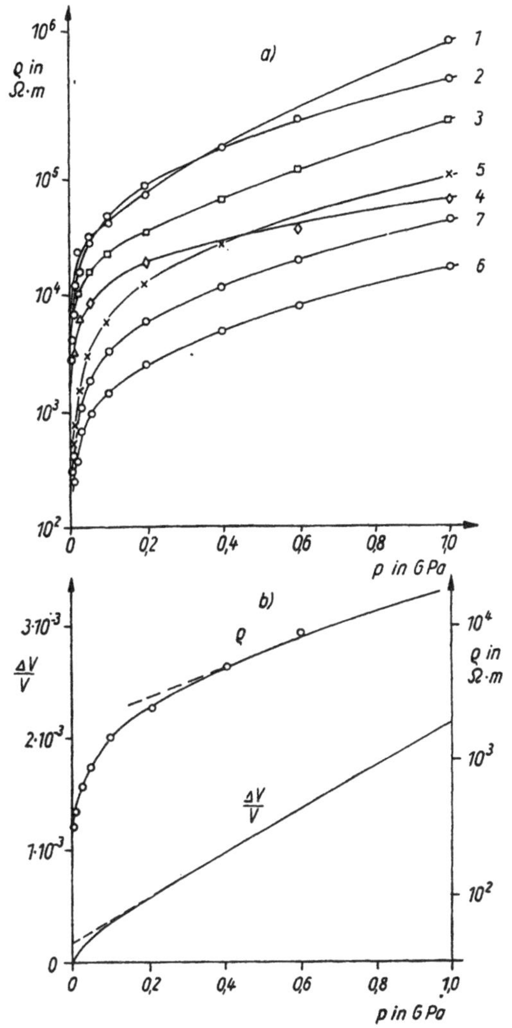

Abb. 7.19. Veränderung des spezifischen elektrischen Widerstandes wassergesättigter Gesteine bei Druckbeanspruchung

a) Abhängigkeit des spezifischen elektrischen Widerstandes vom Druck

Nr.	Gestein	Gesamtporosität
1	Diabas	0,001
2	Dunit	0,003
3	Anorthosit	0,002
4	Granodiorit	0,004
5	Granit (Casco-Granit)	0,007
6	Granit Westerly-Granit)	0,009
7	Quarzit	0,005

b) Zusammenhang zwischen Deformation $\Delta V/V$ und Widerstandsänderung bei Druckbeanspruchung (Westerly-Granit)
(umgezeichnet nach BRACE, ORANGE und MADDEN 1965)

Abb. 7.19a zeigt diese Zunahme, die aus bereits in den Kapiteln 2 und 5 dargelegten Gründen einen nichtlinearen Verlauf mit relativ starken Änderungen in niederen Druckbereichen erkennen läßt. — Von BRACE, ORANGE und MADDEN (1965) wurden derartige Messungen den Ergebnissen von Verformungsmessungen gegenübergestellt; ein Beispiel zeigt Abb. 7.19b. Im unteren Druckbereich ($p < 0{,}4$ GPa) zeigen sowohl der Widerstands- als auch der Deformationsverlauf eine deutliche Nichtlinearität, die auf ein Schließen der Klüfte und Mikrocracks zurückzuführen ist, das die Widerstandserhöhung bewirkt (gekrümmter Verlauf). Im oberen Druckbereich erfolgt nahezu ausschließlich Kompression der Mineralsubstanz bei der Deformation und Abminderung der Aktivierungsenergie bezüglich der Leitfähigkeit. In einer zu Abschnitt 5.3.2.4 analogen Art

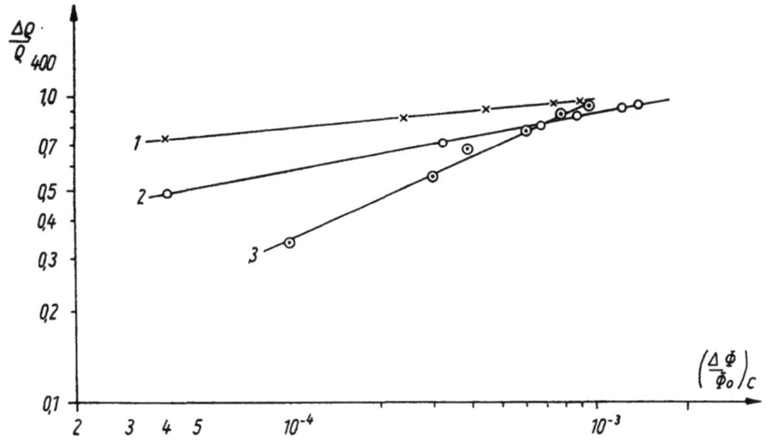

Abb. 7.20. Nach Daten von BRACE, ORANGE und MADDEN (1965) berechnete Gegenüberstellung von Änderung der crack-Porosität und des Widerstandes in doppeltlogarithmischer Darstellung

1 — Quarz, *2* — Granit (Westerly-Granit), *3* — Granodiorit

wird in Abb. 7.20 das Zusammenspiel von druckbedingter Änderung der „crack"-Porosität

$$\left(\frac{\Delta\Phi}{\Phi_0}\right)_c = \left(\frac{\Phi_0 - \Phi_p}{\Phi_0}\right) \tag{7.40}$$

und druckbedingter Widerstandsänderung

$$\frac{\Delta\varrho}{\varrho_{400}} = \frac{\varrho_{400} - \varrho_p}{\varrho_{400}} \tag{7.41}$$

dargestellt. Dabei ist ϱ_{400} der spezifische elektrische Widerstand beim Druck $p = 4 \cdot 10^2$ MPa, ϱ_p der spezifische elektrische Widerstand beim Druck p, Φ_0 die Porosität unter atmosphärischem Druck, Φ_p die Porosität beim Druck p.

Es ergeben sich in erster Näherung Geraden, die auf ein Exponentialgesetz

$$\frac{\Delta\varrho}{\varrho_{400}} \sim \left(\frac{\Delta V}{V}\right)^{m^*} \tag{7.42}$$

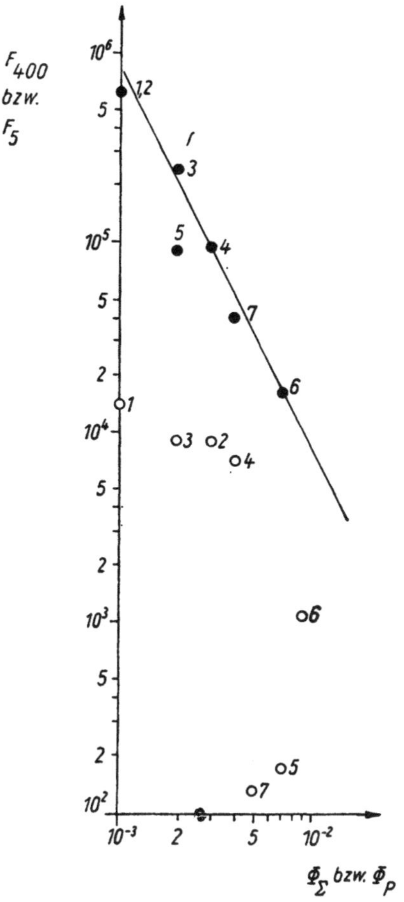

Abb. 7.21. Gegenüberstellung von Formationswiderstandsfaktor bei 5 MPa (F_5) bzw. bei 400 MPa (F_{400}) und Gesamtporosität Φ_Σ (crack-Porosität und intergranulare Porosität) bzw. intergranularer Porosität Φ_P

● Gegenüberstellung $F_{400} = \varrho_{400}/\varrho_W$ und Φ_P, ○ Gegenüberstellung $F_5 = \varrho_5/\varrho_w$ und Φ_Σ. Die Ziffern beziehen sich auf die in Abb. 7.19a angeführten Gesteinsproben

hinweisen und den Zusammenhang zwischen Schließen der Klüfte und Veränderung des Widerstandes unterstreichen (bei der untersuchten Probe im Bereich bis etwa $4 \cdot 10^2$ MPa).

In Abb. 7.21 wird eine Gegenüberstellung von *Porosität und Formationswiderstandsfaktor* gegeben. Die Abbildung läßt erkennen, daß die Korrelation bei den Wertepaaren $F_{400} = f(\Phi_p)$ besonders deutlich ist. Die eingetragene

Gerade entspricht einer Gleichung

$$F_{400} = \frac{1}{\Phi_p{}^2} \tag{7.43}$$

und fügt sich damit in die empirischen Beziehungen für poröse Speichergesteine von ARCHIE und DACHNOV ein. Sie unterstreicht, daß im Druckbereich von etwa 400 MPa die Klüfte so weit geschlossen sind, daß das wassergesättigte Gestein in seinem elektrischen Verhalten praktisch allein durch die intergranulare Porosität bestimmt wird.

7.4.3.3. *Gesteine mit vernachlässigbarem Leitfähigkeitsanteil der Matrix. Ergebnisse theoretischer Untersuchungen*

Auch die zur Berechnung des spezifischen elektrischen Widerstandes ϱ_0 bzw. des Formationsfaktors F von Gesteinen mit vernachlässigbarem Leitfähigkeitsanteil der Matrixsubstanz existierenden Theorien lassen sich hinsichtlich des gewählten Modells in verschiedene Gruppen klassifizieren:

— Gesteine als Anordnung ebenflächig begrenzter, parallel angeordneter Elemente bzw. Bestandteile,
— Gesteine als Anordnung diskreter (leitender oder isolierender) Elemente,
— Gesteinsmodelle mit variabler innerer Struktur.

Trotz der Vielfalt der bestehenden Theorien hat für die Lösung praktischer Aufgaben vor allem der Bohrlochmessung die empirische Beziehung nach ARCHIE und DACHNOV auch gegenwärtig fundamentale Bedeutung.

a) Gestein als Anordnung ebenflächig begrenzter, parallel angeordneter Elemente bzw. Bestandteile

Die Vorstellung eines aus einer *isolierenden* „Platte" der Matrixsubstanz ($\varrho_F = \infty$) und einer *leitenden* „Platte" des Poren- oder Kluftinhaltes ϱ_W aufgebauten Modells (analog Abb. 5.38) führt zu dem trivialen Ergebnis

$$\varrho_0 = \varrho_W \cdot \Phi^{-1} \quad \text{bzw.} \quad F = \frac{1}{\Phi} \tag{7.44}$$

(Stromlinien parallel der Trennfläche zwischen Poren- und Festmaterial),

$$\varrho_0 = \infty \qquad \text{bzw.} \qquad F = \infty \tag{7.45}$$

(Stromlinien senkrecht zur Trennfläche zwischen Poren- und Festmaterial).

Eine Weiterentwicklung erfuhren diese für praktische Belange zunächst unbrauchbaren Beziehungen durch NEČAJ (1964) für *geklüftete Gesteine mit intergranularer Porosität.* Abb. 7.22 zeigt derartige Modelle und die daraus ab-

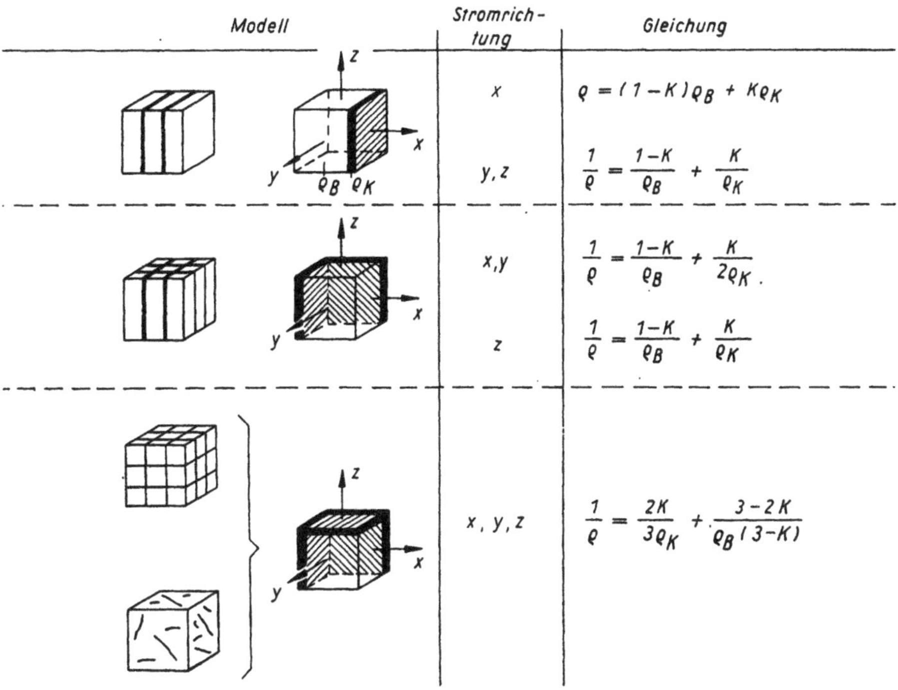

Abb. 7.22. Kluftkörpermodelle nach NEČAJ (1964)

geleiteten Beziehungen; dabei bedeuten ϱ spezifischer elektrischer Widerstand des Gesteins, ϱ_B spezifischer elektrischer Widerstand des kluftfreien Gesteins (falls dieses porös ist, ergibt sich ϱ_B z. B. nach der Beziehung von ARCHIE bzw. DACHNOV), ϱ_K spezifischer elektrischer Widerstand des Kluftinhaltes, K Klüftigkeit (analog Definition in Gleichung (2.3)).

Generell liegt jedoch der Hauptanwendungsbereich der Modelle mit ebenflächig begrenzten Bestandteilen bei der Behandlung der tonigen Gesteine (siehe Abschnitt 7.4.3.5)

b) Gestein als Anordnung diskreter (leitender oder isolierender) Elemente

Zu dieser Theoriengruppe zählen vor allem Kugel- und Röhren- bzw. Kapillarmodelle. Das bereits 1904 von MAXWELL gewählte Modell besteht aus *kugelförmigen Einschlüssen in einem homogenen Medium,* wobei sich Einschluß und Medium in ihrer Leitfähigkeit unterscheiden. Die Berechnung erfolgt unter der Voraussetzung, daß sich die durch die Einlagerungen bewirkten Feldstörungen nicht gegenseitig beeinflussen (d. h. große Abstände der Einlagerungen). Übertragen auf ein poröses Gestein wird die kugelförmige Einlagerung durch Mineralkörper ($\varrho_F = \infty$) und das Medium durch die Porenlösung (ϱ_W) repräsentiert.

Es ergibt sich hierfür ein Formationsfaktor in Abhängigkeit von der Porosität

$$F = \frac{3 - \Phi}{2\Phi}. \tag{7.46}$$

Unter Berücksichtigung der für die Ableitung gemachten Voraussetzungen hat diese Beziehung nur für *hochporöse Sedimente* bzw. *Suspensionen* Bedeutung.

Analoge Ableitungen wurden für andere „Kornformen" (Ellipsoide, Kuben) vorgenommen; die Ergebnisse sind z. B. bei Dachnov (1975) und Itenberg (1978) zusammengestellt. Peréz-Rosales (1976) gibt — zurückgehend auf Arbeiten von Maxwell und Fricke — einen Ausdruck für den Formationsfaktor eines dispersen Systems an, der zusätzlich eine Größe P enthält, die ein Maß für die Form des dispergierten Teilchens ist

$$F = 1 + P\frac{(1 - \Phi)}{\Phi}. \tag{7.47}$$

Für Kugeln ist $P = 3/2$ (Gleichung (7.47) geht dann in (7.46) über); P wächst mit der Abplattung des Ellipsoids.

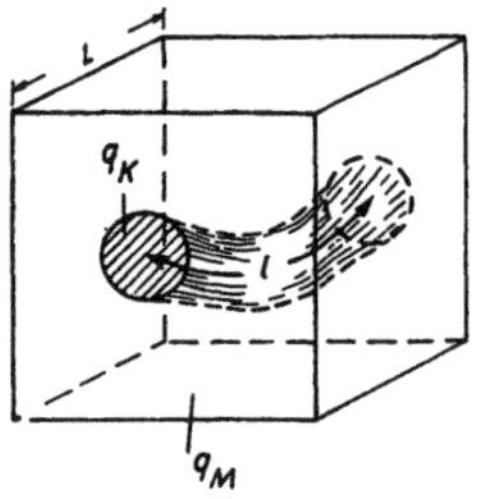

Abb. 7.23. Kapillarmodell

Röhren- oder Kapillarmodelle gehen von der naheliegenden Modellvorstellung aus, daß ein nichtleitender Gesteinsblock (Matrix) von einem System elektrolytgefüllter Röhren bzw. Kapillaren (Porenraum) durchsetzt ist: Eine Kapillare des Querschnitts q_K und der Länge l durchsetzt den zu berachtenden Modellteil des Querschnitts q_M und der Länge L (Abb. 7.23). Dann gilt für den Ohmschen Widerstand der Kapillare

$$R_K = \varrho_W \cdot \frac{l}{q_K}. \tag{7.48}$$

Dieser ist unter der Voraussetzung $\varrho_F = \infty$ gleich dem Widerstand des Modellabschnitts

$$R_M = \varrho_0 \frac{L}{q_M}. \tag{7.49}$$

Daraus folgt unter der Berücksichtigung, daß

— die Tortuosität $T^* = \frac{l}{L}$, (7.50)

— die Porosität $\Phi = \frac{q_K \cdot l}{q_M \cdot L} = \frac{q_K}{q_M} \cdot T^*$ (7.51)

ist, unmittelbar die Beziehung für den Formationswiderstandsfaktor

$$F = \frac{\varrho_0}{\varrho_W} = \frac{(T^*)^2}{\Phi}, \tag{7.52}$$

der sich als Quotient aus (Tortuosität)² und Porosität ergibt.

Die häufig auch zu findende Form $F = \frac{T^*}{\Phi}$ ist darauf zurückzuführen, daß in (7.51) die Tortuosität unberücksichtigt bleibt, d. h. $\Phi = q_K/q_M$ gesetzt wird. Die *Tortuosität* ist eine geometrisch definierte Größe, die die Verlängerung der Porenkanäle und „Strompfade“ infolge der inneren Gesteinsstruktur beinhaltet. In der hier angegebenen Form entspricht sie der von BITTERLICH und WÖBKING als „geometrische Tortuosität“ bezeichneten Größe. Die Tortuosität ist außer für elektrische Leitvorgänge auch für die Strömung fluider Medien in porösen Gesteinen von Bedeutung; da bei beiden Vorgängen jedoch z. T. unterschiedliche Porenbereiche beteiligt sind, wird meist zwischen einer *„elektrischen Tortuosität“* und einer *„hydraulischen Tortuosität“* unterschieden.

SCHOPPER (1966a, b) entwickelte derartige Kapillarmodelle weiter, indem

— Modelle miteinander verbundener Kapillaren (Kettenmodell, Bündelmodell) in Form von Netzwerken als Ausgangspunkt gewählt,
— die geometrischen Kapillarparameter (Querschnitt, Formfaktor, Länge) als statistisch definiert aufgefaßt und mit Variationskoeffizienten versehen und
— die Berechnungen sowohl für elektrische als auch für hydraulische Vorgänge vorgenommen werden.

Die Theorie erhält damit eine höhere Allgemeingültigkeit, erfordert aber für die Berechnung die Kenntnis zusätzlicher Parameter.

In vereinfachter Weise einer Berechnung von DACHNOV (1975) folgend, kann man aus (7.29) und (7.52) einen Zusammenhang zwischen *Porosität, Zementationsexponenten und Tortuosität* ableiten:

$$F = \frac{1}{\Phi^m} = \frac{(T^*)^2}{\Phi}, \tag{7.53}$$

$$T^* = \Phi^{\left(\frac{1-m}{2}\right)}. \tag{7.54}$$

c) Gesteinsmodelle mit variabler innerer Struktur

Das in Abschnitt 5.4.5.2 beschriebene Modell gestattet in sehr einfacher Weise die Berechnung des spezifischen elektrischen Widerstandes bzw. des

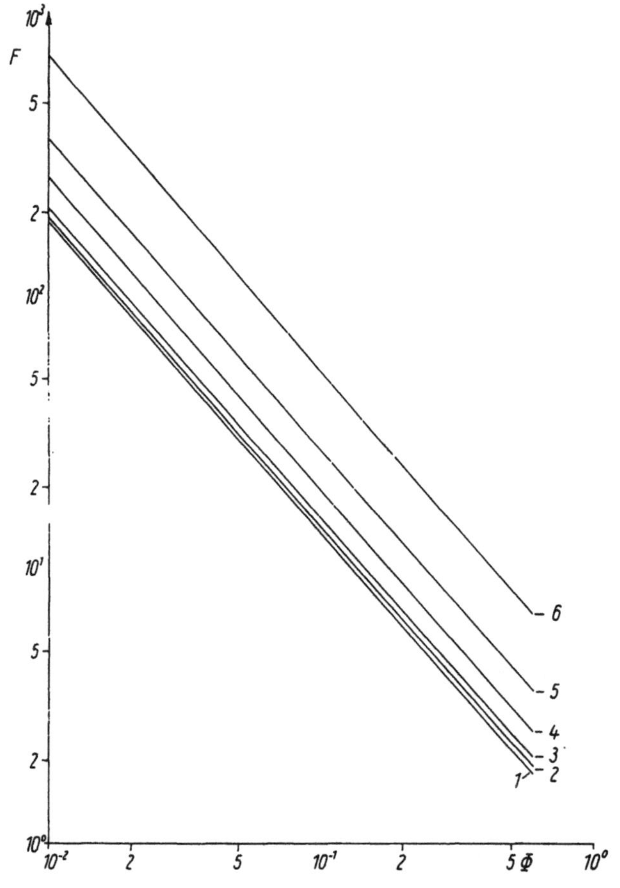

Abb. 7.24. Beziehung zwischen Formationswiderstandsfaktor und Porosität (strukturiertes Gesteinsmodell)

Kurve	Strukturwinkel α bei Stromrichtung	
	vertikal (F_v)	horizontal (F_h)
1	90°	0°
2	75°	15°
3	60°	30°
4	45°	45°
5	30°	60°
6	15°	75°

Formationswiderstandsfaktors und der Porosität. Anhand der Abb. 5.44 ergeben sich unter der Voraussetzung $\varrho_F = \infty$ für das „*Mikrosystem*"

$$F_{\mathrm{I}} = F_{\mathrm{II}} = \left(1 + \frac{c}{a}\right)\left(\frac{b}{b+d} + \frac{d}{b}\right), \qquad (7.55)$$

$$F_{\mathrm{III}} = \infty \,. \qquad (7.56)$$

Die Transformation über die spezifischen Leitfähigkeiten in das „*Makrosystem*" liefert die Formationswiderstandsfaktoren

$$F_{\mathrm{h}} = F_1 = F_2 = F_{\mathrm{I}}\,(\cos^{-1}\alpha)\,, \qquad (7.57)$$

$$F_{\mathrm{v}} = F_3 = F_{\mathrm{I}}\,(\sin^{-1}\alpha)\,. \qquad (7.58)$$

Dabei ist $F_{\mathrm{h}} = F_1 = F_2$ der bei horizontaler, $F_{\mathrm{v}} = F_3$ der bei vertikaler Stromrichtung bestimmte Formationswiderstandsfaktor.

Die Porosität des Modells kann nach (5.107) berechnet werden. Damit ergibt sich der Formationswiderstandsfaktor nach diesem Modell als eine Funktion von Porosität und innerer Struktur (Abb. 7.24). Die *in doppeltlogarithmischer Darstellung* aufgetragenen Kurven liefern in Übereinstimmung mit der em-

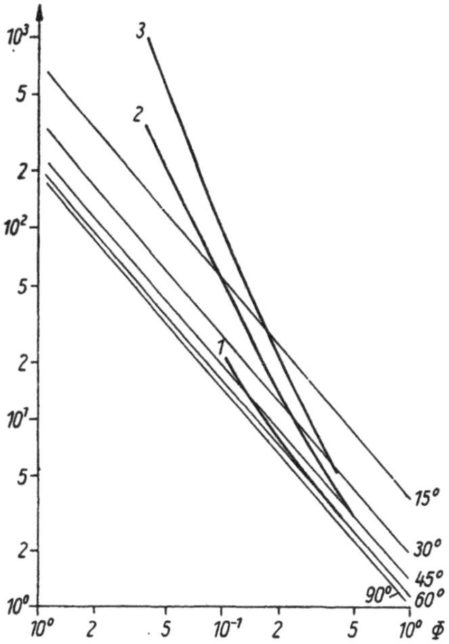

Abb. 7.25. Gegenüberstellung der nach dem Modell berechneten F-Φ-Beziehungen (Kurvenparameter α) und der in Abb. 7.14 gezeigten Mittelwertskurven

pirischen Beziehung von ARCHIE bzw. DACHNOV *Geraden*. Dabei beträgt der „*Zementationsexponent*" $m \approx 1{,}15$.

Der Formationswiderstandsfaktor stellt nach dem strukturierten Modell eine richtungsabhängige Größe dar, für den sich der *Anisotropiekoeffizient*

$$A_F = \frac{F_h}{F_v} = \tan\alpha \tag{7.59}$$

als reine *Strukturgröße* ergibt.

Die Abbildungen 7.25 bis 7.27 zeigen Beispiele berechneter und experimentell gewonnener Ergebnisse. Abb. 7.25 enthält zum Vergleich die *Mittelwertskurven* der Abb. 7.14 und verdeutlicht, daß eine Übereinstimmung zwischen berechneten und experimentellen Daten vor allem im Porositätsbereich $\Phi > 0{,}1$ zu erwarten ist. Bei niederen Porositäten liegen die nach dem Modell berechneten Formationswiderstandsfaktoren zu niedrig, die Ursache liegt vermutlich in der nicht berücksichtigten Tortuosität.

Die in Abb. 7.26a, b dargestellten Ergebnisse liefern für *Sandsteine* eine befriedigende Übereinstimmung und erklären Unterschiede in den Formationsfaktoren bei gleicher Porosität durch unterschiedliche Struktur (ausgedrückt durch den Strukturwinkel α). — Deutlicher wird diese strukturelle Aussage bei den unverfestigten Lockergesteinen. In Abb. 7.26c wird zunächst eine Gegenüberstellung experimentell ermittelter Daten bei horizontaler Stromrichtung und berechneten Kurven gegeben. Abb. 7.27a zeigt die in eine Darstellung experimentell gewonnener Daten (hochporöse *marine Sedimente*) eingetragenen berechneten Kurven; (abweichend von der üblichen Darstellung ist hier eine lineare Achsenteilung verwendet worden). Die Mehrzahl der Meßpunkte liegt im Bereich $\alpha = 35\cdots75°$. Die eingetragene mittlere Gerade A unterstreicht die Tendenz einer *Korrelation zwischen Strukturwinkel α und Porosität*. Die dieser Darstellung entnommenen Wertepaare (Φ, α) sind in Abb. 7.27b mit der an Glaskugeln direkt ermittelten Abhängigkeit (vgl. Abb. 5.51) zusammengefaßt. Der Vergleich der beiden auf völlig unterschiedliche Weise ermittelten Abhängigkeiten zeigt die gleiche Tendenz. Die Unterschiede sind vor allem durch die verschiedenen Kornformen bedingt. Diese generelle Abhängigkeit $\alpha = \alpha(\Phi)$ läßt sich aus Stabilitätsüberlegungen erklären.

7.4.3.4. *Gesteine mit nicht vernachlässigbarem Leitfähigkeitsanteil der Matrix. Ergebnisse experimenteller Untersuchungen*

Die Untersuchung der elektrischen Eigenschaften toniger Gesteine führte zu Ergebnissen, die erheblich von denen „reiner" Gesteine abwichen. PATNODE und WYLLIE (1950) fanden an tonigen Sandsteinen ein anormales Widerstandsverhalten, als deren Ursache die *elektrochemischen Eigenschaften der tonigen Bestandteile* erkannt wurden. Die Mehrzahl der Sedimentite — insbesondere der Sande und Sandsteine — enthält häufig tonige Anteile. Zur Darstellung ihrer elektrischen Eigenschaften existiert in der bohrlochgeophysikalischen Fachliteratur eine Vielzahl von Einzelarbeiten und zusammenfassenden Darstellungen interpretationsmethodischer und theoretischer Untersuchungen (z. B. DESBRANDES 1968, DACHNOV 1975, SCHLUMBERGER 1972, KOMAROV 1973), die hier nur gekürzt und auszugsweise angeführt werden können.

Der Formationsfaktor toniger Gesteine F_{tonig} ist eine vom spezifischen Widerstand der Porenlösung ϱ_W abhängige Größe; er nimmt mit abnehmenden ϱ_W bzw.

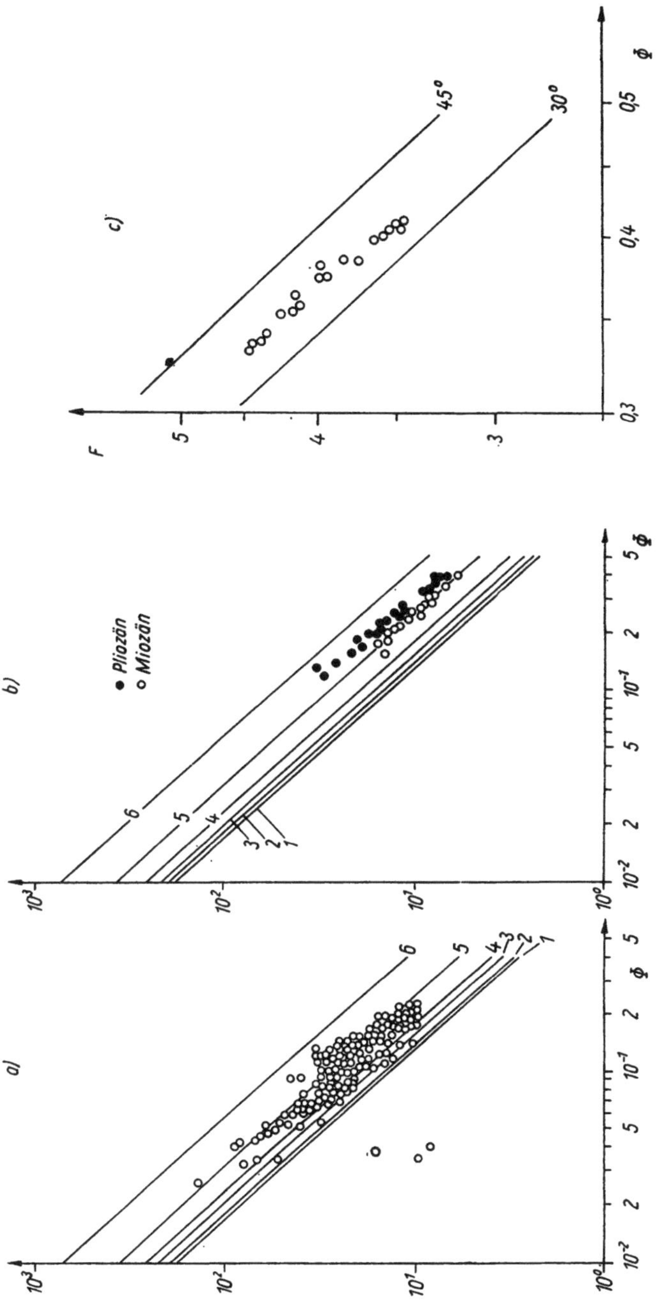

Abb. 7.26. Vergleich experimentell ermittelter und berechneter F-Φ-Beziehungen
a) Sandstein (Stromrichtung: vertikal) Daten nach TUNN (1966)
b) Miozän- und Pliozänsandstein (Stromrichtung: vertikal) Daten nach PORTER, CAROTHERS (1971)
c) Quarzsand/Kies, Sphärizität = 0,78 (Stromrichtung: horizontal) Daten nach JACKSON u. a. (1978),
Kurvenparameter: Strukturwinkel α (Bezeichnung wie Abb. 7.24)

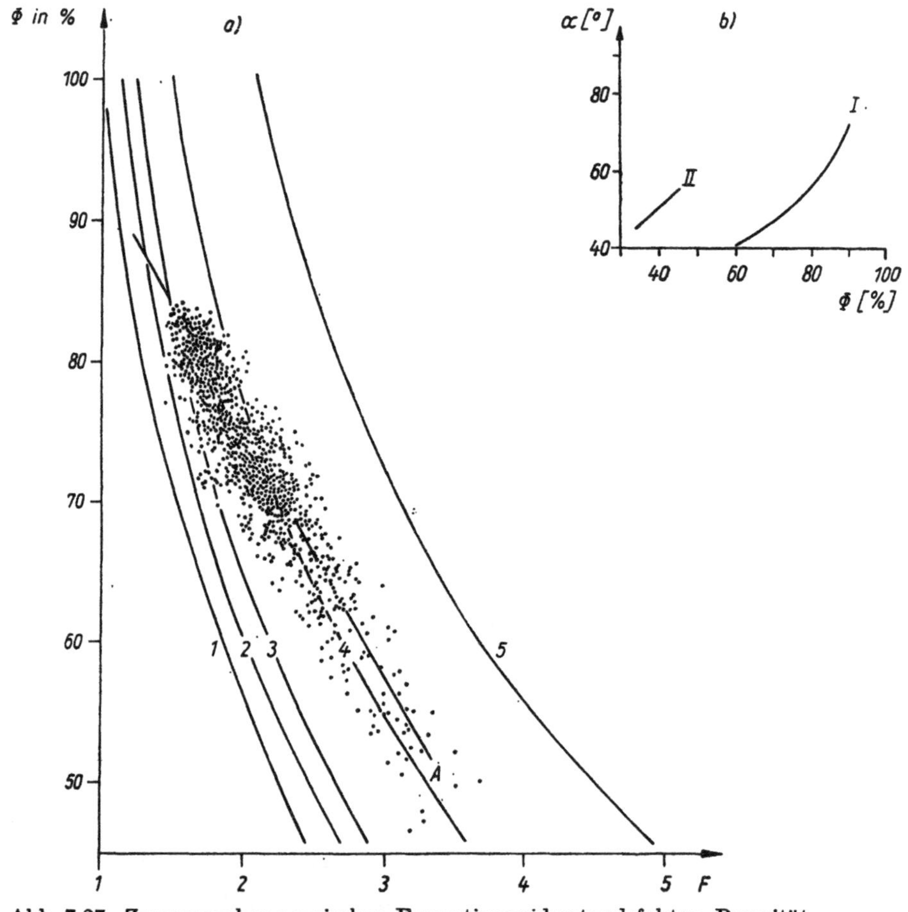

Abb. 7.27. Zusammenhang zwischen Formationswiderstandsfaktor, Porosität und Struktur bei hochporösen marinen Sedimenten

a) Gegenüberstellung von Formationsfaktor und Porosität

eingetragene Punkte: Meßwerte nach KERMABON u. a. (1969),
eingezeichnete Kurven: *1* bis *5*: nach Modell berechnet (F_v, Bezeichnung wie Abb. 7.24)
Kurve A: Mittlere Gerade durch die Meßpunkte

b) Zusammenhang zwischen Strukturwinkel α und Porosität

I – aus Abbildung (Kurve *A*) abgeleitet, *II* – direkt bestimmt an Glaskugeln (vgl. Abb. 5.51)

zunehmender Konzentration der Porenlösung zu (Abb. 7.28a). Der Einfluß des Tongehaltes (Volumenanteil des Tones am Gesamtvolumen des Gesteinsbereiches) T_G wird darüber hinaus an Abb. 7.28b deutlich, hier ist der Quotient (Parameter der Oberflächenleitfähigkeit nach Dachnov)

$$P_F = \frac{F_{\text{tonig}}}{F_{\text{rein}}} \tag{7.60}$$

als Funktion von ϱ_W und des Tongehaltes dargestellt. F_{rein} ist der Formationsfaktor des entsprechenden Gesteins ohne Toneinfluß (d. h. bei extrem niedrigem ϱ_W, wie später gezeigt wird).

Die Tonminerale bilden aufgrund ihrer Kristallstruktur elektrische Doppelschichten, die aus Ionen der im Schichtwasser enthaltenen Salze aufgebaut sind. Die hohe Kationenkonzentration der tonigen Gesteins- bzw. Porenbereiche ist Ursache für deren gegenüber dem tonfreien Bereich verändertes elektrochemisches Verhalten (Lehnert, Rothe 1962; Winsauer, McCardell 1953; Barlai 1972). Mit diesem Phänomen ist die *Oberflächenleitfähigkeit* (engl. „ionic double-layer conductivity", russ. „poverchnostoi provodimost") der Tone verbunden, die vor allem von

— der mineralogischen Zusammensetzung und Kationenaustauschkapazität,
— der chemischen Zusammensetzung und Konzentration des Elektrolyten

abhängt. Sie liefert *einen zum Porenwasser zusätzlichen Leitfähigkeitsbeitrag,* der sich um so stärker bemerkbar macht, je geringer die Leitfähigkeit des Porenwassers selbst ist und je höher der Tongehalt ist (vgl. Abb. 7.28). Bei guter Leitfähigkeit der Porenlösung (d. h. hoher Salzkonzentration) nimmt der relative Kationenüberschuß ab, damit nimmt der an die tonigen Partikel gebundene Leitfähigkeitsanteil gegenüber dem der Porenlösung in seiner Wirkung ab, und das elektrische Verhalten des Gesteins nähert sich dem eines tonfreien Gesteins, d. h.

$$\lim_{\varrho_W \to 0} F_{\text{tonig}} \to F_{\text{rein}}. \tag{7.61}$$

Untersuchungen an Schluffsteinen (Barlai 1972) und an Sanden bei hochohmigen Porenwässern zeigten, daß derartige Effekte einer Oberflächenleitfähigkeit aufgrund adsorbierender Eigenschaften der Mineralkörner *nicht auf die Tonfraktion* beschränkt sind. Die von Sarma und Rao (1962) an Flußsanden bei geringkonzentrierten Porenwässern erzielten Meßergebnisse (7.29a) zeigen einen deutlichen Korngrößeneffekt im Verhalten des Formationsfaktors. Ähnliche Ergebnisse wurden z. B. von Repsold (1976) und Rink und Schopper (1974) publiziert (7.29b).

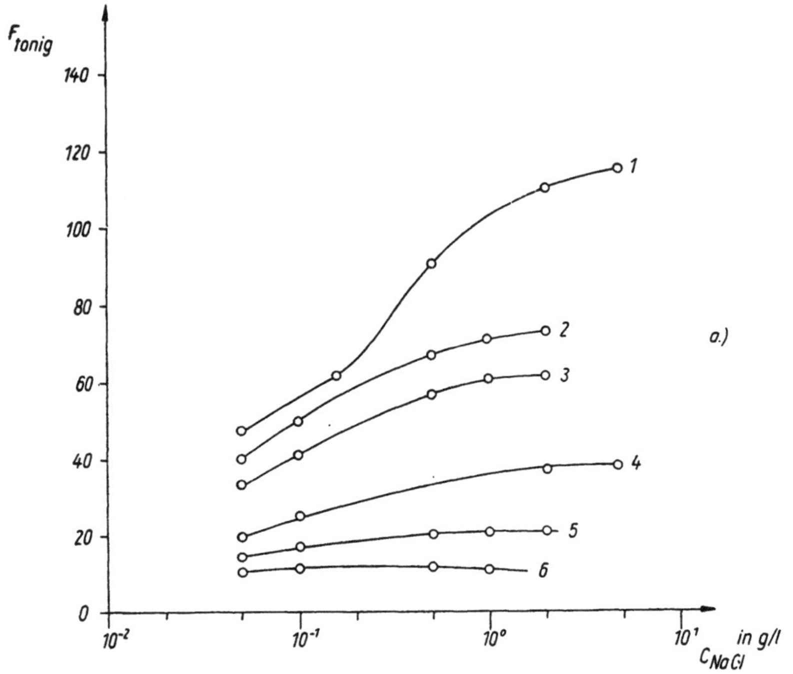

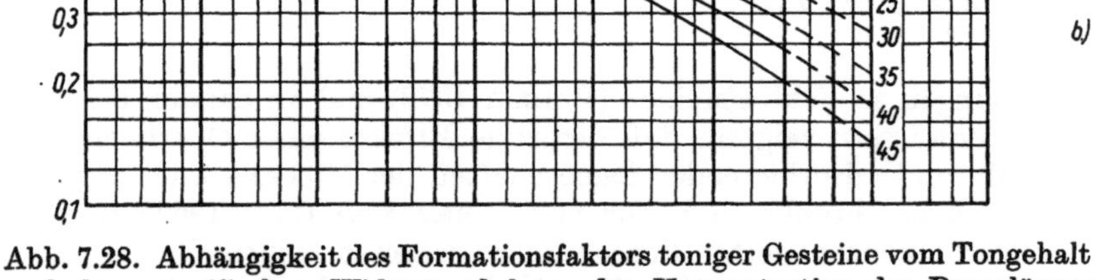

Abb. 7.28. Abhängigkeit des Formationsfaktors toniger Gesteine vom Tongehalt und dem spezifischen Widerstand bzw. der Konzentration der Porenlösung

a) Zusammenhang zwischen F_{tonig} und Konzentration der Porenlösung

1, 2 — toniger Sandstein, *3, 4* — schwach toniger Sandstein, *5, 6* — tonfreier Sandstein (umgezeichnet nach DORTMAN 1976)

b) Abhängigkeit des Quotienten F_{tonig}/F_{rein} vom spezifischen Widerstand der Porenlösung ϱ_w bei unterschiedlichem Tongehalt in %

(nach experimentellen Daten aus devonischen Gesteinen Tatariens und Baschkiriens, DACHNOV (1962))

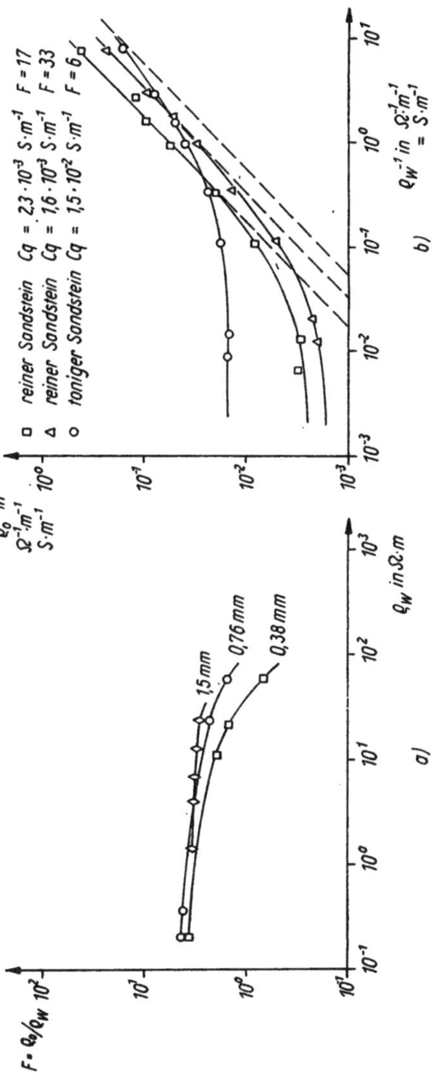

Abb. 7.29. Einfluß von Korngröße und Tongehalt auf Formationsfaktor bzw. elektrische Leitfähigkeit von Sedimenten

a) Abhängigkeit des Formationswiderstandsfaktors vom spezifischen Widerstand der Porenlösung bei Flußsanden unterschiedlicher Korngröße (umgezeichnet nach SARMA, RAO 1963)

b) Elektrische Gesteinsleitfähigkeit als Funktion der elektrischen Leitfähigkeit der Porenlösung bei Sandsteinen (umgezeichnet nach RINK, SCHOPPER 1974)

7.4.3.5. *Gesteine mit nicht vernachlässigbarem Leitfähigkeitsanteil der Matrix. Ergebnisse theoretischer Untersuchungen*

Die theoretischen Untersuchungen zum elektrischen Verhalten von Gesteinen mit einer an Doppelschichteffekte gebundenen *zweiten Leitfähigkeitskomponente* verfolgen das Ziel, auch für diese Gesteine handhabbare Interpretationsgrundlagen zur Porositäts- bzw. Sättigungsbestimmung aus elektrischen Widerstandsmessungen zu geben. Hierzu werden verschiedene Modelle verwandt, die sich allein in der *Anordnung der am Gesteinsaufbau beteiligten Bestandteile* (sandige Matrix, tonige Bestandteile, Wasser in freier und gebundener Form sowie evtl. Schluff und Luft bzw. Gas oder Öl) unterscheiden.

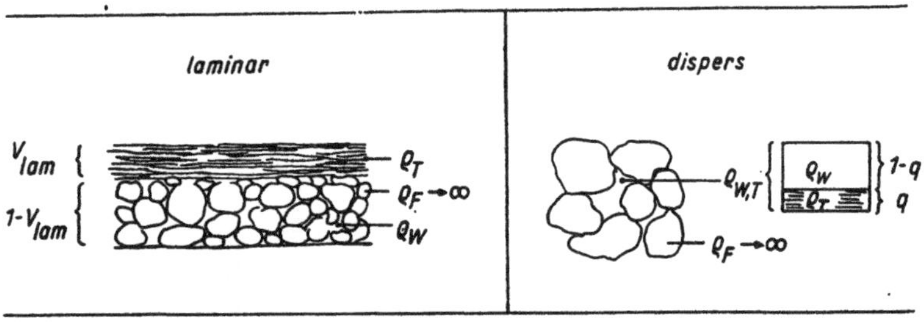

Abb. 7.30. Modelle zur Berechnung des spezifischen Widerstandes toniger Gesteine

Ausgehend von der Existenz zweier Leitfähigkeitsanteile (wäßrige Porenlösung, Oberflächenleitfähigkeit der Tone) stellten PATNODE, WYLLIE (1950) und DE WITTE (1955) für die spezifische Leitfähigkeit des wassergesättigten tonigen Gesteins folgende Beziehung auf

$$\frac{1}{\varrho_0} = A + \frac{B}{\varrho_w}. \tag{7.62}$$

RINK und SCHOPPER (1974) benutzten (7.62) in der Form

$$\frac{1}{\varrho_0} = C_q + \frac{1}{F \cdot \varrho_w} \tag{7.63}$$

und bezeichnen C_q als „interface-conductivity". Formationsfaktor F und C_q werden als asymptotische Werte aus $\lg(\varrho_0^{-1}) = f(\lg \varrho_w^{-1})$-Darstellungen von Laborergebnissen entnommen und in Beziehung zu petrographischen Eigenschaften gesetzt (Abb. 7.29b). Die Gleichungen (7.62) und (7.63) setzen mit der Addition der beiden Leitfähigkeitsanteile deren Parallelschaltung als Modell voraus und entsprechen damit der Vorstellung eines laminaren Aufbaues des Gesteins.

Laminar und dispers verteilte Tone stellen die beiden wichtigsten Grundvorstellungen für die Ableitung entsprechender Modelle und Gleichungen dar:

a) Laminar verteilte Tone (Modell von POUPON, LOY, TIXIER und DACHNOV)

Der Ton befindet sich *lamellenartig* in den (tonfreien) Sand eingelagert (Abb. 7.30). Der Widerstand bzw. die Leitfähigkeit wird für horizontale Stromrichtung berechnet und setzt sich aus den Leitfähigkeitsanteilen der beiden elektrisch unterschiedlich wirkenden Bestandteile nach den Gesetzen der *Reihenschaltung* zusammen.

Für das wassergesättigte Gestein gilt

$$\frac{1}{\varrho_0} = \frac{V_{\mathrm{lam}}}{\varrho_{\mathrm{T}}} + \frac{1 - V_{\mathrm{lam}}}{\varrho_{\mathrm{Sd}}}, \tag{7.64}$$

dabei ist V_{lam} der Volumenanteil des laminaren Tones am Gesamtgesteinsvolumen, ϱ_{T} der spezifische Widerstand des Tones, ϱ_{Sd} der spezifische Widerstand des tonfreien Sandes. Für ϱ_{Sd} gilt

$$\varrho_{\mathrm{Sd}} = F_{\mathrm{Sd}} \cdot \varrho_{\mathrm{W}} = F_{\mathrm{rein}} \cdot \varrho_{\mathrm{W}}.$$

Damit ergibt sich

$$\frac{1}{\varrho_0} = \frac{V_{\mathrm{lam}}}{\varrho_{\mathrm{T}}} + \frac{1 - V_{\mathrm{lam}}}{F_{\mathrm{Sd}}\varrho_{\mathrm{W}}}. \tag{7.65}$$

Ist das Gestein nur teilweise mit Wasser gesättigt, so wird dieser Umstand nur im 2. Term (d. h. dem Sandanteil) berücksichtigt (Anwendung von (7.37)).

Das laminare Modell weist eine ausgeprägte *Anisotropie* auf.

b) Dispsers verteilte Tone (Modelle von DE WITT)

Der Ton befindet sich statistisch *verteilt in der Gesteinsmatrix*, eingelagert zwischen sandige Partikel, oder erfüllt den intergranularen Porenraum; er kann sich dem gröberen Sandpartikel angelagert haben und es teilweise umhüllen ("coating shale") oder als Bestandteil der Porenlösung flockenförmig ("floating shale") vorliegen (vgl. auch GUYOD, WICHMAN (1972). Dispers verteilter Ton bewirkt eine Abnahme der hydrodynamischen Permeabilität.

Bei der Berechnung des spezifischen Widerstandes bzw. der Leitfähigkeit des wassergesättigten Gesteins (Abb. 7.30) wird *formal von der Beziehung nach* ARCHIE (7.31) *ausgegangen*

$$\varrho_0 = F_{\Sigma} \cdot \varrho_{\mathrm{W,T}}. \tag{7.66}$$

Dabei stellt F_{Σ} den Formationswiderstandsfaktor dar, der sich auf den gesamten, von der nichtleitenden Gesteinsmatrix gebildten Porenraum Φ_{Σ} bezieht:

$$F_{\Sigma} = \frac{a}{\Phi_{\Sigma}^{m}}. \tag{7.67}$$

Dieser Porenraum ist mit Porenwasser (w) und dispers verteiltem Ton (T) gefüllt. Die spezifische Leitfähigkeit dieses Poreninhaltes wird meist wiederum auf der Basis einer Reihenschaltung berechnet, d. h.

$$\frac{1}{\varrho_{\mathrm{W,T}}} = \frac{V_{\mathrm{disp}}}{\varrho_{\mathrm{T}}} + \frac{1 - V_{\mathrm{disp}}}{\varrho_{\mathrm{W}}}. \tag{7.68}$$

Dabei ist $V_{\text{disp}} = q$ (Abb. 7.30) der auf den Gesamtporenraum bezogene Anteil des dispers vorliegenden Tones. Es ergibt sich

$$\frac{1}{\varrho_0} = \frac{1}{F_\Sigma} \left(\frac{V_{\text{disp}}}{\varrho_{\text{T}}} + \frac{1 - V_{\text{disp}}}{\varrho_{\text{W}}} \right). \tag{7.69}$$

Von diesen Grundmodellen ausgehend wurden für spezielle Interpretationsmethoden eine Reihe weiterer Gleichungen entwickelt (z. B. nach HOSSIN, DOLL, SIMANDOUX,) die in der bohrlochgeophysikalischen Spezialliteratur (u. a. DACHNOV 1975, DESBRANDES 1968) zusammengestellt sind. Ausgehend von dem dispersen Modell nahmen WAXMAN und SMITS (1968) eine wichtige Weiterentwicklung vor. Zur Darstellung der elektrischen Eigenschaften der Tone führten sie deren Kationenaustauschkapazität Q_{v} (bzw. CEC) in die Gleichungen ein. Für Gesteine, bei denen *Sand-*, *Schluff-* und *Tonanteile* mit ihren elektrisch unterschiedlichen Eigenschaften zu berücksichtigen sind (z. B. Sandsteine hohen Schluffanteils von Algyö/Ungarische VR) wurde von BARLAI (1972) eine allgemeine Theorie entwickelt.

7.4.4. *Der spezifische elektrische Widerstand der Kohlen*

Der spezifische elektrische Widerstand der Kohlen wird vor allem durch ihren *Wassergehalt* (und den spezifischen Widerstand des Wassers) und durch ihren *Metamorphose- bzw. Inkohlungsgrad* bestimmt. So ergeben sich für Torf- und Moorböden spezifische Widerstände von $\varrho \approx 10 \cdots 40\ \Omega \cdot \text{m}$ (FRÖHLICH, SCHWINGE 1978), die sich z. T. mit den Werten für Braunkohlen von etwa $\varrho = 10 \cdots 70\ \Omega \cdot \text{m}$ (CHRISTALLE, TANGELST, TUREK 1969) überdecken. Auf die Tendenz der Widerstandszunahme mit dem *Bitumengehalt* von Braunkohlen weist TANGELST (1964) hin.

LEBRETON (1980) gibt für Braunkohlen Werte zwischen 10^2 und $10^4\ \Omega \cdot \text{m}$, für Steinkohlen zwischen 10^2 und $10^6\ \Omega \cdot \text{m}$ und für Anthrazit zwischen 10^{-2} und $10^2\ \Omega \cdot \text{m}$ an. Auch Kohlen zeigen in Abhängigkeit von ihrem Wassergehalt ein Dispersionsverhalten (Abb. 7.31).

Die sogenannten „*Salzkohlen*" zeigen infolge der hohen Konzentration der Porenwässer wesentlich niedrigere Widerstandswerte.

DACHNOV (1962) und PARCHOMENKO (1965) geben für *Braunkohlen* $\varrho = 10 \cdots 600\ \Omega \cdot \text{m}$ an. Mit abnehmendem Wassergehalt bzw. Reduzierung des Porenraumes schließen sich *Steinkohlen* mit Werten ab etwa $50 \cdots 100\ \Omega \cdot \text{m}$ an (Langflammkohle), die im *Gaskohlenstadium* bis zu $40\,000\ \Omega \cdot \text{m}$ erreichen und mit zunehmender Inkohlung danach über das *Koksstadium* ($\varrho \approx 30 \cdots 5\,000\ \Omega \cdot \text{m}$) bis zum *Anthrazit* ($\varrho \approx 10^{-3} \cdots 3 \cdot 10^0\ \Omega \cdot \text{m}$) abnehmen.

7.4.5. *Der Einfluß von Druck und Temperatur auf den spezifischen elektrischen Widerstand der Sedimentite*

Auch in der Druck- und Temperaturabhängigkeit des spezifischen elektrischen Widerstandes unterscheiden sich infolge der unterschiedlichen Leitungsvorgänge trockene (bzw. öl- oder gasgesättigte) Sedimente markant von wasserhaltigen bzw. wassergesättigten.

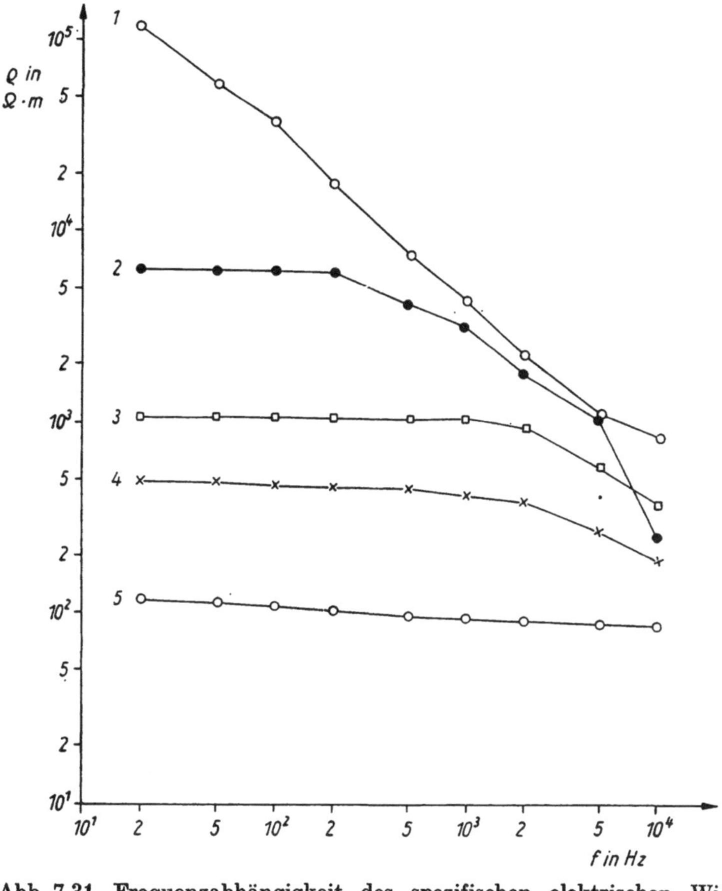

Abb. 7.31. Frequenzabhängigkeit des spezifischen elektrischen Widerstandes einer Braunkohlenprobe bei unterschiedlichem Wassergehalt
1 – w = 0, *2* – w = 0,22, *3* – w = 0,32, *4* – w = 0,38, *5* – Porenwasser

Im trockenen Zustand bewirken die in Abschnitt 7.2 angeführten Vorgänge eine *Verbesserung der elektrischen Leitfähigkeit* der festen Mineralsubstanz *bei steigendem Druck und steigender Temperatur*. Hinzu kommen druckbedingte Veränderungen in den elektrischen Eigenschaften der Korn-Korn-Kontakte oder anderer Inhomogenitäten, die ebenfalls eine Widerstandsabnahme bewirken. Die Verbesserung der Kontakte bzw. die Vergrößerung der „Querschnittsfläche" am Kontakt gehorcht bei porösen Sedimentiten (wie z. B. Sandsteinen) in erster Näherung wiederum einem Potenzgesetz. Abb. 7.33 enthält ein Beispiel für die druckbedingte relative Widerstandsänderung in linearer und doppeltlogarithmischer Darstellung, die diese Abhängigkeit belegt und unterstreicht, daß *Veränderungen an den Kontakten* als Hauptursache der Widerstandsabnahme im untersuchten Druckbereich anzusehen sind.

Bei wassergesättigten (und teilweise gesättigten) porösen bzw. klüftigen Sedimentiten prägt die *Temperaturabhängigkeit* der Porenlösung (vgl. Abschnitt 7.3.1) die des Gesteins im Temperaturbereich bis etwa 500 K (Abb. 7.32, Kurven *1* und *3*). Unter der Voraussetzung, daß die Temperatur nahezu ausschließlich über die Veränderung von ϱ_W wirksam wird, ist der Formationsfaktor eine

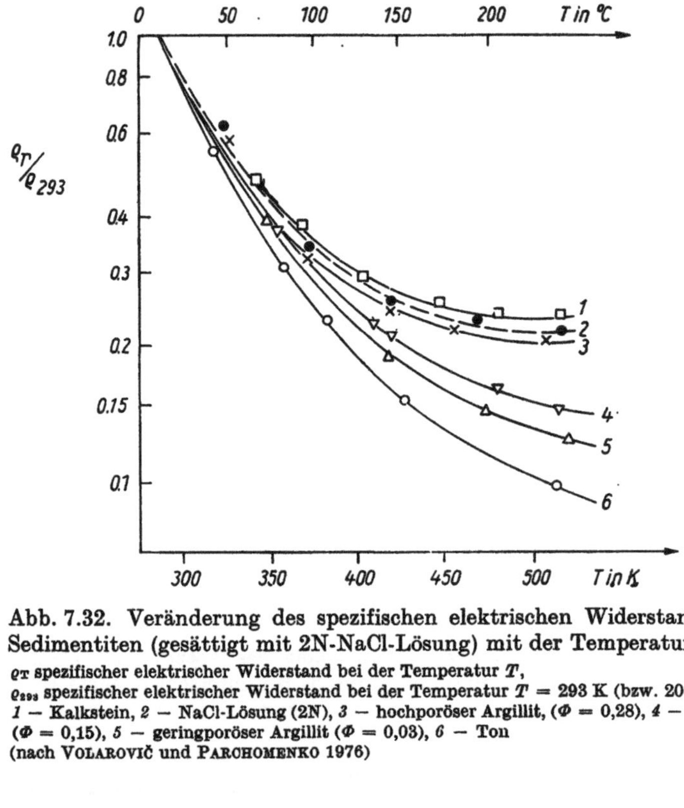

Abb. 7.32. Veränderung des spezifischen elektrischen Widerstandes von Sedimentiten (gesättigt mit 2N-NaCl-Lösung) mit der Temperatur

ϱ_T spezifischer elektrischer Widerstand bei der Temperatur T,
ϱ_{293} spezifischer elektrischer Widerstand bei der Temperatur T = 293 K (bzw. 20 °C),
1 – Kalkstein, *2* – NaCl-Lösung (2N), *3* – hochporöser Argillit, (Φ = 0,28), *4* – Aleurolith (Φ = 0,15), *5* – geringporöser Argillit (Φ = 0,03), *6* – Ton
(nach Volarovič und Parchomenko 1976)

temperaturunabhängige Größe. Die zusätzliche starke Veränderung der Oberflächenleitfähigkeit toniger Partikel führt zu einer noch ausgeprägteren Temperaturabhängigkeit bei Tonen und tonhaltigen Gesteinen.

Steigender Gerüstdruck (effektiver Druck) führt bei wassergesättigten Gesteinen (und meist auch bei teilweise gesättigten Gesteinen) infolge Abnahme des Porenraumes, Verminderung der Porenquerschnitte und Unterbrechung miteinander verbundener Porenkanäle *zur Widerstandserhöhung.* Diese Widerstandserhöhung steht daher in unmittelbarer Zusammenhang mit dem Deformationsverhalten der Gesteine (Abb. 7.33a), wobei nach Volarovic und Par-

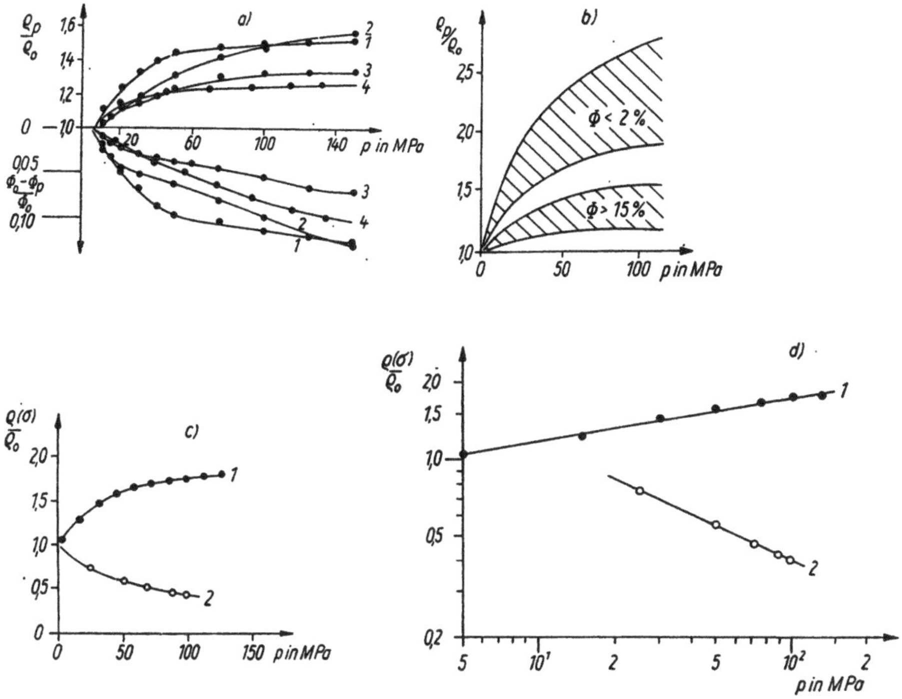

Abb. 7.33. Veränderung des spezifischen elektrischen Widerstandes von Sedimentiten mit dem effektiven Druck p

$\varrho(p)$ – spezifischer elektrischer Widerstand beim Druck p, ϱ_0 – spezifischer elektrischer Widerstand beim Druck $p = 0$, $\Phi(p)$ – Porosität beim Druck p, Φ_0 – Porosität beim Druck $p = 0$

a) Gegenüberstellung von Widerstands- und Porositätsänderung bei Sandsteinen mit karbonatisch-tonigen und tonigem Bindemittel (umgezeichnet nach AVČAN u. a. 1968)

Kurve *1* – $\Phi_0 = 0{,}096$, Kurve *2* – $\Phi_0 = 0{,}067$, Kurve *3* – $\Phi_0 = 0{,}088$, Kurve *4* – $\Phi_0 = 0{,}091$

b) Änderungsbereich des Widerstandes in Abhängigkeit vom Druck (umgezeichnet nach VOLAROVIČ und PARCHOMENKO 1976)

c) Veränderung des Quotienten $\varrho(p)/\varrho_0$ in Abhängigkeit von p

Kurve *1* – wassergesättigter Sandstein ($\Phi_0 = 0{,}087$), Kurve *2* – trockener Sandstein (nach Daten von PARCHOMENKO 1965)

d) Daten von Abbildung c, in doppeltlogarithmischer Darstellung

CHOMENKO (1976) die relative Widerstandsänderung bei geringporösen Gesteinen meist stärker ist als bei hochporösen (Abb. 7.33b). Die für poröse Gesteine typischen Deformationseigenschaften führen zu *nichtlinearen Abhängigkeiten* zwischen Widerstand und effektivem Druck.

In Analogie zu anderen Parametern (z. B. Geschwindigkeit und Absorptionskoeffizient elastischer Wellen) werden die in Abb. 7.33c enthaltenen Ergebnisse in doppeltlogarithmischem Koordinatensystem dargestellt (Abb. 7.33d) und ergeben hier in erster Näherung Geraden, die auf einen Zusammenhang der Form

$$\varrho(p) \sim p^j \tag{7.70}$$

hindeuten. *Der Exponent j ist dabei für trockene (bzw. öl- oder gasgesättigte) Gesteine negativ, für wassergesättigte (bzw. teilweise gesättigte) Gesteine positiv.* Speziell für wassergesättigte Gesteine läßt sich demnach die Veränderung des Formationswiderstandsfaktors mit dem Druck durch die Proportionalität

$$F(p) \sim p^j \tag{7.71}$$

ausdrücken.

Zur Veränderung des Formationswiderstandsfaktors mit dem Druck wurden vor allem von Dachnov (1962, 1975) und Dobrynin (1970) umfangreiche Untersuchungen vorgenommen, wobei ausgehend von (7.31) der Einfluß steigenden Druckes durch eine Porositätsminderung ($\Delta\Phi$) und eine Zunahme des „Zementationsexponenten (Δm)" berücksichtigt wird

$$F = \frac{a}{(\Phi - \Delta\Phi)^{m+\Delta m}}. \tag{7.72}$$

Unter Verwendung von (7.33) ist eine weitere Modifizierung in der Weise denkbar, daß auch Δm durch die Porosität (als Funktion des Druckes) dargestellt wird.

Wird nicht der effektive, auf das Gesteinsgerüst wirkende Druck, sondern der *Poreninnendruck* erhöht, so tritt mit der dadurch bedingten Weitung des Porenraumes eine *Widerstandsabnahme* auf (s. auch Volarovič und Parchomenko (1976).

7.4.6. *Die Dielektrizitätskonstante wasserhaltiger poröser und klüftiger Gesteine; Ergebnisse experimenteller Untersuchungen*

Die dielektrischen Eigenschaften des Poren- oder Kluftwassers bestimmen sehr stark Absolutwert und Frequenzabhängigkeit der Dielektrizitätszahl poröser bzw. klüftiger Gesteine.

Dabei zeigt ein Vergleich von Meßergebnissen, die an trockenen Proben im Vakuum und unter Bedingungen normaler Luftfeuchtigkeit ermittelt wurden, bereits deutliche Unterschiede (Abb. 7.34a).

Eine detaillierte Darstellung der Wirkung dünner Wasserschichten hat Olhoeft (1976) veröffentlicht. Für eine Basaltprobe gibt Abb. 7.34b den Einfluß unterschiedlichen Wassergehaltes auf die Dielektrizitätszahl ε wieder. Abb. 7.34c verdeutlicht darüber hinaus an Ergebnissen einer Gabbroprobe die Abhängigkeit der Dielektrizitätszahl ε und des spezifischen elektrischen Widerstandes ϱ von der Frequenz (vgl. Abb. 7.2.).

Besonders ausgeprägt ist der Einfluß von Wassergehalt und Porosität auf die dielektrischen Eigenschaften der Sedimentite. Für den *Einfluß des Wassergehaltes w* hat 1948 Tarchov (zit. bei Parchomenko 1965) eine Beziehung

$$\varepsilon(w) = \varepsilon_{(w=0)} w^n \tag{7.73}$$

angegeben; dabei ist der Exponent n empirisch zu bestimmen.

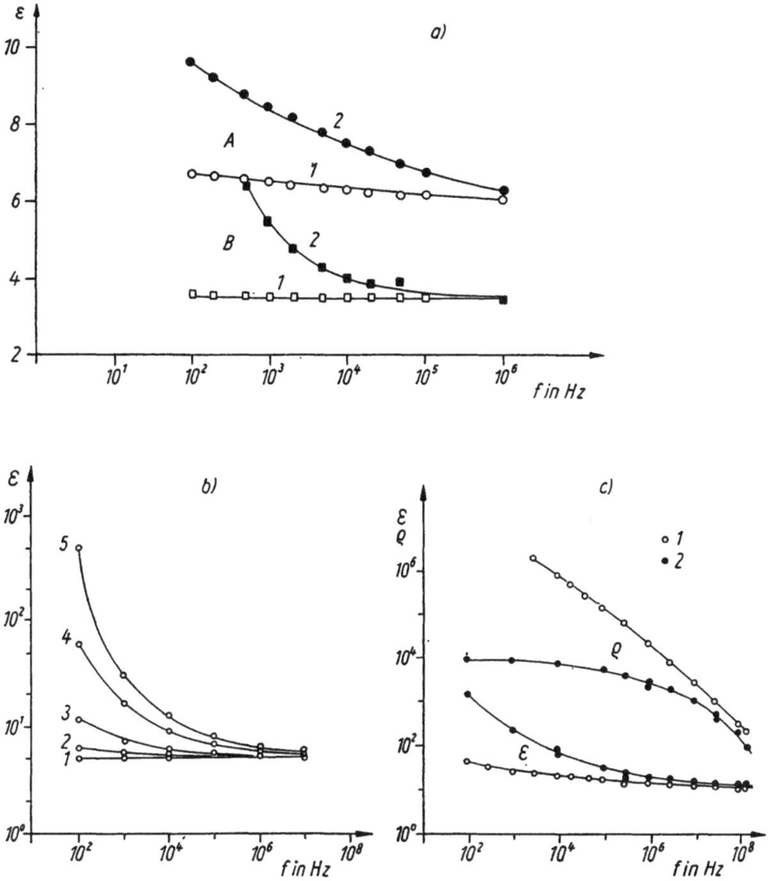

Abb. 7.34. Einfluß des Wassergehaltes auf die dielektrischen Eigenschaften magmatischer Gesteine

a) Granit (umgezeichnet nach Olhoeft 1976)

A — kompaktes Gestein, *B* — zermahlen (Puder), *1* — im Vakuum gemessen, *2* — in Luft (Luftfeuchtigkeit 30%) gemessen

b) Basalt (umgezeichnet nach Chung u. a. 1970) Dichte $d = 2{,}68 \cdot 10^3$ kg $\cdot$ m^{-3}; Temperatur $T = 300$ K

1 — im Vakuum gemessen, *2* — in Luft gemessen, *3* — Wassergehalt $w = 0{,}1\%$, *4* — Wassergehalt $w = 0{,}8\%$, *5* — Wassergehalt $w = 1{,}5\%$

c) Gabbro (umgezeichnet nach Katsube und Collett 1976)

1 — trocken, *2* — wassergesättigt

Untersuchungen von Howell und Licastro (1961), Parchomenko (1965) und Pooley u. a. (1978) haben die Einflüsse von *Wassergehalt* bzw. Wassersättigungsgrad, *Porosität* und *Salinität* des Porenwassers auf die Dielektrizitätszahl ε' (Realteil) sowie auf den spezifischen elektrischen Widerstand ϱ'

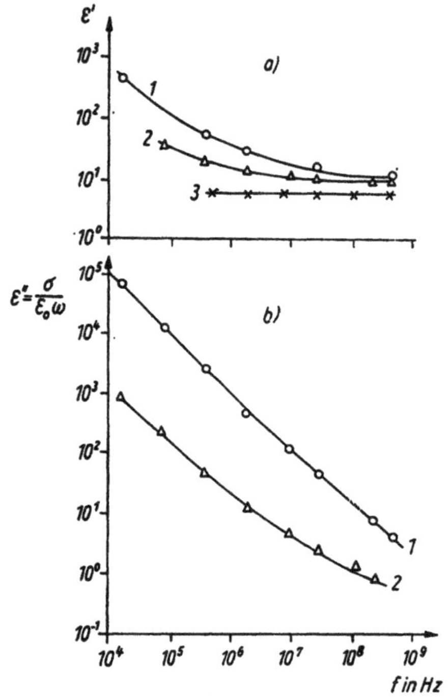

Abb. 7.35. Real- und Imaginärteil der Dielektrizitätszahl als Funktion der Frequenz bei unterschiedlichem Poreninhalt eines Sandsteins ($\Phi = 0{,}15$)
a) Realteil
b) Imaginärteil

Kurve	Poreninhalt
1	Salzwasser
2	Süßwasser
3	Luft

(nach Daten von Pooley u. a., 1978)

bzw. auf ϱ''(Imaginärteil) z. T. bei Frequenzen bis 10^{10} Hz zum Gegenstand. Abb. 7.35 verdeutlicht den Einfluß unterschiedlichen Poreninhalts auf Real- und Imaginärteil der Dielektrizitätszahl eines Sandsteins. Die Abhängigkeit des Realteils der Dielektrizitätszahl von Porosität und Frequenz (Abb. 7.36) läßt am dargestellten Beispiel die Tendenz erkennen, daß die Dielektrizitätszahl ε' oberhalb $f \approx 1\cdots2 \cdot 10^8$ Hz nur noch relativ geringe Veränderungen erfährt.

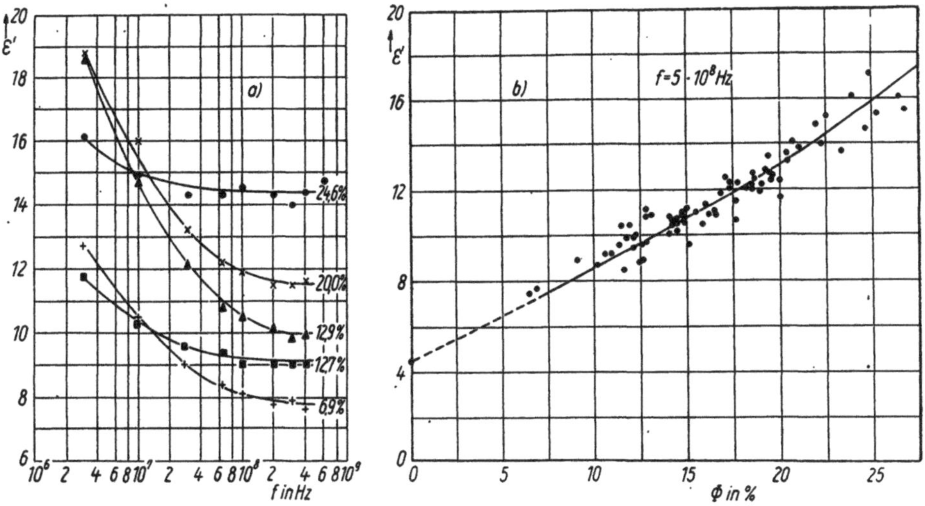

Abb. 7.36. Realteil der Dielektrizitätszahl als Funktion der Frequenz und Porosität (Sandstein; Poreninhalt: Süßwasser)

a) ε' als Funktion der Frequenz bei unterschiedlichen Porositäten

b) ε' als Funktion der Porosität bei der Frequenz $f = 5 \cdot 10^8$ Hz (umgezeichnet nach POOLEY u. a., 1978)

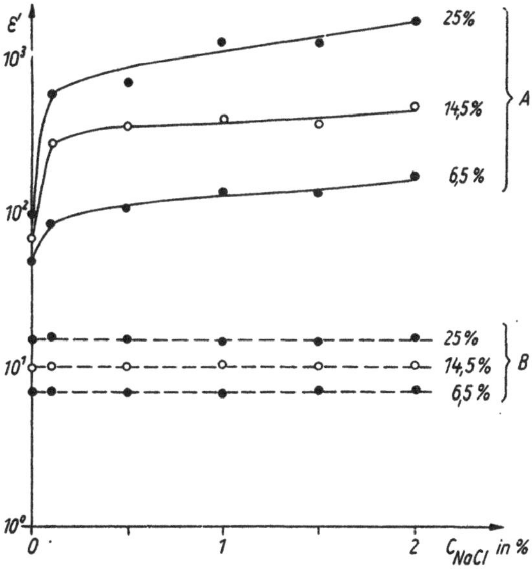

Abb. 7.37. Realteil der Dielektrizitätszahl eines Sandsteins ($S_w = 1$) als Funktion des Salzgehaltes bei unterschiedlicher Porosität

A — **Frequenz $f = 1 \cdot 10^4$ Hz,** *B* — **Frequenz $f = 2{,}5 \cdot 10^8$ Hz (nach Daten von POOLEY u. a., 1978)**

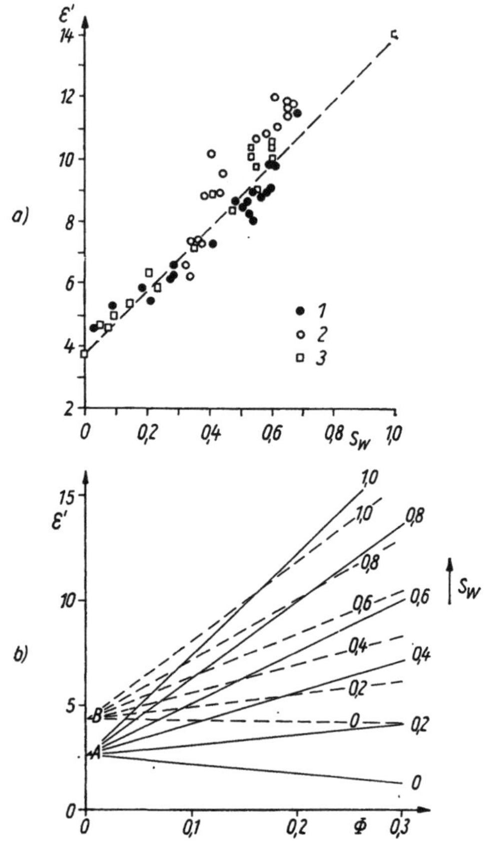

Abb. 7.38. Einfluß des Wassersättigungsgrades S_w (bzw. Ölsättigungsgrades $S_0 = 1 - S_w$) und der Porosität Φ auf den Realteil der Dielektrizitätszahl (ε')

a) Sandstein ($f = 2{,}5 \cdot 10^8$ Hz)

1 — Zunahme der Wassersättigung infolge Einpressen von Wasser in die ursprünglich ölgesättigte Probe ($S_w = 0 \rightarrow 1$),
2 — Abnahme der Wassersättigung infolge Einpressen von Öl in die ursprünglich wassergesättigte Probe ($S_w = 1 \rightarrow 0$),
3 — Meßergebnisse an einer zweiten Probe

b) Interpretationsdiagramm

A — Kalkstein, *B* — Sandstein, $f = 1{,}2 \cdot 10^9$ Hz
(umgezeichnet nach POOLEY u. a., 1978)

Bei diesen Frequenzen ist außerdem die Salinität des Porenwassers praktisch ohne Einfluß auf ε' (Abb. 7.37), wobei jedoch bisher im Vergleich zu normalen Schichtwassermineralisationen nur relativ niedrige Salinitäten untersucht wurden. Der Imaginärteil ε'' bzw. der spezifische Widerstand ϱ' zeigen dagegen auch in diesem Frequenzbereich eine starke Abhängigkeit von der Salinität.

Bei nur teilweise wassergesättigten Gesteinen wird der Einfluß des Porenwassers auf die Dielektrizitätszahl ε' durch Porosität und Sättigungsgrad bestimmt. Die in Abb. 7.38a dargestellten Ergebnisse von Untersuchungen an Sandsteinproben deuten darauf hin, daß dabei praktisch nur der Volumenanteil des Wassers maßgebend ist, nicht aber die durch verschiedene Sättigungsmethoden bewirkten Unterschiede in der Verteilung des Wassers im Porenraum. Katsube und Collett (1976) stellten darüber hinaus fest, daß unterschiedliche Zementation keinen Einfluß auf ε' hat und wiesen darauf hin, daß bei wassergesättigtem Gestein ε' durch die *totale* Porosität, ϱ' hingegen durch die *effektive* Porosität beeinflußt wird.

Aus diesen Zusammenhängen entwickelte Interpretationsdiagramme (Abb. 7.38b) zeigen den Einfluß von S_w und Φ und die Wirksamkeit unterschiedlicher Gesteinsmatrix, die vor allem bei niedrigen Porositäten und Wassersättigungsgraden ausgeprägt ist. Der Abfall der Kurven bei $S_w = 0$ ist dadurch bedingt, daß die Dielektrizitätszahl des Öls niedriger ist als die der Matrixsubstanz (vgl. Tab. 7.1 und 7.3).

7.4.7. *Theorien zur Berechnung der Dielektrizitätszahl von Gesteinen aus den Eigenschaften ihrer Bestandteile*

Zur Berechnung der Dielektrizitätszahl von Gesteinen bzw. allgemein von heterogenen Substanzen existieren in der Literatur mehrere Theorien. Dabei wird die Kenntnis der Dielektrizitätszahlen ε_i und der Volumenanteile V_i der i Bestandteile am Gesamtvolumen vorausgesetzt. Mit Modellvorstellungen wird eine Annahme über die geometrische Ausbildung und Anordnung der Bestandteile getroffen. Derartige Beziehungen sind u. a. von Parchomenko (1965) und Dortman (1976) zusammengestellt. Häufig angewandt ist die Gleichung von Maxwell, die für *kugelförmige Einlagerungen* eines Materials mit der Dielektrizitätszahl ε_1 und dem Volmenanteil V_1 in einem Medium der Dielektrizitätszahl ε_2 abgeleitet wurde:

$$\varepsilon = \varepsilon_2 \frac{2\varepsilon_2 + \varepsilon_1 - 2V_1(\varepsilon_2 - \varepsilon_1)}{2\varepsilon_2 + \varepsilon_1 + V_1(\varepsilon_2 - \varepsilon_1)}. \tag{7.74}$$

Sie gilt unter den gleichen Voraussetzungen wie die Beziehung (7.40).

Auf mehr als zwei Bestandteile erweiterungsfähig ist die Gleichung von Lorentz-Lorenz

$$\frac{\varepsilon - 1}{\varepsilon + 2} = \frac{\varepsilon_1 - 1}{\varepsilon_1 + 2} V_1 + \frac{\varepsilon_2 - 1}{\varepsilon_2 + 2} V_2 + \dots, \tag{7.75}$$

deren Aufbau dem der Beziehungen von CLAUSIUS-MASOTTI und DEBYE entspricht.

In Analogie zu den Modellvorstellungen, die Abschnitt 5.4.2 zu den Gleichungen von REUSS und VOIGT *für das elastische Verhalten* führten, lassen sich „Mischungsgleichungen" für die Dielektrizitätszahlen eines Gesteins aus n Bestandteilen ableiten:

$$\varepsilon_{\|} = \sum_{i=1}^{n} V_i \varepsilon_i, \tag{7.76}$$

$$\varepsilon_{\perp}^{-1} = \sum_{i=1}^{n} V_i \varepsilon_i^{-1}. \tag{7.77}$$

Sie stellen als arithmetisches Mittel eine *Parallelschaltung* und als geometrisches Mittel eine *Reihenschaltung* der als Kondensatoren aufgefaßten dielektrischen Eigenschaften der i Bestandteile dar.

Eine zusammenfassende Darstellung von Beziehungen zur Berechnung der DK von Gemischen geben WANG und SCHMUGGE (1960); die von ihnen angegebene und zum Vergleich mit experimentellen Daten (Lockergestein) verwendete Beziehung basiert auf der Grundvorstellung der Gleichung (7.76)

$$\varepsilon = \mathrm{W}\varepsilon_{\mathrm{WA}} + (\Phi - \mathrm{W})\,\varepsilon_{\mathrm{L}} + (1 - \Phi)\,\varepsilon_{\mathrm{M}} \quad \text{bei} \quad W \leqq W_t$$

mit

$$\varepsilon_{\mathrm{WA}} = \varepsilon_{\mathrm{E}} + (\varepsilon_{\mathrm{W}} - \varepsilon_{\mathrm{E}})\,\frac{\mathrm{W}}{\mathrm{W_t}}\,\gamma$$

bzw.

$$\varepsilon = \mathrm{W_t}\varepsilon_{\mathrm{WA}} + (\mathrm{W} - \mathrm{W_t})\,\varepsilon_{\mathrm{W}} + (\Phi - \mathrm{W})\,\varepsilon_{\mathrm{L}} + (1 - \Phi)\,\varepsilon_{\mathrm{M}}$$

$$\text{bei } \mathrm{W} > W_t$$

mit

$$\varepsilon_{\mathrm{WA}} = \varepsilon_{\mathrm{E}} + (\varepsilon_{\mathrm{W}} - \varepsilon_{\mathrm{E}})\,\gamma$$

ε — DK des Lockergesteins
ε_{L} — DK der Luft
ε_{M} — DK der Gesteinsmatrix (Festmaterial)
ε_{E} — DK des Eises
ε_{W} — DK des Wassers
$\varepsilon_{\mathrm{WA}}$ — DK des an den Kornoberflächen adsorbierten Wassers
Φ — Porosität
W — Wassergehalt in Volumenanteilen
$\mathrm{W_t}$ — Übergangsfeuchte
γ — Parameter zur optimalen Annäherung von Meßwerten und berechneter Kurve

Die Analogie zu der von ALEXANDROV und EISENBERG angegebenen Gleichung (5.74) bildet die Formel von LICHTENECKER (1926), die für n Bestandteile in der Form

$$\lg \varepsilon = \sum_{i=1}^{n} V_i \lg \varepsilon_i \tag{7.78}$$

oder

$$\varepsilon = \prod_{i=1}^{n} \varepsilon_i^{V_i} = \varepsilon_i^{V_1} \cdot \varepsilon_2^{V_2} \cdot \ldots \tag{7.79}$$

angegeben werden kann.

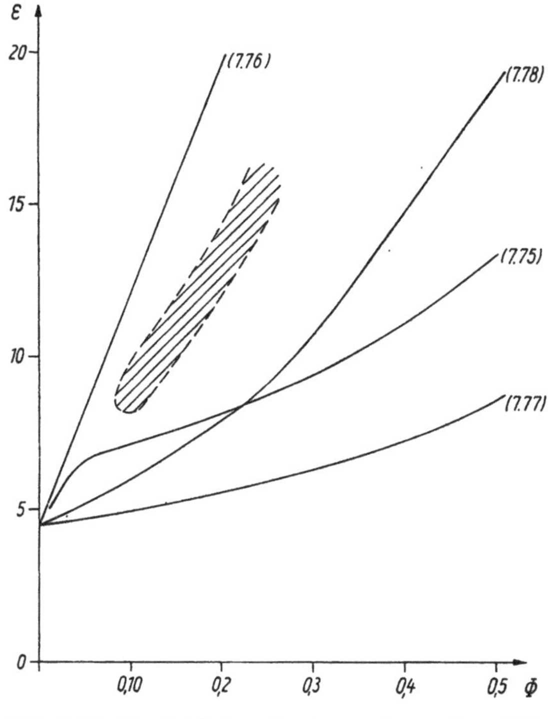

Abb. 7.39. Vergleich berechneter und experimentell ermittelter Abhängigkeiten der Dielektrizitätszahl von der Porosität

Kurvenparameter: Nr. der Gleichung im Text
schraffiert: Bereich der experimentellen Daten aus Abb. 7.36b

In Abb. 7.39 sind die obigen Beziehungen zur Berechnung der Abhängigkeit der Dielektrizitätszahl eines wassergesättigten Sandsteins von der Porosität benutzt worden. Infolge extremen Unterschiedes in den Dielektrizitätszahlen der Bestandteile unterscheiden sich die nach verschiedenen Gleichungen berechneten Kurven stark. Analog zu Abschnitt 5.4.2 liefern (7.76) und (7.77) Grenzkurven. Der Abb. 7.36b entnommene Bereich experimentell ermittelter Werte liegt zwischen den nach 7.76 und (7.78) berechneten Kurven.

7.5. Die induzierte Polarisation der Gesteine

7.5.1. Vorbemerkungen

Zahlreiche Gesteine und Erze zeigen bei Messungen mit Gleichstrom und niederfrequentem Wechselstrom ($f < 10$ Hz) Polarisationserscheinungen, die nicht auf die in Abschnitt 7.1 dargestellten Atom- und Molekularvorgänge zurückgeführt werden können. Sie äußern sich bei Gleichstrommessungen darin, daß beim Anlegen der Spannung eine bestimmte Zeit (Sekunden bis Minuten) bis zum Aufbau des Feldes und nach dem Abschalten bis zum Abbau des Feldes vergeht. Bei Wechselstrommessungen äußern sie sich als Dispersion, die vor allem im Bereich $f < 10$ Hz ausgeprägt ist. Zum Nachweis dieser „induzierten Polarisation" (IP) können demzufolge Gleichstrommessungen (*Zeitbereich*) und Wechselstrommessungen (*Frequenzbereich*) vorgenommen werden.

Die *Ursachen* der induzierten Polarisation von Gesteinen liegen vorrangig in elektrochemischen Effekten, die durch die Heterogenität des Gesteins bedingt und bisher nicht vollständig geklärt sind. Sie werden vor allem zurückgeführt auf den Wechsel zwischen elektrolytischer und elektronischer Leitfähigkeit (*Elektrodenpolarisation*) und auf Variationen in der Ionenbeweglichkeit des Elektrolyten im Gestein (*Membranpolarisation*) tonhaltiger Gesteine. Die induzierte Polarisation ist an Grenz- bzw. Doppelschichten gebunden und stellt eine *Flächenpolarisation* im Unterschied zu der in den vorangegangenen Abschnitten dargestellten Volumenpolarisation dar.

Eine Ursache strukturbedingter zusätzlicher Polarisation haben bereits 1881 Maxwell bzw. 1913 Wagner (siehe z. B. Wait 1971) untersucht: Materialien, die aus einer Wechsellagerung von Schichten unterschiedlicher elektrischer Eigenschaften aufgebaut sind, zeigen an den Schichtgrenzen bei Anlegen eines Feldes „Ladungsanhäufungen" unterschiedlicher Polarität innerhalb des besser leitenden Materials. Das zusammengesetzte Material weist eine DK auf, die höher ist als die der Einzelschichten ("interfacial polarization" bzw. Maxwell-Wagner-Effekt).

Das klassische *Anwendungsgebiet* der IP-Messungen stellt die Suche und Erkundung von *Vererzungen* bzw. Erzkörpern metallischer Sulfide (z. B. Pyrit) dar (siehe z. B. Parasnis 1966, 1973, Bertin und Loeb 1976). Sie werden darüber hinaus zum Nachweis graphitführender Gesteine und in großem Umfang bei der Erkundung von *Kohlenlagerstätten* (Steinkohle, Anthrazit) eingesetzt (siehe z. B. Dachnov u. a. 1952, Grečuchin 1965). Die in elektrolytleitenden Gesteinen ohne elektronische Leitfähigkeit auftretenden Polarisationseffekte haben in den letzten Jahren für IP-Messungen in Verbindung mit Widerstandsmessungen zu zunehmendem Einsatz bei der Charakterisierung poröser Locker- und Festgesteine vor allem hinsichtlich ihrer *hydrodynamischen Eigenschaften* geführt. Korngröße bzw. innere Oberfläche, Tongehalt, Gestalt der Poren bzw. Kapillaren beeinflussen neben Wassergehalt und Ionenkonzentration sehr stark die beobachteten IP-Effekte. Sie ergeben damit Einsatzmöglichkeiten bei der Klassifizierung im Lockergesteinsbereich (Unterscheidung Sand, Lehm, Ton), der Erkundung von Grundwasser und der Abschätzung bzw. Bestimmung der mittleren Korngröße sowie der hydrodynamischen Permeabilität in Verbindung mit geoelektrischen Widerstandsmessungen (siehe z. B. VAQUIER u. a. 1957, DACHNOV 1962, OGILVY und KUZMINA 1972, JAPSEN 1980).

7.5.2. *Bestimmung von IP-Größen*

7.5.2.1. *Messungen im Zeitbereich (time-domain)*

Messungen der IP im Zeitbereich setzen die kontinuierliche oder punktweise Aufnahme der *Abklingkurve* (decay-curve) voraus. Sie stellt den zeitlichen Verlauf der Polarisationsspannung $U_{IP}(t)$ nach Abschalten der den Polarisationseffekt hervorrufenden Primär- oder Erregerspannung U_E (Gleichspannung bzw. Gleichspannungsimpuls) dar und ist in Abb. 7.40 schematisch dargestellt. Die

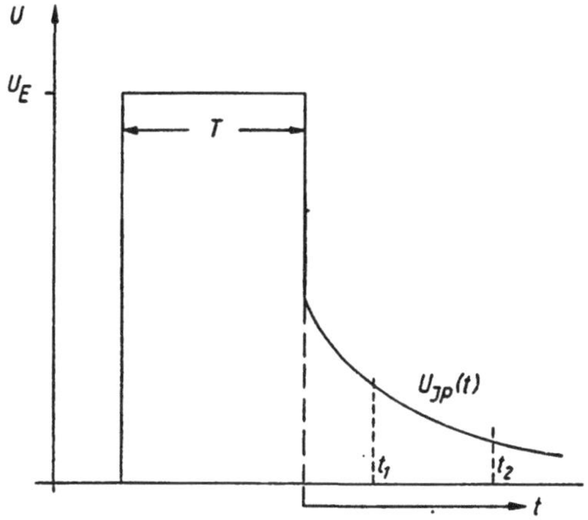

Abb. 7.40. Abklingkurve bei IP-Effekten (schematisch)

Abklingkurve stellt keine durch eine einfache mathematische Beziehung (z. B. Exponentialfunktion) beschreibbare Funktion dar (siehe Abschnitt 7.5.3). Zu ihrer Charakterisierung werden daher verschiedene *Maßzahlen* verwendet.

a) *Quotient aus der zu einer bestimmten Zeit t* (meist zwischen 0,1 und 10 s) *vorhandenen Polarisationsspannung $U_{IP}(t)$ und der Primärspannung U_E* (scheinbare Polarisierbarkeit)

$$P(t) = \frac{U_{IP}(t)}{U_E}. \tag{7.80}$$

$P(t)$ wird in mV/V oder in % angegeben.

b) *Quotient aus dem Flächeninhalt unter der gesamten Abklingkurve und der Primärspannung* (decay-time integral)

$$M_{t_0}^{t\infty} = U_E^{-1} \int_{t=0}^{t} U_{IP}(t)\,dt. \tag{7.81}$$

c) *Quotient aus dem Inhalt einer durch t_1 und t_2 begrenzten Teilfläche unter der Abklingkurve und der Primärspannung* ("chargeability")

$$M_{t_2}^{t_1} = U_E^{-1} \int_{t_1}^{t_2} U_{IP}(t)\,dt. \tag{7.82}$$

Als Maßeinheit für diese und die unter b) definierte Größe wird meist die ms (Millisekunde) benutzt.

Häufig wird bei allen drei Größen zusätzlich die Dauer der Primärspannung (Ladezeit Γ) als Parameter angegeben.

7.5.2.2. *Messungen im Frequenzbereich (frequency-domain)*

Die induzierte Polarisation führt im Niederfrequenzbereich zu einem *komplexen Gesteinswiderstand.* Untersuchungen der IP im Frequenzbereich erfordern die Bestimmung des Gesteinswiderstandes bei unterschiedlichen Frequenzen im Bereich von etwa 10^{-2} bis 10^2 Hz. Bei den Messungen wird entweder der komplexe Widerstand oder der Realteil des Widerstandes bestimmt und zur Berechnung von Maßzahlen verwendet. Diese *Maßzahlen* verlangen die *Messung bei zwei verschiedenen Frequenzen* f_1 und f_2 und setzen damit nicht die Aufnahme der vollständigen Dispersionskurve voraus:

a) *Frequenz-Effekt* (FE): Bei den Frequenzen f_1 und f_2 ($f_1 < f_2$) werden bei Messungen des Realteils des Widerstandes die scheinbaren spezifischen Widerstände ϱ_{s,f_1} und ϱ_{s,f_2} ermittelt und daraus die Größe

$$\mathrm{FE}_{f_1}^{f_2} = \frac{\varrho_{s,f_1} - \varrho_{s,f_2}}{\varrho_{s,f_2}} = \frac{\varrho_{s,f_1}}{\varrho_{s,f_2}} - 1 \tag{7.83}$$

ermittelt. Analog kann dieser Ausdruck bei Verwendung der Beträge der entsprechenden komplexen Widerstände angegeben werden.

Der Frequenzeffekt FE stellt eine *dimensionslose* Größe dar. Zuweilen wird er als prozentualer Frequenz-Effekt" angegeben

$$\mathrm{PFE} = \mathrm{FE} \cdot 100\%.$$

Für die niedrigere Frequenz f_1 wird von Bertin und Loeb (1976) der Bereich 0,05 bis 0,5 Hz, für die höhere Frequenz f_2 der Bereich 1 ··· 10 Hz angegeben. Snyder u. a. (1977) benutzen als Regel $f_2 = 10 f_1$; Parasnis (1966) gibt für $f_1 = 0{,}1$ Hz und für $f_2 = 10$ Hz an.

b) *Metall-Faktor*: Da die IP-Effekte auch durch den spezifischen Widerstand beeinflußt werden, haben Marshall und Madden (1969) eine Normierung des Frequenz-

Effektes mit dem scheinbaren spezifischen Widerstand ϱ_{s,f_2} vorgenommen

$$\mathrm{MF}_{f_2}^{f_1} = \mathrm{A}\left(\mathrm{FE}_{f_2}^{f_1}\right) \cdot \varrho_{s,f_2}^{-1} = A\,\frac{\varrho_{s,f_1} - \varrho_{s,f_2}}{\varrho_{s,f_1}\varrho_{s,f_2}} = A(\sigma_{s,f_2} - \sigma_{s,f_1}). \tag{7.84}$$

Der Faktor A wird meist mit $2\pi \cdot 10^{-5}$ angesetzt. Als Maßeinheit für den Metallfaktor ergibt sich die einer Leitfähigkeit ($\Omega^{-1} \cdot \mathrm{m}^{-1}$ bzw. $\mathrm{S} \cdot \mathrm{m}^{-1}$).

Darüber hinaus kann die durch Polarisationseffekte bedingte *Phasenverschiebung* zwischen Spannung und Strom als Maß benutzt werden.

Beide Methoden — Messung im Zeitbereich und Messung im Frequenzbereich — erfassen gleiche physikalische Phänomene. Die theoretische Übertragung aus dem Zeit- in den Frequenzbereich und umgekehrt ist über die FOURIER-Transformation möglich.

7.5.3. *Ursachen der induzierten Polarisation*

7.5.3.1. *Elektrodenpolarisation*

Elektrodenpolarisation tritt in solchen Gesteinen auf, in denen *elektronisch leitende* Partikel oder Bereiche *und elektrolytisch leitende Bereiche aneinandergrenzen.* Als Elektrolyt wirkt im Gestein das in Poren, Klüften, Mikroklüften und -rissen enthaltene Wasser. Den metallischen Leiter können dabei die meisten Sulfide (z. B. Pyrit, Bleiglanz), einige Oxide (z. B. Magnetit, Ilmenit, Pyrolusit, Kassiterit) und Graphit bilden.

Abb. 7.41a veranschaulicht den Mechanismus des Ladungstransportes. In der oberen (erz- bzw. graphitfreien) Pore findet eine rein elektrolytisch bedingte Leitung statt. Die untere Pore ist ebenfalls mit dem Elektrolyten gefüllt, aber durch ein metallisch leitendes Partikel unterbrochen. Unter der Einwirkung eines elektrischen Feldes bildet sich an der *Grenzfläche metallischer Leiter/Elektrolyt* ein unterschiedlich polarisierter Ionenstau im Elektrolyten. Die Ladung dieser „Ionenwolke" an der Grenzfläche führt im metallisch leitenden Partikel zu entgegengesetzt polarisierten Ladungen gleichen Betrages durch Häufung von Elektronen bzw. Protonen im Grenzflächenbereich.

Ein unmittelbarer Ladungsausgleich ist nicht möglich, da einerseits die Ionen (z. B. Na^+, Cl^-) nicht in die Gitterstruktur des metallischen Leiters eindringen können und andererseits die Elektronen nicht als „freie Elektronen" in Lösung gehen können. Ein Ladungstransport bzw. -ausgleich an der Grenze Metall/Elektrolyt ist nur über eine elektrochemische Reaktion (Oxydations-, Reduktionsvorgänge) möglich.

Zu den Vorgängen und Gesetzmäßigkeiten der Elektrodenpolarisation liegen zahlreiche experimentelle und theoretische Untersuchungen vor (z. B. von BUCHHEIM 1956, SCHRAGE 1956; MARSHALL und MADDEN 1959, RÖSLER 1959, WAIT 1969, 1971; PARASNIS 1966; BERTIN und LOEB 1976).

Das elektrische Verhalten des in Abb. 7.41a benutzten Modells kann näherungsweise durch ein Ersatzschaltbild (rechte Darstellung) beschrieben werden.

Die Wirkung der Grenzfläche elektronischer Leiter/Elektrolyt wird dabei durch eine frequenzabhängige Impedanz Z_W (WARBURG-*Impedanz*) dargestellt. Bei derartigen Leitungsvorgängen, die von Diffusionsvorgängen bestimmt werden, tritt dieser Impedanzanteil (Diffusionsimpedanz) mit der charakteristischen Frequenzabhängigkeit

$$Z_W \sim f^{1/2} \tag{7.85}$$

auf.

Die Elektrodenpolarisation — die auch als „*galvanisch induzierte Polarisation*" und „*overvoltage*" bezeichnet wird — ist ebenso wie die Membranpolarisation eine reine Flächenpolarisation. Sie ist daher besonders ausgeprägt bei dispers verteilten elektronisch leitenden Partikeln (*Imprägnationen*) und zeigt eine Abhängigkeit von der Korngröße.

Abb. 7.42 zeigt Beispiele für IP-Effekte, die auf Elektrodenpolarisation zurückgeführt sind und eine Reihe von Einflußgrößen erkennen lassen. Die Abb. 7.42a und b

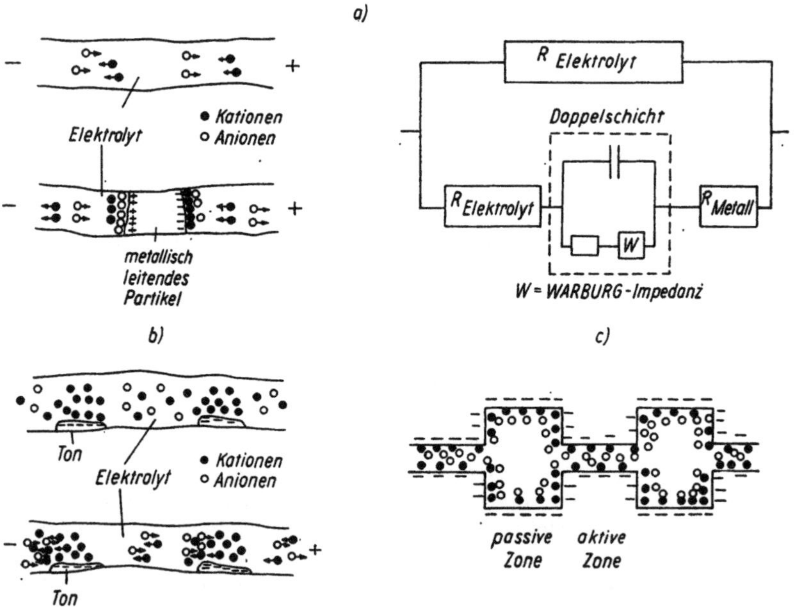

Abb. 7.41. Modellvorstellungen zur Erklärung von Ursachen der induzierten Polarisation in Vererzungen und Gesteinen (schematisch)

a) Elektrodenpolarisation mit Ersatzschaltbild
b) Membranpolarisation
obere Darstellung: ohne elektrisches Feld, untere Darstellung: mit elektrischem Feld
c) Permeables, tonfreies Gestein
(umgezeichnet nach PARASNIS 1966, OGILVY und KUZMINA 1972, TELFORD u. a. 1976)

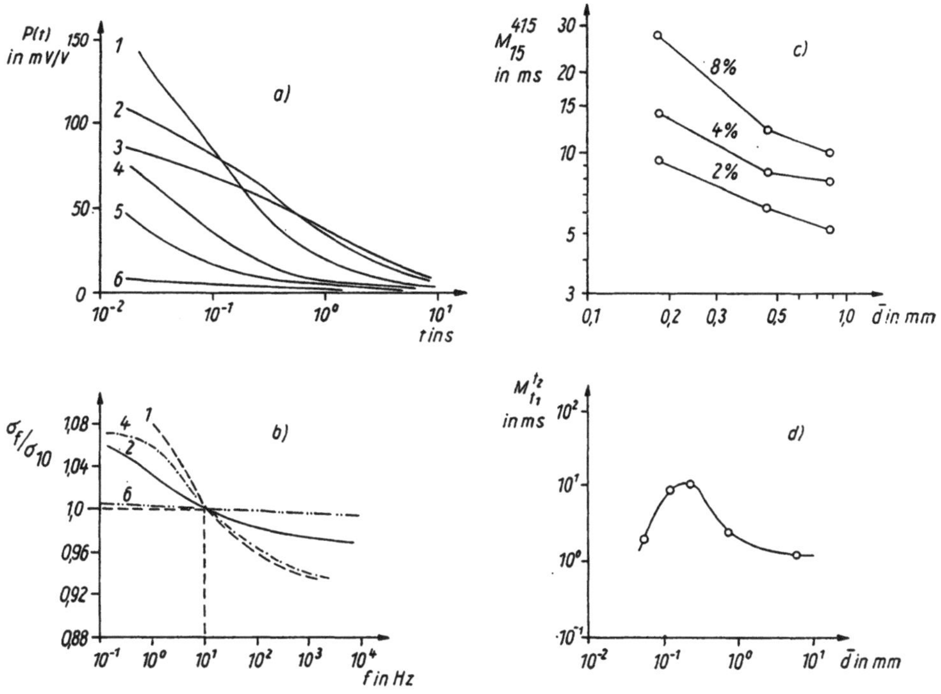

Abb. 7.42. Elektrodenpolarisation

a) Beispiele für Abklingkurven verschiedener Minerale (Laboruntersuchungen)

Matrix: Andesit (Korngröße 0,84···2 mm), Elektrolyt: NaCl-Lösung (0,01 N, Konzentr. 5%), Dauer des Primärstromes 21 s, Minerale mit 3% Volumenanteil (Korngröße 0,84···2 mm),

Kurve	Mineral
1	Graphit
2	Pyrit
3	Chalkopyrit
4	Bleiglanz
5	Magnetit
6	Malachit

(umgezeichnet nach WAIT 1959)

b) Beispiele für Dispersionsverhalten

Veränderung der Leitfähigkeit σ_f (auf die bei $f = 10$ Hz gemessene Leitfähigkeit bezogen) mit der Frequenz

Bezeichnung der Kurve wie Abb. 7.42a (umgezeichnet nach WAIT 1959)

c) Abhängigkeit der Größe $M_{t_1}^{t_2}$ von Korngröße $\bar{d}$ und Konzentration der sulfidischen Erzpartikel (Kurvenparameter)

$t_1 = 15$ ms, $t_2 = 415$ ms, Dauer des Primärstromes 5 s, Stromdichte des Primärstromes $< 0{,}1\ \mu A \cdot cm^{-2}$, Elektrolyt: NaCl-Lösung (0,3 mN) (umgezeichnet nach BERTIN und LOEB 1976)

d) Abhängigkeit der Größe $M_{t_1}^{t_2}$ von der Korngröße des Pyrits (umgezeichnet nach BERTIN und LOEB 1976) enthalten eine Gegenüberstellung von Meßergebnissen im Zeit- und im Frequenzbereich an verschiedenen Mineralen. Aus Abb. 7.42c geht der Einfluß von *Korngröße* und *Gehalt* des elektronisch leitenden Materials hervor. Mit abnehmender Korngröße tritt bei gleicher Volumenkonzentration meist eine Vergrößerung des IP-Effektes infolge Zunahme der spezifischen Oberfläche auf. BERTIN und LOEB (1976) verweisen darauf, daß im Bereich kleiner Korngrößen zunächst eine Zunahme des IP-Effektes mit der Korngröße zu beobachten ist. Sie wird darauf zurückgeführt, daß das Dipolmoment des Teilchens mit der Entfernung der entgegengesetzten Ladung (Korngröße) zunimmt und damit eine optimale Korngröße als Ergebnis der Wirkung von Oberflächenvergrößerung und Dipollängenverkleinerung auftritt (Abb. 7.42d). Weitere Angaben zur Größenordnung der IP-Effekte sind in Tabelle 7.8 enthalten.

Insgesamt treten bei der Elektrodenpolarisation in Gesteinen vor allem folgende *Einflußgrößen* in Erscheinung:

- elektrochemische Eigenschaften von Elektrolyt und elektronisch leitenden Partikeln,
- Volumenanteil und Korngröße der Partikel,
- Struktur, Porosität und Klüftigkeit der Gesteine,
- Wassergehalt bzw. Sättigungsgrad (maximaler Effekt bei $S_W \approx 0{,}75$, TELFORD u. a. (1976),
- Stromdichte.

7.5.3.2. Membranpolarisation

Die Membranpolarisation tritt vor allem bei *tonhaltigen* porösen Gesteinen auf, deren Porenraum teilweise oder vollständig mit mineralisiertem Wasser gefüllt ist. Sie gehört zu den Polarisationserscheinungen, die darauf beruhen, daß im porösen Gestein *Zonen verschiedener Beweglichkeiten* für die Anionen und Kationen des Elektrolyten aneinandergrenzen und sich demzufolge bei Anlegen eines elektrischen Feldes in Abhängigkeit von der Polarität Ladungsverschiebungen ergeben (von SEIGEL auch als "ion-sorting-effect" bezeichnet).

Abbildung 7.41b zeigt das Entstehen eines Membranpotentials an einem porösen, tonhaltigen Gestein. Die *Tonpartikel* haben infolge ihres Kationenaustauschvermögens die Eigenschaft, daß ihre Oberfläche eine negative Ladung aufweist. Sie führt zur Ausbildung einer *Doppelschicht,* indem vorzugsweise positive Ionen (Kationen) angelagert werden (STERN-Schicht) bzw. den diffusen Teil der Doppelschicht (GOUY-Schicht) bilden. Die Größenordnung der Doppelschicht von etwa $10^{-5} \ldots 10^{-6}$ cm liegt im Bereich enger Poren. Der im oberen Teil von Abb. 7.41b gezeigte Porenkanal entspricht einer Anionen-Kationen-Verteilung ohne angelegtes elektrisches Feld. Diese Eigenschaft der Tone und ihrer Doppelschichten führt zu unterschiedlicher Mobilität von Anionen und Kationen. Während Kationen den Porenkanal gut passieren können, stellen die Tonpartikel mit ihrer elektrochemischen Wirkung eine „*Anionensperre*" dar. Bei Anlegen eines Feldes (unterer Teil der Darstellung) ergeben sich daher Ladungsanhäufungen und -verschiebungen in Abhängigkeit von der Polarität. Die Ladungsverteilung geht nach Abschalten des Feldes in ihre ur-

Tabelle 7.8. Größenordnung von IP-Effekten in Gesteinen (nach MARSHALL und MADDEN 1959; PARASNIS 1966; DORTMAN 1976; TELFORD u. a. 1976)

a) Scheinbare Polarisierbarkeit $P(t) = \frac{U_{IP}(t)}{U_E}$

($t = 0{,}5$ s, Ladezeit 2 min)

Gestein	$P(0{,}5\ \text{s})$
Quarzsand	$(2{,}5 \cdots 4{,}0) \cdot 10^{-4}$
Sandstein (große Permeabilität)	$3 \cdot 10^{-4} \cdots 1 \cdot 10^{-2}$
Sandstein (mittlere Permeabilität)	$1 \cdot 10^{-3} \cdots 1 \cdot 10^{-2}$
Schiefer (Devon)	$(1{,}4 \cdots 3{,}0) \cdot 10^{-3}$
Aleurolith (geringe Permeabilität)	$1{,}0 \cdot 10^{-2} \cdots 1{,}0 \cdot 10^{-1}$

b) Chargeability $M_{t_1}^{t_2}$

($t_1 = 0{,}02$ s, $t_2 = 1$ s, Ladezeit 3 s)

Gestein	$M_{0,02}^{1}$ in ms
alluviale Böden	1···4
Kies	3···9
Vulkanite (präkambrisch)	8···20
Gneise (präkambrisch)	6···30
Schiefer	5···20
Sandsteine	3···12
Argillite	3···10
Quarzite	5···12

c) Metallfaktor $\mathrm{MF}_{f_2}^{f_1}$

Gestein	MF in $\Omega^{-1} \cdot \mathrm{m}^{-1}$
Granit (trocken)	<3
Basische Gesteine (trocken)	$3 \cdots 3 \cdot 10^{1}$
Sulfidvererzung dispers (1···3%)	$3 \cdot 10^{2} \cdots 3 \cdot 10^{3}$
Sulfidvererzung auf Klüften (3···10%)	$3 \cdot 10^{3} \cdots 3 \cdot 10^{4}$
Silfiderze, massiv	$>3 \cdot 10^{4}$

sprüngliche Form zurück und bildet den Abklingvorgang der Membranpolarisation.

Die makroskopisch wirksame und damit meßtechnisch erfaßbare Ausbildung der Membranpolarisation setzt einen *Wechsel von membranaktiven und -inaktiven Porenbereichen* voraus. Ein membraninaktiver Bereich ist gegeben, wenn sich kein Ton in ihm befindet oder wenn der Porendurchmesser wesentlich die Abmessungen des Doppelschichtbereiches übersteigt. Maximale IP-Effekte infolge der Membranpolarisation treten bei Tongehalten von 3···8% auf (OGILVY und KUZMINA 1972). Reine Sande und Tone zeigen keine bzw. geringe Membranpolarisation (vgl. Abb. 7.43a). Der optimale Tongehalt ist abhängig von der Art des Tonminerals; er ist am geringsten bei Montmorillonit und höher bei Kaolinit und Illit (TELFORD u. a. 1976). Die Wirksamkeit der Membranpolarisation nimmt mit zunehmender Porenwassermineralisation ab.

Detaillierte Darstellungen zu diesen und weiteren Einflußgrößen (u. a. Dauer des Primärstromes, Stromdichte) werden z. B. von VAQUIER u. a. 1957, HENRIET 1971, OGILVY und KUZMINA 1972 mitgeteilt.

7.5.3.3. *Polarisationseffekte in tonfreien porösen Gesteinen*

Auch in tonfreien porösen Gesteinen können Polarisationseffekte auftreten. Eine Theorie hierzu wurde von FRIDERIKSHSBERG und SIDEROVA (siehe OGILVY und KUZMINA 1972) erarbeitet. Die Modellvorstellung hierzu ist in Abb. 7.41c gegeben.

Tonfreie Gesteine weisen eine meist negative Oberflächenladung der festen Matrixbestandteile auf, die Kationen des Porenwassers adsorbieren und eine elektrische Doppelschicht bilden. Diese *Doppelschicht* ist für die Beweglichkeit der Ionen besonders wirksam bei engem Porenquerschnitt (aktive *Zone*). Bei weitem Porenquerschnitt ist sie hingegen nur von untergeordneter Bedeutung (*passive Zone*). Ein elektrisches Feld führt infolge der unterschiedlichen Beweglichkeit von Anionen und Kationen in den aktiven Zonen zu Veränderungen in der Anionen- und Kationenkonzentration längs der Poren und damit zu einer Polarisation (Abb. 7.41c).

7.5.3.4. *Ergänzende Bemerkungen zur induzierten Polarisation in porösen Gesteinen ohne elektronische Leitfähigkeit*

Die meisten porösen Gesteine — insbesondere die klastischen verfestigten und unverfestigten Sedimentite — enthalten sowohl tonige Bestandteile als auch Porenkanäle wechselnden Durchmessers. Für sie kommen damit beide Arten von Polarisation sowie vermutlich weitere Polarisationseffekte in Betracht. Die an diesen Gesteinen beobachteten IP-Effekte lassen eine Korre-

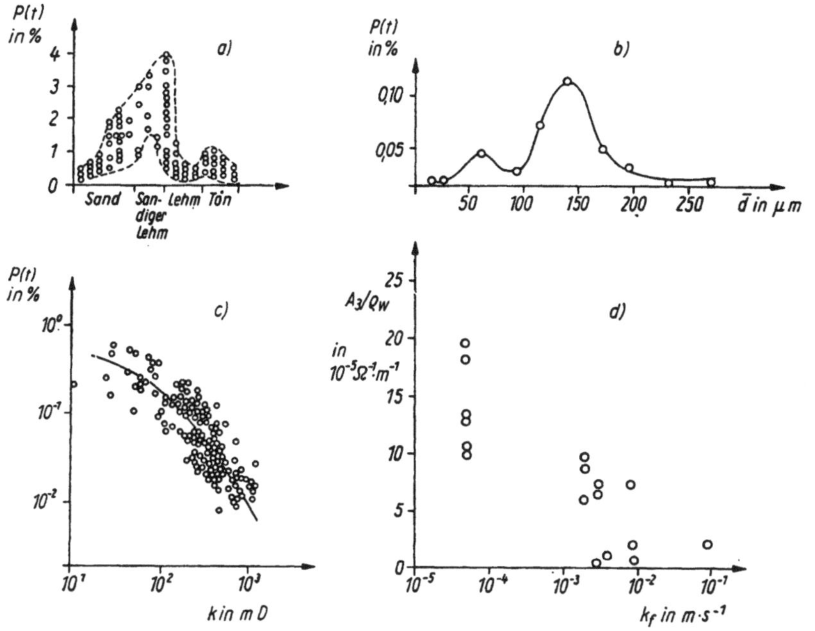

Abb. 7.43. IP-Effekte an Gesteinen ohne elektronisch leitende Partikel
a) Polarisierbarkeit von Böden (nach OGILVY und KUZMINA 1972)
b) Polarisierbarkeit von Lockergestein unterschiedlicher Korngröße (nach OGILVY und KUZMINA 1972)
c) Polarisierbarkeit (mit Schichtwasserwiderstand ϱ_W normiert) sandig-toniger Sedimentgesteine in Abhängigkeit von der Permeabilität (in milli-Darcy)
d) Quotient aus dem dritten Term A_3 der Gleichung 7.87 und dem spezifischen Widerstand des Porenwassers ϱ_W in Gegenüberstellung mit dem k_f-Wert (hydrodynamische Permeabilität), nach JAPSEN 1980

lation zu mittlerer *Korngröße* bzw. *hydrodynamischer Permeabilität* erkennen (Abb. 7.43). Sie können durch die beschriebenen Vorgänge jedoch nur qualitativ erklärt werden. Das Zusammenwirken mehrerer Polarisationsvorgänge bei den beobachteten IP-Effekten geht auch aus der Tatsache hervor, daß sich die Abklingkurven nicht durch *eine* Exponentialfunktion — d. h. eine Relaxationszeit des Abklingvorganges — allein beschreiben lassen.

Eine analytische Darstellung der Abklingkurve läßt sich nur durch eine Summe von Exponentialausdrücken angeben:

$$U_{IP}(t) = U_E \sum_{i=1}^{n} A_i \, e^{-t/\tau_i}. \tag{7.86}$$

Dabei ist τ_i die Relaxationszeit des jeweils vorherrschenden Prozesses. Analog gilt

$$P(t) = \frac{U_{IP}(t)}{U_E} \sum_{i=1}^{n} A_i \, e^{-t/\tau_i}. \tag{7.87}$$

JAPSEN (1980) hat mit einem Rechenprogramm eine Analyse von Abklingkurven verschiedener Lockergesteinsproben vorgenommen und hierzu meist drei Exponentialausdrücke verwendet. Für eine Sandprobe wurde z. B. die folgende Beziehung ermittelt

$$P(t) = 0{,}66 \, e^{-0{,}97t} + 0{,}48 \, e^{-0{,}10t} + 0{,}20 \, e^{-0{,}02t} \tag{7.88}$$

bei guter Übereinstimmung mit dem gemessenen Verlauf. Dabei zeigen die weiteren Untersuchungen, daß die dem „langsamen" Term entsprechende Größe A_3 als Quotient A_3/ϱ_W eine Korrelation zur Permeabilität zeigt (Abb. 7.43d).

8. Die thermischen Eigenschaften der Minerale und Gesteine

Geothermische Untersuchungen sind für das Gesamtgebiet der Geophysik von Bedeutung und werden dabei sowohl zur Klärung geologischer Vorgänge bzw. tektonischer Prozesse globalen und regionalen Ausmaßes als auch bei der Lösung von Erkundungsaufgaben, bergbaulichen und bohrtechnischen Aufgaben sowie im Zusammenhang mit Fragen der geothermischen Energiegewinnung vorgenommen. Die hierfür entscheidenden gesteinsphysikalischen Parameter sind vor allem die *Wärmeleitfähigkeit*, die *Temperaturleitfähigkeit* und die *spezifische Wärme.*

8.1. Physikalische Grundlagen und Maßeinheiten

Wird einem Körper der Masse m die Wärmemenge Q zugeführt, so erhöht sich seine Temperatur um ΔT. Die *spezifische Wärme* c (auch als spezifische Wärmekapazität bezeichnet) ist definiert als der Quotient aus Q und dem Produkt $m \times \Delta T$, d. h.

$$c = \frac{Q}{m\Delta T}. \tag{8.1}$$

Die Einheit der spezifischen Wärme ist

$$J \cdot \mathrm{K}^{-1} \cdot \mathrm{kg}^{-1}.$$

Die Si-Einheit steht mit der häufig verwendeten Einheit $\mathrm{cal \cdot grd^{-1} \cdot g^{-1}}$ in der Beziehung

$$1 \mathrm{cal \cdot grd^{-1} \cdot g^{-1}} = 4{,}19 \cdot 10^3 \mathrm{\,J \cdot K^{-1} \cdot kg^{-1}},$$

$$1 \mathrm{\,J \cdot K^{-1} \cdot kg^{-1}} = 2{,}39 \cdot 10^{-4} \mathrm{\,cal \cdot grd^{-1} \cdot g^{-1}}.$$

Die spezifische Wärme ist *von der Art des thermischen Vorganges abhängig*; es wird daher insbesondere zwischen spezifischer Wärme *bei konstantem Volumen* c_v und *bei konstantem Druck* c_p unterschieden. Die Differenz zwischen c_p und c_v, die bei idealen Gasen durch die *Clapeyron*sche Zustandsgleichung angegeben wird, kann für isotrope Medien allgemein durch die Beziehung

$$c_p - c_v = (3\alpha_T)^2 \, kd^{-1}T$$

dargestellt werden (s. a. Lexik. d. Phys., 1973); dabei ist α_T der lineare thermische Ausdehnungskoeffizient, k der Kompressionsmodul, d Dichte, T die Temperatur.

Bei Festkörpern und den meisten Flüssigkeiten führen die niedrigen Werte für α_T dazu, daß sich c_p und c_v nur wenig voneinander unterscheiden. Für Minerale und Gesteine ist z. B. von SKINNER (s. CLARKE 1969) sowie BALDRIDGE und SIMMONS (1971) hierzu eine Zusammenstellung gegeben, die für die meisten gesteinsbildenden Minerale Werte im Bereich $\alpha_T = (1 \cdots 3) \cdot 10^{-5}\ K^{-1}$ liefert.

Die auf ein mol bezogene Wärmekapazität (molare Wärmekapazität) c_{mol} ergibt sich nach der DULONG-PETITschen Regel für kristalline Stoffe zu

$$c_{mol} = 25\ J \cdot K^{-1} \cdot mol^{-1}.$$

Die *Wärmeübertragung* erfolgt durch Wärmeleitung, Strahlung und Konvektion. Der Strahlungsanteil wird dabei erst bei hohen Temperaturen wirksam; die Konvektion ist mit einem Stofftransport verbunden.

Die *Wärmeleitfähigkeit* λ eines Stoffes charakterisiert dessen Vermögen, in seinem Inneren Wärme zu transportieren. Sie verbindet Temperaturgradienten grad T und Wärmestrom $\boldsymbol{j}_Q$ (FOURIERsches Gesetz):

$$\boldsymbol{j}_Q = -\lambda \operatorname{grad} T. \tag{8.2}$$

Mit der Energiebilanzgleichung führt sie auf die Wärmeleitungsgleichung

$$\frac{\partial T}{\partial t} = a \Delta T \tag{8.3}$$

(keine Quellen im betrachteten Volumenbereich).
Die Größe a wird als *Temperaturleitfähigkeit* (auch Diffusität) bezeichnet und ist mit λ über die spezifische Wärme c und die Dichte d verbunden

$$a = \lambda d^{-1} c^{-1}. \tag{8.4}$$

Im *anisotropen* Medium sind λ und a *Tensoren* 2. Stufe.

Die Einheiten in SI-Einheiten lauten:

— für die Wärmeleitfähigkeit $W \cdot m^{-1} K^{-1}$,
— für die Temperaturleitfähigkeit $m^2 \cdot s^{-1}$

mit der Umrechnung

$$1\ cal \cdot cm^{-1} \cdot s^{-1} \cdot K^{-1} = 4{,}19 \cdot 10^2\ W \cdot m^{-1} \cdot K^{-1}.$$

Als „*thermische Trägheit*" wird das Produkt $(\lambda c d)^{1/2} = cda^{1/2}$ bezeichnet; sie hat die Einheit $J \cdot K^{-1} \cdot m^{-2} \cdot s^{-1/2}$.

Die *Wärmeleitung in festen Stoffen* beruht vor allem auf zwei Anteilen: Wärmetransport durch Elektronen (*Elektronenleitung*) und Wärmetransport durch Gitteratome (*Phononen- oder Gitterleitung*). Bei reinen Metallen überwiegt der Anteil der Elektronenleitung. Bei Silikaten hingegen überwiegt der Anteil der Gitterleitfähigkeit.

Die *Theorie der Wärmeleitfähigkeit kristalliner Festkörper* wurde von DEBEYE erarbeitet. Der Wärmetransport in Dielektrika und den meisten Halbleitern wird dabei auf Anregung des Kristallgitters (Phononen) zurückgeführt. Die Streuung der Phononen kann an Phononen selbst (Normalprozesse, Umklappprozesse) oder an Kristallgrenzen, Gitterfehlstellen u. ä. erfolgen und weist damit bereits auf strukturelle Einflüsse hin. Die *Wärmeleitfähigkeit* ergibt sich als *temperaturabhängige Größe*, wobei für die Abhängigkeit die DEBYE-Temperatur maßgebend ist. Bei Temperaturen oberhalb der DEBYE-Temperatur nimmt die Wärmeleitfähigkeit mit steigender Temperatur ab und folgt der Proportionalität

$$\lambda \sim T^{-1}. \tag{8.5}$$

Glasartige bzw. amorphe feste Stoffe zeigen demgegenüber eine Zunahme der Wärmeleitfähigkeit mit steigender Temperatur:

$$\lambda \sim T. \tag{8.6}$$

(Eine entgegengesetzte Temperaturabhängigkeit von kristallinen und glasartigen Substanzen tritt auch bei den elastischen Eigenschaften auf.) Abb. 8.1 verdeutlicht am Beispiel des Quarzes dieses unterschiedliche thermische Verhalten. Bei hohen Temperaturen ($T > 800$ K) sind die Anteile des Wärmetransports durch Strahlung und bei extrem hohen Temperaturen durch Exzitonenleitfähigkeit von Bedeutung. Der Strahlungsanteil wächst dabei mit T^4 (STEFAN—BOLTZMANNsches Gesetz) und wird von den Absorptions- und Emissionskoeffizienten der Substanz bestimmt; diese Koeffizienten sind u. a. von der Wellenlänge der Strahlung abhängig.

8.2. Die thermischen Eigenschaften der Minerale und der Poren- bzw. Kluftinhalte

8.2.1. *Die thermischen Eigenschaften der Minerale*

Thermische Eigenschaften der Minerale (und Gesteine) sind in verschiedenen Handbüchern und Monographien zusammengestellt (z. B. KARL, MANTHEY, SCHUSTER 1965; CLARKE 1969; KAPPELMEYER und HAENEL 1974; MELNIKOV, RSHEWSKI, PRODOTJAKONOV 1975; DORTMAN 1976). Tabelle 8.1 enthält eine auszugsweise Zusammenstellung von Angaben verschiedener Autoren.

Innerhalb der gesteinsbildenden Minerale weist der *Quarz* eine *relativ hohe Wärmeleitfähigkeit* auf, ebenso einige vor allem in Metamorphiten vorkommende Minerale wie z. B. Zyanit (Disthen) und Andalusit. Extrem hohe Wärmeleitfähigkeiten besitzen Erzminerale und einige Akzessorien wie Rutil und Topas. *Niedrige Werte* der Wärmeleitfähigkeit zeigen vor allem *Glimmer* (Biotit), *Nephelin und Polyhalit.*

In Abhängigkeit von ihrer Gitterstruktur weisen die Minerale eine *Anisotropie* der Wärmeleitfähigkeit auf, die bei Schichtgittersilikaten (Glimmer) besonders ausgeprägt ist. So gibt DORTMAN (1976) bei Glimmer für die Richtung der Schichtgitterebene einen Wert von $\lambda \approx 5 \cdot 10^{-3}$ W · m^{-1} · K^{-1} an, der erheblich von dem Mittelwert nach Tabelle 8.1 abweicht. Auch Quarz weist in unterschiedlicher Richtung verschiedene Wärmeleitfähigkeitswerte auf (vgl. auch Abb. 8.1).

Tabelle 8.1. Thermische Eigenschaften von Mineralen (bei etwa 290···300 K)

Quelle: (a) Dortman (1976)
(b) Karl, Manthey, Schuster (1965)
(c) Horai, Simmons (1969)
(d) Melnikov, Rshewski, Prodotjakonov (1975)
(e) Quiel (1975)

Mineral		Wärme-leitfähigkeit λ $W \cdot m^{-1} \cdot K^{-1}$		spezifische Wärme c $J \cdot kg^{-1} \cdot K^{-1}$		mittlere Atommasse $\overline{m}_A$	
Quarz	Monokristall [010]	6,5···7,2	(a)	ca. 750	(d)		
	[001]	11,3···13,2	(a)				
	α-Quarz	7,99	(a)				
		7,7	(c)				
		8···13	(d)				
	amorph	1,36	(c)	ca. 700	(d)	20,03	
		1,3···1,4	(d)				
Feldspate	Albit	2,31	(a)	711	(a)		
				710···750	(d)		
		1,94···2,35	(c)			20,21	(c)
		2,05···2,4	(d)				
	Oligoklas (Ab 89 An 11)	1,98···2,02	(a)	837	(a)	20,31	(c)
		2···2,2	(d)	800···830	(d)		
	Labrador (Ab 46 An 54)	1,53	(c)	837,4	(a)	20,83	(c)
	Anorthit	1,68		711	(a)	21,35	(c)
		1,88···1,95	(d)	700···730	(d)		
	Mikroklin	2,42	(a)	669	(a)	21,41	(c)
		2,9	(d)	670···690	(d)		
	Orthoklas	2,31	(a)	628	(a)		
		2,32	(c)	630···650	(d)	21,41	(c)
Nephelin		1,75	(a)	800	(d)	20,29	(c)
		1,73	(c)				
Glimmer	Muskovit	2,32	(a)	760	(d)		
		2,22···2,50	(c)			20,96	(c)
	Biotit	1,95	(a)	770	(d)		
		1,70···2,34	(c)			23,23	(c)
Olivin	Forsterit	5,15	(a)	980	(d)		
		5,13	(d)			20,50	(c)
		6	(d)				
	Fayalit	3,16	(a)	840	(d)		
		3,16	(c)			28,66	(c)
		3	(d)				
Sillimanit		9,1	(a)	680···800	(d)		
		9,11	(c)			20,26	(c)
Zyanit		14,2	(a)	700	(d)		
		14,18	(c)			20,26	(c)
Andalusit		7,57	(a)	760	(d)		
		7,58	(c)			20,26	(c)

Tabelle 8.1. (Fortsetzung)

Mineral	Wärme-leitfähigkeit λ $W \cdot m^{-1} \cdot K^{-1}$	spezifische Wärme c $J \cdot kg^{-1} \cdot K^{-1}$	mittlere Atommasse $\overline{m}_A$
Topas	23,4 (a)	840 (d)	
	11,25 (c)		20,01 (c)
	13,2…23,4 (d)		
Pyroxene	4,1…5,0 (b)	748,8 (a)	
Enstatit	4,12…4,96 (c)		20,21
Diopsid	5,76 (a)	711 (a)	bis 20,58
	4,1…5,57 (c)	700…750 (d)	21,66 (c)
	4,1…5,1 (d)		
Amphibole, Hornblende	2,54 (c)	748,8 (a)	20,87 (c)
	4,19 (b)	760…750 (d)	
	2,9…3 (a)		
	1,79…2,47 (a)	650 (d)	19,8 (c)
Serpentin	1,8…2,9 (d)		
Kalzit	3,40 (c)	800…830 (d)	20,02 (c)
	3,25…3,9 (d)		
Dolomit	5,51 (c)	860…880 (d)	18,44 (c)
	3,9…5,5 (d)		
Anhydrit	4,91…5,75 (a)	550…620 (d)	
	477 (c)		22,69 (c)
	4,6…5,7 (d)		
Gips	1,30 (a)	1070 (d)	
	1,05…1,3 (d)		
Halit	5,35…7,22	790…840 (d)	
	5,5…7,1 (b)		
	5,3…10,1 (d)		
Polyhalit	1,55 (a)		
Sylvin	7,1…10,5 (b)	550…630 (d)	
	6,7…10 (d)		
Fluorit	9…10,2 (d)	900 (d)	
Pyrit (Monokristall)	38,9 (a)	500…520 (d)	
	19,23 (c)		39,99 (c)
	23,38 (d)		
Hämatit	12,1…14,7 (a)	628 (a)	
	11,23 (c)	620 (d)	31,94 (c)
Rutil [010]	7,11…8,5 (a)	740…940 (d)	
[001]	12,6…13,7 (a)		
	5,12 (c)		26,63 (c)
	7,0…8,1 (d)		
Graphit	4,1…5,0 (b)		
Tonminerale (Mittelwert)	2,9 (e)	ca. 750 (e)	
Organische Bestandteile (Mittelwert)	0,25 (e)		

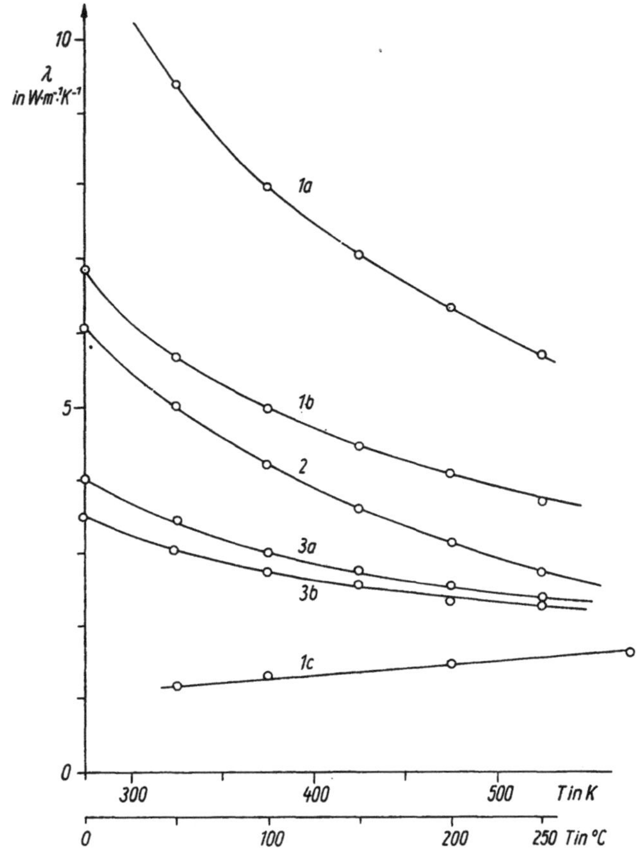

Abb. 8.1. Abhängigkeit der Wärmeleitfähigkeit λ von der Temperatur
1 a – Quarz [001], *1* b – Quarz [010], *1* c – Quarz (amorph), *2* – Halit, *3* a – Kalzit, *3* b – Kalzit (umgezeichnet nach Daten von KARL, MANTHEY, SCHUSTER 1965; KANAMORI, FUJII und MIZUTANI 1968)

Von HORAI und SIMMONS (1969) wurden experimentell an einer Vielzahl von Mineralen (insbesondere Silikate, Oxide, Hydroxide, Karbonate) Wärmeleitfähigkeit und Dichte bestimmt und die mittlere Atommasse ermittelt. Von den Autoren wurde daraus eine *empirische Beziehung zwischen Wärmeleitfähigkeit λ und Dichte d* von der Form

$$\lambda = a + bd \tag{8.7}$$

abgeleitet. Dabei ergibt sich als Mittelwert (umgerechnet in SI-Einheiten) für $b = 4{,}6 \times 10^{-3}\,\mathrm{W \cdot m \cdot K^{-1} \cdot kg^{-1}}$. Die Größe a ist abhängig von der mittleren Atommasse. Aus der von den Autoren angegebenen graphischen Darstellung läßt sich in Analogie zu Gleichung (5.25) eine empirische Beziehung

$$\lambda = 4{,}6 \cdot 10^{-3}d - 9{,}2 + 1{,}15(20 - \bar{m}_A) \tag{8.8}$$

formulieren.

Tabelle 8.2. Veränderung der spezifischen Wärme mit der Temperatur (umgerechnet nach Daten von GORANSON und VERHOOGEN, zit. in KAPPELMEYER und HAENEL 1974)

Mineral	c/J · K^{-1} · kg^{-1} bei T/K			
	300	400	500	600
Quarz	737	872	997	1081
Olivin	796	922	1006	1048

Tabelle 8.3. Thermische Eigenschaften von Flüssigkeiten und Gasen sowie von Eis bei atmosphärischem Druck (zusammengestellt nach KAPPELMEYER und HAENEL 1974; EBERT 1975; WOODSIDE und MESSMER 1961)

Medium	T		λ	c
	K	°C	W · m^{-1} · K^{-1}	J · kg^{-1} · K^{-1}
Luft	223	−50	0,0202	1000
	273	±0	0,0242	1000
	293	20	0,0256	1000
	373	100	0,0312	1009
	473	200	0,0371	1021
	773	500	0,054	1088
Eis	233	−40	2,65	1809
	253	−20	2,42	1937
	263	−10	2,31	1988
	273	±0	2,19	2031
Wasser	273	±0	0,562	4201
	293	20	0,600	4166
	313	40	0,630	4163
	333	60	0,652	4168
	373	100	0,680	4200
Wasserdampf	373	100	0,0248	
	473	200	0,0331	
	773	500	0,0666	
C_6H_6	293	20	0,148	
	373	100	0,120	
C_5H_{12}	293	20	0,113	
	373	100	0,081	
Öl	293	20	0,14	

Beispiele für die *Temperaturabhängigkeit der Wärmeleitfähigkeit* von Mineralen zeigt Abb. 8.1, aus der zugleich die Tendenz deutlich wird, daß im dargestellten Bereich Minerale hoher Wärmeleitfähigkeit eine stärkere Temperaturabhängigkeit zeigen als Minerale niedriger Wärmeleitfähigkeit. Abweichend von der Abnahme der Wärmeleitfähigkeit mit steigender Temperatur zeigt der Anorthosit eine geringe Zunahme. — Die Veränderung der spezifischen Wärme mit der Temperatur ist in Tabelle 8.2 am Beispiel des Quarzes und Olivins dargestellt.

8.2.2. *Die thermischen Eigenschaften der Poren- und Kluftinhalte*

In Tabelle 8.3 sind Mittelwerte für die thermischen Eigenschaften von Luft (trocken), Wasser und Öl (Petroleum) enthalten. Sie *unterscheiden sich markant* von den mittleren Daten für Minerale (Tabelle 8.1) und lassen insbesondere bei der Wärmeleitfähigkeit eine Differenzierung

$$\lambda_{\text{Wasser}} > \lambda_{\text{Öl}} > \lambda_{\text{Luft}} \tag{8.9}$$

erkennen, die sich in den Wärmeleitfähigkeiten poröser Gesteine widerspiegelt (vgl. Abb. 8.9). Außerdem sind in Tabelle 8.3 Werte für Eis angegeben.

Weitere detaillierte Angaben zu thermischen Eigenschaften von Mineralen, Wasser und Luft sind z. B. bei Dortman (1976), Kappelmeyer und Haenel (1974) und Horai und Winkler (1975) tabellarisch zusammengestellt. Der Einfluß des Druckes ist gegenüber dem der Temperatur relativ gering. So bewirkt eine Druckerhöhung auf 10 MPa z. B. bei Wasser nur eine Zunahme der Wärmeleitfähigkeit von 0,61 auf 0,64 $W \cdot m^{-1} \times K^{-1}$, bei Luft von 0,025 auf 0,031 $W \cdot m^{-1} \cdot K^{-1}$.

8.3. Die thermischen Eigenschaften der Gesteine

8.3.1. *Übersicht*

In Abb. 8.2 und Tabelle 8.4 sind Bereiche der Wärmeleitfähigkeit und spezifischen Wärme nach Angaben aus der Literatur zusammengestellt. Innerhalb einer Gesteinsgruppe tritt ein breiter Wertebereich auf, der vor allem von Unterschieden im Mineralbestand, evtl. vorhandenen Poren und Klüften und deren Inhalt bestimmt wird. Die Wertebereiche einzelner Gesteinsgruppen überdecken sich.

Die *spezifische Wärme* eines aus n Bestandteilen zusammengesetzten Gesteins ergibt sich nach der Beziehung

$$c = \sum_{i=1}^{n} c_i V_i \tag{8.10}$$

als arithmetisches Mittel. Wechselnde Anteile in der Zusammensetzung innerhalb eines Gesteinstyps, gegebenenfalls vorhandene Poren und Klüfte sowie Un-

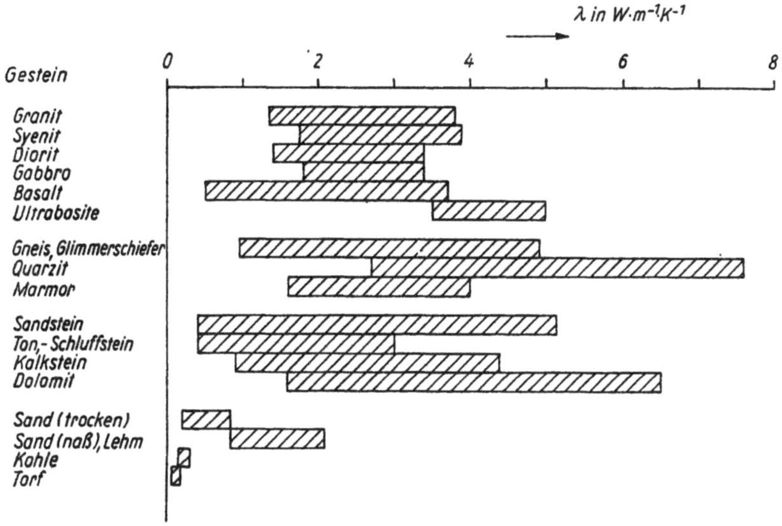

Abb. 8.2. Wertebereich der Wärmeleitfähigkeit von Gesteinen

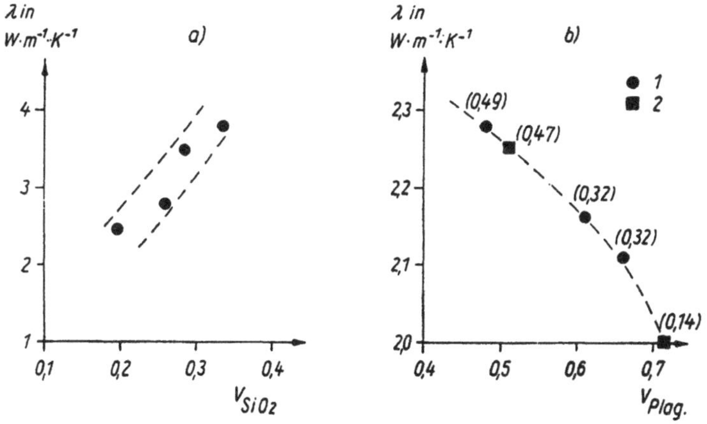

Abb. 8.3. Einfluß des Mineralbestandes magmatischer Gesteine auf ihre Wärmeleitfähigkeit

a) Einfluß des SiO_2-Gehaltes (Granite),
b) Einfluß des Plagioklas-Gehaltes (in Klammern gesetzt ist die Summe des Olivin- und Pyroxengehaltes)
1 — **Diabas**, *2* — **Gabbro**
(nach Daten von Birch und Clarke 1940, zit. in Karl, Manthey, Schuster 1965)

Tabelle 8.4. Mittlere Wertebereiche und Mittelwerte der Wärmeleitfähigkeit und spezifischen Wärme von Gesteinen

Quellen (a) DORTMAN (1976)
(b) KARL, MANTHEY, SCHUSTER (1965)
(c) KAPPELMEYER und HAENEL (1974)
(d) HURTIG, SCHLOSSER (1976a)
(e) ČERMAK (1976)
(f) REEVES u. a. (1975)

Gestein	λ in $W \cdot m^{-1} \cdot K^{-1}$				c in $J \cdot K^{-1} \cdot kg^{-1}$	
Granit	1,34···3,69/2,4	(a)	2,5···3,8	(c)	741···1548/946	(a)
	2,1···3,8/3,9	(b)			672	(I)
Syenit	1,74···2,97/2,26	(a)	2,5···3,9)	(c)		
	2,1	(b)				
Diorit	1,38···2,89/2,20	(a)	2,5···3,4	(c)	1118···1168/1136	(a)
Quarz-Diorit	1,98···3,80/3,00	(a)			1214	(a)
Gabbro	1,80···2,83/2,28	(a)	2,5···3,4	(c)	879···1130/1005	(a)
	2,1	(b)				
Diabas	2,13···2,90/2,50	(a)			791···829/860	(a)
	2,2	(b)				
Porphyr	0,73···3,13/1,18	(a)			879···921/900	(a)
	2,1···3,35	(b)				
Basalt	0,51···2,03/1,45	(a)			762···2135/1231	(a)
	2,72	(b)	1,84	(d)		
Peridotit	3,78···4,85/4,37	(a)			961···1088/1005	(a)
Pyroxenit	3,48···5,02/4,33	(a)			879···1214/1005	(a)
Serpentinit	2,31···2,87/2,62	(a)			963···1130/1005	(a)
	3,35	(b)				
Schiefer	1,03···4,93/2,46	(a)	2,3···4,2	(c)	754···1729/1096	(a)
Gneis	0,94···4,86/2,02	(a)			754···1176/979	(a)
	2,1···2,9/2,43	(b)	2,13	(d)		
Phyllit			1,67	(d)		
Quarzit	2,68···7,60/5,26	(a)	3,3···7,6	(c)	718···1331/991	(a)
	2,9	(b)	3,9	(d)		
Marmor	1,59···4,0/2,56	(a)			753···879/857	(a)
Sandstein	0,38···5,17/1,66	(a)	1,26···5,5	(c)	670···3345/972	(a)
			1,2···3,5	(e)		
Ton/Schluffstein	0,38···3,02/1,49	(a)	1,0···3,1	(c)	753···3546/1240	(a)
			0,9···2,5	(e)		
Kalkstein	0,92···4,4/2,4	(a)	1,9···3,1	(c)	753···1712/887	(a)
			2,5···3,0	(e)	714	f)
			2,01	(f)		
Dolomit	1,63···6,5/3,24	(a)	2,7···5,9	(c)	648···1465/1088	(a)
			5,8	(f)	756	(f)
Anhydrit	4,9···5,75	(a)				
Steinsalz	5,35···7,22	(a)			1474···4651/2557	(a)
Sand, Ton (trocken)			0,21···0,85	(c)		
Lehm (naß)			0,85···2,1	(c)		

Tabelle 8.4. (Fortsetzung)

Gestein	λ in $W \cdot m^{-1} \cdot K^{-1}$				c in $J \cdot K^{-1} \cdot kg^{-1}$	
toniger Boden (naß)			1,2	(f)	1470	(f)
sandiger Boden			0,58	(e)	1010	(f)
Kies			1,2	(e)	756	(f)
Kohle	0,13···0,3/0,21	(b)	0,2···0,8	(c)		
Torf	0,07	(a)			1758	(a)

terschiede in spezifischen Wärmen einzelner Mineralkomponenten sind die Ursachen für den Streubereich.

Die *Wärmeleitfähigkeit* weist (vgl. Tab. 8.1) bei den *dichten magmatischen Gesteinen* die Tendenz einer Abnahme mit sinkendem Quarzgehalt und zunehmendem Feldspatanteil auf (Abb. 8.3). Im Bereich der basischen Gesteine wirkt dieser Tendenz ein wärmeleitfähigkeitserhöhender Einfluß basischer und ultrabasischer Minerale entgegen.

Sedimentäre poröse Gesteine zeigen infolge der niedrigen Wärmeleitfähigkeiten der Poreninhalte generell niedrigere Wärmeleitfähigkeiten als dichte Gesteine; die geringsten Werte sind bei den unverfestigten trockenen Sedimentiten und den Kaustobiolithen zu finden.

Aus einer *Gegenüberstellung von Wärmeleitfähigkeit und Dichte* leiteten Dachnov und Djakonov (1952) eine empirische Beziehung für den Dichtebereich $d = (1{,}4 \cdots 3{,}0) \cdot 10^3\ \mathrm{kg \cdot m^{-3}}$ ab

$$\lambda = 0{,}51 d^{3,1} \tag{8.11}$$

(λ in $W \cdot m^{-1} \cdot K^{-1}$; d in $g \cdot cm^{-3}$).
Für den Bereich der Sedimentite wurden von Čermak (1967) und Plewa (1976) einfachere Beziehungen z. T. analog (8.7) als Näherung gewählt (siehe Abschnitt 8.3.3).

Die Wärmeleitfähigkeit der Gesteine weist vor allem bei den *Metamorphiten und tonigen Sedimentiten* eine ausgeprägte *Anisotropie* auf (Tab. 8.5; und Abb. 8.4). Detailliertere Untersuchungen hierzu wurden von Hurtig (1966 und 1968) vorgenommen, der anhand petrographischer Untersuchungen und Modellbetrachtungen drei Faktoren anführt, die die makroskopisch meßbare Anisotropie bestimmen:

„die Regelung nach dem Kornbau, die Regelung nach der Kornform und die Regelung des Porensystems. Die Gesamtanisotropie ist ein Summeneffekt.

Der Einfluß dieser drei Faktoren ist in den einzelnen Stadien der Gesteinsverfestigung und tektonischen Deformation unterschiedlich. Im sedimentären Bereich bei höheren Porositätswerten kann die Anisotropie durch eine Regelung nach der Kornform und dem Porensystem bestimmt werden. Mit abnehmender Porosität nimmt der Einfluß der Kornformregelung ab, die Gesamtanisotropie verringert sich und erreicht bei dichten Gesteinen ein Minimum. Setzt durch tektonische Deformation eine Regelung nach dem Kornbau ein, so kann die Gesteinsanisotropie erneut ansteigen, bis durch Rekristallisationsvorgänge bei erhöhten p—t-Bedingungen in größeren Tiefen die Regelung nach dem Kornbau weitgehend aufgehoben wird und die Gesamtanistropie erneut abnimmt."

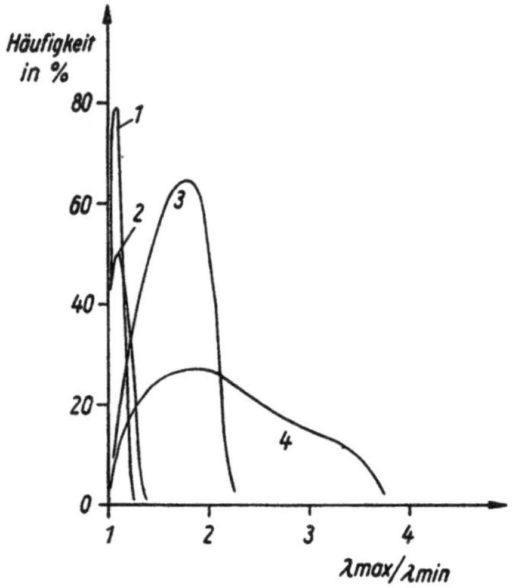

Abb. 8.4. Häufigkeitsverteilung des Anisotropieeffizienten $\lambda_{max}/\lambda_{min}$, ausgewählter Gesteinsgruppen
(nach HURTIG 1968)
1 – Kalkstein, Dolomit, Anhydrit, *2* – Sandstein, *3* – Gneis, *4* – Tonstein, Tonschiefer

Tabelle 8.5. Anisotropie der Wärmeleitfähigkeit von Gesteinen

Quellen (a) DORTMAN (1976)
(b) KARL, MANTHEY, SCHUSTER (1965)
(c) KAPPELMEYER, HAENEL (1974)
(d) HURTIG (1966, 1968)

Gestein	$\lambda_{max}/\lambda_{min}$*)			
Gneis	···1,75 (a);	1,44 (b);	···1,49 (c)	···1,92 (d)
Schiefer bzw. Tonschiefer, Phyllit	···4 (a)			···4 (d)
Marmor		1,02 (b);	1,03 (c)	
Sandstein		···2 (b);	···1,28 (c);	···1,3 (d)
Tonstein			···2,5 (c);	···4 (d)
Kalkstein		1,1 (b)		···1,13 (d)
Dolomit.	1,06 (a)			···1,08 (d)
Anhydrit	1,08 (a)			···1,08 (d)
Basalt	1,06 (a)			···1,06 (d)

*) Einzelwerte bzw. durch (···) symbolisiert höchster angegebener Wert

In den folgenden beiden Abschnitten werden für die Magmatite und Metamorphite einerseits und die Sedimentite andererseits charakteristische Einflußgrößen vor allem der Wärmeleitfähigkeit dargestellt.

8.3.2. *Die thermischen Eigenschaften der Magmatite und Metamorphite*

Die Wärmeleitfähigkeit dichter magmatischer und metamorpher Gesteine wird von ihrem Mineralbestand, ihrer inneren Struktur sowie von Druck und Temperatur bestimmt. Weisen sie eine Klüftung auf, dann ist die Druckabhängigkeit besonders ausgeprägt und die Wärmeleitfähigkeit wird zusätzlich von den Eigenschaften der Kluftfüllung und der „Kluftgeometrie" beeinflußt. Abb. 8.3 zeigt am Beispiel von Graphiten, Diabasen und Gabbros den die Wärmeleitfähigkeit erhöhenden Einfluß des Quarzes und den abmindernden Einfluß der Plagioklase.

Unter Druckeinwirkung erhöht sich die Wärmeleitfähigkeit der Gesteine infolge

- druckbedingter Zunahme der Wärmeleitfähigkeit der Mineralsubstanz,
- teilweisem oder völligem Schließen von Klüften (bzw. „microcracks"), die sowohl inter- als auch intragranular (Hurtig und Brugger 1970) sein können.

Letztgenannter Vorgang bestimmt vor allem in unteren Druckbereichen die relativ starken Änderungen der Wärmeleitfähigkeit (Abb. 8.5, Kurve *b*) und bewirkt deutliche Nichtlinearität sowie auf die irreversible Deformationen zurückzuführende „Hystereseerscheinung". Gesteine mit zu Versuchsbeginn intensiver Mikroklüftung weisen demzufolge eine stärkere Druckabhängigkeit auf als dichtes, kompaktes Gestein. Für dichte, kompakte Gesteine bzw. Druckbereiche, in denen die Mikroklüfte weitgehend geschlossen sind, führt die Veränderung der Wärmeleitfähigkeit der Minerale selbst zu einer in erster Näherung linearen Zunahme mit weiter steigendem Druck. Für diesen Bereich können lineare Beziehungen zwischen λ und p angegeben werden, wie sie bereits 1924 Bridgman (siehe Haalck 1959) für Basalt fand.

In der Form

$$\lambda(p) = \lambda_{0,1}(1 + a_\lambda p) \tag{8.12}$$

ergeben sich nach Umrechnung in SI-Einheiten beispielsweise die in Tabelle 8.6 enthaltenen Werte (in die auch Sedimentite einbezogen wurden). Dabei ist $\lambda_{0,1}$ die bei $p = 0{,}1$ MPa ermittelte Wärmeleitfähigkeit, p der Druck in MPa, a_λ der Druckkoeffizient der Wärmeleitfähigkeit.

Abb. 8.6 läßt auch für die *Temperaturleitfähigkeit* einen angenähert linearen Anstieg erkennen, der von Seipold und Gutzeit (1977) in einer (8.12) analogen Beziehung dargestellt wird; eine Reihe von Proben (Anhydrit) zeigen dabei jedoch auch vom linearen Verlauf stark abweichendes Verhalten.

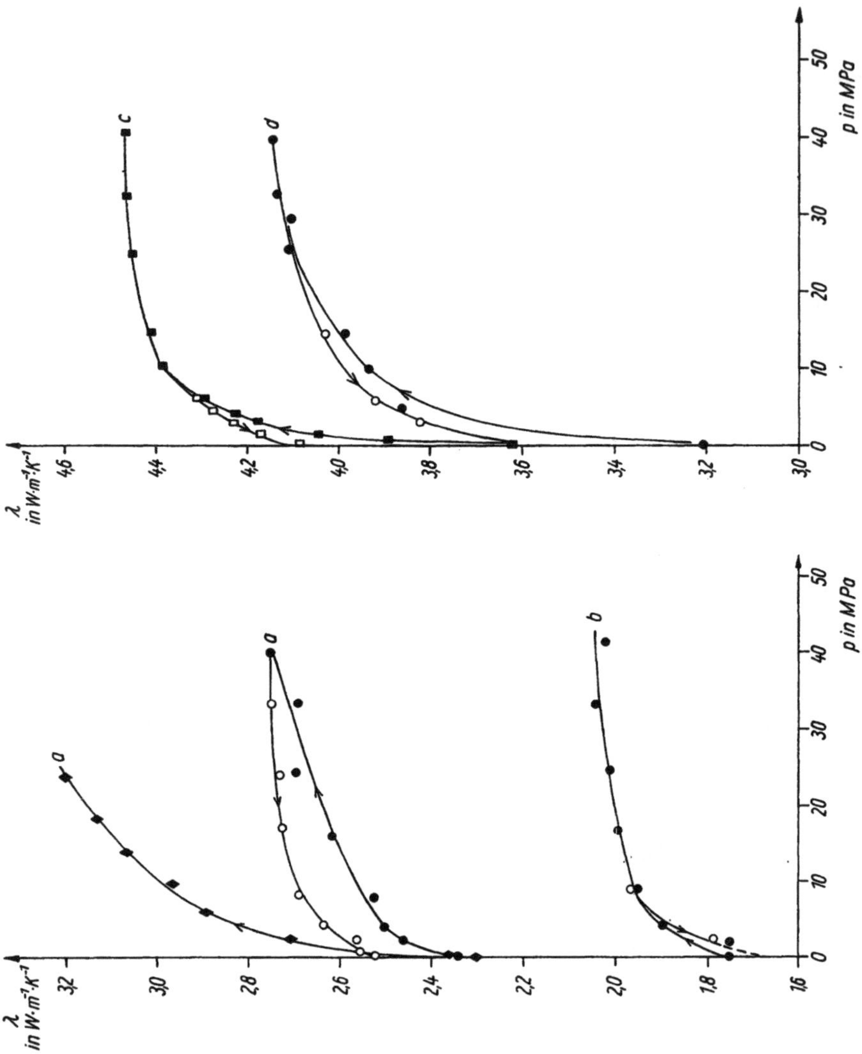

Abb. 8.5. Wärmeleitfähigkeit in Abhängigkeit vom Druck (einaxial); umgezeichnet nach Hurtig und Brugger (1970), Woodside und Messmer (1961)

a – Sandsteine, *b* – Porphyr, feinkörnig, hypokristallin, *c* – Anhydrit, *d* – Dolomit

Tabelle 8.6. Zur druckbedingten Änderung der Wärmeleitfähigkeit nach (8.12) (Daten aus KAPPELMEYER, HAENEL 1974 und HAALCK 1969)

Gestein	$\lambda_{0,1}$ in $W \cdot m^{-1} \cdot K^{-1}$	a_λ in MPa^{-1}	Bemerkungen
Basalt ($T = 348$ K)	1,69	$4,7 \cdots 10^{-6}$	hydrostat. Druck
Basalt ($T = 303$ K)	1,73	$2,2 \cdot 10^{-6}$	bis $1,2 \cdot 10^3$ MPa (BRIDGMAN 1924)
Gabbro ($d = 2,87 \cdot 10^3$ kg $\cdot$ m^{-3})	1,89	$28 \cdot 10^{-6}$	einaxialer Druck bis 10^3 MPa
Kalkstein ($d = 2,31 \cdot 10^3$ kg $\cdot$ m^{-3}) trocken)	1,84	$95 \cdot 10^{-5}$	(CLARKE 1941)
Sandstein ($d \doteq 2,64 \cdot 10^3$ kg $\cdot$ m^{-3})	3,85	$255 \cdot 10^{-6}$	

Hinsichtlich der *Veränderung* der thermischen Eigenschaften — und speziell *der Wärmeleitfähigkeit — mit der Temperatur* unterscheidet DORTMAN (1976) drei *Gruppen* von Gesteinen

— *kristallin ausgebildete* (z. B. Granit, Diorit),
— *amorph ausgebildete* (z. B. Obsidian),
— *kristalloamorph ausgebildete* (z. B. Diabas, Porphyrit) Gesteine, deren λ-T-Abhängigkeit von den in Abschnitt 8.1 beschriebenen Charakteristika kristalliner und amorpher Substanzen bestimmt wird (Abb. 8.7).

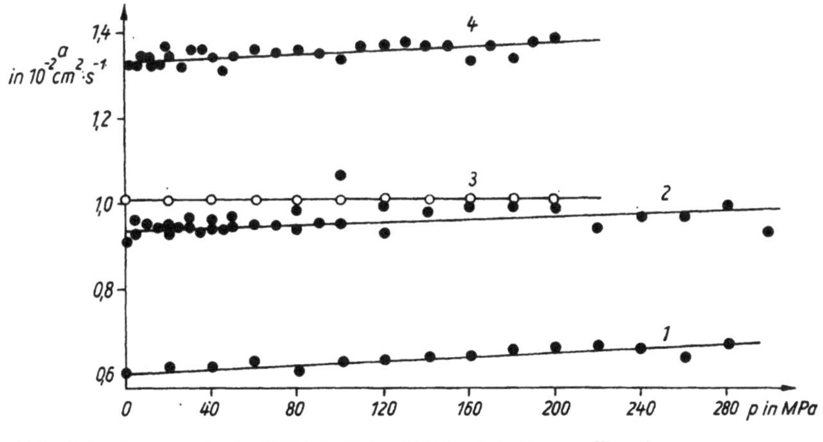

Abb. 8.6. Temperaturleitfähigkeit in Abhängigkeit vom Druck
1 — Granit, *2, 3, 4* — Sandsteine
(umgezeichnet nach SEIPOLD und GUTZEIT 1977)

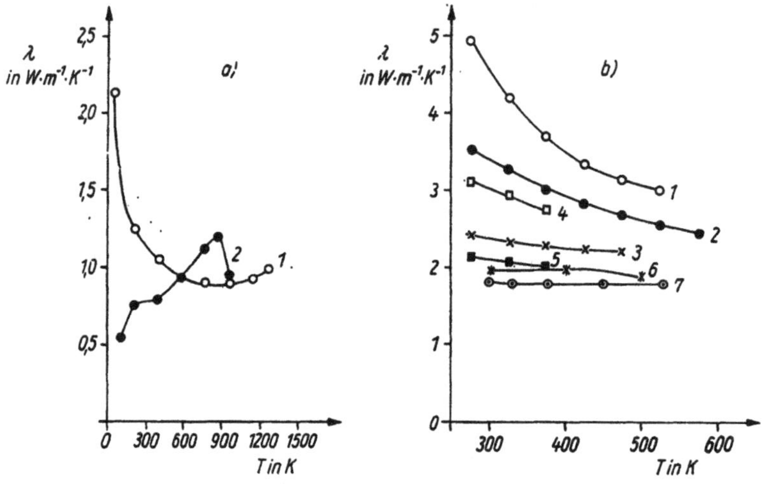

Abb. 8.7. Wärmeleitfähigkeit in Abhängigkeit von der Temperatur

a) Temperaturbereich bis 1300 K

1 — Granit, *2* — Obsidian (umgezeichnet nach MOISSENKO 1968)

b) Temperaturbereich bis 600 K

1 — Dunit, *2* — Granit, *3* — Diabas, *4* — Gneis (||), *5* — Gneis (⊥), *6* — Hornblende-Pyroxen-Porphyrit, *7* — Diabas-Porphyrit

(nach Daten aus KARL, MANTHEY, SCHUSTER 1965 und DORTMAN 1976)

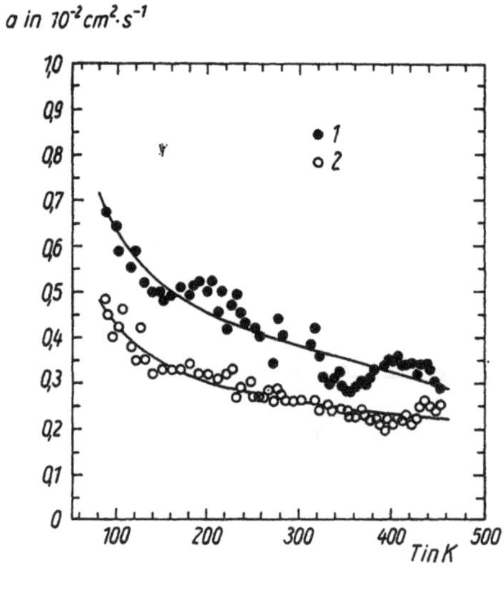

Abb. 8.8. Temperaturleitfähigkeit der lunaren Basaltprobe 12002,85 als Funktion der Temperatur

1 — Druck der Porenluft 1 atm ≈ 0,1 MPa,
2 — Druck der Porenluft 10^{-5} torr ≈ $1{,}3 \cdot 10^{-3}$ Pa
(nach HORAI, WINKLER 1975)

Einen ähnlichen Verlauf weist die Abhängigkeit der *Temperaturleitfähigkeit* von T auf. Abb. 8.8 zeigt das Ergebnis der Messung an einer lunaren Basaltprobe mit relativ hoher Porosität ($\Phi = 0{,}105$), aus dem zugleich der Leitfähigkeitsanteil der Luft deutlich wird. HORAI und WINKLER (1975) führen drei Komponenten der Temperaturleitfähigkeit an, die additiv die Gesamtleitfähigkeit ergeben

$$a = a_{\mathrm{m}} + a_{\mathrm{g}} + a_{\mathrm{r}}. \tag{8.13}$$

Dabei ist a_{m} der Leitfähigkeitsanteil der *Mineralkörner und ihrer Kontakte*, a_{g} der Leitfähigkeitsanteil des *Porengases*, a_{r} der Leitfähigkeitsanteil infolge *Strahlung*.

Die Auswertung der in Abb. 8.8 dargestellten Ergebnisse nach einer Beziehung

$$a = A + BT^{-1} + CT^{3} \tag{8.14}$$

ergab die in Tabelle 8.7 angeführten Koeffizienten. Die Koeffizienten A und B enthalten die Anteile a_{m} und a_{g}. Der Koeffizient C enthält den Strahlungsanteil a_{r}, der nach dem extrem niedrigen (negativen, offensichtlich im Fehlerbereich liegenden) Zahlenwert ohne Einfluß auf die Gesamtleitfähigkeit ist (vgl. auch HORAI u. a. 1970).

Tabelle 8.7. Koeffizienten der Gleichung (8.14) für die lunare Basaltprobe (Abb. 8.8) nach HORAI und WINKLER (1975) (bei Angaben von a in $\mathrm{cm^2 \cdot s^{-1}}$)

Druck der Porenluft	A $\mathrm{cm^2 \cdot s^{-1}}$	B $\mathrm{cm^2 \cdot K \cdot s^{-1}}$	C $\mathrm{cm^2 \cdot s^{-1} \cdot K^{-3}}$
1 atm $\approx$ 0,1 MPa	$0{,}286 \cdot 10^{-2}$	0,346	$-0{,}076 \cdot 10^{-10}$
10^{-5} torr $\approx 1{,}3 \cdot 10^{-3}$ Pa	$0{,}181 \cdot 10^{-2}$	0,244	$-0{,}013 \cdot 10^{-10}$

8.3.3. *Die thermischen Eigenschaften der Sedimentite*

Dichte, d. h. porenfreie Sedimentite zeigen in ihren thermischen Eigenschaften prinzipiell gleiche Einflußgrößen wie entsprechende magmatische Gesteine: Mineralbestand, innere Struktur, Druck und Temperatur. Abb. 8.5 zeigt Beispiele für die Druckabhängigkeit der Wärmeleitfähigkeit von Anhydrit, Dolomit und Kalkstein; auch hier führen Mikroklüfte zu relativ starken Veränderungen im Anfangsbereich der Druckbelastung. Die Unterschiede in der Größenordnung von λ bei den drei Gesteinen sind durch die unterschiedlichen Wärmeleitfähigkeiten der festen Mineralsubstanz (Tabelle 8.1) bedingt.

Bei porösen (und klüftigen) Gesteinen tritt häufig eine noch deutlichere, teilweise irreversible Druckabhängigkeit und der zusätzliche Einfluß von Porosität und thermischen Eigenschaften des Poreninhalts hinzu.

Bedingt durch den markanten Unterschied der Wärmeleitfähigkeit von mineralischer Festsubstanz und Poreninhalt (siehe schematische Darstellung in Abb. 8.9a) ergeben sich die in Abb. 8.9b und 8.9c enthaltenen Abhängigkeiten. Sie zeigen eine Zunahme der Wärmeleitfähigkeit des Gesteins mit

- abnehmender Porosität (Abb. 8.9b),
- zunehmender Wärmeleitfähigkeit des Poreninhaltes (λ_p) (Abb. 8.9b),
- steigendem Wassergehalt (Abb. 8.9c),
- zunehmender Wärmeleitfähigkeit der festen Mineralsubstanz λ_F (Vergleich Quarzit/Muschelkalk, Abb. 8.9c),
- verbesserter Kornbindung bzw. Zementation; dieser Einfluß ist besonders ausgeprägt bei Poreninhalt niedriger Wärmeleitfähigkeit bzw. großem Kontrast $\lambda_F:\lambda_p$ (Vergleich Sand/Sandstein in Abb. 8.9b).

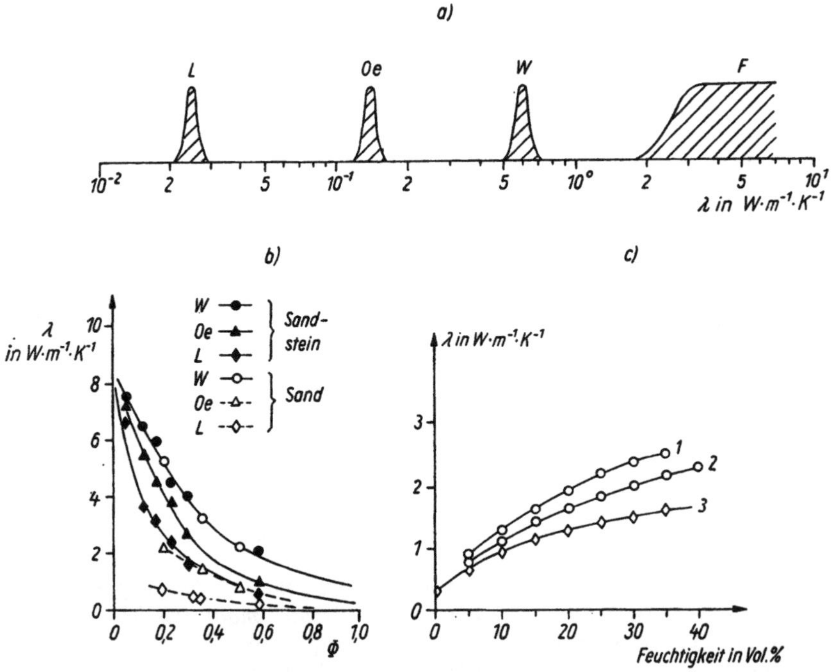

Abb. 8.9. Einfluß von Porosität und Poreninhalt auf die Wärmeleitfähigkeit

a) Größenordnung der Wärmeleitfähigkeit der Hauptbestandteile Festsubstanz (*F*) und Poreninhalt (*P*) bzw. Luft (*L*), Wasser (*W*) und Öl (*Oe*),

b) Abhängigkeit der Wärmeleitfähigkeit von Porosität und Poreninhalt für verfestigtes Sediment (Sandstein) und unverfestigtes Sediment (Sand)

c) Abhängigkeit der Wärmeleitfähigkeit vom Wassergehalt (Volumenanteile)

1 — Quarzit (Φ = 0,366), *2* — Quarzit (Φ = 0,423), *3* — Muschelkalk (Φ = 0,389)
(aus KARL, MANTHEY, SCHUSTER 1965)

Der *Zusammenhang zwischen Wärmeleitfähigkeit und Porosität* ist von zahlreichen Autoren anhand experimenteller Ergebnisse dargestellt worden.

Speziell für Karbonatgesteine hat Plewa (1976) aus den in Abb. 8.17c dargestellten Daten eine empirische Beziehung abgeleitet

$$\lambda = 9{,}82\Phi + 4{,}12. \tag{8.15}$$

Für die Ableitung empirischer Beziehungen wird jedoch statt der Porosität häufig die *Dichte* als Bezugsgröße zur Wärmeleitfähigkeit benutzt und die bereits mit (8.7) angegebene Form

$$\lambda = -a + bd \tag{8.16}$$

als Näherung gewählt (Abb. 8.10). Tabelle 8.8 enthält Angaben zu den Koeffizienten der Gleichung (8.16) nach Untersuchungen von Čermak (1967), die durch Ergebnisse der Auswertung von experimentellen Daten nach Hurtig (1968) ergänzt wurden. Kappelmeyer und Haenel (1974) weisen anhand der Ergebnisse von Hurtig (1965) darauf hin, daß derartige Beziehungen vor allem durch unterschiedlichen *Quarzgehalt* der verwendeten Einzelproben z. T. mit erheblicher Streuung behaftet sind.

Die von Plewa (1976) angegebene Beziehung (8.15) kann leicht in die Form (8.16) übergeführt werden, da sich mit (2.3) unmittelbar die Beziehung

$$\lambda = -a + bd_F - \Phi b(d_F - d_p) \tag{8.17}$$

ergibt, die mit den angenommenen Mittelwerten ($d_p = 1 \cdot 10^3 \cdot \mathrm{kp} \cdot \mathrm{m}^{-3}$ $d_F = 2{,}7 \cdot 10^3\,\mathrm{kp} \times \mathrm{m}^{-3}$) auf die ebenfalls in Tabelle 8.8 enthaltenen Daten führt. Zusätzlich ist die

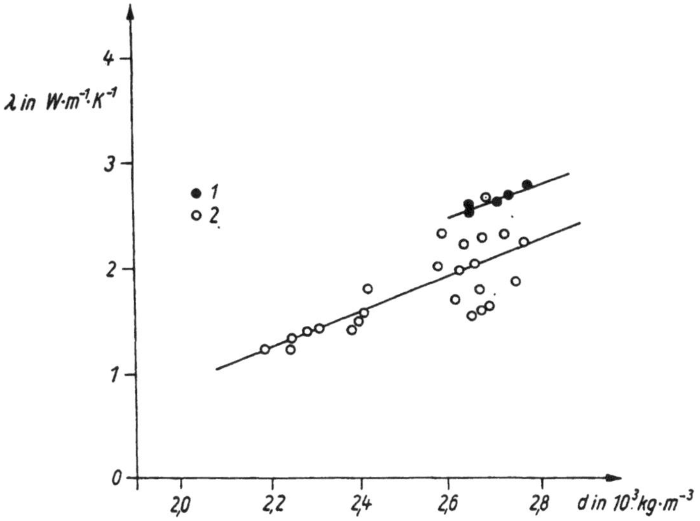

Abb. 8.10. Abhängigkeit der Wärmeleitfähigkeit von der Dichte
1 — Kalkstein, *2* — Schluffstein (umgezeichnet nach Čermak 1967)

Tabelle 8.8. Koeffizienten der linearen Beziehung (8.16) zwischen Wärmeleitfähigkeit λ in $W \cdot m^{-1} \cdot K^{-1}$ und Dichte d in $kg \cdot m^{-3}$ (Gestein wassergesättigt)

(a) umgerechnete Daten nach ČERMAK (1967)
(b) Auswertung der Ergebnisse von HURTIG (1968)
(c) Auswertung der Daten von PLEWA (1976)
(d) Auswertung der Daten von HURTIG und SCHLOSSER (1976)

Gestein		a $W \cdot m^{-1} \cdot K^{-1}$	b $10^{-3}\ W \cdot m^2 \cdot kg^{-1} \cdot K^{-1}$
Sandstein (Perm/Karbon)	(a)	2,06	1,71
(Kreide)	(a)	2,03	1,70
(Neogen)	(a)	1,84	1,51
(Mesozoikum)	(d)	3,66	3,33
(Quarzsandstein)	(b)	1,65	1,38
Schluffstein	(a)	2,49	1,69
Konsolid. Ton/Tonstein			
(Mittelwert)	(a)	2,92	1,92
Konsolid. Ton	(a)	7,37	3,67
Tonstein	(a)	1,86	1,50
Kalkstein	(a)	2,49	1,60
Kalkstein	(c)	11,5	5,78
Mergel	(a)	4,02	2,32
Min. Gl. (8.8)		9,2	4,6

nach (8.8) für Minerale abgeleitete Beziehung (Min. Gl. (8.8)) aufgenommen worden ($\overline{m}_\lambda = 20$). ČERMAK (1976) weist darauf hin, daß die in (8.14) enthaltene Größe a innerhalb eines Gesteinstyps mit zunehmendem geologischen Alter anwächst.

Von besonderer Bedeutung für *regionale Untersuchungen* sind Zusammenstellungen zu Wertebereichen oder Mittelwerten der thermischen Eigenschaften von Gesteinsgruppen verschiedener stratigraphischer Einheiten, wie sie HURTIG und SCHLOSSER (1976) für das Norddeutsche Sedimentbecken und das Thüringer Becken erarbeitet haben (Tab. 8.9). Die Tabelle enthält auch Angaben zu Gesteinen des effusiven Rotliegenden.

Die angeführten Beziehungen und Daten gelten für wassergesättigte Gesteine. Die Wärmeleitfähigkeit des trockenen Gesteins ist generell niedriger, wobei der Unterschied zwischen $\lambda_{\text{wassergesättigt}}$ und λ_{trocken} mit zunehmender Porosität anwächst und bei unverfestigten Gesteinen deutlicher ist als bei verfestigten (vgl. Abb. 8.9b).

Bei nur teilweiser Sättigung des Porenraumes mit Wasser tritt häufig eine nichtlineare, *im Anfangsbereich stärker ausgeprägte Zunahme der Wärmeleitfähigkeit mit steigendem Wassersättigungsgrad* bzw. Wassergehalt auf (Abb. 8.9c, 8.11), die in Betrag und Verlauf deutlich von den Eigenschaften der Festsubstanz bestimmt wird. DACHNOV und DJAKONOV (1952) leiteten für Festgesteine eine empirische Beziehung ab:

$$\lambda = \lambda_0 \, e^{0,08w}. \tag{8.18}$$

Dabei ist w der in Volumenprozent anzugebende Wassergehalt und λ_0 die Wärmeleitfähigkeit bei $w = 0\%$.

Analog zu der von ARCHIE formulierten Beziehung für den spezifischen Widerstand im teilgesättigten Bereich (7.36) kann die folgende Beziehung angegeben werden:

$$\lambda/\lambda_w = S_w^{-n} \tag{8.19}$$

bzw.

$$\lambda = \lambda_w S_w^{-n}. \tag{8.20}$$

Dabei ist λ_w die bei $S_w = 1$ gemessene Wärmeleitfähigkeit.

Abb. 8.12 enthält die der Abb. 8.9c entnommenen und umgerechneten Daten in doppeltlogarithmischer Darstellung. Sie läßt erkennen, daß die *formale Übertragung der für elektrische Leitvorgänge* in teilweise wassergesättigten Gesteinen *geltenden Beziehung auf thermische Leitvorgänge möglich* ist. Dies trifft auf den Bereich $S_w > 0,1$ zu. Bei niederen Sättigungsgraden sind größere Abweichungen zu erwarten, da für $S_w \to 0$ das Experiment $\lambda \to \lambda_0$ ergibt, aber nach 8.19) $\lambda \to 0$ gehen würde.

Bei Druckbeanspruchung der Sedimentite erhöht sich ihre Wärmeleitfähigkeit vor allem infolge

— *verbesserten Wärmeübergangs an Kornkontakten,* evtl. vorhandenen Mikroklüften, Rissen oder anderen Unterbrechungen im kompakten Gesteinsgefüge,
— *Abnahme der Porosität.*

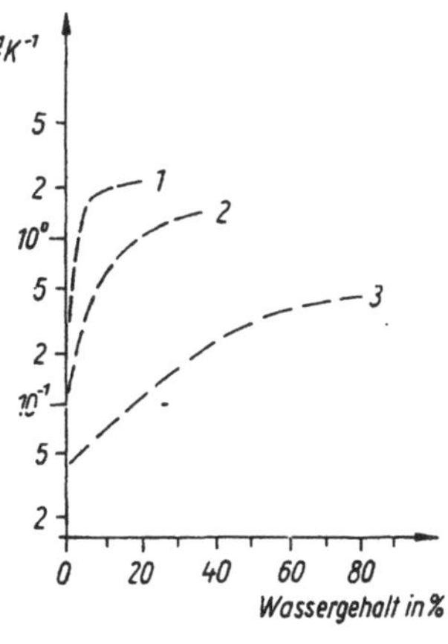

Abb. 8.11. Mittelwertskurven der Wärmeleitfähigkeit unverfestigter Sedimentite als Funktion des Wassergehaltes (Volumenanteile)
1 — Sand, *2* — Ton, *3* — Moor, Torf (umgezeichnet nach QUIEL 1975)

Tabelle 8.9. Mittelwerte der Wärmeleitfähigkeit λ in $W \cdot m^{-1} \cdot K^{-1}$ für Gesteinsgruppen und Formationen des Norddeutschen und Thüringer Beckens (Daten nach HURTIG und SCHLOSSER 1976)

Formation		Sand- stein	Schluff- stein	Ton- stein	Mergel- stein
Tertiär			0,84		
Kreide		2,30	1,30	1,84	1,13
Jura		2,22	1,09	1,76	1,63
Trias	Keuper	2,47	1,59	1,38	1,84
	Muschelkalk			1,80	
	Buntsandstein	2,38	1,55	1,55	1,50
Zechstein				1,84	
Rotliegendes		2,51	2,13	1,84	
Permo-Karbon		3,42	2,63	1,96	
Karbon	(oberes)	3,80	3,01	2,51	
	(unteres)				2,22
Ordovizium			2,55	1,71	

Demzufolge sind druckbedingte Veränderungen der Wärmeleitfähigkeit bei kompressiblen Gesteinen (unverfestigte Sedimentite, verfestigte Sedimentite hoher Porosität) wesentlich stärker ausgeprägt als bei Gesteinen geringer Kompressibilität (dichte Karbonate, Anhydrit). Maßgebend für die Veränderung ist der effektive bzw. Gerüstdruck (5.34). Die unmittelbare Beziehung der Veränderungen der Wärmeleitfähigkeit zu den Deformationseigenschaften erklärt Nichtlinearität und teilweise Irreversibilität („*Hysterese*") im Verlauf der λ-p-Kurven (Abb. 8.5a, c, d) — In Abschnitt 8.4 wird die λ-p-Abhängigkeit näher untersucht.

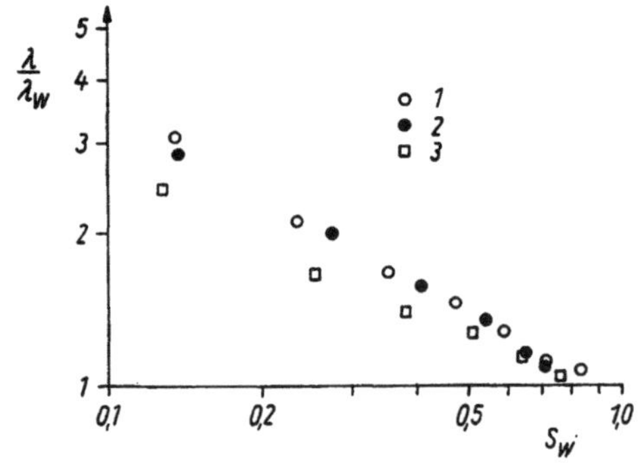

Abb. 8.12. Quotient λ/λ_W als Funktion des Sättigungsgrades S_W
1 — Quarzit (Φ = 0,366), *2* — Quarzit (Φ = 0,423), *3* — Muschelkalk (Φ = 0,3?9)

toniger Mergelstein	Kalkstein	Dolomit	Konglomerat	Anhydrit	Effusiva
	2,89				
	3,10				
2,30					
1,63		2,68			
1,84	2,09	3,51		3,80	
	2,26	3,93		4,01	1,50 (Melaphyre)
	1,76		2,01		1,80 (Tuff)
					1,84 (Porphyrite)
					1,97 (Porphyre)
	2,42				2,34 (Quarzporphyre)

8.4. Theorien zur Berechnung thermischer Gesteinseigenschaften

8.4.1. Übersicht

Die Theorien zur Berechnung thermischer Eigenschaften (insbesondere der *Wärmeleitfähigkeit*) der Gesteine lassen sich analog Abschnitt 5.4 (Abb. 1.5) bestimmten Modellgruppen zuordnen. Dabei sind vor allem Theorien auf der Grundlage der Idealisierung des Gesteins als Anordnung ebenflächig begrenzter Elemente bzw. Bestandteile vertreten. In einzelnen Arbeiten wird die Annahme diskreter (Kugel-) Elemente als Modellvorstellungen gewählt. Auch das in 5.4 beschriebene strukturierte Modell ist auf die Wärmeleitfähigkeit anwendbar.

Die *spezifische Wärme* als skalare Größe kann unabhängig von Annahmen zu Struktur und Verteilung der Bestandteile des Gesteins nach (8.10) berechnet werden. Die folgenden Darstellungen können daher auf Möglichkeiten zur Berechnung der Wärmeleitfähigkeit beschränkt werden.

8.4.2. Gestein als Anordnung ebenflächig begrenzter Elemente bzw. Bestandteile

Wird das aus n Bestandteilen zusammengesetzte Gestein in eine Anordnung paralleler Platten (vgl. Abschnitt 5.4.2) aufgelöst, so ergibt sich in Analogie zu den Modellen von Voigt und Reuss die Wärmeleitfähigkeit

$$\lambda_{\parallel} = \sum_{i=1}^{n} V_i \lambda_i \tag{8.21}$$

(Wärmestrom parallel zu den Trennflächen),

bzw. $$\lambda_\perp^{-1} = \sum_{i=1}^{n} V_i \lambda_i^{-1} \tag{8.22}$$
(Wärmestrom senkrecht zu den Trennflächen).

Beide Beziehungen geben die *obere* ($\lambda_\parallel$) *und untere* ($\lambda_\perp$) *Grenze* der Wärmeleitfähigkeit heterogener Substanzen an. Auch für die Wärmeleitfähigkeit lassen sich zur weiteren Einschränkung des Wertebereiches die Grenzwerte nach Hashin und Shtrikman und ein der Beziehung von Hill (5.56) entsprechender Mittelwert

$$\lambda_H = \frac{1}{2}(\lambda_\parallel + \lambda_\perp) \tag{8.23}$$

angeben (z. B. bei Horai und Simmons 1969). Zuweilen wird auch das geometrische Mittel zur Berechnung angewandt (z. B. Woodside und Messmer 1961, Beck 1976)

$$\lambda = \prod_{i=1}^{n} \lambda_i^{V_i}. \tag{8.24}$$

Für poröse Gesteine führen die Modellvorstellungen (8.21, 8.22) auf die in Abb. 8.13 angegebenen Beziehungen.

Nr.	Modell	Gleichung
1	Wärmestrom 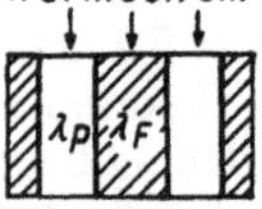	$\lambda_\parallel = (1-\Phi)\lambda_F + \Phi\lambda_P$ (8.25)
2	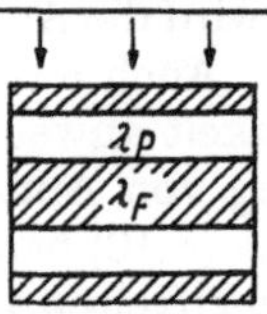	$\frac{1}{\lambda_\perp} = \frac{1-\Phi}{\lambda_F} + \frac{\Phi}{\lambda_P}$ (8.26)
3	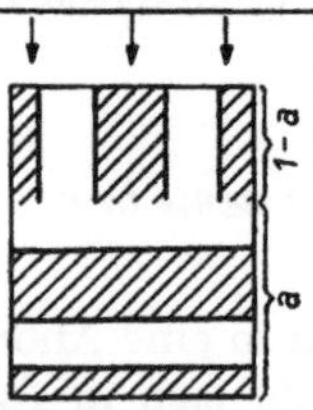	$\frac{1}{\lambda} = \frac{1-a}{\lambda_\parallel} + \frac{a}{\lambda_\perp}$ (8.27)
4	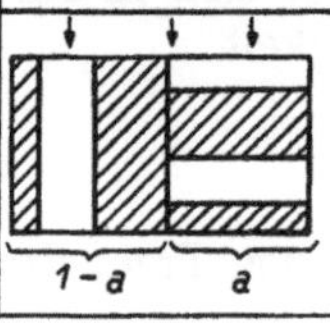	$\lambda = (1-a)\lambda_\parallel + a\lambda_\perp$ (8.28)

Abb. 8.13. Modellvorstellungen zur Berechnung der Wärmeleitfähigkeit poröser Gesteine
λ_F Wärmeleitfähigkeit der festen Matrixsubstanz, λ_P Wärmeleitfähigkeit des Poreninhaltes

Gleichung (8.25) wurde von HURTIG und SCHLOSSER (1976) für eine Analyse thermischer Eigenschaften der mesozoischen und känozoischen Sedimente des Norddeutsch-Polnischen Sedimentbeckens auf eine zweikomponentige *Matrix* erweitert. Unter der Annahme folgender Mittelwerte für polykristallines Matrixmaterial und Porenwasser

Quarz	$\lambda_{Qu} = 7{,}1 \quad W \cdot m^{-1} \cdot K^{-1}$,
Kalzit	$\lambda_K = 3{,}3 \quad W \cdot m^{-1} \cdot K^{-1}$,
Ton	$\lambda_T = 2{,}3 \quad W \cdot m^{-1} \cdot K^{-1}$,
Porenwasser	$\lambda_W = 0{,}63 \quad W \cdot m^{-1} \cdot K^{-1}$

ergeben sich die Beziehungen für

Sandstein-Tonstein-Schichten

$$\lambda = 7{,}1 V_{Qu} + 2{,}3 V_T + 0{,}63\Phi, \tag{8.29}$$

Kalkstein-Tonstein-Schichten

$$\lambda = 3{,}3 V_K + 2{,}3 V_T + 0{,}63\Phi. \tag{8.30}$$

Dabei sind V_{Qu}, V_K, V_T die Gehalte der Mineralsubstanzen.

Die Anwendung des *geometrischen Mittels* auf zweikomponentige poröse Gesteine führt zu der Beziehung

$$\lambda = \lambda_F^{(1-\Phi)} \lambda_P^{\Phi} \tag{8.31}$$

bzw.

$$\lg \lambda = (1 - \Phi) \lg \lambda_F + \Phi \lg \lambda_P. \tag{8.32}$$

Um eine bessere Annäherung gemessener und berechneter Werte zu erzielen, haben KRISCHER und ESDORN (1956) die in Modell 3 der Abb. 8.13 dargestellte *Kombination von* $\lambda_\perp$ *und* $\lambda_\parallel$ als Modell gewählt. Der zusätzlich eingeführte Parameter a gibt den Anteil des auf senkrecht zur Trennfläche gerichteten Wärmestrom beruhenden Modellanteils an. Nach KRISCHER und ESDORN (1956) nimmt diese Größe a mit zunehmender Verfestigung des Materialgefüges ab. Das Modell 3 stellt eine Hintereinanderschaltung der beiden Grundmodelle 1 und 2 dar. Mit gleicher Berechtigung läßt sich eine Parallelschaltung (Modell 4) wählen. Das Modell von KRISCHER und ESDORN ist durch Wahl des Parameters a geeignet, eine weitgehende Annäherung berechneter Kurven an experimentelle Daten zu gewährleisten.

Einen anderen Weg zur Beschreibung des von den realen Meßwerten eingenommenen Bereiches zwischen den Grenzkurven für $\lambda_\parallel$ und $\lambda_\perp$ beschreiten SUGAWARA und YOSHIZAWA (1961): Ausgehend von Modell 1 wird in (8.25) die Porosität Φ durch eine *porositätsabhängige Funktion* A_λ ersetzt

$$\lambda = (1 - A_\lambda)\lambda_F + A_\lambda \lambda_P, \tag{8.33}$$

$$A_\lambda = \frac{2^n}{2^n - 1}\left[1 - \frac{1}{(1 + \Phi)^n}\right]. \tag{8.34}$$

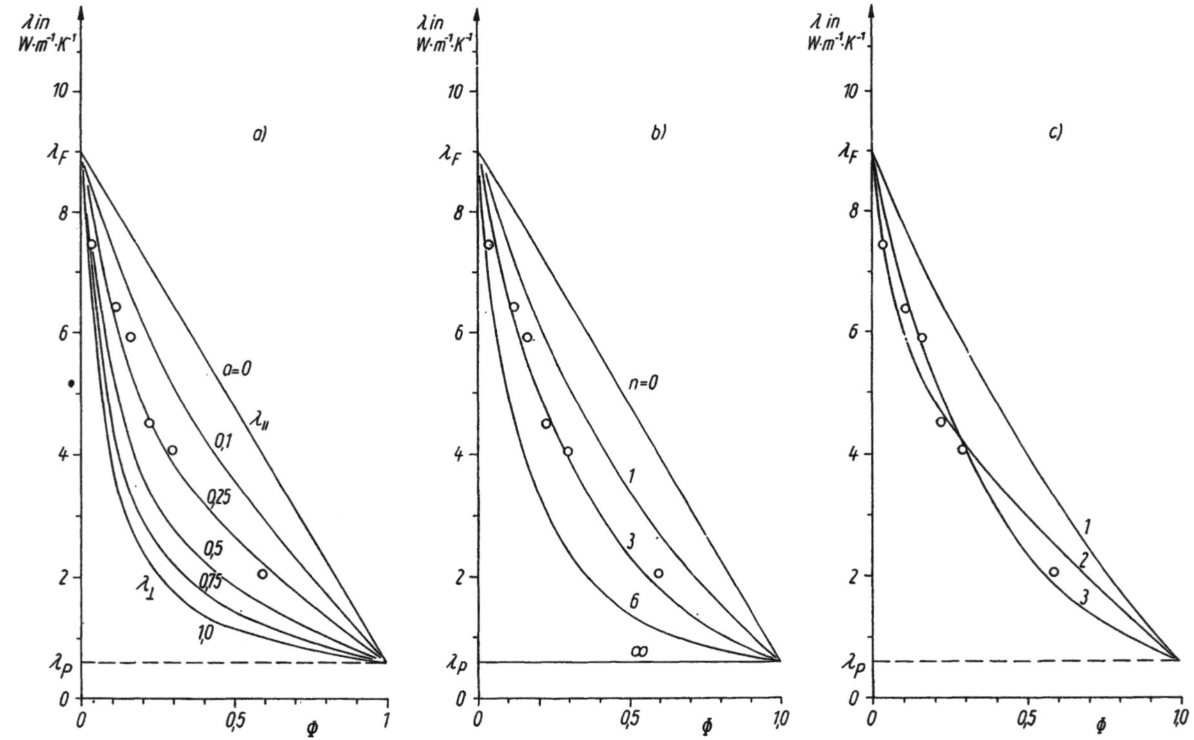

Abb. 8.14. **Abhängigkeit der Wärmeleitfähigkeit von der Porosität nach Modellberechnungen (Kurven) und Vergleich mit Ergebnissen experimenteller Untersuchungen von WOODSIDE und MESSMER (1961) an wassergesättigtem Sandstein (Punkte)**

Annahme: $\lambda_F = 9\ \mathrm{W \cdot m^{-1} \cdot K^{-1}}$, $\lambda_p = 0{,}6\ \mathrm{W \cdot m^{-1} \cdot K^{-1}}$

a) nach (8.21) und (8.25) bis (8.27) berechnet; Bezeichnung der Kurven nach Symbolik der Abb. 8.13; Kurvenparameter: *a*; b) nach (8.23) und (8.34) berechnet; Kurvenparameter: *n*; c)

Kurve	*1*	*2*	*3*
Gleichung	(8.35)	(8.31)	(8.23)

Dabei ist n ein empirisch zu bestimmender Exponent, der von Gefüge, Porengröße, Porenform, Emissionsvermögen und — wie Auswertungen der von den Verfassern publizierten Meßergebnisse zeigen — vom Poreninhalt abhängig ist.

Abb. 8.14 enthält Beispiele für die nach den Gleichungen (8.23), (8.25) bis (8.27), (8.30), (8.33) und (8.34) berechnete Abhängigkeiten der Wärmeleitfähigkeit von der Porosität und einen Vergleich mit experimentellen Daten.

In Abb. 8.15 ist unter vereinfachenden Annahmen für Granit die Wärmeleitfähigkeit als Funktion des SiO_2-Gehaltes nach (8.21) und (8.22) berechnet und den experimentellen Daten der Abb. 8.3a gegenübergestellt.

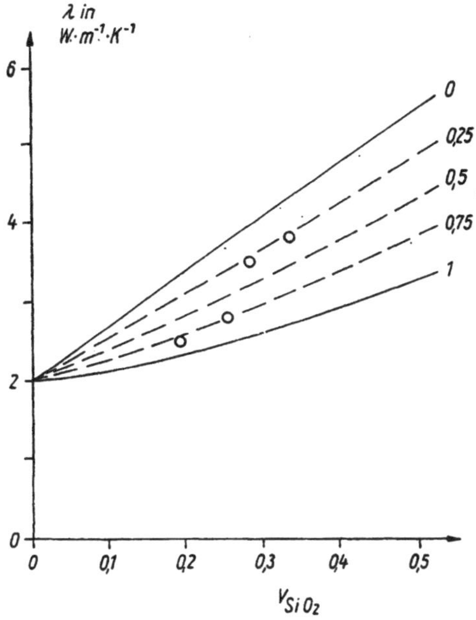

Abb. 8.15. Wärmeleitfähigkeit von Granit als Funktion des SiO_2-Gehaltes
— eingetragene Kurven: berechnet nach (8.27) mit a als Kurvenparameter
Annahme: λ SiO_2 = 9 W · m⁻¹ · s⁻¹ · K⁻¹
λ Feldspäte, Glimmer = 2 W · m⁻¹ · s⁻¹ · K⁻¹
— eingetragene Punkte: nach experimentellen Daten (Abb. 8.3)

8.4.3. *Gestein als Anordnung diskreter Elemente (Kugeln)*

Die MAXWELLsche Modellvorstellung *dispergierter kugelförmiger Teilchen* in einem Medium führt bei den elektrischen Leitvorgängen auf Gleichung (7.46). Dabei blieb die Leitfähigkeit der festen Matrixbestandteile unberücksichtigt.

Bei thermischen Leitvorgängen müssen die Leitfähigkeiten von Festsubstanz (Matrix) und Poreninhalt berücksichtigt werden.

Die Annahme *kugelförmiger Poren* in der Matrixsubstanz führt auf die Gleichung (vgl. auch PARROTT und STUCKES 1975)

$$\lambda = \lambda_F \left[\frac{\left(2\frac{\lambda_F}{\lambda_P} + 1\right) - 2\Phi\left(\frac{\lambda_F}{\lambda_P} - 1\right)}{\left(2\frac{\lambda_F}{\lambda_P} + 1\right) + \Phi\left(\frac{\lambda_F}{\lambda_P} - 1\right)} \right], \tag{8.35}$$

während die Annahme *kugelförmiger Partikel*, die in der Porenflüssigkeit suspendiert sind, auf die Gleichung

$$\lambda = \lambda_P \left[\frac{3\frac{\lambda_F}{\lambda_P} - 2\Phi\left(\frac{\lambda_F}{\lambda_P} - 1\right)}{3 + \Phi\left(\frac{\lambda_F}{\lambda_P} - 1\right)} \right] \tag{8.36}$$

führt. Bei Beachtung der gemachten Voraussetzung, daß keine Beeinflussung des thermischen Feldes einer Einlagerung durch eine benachbarte Einlagerung erfolgt, ist (8.35) vor allem für geringporöse Sedimente und (8.36) für hochporöse Sedimente (marine Sedimente) anzuwenden. Die Gültigkeitsgrenzen der beiden Gleichungen werden in erster Linie vom Quotienten λ_F/λ_P bestimmt. Ist dieser nicht größer als 10, so kann nach BECK (1976) Gleichung (8.35) bis zu einer Porosität von etwa $\Phi = 0{,}15$ angewandt werden. Abb. 8.14c enthält einen Vergleich berechneter Kurven und experimentell ermittelter Daten (hierbei ist $\lambda_F/\lambda_P = 15$).

Die Anwendbarkeit der MAXWELLschen Modellvorstellung ist nicht auf die Mischung Kugel (F) / Porenflüssigkeit (P) begrenzt, sondern kann z. B. auch für eine Mischung Kugel (P) / feste Grundmasse bzw. Zement (Z) benutzt werden. In letztgenanntem Fall tritt an Stelle der Porosität der Volumenanteil der Grundmasse bzw. des Zementes.

Die Theorie von MAXWELL wurde von DE VRIES (1952) (siehe WOODSIDE und MESSMER 1961) auf Ellipsoide erweitert und auf Böden angewandt (WOODSIDE und MESSMER 1961). Andere, ebenfalls von sphärischen Partikeln bzw. der MAXWELLschen Modellvorstellung ausgehende Beziehungen wurden von RUSSELL und EUKEN (siehe FRANCL und KINGERY 1954) entwickelt.

8.4.4. *Gesteinsmodelle mit variabler innerer Struktur*

Das in Abschnitt 5.4.5.2 beschriebene und bereits in Abschnitt 7.4.3.2 angewandte Modell gestattet auch die Berechnung der Wärmeleitfähigkeit. Es wird anhand des Modells im folgenden die Abhängigkeit der Wärmeleitfähigkeit von der Porosität und dem Druck sowie die Anisotropie dargestellt.

8.4.4.1. *Abhängigkeit der Wärmeleitfähigkeit von der Porosität*

Unter Verwendung der in Abb. 5.44 angegebenen geometrischen Modellparameter ergibt sich für die Wärmeleitfähigkeit

$$\lambda_{\mathfrak{T}} = \lambda_{\mathfrak{g}} = (a + c)^{-1} \left[c\lambda_{F} + a \left\{\frac{b}{b + d}\, \lambda_{P}^{-1} + \left(\frac{b}{d}\, \lambda_{P} +, \lambda_{F}\right)^{-1}\right\}^{-1}\right], \tag{8.37}$$

$$\lambda_{\mathfrak{g}} = (a + c)\, [c\lambda_{F}^{-1} + a(b + d)^{2}\, \{(2d + b)\, b\lambda_{P} + d^{2}\lambda_{F}\}^{-1}]^{-1}. \tag{8.38}$$

Dabei ist *zunächst angenommen, daß die Wärmeleitfähigkeit der Kontaktregion gleich der der Festsubstanz* ist; diese Annahme trifft in grober Näherung für sehr gut zementierte Gesteine zu. Ist *keine vollständige Bindung* an den Kornkontakten gegeben oder weist das Bindemittel eine niedrigere Wärmeleitfähigkeit auf, so bewirkt das im wesentlichen eine Abnahme der Wärmeleitfähigkeit in Richtung $x_{\mathfrak{g}}$, d. h. der Komponente $\lambda_{\mathfrak{g}}$. Diese Reduzierung im Sinne eines Wärmeüberganges kann in Analogie zu Abschnitt 5.4.5.4 bzw. 7.2.3.2 durch einen Faktor $(1 - K_{\lambda})$ ausgedrückt werden, mit dem streng genommen der letzte Term von (8.38) zu multiplizieren ist. Betrachtet man das Pore-Festmaterial-Modell insgesamt und faßt K_{λ} als *Maßzahl für eine durch Kornkontakte reduzierte Wärmeleitfähigkeit* auf, so läßt sich dieser Faktor auch auf $\lambda_{\mathfrak{g}}$ insgesamt beziehen. Damit ergeben sich durch Transformation in Koordinaten des „Gesteinssystems" die Wärmeleitfähigkeiten

$$\lambda_{1} = \lambda_{\mathfrak{T}}\, [\cos^{2} \alpha + \{(1 - K_{\lambda})\, (\lambda_{\mathfrak{g}}/\lambda_{\mathfrak{T}}) \sin \alpha\}^{2}]^{1/2}, \tag{8.39}$$

$$\lambda_{2} = \lambda_{\mathfrak{T}}\, [\sin^{2} \alpha + \{(1 - K_{\lambda})\, (\lambda_{\mathfrak{g}}/\lambda_{\mathfrak{T}}) \cos \alpha\}^{2}]^{1/2}. \tag{8.40}$$

Die Beziehungen für vollständige Kornbindung (Schön 1974) resultieren hieraus mit $K_{\lambda} = 0$. Unter dieser Voraussetzung werden im folgenden *Abhängigkeiten der Wärmeleitfähigkeit von der Porosität* berechnet. Dabei erweist es sich als vorteilhaft, eine Normierung der Wärmeleitfähigkeit λ_1 bzw. λ_3 mit der des Festmaterials (λ_F) vorzunehmen, da die Wärmeleitfähigkeit des Festmaterials von dominierendem Einfluß auf die des Gesteins ist. Als Variable treten in der Berechnung auf

— der Quotient λ_P/λ_F,
— der Strukturwinkel α,
— die geometrischen Parameter a, b, c, d.

Letztgenannte Größen treten nur als Quotienten auf, d. h., die Wärmeleitfähigkeit ist primär nicht von der „Korngröße", sondern nur von „Kornform" und Porosität (Gleichung (5.107)) abhängig. Abb. 8.16 enthält auf diese Weise berechnete *Abhängigkeiten der normierten Wärmeleitfähigkeit λ/λ_F von der Porosität bei unterschiedlichem Strukturwinkel* α (Kurvenparameter) *und verschiedener Korn- bzw. Porengeometrie.* Für die Berechnung werden zwei verschiedene

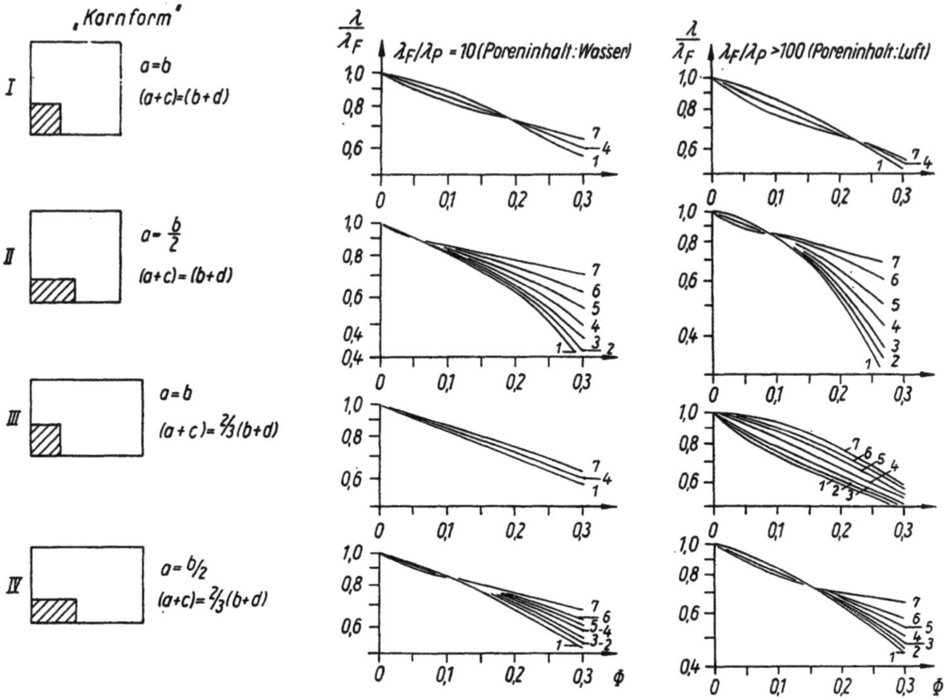

Abb. 8.16. Normierte Wärmeleitfähigkeit λ/λ_F als Funktion der Porosität

Kurve	Strukturwinkel α bei Wärmestromrichtung	
	vertikal (λ_3/λ_F)	horizontal (λ_1/λ_F)
1	0°	90°
2	15°	75°
3	30°	60°
4	45°	45°
5	60°	30°
6	75°	15°
7	90°	0°

Quotienten λ_F/λ_P gewählt. Da sich die Wärmeleitfähigkeiten von mineralischer Festsubstanz und Wasser etwa wie $\lambda_F/\lambda_P = 10$ und die von Luft und mineralischer Festsubstanz wie $\lambda_F/\lambda_P \gtrsim 10^2$ verhalten, können die beiden Kurvengruppen näherungsweise dem Poreninhalt „*Wasser*" und „*Luft*" zugeordnet werden.

In Übereinstimmung mit dem experimentellen Befund ist bei trockenem Gestein die Porositätsabhängigkeit der Wärmeleitfähigkeit stärker ausgeprägt als bei wassergesättigtem.

Der logarithmische Maßstab für den Quotienten λ/λ_F gestattet einen *Vergleich mit Ergebnissen experimenteller Untersuchungen* auf folgende Weise: Experimentell ermittelte Wärmeleitfähigkeitswerte bei unterschiedlicher Porosität $\lambda = \lambda(\Phi)$ werden in transparentes Koordinatenpapier gleicher Achsenteilung wie in Abb. 8.16 eingetragen. Durch Aufeinanderlegen berechneter „*Musterkurven*" (Abb. 8.16) und experimentell ermittelter Wertepaare (λ, Φ) bei Achsenparallelität und Übereinstimmung der Porositätsachse wird das *Kurvenindividuum bester Annäherung* bzw. Übereinstimmung ermittelt. In Abb. 8.17a wurden auf diese Weise die experimentellen Daten von WOODSIDE und MESSMER (1961) interpretiert. Die beste Annäherung wurde mit dem Kurvensatz $\lambda_F/\lambda_P = 10$ und der Kornform II (Abb. 8.16) erzielt (eingetragene Kurven). Die auf den Porositätswert $\Phi = 0$ verlängerten Kurven entsprechen dem Ordinatenwert $\lambda/\lambda_F = 1$ und gestatten damit die Ermittlung der Wärmeleitfähigkeit von Festmaterial bzw. Matrix. Es ergibt sich für das Beispiel $\lambda_F = 7{,}85\ \mathrm{W \cdot m \cdot K^{-1}}$; dieser Wert entspricht einem fast reinen Quarzsandstein. Aus dem Verhältnis $\lambda_F/\lambda_P = 10$ ergibt sich weiterhin $\lambda_P \approx 0{,}8\ \mathrm{W \cdot m \cdot K^{-1}}$; der Mittelwert für Wasser (Tabelle 8.3) beträgt $0{,}6\ \mathrm{W \cdot m \cdot K^{-1}}$.

Die in Abb. 8.17b dargestellten experimentell ermittelten Werte weisen eine starke Streuung und generell niedrigere Wärmeleitfähigkeit auf. Sie wurden an trockenem Sandstein ermittelt; vermutlich unterliegt die Wärmeleitfähigkeit der Festsubstanz (λ_F) infolge großer Unterschiede im Mineralbestand (Feldspäte, Glimmer, Tone, relativ wenig Quarz) starken Schwankungen. Zusätzlich werden hierbei vermutlich Abminderungen der

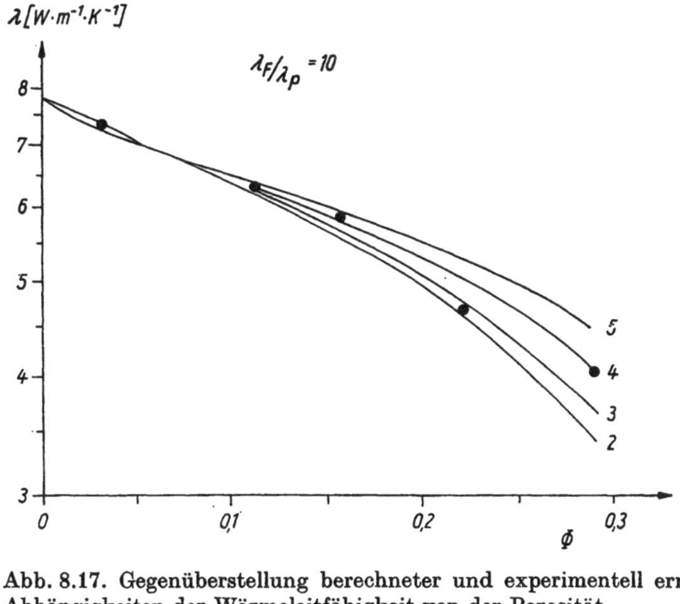

Abb. 8.17. Gegenüberstellung berechneter und experimentell ermittelter Abhängigkeiten der Wärmeleitfähigkeit von der Porosität
eingetragene Kurven: berechnet bzw. übernommen von Abb. 8.16 („Kornform" II)

a) Sandstein, wassergesättigt
experimentelle Daten nach WOODSIDE und MESSMER (1961)

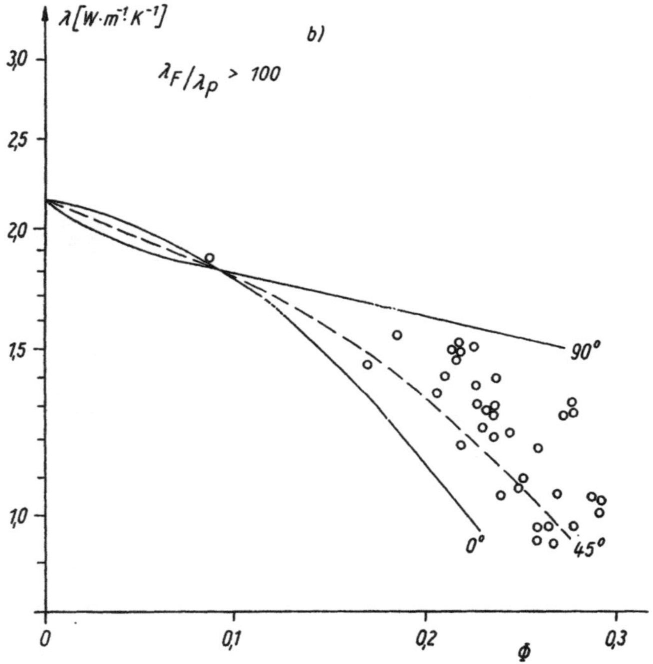

Abb. 8.17 b) Sandstein (Oligozän), trocken
experimentelle Daten nach BOLDISZAR (1967)

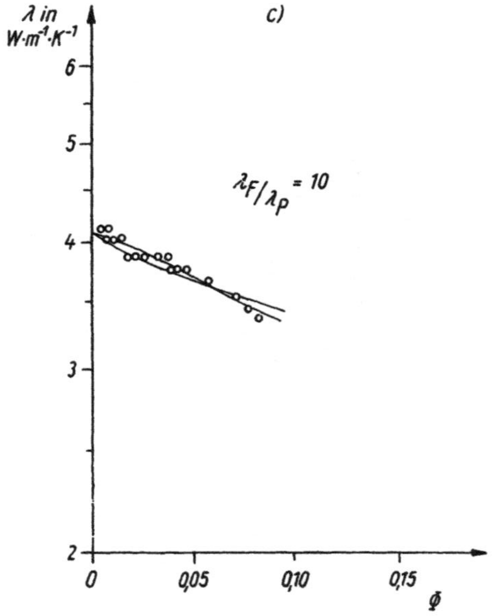

Abb. 8.17 c) Kalkstein (Jura), wassergesättigt
experimentelle Daten nach PLEWA (1976)

Wärmeleitfähigkeit durch unvollkommene Bindung an den Partikelkontakten wirksam ($K \neq 0$). — Abb. 8.17c enthält ein Beispiel für Kalkstein.

Ergebnisse von Untersuchungen an wassergesättigten marinen Sedimenten (Abb. 8.18) zeigen eine gute Übereinstimmung mit nach „Kornform" I berechneten Kurven. Mit

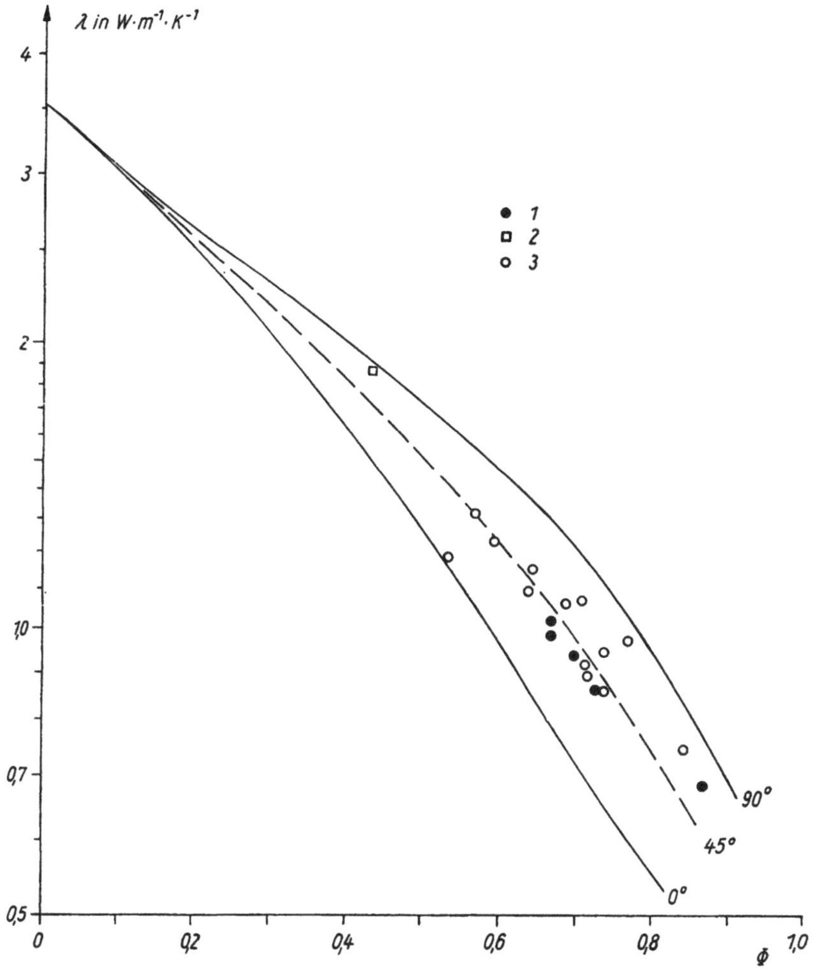

Abb. 8.18. Gegenüberstellung berechneter und experimentell ermittelter Abhängigkeiten der Wärmeleitfähigkeit von der Porosität bei marinen Sedimenten

Kurven: berechnet für „Kornform I", $\lambda_F/\lambda_P = 10$, Kurvenparameter: Strukturwinkel α, eingetragene Punkte: experimentelle Werte

Symbol	Material	Autor
1	tonig bzw. kalkig	v. HERZEN und MAXWELL (1969)
2	siltig	SOMERTON und BOOZER (1960)
3	tonig, siltig	HUTT und BERG (1968)

Strukturwinkeln zwischen 30° und 60° werden mehr als 80% der Meßwerte erfaßt. Wird auch hier die berechnete Kurve bis zum Punkt $\Phi = 0$ bzw. dem Ordinatenwert $\lambda/\lambda_F = 1$ gezeichnet, ergibt sich $\lambda_F = 3{,}6\ \mathrm{W \cdot m^{-1} \cdot K^{-1}}$; dieser Wert deutet auf tonige sowie karbonatische Bestandteile hin.

8.4.4.2. *Abhängigkeit der Wärmeleitfähigkeit vom Druck*

Eine Erhöhung des Druckes bewirkt eine Abnahme der im vorigen Abschnitt eingeführten Größe K_λ bei allen porösen und klüftigen Gesteinen. Für die druckbedingte Veränderung der Größe K_λ werden in Analogie zu Kapitel 5 zwei verschiedene Vorstellungen gewählt:

a) *Bei klastischen Sedimentiten* können in erster Näherung *sphärische Berührungsregionen* der Partikel angenommen werden. Nach der HERTZschen Theorie ist der Radius der Kontaktfläche $r_K \sim p^{2/3}$. Damit ist

$$(1 - K_\lambda) \sim p^{2/3}. \tag{8.41}$$

Wird allgemein eine Proportionalität

$$(1 - K_\lambda) \sim p^{m_\lambda} \tag{8.42}$$

angenommen, so läßt sich unter Verwendung der Gleichungen (8.39) bzw. (8.40) für die *Druckabhängigkeit der Wärmeleitfähigkeit* die Beziehung angeben:

$$\lambda = \lambda_0(1 + a_\lambda \cdot p^{2m_\lambda})^{1/2}. \tag{8.43}$$

Die in (8.39) und (8.40) enthaltenen Größen sind dabei in den Größen a_λ und λ_0 zusammengefaßt; λ_0 ist die Wärmeleitfähigkeit vor Druckeinwirkung. Aus (8.43) folgt

$$(\lambda/\lambda_0)^2 - 1 = a_\lambda p^{2m_\lambda}. \tag{8.44}$$

Bei doppeltlogarithmischer Auftragung von $(\lambda/\lambda)^2 - 1$ und p muß sich demzufolge eine Gerade ergeben, aus der sich a_λ und m_λ entnehmen lassen.

Abb. 8.19 zeigt die so ausgewertete Kurve a der Abb. 8.5, die auf die Gleichung

$$\lambda \approx 2{,}3(1 + 0{,}5P^{1/3})^{1/2} \tag{8.45}$$

führt (λ in $\mathrm{W \cdot m^{-1} \cdot K^{-1}}$, p in MPa).
Dabei wurde λ_0 der Abb. 8.5 entnommen ($\lambda_0 = 2{,}3\ \mathrm{W \cdot m^{-1} \cdot K^{-1}}$).

b) *Bei klüftigen Gesteinen* kann der in Abschnitt 5.4.5.4 und Abschnitt 7.2.3.2 angewandten Methode folgend der Zusammenhang zwischen Wärmeleitfähigkeit λ und Druck p durch

$$\lambda = \lambda_F(1 - K_\lambda), \tag{8.46}$$

$$K_\lambda = K_{\lambda 0}\, e^{-A_\lambda p}, \tag{8.47}$$

$$\lambda = \lambda_F(1 - K_{\lambda 0}\, e^{-A_\lambda p}), \tag{8.48}$$

$$\lambda/\lambda_F = 1 - K_{\lambda 0}\, e^{-A_\lambda p} \tag{8.49}$$

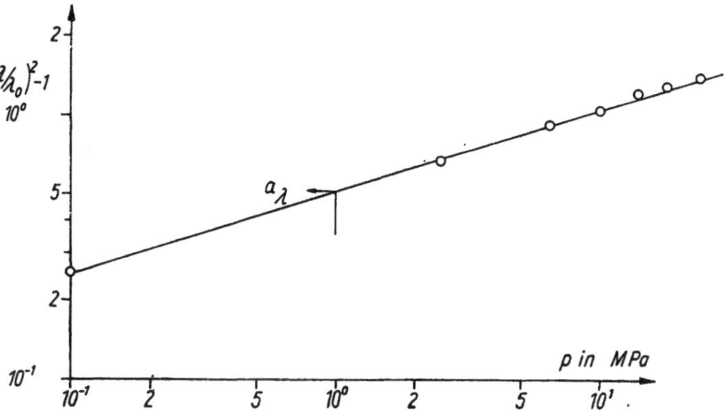

Abb. 8.19. Mittels Gleichung (8.44) ausgewertete experimentelle Daten nach Abb. 8.5a (obere Kurve)

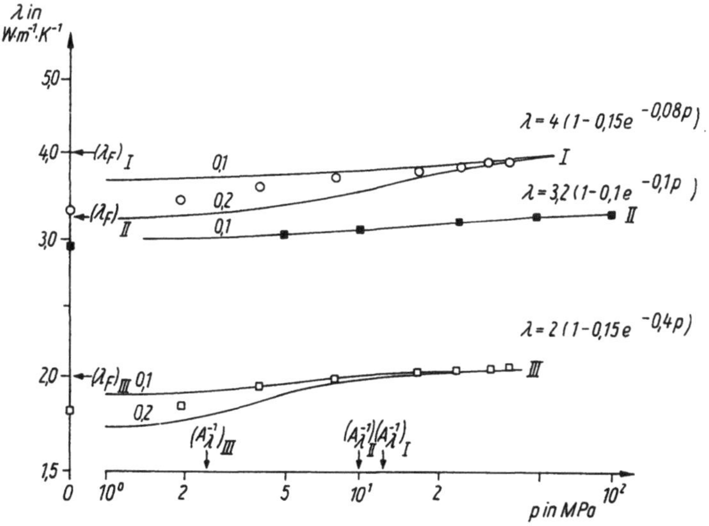

Abb. 8.20. Auswertung experimentell ermittelter Abhängigkeiten der Wärmeleitfähigkeit vom Druck unter Verwendung berechneter „Musterkurven" (Abb. 7.11a) und Ableitung von $\lambda = \lambda(p)$-Beziehungen)

I — Sandstein (experimentelle Daten nach Hurtig und Brugger 1970),
II — Casco-Granit (experimentelle Daten nach Simmons und Nur 1968),
III — Porphyr (experimentelle Daten nach Hurtig und Brugger 1970)

angenähert werden. K_λ beinhaltet dabei die durch *Klüftung*, *unvollkommene Bindung* u. ä. bedingte Abnahme der Wärmeleitfähigkeit; K_λ ist auch abhängig von der Wärmeleitfähigkeit des Kluftinhaltes. Die Übereinstimmung mit der Gleichung für die druckbedingte Veränderung der elektrischen Leitfähigkeit (7.26) gestattet die Verwendung des Diagramms der Abb. 7.11a auch zur Interpretation von experimentellen Untersuchungen von Veränderungen der Wärmeleitfähigkeit mit dem Druck. Das in Abb. 8.20 gezeigte Beispiel unterstreicht, daß die benutzte Modellvorstellung näherungsweise auch bei Sedimentiten Anwendung finden kann.

Gleichung (8.48) in eine *Potenzreihe entwickelt*, ergibt eine Beziehung

$$\lambda = \lambda_F[1 - K_{\lambda 0}(1 - A_\lambda p + \ldots)],$$

$$\lambda \approx \lambda_F[(1 - K_{\lambda 0}) + K_{\lambda 0} A_\lambda p], \tag{8.50}$$

die den gleichen Aufbau wie die von Bridgman empirisch ermittelte (8.12) zeigt. Der unmittelbare Vergleich beider Beziehungen liefert die Relationen

$$\lambda_{0,1} = \lambda_F(1 - K_{\lambda 0}), \tag{8.51}$$

$$a_\lambda = A_\lambda K_{\lambda 0}(1 - K_{\lambda 0})^{-1}. \tag{8.52}$$

8.4.4.3. *Berechnung des Anisotropiekoeffizienten*

Unter Verwendung von (8.39) und (8.40) läßt sich für das strukturierte Modell der Anisotropiekoeffizient angeben

$$\frac{\lambda_1}{\lambda_2} = \left[\frac{\left(\frac{\lambda_I}{\lambda_S}\right)^2 + (1 - K_\lambda)^2 \tan^2 \alpha}{\left(\frac{\lambda_I}{\lambda_S}\right)^2 \tan^2 \alpha + (1 - K_\lambda)^2}\right]^{1/2}. \tag{8.53}$$

Er ist abhängig von der Anisotropie im Mikrobereich (einschließlich Anisotropie der Wärmeleitfähigkeit der Minerale), der Klüftung bzw. unvollkommenen Bindung und der inneren Struktur. Unter vereinfachenden Annahmen ($K_\lambda = 0$, keine Anisotropie der Wärmeleitfähigkeit der Minerale bzw. des Kornmaterials) wurden von Schön (1974) berechnete und experimentell ermittelte Anisotropiekoeffizienten von Sedimentiten verglichen und auf strukturelle Einflüsse (α) zurückgeführt.

9. Beziehungen zwischen den petrophysikalischen Parametern der Geophysik

9.1. Vorbemerkungen

Die vorangegangenen Abschnitte zeigen, daß die untersuchten petrophysikalischen Parameter Dichte, magnetische Suszeptibilität, natürliche Radioaktivität, Ausbreitungsgeschwindigkeit und Absorptionskoeffizient elastischer Wellen, spezifischer elektrischer Widerstand, Dielektrizitätskonstante, spezifische Wärme und Wärmeleitfähigkeit von verschiedenen Einflußgrößen abhängen. Diese sind in Abb. 1.3 schematisch zusammengefaßt.

Die einzelnen Parameter werden in unterschiedlicher Weise von den genannten Größen beeinflußt. Neben *„parameterspezifischen"* Einflußgrößen (Eigenschaften der Bestandteile), die zu dem betrachteten Parameter korrespondieren (z. B. thermische Eigenschaften der einzelnen Mineralanteile bei Untersuchung der Wärmeleitfähigkeit des Gesteins), treten für alle Parameter einheitliche *„parameterinvariante"* Einflußgrößen (z. B. Mineralanteile, Porosität, Druck) auf.

Physikalische Grundlage für das Auffinden von Korrelationen petrophysikalischer Parameter zueinander (z. B. Ausbreitungsgeschwindigkeit elastischer Wellen und Wärmeleitfähigkeit) bilden

a) die Existenz enger *Korrelationen der spezifischen Eigenschaften der Bestandteile* des Gesteins (z. B. der elastischen und thermischen Eigenschaften der Minerale),

b) die Existenz enger *Korrelationen* der betrachteten Parameter *zu „invarianten" Merkmalen* bzw. *Kenngrößen des Gesteins* (z. B. Porosität, Klüftigkeit).

Bei dichten magmatischen Gesteinen dominieren Untersuchungen, die von *festkörperphysikalischen Modellvorstellungen* ausgehen oder sich meist linearer, empirisch gefundener Korrelationen bedienen. Diese Untersuchungen sind für die Darstellung der physikalischen Eigenschaften von Mineralen und Gesteinen unter *Hochdruck-Temperatur-Bedingungen* von besonderer Wichtigkeit.

Bei porösen (und klüftigen) Gesteinen werden vorrangig *Querbeziehungen über die Porosität* als wichtigen Einflußfaktor auf fast alle Parameter aufgestellt. Modelltheoretische Arbeiten bedienen sich dabei meist linearer Beziehungen der Parameter zur Porosität und wurden bis zur Anwendung bei der maschinellen Interpretation von Bohrlochmeßdaten („litho-porosity-Methode") geführt. Darüber hinaus können Modelle mit variabler Struktur bzw. idealisierten Gefügemerkmalen Anwendung finden.

In den folgenden Darstellungen werden zu diesen Arbeitsrichtungen Beispiele angegeben, wobei — der Zielstellung des Buches entsprechend — die festkörperphysikalischen Arbeiten nur angedeutet werden.

9.2. Festkörperphysikalische Theorien und lineare Beziehungen nach Birch u. a. zur Darstellung von Zusammenhängen zwischen Dichte, elastischen und thermischen Eigenschaften

Die von DEBYE, MIE und GRÜNEISEN entwickelte *Theorie der Gitterdynamik liefert eine Verbindung thermischer und elastischer Festkörpereigenschaften* unter Einbeziehung der Dichte und atomphysikalischer Größen. So führt die einfache DEBYEsche Theorie auf eine Beziehung zwischen Wärmeleitfähigkeit λ, spezifischer Wärme c, Dichte d, Phononengeschwindigkeit v_m und mittlerer freier Weglänge l^*

$$\lambda \sim c l^* d v_m . \qquad (9.1)$$

Die festkörperphysikalischen Beziehungen werden teilweise *mit empirisch ermittelten Zusammenhängen verknüpft.* HORAI und SIMMONS (1969, 1970) ermittelten aus experimentellen Untersuchungen an Silikaten die in Abb. 9.1a dargestellten Korrelationen zwischen den Ausbreitungsgeschwindigkeiten v_p bzw. v_s und der Wärmeleitfähigkeit λ.

Mit guter Näherung ergeben die Meßwerte lineare Beziehungen

$$v_p = (0{,}17 \pm 0{,}02)\,\lambda + (5{,}93 \pm 0{,}17),$$

$$v_s = (0{,}09 \pm 0{,}02)\,\lambda + (3{,}31 \pm 0{,}16),$$

v_p, v_s in $\mathrm{km \cdot s^{-1}}$ und λ in $\mathrm{mcal \cdot s^{-1} \cdot cm^{-1}\,°C^{-1}}$),

bzw.

$$v_p = (405{,}0 \pm 47{,}7)\,\lambda + (5930 \pm 170), \qquad (9.2)$$

$$v_s = (214{,}8 \pm 47{,}7)\,\lambda + (3310 \pm 160) \qquad (9.3)$$

(umgerechnet in SI-Einheiten, d. h. v_p, v_s in $\mathrm{m \cdot s^{-1}}$ und λ in $\mathrm{W \cdot m^{-1} \cdot K^{-1}}$).
SEIPOLD und HURTIG (1977) weisen im Ergebnis von analogen Untersuchungen an Porphyren darauf hin, daß bei Gesteinen zusätzliche Einflußfaktoren (Zusammensetzung, Struktur, Ausbildung der Minerale zu starker Streuung bei derartigen Gegenüberstellungen führen (vgl. auch Abb. 9.1b).

Unter Anwendung der DEBYEschen Theorie ermitteln HORAI und SIMMONS (1970) aus (9.2) und (9.3) die stoffspezifische DEBYE-Temperatur Θ_D. Sie steht in folgendem Zusammenhang mit den elastischen Eigenschaften (siehe z. B. HORAI und SIMMONS (1970):

$$\Theta_D = \frac{h}{k} \left(\frac{9}{4\pi} \frac{d\,N_A}{\overline{m}_A} \right)^{1/3} \cdot v_m \qquad (9.4)$$

mit

$$v_m = \left(\frac{1}{v_p{}^3} + \frac{2}{v_s{}^3}\right)^{1/3}. \tag{9.5}$$

Dabei bedeutet: h PLANCKsches Wirkungsquantum, k BOLTZMANNsche Konstante, N_A AVOGADROsche Zahl, $\overline{m}_A$ mittlere Atommasse, d Dichte, v_p, v_s Longitudinal- bzw. Transversalwellengeschwindigkeit.

Durch Einsetzen der Zahlenwerte ergibt sich

$$\Theta_D = 251{,}45 \left(\frac{d}{\overline{m}_A}\right)^{1/3} v_m. \tag{9.6}$$

(d in $g \cdot cm^{-3}$; Θ_D in K; v_m in $km \cdot s^{-1}$)

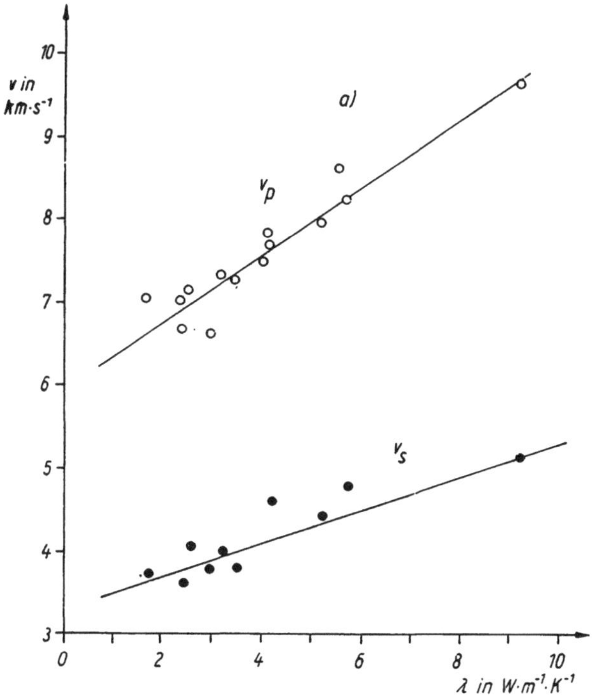

Abb. 9.1. Gegenüberstellung von Wärmeleitfähigkeit und Ausbreitungsgeschwindigkeit elastischer Wellen

a) Gegenüberstellung von λ und v_p, v_s für Silikate (umgezeichnet nach HORAI und SIMMONS 1969),

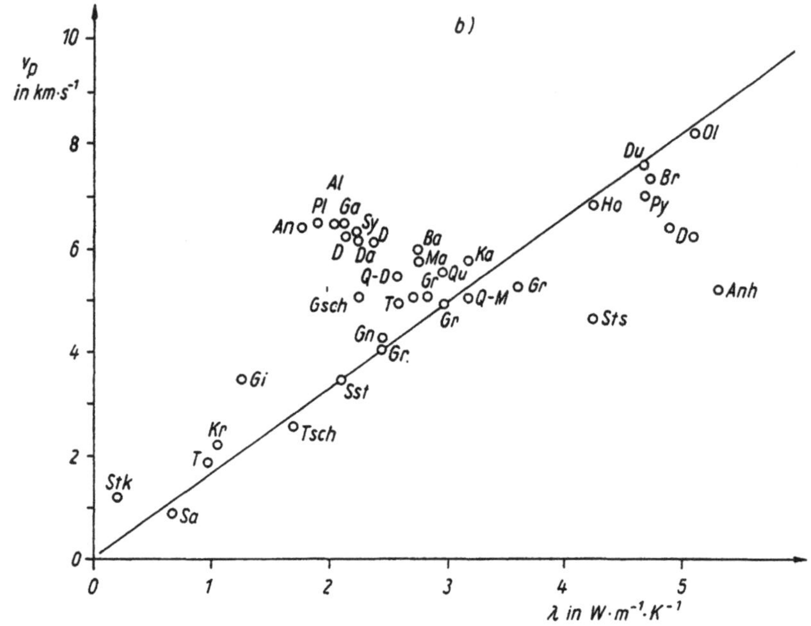

Abb. 9.1 b) Gegenüberstellung von λ und v_p für verschiedene Gesteine und Minerale (umgezeichnet nach KARL, MANTHEY, SCHUSTER 1965)

(Al-Albit, An-Anorthosit, Anh-Anhydrit, Ba-Basalt, Br-Bronzit, D, D_1D_2-Diabas, Do-Dolomit, Du-Dunit, Ga-Gabbro, Gi-Gips, Gn-Gneis, Gr, Gr_1, Gr_2-Granit, Gsch-Glimmerschiefer, Ho-Hornblende, Ka-Kalkstein, Kr-Kreide, Ma-Marmor, Ol-Olivin, Pl-Plagioklas, Py-Pyroxen, Qu-Quarzit, Q-D-Quarzdiorit, Q-M-Quarzmonzonit, Sa-Sand, Sst-Sandstein, Stk-Steinkohle, Sts-Steinsalz, Sy-Syenit, T-Ton, To-Tonalit, Tsch-Tonschiefer)

Diese Beziehung *verknüpft stoffliche Eigenschaften* $\left(\frac{d}{\overline{m}}\right)$ *und* DEBYE-*Temperatur mit der Geschwindigkeit* v_m. Der Quotient aus Dichte und mittlerer Atommasse kann über eine von ANDERSON (1967) angegebene „*seismische Zustandsgleichung*" in Verbindung zu elastischen Eigenschaften des Festkörpers gebracht werden:

$$\frac{d}{\overline{m}_A} = A\chi^n. \tag{9.7}$$

Die Größe χ wird als seismischer Parameter bezeichnet und ist definiert als

$$\chi = \frac{k_{ad}}{d} = v_p^2 - \frac{4}{3}\,v_s^2, \tag{9.8}$$

k_{ad} ist der adiabatische Kompressionsmodul. A und n sind empirisch zu bestimmende Größen; der Exponent n hat die Größenordnung $1/4 \cdots 1/3$. Für eine

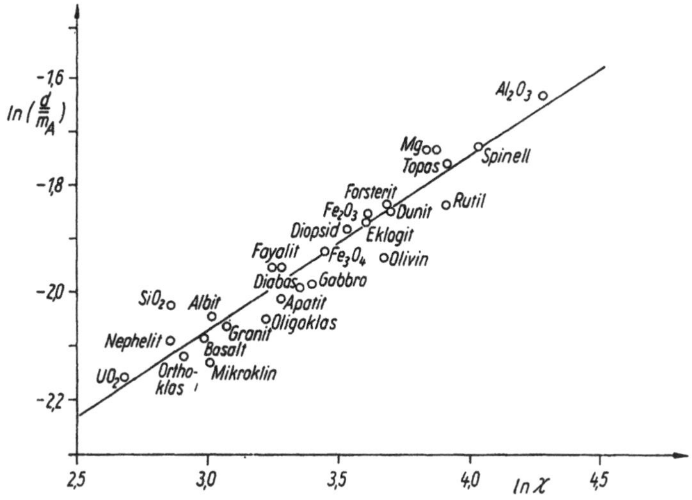

Abb. 9.2. Gegenüberstellung von $\ln \chi$ und $\ln \left(\frac{d}{\bar{m}}\right)$ (umgezeichnet nach ANDERSON 1967)

Auswahl von Mineralen (Silikate und Oxide) und Magmatite fand ANDERSON nach Laboruntersuchungen die Beziehung (vgl. Abb. 9.2.)

$$d = 0{,}048\bar{m}_A\chi^{0{,}323} \pm 0{,}12. \tag{9.9}$$

(Dabei sind v_p und v_s in km · s^{-1} und d in g · cm^{-3} anzugeben.) SIMMONS und ENGLAND (1969) fanden bei weiteren Vergleichen mit an Oxiden und Silikaten gewonnenen Labordaten die Beziehung (9.9) als generellen Verlauf bestätigt, erhielten aber einen wesentlich breiteren Streubereich der Daten als ihn ANDERSON angibt.

Unter Verwendung der Gleichungen (9.2), (9.3), (9.6) und (9.9) wurden von HORAI und SIMMONS (1970) für Silikate die DEBYE-Temperaturen errechnet und den Wärmeleitfähigkeiten gegenübergestellt. Auch hier ergab sich in erster Näherung eine lineare Beziehung zwischen dem errechneten gittertheoretischen Parameter Θ_D und der experimentell bestimmten Wärmeleitfähigkeit

$$\Theta_D = (25{,}6 \pm 3{,}0)\,\lambda + (385 \pm 28)$$

$$(\lambda \text{ in mcal} \cdot \text{s}^{-1} \cdot \text{cm}^{-1} \cdot {}^\circ\text{C}), \tag{9.10}$$

bzw.

$$\Theta_D = (61{,}1 \pm 7{,}16)\,\lambda + (385 \pm 28)$$

(umgerechnet in SI-Einheiten).

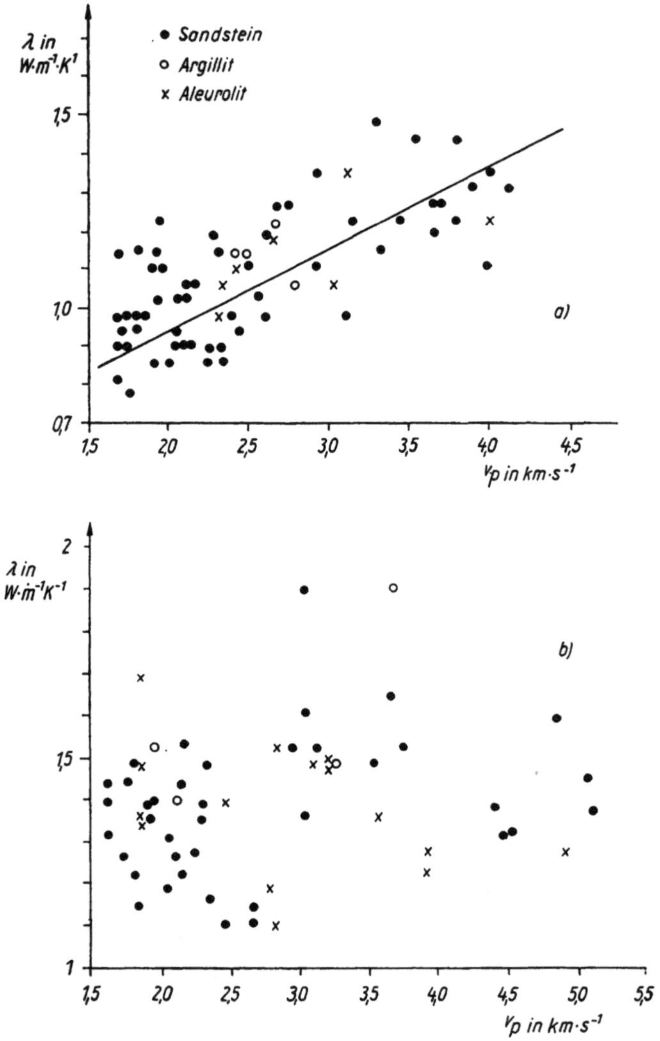

Abb. 9.3. Gegenüberstellung von Longitudinalwellengeschwindigkeit und Wärmeleitfähigkeit klastischer Sedimentgesteine

a) trockenes Gestein,
b) wassergesättigtes Gestein (umgezeichnet nach MOISSENKO u. a. 1970)

Die angeführten Beziehungen beinhalten mit der mittleren Atommasse den *Einfluß der chemischen Zusammensetzung auf den petrophysikalischen Parameter.* Diesem Umstand wird auch in den bereits angeführten Beziehungen für den Zusammenhang zwischen Ausbreitungsgeschwindigkeit und Dichte (5.23) und Wärmeleitfähigkeit und Dichte (8.9) unter Einbeziehung der mittleren Atommasse Rechnung getragen. Hieraus schlußfolgernd, weisen HORAI und SIMMONS (1969) darauf hin, daß der zweite Term der Gleichungen (9.2) und (9.3) von der mittleren Atommasse bzw. von der chemischen Zusammensetzung abhängig ist und diese linearen Beziehungen allgemeiner in folgender Form angegeben werden können

$$v_p = a_1(\overline{m}_A) + b_1\lambda, \tag{9.11}$$

$$v_s = a_2(\overline{m}_A) + b_2\lambda \tag{9.12}$$

(a_1, a_2, a_3, b_2 empirisch zu bestimmende Größen).

Auch bei dem Versuch, experimentell ermittelte Zusammenhänge zwischen Ausbreitungsgeschwindigkeit und Wärmeleitfähigkeit an *Sedimentiten* durch empirische Beziehungen darzustellen, wurden derartige lineare Gleichungen angewandt. Auf die Streuung infolge zusätzlicher Einflußgrößen war bereits im Zusammenhang mit den Ergebnissen von SEIPOLD und HURTIG (1977) hingewiesen worden. Auch die Gegenüberstellung von Wärmeleitfähigkeit und Dichte und ihre Darstellung durch eine lineare Beziehung (vgl. Abschnitt 8.3.3) verdeutlicht, daß bei Sedimentiten mit den auf beide Parameter unterschiedlich wirkenden Einflüssen (Matrixzusammensetzung, Kompaktion, Porosität, Poreninhalt u. a.) eine *große Streubreite* zu erwarten ist. Von MOISSENKO u. a. (1970) werden Ergebnisse derartiger Untersuchungen an klastischen Sedimentgesteinen des Westsibirischen Tieflands mitgeteilt.

Abb. 9.3 zeigt die an trockenen und an wassergesättigten Proben ermittelten Daten und läßt erkennen, daß nur im Falle trockener Proben noch ein deutlich erkennbarer Zusammenhang besteht, der näherungsweise durch eine lineare Beziehung

$$\lambda = 0{,}52 + 2{,}1 \cdot 10^{-4} v_p \tag{9.13}$$

(in SI-Einheiten)

dargestellt werden kann. Von GOSS, COMBS und TIMUR (1975) wird zum Zwecke einer Berechnung der Wärmeleitfähigkeit aus Ergebnissen akustischer Bohrlochmessungen eine ähnliche Beziehung angegeben.

Durch Matrix- und Struktureigenschaften der Sedimentite bedingte Einflüsse auf derartige Beziehungen werden in Abschnitt 9.4 gesondert behandelt.

9.3. Anwendung eines linearen Gleichungssystems zur Bestimmung von Lithologie und Porosität

Die Zielstellung der *Interpretation bohrlochgeophysikalischer Meßwerte* aus Bereichen poröser Gesteine besteht meist in der Bestimmung der Porosität (und der Sättigungsverhältnisse). Hierzu können bespielsweise durch Akustiklogmessungen bestimmte Geschwindigkeiten bzw. Laufzeiten oder aus Gamma-Gamma-Messungen ermittelte Dichten benutzt werden.

Wird die Gültigkeit der *Zeitmittelgleichung* (Abschnitt 5.4.2) vorausgesetzt, so kann die *lineare Beziehung* (5.68) zwischen Laufzeit Δt, Porosität Φ und den Laufzeiten für Matrix Δt_M und Poreninhalt Δt_p angewandt werden.

$$\Delta t = (1 - \Phi)\, \Delta t_M + \Phi \Delta t_p. \tag{9.14}$$

Die exakte Porositätsbestimmung aus Δt erfordert eine genaue Kenntnis der Parameter von Matrix und Poreninhalt (Δt_M, Δt_p).

Das Ergebnis der *Gamma-Gamma-Dichtemessung* folgt ebenfalls einem *linearen Gesetz*

$$d^* = (1 - \Phi)\, d^*_M + \Phi d_p^*. \tag{9.15}$$

d^* stellt die für den Wechselwirkungsprozeß „Strahlung—Materie" entscheidende sogenannte „Gamma-Gamma-Dichte" dar. Im Energiebereich der Gammastrahlung von etwa 0,3 ··· 1,6 MeV wird bei den hauptsächlichen gesteinsbildenden Elementen mehr als 99% der gesamten Energieabnahme durch die COMPTON-Streuung bewirkt (LEHNERT und ROTHE 1962). Da für die Wahrscheinlichkeit eines derartigen Streuprozesses die Elektronendichte maßgebend ist, wird der Massenschwächungskoeffizient der COMPTON-Streuung durch die Größe $\left(\frac{Z}{A}\right) d$ bestimmt. Dabei ist Z die Kernladungszahl und A die Atommassenzahl. Für die meisten am Gesteinsaufbau beteiligten Elemente gilt in erster Näherung ein konstanter Quotient

$$\frac{Z}{A} \approx 0{,}5. \tag{9.16}$$

Demzufolge kann die durch COMPTON-Streuung bedingte relative Intensitätsverminderung der Gammastrahlung direkt als Maß für die Dichte verwendet werden.

Weicht der für ein Gestein oder Mineral wirksame mittlere Quotient $\left(\frac{Z}{A}\right)_{\text{eff}}$ von diesem Mittelwert ab, so lassen sich daher die nach (2.1) definierte Dichte d und die Gamma-Gamma-Dichte" d^* mit der Beziehung

$$d^* = d \cdot 2 \left(\frac{Z}{A}\right)_{\text{eff}} = d_{GG} \tag{9.17}$$

ineinander überführen bzw. mit dieser Gleichung eine „Lithologie-" bzw. $\left(\frac{Z}{A}\right)$-Korrektur" vornehmen. Tabelle 9.1 enthält einige Mittelwerte für d, d^* und $\left(\frac{Z}{A}\right)$.

Eine Porositätsbestimmung ist bei Kenntnis der Matrix- und Poreninhaltsparameter nach (9.14) und (9.15) möglich. Die Übereinstimmung der erhaltenen Porositätswerte gibt einen Hinweis auf die richtige Wahl der Matrixparameter. Andererseits bietet das Gleichungssystem die *Möglichkeit einer gleichzeitigen Bestimmung von Porosität und Matrixeigenschaften* (Lithologie). Dabei kann im Falle einer *zweikomponentigen Matrix* auch deren *Zusammensetzung* bestimmt

Tabelle 9.1. Mittelwerte physikalischer Parameter der Matrixsubstanz

Matrix-substanz	d 10^3 kg · m^{-3}	d^* 10^3 kg · m^{-3}	$\frac{Z}{A}$	Δt μs · m^{-1}	v_P m · s^{-1}	K_M
Quarz	2,654	2,648	0,499	169	5920	−0,035
Kalkstein	2,710	2,710	0,500	156	6410	±0
Dolomit	2,870	2,864	0,499	140	7150	0,005···0,035
Anhydrit	2,960	2,954	0,499	165	6050	0,00
Halit	2,165	2,074	0,479	227	4400	0,04

werden. Von LEHNERT und WECK (siehe z. B. LEHNERT 1968, 1970) wurde diese Methodik für Karbonatspeicher ausgearbeitet. Dabei werden die folgenden Systeme aus zweikomponentiger Matrix und Porenfluid interpretiert.

Anhydrit (A) — Dolomit (D) — Porenfluid (P),
Halit (H) — Dolomit (D) — Porenfluid (P).

Die Erweiterung der Gleichungen (9.14), (9.15) auf zwei Matrixkomponenten der Volumenanteile V_i (bezogen auf das Gesamtvolumen) führt auf die Gleichungssysteme

$$d^* = V_A d_A^* + V_D d_D^* + \Phi d_P^*, \tag{9.18}$$

$$\Delta t = V_A \, \Delta t_A + V_D \, \Delta t_D + \Phi \Delta t_P \tag{9.19}$$

bzw.

$$d^* = V_H d_H^* + V_D d_D^* + \Phi d_P^*, \tag{9.20}$$

$$\Delta t = V_H \Delta t_H^* + V_D \Delta t_D + \Phi \Delta t_P \tag{9.21}$$

mit den „Materialbilanzgleichungen"

$$V_H + V_D + \Phi = 1 \tag{9.22}$$

bzw.

$$V_H + V_D + \Phi = 1. \tag{9.23}$$

Die graphische Darstellung dieser Beziehungen (Abbildung 9.4a) enthält die mit A, D und H bezeichneten „*Matrixpunkte*", sowie Gitternetze für unterschiedliche Anhydrit- bzw. Halit-Gehalte des Dolomits und unterschiedliche Porosität. Jedem Meßwertpaar (d^*, Δt) entspricht damit im Gitternetz eine bestimmte *Matrixzusammensetzung und Porosität*. Abb. 9.4b zeigt ein Beispiel für die Interpretation von Akustiklog- und Gamma—Gamma-Dichtemessungen im Zechstein-Hauptdolomit.

Die hier für Dichte und Laufzeit der Longitudinalwelle angegebene Methodik läßt sich auf alle Parameter erweitern, für die mit hinreichender Genauigkeit eine *lineare Beziehung der Form*

$$\psi_{\text{Gestein}} = \sum_{i=1}^{n} \psi_i \cdot V_i, \tag{9.24}$$

$$\sum_{i=1}^{n} V_i = 1 \tag{9.25}$$

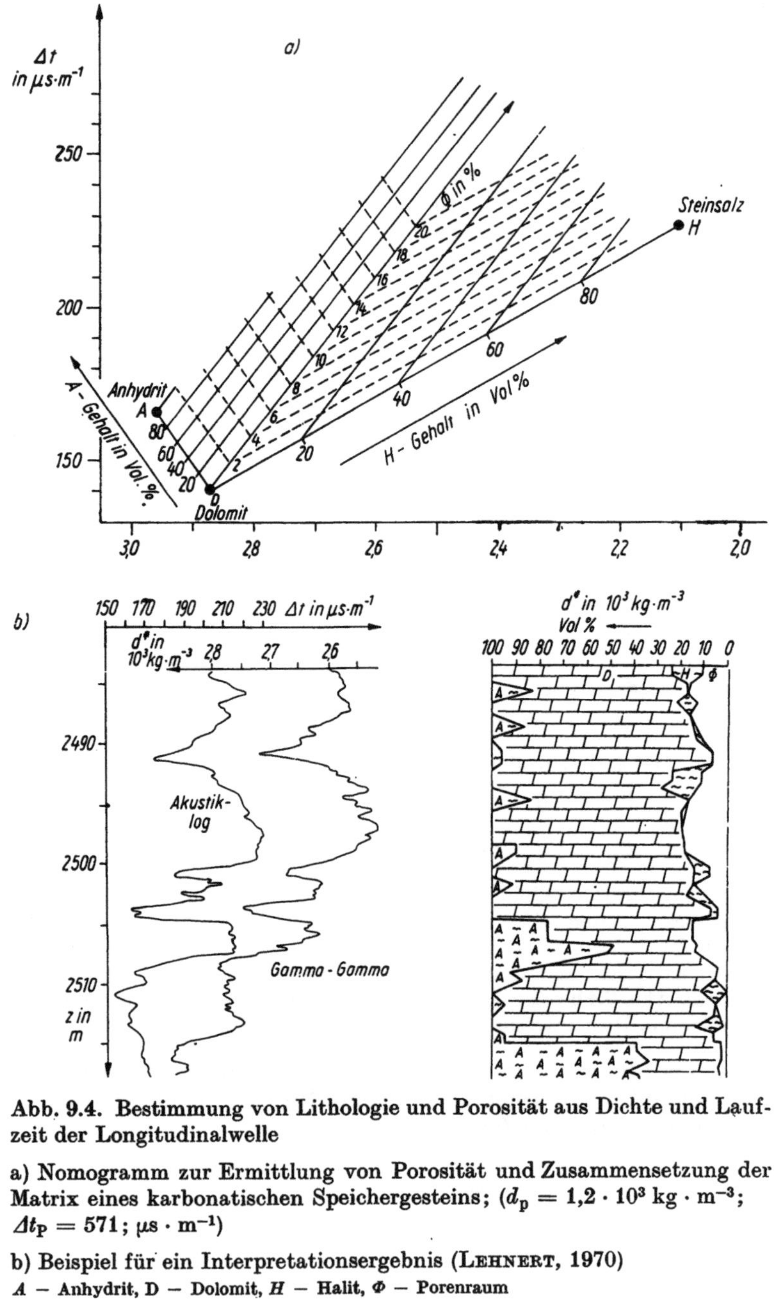

Abb. 9.4. Bestimmung von Lithologie und Porosität aus Dichte und Laufzeit der Longitudinalwelle

a) Nomogramm zur Ermittlung von Porosität und Zusammensetzung der Matrix eines karbonatischen Speichergesteins; ($d_p = 1{,}2 \cdot 10^3$ kg · m^{-3}; $\Delta t_P = 571$; μs · m^{-1})

b) Beispiel für ein Interpretationsergebnis (Lehnert, 1970)

A – Anhydrit, D – Dolomit, H – Halit, Φ – Porenraum

gilt. Dabei ist ψ_{Gestein} der betrachtete physikalische Parameter, ψ_i der entsprechende Parameter des Bestandteils i und V_i dessen Volumenanteil.

Bei m unabhängigen Parametern (Meßverfahren) können die Volumenanteile bei $n = m + 1$ Bestandteilen ermittelt werden, sofern die Parameter ψ_i als bekannt vorausgesetzt werden können.

Auf der Anwendung von drei mit geophysikalischen Bohrlochmeßverfahren (Akustiklog, Gamma-Gamma- und Neutron-Gamma- bzw. Neutron-Neutron-Log) bestimmbaren Parametern, die linear von der Porosität abhängen, beruht die Methodik der „*Litho-porosity-crossplots*" (BURKE, SCHMIDT, CAMPBELL 1969).

Im ersten Interpretationsschritt wird die *Lithologie* bestimmt, und im zweiten Interpretationsschritt wird bei Kenntnis der Lithologie bzw. repräsentativen Matrixparametern eine genaue *Porositätsbestimmung* vorgenommen. Das Gleichungssystem umfaßt neben (9.14) und (9.15) die Gleichung für die sogenannte „*Neutronporosität*" Φ_N

$$\Phi_N = (1 - \Phi)\, K_M + \Phi K_p. \tag{9.26}$$

Dabei ist K_M der „Hydrogenindex" der Matrixsubstanz und K_p der des Poreninhaltes (Tabelle 9.1). Der Hydrogenindex charakterisiert die für Wechselwirkungen von Neutronen mit Materie maßgebenden Eigenschaften (Streu- und Einfangquerschnitt; Tabelle 9.2). Der Hydrogenindex des Wassers ist $K_{H_2O} = 1$. Die relativ geringen neutronenbremsenden Wirkungen der hauptsächlich vorkommenden Matrixbestandteile führen zu sehr geringen Werten für K_M (die Wahl von Kalkstein als Bezugsmatrix für die Sondenkalibrierung liefert $K_{CaCO_3} = 0$). Eine Ausnahme bildet der Ton; sein großer Anteil gebundenen Wassers ist die Ursache für seinen hohen Hydrogenindex ($K_{\text{Ton}} \approx 0{,}3 \cdots 0{,}5$).

Tabelle 9.2. Streuquerschnitt für schnelle Neutronen und Einfangquerschnitte für thermische Neutronen einiger Elemente in Barn
(1 Barn = 10^{-28} m^2);
(zusammengestellt nach LEHNERT und ROTHE 1962)

Element	Streuquerschnitt	Einfangquerschnitt
H	38 ± 4	0,33
C	4,8	0,003
O	4,1	0,002
Na	4,0	0,54
Mg	3,6	0,03
Al	1,5	0,21
Si	1,7	0,08
Cl	10,0	31,6
K	1,5	1,97
Ca	9,5	0,43
Fe	11	2,53

Bei der „litho-porosity-Methodik" werden zwei *Kenngrößen* M und N verwendet, die aus der *Kombination* von je zwei Parametergruppen hervorgehen:

$$M = \frac{\Delta t_p - \Delta t}{d_{GG} - d_p^*} \cdot 10^{-2}, \tag{9.27}$$

$$N = \frac{K_p - \Phi_N}{d_{GG} - d_p^*}. \tag{9.28}$$

Dabei stellen die Δt-, d_{GG}- und Φ_N-Werte die am betreffenden Gestein ermittelten Werte dar.

Durch Einsetzen von (9.14), (9.15) und (9.26) in (9.27) und (9.28) ergibt sich andererseits

$$M = \frac{\Delta t_p - \Delta t_M}{d_M^* - d_p^*}, \tag{9.29}$$

$$N = \frac{K_p - K_M}{d_M^* - d_p^*}. \tag{9.30}$$

Das heißt, die Größen *M und N werden allein von den Eigenschaften der Matrix und des Poreninhaltes bestimmt; sie sind unabhängig von der Porosität.*

In Tabelle 9.3 sind nach (9.29) und (9.30) berechnete Wertepaare (M, N) für einige Matrixsubstanzen angegeben; die von SCHLUMBERGER 1972 übernommenen Werte werden dabei zusätzlich in SI-Einheiten angegeben. Die graphische Darstellung (Abb. 9.5). verdeutlicht, daß *jeder Matrix ein Punkt im M-N-Diagramm* („M-N-crossplot") entspricht. Bei einer aus mehreren Komponenten zusammengesetzten Matrix liegen die „Matrixpunkte" auf Verbindungslinien bzw. innerhalb von Polygonen. Bei *Tonen* ist eine Differenzierung in kaolinit- und illitreiche Tone nach BARLAI (1971) möglich. — In der *praktischen Anwendung* werden aus den Meßwerten die Größen M und N nach (9.27)

Tabelle 9.3. Mittelwerte der lithologischen Kenngrößen M und N; Poreninhalt Salzwasser ($d = 1{,}1 \cdot 10^3$ kg · m^{-3}, $\Delta t_p = 607$ µs · m^{-1})
(Angaben nach SCHLUMBERGER (1972) und BARLAI (1971); die in Klammern gesetzten Werte wurden nach den Daten aus Tabelle 9.1 errechnet)

Matrixsubstanz	M			N	
	$\frac{\mu s \cdot ft^{-1}}{g \cdot cm^{-3}}$	$10^{-3} \frac{\mu s \cdot m^{-1}}{kg\, m^{-3}}$		$g^{-1} \cdot cm^3$	$10^{-3}\, kg^{-1} \cdot m^3$
Quarz	0,835	2,74		0,669	0,669
Quarz	0,862	2,83	(2,83)	0,669	0,669
Kalkstein	0,854	2,80	(2,80)	0,621	0,621
Dolomit					
($\Phi < 0{,}015$)	0,800	2,62	(2,65)	0,651	0,691
($\Phi = 0{,}015 \cdots 0{,}055$)	0,800	2,62	(2.65)	0,554	0,554
($\Phi > 0{,}055$)	0,800	2,62	(2.65)	0,544	0,544
Anhydrit	0,740	2,43	(2.38)	0,532	0,532
Gips	1,060	3,46		0,408	0,408

und (9.28) ermittelt und in das *M*-*N*-Diagramm eingetragen. Die so bestimmte Lithologie (bzw. die entsprechenden Matrixparameter) gestattet anschließend eine Porositätsbestimmung nach einer der Gleichungen (9.14), (9.15), (9.26).

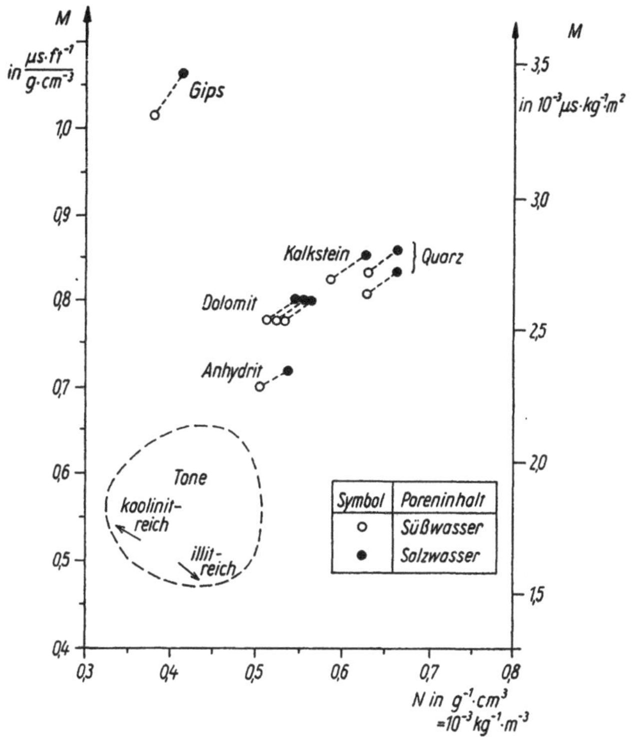

Abb. 9.5. *M*-*N*-Diagramm für typische Matrixsubstanzen

Ebenso wie die Bestimmung von Porosität und Lithologie auf der Basis von zwei Meßwerten ist auch diese Methodik *an die Gültigkeit linearer Beziehungen* zwischen betrachtetem petrophysikalischem Parameter und Porosität geknüpft. Diese Voraussetzung ist hinsichtlich der Zeitmittelgleichung nur unter bestimmten Bedingungen (vgl. Abschnitt 5.4.2) gegeben. — Die „litho-porosity-Methodik" wurde vielfach erweitert und zu Programmsystemen (z. B. CORIBAND, SARABAND, MID-plot) entwickelt (POUPON 1970; POUPON u. a. 1971; SCHMIDT u. a. 1972; CLAVIER und RUST 1976).

9.4. Anwendung eines Gesteinsmodells mit variabler Struktur

9.4.1. Prinzip

Speziell für die Berechnung der elastischen Eigenschaften poröser Gesteine war in Abschnitt 5.4.5 ein Gesteinsmodell mit variabler Struktur bzw. idealisierten Gefügemerkmalen eingeführt worden. Mit dem *gleichen* Modell konnten darüber hinaus der spezifische elektrische Widerstand (Abschnitt 7.4.3.2) und die Wärmeleitfähigkeit (Abschnitt 8.4.4) berechnet werden. Die Porosität ergibt sich unmittelbar aus den Modelldimensionen, die Berechnung von Dichte und spezifischer Wärme kann hieraus bei Kenntnis der Dichten bzw. spezifischen Wärmen von Matrixsubstanz und Poreninhalt vorgenommen werden. Bei weiterführenden Betrachtungen (siehe Abschnitt 5.4.5.4, 7.4.2, 8.4.4) wurde dieses Modell modifiziert und auf klüftige Gesteine angewandt.

Die Verwendung des gleichen Modells zur Berechnung mehrerer Parameter bietet die Grundlage für die Ermittlung von Beziehungen zwischen diesen Parametern. Die in den Kapiteln 5, 7 und 8 gefundenen Endgleichungen zur Berechnung der Ausbreitungsgeschwindigkeit elastischer Wellen, des spezifischen elektrischen Widerstandes bzw. Formationswiderstandsfaktors und der Wärmeleitfähigkeit zeigen dabei einen prinzipiell gleichen Aufbau.

$$\text{Makroeigenschaften} = f\,(\text{Mikroeigenschaften, Volumenanteile, strukturelle Ausbildung bzw. Gefüge}) \tag{9.31}$$

Dabei werden unter

- „*Makroeigenschaft*" die untersuchte physikalische Eigenschaft des *Gesteins* z. B. seine Wärmeleitfähigkeit),
- „*Mikroeigenschaft*" die entsprechende physikalische Eigenschaft der am Gesteinsaufbau beteiligten *Bestandteile* (z. B. Wärmeleitfähigkeit von Matrixsubstanz und Poreninhalt) einschließlich der „Kontaktbedingungen")
- „*Volumenanteilen*" die Anteile der am Gesteinsaufbau beteiligten Bestandteile (z. B. Porosität, Fraktionen),
- „*struktureller Ausbildung bzw. Gefüge*" die räumliche Ausbildung und Anordnung der am Gesteinsaufbau beteiligten Bestandteile (Modelldimensionen der Strukturwinkel)

verstanden.

Volumenanteile und Angaben zur strukturellen Ausbildung bzw. zum Gefüge bilden dabei den *gemeinsamen Bestandteil* der für die verschiedenen Parameter berechneten Beziehungen. Über diese gemeinsamen Bestandteile („parameterinvariante Größen") ist daher die Ermittlung von Beziehungen *zwischen* den petrophysikalischen Parametern prinzipiell möglich; sie enthalten jedoch stets noch zusätzlich die *spezifischen Mikroeigenschaften* als Einflußgröße. Für die Gegenüberstellung der im folgenden zu betrachtenden elastischen, elektrischen und thermischen Eigenschaften hat sich dabei eine Normierung bewährt, die dazu führt, daß bei theoretisch ermittelten Zusammenhängen stets nur *dimensionslose* Größen miteinander verglichen werden.

9.4.2. *Gegenüberstellung von Wärmeleitfähigkeit und Formationswiderstandsfaktor*

Mit den Gleichungen (7.55) bis (7.58) und (8.37) bis (8.40) sind die Beziehungen zur Berechnung des Formationswiderstandsfaktors und der Wärmeleitfähigkeit gegeben. Anhand dieser Beziehungen bzw. unmittelbar aus Abb. 7.24 und 8.16 lassen sich *Wertepaare der beiden dimensionslosen Größen F und λ/λ_F* bei bestimmter Porosität, Struktur und „Kornform" entnehmen. In Abb. 9.6a sind diese beiden Größen für die Kornform II (Abb. 8.16) gegenübergestellt. Diese und die in den Abschnitten 9.4.3 und 9.4.4 dargestellten Kurven gelten jeweils für die betreffende petrophysikalische Eigenschaft in x_3-Richtung (vertikal). *Es ergibt sich ein Kurvennetz — gebildet von Kurven konstanter Porosität und Kurven konstanter „Struktur".*

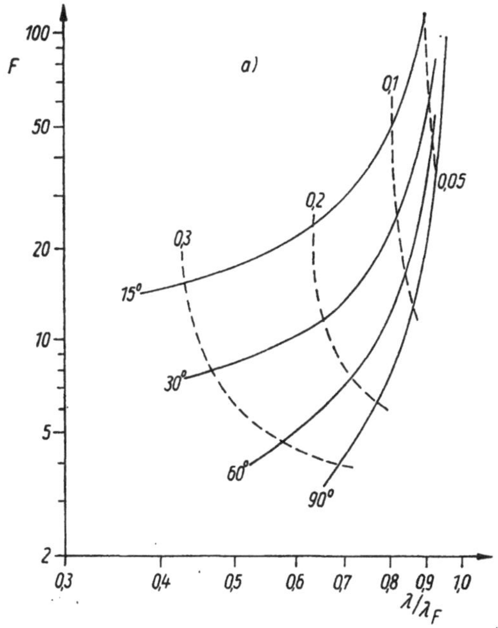

Abb. 9.6. Gegenüberstellung von Wärmeleitfähigkeit und Formationswiderstandsfaktor

a) nach dem Modell berechneter Zusammenhang zwischen F und λ/λ_F (für „Kornform II"; $\lambda_F/\lambda_P = 10$)
Kurvenparameter: Porosität Φ, Strukturwinkel α

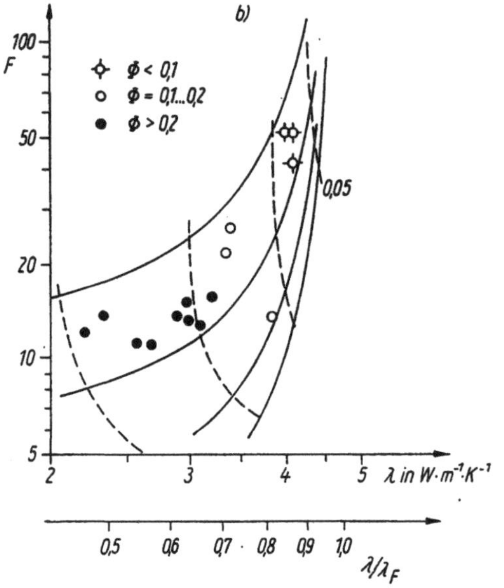

Abb. 9.6b) Vergleich berechneter Abhängigkeiten mit Daten experimenteller Untersuchungen an Sandsteinen (Daten nach Hutt und Berg 1968) $\lambda_F = 4{,}7 \text{ W} \cdot \text{m}^{-1} \cdot \text{K}^{-1}$

Der berechnete Kurvenverlauf wird in Abb. 9.6b *mit experimentellen Daten verglichen,* die Hutt und Berg (1968) an *Sandsteinen* (Eozän und Jura) ermittelten. Um die Abszisse λ/λ_F in Wärmeleitfähigkeiten λ umzurechnen, ist eine Annahme zu λ_F notwendig. Mit $\lambda_F = 4{,}7 \text{ W} \cdot \text{m}^{-1} \cdot \text{K}^{-1}$ ergibt sich eine hinreichende Übereinstimmung gemessener Daten und berechneter Wertebereiche. Die Anordnung der experimentell ermittelten Daten im Kurvennetz läßt folgende Deutung zu:

- Generell nimmt — bedingt durch die Porositätsabnahme — mit zunehmender *Wärmeleitfähigkeit* zugleich der *Formationsfaktor* zu;
- *Unterschiede in der strukturellen Ausbildung bzw. im Gefüge* beeinflussen diese Abhängigkeit und erklären die „*Streuung*" der Meßwerte.

Bei der folgenden Abb. 9.7 sind in vorliegende Darstellungen experimenteller Daten die berechneten Kurvennetze eingetragen. So sind in Abb. 9.7a in eine von Plewa (1976) gegebene Gegenüberstellung von Wärmeleitfähigkeit und Formationswiderstandsfaktor (*Kalksteine*) die Abb. 9.6a entnommenen Kurven direkt eingezeichnet, wobei $\lambda_F = 4{,}5 \text{ W} \times \text{m}^{-1} \cdot \text{K}^{-1}$ angenommen wurde. Auch in diesem Falle wird mit den berechneten Kurven die Mehrzahl der experimentellen Daten in der Grundtendenz ihrer Abhängigkeit erfaßt.

Abb. 9.7b zeigt an *marinen Sedimenten* ermittelte experimentelle Daten von Hutt und Berg (1968); zur Charakterisierung der elektrischen Eigenschaften wurde von den Autoren dabei der reziproke Formationsfaktor F^{-1} und für die thermischen Eigenschaften die analoge Größe λ/λ_P verwendet. Die Modellberechnungen sind bis zur Porosität $\Phi = 0{,}8$ vorgenommen worden; zur Umrechnung der Größe λ/λ_F in λ/λ_P wurde $\lambda_{F1}/\lambda_P = 7$ angenommen (d. h. z. B. $\lambda_P \approx 0{,}6 \text{ W} \cdot \text{m}^{-1} \cdot \text{K}^{-1}$; $\lambda_F \approx 4{,}2 \text{ W} \cdot \text{m}^{-1} \cdot \text{K}^{-1}$).

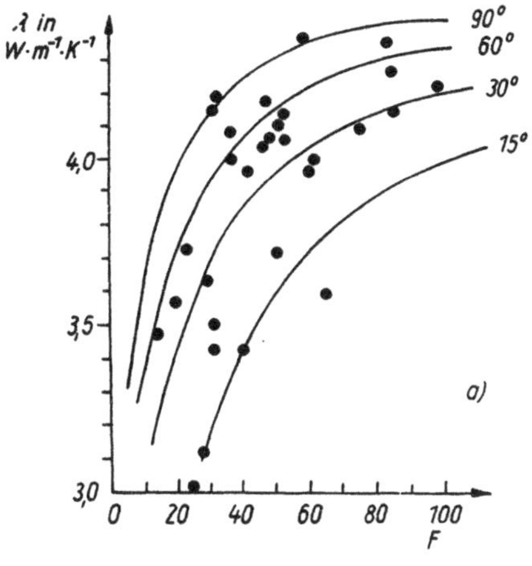

Abb. 9.7. a) Gegenüberstellung von Wärmeleitfähigkeit und Formationswiderstandsfaktor

eingetragene Punkte: experimentelle Daten (Kalkstein/Jura) nach PLEWA (1976),
eingetragene Kurven: berechnete Abhängigkeiten
(Annahme $\lambda_F = 4{,}5 \text{ W} \cdot \text{m}^{-1} \cdot \text{K}^{-1}$)

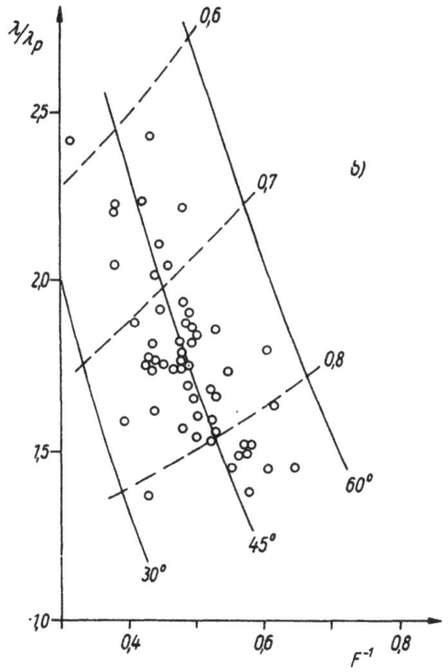

b) Gegenüberstellung des Quotienten λ/λ_P und des reziproken Formationswiderstandsfaktors

eingetragene Punkte: experimentelle Daten (marine Sedimente) nach HUTT und BERG (1968),
eingetragene Kurven: berechnete Abhängigkeiten (Annahme $\lambda_F/\lambda_P = 7$)

9.4.3. *Gegenüberstellung von Formationswiderstandsfaktor und Ausbreitungsgeschwindigkeit elastischer Wellen*

Die Gegenüberstellung von Formationswiderstandsfaktor und Ausbreitungsgeschwindigkeit erfordert zunächst die Formulierung eines *dimensionslosen — im wesentlichen von Porosität und Struktur abhängigen — Ausdrucks* für die elastischen Eigenschaften. Nach (5.106) gilt für die Ausbreitungsgeschwindigkeit elastischer Wellen im trockenen Gestein

$$v = \left\{\left[\frac{M_F}{d_F}\right]\left[1 + \frac{M_F}{M_K}\right]^{-1} [G(1 - \Phi)]^{-1} [s(\alpha, f)]\right\}^{1/2}. \tag{9.32}$$

Zur Gegenüberstellung wird die Größe

$$\{[G(1 - \Phi)]^{-1} [s(\alpha, f)]\}^{1/2} = v \left\{\left[\frac{M_F}{d_F}\right]\left[1 + \frac{M_F}{M_K}\right]^{-1}\right\}^{1/2} = v \cdot (v^*)^{-1} \tag{9.33}$$

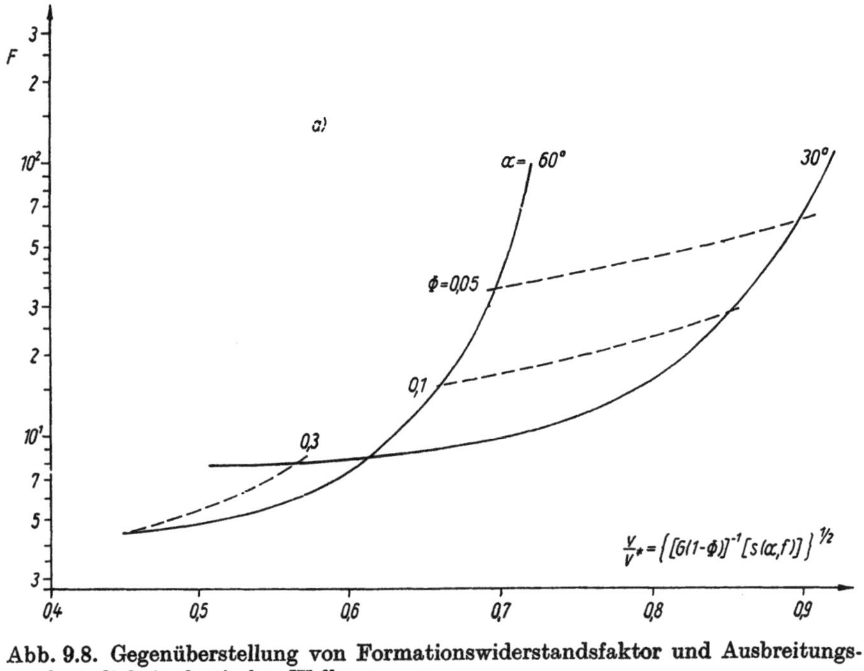

Abb. 9.8. Gegenüberstellung von Formationswiderstandsfaktor und Ausbreitungsgeschwindigkeit elastischer Wellen

a) nach dem Modell berechneter Zusammenhang zwischen F und dem geschwindigkeitsproportionalen Ausdruck $\{[G(1 - \Phi)]^{-1} [s(\alpha, f)]\}^{1/2}$ für „Kornform II" und $f = 2{,}5$

verwendet; sie ist von Porosität, Struktur, Modelldimensionen („Kornform") und dem mit (5.105) definierten Verhältnis der Verformungsmoduln für Normal- und Tangentialbelastung am Partikelkontakt abhängig.

Abb. 9.8a zeigt den *Zusammenhang dieses geschwindigkeitsproportionalen Ausdrucks mit dem Formationswiderstandsfaktor.* — Der unmittelbare Vergleich mit experimentell ermittelten Daten erfordert eine Annahme hinsichtlich der Größe v^*. Für die in Abb. 9.8b dargestellten Meßwerte (Rotliegend-Sandsteine) ergibt sich mit $v^* = 3{,}3 \cdot 10^3\ \mathrm{m \cdot s^{-1}}$ eine relativ gute Übereinstimmung mit dem berechneten Kurvenverlauf.

9.4.4. *Gegenüberstellung von Wärmeleitfähigkeit und Ausbreitungsgeschwindigkeit elastischer Wellen*

Für die Gegenüberstellung von Wärmeleitfähigkeit und Ausbreitungsgeschwindigkeit elastischer Wellen werden die bereits eingeführten *dimensionslosen Größen* λ/λ_F und $\{[G(1 - \Phi)]^{-1} [s(\alpha, f)]\}^{1/2}$ verwendet. Sie liefern wiederum ein Kurvennetz mit den Kurvenparametern α und Φ bei einer bestimmten „Kornform" und konstantem Verhältnis f (Abb. 9.9a).

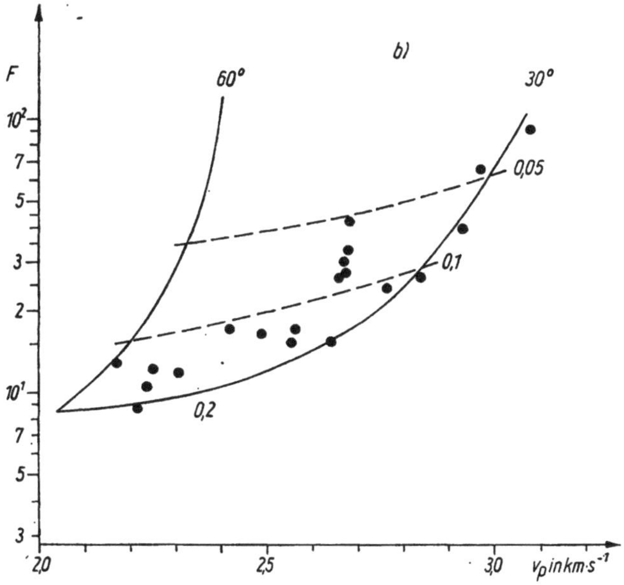

Abb. 9.8b) Vergleich berechneter Abhängigkeiten mit Ergebnissen experimenteller Untersuchungen an Rotliegendsandsteinen (Annahme $v^* = 3{,}6 \cdot 10^3\ \mathrm{m \cdot s^{-1}}$)

a)

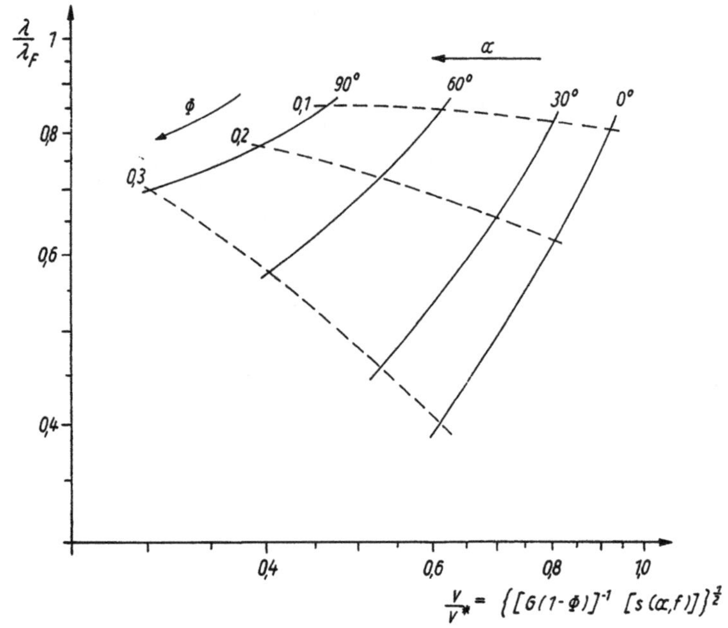
λ/λ_F
1
0,8
0,6
0,4
α
Φ
90°
60°
30°
0°
0,1
0,2
0,3
0,4
0,6
0,8
1,0
V/V* = {[G(1-Φ)]^-1 [s(α,f)]}^1/2

b)

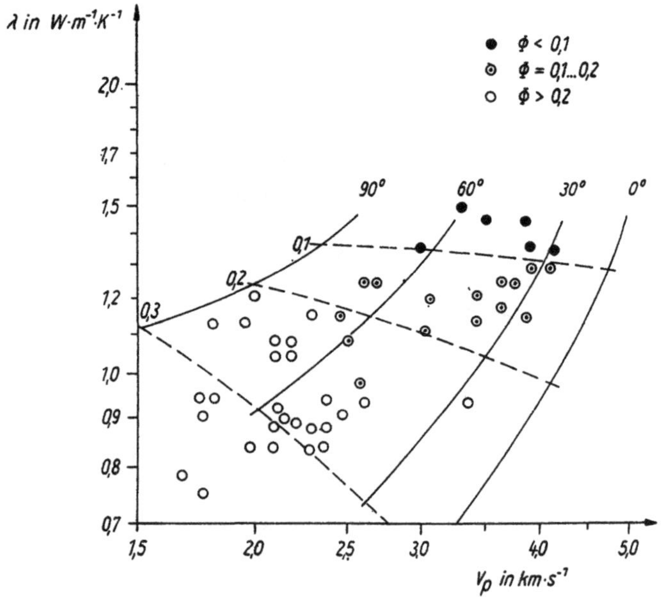
λ in W·m^-1·K^-1
2,0
1,7
1,5
1,2
1,0
0,9
0,8
0,7
Φ < 0,1
Φ = 0,1...0,2
Φ > 0,2
90°
60°
30°
0°
0,1
0,2
0,3
1,5
2,0
2,5
3,0
4,0
5,0
V_p in km·s^-1

Abb. 9.9b stellt einen Vergleich mit experimentellen Daten von MOISSENKO u. a. (1970) dar, die an tonigen Sandsteinen, Aleurolithen und Argilliten gewonnen wurden. Die Übereinstimmung zwischen experimentellen und berechneten Abhängigkeiten wurde mit der Annahme $v^* = 5 \cdot 10^3$ m · s^{-1} und $\lambda_F = 1{,}6$ W · m^{-1} · K^{-1} erreicht. Der relativ niedrige Wert für λ_F ist vermutlich auf den Tongehalt zurückzuführen. Es ist dabei bemerkenswert, daß die den einzelnen Meßdaten zugehörenden Porositäten größtenteils im berechneten Porositätsintervall liegen. Bei Abb. 9.9c wurde in die lineare Darstellung von λ und v_p (kambrische Sandsteine) unmittelbar das mit der Annahme $v^* = 6 \cdot 10^3$ m · s^{-1} und $\lambda_F = 5$ W · m^{-1} · K^{-1} berechnete Kurvennetz eingetragen.

Die in den Abschnitten 9.4.2. bis 9.4.4. gegebenen Darstellungen zeigen, daß Zusammenhänge verschiedener physikalischer Parameter in ihrem Verlauf vor allem von Porosität und Struktur sowie den Modellparametern („Kornform") bestimmt werden. Ihre Absolutwerte werden darüber hinaus von den „Mikroeigenschaften", d. h. den entsprechenden physikalischen Eigenschaften der Gesteinsbestandteile bestimmt. — Derartige Darstellungen geben andererseits einen Hinweis darauf, daß aus zwei Meßwerten (die einen Punkt im α-Φ-Netz bestimmen) sowohl eine Information über die Porosität, als auch über die Struktur zu erhalten ist.

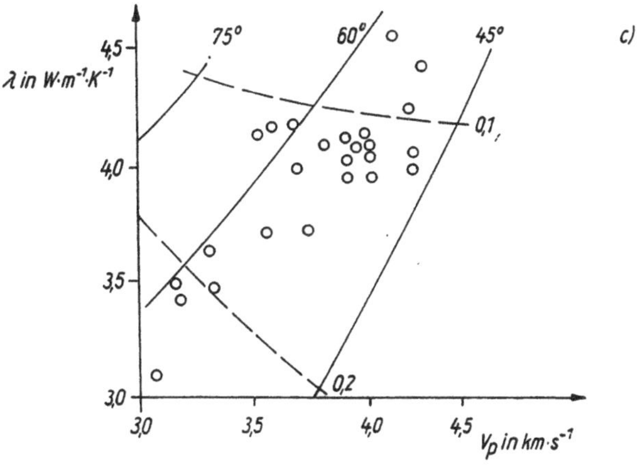

Abb. 9.9. Gegenüberstellung von Wärmeleitfähigkeit und Ausbreitungsgeschwindigkeit elastischer Wellen

a) nach dem Modell berechneter Zusammenhang zwischen λ/λ_F und $\{[G(1-\Phi)]^{-1}\,[s(\alpha, f)]\}^{1/2}$ für „Kornform II" und $f = 2{,}5$
b) Vergleich berechneter Abhängigkeiten mit Ergebnissen experimenteller Untersuchungen von MOISSENKO u. a. (1970) an Gesteinen W-Sibiriens,
c) Vergleich berechneter Abhängigkeiten mit Ergebnissen experimenteller Untersuchungen von PLEWA (1976) an kambrischen Sandsteinen

9.5. Beziehungen zwischen petrophysikalischen Parametern klüftiger Gesteine

Mit einem einfachen Kluftmodell wurde die Druckabhängigkeit der *Geschwindigkeit* in Abschnitt 5.4.5.4 und der *Wärmeleitfähigkeit* in Abschn. 8.4.4.2 berechnet. Für den einfachsten Fall sollen Richtung des Wärmestromes und Ausbreitungsrichtung der Welle senkrecht zur Kluft bzw. „Fläche gestörter Bindung" gerichtet sein

$$\lambda = \lambda_F(1 - K_\lambda), \tag{9.34}$$

$$v = v_F(1 - K_v)^{1/2}. \tag{9.35}$$

Der Index λ bzw. v soll berücksichtigen, daß die Wirkung eines bestimmten Kluftkörpers auf Wärmeleitfähigkeit und Ausbreitungsgeschwindigkeit möglicherweise unterschiedlich ist. Aus den beiden Beziehungen läßt sich unmittelbar ein Zusammenhang zwischen v und λ ableiten:

$$\frac{\lambda}{v^2} = \frac{\lambda_F}{v_F^2}\,\frac{1 - K_\lambda}{1 - K_v} \tag{9.36}$$

bzw.

$$\lambda = v^2 \left[\frac{\lambda_F}{v_F^2}\,\frac{1 - K_\lambda}{1 - K_v}\right] = v^2 A_{\lambda v}. \tag{9.37}$$

Der Faktor $A_{\lambda v}$ ist demnach abhängig von

— den Eigenschaften des kluftfreien Festmaterials (λ_F, v_F),
— der Klüftung in ihrer evtl. auf λ und v unterschiedlichen Wirkung (K_λ, K_v).

Nach dem gewählten einfachen Modell besteht eine Proportionalität zwischen Wärmeleitfähigkeit und dem Quadrat der Longitudinalwellengeschwindigkeit.

In Abb. 9.10 sind an Basalt und Gneis experimentell ermittelte Daten in ein doppeltlogarithmisches Koordinatennetz eingetragen. Die eingetragenen Geraden wurden nach (9.37) mit unterschiedlichem $A_{\lambda v}$ berechnet. Die experimentellen Daten der beiden Gesteinsgruppen lassen sich in erster Näherung durch die Geraden beschreiben, wobei den Gneisen/Glimmerschiefern Werte von $A_{\lambda v} = 0{,}08 \cdots 0{,}14$ und den Basalten/Melaphyren Werte von $A_{\lambda v} = 0{,}04 \cdots 0{,}06$ zuzuordnen sind. Angenähert können bei Angabe von λ in $\mathrm{W \cdot m^{-1} \cdot K^{-1}}$ und von v in $\mathrm{km \cdot s^{-1}}$ folgende Beziehungen für die untersuchten Gesteine formuliert werden:

$$\lambda \approx 0{,}1 \cdot v^2 \qquad \text{Gneise, Glimmerschiefer,}$$

$$\lambda \approx 0{,}045 \cdot v^2 \qquad \text{Basalte, Melaphyre.} \tag{9.38}$$

Die Korrelation zwischen der Größe $A_{\lambda v}$ und dem Mineralbestand kann durch folgende Überlegung gestützt werden: Für den Grenzfall des dichten, kluftfreien Materials ($K_v = K_\lambda = 0$) ist $A_{\lambda v} = \lambda_F \cdot v_F^{-2}$. Mit den Mittelwerten aus den Tabellen 5.8 und 8.4 läßt sich $A_{\lambda v}$ für Minerale berechnen. Für einzelne gesteinsbildende Minerale wurden diese Werte an der $A_{\lambda v}$-Skala markiert (Pfeile). Derartige Darstellungen experimenteller Werte lassen folgende qualitative Interpretation zu:

a) Aus dem Wert $A_{\lambda v}$ kann eine grobe Aussage hinsichtlich des Chemismus der Gesteine gezogen werden, wobei saure Gesteine relativ hohen, basische niedrigen Werten entsprechen.

b) Innerhalb einer Gesteinsart bewirkt unterschiedliche Klüftigkeit in erster Linie eine Verschiebung längs der dieser Gesteinsart entsprechenden $A_{\lambda v}$-Linie (mit zunehmender Klüftigkeit verschieben sich die Meßpunkte im Diagramm nach unten).

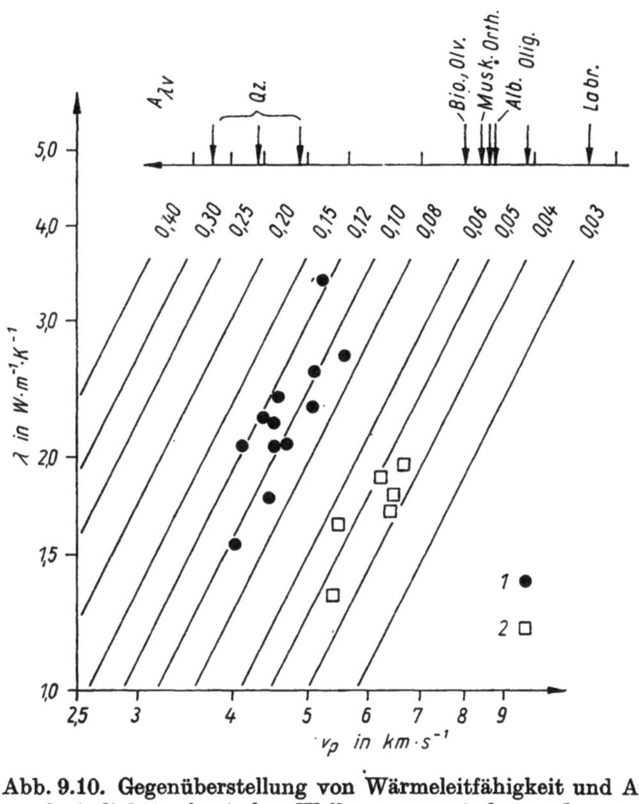

Abb. 9.10. Gegenüberstellung von Wärmeleitfähigkeit und Ausbreitungsgeschwindigkeit elastischer Wellen magmatischer und metamorpher Gesteine

1 — Gneise, Glimmerschiefer, *2* — Basalte, Melaphyre,
(experimentelle Daten, umgerechnet nach HURTIG 1966),
eingetragene Kurven: berechnet nach (9.37), Kurvenparameter $A_{\lambda v}$,
eingetragene Pfeile: $A_{\lambda v}$ — Werte für Minerale
(Q_z = Quarz; Bio = Biotit; Olv = Olivin, Musk = Muskovit; Orth = Orthoklas; Alb = Albit; Olig = Oligoklas; Labr = Labrador)

Diese einfache Modellbetrachtung erhält eine zusätzliche Variations- bzw. Anpassungsmöglichkeit bei Berücksichtigung der Struktur durch die Orientierung der Kluft bzw. „Fläche unvollkommener Bindung" (Winkel α).

Für eine Gegenüberstellung von *Longitudinalwellengeschwindigkeit und spezifischem elektrischen Widerstand* bei geklüfteten magmatischen Gesteinen wird auf (7.31) zurückgegriffen bzw. in erster Näherung vorausgesetzt,

$$\varrho \sim \Phi^{-2}. \tag{9.39}$$

Wird weiterhin angenommen, daß

$$\Phi \sim K_\varrho \tag{9.40}$$

a)

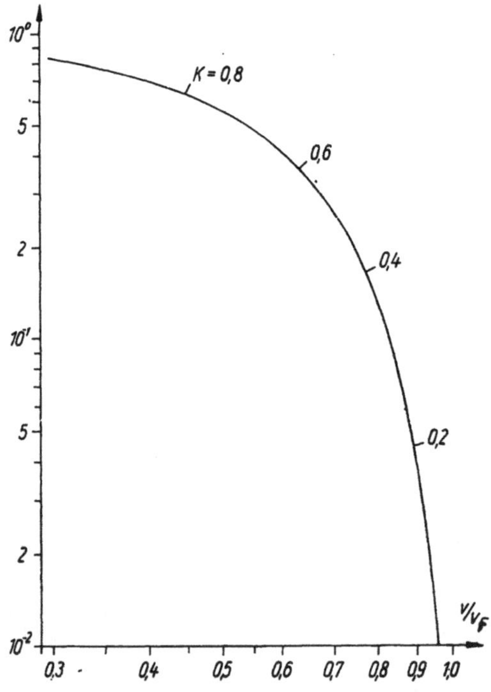

Abb. 9.11. Gegenüberstellung von Longitudinalwellengeschwindigkeit und spezifischem elektrischen Widerstand bzw. spezifischer elektrischer Leitfähigkeit

a) nach (9.43) berechneter Zusammenhang

ist, so stehen ϱ und K_ϱ in folgendem Zusammenhang:

$$\varrho = \varrho^* \cdot K_\varrho^{-2}. \tag{9.41}$$

ϱ^* beinhaltet neben den vorausgesetztem Zusammenhang zwischen Φ und K_ϱ vor allem den spezifischen Widerstand des Poreninhaltes ϱ_W. Aus den Gleichungen (9.35) und (9.41) folgt der Zusammenhang

$$1 - \left(\frac{v}{v_F}\right)^2 = \frac{K_v}{K_\varrho} \left(\frac{\varrho^*}{\varrho}\right)^{1/2}. \tag{9.42}$$

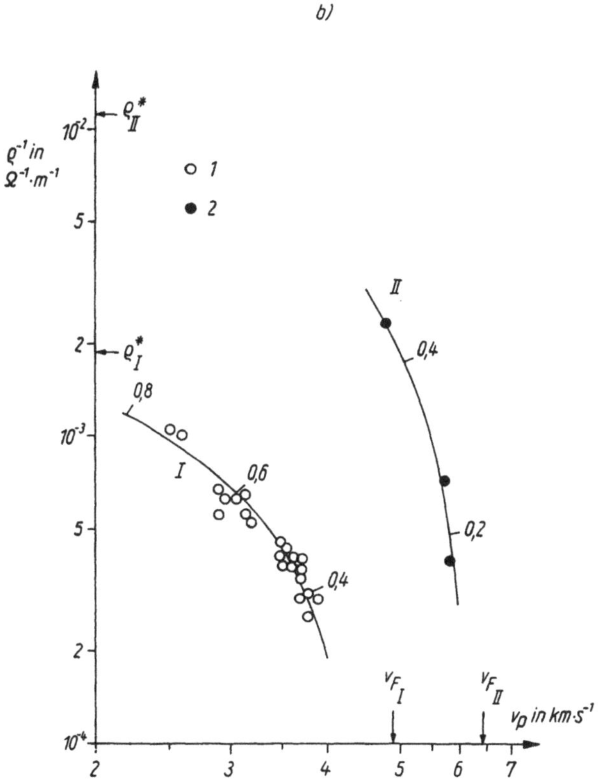

Abb. 9.11 b) Vergleich mit Ergebnissen experimenteller Untersuchungen

1 – Granit (Erzgebirge), Meßergebnisse nach STÖTZNER (1975) angenähert durch Kurve I,

2 – Granit (Westerly), Meßergebnisse nach SIMMONS, NUR (1968) angenähert durch Kurve II

Wird zur Vereinfachung angenommen, daß $K_v = K_\varrho$ ist, läßt sich das in Abb. 9.11a dargestellte Diagramm

$$\frac{\varrho^*}{\varrho} = \left[1 - \left(\frac{v}{v_F}\right)^2\right]^2 \tag{9.43}$$

berechnen. Auf der Kurve, die den Zusammenhang zwischen $\frac{\varrho^*}{\varrho}$ und $\frac{v}{v_F}$ vermittelt, ist die Größe $K = K_v = K_\varrho$ als Parameter abgetragen.

Die doppeltlogarithmische Darstellung der beiden dimensionslosen Größen erlaubt einen einfachen Vergleich mit experimentellen Daten: Experimentell ermittelte Wertepaare (v_p, ϱ^{-1}) werden in ein gleiches Koordinatennetz aufgetragen, und es wird versucht, sie bei Achsenparallelität mit einem Abschnitt der berechneten Kurve zur Deckung zu bringen. Wie Abb. 9.11b zeigt, kann für die gewählten Beispiele eine gute Übereinstimmung erzielt werden. An den Abszissen- und Ordinatenwerten $\frac{v}{v_F} = 1$ bzw. $\frac{\varrho^*}{\varrho} = 1$ der berechneten Kurve können auf den Achsen der Darstellung der experimentellen Daten die Werte v_F und ϱ^* abgelesen werden. Sie ergeben die Beziehungen:

$$\varrho = 1{,}9 \cdot 10^{-3} \left[1 - \left(\frac{v}{4{,}9}\right)^2\right]^{-2} \tag{9.44}$$

(Erzgebirgs-Granit),

$$\varrho = 1{,}1 \cdot 10^{-2} \left[1 - \left(\frac{v}{6{,}4}\right)\right]^{-2} \tag{9.45}$$

(Westerly-Granit),

ϱ in $\Omega \cdot$ m; v in km $\cdot$ s^{-1}).

10. Beziehungen petrophysikalischer Parameter der Geophysik zu geomechanischen Parametern

10.1. Vorbemerkungen und Problemstellung

Die Erweiterung der Anwendungsmöglichkeiten geophysikalischer Verfahren bei der Lösung von geomechanischen Aufgaben hängt wesentlich von der Kenntnis gesicherter *Beziehungen zwischen*

— *geophysikalisch bestimmbaren* petrophysikalischen Parametern (z. B. Ausbreitungsgeschwindigkeit elastischer Wellen, spezifischer elektrischer Widerstand) und

— *geomechanisch interessierenden* Parametern (z. B. Deformations- und Festigkeitseigenschaften)

ab. Bei der Ableitung derartiger Beziehungen handelt es sich stets um die Gegenüberstellung *physikalisch unterschiedlicher Größen*. Empirisch wie theoretisch hierzu gefundene Ansatzpunkte unterliegen damit analogen Einschränkungen wie die in Kapitel 9 dargestellten Beziehungen. Eine physikalische Begründung für die Existenz von Korrelationen ist allein durch die Tatsache gegeben, daß die miteinander verglichenen Parametergruppen teilweise gleichen Einflußgrößen (z. B. Porosität, Druck) unterliegen.

Da es nicht Aufgabe dieses Buches sein soll, die physikalischen Eigenschaften der Gesteine unter dem Aspekt der Geomechanik darzustellen (hierzu sei auf die umfangreiche Fachliteratur bzw. Standardwerke z. B. von Rshewski und Nowik (1978), Kezdi (1964, 1974), u. a. verwiesen), werden in den folgenden Abschnitten nur kurze Darstellungen im Hinblick auf mögliche Querbeziehungen zu den geophysikalisch bestimmbaren Parametern gegeben. Dabei werden die für geomechanische Untersuchungen wichtigen *Deformations-* und *Festigkeitsparameter* (insbesondere der „statische Elastizitätsmodul" und die Druck- bzw. Scherfestigkeit) behandelt.

10.2. „Statische" und „dynamische" Verformungsmoduln

Die Deformationseigenschaften eines homogenen, isotropen elastischen Mediums lassen sich durch zwei Elastizitätszahlen beschreiben; bei der Behandlung technischer Probleme werden dabei häufig der Elastizitätsmodul (Youngscher Modul) E und die Poisson-Zahl ν benutzt (vgl. Abschnitt 5.1). Ihre Definition

$$E = \frac{d\sigma}{d\varepsilon}, \tag{10.1}$$

$$\nu = \frac{\Delta D/D}{\Delta l/l} \tag{10.2}$$

wird in Abb. 10.1a an einer zylindrischen Probe erläutert.

Spannungen — bzw. Spannungsänderungen — und Verformungen werden *in der geomechanischen Versuchstechnik meist unter statischen bzw. quasistatischen Bedingungen* gemessen. Die Gesteine weisen in ihrem Spannungs-Deformations-Verhalten gegenüber ideal-elastischen Medien mit häufig angenommener

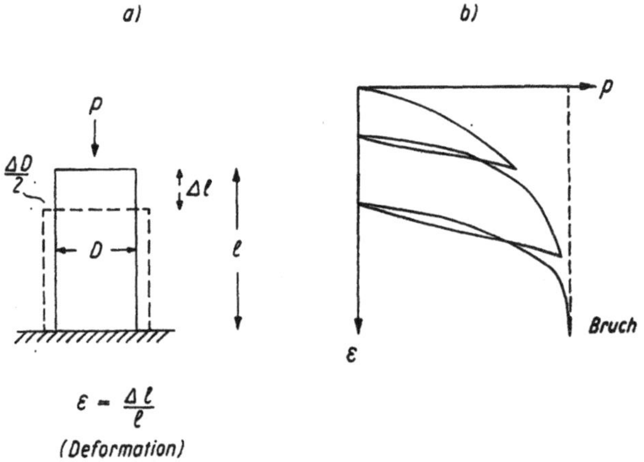

Abb. 10.1. Spannungs-Deformations-Verhalten von Gesteinen
a) Definition von „Elastizitätsmodul" E und POISSON-Zahl ν,
b) Spannungs-Verformungs-Kennlinie bei einachsigem Druckversuch (schematisch)

linearer Beziehung zwischen Spannung und Verformung (d. h. spannungsunabhängigem Elastizitätsmodul) folgende *Merkmale* auf (Abb. 10.1b):

a) Es treten *irreversible, d. h. inelastische Deformationsanteile* auf; sie äußern sich in Unterschieden der σ-ε-Kurve bei Be- und Entlastung sowie bei wiederholter Belastung. Die inelastischen Deformationsanteile sind im allgemeinen von Spannung und Zeit abhängig.

b) Die σ-ε-Kurve zeigt den *nichtlinearen Charakter der Spannungs-Verformungs-Beziehung*; Verformungsmoduln müssen daher als Differentialquotienten (10.1) bzw. als spannungsabhängige Größen angegeben werden.

Die Verformungsmoduln werden aus dem Anfangsteil der Spannungs-Deformations-Kurve ermittelt. Für diesen Teil wird vorausgesetzt, daß im Gestein noch keine Bruchvorgänge (Bildung oder Erweiterung von Mikrorissen u. ä.) stattfinden. Diese treten erst bei höheren Spannungen auf (Abschnitt 10.3). Die vollständige Darstellung des Gesteinsverhaltens unter Einwirkung von mechanischen Spannungen umfaßt daher die Spannungs-Verformungs-Bruch-Kurve unter Angabe der Versuchsparameter (u. a. Belastungsgeschwindigkeit, Spannungszustand, Temperatur).

Das Auftreten *inelastischer* Verformungsanteile weist darauf hin, daß die häufig benutzte Bezeichnung „statischer *Elastizitäts*-Modul" physikalisch nicht korrekt ist und statt dessen die Bezeichnung „statisch bestimmter Verformungsmodul" benutzt werden sollte.

Die verschiedenen zur Beschreibung des *Spannungs-Deformations-Zeit-Verhaltens* abgeleiteten „*Stoffgesetze*" beinhalten gegenüber dem für das idealelastische Medium geltenden HOOKEschen Gesetz zusätzlich zeitabhängige Terme. Für die Ableitung dieser „Stoffgesetze" werden Modellvorstellungen (*rheologische Modelle*) gewählt, die eine Kombination elastischer (HOOKE-Körper), plastischer (ST. VENANT-Körper) und viskoser (NEWTON-Körper) Elemente darstellen.

Grundlegende und zusammenfassende Arbeiten zu ihrer gemechanischen Anwendung stammen vor allem von BUCHHEIM (1958) und HÖFER (1964, 1965). In Abb. 10.2a sind für einfache rheologische Modelle die Kombinationen der elastischen und viskosen Elemente und das Stoffgesetz (isotroper Fall; spannungsunabhängige Parameter der elastischen (E) und viskosen (η) Anteile) angegeben. Abb. 10.2b enthält nach dem MAXWELL-Modell berechnete und experimentell ermittelte σ—ε-Beziehungen bei unterschiedlicher Belastungsgeschwindigkeit v.

Eine Weiterentwicklung haben diese Modelle durch NAKAMURA (1949), RÖSLER (1958), BUCHHEIM (1961) und LANGER (1965) erfahren. Besonders umfangreiche und systematische Untersuchungen zur phänomenologischen Beschreibung experimenteller Ergebnisse mit rheologischen Modellen liegen für Salzgesteine im Zusammenhang mit Problemen des Kalisalzbergbaues der DDR (z. B. HÖFER 1964; SCHUPPE 1966; KNOLL 1973) sowie für Gesteine im Bereich des Mansfelder Kupferschieferbergbaues und der Erzgebirgsgneise bzw. -granite (MILITZER, ROTTER, STOLL, THON 1968; ROTTER 1970, 1978) vor. Bei letztgenannten Untersuchungen wurden die experimentellen Daten in situ unter Verwendung von Bohrlochweitungsmessungen (Druckpatrone) gewonnen.

Für zahlreiche praktische Belange und vor allem für vergleichende Betrachtungen wird die *Charakterisierung des Spannungs-Deformations-Verhaltens durch nur einen Kennwert* angestrebt. In den „IBG-Richtlinien zur Ermittlung von geomechanischen Kennziffern der Gesteine und des Gebirgsmassivs" (PFORR 1973) wird hierzu der „Tangens des linearen Teils" der Spannungs-Deformations-Kurve bei einer Belastungsgeschwindigkeit von 5···10 kp · cm^{-2} · s^{-1} (ca. 0,5···1,0 MPa · s^{-1}) angegeben und mit E_{stat} („statischer Elastizitätsmodul") bezeichnet.

Für die folgenden Betrachtungen soll die Bezeichnung E_{stat} für statisch bestimmte Verformungsmoduln der Festgesteine übernommen werden.

Von BELIKOV, ALEXANDROV, RYŠOVA (1970) und RSHEWSKI, NOWIK (1978) wurden experimentelle Daten zur *Abhängigkeit dieses Moduls E_{stat} von der Porosität* zusammengestellt (Abb. 10.3). Die logarithmisch geteilte Abszisse für die Porosität wurde von den Autoren zur Ableitung einer Beziehung der Form

$$E_{\text{stat}} = (a - b \lg \Phi) \tag{10.3}$$

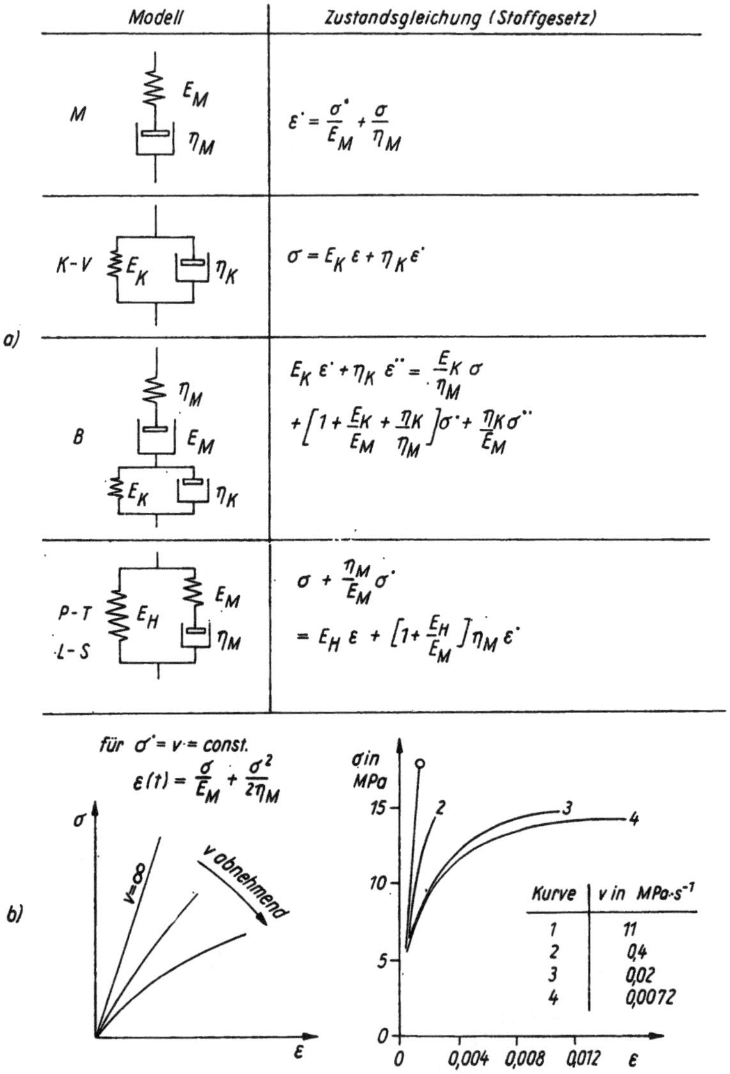

Abb. 10.2. a) Beispiele für rheologische Modelle

M — MAXWELL-Modell, *K*—*V* — KELVIN-VOIGT-Modell, *B* — BURGERS-Modell, *P*—*T* — POYNTING-THOMPSON-Modell bzw. *L*—*S* — Lineares Standardmodell

b) Spannungs-Verformungs-Kennlinie des MAXWELL-Modells bei unterschiedlicher Belastungsgeschwindigkeit

— schematische Darstellung (linke Abbildung)
— Carnallititproben (rechte Abbildung); nach GIMM u. a. (1970)

(Korrektur zu b: der Nenner des zweiten Terms lautet $2\eta_M v$)

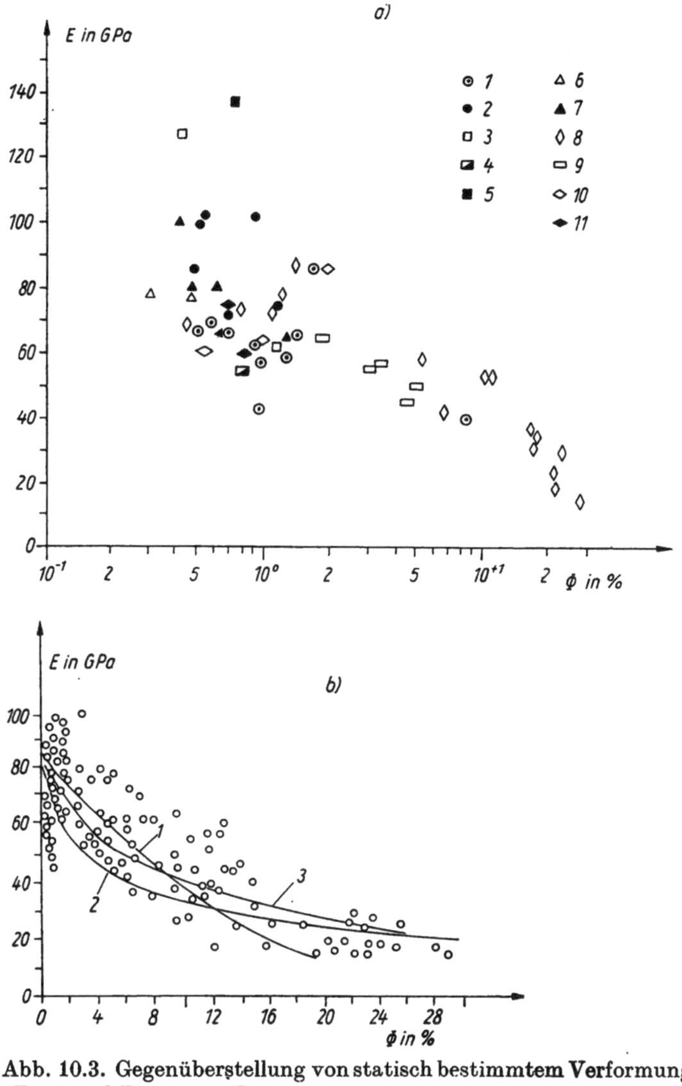

Abb. 10.3. Gegenüberstellung von statisch bestimmtem Verformungsmodul (E_{stat}) und Porosität (Φ)

a) für Magmatite, Metamorphite und Sedimentite

1 – Granit, *2* – Gabbro, *3* – Peridotit, *4* – Dunit, *5* – Olivinit, *6* – Marmor, *7* – Quarzit, *8* – Kalkstein, *9* – Sandstein, *10* – Schiefer, *11* – Gneis
(umgezeichnet nach Daten von BELIKOV, ALEXANDROV, RYŠOVA 1970)

b) für poröse Sedimentite

Kurve *1*: berechnet nach (10.4), Kurve *2*: berechnet nach (10.5),
Kurve *3*: berechnet nach (10.3) für Kalkstein
(umgezeichnet nach RSHEWSKI, NOWIK 1978)

benutzt; dabei wurden für verschiedene Gesteine die in Tabelle 10.1 enthaltenen empirischen Werte ermittelt. Die von Rshewski und Nowik mitgeteilten Daten für poröse Gesteine (Abb. 10.3b) schließen in ihrem Wertebereich an die Daten der Abb. 10.3a an bzw. überdecken sie. Die eingetragenen Kurven entsprechen ebenfalls empirischen Beziehungen für E_{stat} (in GPa):

$$E_{stat} = 81 \cdot (1 - 3{,}2\Phi)^2 \qquad \text{(Kurve } \mathit{1}\text{)}, \tag{10.4}$$

bzw.

$$E_{stat} = 81 \cdot (1 - \Phi^{0{,}25}) \qquad \text{(Kurve } \mathit{2}\text{)}. \tag{10.5}$$

Zusätzlich ist in Abb. 10.3b die Kurve *3* eingetragen; sie wurde nach (10.3) unter Verwendung der Daten für Kalkstein berechnet. Die starke Streuung der Meßwerte unterstreicht, daß außer der Porosität weitere Faktoren (Gesteinsgefüge, Mineralbestand, Zementation u. ä.) die Verformungseigenschaften eines Gesteins entscheidend beeinflussen.

Tabelle 10.1. Empirisch bestimmte Größen in Gleichung (10.3) zur Berechnung von E_{stat} (in GPa) als Funktion von Φ in % (umgerechnet nach Daten von Belikov, Alexandrov, Ryšova 1970)

Gestein	a	b
Sandsteine	73	37
Kalksteine	80	40
Effusiva	75	45

Der dynamisch bestimmte Verformungsmodul, der nahezu ausschließlich auf *elastische* Verformungsanteile zurückzuführen und daher auch als „dynamischer Elastizitätsmodul" E_{dyn} bezeichnet werden kann, ergibt sich aus (5.3):

$$E_{dyn} = v_p^2 d \, \frac{(1 + \nu)(1 - 2\nu)}{1 - \nu}. \tag{10.6}$$

Die Poisson-Zahl kann dabei aus der zusätzlich gemessenen Transversalwellengeschwindigkeit nach (5.7) bestimmt werden; in vielen Fällen wird auch ein Mittelwert ($\nu \approx 0{,}15 \cdots 0{,}3$) verwendet.

Werden *statisch und dynamisch bestimmte Moduln gegenübergestellt*, so ergibt sich nur bei kompakten magmatischen Gesteinen eine ungefähre Übereinstimmung beider Werte. Bei den meisten Gesteinen gilt

$$E_{dyn} > E_{stat}, \tag{10.7}$$

wobei die *Unterschiede um so größer sind, je stärker das Gestein geklüftet oder von Poren durchsetzt ist. Extrem* große Unterschiede treten *bei unverfestigten* Sedimentiten auf. Abb. 10.4a zeigt schematisch diese Abweichung vom ideal elastischen Verhalten in direkter Gegenüberstellung der beiden Moduln (linke Darstellung) und als Darstellung des Quotienten E_{dyn}/E_{stat} in Abhängigkeit von E_{stat} oder E_{dyn} (rechte Darstellung).

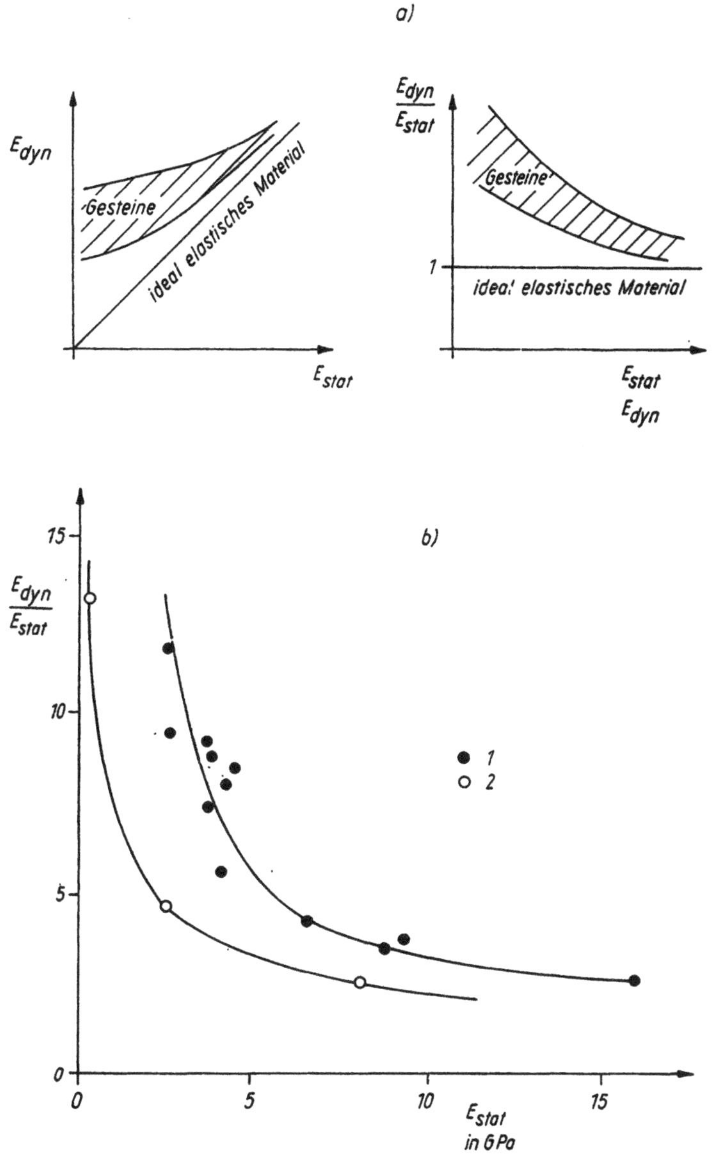

Abb. 10.4. Gegenüberstellung statisch und dynamisch bestimmter Verformungsmoduln
a) schematische Darstellung
b) experimentell ermittelte Daten (THIEL, LINOVSKI, LUKAŠZEK 1970)
1 – Kalkstein, *2* – Tonschiefer

Die *Ursachen* für den Unterschied zwischen den beiden Moduln liegen vor allem begründet in

- der *unterschiedlichen Zeit der Spannungseinwirkung* ($t_{stat} \gg t_{dyn}$); bei statischer Beanspruchung treten elastische und inelastische, bei dynamischer Beanspruchung nahezu nur elastische Deformationen auf;
- den *unterschiedlichen Verschiebungsbeträgen* an Partikeln bzw. Kluft-, Poren- oder Korngrenzen ($\varepsilon_{stat} > \varepsilon_{dyn}$); Nichtlinearität im Spannungs-Verformungs-Verhalten sowie Gleitvorgänge an Kornkontakten (insbesondere bei unverfestigten Sedimentiten) können bei statischer Beanspruchung relativ große Deformierbarkeiten hervorrufen.

Die Unterschiede zwischen adiabatischen und isothermen Elstizitätszahlen der Mineralsubstanz sind gegenüber den genannten Einflüssen meist vernachlässigbar. — STÖTZNER (1975) und MILITZER u. a. (1978) weisen darauf hin, daß beträchtliche Unterschiede auch aus der Untersuchung verschieden großer Raumbereiche und damit *unterschiedlicher Kluftkörper* resultieren können.

Die in Abb. 10.4a gegebene schematische Darstellung wird mit Abb. 10.4b durch experimentelle Daten belegt; weitere Meßergebnisse sind z. B. von SAVIČ u. a. (1969), ONODERA (1963), LINOVSKI (1969) publiziert worden. Dabei wird an Abb. 10.4b deutlich, daß innerhalb einer Gesteinsart mit zunehmender Porosität bzw. Klüftigkeit der Modul E_{stat} abnimmt und gleichzeitig der Quotient E_{dyn}/E_{stat} zunimmt.

Die Schwierigkeiten bei der Gegenüberstellung statisch und dynamisch bestimmter Moduln und die Notwendigkeit der Bestimmung von Dichte und POISSON-Zahl zur Ermittlung letztgenannten Moduls haben *bei praktischen Untersuchungen verstärkt zur direkten Gegenüberstellung von statischem Modul und Longitudinalwellengeschwindigkeit* geführt (CASSINIS 1967, KUJUNDŽIC 1974, STÖTZNER 1975, MILITZER u. a. 1978). Die Abbildungen 10.5a und 10.5b zeigen, daß derartige Gegenüberstellungen innerhalb eines Gesteinstyps ein brauchbares Hilfsmittel zur Unterstützung bei der geomechanischen Einschätzung des Gesteins mittels seismischer Meßergebnisse liefern. Werden die in doppeltlogarithmischer Darstellung aufgetragenen Meßwerte in erster Näherung durch eine Gerade approximiert, so läßt sich eine Beziehung (STÖTZNER 1975)

$$E_{stat} = A v_p^B \tag{10.8}$$

formulieren, wobei A und B empirisch zu bestimmen sind.

BELIKOV, ALEXANDROV und RYŠOVA (1970) ermittelten aus dem *Belastungsteil* der Spannungs-Deformations-Kurve die Größe E_{stat} und aus dem *Entlastungsteil* E_{dyn}. Die in Abb. 10.6 dargestellten Werte zeigen gleiche Gesetzmäßigkeiten, wie sie aus statischen und seismischen Messungen hervorgehen, und verdeutlichen darüber hinaus den Einfluß von Klüftigkeit bzw. Porosität auf den Quotienten E_{dyn}/E_{stat}.

Bei unverfestigten Sedimentiten sind infolge der beim statischen Druckversuch auftretenden *Kornumlagerungen, Konsolidationsvorgänge* u. ä. die Unterschiede zwischen statisch und dynamisch bestimmten Moduln besonders groß.

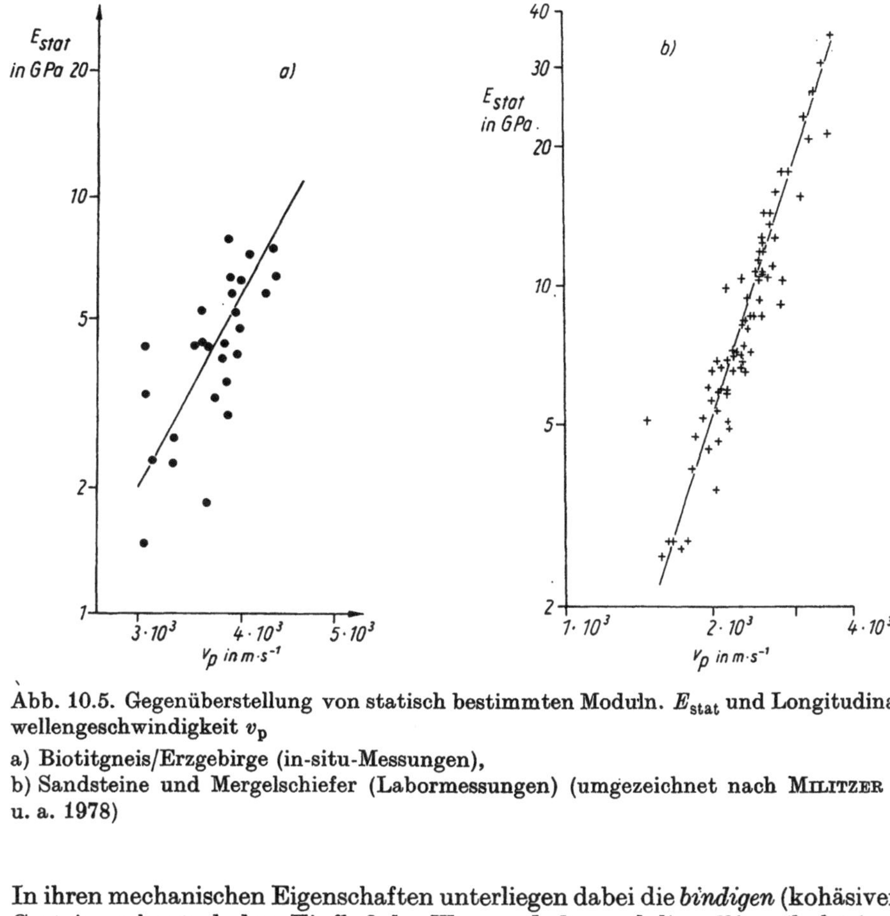

Abb. 10.5. Gegenüberstellung von statisch bestimmten Moduln. E_{stat} und Longitudinalwellengeschwindigkeit v_p
a) Biotitgneis/Erzgebirge (in-situ-Messungen),
b) Sandsteine und Mergelschiefer (Labormessungen) (umgezeichnet nach Militzer u. a. 1978)

In ihren mechanischen Eigenschaften unterliegen dabei die *bindigen* (kohäsiven) Gesteine sehr stark dem Einfluß des *Wassergehaltes* und die *rolligen* (kohäsionslosen) dem der *Porosität.*

Für die Abhängigkeit des im Druckversuch bestimmten statischen Moduls (in der bodenmechanischen Literatur als „Steifezahl“ oder „Verdichtungszahl“ bezeichnet), vom Druck p hat Ohde bereits 1939 eine empirische Beziehung

$$M_v = M_{v0} p^{\overline{m}} \tag{10.9}$$

angegeben. Dabei ist M_{v0} die beim Druck $p = 1\ \text{kp} \cdot \text{cm}^{-2} = 0{,}098\ \text{MPa}$ ermittelte Verdichtungszahl und $\overline{m}$ ein empirisch zu bestimmender Exponent. Von mehreren Autoren (z. B. Janbu 1963, Kezdi 1964) werden Mittelwerte bzw. Wertebereiche dieser beiden Größen angegeben. Der Exponent $\overline{m}$ ergibt sich dabei für Sand zu $\overline{m} \approx 0{,}5$ und für Ton zu $\overline{m} \approx 1$ (vgl. Abschnitt 2.5.2).

Die Gleichung (10.9) steht in bemerkenswerter Übereinstimmung mit der v—p-Beziehung (5.46). Ein Vergleich mit Tabelle 5.14 läßt darüber hinaus erkennen, daß auch

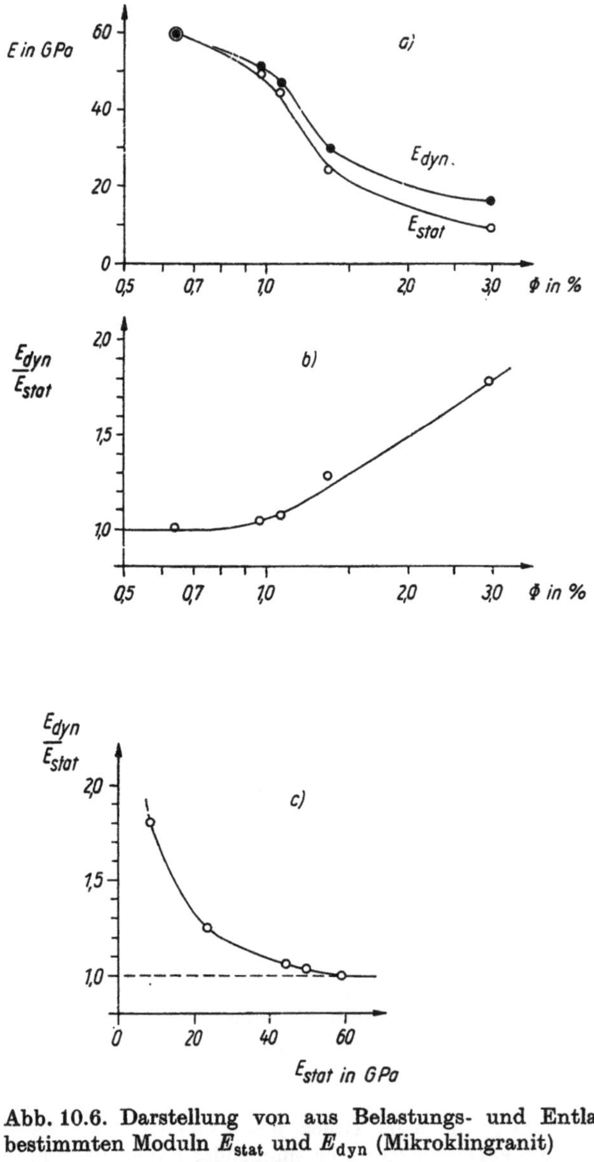

Abb. 10.6. Darstellung von aus Belastungs- und Entlastungsversuchen bestimmten Moduln E_{stat} und E_{dyn} (Mikroklingranit)

a) E_{stat} und E_{dyn} als Funktion der Kluftporosität Φ,
b) Quotient E_{dyn}/E_{stat} als Funktion der Kluftporosität Φ,
c) Quotient E_{dyn}/E_{stat} als Funktion der Größe des Moduls E_{stat} (Darstellung analog Abb. 10.4) (berechnet nach experimentellen Daten von Belikov, Alexandrov, Ryšova (1970))

die Exponenten m (insbesondere für die Transversalwelle) und $\overline{m}$ gleiche Tendenz zeigen. In beiden Fällen ist der Exponent bei Schluffen und Tonen größer als bei Sand. Die Tatsache, daß dieses Verhalten besonders für die Transversalwelle ausgeprägt ist, unterstreicht, daß sie ebenso wie das bodenmechanische Verhalten vorrangig „gerüstbestimmt" ist (vgl. Abschn. 5.3.3.3).

Eine unmittelbare *Gegenüberstellung von statisch und dynamisch bestimmten Verformungsmoduln* der Lockergesteine ist in Tabelle 10.2 gegeben. Diese Werte sind in Abb. 10.7 analog der Darstellung von LINOVSKI (Abb. 10.4c) aufgetragen. Der Quotient wurde dabei durch Division des Maximalwertes von E_{dyn} mit dem Maximalwert von E_{stat} und entsprechende Division der Minimalwerte gebildet (durch Rechtecke symbolisiert). Diese Zuordnung muß nicht erfüllt sein; läßt man auch Quotienten aus Maximalwerten von E_{dyn} und Minimalwerten von E_{stat} zu, so kann der Quotient extrem hohe Werte annehmen (durch Kreise symbolisiert). Deutlich unterscheiden sich kohäsive und kohäsionslose Gesteine; bei erstgenannten ist darüber hinaus ein Einfluß der *Konsistenz*, bei letztgenannten ein Einfluß von *Lagerungsdichte* und *Kornparameter* erkennbar.

GORJAINOV und LJACHOVIČKIJ (1979) leiteten für Tiefen bis 10 m aus experimentellen Daten seismischer und bodenmechanischer Untersuchungen *empirische Beziehungen* der Form

$$E_{\text{stat}} = aE_{\text{dyn}} + b \tag{10.10}$$

ab. So ergibt sich z. B. (Angaben für E_{stat} und E_{dyn} in MPa):

— für feuchten Sand

$$E_{\text{stat}} = 0{,}085E_{\text{dyn}} + 3 \qquad \text{(Kurve a)}, \tag{10.11}$$

— Ton

$$E_{\text{stat}} = 0{,}033E_{\text{dyn}} + 6{,}5 \qquad \text{(Kurve b)}, \tag{10.12}$$

— für feuchte, sandig-tonige Böden (Mittelwert)

$$E_{\text{stat}} = 0{,}061E_{\text{dyn}} + 2{,}85 \qquad \text{(Kurve c)}. \tag{10.13}$$

Die in Abb. 10.7 eingetragenen Kurven a, b, c liegen etwa im Bereich der übrigen experimentellen Daten. Sie spiegeln in ihrem Verlauf jedoch nicht den generellen Trend wider. Dieser kann näherungsweise besser durch eine Gleichung

$$\frac{E_{\text{dyn}}}{E_{\text{stat}}} = AE_{\text{stat}}^{-n} \tag{10.14}$$

dargestellt werden. Für die eingetragenen Kurven gilt dabei (E_{stat} in MPa):

$$\frac{E_{\text{dyn}}}{E_{\text{stat}}} = 30E_{\text{stat}}^{-0,5} \qquad \text{(Kurve I)}, \tag{10.15}$$

$$\frac{E_{\text{dyn}}}{E_{\text{stat}}} = 200E_{\text{stat}}^{-0,75} \qquad \text{(Kurve II)}, \tag{10.16}$$

$$\frac{E_{\text{dyn}}}{E_{\text{stat}}} = 12E_{\text{stat}}^{-0,4} \qquad \text{(Kurve III)}. \tag{10.17}$$

Aus einer einfachen Umstellung von (10.15) ergibt sich andererseits für die mittlere

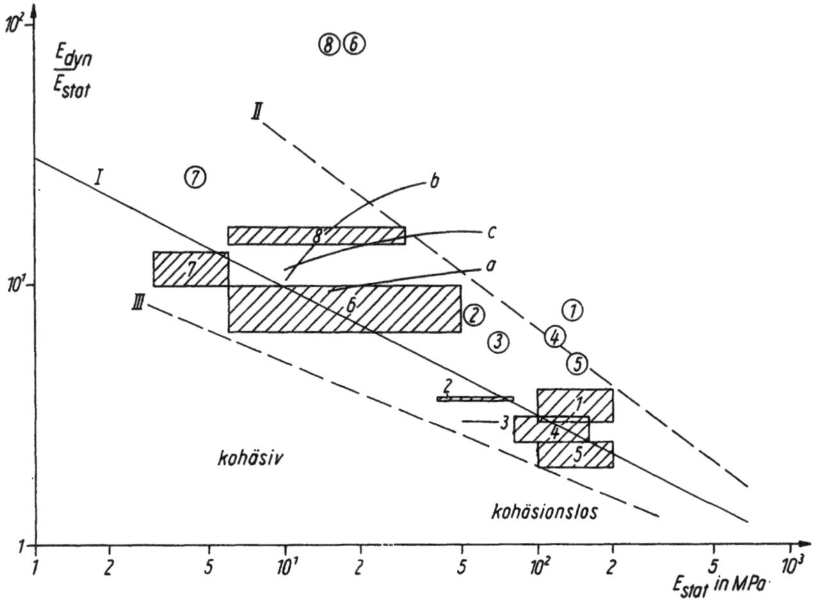

Abb. 10.7. Gegenüberstellung des Quotienten E_{dyn}/E_{stat} und des statisch bestimmten Moduls E_{stat} nach den Daten der Tabelle 10.2

Rechtecke: Quotienten aus zugehörigen Maximal- und Minimalwerten gebildet,
Kreise: Quotient aus $E_{dyn(max)}$ und $E_{stat(min)}$ gebildet
(die Ziffern entsprechen der Nr. in Tabelle 10.2), Erläuterung der Kurven s. Text

Tabelle 10.2. Gegenüberstellung statisch und dynamisch bestimmter Moduln für unverfestigte Sedimentite (Militzer u. a. 1978, Fröhlich 1975)

Bodenart	Nr.	Lockergestein	$M_v = E_{stat}$ in MPa	E_{dyn} in MPa
kohäsionslos	1	Kies, gleichförmig	100···200	300···800
	2	Sand, locker, gleichförmig	40···80	150···300
	3	Sand, locker, ungleichförmig	50···100	150···300
	4	Sand, mitteldicht, gleichförmig	80···160	200···500
	5	Sand, mitteldicht, ungleichförmig	100···200	200···500
kohäsiv	6	Ton, hart, halbfest	6···50	40···500
	7	Ton, steif	3···6	30···80
	8	Geschiebemergel	6···35	100···500

Gerade (Kurve I) z. B.:

$$\frac{E_{\mathrm{dyn}}}{E_{\mathrm{stat}}} = 30^2 E_{\mathrm{dyn}}^{-1} \approx 10^3 E_{\mathrm{dyn}}^{-1}. \qquad (10.18)$$

Die große Streubreite der Daten unterstreicht, daß derartige Beziehungen vor allem bei Lockergesteinen *gegenwärtig jedoch keine Verallgemeinerung* zulassen.

10.3. Beziehungen zwischen geophysikalisch bestimmbaren Parametern und Festigkeitseigenschaften

10.3.1. Grundlagen

Das Bruchverhalten und die damit verbundenen Festigkeitseigenschaften der Gesteine sind Gegenstand sehr intensiver gesteinsmechanischer Untersuchungen und weisen gegenwärtig eine Reihe ungelöster Probleme vor allem hinsichtlich der Mechanismen und Kriterien auf.

Für gesteinsmechanische Prozesse bzw. geologische Vorgänge (vgl. Bankwitz 1980) sind dabei von besonderem Interesse der *Sprödbruch* (plötzlich bzw. zeitunabhängig) und der *duktile Bruch* (zeitabhängig).

Gesteine zeigen auf Grund der Tatsache, daß sie Mehrstoffsysteme darstellen, meist sowohl Eigenschaften spröden als auch duktilen bzw. plastischen Verhaltens. Bei einzelnen Gesteins- oder Mineralgruppen sind vorherrschend bestimmte dieser Eigenschaften ausgeprägt (z. B. plastisches Verhalten der Salze), häufig herrschen jedoch Übergänge vor. Dabei ist zu beachten, daß generell das mechanische Verhalten und speziell das Bruchverhalten eines Gesteins vor allem auch von den *thermodynamischen Bedingungen* (p, T) und der *Belastungsgeschwindigkeit* abhängt, d. h., daß demzufolge „... die Ursachen für sprödes und nichtsprödes Verhalten nicht allein von den physikalisch-mechanischen Eigenschaften des Materials abhängen, sondern daß für das Verhalten immer diese Eigenschaften in Verbindung mit den äußeren Bedingungen maßgebend sind" (Knoll 1973).

Für Probleme der Geomechanik sind die Bruchtheorien von Coulomb, Mohr, und Griffith, Walsh, Brace, Bienjawski von besonderer Bedeutung. Die Theorien von Griffith (1924), Walsh und Brace (1964), Bienjawski (1967) gehen von Vorstellungen des *Sprödbruches* aus. Entscheidend sind hierbei die bereits im Gestein existierenden oder sich bei Belastung bildenden *Risse und deren Wachstum* bzw. Ausbreitung. Dabei werden mit zunehmender Spannung verschiedene *Phasen* des Bruchvorganges unterschieden. Brady (1974) unterscheidet im Ergebnis der Untersuchungen von Kalksteinproben die folgenden Phasen, die mit steigendem Druck durchlaufen werden

- *Dilatanzphase* (dilatancy phase):
  Beginn der Bildung von Mikrorissen.
- *Inclusionsphase* (inclusion phase):
  Es hat sich eine große Zahl von Mikrorissen ausgebildet.
- *Schließphase* (closure phase):
  Ein Mikroriß beginnt zu wachsen, und als Folge der veränderten Spannungsverhältnisse schließen sich die übrigen.

— *Wachstumsphase* (growth phase):
Die geschlossene Mikrorisse öffnen sich, es bilden sich zusätzlich neue Mikrorisse, die Mikrorisse erreichen eine kritische Länge.

(Siehe auch STILLER u. a. 1979.) Die Zunahme der Rißdichte und Rißlänge kann *bis zur Zerteilung* des Gesteinskörpers führen.

Die *Mohrsche Bruchtheorie* geht von einem homogen-isotropen Material aus. Der Spannungszustand in diesem Material kann graphisch als „MOHRscher *Spannungskreis*" dargestellt werden.

Dabei wird auf der Abszisse die Normalspannung und auf der Ordinate die Schubspannung aufgetragen (Abb. 10.8). Die experimentelle Untersuchung von Bruch- bzw. Festigkeitseigenschaften erfordert die Durchführung sogenannter *Triaxialversuche*. Dabei werden zylinderförmige Proben Radialspannungen $\sigma_1 = \sigma_2$ und Axialspannung σ_3 unterworfen. Bei den nach dem KARMAN-Prinzip arbeitenden Triaxialgeräten wird die

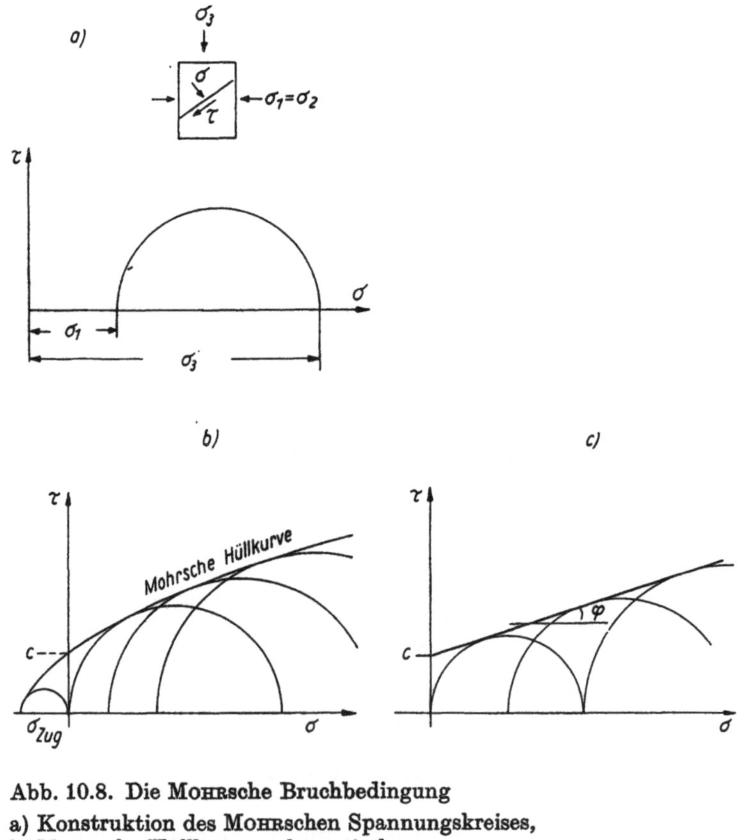

Abb. 10.8. Die MOHRsche Bruchbedingung
a) Konstruktion des MOHRschen Spannungskreises,
b) MOHRsche Hüllkurve, schematisch,
c) MOHRsche Hüllkurve bei Gültigkeit des COULOMBschen Gesetzes

Radialspannung hydraulisch und die Axialspannung über einen Druckstempel auf die Probe ausgeübt. Für Festigkeitsuntersuchungen wird meist bei konstanter Spannung $\sigma_1 + \sigma_2$ die Axialspannung σ_3 bis zum (makroskopischen) Bruch der Probe gesteigert.

Die dem Bruch entsprechenden Werte $\sigma_1 = \sigma_2$, σ_3 werden als „MOHRscher Spannungskreis" im σ-τ-Diagramm aufgetragen (Abb. 10.8a). Dabei ist σ die Normal- und τ die Schub- oder Scherspannung. Zur Charakterisierung der Festigkeitseigenschaften eines Gesteins ist die Ermittlung mehrerer dieser Spannungskreise erforderlich, deren Umhüllende (Abb. 10.8b) die MOHR*sche Bruchbedingung*

$$\tau = f(\sigma) \tag{10.19}$$

darstellt.

Im einfachsten Fall stellt die Hüllkurve eine Gerade dar (Abb. 10.8c):

$$\tau = \sigma\mu + c = \sigma \tan \varphi + c; \tag{10.20}$$

μ — Reibungsbeiwert, φ — Winkel der inneren Reibung, c — Kohäsion. Diese lineare Form der Bruchbedingung wird als COULOMBsche Gleichung bezeichnet und insbesondere bei bodenmechanischen Untersuchungen meist angewandt. Mit Hilfe der Hauptspannungen σ_3 und $\sigma_1 = \sigma_2$ läßt sich (10.20) in der folgenden Form schreiben (vgl. z. B. KEZDI, 1964):

$$\sigma_1 = \sigma_3 \tan^2 (45° - \varphi/2) - 2c \tan (45° - \varphi/2). \tag{10.21}$$

Die zur Beurteilung der Festigkeit von Gesteinen häufig benutzte *Druckfestigkeit* σ_D (Zylinderdruckfestigkeit) wird durch einachsigen Druckversuch bestimmt. In diesem Falle ist $\sigma_1 = \sigma_2 = 0$, d. h., der MOHRsche Spannungskreis läuft in seinem linken Bogen durch den Koordinatenursprung des σ — τ-Diagramms; (10.21) geht dann über in

$$\sigma_D = 2c \tan^{-1} (45° - \varphi/2). \tag{10.22}$$

Aus den eingangs genannten Gründen geht hervor, daß die Druckfestigkeit ebenso wie mit anderen Versuchstechniken bestimmte Festigkeitskennzahlen (z. B. Zugfestigkeit) außer von den eigentlichen Materialeigenschaften (bzw. Gesteinseigenschaften) auch von der Beanspruchungsart (Spannungsverteilung, Belastungsgeschwindigkeit), der Probegröße und -form (Schlankheitsgrad) und versuchstechnischen Bedingungen (z. B. Endflächenreibung der Probekörper in der Prüfmaschine) beeinflußt wird (siehe z. B. EVERLING, DREYER (1970); PFORR (1973) und dort angegebene Literatur).

Aus zahlreichen experimentellen Untersuchungen geht hervor, daß die Festigkeit der Gesteine häufig unter den für Minerale angegebenen Werten liegt (vgl. Tabelle 10.3) und sie demzufolge entscheidend von Rissen, Poren, Klüften und anderen Defekten von Zementation, Kornbindung und Gefüge bestimmt wird. Hinzu kommen Einflüsse durch unterschiedlichen Wassergehalt (vor allem bei tonhaltigem Gestein), Druck bzw. Spannungszustand, Temperatur und Belastungsgeschwindigkeit. Die Abbildungen 10.10 und 10.11 zeigen hierzu Beispiele. *Zunehmende Porosität bzw. Klüftigkeit* führen zu deutlicher *Festigkeitsminderung* (Abb. 10.11a, b). Die in Abb. 10.11a eingetragenen Kurven entsprechen empirisch abgeleiteten Beziehungen (Angabe von σ_D in MPa, Φ als Dezimal-

Tabelle 10.3. Druckfestigkeitswerte von Mineralen und Gesteinen

a) Mittelwerte bzw. mittlere Wertebereiche (nach RSHEWSKI und NOWIK (1964, 1978)

Mineral/Gestein	σ_D in MPa
Quarz	400
Olivin	220
Oligoklas	130
Granit	100···250
Basalt	30···400
Syenit	100···340
Serpentinit	63···123
Gneis	160···280
Marmor	60···190
Quarzit	290···300
Sandstein	35···150
Kalkstein	90···120
Steinsalz	35
Mergel	bis 13

b) Wertebereiche der Würfeldruckfestigkeit und Porosität für einige Gesteinsarten der DDR (nach MÜLLER 1978)

Gestein	σ_D in MPa	Φ in %
Travertine, poröse Kalksteine	25···128,5	2,12···14,8
Wellenkalk, einschl. Bankkalke	18,5···194,8	1,1···22
Flaser- und Knollenkalke (Thüringer Schiefergebirge)	29,5···178	0···5,8
Kalkstein, massiv (Harz)	37,4···181,3	0,4···3,2
Marmor, variszisch (Erzgebirge)	37···226	1,0···2,6
Sandstein, kretazisch (Elbsandsteingebirge)	23,5···75,0	19,4···28,9
Grauwacke, algonkisch (Lausitz)	134···229	0···1,8
Grauwacke, Kulm (Thüringer Schiefergebirge)	34,1···123	0,4···1,5
Quarzporphyrtuff (NW-Sachsen)	15···26	34,8

bruch)

$$\sigma_D = 277(1 - 2\Phi)^2 \quad \text{(Kurve I)}, \tag{10.23}$$

$$\sigma_D = 277(1 - 5\Phi)^2 \quad \text{(Kurve II)}. \tag{10.24}$$

Die unmittelbare *Gegenüberstellung von Festigkeitskennwerten und geophysikalisch bestimmbaren Parametern* (z. B. Abb. 10.9) verfolgt meist das Ziel, für die Lösung geomechanischer Aufgaben praktisch anwendbare Korrelationen abzuleiten (z. B. RSHEWSKI, NOWIK 1978; STOLL 1971; FREYBURG 1972). Von verschiedenen Autoren wurden hierzu *empirische Beziehungen* aufgestellt, von

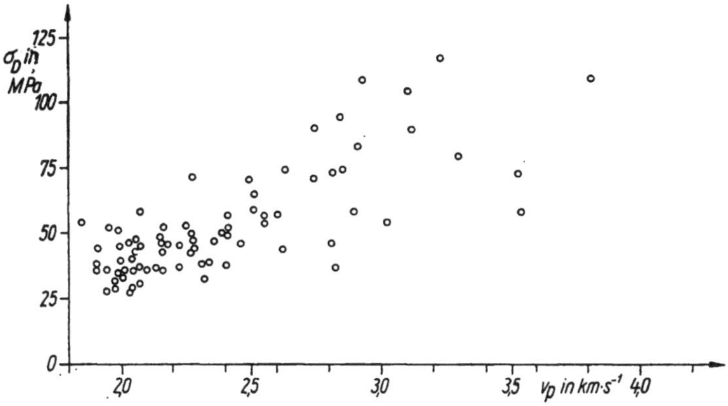

Abb. 10.9. Gegenüberstellung von Druckfestigkeit und Longitudinalwellengeschwindigkeit (Buntsandstein/Thüringen) umgezeichnet nach FREYBURG (1972)

denen eine Auswahl in Tabelle 10.4 enthalten ist. Zur weiteren Untersuchung derartiger Zusammenhänge wird im folgenden das in Abschnitt 5.4.5.2 eingeführte und beschriebene Gesteinsmodell benutzt und auf die Berechnung der Druckfestigkeit angewendet.

Tabelle 10.4. Empirische Beziehungen zwischen einaxialer Druckfestigkeit σ_D und Ausbreitungsgeschwindigkeit v_p bzw. Absorptionskoeffizient α elastischer Wellen

Gesteinsart	Gleichung	Bemerkungen	Autor
Kalkstein	$\sigma_D = 8{,}5 \cdot 10^{-5} v_p\ 1{,}82 \pm 3{,}1$ $\sigma_D = 5{,}8\alpha^{-1{,}56} \pm 2{,}7$	σ_D in kp · cm⁻² v_p in m · s⁻¹ α in cm⁻¹	MILITZER, STOLL (1973)
Kalkstein kristalliner Schiefer	$\lg \sigma_D = 0{,}358 v_p + 1{,}283$ $\lg \sigma_D = 0{,}444 v_p + 1{,}003$	σ_D in kp · cm⁻² v_p in km · s⁻¹	GOLUBEV, RABINOVIČ (1976)
sandig-tonige Gesteine	$\sigma_D = 6{,}8 v_p^2 - 9{,}8 v_p + 9{,}8$	v_p in km · s⁻¹ σ_D in kp · cm⁻² (Temperatur $T = 269{,}5$ K)	GORJAINOV, LJACHOVIČKIJ (1979)

10.3.2. Berechnung von Festigkeitseigenschaften nach dem Gesteinsmodell mit variabler Struktur

Bei der Berechnung der Festigkeit mittels des in Abschnitt 5.4.5.2 eingeführten Gesteinsmodells wird *vorausgesetzt,* daß

— *die Festigkeit allein durch die mechanischen Eigenschaften im Bereich der Korn-Korn-Kontakte bzw. der Porenkontur bestimmt wird,*

— *für die Festigkeitseigenschaften des Kontaktbereiches die* COULOMB*sche Gleichung 10.20) Gültigkeit besitzt.*

Im „Kontaktsystem“ lautet die COULOMBsche Gleichung

$$-\sigma_{\mathrm{I}} G_1 = -\mu_{\mathrm{K}} \sigma_{\mathrm{II}} + c_{\mathrm{K}} G_2. \qquad (10.25)$$

Dabei sind μ_{K} und c_{K} Reibungsbeiwerte und Kohäsion des Korn-Korn-Kontaktes bzw. Kontaktbereiches (Bindemittel, Zement u. ä.). Die geometrischen Größen G_1 und G_2 ergeben sich aus den Modelldimensionen:

$$G_1 = \left(\frac{c + a}{b + d}\right), \qquad (10.26)$$

$$G_2 = \left(\frac{d}{b + d}\right)^2. \qquad (10.27)$$

Durch Transformation in das „Gesteinssystem“ (vgl. Abschnitt 5.4.5.2) ergibt sich als *Bruchbedingung* für das Gesteinsmodell:

$$\sigma_1 = \left[\left(G_1 \frac{\sin\alpha}{\sqrt{2}} - \mu_{\mathrm{K}} \cos\alpha\right) \sigma_3 - c_{\mathrm{K}} G_2\right] \left[\mu_{\mathrm{K}} \sqrt{2} \sin\alpha + G_1 \cos\alpha\right]^{-1}. \qquad (10.28)$$

Durch Vergleich mit (10.21) folgt

$$\tan^2 (45° - \varphi/2) = \left[G_1 \frac{\sin\alpha}{\sqrt{2}} - \mu_{\mathrm{K}} \cos\alpha\right] \left[G_1 \cos\alpha + \mu_{\mathrm{K}} \sqrt{2} \sin\alpha\right]^{-1}, \qquad (10.29)$$

$$2c \tan (45° - \varphi/2) = [G_2 c_{\mathrm{K}}] \left[G_1 \cos\alpha + \mu_{\mathrm{K}} \sqrt{2} \sin\alpha\right]^{-1}. \qquad (10.30)$$

Aus (10.29) geht der Reibungsbeiwert, aus (10.30) die Kohäsion des Gesteins hervor.

Die *Druckfestigkeit* ergibt sich mit (10.22) zu

$$\sigma_{\mathrm{D}} = [G_2 c_{\mathrm{K}}] \left[G_1 \frac{\sin\alpha}{\sqrt{2}} - \mu_{\mathrm{K}} \cos\alpha\right]^{-1}. \qquad (10.31)$$

Die Gleichungen (10.29) *bis* (10.31) *stellen die Verbindung zwischen den unter der Voraussetzung von Homogenität mit der* MOHR-COULOMB*schen Theorie definierten Größen „Reibungsbeiwert“* (μ) *und „Kohäsion“* (c) *des Gesteins und den entsprechenden „Mikroeigenschaften des bruchempfindlichsten Gesteinsbereiches“* (μ_{K} *und* c_{K}) *sowie der Gesteinsstruktur* (α), *der Korngeometrie und Porosität* (G_1, G_2) *dar.* Sie erklären die Festigkeitseigenschaften demnach aus Einflüssen von Korn- bzw. Gefügebindung, Struktur, Kornform und Porosität.

Im folgenden werden nach (10.31) berechnete Druckfestigkeiten als Funktion der Porosität (Gleichung (5.107)) dargestellt und *mit experimentellen Ergebnissen* verglichen. Um die Vielzahl der Einflußfaktoren einzuschränken, wird dabei

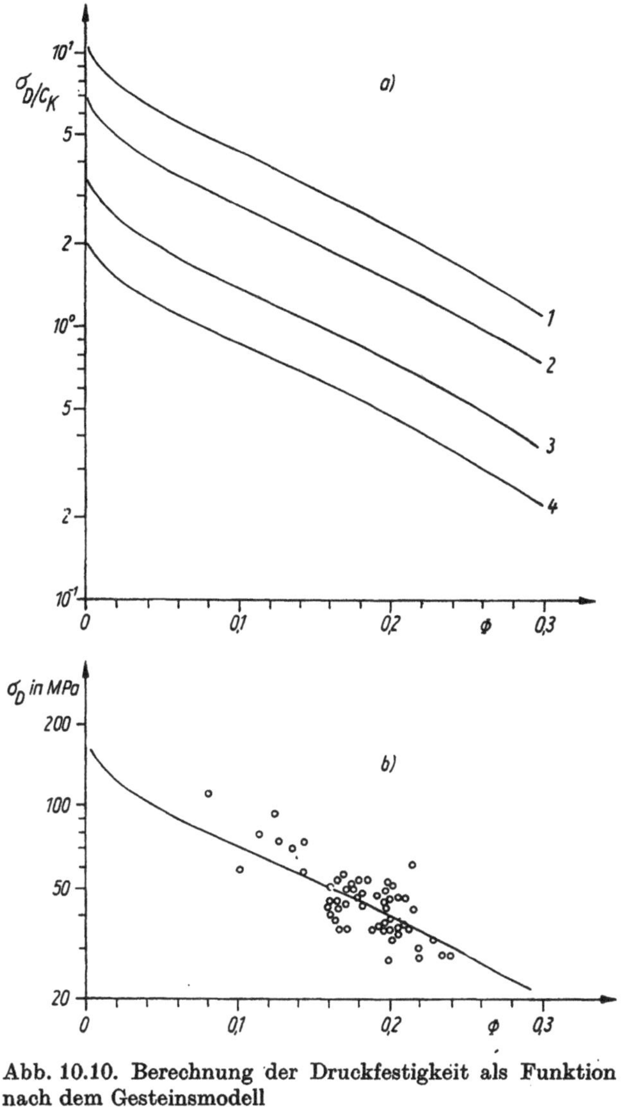

Abb. 10.10. Berechnung der Druckfestigkeit als Funktion der Porosität nach dem Gesteinsmodell

a) Normierte Druckfestigkeit σ_D/c_K als Funktion der Porosität

Kurve	α[°]	μ_K
1	30	0,3
2	45	0,5
3	45	0,3
4	60	0,3

b) Vergleich mit experimentellen Werten (Buntsandstein/Thüringen)
eingetragene Kurve: $\mu_K = 0{,}3$ $\alpha = 45°$ $c_K = 50$ MPa

„Kornform II" (Abb. 5.52) gewählt. Wird darüber hinaus die *dimensionslose Größe*

$$\frac{\sigma_D}{c_K} = G_2 \left[G_1 \frac{\sin \alpha}{\sqrt{2}} - \mu_K \cos \alpha \right]^{-1} \tag{10.32}$$

benutzt, so ist diese nur noch von Struktur (α), Reibungsbeiwert der Kontaktregion (μ_K) und Porosität (G_1, G_2) abhängig.

Einige berechnete Kurven sind in Abb. 10.10a aufgetragen und stellen *„Grundtypen" der Abhängigkeit der Festigkeit von der Porosität* dar. Werden experimentell ermittelte Daten in ein Koordinatennetz gleicher Achsenteilung eingetragen (Abb. 10.10b), so ist durch Übereinanderlegen mit den berechneten Kurven ein unmittelbarer Vergleich möglich. Er liefert bei optimaler Übereinstimmung stets eine Vielfalt von Kombinationen der Modellparameter μ_K, c_K und α. Hinzu kommt die hier nicht berücksichtigte Variation der Modellgeometrie. Diese Vieldeutigkeit unterstreicht den komplexen Charakter des Zusammenwirkens der obengenannten Einflußgrößen. Die in die Abbildungen eingetragenen Kurven stellen daher nur mögliche Kombinationen dar. — Bei Abb. 10.11 sind berechnete Kurven unmittelbar in die vorliegenden Darstellungen experimenteller Werte eingetragen.

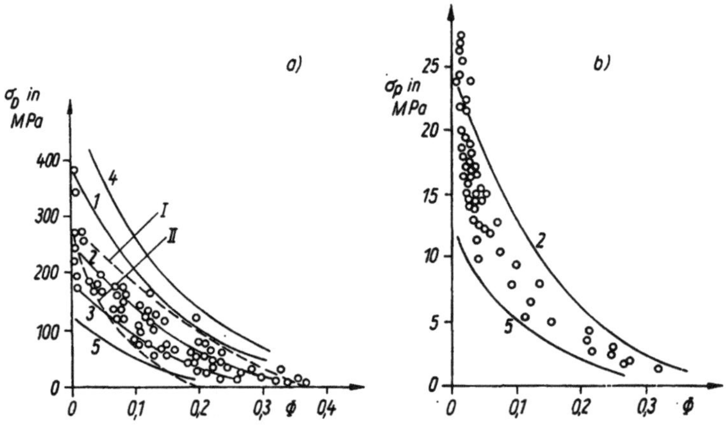

Abb. 10.11. Vergleich experimentell ermittelter und berechneter Abhängigkeit der Druckfestigkeit von der Porosität

a) Kalksteine/UdSSR; experimentelle Daten nach RSHEWSKI, NOWIK (1978), (Kurven I, II empirisch)

b) Kalksteine/DDR; experimentelle Daten nach MÜLLER (1978)

Kurve	μ_K	α[°]
1	0,4	45
2	0,3	45
3	0,2	45
4	0,3	30
5	0,3	60

c_K = 100 MPa

Bei kohäsionslosen Gesteinen (Sand, Kies) beschränkt sich die Ermittlung der Festigkeitseigenschaften auf die Bestimmung des Reibungsbeiwertes unter Verwendung von (10.29). Danach ist μ bzw. φ vom Reibungsbeiwert an den Korn-Korn-Kontakten (μ_K), der „Kornform" (G_1) und der Struktur (α) abhängig. Die Porosität ist primär nicht von Einfluß, sie wird nur über die Korrelation zwischen Struktur und Porosität (vgl. Abschnitt 5.4.5.3) wirksam. In Abb. 10.12 sind unter Anwendung der in Abb. 5.56 dargestellten $\alpha = \alpha(\Phi)$-Beziehung berechnete Reibungsbeiwerte experimentellen Daten gegenübergestellt. Die gleiche Kurve ergibt sich auch bei Anwendung des Kugelmodells (SCHÖN 1969).

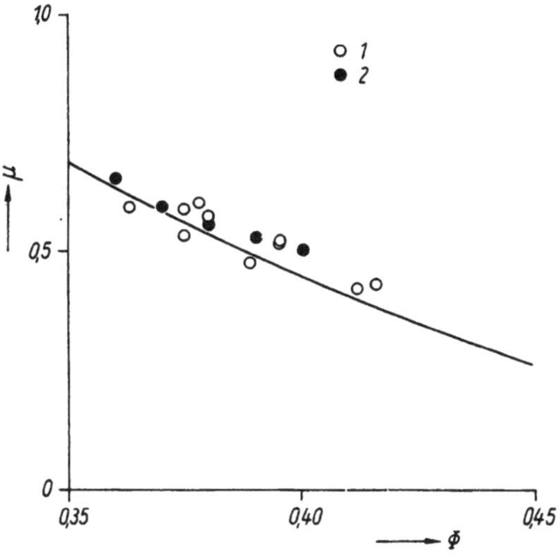

Abb. 10.12. Reibungsbeiwert μ als Funktion der Porosität Φ
eingetragene Punkte: experimentelle Ergebnisse an Glaskugeln (*1*) und Ottawa-Sand (*2*), siehe SCHÖN (1969)
Kurve: berechnet nach Modell $\mu_K = 0{,}3$, „Kornform I"

10.3.3. *Ermittlung von Beziehungen zwischen Ausbreitungsgeschwindigkeit elastischer Wellen und Festigkeit nach dem Gesteinsmodell*

Die *Gegenüberstellung* von Ausbreitungsgeschwindigkeit elastischer Wellen und Festigkeitseigenschaften erfolgt bei Anwendung des Gesteinsmodells nach den in Abschnitt 9.4.1 angeführten Prinzipien *über dimensionslose Größen.* Die Ausbreitungsgeschwindigkeit wird dabei durch die in Abschnitt 9.4.3 mit (9.33) beschriebene Größe und die Festigkeit durch den Quotienten σ_D/c_K nach (10.32) charakterisiert. Bei der Gegenüberstellung dieser beiden Größen treten als Variable auf:

Strukturwinkel (α),
Porosität und „Kornform" (Φ, G, G_1, G_2),
mechanische Kenngrößen der Kontaktregion (f, μ_K, c_K).

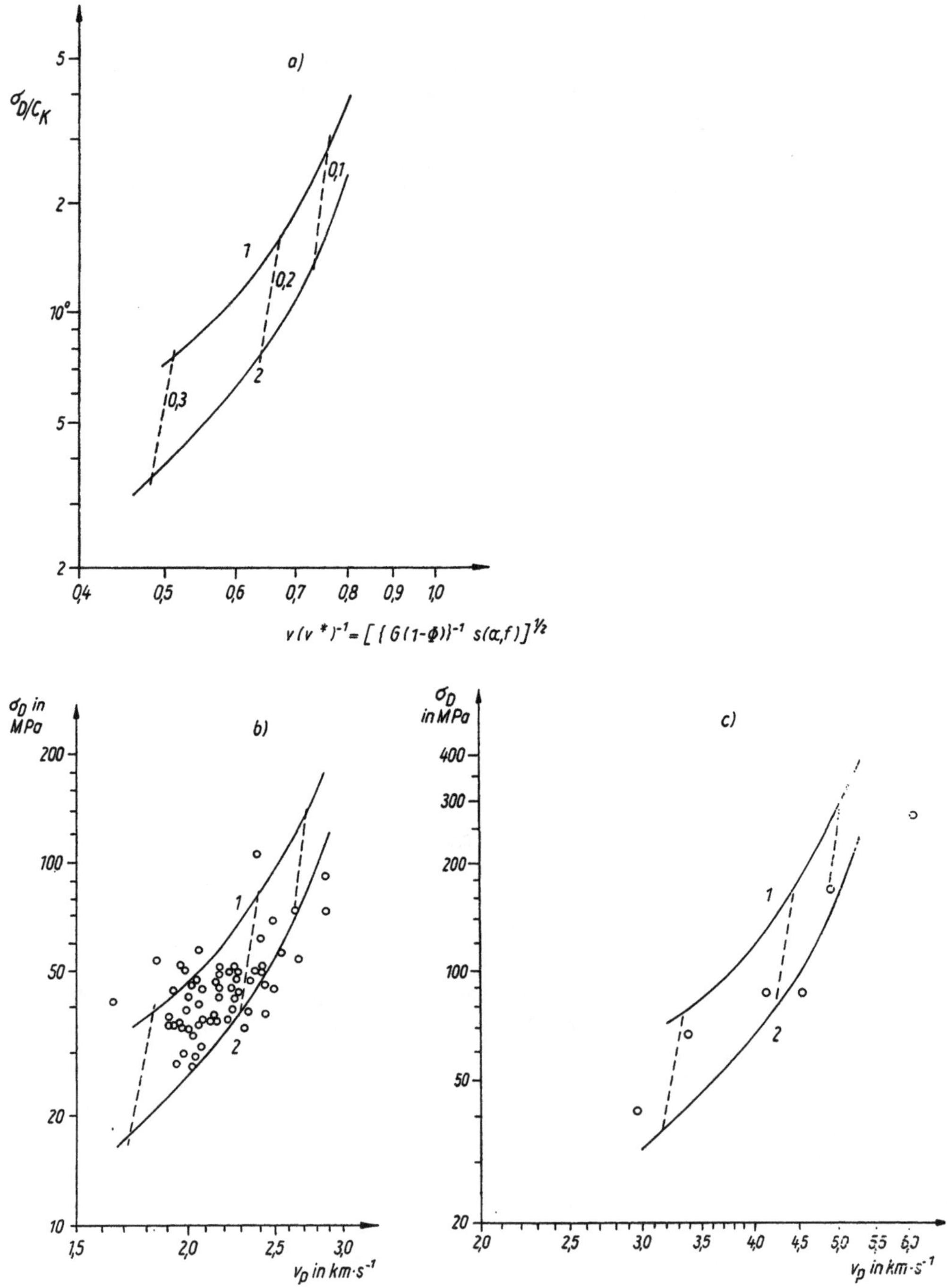

a)
σ_D/c_K
1
2
0,1
0,2
0,3
$v(v^*)^{-1} = [\{G(1-\Phi)\}^{-1}\ s(\alpha,f)]^{1/2}$
b)
σ_D in MPa
v_p in km·s⁻¹
c)
σ_D in MPa
v_p in km·s⁻¹

Zur Vereinfachung ist in Abbildung 10.13a der Zusammenhang bei konstanter Struktur ($\alpha = 45°$) und einheitlicher „Kornform" (Kornform II) dargestellt. Die obere Kurve wurde für einen relativ hohen Reibungsbeiwert des Kontaktes ($\mu_K = 0{,}5$) und niedrigen Wert des Quotienten der Verformungsmoduln am Kontakt ($f = 2{,}5$) berechnet und kann damit als repräsentativ für eine *gute Bindung* bzw. Zementation der Partikel, Kontakte o. ä. gelten (vgl. Abschnitt 5.4.5.2c). Die untere Kurve stellt demgegenüber mit $\mu_K = 0{,}3$ und $f = 4$ den Verlauf bei *schlechter Bindung* bzw. Zementation dar. Zusätzlich sind die berechneten Porositätsbereiche eingezeichnet.

Die gewählte doppeltlogarithmische Auftragung gestattet einen einfachen *Vergleich mit experimentell ermittelten Daten* (Abb. 10.13b und c), in deren Ergebnis an der Abszisse der „*Musterkurve*" der Wert für v^* und an der Ordinate für c_K abgelesen werden kann. In beiden Fällen schließen die berechneten Kurven mit guter Näherung die experimentell ermittelten Werte ein und erklären deren Streuung aus *unterschiedlicher Bindung*. Die hier nicht berücksichtigten Einflüsse von Struktur und Kornform stellen eine zusätzliche Variationsmöglichkeit dar. — Bei Abb. 10.14 sind berechnete Kurven unmittelbar in die linear vorliegende Darstellung experimenteller Ergebnisse eingetragen.

Bei unverfestigsten Sedimentiten ohne Kohäsion ist — wie im vorangegangenen Abschnitt dargestellt wurde — die *Struktur* (α) von besonderem Einfluß. Anknüpfend an die in Abschnitt 5.4.5.2 (c) gegebene Darstellung sind daher in diesem Falle Korrelationen vor allem zwischen Reibungsbeiwert und strukturabhängigen *Geschwindigkeitsquotienten* zu erwarten. Anhand des Gesteinsmodells wurden derartige Korrelationen berechnet (Schön 1969).

Für klüftige Gesteine kann wiederum näherungsweise das in Abschnitt 5.4.5.4. eingeführte Modell benutzt werden. Für den einfachsten Fall ergibt sich analog Abschnitt 9.4.5

$$v = v_F(1 - K_v)^{1/2}, \tag{9.35}$$

$$\sigma_D = \sigma_{D(F)}(1 - K_\sigma). \tag{10.33}$$

Das führt unmittelbar auf eine *Beziehung zwischen v und σ_D*:

$$\sigma_D = v^2 \left[\frac{\sigma_{D(F)}}{v_F^2} \frac{1 - K_v}{1 - K_\sigma}\right] = A_{v\sigma} v^2 \tag{10.34}$$

10.13. Abb. Beziehung zwischen Druckfestigkeit und Longitudinalwellengeschwindigkeit

a) berechneter Zusammenhang zwischen dimensionslosen Größen (Gleichung (9.33) bzw. (10.32))

$\alpha = 45°$, „Kornform II", Kurve *1*: $f = 2{,}5$, $\mu_K = 0{,}5$, Kurve *2*: $f = 4{,}0$, $\mu_K = 0{,}3$, Kurvenparameter: Porosität

b) Vergleich experimenteller Daten der Abb. 10.9 (Buntsandstein/Thüringen) mit den Kurven der Abbildung a)

$v^* = 3600\ \mathrm{m \cdot s^{-1}}$, $c_K = 50\ \mathrm{MPa}$

c) Vergleich experimenteller Daten (Kalksteine, nach Somerton, Esfandiari, Singhal, 1969) mit den Kurven der Abbildung a)

$v^* = 6600\ \mathrm{m \cdot s^{-1}}$, $c_K = 100\ \mathrm{MPa}$

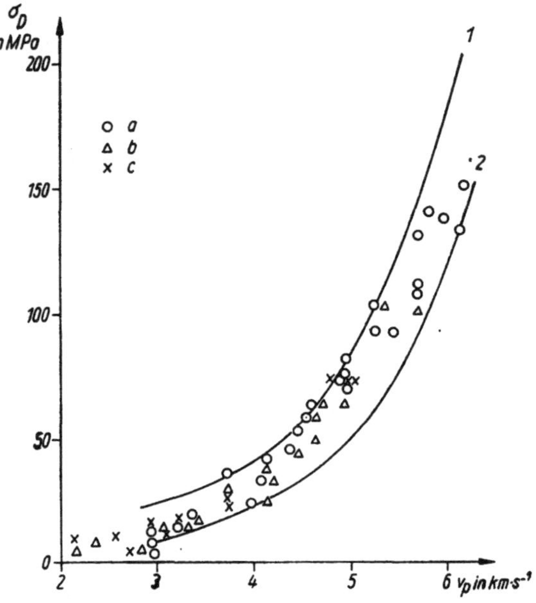

Abb. 10.14. Vergleich experimentell von GOLUBEV u. a. (1971) ermittelter und berechneter Abhängigkeiten der Druckfestigkeit von der Geschwindigkeit
a — Sandstein, b — Aleurolith, c — Argillit
(Kurven $v^* = 7500\ m \cdot s^{-1}$, $c_K = 50$ MPa berechnet)

Dabei ist der Faktor $A_{v\sigma}$ von den *Matrixeigenschaften und der Klüftung* in ihrer unterschiedlichen Wirkung auf v und σ_D abhängig. Wird in (9.35) und (10.33) zusätzlich die Struktur bzw. Orientierung der Klüfte u. ä. durch den Strukturwinkel berücksichtigt, so ist dieser eine weitere Einflußgröße.

In Abb. 10.15 sind nach (10.34) berechnete Beziehungen *experimentellen Ergebnissen gegenübergestellt*. Bei doppeltlogarithmischer Darstellung (Abb. 10.15a) ergeben sich Geraden mit dem Anstieg 2 bzw. bei linearer Darstellung (Abb. 10.15b) Parabeln. Aus der Darstellung ist darüber hinaus ersichtlich, daß die Größe $A_{v\sigma}$ — wie anhand (10.34) bereits bemerkt — *von der Gesteinsart* abhängig ist.

10.4. Bemerkungen zur Veränderung geophysikalisch bestimmbarer Parameter bei Bruchvorgängen

Geophysikalisch — insbesondere seismisch — bestimmbare Parameter werden über die in den vorangegangenen Abschnitten dargestellten Möglichkeiten einer geomechanischen Charakterisierung des Gesteins hinaus zunehmend zum Studium, zur Kontrolle

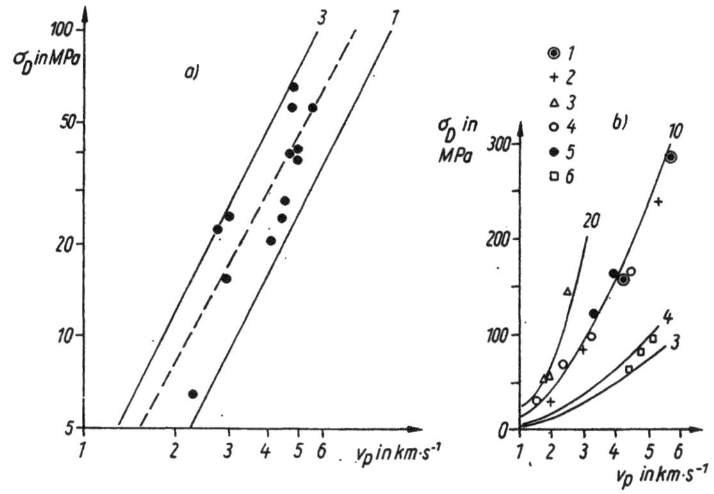

Abb. 10.15. Vergleich experimentell ermittelter und berechneter Abhängigkeiten der Druckfestigkeit von der Geschwindigkeit

a) Kalkstein

eingetragene Punkte: experimentelle Daten nach Kakorin und Solodov (s. Militzer und Stoll 1973),
Geraden (durchgezogen): nach (10.34) berechnet; Kurvenparameter: $A_{v,\sigma}$
Gerade (gebrochen): nach empirischer Beziehung in Tabelle 10.4

b) Verschiedene Gesteinsgruppen

eingetragene Punkte: experimentelle Daten nach Kossev (s. Stötzner 1975, Militzer u. a. 1978)
1 — Granit, *2* — Monzonit, *3* — Diorit, *4* — Liparit, *5* — Mergel, *6* — Marmor
Kurven: nach (10.34) berechnet; Kurvenparameter $A_{v\sigma}$

und Prognose von *Bruchvorgängen* herangezogen. Diesem Zweck dienen vor allem seismoakustische Untersuchungen. Die mit dem Deformations- und Zerstörungsprozeß vor dem (makroskopisch wahrnehmbaren) Bruch erzeugten Impulse (Eigenimpulse) geben Hinweise zum Verlauf des Bruchvorganges und zur Charakterisierung des Bruches (Gleit- und Trennbrüche). Grundlegende bzw. zusammenfassende Arbeiten und Darstellungen hierzu stammen z. B. von Rizničenko u. a. (1967), Rotter (1970), Hardy (1969), Neyman, Trombik (1973).

Im Zusammenhang mit *seismologischen Ereignissen* wurden in den vergangenen Jahren markante *Veränderungen in den Geschwindigkeiten* v_p, v_s *und deren Quotient* (z. B. Semenov 1969; Whitcomb u. a. 1973; Aggarwal u. a. 1973) *sowie im spezifischen elektrischen Widerstand* (z. B. Barsukov 1970; Mazella, Morisson 1974) festgestellt (Abb. 10.16, 10.19), deren Untersuchung intensiv mit dem Ziel der Erarbeitung einer Methodik zur *Bebenprognose* und *Prognose anderer Bruchvorgänge* betrieben wird. Hinsichtlich der physikalischen Ursache dieser auch bei Laborversuchen festgestellten Änderungen von geophysikalisch bestimmbaren Größen bei Bruchvorgängen weisen Stiller, Wagner und Vollstädt (1975) darauf hin, daß sie u. a. „... *in den Veränderungen der Spaltstrukturen* ...“ zu suchen sind.

Es sei jedoch darauf hingewiesen, daß diese Veränderungen ebenso wie andere Phänomene häufig in der Vorbereitungsphase eines Bebens oder einer anderen Brucherscheinung aufgetreten sind. Sie stellen jedoch bisher *kein sicheres Kriterium* dafür dar, ob ein Beben eintritt oder nicht; sie lassen bisher auch *keine Angabe des Zeitpunktes* für ein bevorstehendes Beben zu.

Im Rahmen dieser Darstellung sollen nur einige Erklärungsmöglichkeiten der genannten Erscheinungen auf der Grundlage des Gesteinsmodells mit variabler Struktur bzw. idealisierten Gefügemerkmalen gegeben werden. Für weitergehende Untersuchungen sei auf die umfangreiche zusammenfassende bzw. Spezialliteratur verwiesen (z. B. Press, Brace 1966; Scholz, Sykes, Aggarwal 1973; Gupta 1973; Risničenko 1973; Brady 1974; Mjackin, Brace, Sobolev, Dietrich 1975; Stiller, Wagner, Vollstädt 1976, 1979; Stiller, Volarovič 1979; Volarovič, Budnikov 1979).

Im Abschnitt 5.4.5.2 war bei der Behandlung des Einflusses struktureller Größen darauf verwiesen worden, daß *Geschwindigkeitsquotienten allein* von Komponenten des Strukturtensors und damit *vom Strukturwinkel* α *und der Größe* $f = M_N^*/M_T^*$ *abhängig* sind. Für die Deutung von Veränderungen des Quotienten v_p/v_s sei zu dieser Größe f die folgende Betrachtung angestellt:

Nach (5.98), (5.99) und (5.105) ist

$$f = \frac{M_F}{\mu_F} \frac{1 + \mu_F/\mu_K}{1 + M_F/M_K}. \tag{10.35}$$

Während für den ersten Quotienten im Mittel ein konstanter Wert von

$$\frac{M_F}{\mu_F} \approx 2{,}2 \cdots 2{,}5 \tag{10.36}$$

angenommen werden kann, ist der zweite Quotient stark von den Bedingungen im Kontaktbereich abhängig

— bei „*guter*“ *Bindung* der Gesteinsbestandteile (festes Bindemittel) werden die Quotienten μ_F/μ_K und M_F/M_K etwa gleich sein; damit wird in diesem Falle $f \approx 2{,}2 \cdots 2{,}5$;
— bei „*mangelhafter*“ *Bindung* (Trennflächen, mangelhafte Zementation o. ä.) nimmt vor allem der Schubmodul der Kontaktregion μ_K stark ab (Gleiteffekte); damit wächst f gegenüber dem obengennannten Fall, d. h.

$$f > 2{,}2 \cdots 2{,}5.$$

Extrem hohe Werte sind für Lockergesteine zu erwarten.

Für eine *Analyse von Deformations- und Bruchvorgängen* kann das bereits in Abb. 5.48 gezeigte Diagramm benutzt werden. Es stellt den Quotienten

$$\frac{v_p}{v_s} = \left(\frac{s_{33}^{33}}{s_{13}^{13}}\right)^{1/2} \quad \text{der Größe} \quad (s_{13}^{13})^{1/2} \sim v_s$$

gegenüber (Abb. 10.17). Die zwei Kurvenscharen stellen den *Einfluß von* „*Struktur*“ (α) *und* „*Bindung*“ bzw. „Defekten“ (f) auf die elastischen Eigenschaften bzw. den Zusammenhang $v_p/v_s = f(v_s)$ dar.

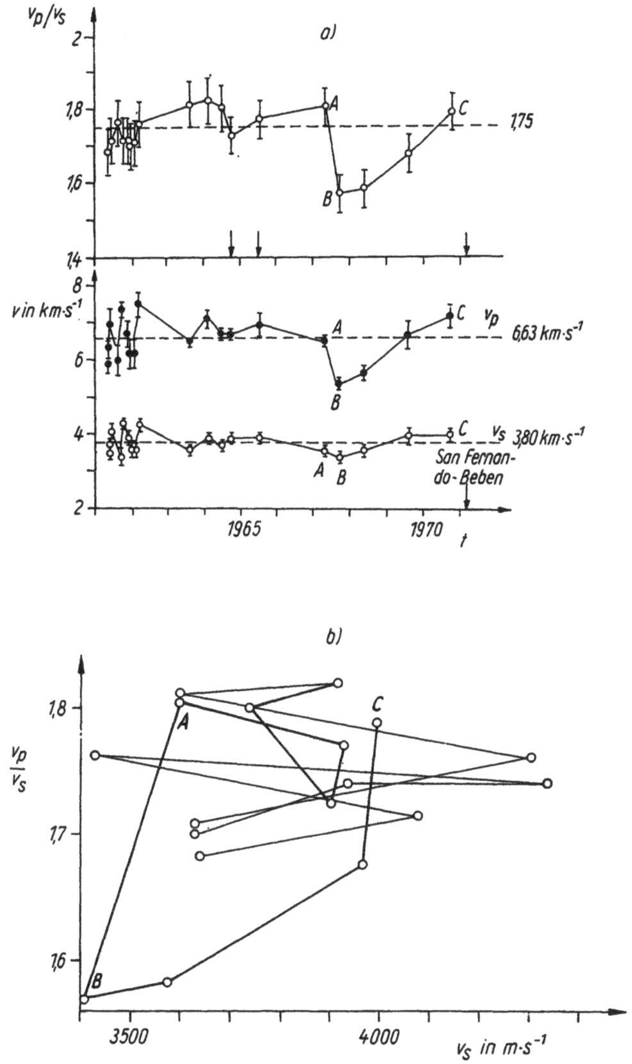

Abb. 10.16. Veränderungen der Geschwindigkeiten v_p und v_s im Zusammenhang mit seismischen Ereignissen;

a) Beobachtungsdaten (umgezeichnet nach Aggarwal u. a., (1973), die Pfeile markieren Ereignisse mit Magnituden > 4)

b) Darstellung im $v_p/v_s = f(v_s)$-Diagramm

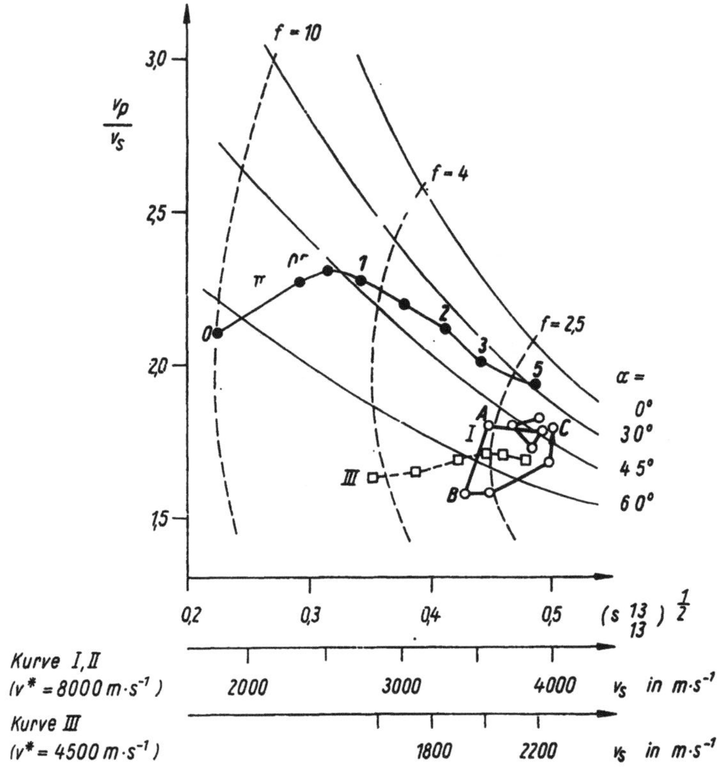

Abb. 10.17. Analyse von Veränderungen des Quotienten v_p/v_s im Zusammenhang mit seismischen Ereignissen und Laboruntersuchungen
Kurve I nach Daten aus Abb. 10.16,
Kurve II nach Daten von WANG u. a. (1971), „Apollo-Probe" Nr. 120022,
$d = 3{,}32 \cdot 10^3$ kg · m^{-3},
Kurve III nach Daten von WYLLIE u. a. (1962), Berea-Sandstein ($\Phi \approx 19\%$)

Werden die in Abb. 10.16a enthaltenen Daten in ein $v_p/v_s = f(v_s)$-Diagramm eingetragen (Abb. 10.16b), so heben sich in der Darstellung zwei *schleifenförmige* Abschnitte (*A-B-C*) heraus, die den *seismischen Ereignissen* von Ende 1964 bis Mitte 1965 (Magnitude 4) und dem San Fernando-Beben vom 2. 9. 1971 zugeordnet werden können. Diese beiden Abschnitte wurden in das theoretisch ermittelte Kurvennetz der Abb. 10.17 eingetragen. Die hierzu notwendige Annahme zu der Größe $v^* = 8 \cdot 10^3$ m · s^{-1} wurde so getroffen, daß sich für $\alpha = 45°$ und $f = 2{,}5$ die mittlere Geschwindigkeit $v_s = 6{,}63 \times 10^3$ m · s^{-1} ergab.

Der Kurvenverlauf läßt drei *Phasen* bzw. Abschnitte erkennen:

a) Abnahme der Kontaktfestigkeit bzw. Verschlechterung der *Bindungen* (f nimmt zu) bei relativer Konstanz der Struktur;

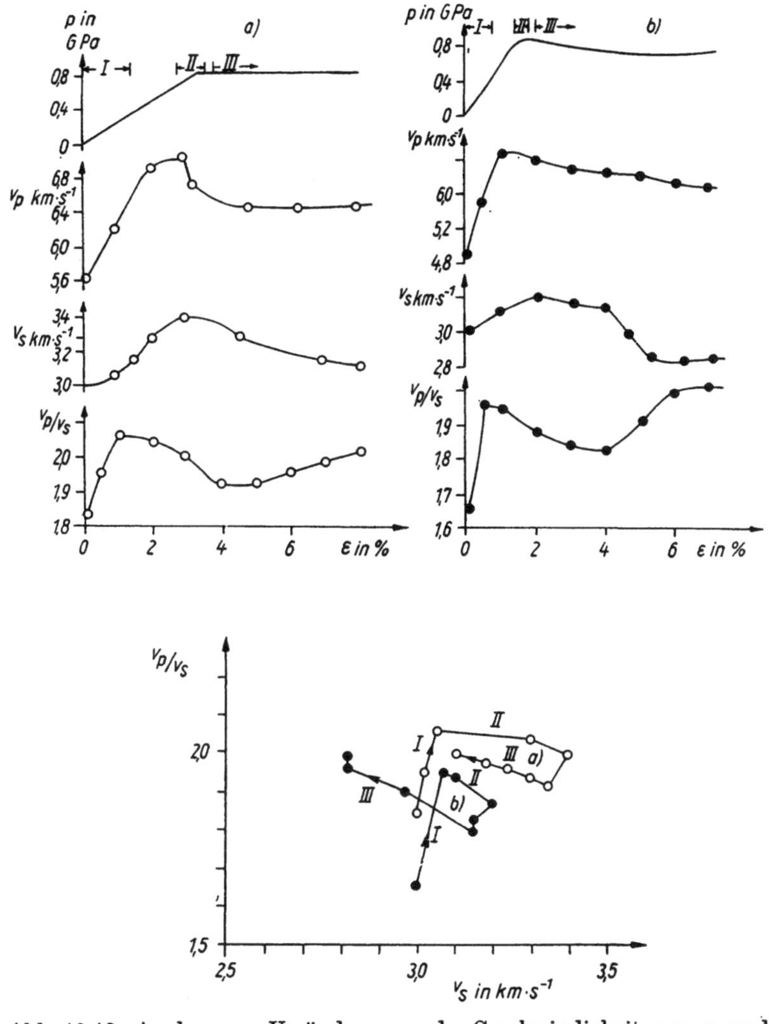

Abb. 10.18. Analyse von Veränderungen der Geschwindigkeiten v_p, v_s und des Quotienten v_p/v_s:

Gegenüberstellung von axialem Druck p, v_p, v_s und v_p/v_s und der Deformation mit eingetragenen Deformationsstadien I, II, III,
a) Plagiogranit (lufttrocken), b) Gneis (lufttrocken)
(umgezeichnet nach VOLAROVIČ und BUDNIKOV 1979),
c) Darstellung der Daten im $v_p/v_s = f(v_s)$-Diagramm

b) infolge der dadurch bewirkten erhöhten Mobilität erfolgt eine *Strukturveränderung* oder Aktivierung von Störbereichen anderer räumlicher Orientierung;
c) durch weitere Spannungseinwirkung tritt eine Verbesserung der Bindungen bzw. Kontakte mit gleichzeitiger Strukturänderung (Abnahme von α) auf; die damit erhöhte „Starrheit" führt schließlich zum *Bruch*.

Dieser Wechsel von Änderungen in Bindung und Struktur zeigt Parallelitäten zu den Phasen 3. bis 4. der Sprödbruchtheorie (Abschnitt 10.3.1).

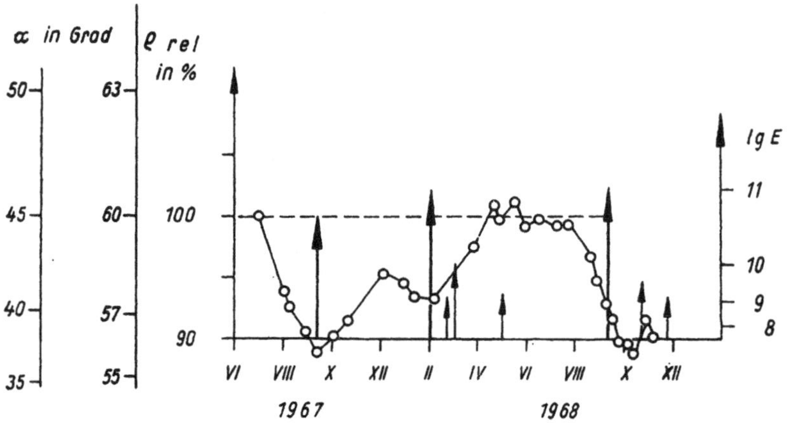

Abb. 10.19. Analyse von Veränderungen des spezifischen elektrischen Widerstandes im Zusammenhang mit seismischen Ereignissen im Pamir (experimentelle Daten nach BARŠUKOV 1970)

Die beiden in Abb. 10.17 zusätzlich eingetragenen Kurven sind Ergebnisse von *Laboruntersuchungen an ummantelten Proben*. Bei dieser Belastung wurde kein Bruch erreicht. Die Kurven deuten darauf hin, daß die Proben mit zunehmendem Druck zunächst eine Strukturänderung mit Verbesserung der Bindung erfahren und danach nahezu ausschließlich ihre Bindungseigenschaften ändern (Schließen von Klüften, Trennflächen u. ä.). Diese Vorgänge würden der ersten Phase im Ablauf eines Sprödbruches entsprechen. — In Abb. 10.18 sind von VOLAROVIČ und BUDNIKOV (1979) an Proben ermittelte v_p- und v_s- bzw. v_p/v_s-Werte enthalten und in ein $v_p/v_s = f(v_s)$-Diagramm eingetragen. Deutlich lassen sich die von VOLAROVIČ und BUDNIKOV definierten drei Deformationsstadien (I, II, III, obere Darstellung) in ihrer Struktur-Bindungs-Charakteristik) unterscheiden.

Da das Gesteinsmodell auch die Berechnung des spezifischen elektrischen Widerstandes von Gesteinen gestattet, kann es zur Deutung von *Widerstandsänderungen im Zusammenhang mit seismischen Ereignissen*, wie sie z. B. BARŠUKOV (1970) darstellt, herangezogen werden. Unter der Annahme horizontaler Stromausbreitung ergibt sich der Formationswiderstandsfaktor nach

(7.57) zu

$$F_{\mathrm{h}} = F_{\mathrm{Y}} \cos^{-1} \alpha . \qquad (10.37)$$

Wird vorausgesetzt, daß während der seismotektonischen Vorgänge der spezifische Widerstand des Poren- bzw. Kluftwassers konstant bleibt und sich auch die Porosität bzw. Kluftporosität nicht ändert, so lassen sich die Widerstandsvariationen mit

$$\varrho = \varrho_0 \frac{\cos \alpha_0}{\cos \alpha} \qquad (10.38)$$

rein strukturell erklären. α_0 ist dabei der dem gewählten Ausgangswert des Widerstandes ϱ_0 entsprechende Strukturwinkel. Er wurde für die Analyse in Abb. 10.19 mit $\alpha_0 = 45°$ bzw. $\alpha_0 = 60°$ angenommen. Es zeigt sich, daß die beobachteten *Widerstandsänderungen durch Strukturänderungen* (bzw. Änderungen in der Orientierung der wirksamen oder aktivierten Klüfte u. ä.) von $5 \cdots 7°$ *erklärt* werden können, wobei analog Abb. 10.17 vor dem seismischen Ereignis eine Abnahme von α auftritt.

Auch bei diesem Beispiel wird jedoch eine vollständige Erklärung von Veränderungen in petrophysikalischen Parametern erst durch eine komplexe Betrachtung aller in Betracht zu ziehenden Einflußgrößen möglich sein.

Literatur

AFANASEV, V. S. u. a.: Issledovanie vlijanija nekotorych faktorov na skorost rasprostranenija prodolnych akustičeskich voln v osadočnych porodach. Neft i Gaz, Baku (1977) 1, S. 13–17.

AGGARWAL, Y. P., SYKES, L. R.; ARMBRUSTER, I.; SBAR, M. L.: Premonitory changes in seismic velocities and prediction of earthquakes. Nature **241** (1973) S. 101–104.

ALEXANDROV, K. S.; EISENBERG, L. A.: Sposob vyčislenia fizičeskich konstant polikristalličeskich materialov. Dokl. A. N. SSSR 1967 (1966) No. 5.

ALEXANDROV, K. S.; BELIKOV, B. P.; RYŠOVA, T. V.: Vyčislenie uprugich parametrov gornich porod po mineralnomu sostavu. Izv. A.N.SSSR, Ser. Geol., Moskva (1966) 2, S. 3–19.

ANDERSON, D. L.: A seismic equation of state. Geophys. J. **13** (1967) S. 9–30.

ANGENHEISTER, G.; SOFFEL, H.: Gesteinsmagnetismus und Paläomagnetismus. Studienhefte zur Physik des Erdkörpers, 1. Borntraeger Berlin/Stuttgart 1972.

ARCHIE, G. E.: The electrical resistivity log as an aid in determining some reservoir characteristics. Trans. Americ. inst. mineral. met. **146** (1942) S. 54–62.

ATHY, L. F.: Density, porosity and compaction of sedimentary rocks. Bull. Am. Ass. Petrol. Geol. **14** (1930) 1.

ATKINS, E. R.; SMITH, G. H.: The significance of particle shape in formation resistivity factor-porosity relationships. J. Petrol. Technol. **13** (1961) 3, S. 285–291.

ATTEWELL, P. B.: Triaxiale Anisotropie von Wellengeschwindigkeits- und Elastizitätsmoduln in Schiefer und ihre axiale Übereinstimmung mit struktureller und tektonischer Symmetrie. Internat. J. Rock Mech. (1970) 2, S. 193–207.

ATTEWELL, P. B.; RAMANA, Y. V.: Wave attenuation and internal friction as functions of frequency in rocks. Geophysics **31** (1966) 6, S. 1049–1056.

AUBERGER, M.; RINEHARDT, J. S.: Ultrasonic velocity and attenuation of elastic waves in rocks, J. Geoph. Res. **66** (1961) S. 191–199.

AVČAN, G. M.; MATVEENKO, A. A.; STEFANKEVIČ, S. B.: Vlianie davlenija i temperatury na fizičeskie svoistva osadočnich gornich porod nasysčennych šidkostju; Fiz.-mech. svoistva gornich porod (Red. ROSANOV, J. A.) S. 173–177, Izdat. Nauka Moskva 1968.

AVČAN, G. M.; MATVEENKO, A. A.; STEFANKEVIČ, Z. B.: Vlijanie vsestoronnego davlenija na fizičeskie svojstva pesčanikov. Prikladn. Geofiz., Moskva, **55** (1969) S. 149–164.

BABUŠKA, V.: Elastic anisotropy of igneous and metamorphic rocks. Stud. geoph. et geod., Praha **12** (1968) 3, S. 291–303.

BABUŠKA, V.: Elastic properties and velocity anisotropy in ultrabasic rocks. In: VOLAROVIČ, M. P.; STILLER, H.; LEBEDEV, T. S.: Issledovania fizičeskich svoistv mineralnogo večestva zemli pri vysokich termodinamičeskich parametrach. Izdat. Naukova Dumka, Kiev 1977, S. 67–72.

BACHMANN, R. T.: Acoustic anisotropy in marine sediments and sedimentary rocks. J. Geoph. Res. 84 (1969) B 13, S. 7661—7663.

BAJUK, E. I.; TEDEV, P. W.: Vlijanie temperatury na skorost poperečnich voln v gornich porodach pri vycokich davleniach; Fiz. Svoistva gornich porod i mineralov pri vysokich davleniach i temperaturach. Izdat. Nauka, Moskva 1978, S. 101—111.

BALDRIDGE, W. S.; SIMMONS, G.: Thermal expansion of Lunar rocks. Proc. 2nd Lunar Science Conf., Vol. 3, S. 2317—2321, Mass. Inst. Technol. Press 1971.

BANKWITZ, P.: Über Klüfte (IV.). Z. f. geol. Wiss. Berlin, 6 (1978) 3, S. 301—311.

BANKWITZ, P.: Zu einigen Parametern der Bruchbildung. Z. geol. Wiss., Berlin, 8 (1980) 3, S. 245—264.

BARANOV, W. J.: Radiometrie, B. G. Teubner Verlag. ges. Leipzig 1959.

BARKER, R. D.; WORTHINGTEN, P. F.: Some hydrogeophysical properties of the Bunter Sandstone of Northwest England. Geoexploration, Amsterdam, 11 (1973) S. 151—170.

BARLAI, Z.: Some principal questions of well logging evaluation of hydrocarbon-bearing sandstones with a high silt (and clay) content. SPWLA XI Ann. Logg. Symp. Trans. Paper O, Los Angeles 1970.

BARLAI, Z.: Furolyukban vegzett geofizikai vizsgalatok specialis problemai. NIM Müsz. Dok. es Fort. iroda, Budapest 1971.

BARLAI, Z.: A new theory of the well logging characteristics of hydrocarbon bearing sandstones. SPWLA 13-th. Ann. Logging Symp., May 1972.

BARSUKOV, O. M.: O svjasy električeskogo soprotivlenia gornich porod s tektoničeskimi prozessami. Izv. A.N.SSSR, Fiz. Zemli (1970) 1, S. 84—89.

BECK, A. E.: An improved method of computing the thermal conductivity of fluid-filled sedimentary rocks. Geophysics 41 (1976) 1, S. 133—144.

BECK, A. E.: The use of thermal resistivity logs in stratigraphic correlation. Log Analyst, XVIII (1977) 1, S. 17—22.

BELIKOV, B. P.; ALEXANDROV, K. S.; RYŠOVA, T. W.: Uprugie svoistva porodoobrasujuščich mineralov i gornich porod. Izdat. Nauka, Moskva 1970.

BERCKHEMER, H.; HERMIGHAUS, CHR.; DRISLER, J.; u. a.: Ultraschallabsorption in terrestrischen und lunaren Gesteinsproben im Vakuum und bei tiefen Temperaturen. Geol. Jahrb. E 7, Hannover (1976) S. 59—66.

BERGMANN, L.: Der Ultraschall. S. Hirzel, Zürich 1954.

BERTIN, J.; LOEB, J.: Experimental and theoretical aspects of induced polarization, Vol. 1 and 2. Geopublication Ass., Gebr. Borntraeger, Berlin—Stuttgart 1976.

BERZON, J. S.: Seismičeskaja razvedka vertikalno sloistych sred fundamenta. Izdat. Nedra, Moskva 1977.

BIENJAWSKI, Z. T.: Mechanism of the brittle fracture of rock. Pergamon Press, N. York 1967.

BIOT, M. A.: Theory of propagation of elastic waves in a fluid-saturated porous solid (I. Low frequency range). J. Acoust. Soc. Amer. 28 (1956) 2, S. 168—178.

BIOT, M. A.: Theory of propagation of elastic waves in a fluidsaturated porous solid (II. Higher frequency range). J. Acoust. Soc. Amer. 28 (1956) 2, S. 179—191.

BIOT, M. A.: Generalized theory of acoustic propagation in porous dissipative media. J. Acoust. Soc. Am. 34 (1962) 9, S. 1254—1264.

BIRCH, F.: The velocity of compressional waves in rocks to 10 kilobars. — (Part I and II). J. Geophys. Res. 65 (1960) S. 1083—1102; J. Geoph. Res. 66 (1961) S. 2199 bis 2224.

BIRCH, F.; CLARKE, H.: The thermal conductivities of rocks and its dependence upon temperature and composition (I., II.). Am. J. Science 238 (1940) 8—9, S. 529—558 und 613—635.

BITTERLICH, W.; WÖBKING, H.: Geoelektronik. Springer-Verlag, Wien, New York 1971.

BOLDIZSAR, T.: Measurement of thermal conductivity and heat flow in porous rocks. Publ. Techn. Univ., Miskolc, **26** (1967) S. 131–141.

BORN, W. T.: The attenuation constant of earth materials. Geophysics **6** (1941) 2, S. 132–148.

BRACE, W.: Brittle fracture of rocks. In: JUDD, W. R. (edit.), State of stress in the earth crust. Am. Elsevier publ. comp. New York 1964, S. 111–178.

BRACE, W. F.; ORANGE, A. S.: Electrical resistivity changes in saturated rocks during fracture and frictional sliding. J. Geoph. Res., **73** (1968) 4, S. 1433–1445.

BRACE, W. F.; ORANGE, A. S.: Further studies of the effects of pressure on electrical resistivity of rocks. J. Geoph. Res. **73** (1968) 16, S. 5407–5420.

BRACE, W. F.; ORANGE, A. S.; MADDEN, T. R.: The effect of pressure on the electrical resistivity of water saturated kristalline rocks. J. Geoph. Res. **70** (1965) 22, S. 5669 to 5678.

BRADY, B. T.: Theory of earthquakes. Pure and appl. geophys. **112** (1974) 4, S. 701–721.

BRAILSFORD, A. D.; MAJOR, K. G.: The thermal conductivity of aggregats of several phases, including porous materials. Brit. J. Appl. Phys. **15** (1964) 3, S. 313–317.

BRANDT, H.: A study of the speed of sound in porous granular media. J. Appl. Mechanics **22** (1955) S. 479–486.

Bockhaus, abc — Physik. VEB F. A. Brockhaus, Leipzig 1972.

Brockhaus — Taschenbuch der Geologie. VEB F. A. Brockhaus Leipzig 1959.

BRUGGEMANN, D.: Berechnung verschiedener physikalischer Konstanten von heterogenen Substanzen. Ann. d. Phys. **29** (1937) 5, S. 160–178.

BUCHHEIM, W.: Zur Theorie der galvanischen Polarisation elektrisch aktiver Imprägnationserze. Freiberger Forschungshefte, C 28, Berlin 1956.

BUCHHEIM, W.: Umrisse einer phänomenologischen Theorie der elastischen Nachwirkung und Plastizität isotroper Gesteine, Freiberger Forschungshefte, C 45, Berlin 1958, S. 68–82.

BUCHHEIM, W.: Zur Berücksichtigung der Zeitabhängigkeit in der Theorie des mechanischen Verhaltens von Gesteinsmassen. Geologie und Bauwesen **24** (1961) 4, S. 218–233.

BULATOVA, S. M.; VOLKOVA, E. A.; DUBROV, E. F.: Akustičeski karotaš. Izdat. Nedra Leningrad 1970.

BULIN, N. K.: Veličina parametra v_p/v_s v zemnoj kore pri naličii osadočnogo sloja. Prikladn. Geofiz., Moskva (1968) 52, S. 73–82.

BUNTEBARTH, G.: Methoden zur Abschätzung der Wärmeflußdichte aus dem oberen Mantel. Geol. Rundsch. **65** (1976) 3, S. 809–820.

BURKE, J. A.; SCHMIDT, A. W.; CAMPBELL, R. L.: The Litho-porosity cross plot. Log Analyst, 1969 Nov.–Dez., S. 25–43.

CASSINIS, R.: Application of surface three components seismic systems to the evaluation of soil properties. Boll. Geofis. teor. et appl. **IX** (1967) 36, S. 285–303.

ČERMAK, V.: Coefficient of thermal conductivity of some sediments, its dependence on density and on water-content of rocks. Chemie der Erde, Jena, **26** (1967) 4, S. 271 to 278.

ČERMAK, V.: Heat flow investigation in Czechoslovakia in: Adam, A. Geoelectric and geothermal studies (KAPG Monograph). Akad. Kiado, Budap. 1976, S. 414–424.

ČERNIAK, G. J.: Dielektričeskie metody issledovania vlašnych gruntov. Izdat. Nedra, Moskva 1964.

ČESNOKOV, E. M.: Seismičeskaja anisotropia verchnei mantii zemli. Izdat. Nauka, Moskva 1977.

CHRISTALLE, H.; TANGELST, U.; TUREK, W.: Bohrlochmessungen in der Braunkohlenerkundung der DDR; Geophysik in der Braunkohlenerkundung. WTI Sonderheft 3, Zentr. Geol. Inst. Berlin 10 (1969) S. 105–136.

CHRISTENSEN, N. J.: Elasticity of ultrabasic rocks. J. Geoph. Res. Wash. **71** (1966) S. 5921–5931.

CHRISTENSEN, N. J.; SALISBURY, U. H.: Structure and constitution of the lower oceanic crust. Rev. Geophys. Space Phys. **13** (1975) S. 57–86.

CHUNG, D. H.; WESTPHAL, W. B.; SIMMONS, G.: Dielectric properties of Apollo 11 Lunar samples and their comparison with Earth materials. J. Geoph. Res. **75** (1970) 32, S. 6524–6531.

CHUNG, D. H.; WESTPHAL, W. B.; SIMMONS, G.: Dielectric behavior of lunar samples: Electromagnetic probing of the lunar interior. Proc. Second Lunar Science Conf. Vol. 3, Mass. Inst. Techn. Press (1971) S. 2381–2390.

CLARKE, S. P.: Spravocnik fizičeskich konstant gornich porod. Izdat. Mir, Moskva 1969.

CLAVIER, C.; RUST, D. H.: MID-plot: a new lithology technique. Log Analyst **XVII** (1976) 6, S. 16–24.

O'CONNELL, R. J.; BUDIANSKY, B.: Viscoelastic properties of fluid saturated cracked solids. J. Geoph. Res. **82** (1977) S. 5719–5736.

CZUBEK, J. A.: Modern trends in mining geophysics and nuclear well logging methods for mineral exploration. Int. Symp. Geophys. and Geochem. "Exploration 77"; Canad. Geoscience Council, Ottawa 1977, Paper No. 11, S. 1–72.

DACHNOV, V. N.: Promyslovaja geofizika. Izdat. Gostoptechizdat, Moskva 1959.

DACHNOV, W. N.: Interpretacia rezultatov geofizičeskich issledovanii razrezov skvažin. Izdat. Gostoptechizdat, Moskva 1962.

DACHNOV, W. N.: Geofizičeskie metody opredelenija kollektorskich svoistv is neftegasonasysčenija gornich porod. Izdat. Nedra, Moskva 1975.

DACHNOV, V. N.; DJAKONOV, D. I.: Termičeskie issledovanija skvažin. Gostoptechizdat, Moskva, Leningrad 1952.

DACHNOV, V. N.; LATYŠOVA, M. G.; RYAPALOV, V. A.: Well Logging by means of induced polarization. Log Analyst. Nov.–Dez. 1967, S. 3–18.

DATTA, S.: Absorption of dilatational waves in rocks. Geoexploration **6** (1968) 3, S. 127 to 139.

DERESIEVICS, H.: Mechanics of Granular Matter. Advances in Applied Mechanics, Vol. V, S. 233–306, Acad. Press. Inc., New York 1958.

DESAI, K. P.; HELANDER, D. P.; MOORE, E. J.: Sequential measurement of compressional and shear velocities of rock samples under triaxial pressure. Soc. Petr. Engrg. J. New York, **9** (1969) 4, S. 378–394.

DESBRANDES, R.: Theorie et interpretation des diagraphies. Edit. Technip. Paris 1968.

DJAKONOV, D. I.; JAKOVLEV, B. A.: Opredelenie i ispolsovanie teplovych svoistv gornich porod i plastovych šidkostei neftanych mestorošdenii. Izdat. Nedra, Moskva 1969.

DOBRYNIN, V. F.: Izmenenie fizičeskich svoistv pesčanikov pod deistviem vsestoronnego davlenija. Trudy MINChiGP vyp. 41, Gostoptechizdat, Moskva 1963.

DOBRYNIN, W. M.: Deformacii i izmenenia fizičeskich svoistv kollektorov nefti i gaza. Izdat. Nedra, Moskva 1970.

DOERING, W.: Untersuchungen über die Fortpflanzungsgeschwindigkeit elastischer Wellen und des dynamischen Elastizitätsmoduls von sedimentär geregeltem Sandsteingefüge. Diss. TH Aachen 1972.

DOMENICO, S. N.: Effect of brine gas mixture on velocity in an unconsolidated sand reservoir. Geophysics **41** (1976), S. 882–894.

DOMENICO, S. N.: Elastic properties of unconsolidated porous sand reservoirs. Geophysics 42 (1977) 7, 1339–1368.

DORTMAN, N. B.; MAGID, M. SCH.: Zavisimost skorosti uprugich voln i plotnosti gornich porod ot kristallochimičeskich osobennostej mineralov. Geologia i geofizika (1969) No. 4, S. 93–105.

DORTMAN, N. B. u. a.: Para- i ferromagnetism magmatičeskich porod. Izdat. Naukova dumka, Kiev 1974.

DORTMAN, N. B.: Fizičeskie svoistva gornich porod i polesnich iskopaemych. Izdat. Nedra, Moskva 1976.

Dresser Ind.: Spectralog (Firmenschrift), Houston/USA.

DUFFY, J.; MINDLIN, R. D.: Stress-Strain Relations and Vibrations of a Granular Medium. J. of Applied. Mech., ASME, New York, 24 (1957) S. 585–593.

EBERT, H. (Herausg.): Physikalisches Taschenbuch, Vieweg und Sohn, Braunschweig, 2. Aufl. 1957, 5. Aufl. 1976.

EGERER, F.: Zavisimost dielečtriceskoi pronicaemosti i dielektričeskich poter gornich porod ot častoty pri raznoi vlašnosti. Acta Geophysica Polonica **XXII** (1974) 2, S. 139–143.

ELLANSKIJ, M. M.: Matematičeskie metody v gazoneftjannoj geologii i geofizike. Izdat. Nedra, Moskva 1972.

ELLANSKIJ, M. M.; CHOLIN, A. I., ZVEREV, G. N.; PETROV, A. P.: Matematičeskie metody v gazoneftanoi geologii i geofizike. Izdat. Nedra, Moskva 1972.

ENGELHARDT, W. v.: Der Porenraum der Sedimente. Springer-Verl. Berlin, Göttingen, Heidelberg 1960.

EVERLING, G.; DREYER, W.: Generalreport zum Thema „Festigkeit von Gestein und Gebirge". Bericht 10. Ländertreffen Int. Büro f. Gebirgsmechanik, Akademie-Verlag, Berlin 1970.

FALKENHAGEN, H.: Elektrolyte, Leipzig, Hirzel-Verlag 1932.

FAUST, L.: A velocity function including lithologic variation. Geophysics, Tulsa, 18 (1957) 3, S. 271–287.

FERTL, W. H.: Gamma ray spectral data assists in complex formation evaluation. Transact. 6-th Europ. Symp. SPWLA Paper Q, London 1979.

FÖRSTER, K.: Entwicklung und Erprobung eines akustischen Meßverfahrens zur Untersuchung der Innenwand verrohrter und unverrohrter Bohrungen; Dissertation, Bergakademie Freiberg 1978 (unveröff.).

FREYBURG, E.: Der untere und mittlere Buntsandstein SW-Thüringens in seinen gesteinstechnischen Eigenschaften. Ber. dte. Ges. geol. Wiss., A; Berlin, 17 (1972) 6, S. 911–919.

FRÖHLICH, H.: Theory of Dielectrics. University Press, Oxford 1958.

FRÖHLICH, L.: Einsatzmöglichkeiten und Ergebnisse einer geophysikalischen Komplexmethodik zur Strukturuntersuchung und Kennwertbestimmung. Diss. Karl-Marx-Univ. Leipzig (1975).

FRÖHLICH, L.; SCHWINGE, G.: Geophysikalische Messungen zur Lösung ingenieurgeologischer und hydrogeologischer Aufgabenstellungen bei der Baugrunduntersuchung und Bauwerksüberwachung für Wasserspeicher im Lockergesteinsbereich. Z. f. geol. Wiss., Berlin, 6 (1978) 8, S. 1017–1024.

FRÖLICH, F.: Magnetismus der Erdkruste. In: FANSELAU (Herausg.) Geomagnetismus und Aeronomie. VEB Deutscher Verlag der Wissenschaften, Berlin 1959, Bd III.

FRANCL, J.; KINGERY, W. D.: Thermal conductivity: IX. Experimental investigation of effect of porosity on thermal conductivity. J. Americ. Ceram. Soc. 37 (1954) 2, S. 99–107.

GALDIN, N. E.: Vlianie vysokogo davlenia na skorost prodolnych voln v gneisach i kristalličeskich slanzach. Električeskie i mechaniceskie svoistva gornich porod pri vysokich davleniach AN SSSR. Trudy Inst. Fiz. Semli No. 37 (204), Izdat. Nauka Moskva 1966, S. 98–117.

GARANIN, V. A.: O zavisimosti pogloščajuščich i skorostnych svojstv dvuchfaznych sred ot vjazkosti porozapolnitelja. Prikladn. Geofiz., Moskva (1968) 52, S. 83–92.

GARANIN, V. A.; ROGOSA, O. J.; SIBAGATULLINA, F. M.: O pogloščajuščich svoistvach vodonasyščennich i neftegasonasyščennych kollektorov. Prikladn. geofizika, Moskva (1965) 44, S. 99–111.

GARDNER, G. H. F.; WYLLIE, M. R. J.; DROSCHAK, U. D.: Effects of pressure and fluid saturation of elastic waves in sand. J. Petrol. Technol. **16** (1964) 2, S. 189–198.

GASSMANN, F.: Über die Elastizität poröser Medien. Vierteljahresschr. d. Naturforsch. Ges. Zürich, **96** (März 1951) 1, S. 1–22.

GASSMANN, F.: Elastic waves through a packing of spheres. Geophysics, Tulsa, **16** (1951) S. 673–685.

GASSMANN, F.: Introduction to seismic travel time methods in anisotropic media. Pure and Appl. Geophys. **58** (1964) II, S. 63–113.

Gearhart Ind.: Formation evaluation data handbook (Firmenschrift), 1978 Edition, Forth Worth/USA.

GEERTSMA, I.; SMITH, D. C.: Some aspects of elastic wave propagation in fluid saturated porous solids. Geophysics, Tulsa, **26** (1961) S. 169–181.

GIESEL, W.: Elastische Anisotropie in tektonisch verformten Sedimentgesteinen. Geoph. Prosp., The Hague, **11** (1963) 4, S. 423–458.

GIMM, W.; DÖRING, T.; PFORR, H.; ROSETZ, G.-P.: Gebirgsmechanik. Lehrbrief, Bergakademie Freiberg 1970.

GOLISDRA, G. J.: O komplexirovanii gravitacionnogo i seismičeskogo metodov. Izv. AN SSSR, Fiz. Semli, Moskva (1978) 6, S. 26–38.

GOLUBEV, A. A.; OPARIN, V. I.; RABINOVIČ, G. A.: Izučenie fiziko-mechaničeskich svoistv gornych porod metodom akustičeskogo karotaža. Razved. Geofiz, Moskva (1971) 46, S. 116–120.

GOLUBEV, A. A.; RABINOVIČ, G. J.: Resultaty primenenia apparatury akustičeskogo karotaša dlja opredelenia pročnostych svoistv gornych porod na mestoroŝdeniach tverdych iskopaemych. Prikladnaja Geofizika, Moskva, **73** (1976) S. 109–116.

GORBUŠINA, L. W.; SIMIN, D. F.; NAGLAJA, W. W. u. a.: Radiometria i jadernaja geofizika. Izdat. Nedra, Moskva 1974.

GORJAINOV, N. N.; LJACHOVIČKIJ, F. M.: Seismičeskie metody v inšenernoi geologii. Izdat. Nedra, Moskva 1979.

GOSS, R.; COMBS, J.; TIMUR, A.: Predicition of thermal conductivity in rocks from other physical parameters and from standard geophysical well logs. SPWLA 16-th. Ann. Log Symp. 1975, New Orleans, 1975.

GREČUCHIN, V. V.: Geofizičeskie metody issledovania ugolnych skvašin. Izdat. Nedra Moskva 1965.

GREGORY, A. R.: Shear wave velocity measurements of sedimentary rock samples under compression. Proc. 5-th. Symp. Rock Mech., Perg.-Press, New York 1963, S. 439 to 471.

GRIFFITH, A. A.: The theory of rupture. Proc. 1-st Int. Congr. Appl. Mech., Delft, 1924, S. 55–63.

GUPTA, I. N.: Premonitory variations in S-wave velocity anisotropy before earthquakes in Nevada. Science **182** (1973) S. 1129–1132.

GUYOD, H.: Fundamental data for the interpretation of electric logs. Oil Weekly **155** (1944) Okt. 30, S. 38.

GUYOD, H.; WICHMAN, P. A.: Ionic double-layer conductivity in reservoir rock. Trans. Am. Inst. Mining and Metall. Engrs. (Petrol. Trans. AIME) **198** (1953) S. 129–134.

GUYOD, H.; WICHMAN, P. A.: Theoretical notes on the resistivity of shaly sands. Log Analyst **13** (1972) 3, S. 11–16.

HAALCK, H.: Physik des Erdinnern, Akad. Verl.ges. Geest u. Portig Leipzig 1959.

HAMILTON, E. L.: Sound velocity and related properties of marine sediments. North Pazific; J. Geoph. Res. **75** (1970) S. 4423–4446.

HAMILTON, E. L.: Elastic properties of marine sediments. J. Geoph. Res. **76** (1971) S. 579–604.

HAMILTON, E. L.: Compressional-wave attenuation in marine sediments. Geophysics **37** (1972) 4, S. 620–646.

HAMILTON, E. L.: Shear wave velocity vs. depth in marine sediments: a review. Geophysics **41** (1976) 5, S. 985–996.

HAMILTON, E. L.: Sound attenuation as a function of depth in the sea floor. J. Acoust. Soc. Am. **59** (1976) 3, S. 528–535.

HAMILTON, E. L.: Attenuation of shear waves in marine sediments. J. Acoust. Soc. Am. **60** (1976) 2, S. 334–338.

HAMILTON, E. L.: Variations of Density and Porosity with depth in deep-sea sediments. J. Sed. Petrol. **46** (1976) 2, S. 280–300.

HAMILTON, E. L.: Sound velocity-density relations in sea floor sediments and rocks. J. Acoust. Soc. Am. **63** (1978) 2, S. 366–377.

HAMILTON, E. L.: Sound velocity gradients in marine sediments. J. Acoust. Soc. Am. **65** (1979) S. 909–922.

HAMILTON, E. L.: v_p/v_s and POISSONS ratios in marine sediments and rocks. Acoust. Soc. Am. **66** (1979) S. 1093–1101.

HAMILTON, R. U.: Temperature Variation at constant pressures of the electrical conductivity of periclase and olivin. J. Geoph. Res. **70** (1965) 22, S. 5679–5692.

HARA, G.: Theorie der akustischen Schwingungsausbreitung in gekörnten Substanzen und exp. Untersuchungen an Kohlepulver. El. Nachrichtentechnik **12** (1935) 7, S. 191–200.

HARDIN, B. O.; RICHART, F. E.: Elastic wave velocities in granular soils. Proc. ASCE **89** (1963) SM 1, Wash. No. 3407, S. 33–65.

HARDY, H. R.: Recent studies of the mechanical behavior of geological materials using ultrasonic and microseismic techniques. Earthqu. notes Seism. Soc. Amer. **40** (1969) No. 4.

HASHIN, Z.: Theory of mechanical behavior of heterogeneous media. Appl. Mech. Reviews **17** (1964) 1, S. 1–9.

HASHIN, Z.; SHTRIKMAN, S.: On some variational principles in anisotropic and nonhomogeneous elasticity. J. Mech. and Phys. Solids **10** (1962) S. 335–342.

HASHIN, Z.; SHTRIKMAN, S.: A variational approach to the theory of the elastic behavior of polycrystals. J. Mech. and Phys. Solids **10** (1962) S. 343–352.

HEDBERG, F.: The effect of gravitational compaction on the structure of sedimentary rocks. Bull. Am. Ass. Petrol. Geol. **10** (1926) S. 1035.

HELBIG, J.: Elastische Wellen in anisotropen Medien. Gerl. Beitr. z. Geophys. **67** (1958) 3, S. 177–211.

HENRIET, J. P.: Induced polarization. A review on membrane polarization. Univ. of Aarhus 1971.

v. HERZEN, R. P.; MAXWELL, E. A.: The measurement of thermal conductivity of deep sea sediments by a needle-probe method. J. Geoph. Res. 64 (1959) S. 1557 to 1563.

HICKS, W. G.; BERRY, J. E.: Application of continuous velocity logs to determination of fluid saturation of reservoir rocks. Geophysics 21 (1956) 3, S. 739–754.

HILL, R. W.: The elastic behavior of a crystalline aggregate. Proc. Phys. Soc., London 65 (1952) A, S. 349–354.

v. HIPPEL, A. R.: Dielectrics and Waves. M.I.T. Press, Cambridge/Mass. 1954.

HOCHSTRATE, K.; SCHÖN, J.: Interpretation bohrlochgeophysikalischer Messungen — Beispiele. Internes Lehrmaterial Bergakademie Freiberg 1983.

HÖHNDORF, A.: Auswertung von Gamma-Spektren zur quantitativen Analyse von Uran, Thorium und Kalium in Gesteinen. Geol. Jahrbuch E 1, Hannover 1973, S. 81–92.

HÖFER, K.-H.: Rheologische Modelle und in-situ-Messungen im Salzgebirge. Bericht 6. Ländertreffen IBG, Leipzig 1964. Akademie-Verlag Berlin 1965.

HÖFER, K.-H.: Grundprobleme der Gebirgsmechanik. Sitzungsberichte der DAW, Klasse f. Bergbau, Hüttenwesen und Montangeologie, Jahrg. 1965, Nr. 2, Akademie-Verlag Berlin 1965.

HORAI, K.; SIMMONS, G.: Thermal conductivity of rock forming minerals. Earth and Plan. Sci. Lett. 6 (1969) S. 359–368.

HORAI, K.; SIMMONS, G.: An empirical relationship between thermal conductivity and DEBYE temperature for silicates. J. Geoph. Res. 75 (1970) 5, S. 978–982.

HORAI, K.; SIMMONS, G.; KANAMORI, H.; WONES, D.: Thermal diffusivity, conductivity and thermal inertia of Apollo 11 Lunar material. Proc. Apollo 11 Lunar Sci. Conf. vol. 3, S. 2243–2249 Mass. Inst. Techn. Press. 1970.

HORAI, K.; WINKLER, J. L.: Thermal diffusivity of Lunar rock sample 12002, 85, Proc. Lunar Sci. Conf. 6-th (1975), S. 3207–3215.

HOWELL, B. F.; LICASTRO, P. F.: Dielectric behaviour of rocks and minerals. Amer. Minerolg. 46 (1961) S. 269–288.

HROUDA, F.; JANAK, F.: A study of the hematite fabric of some red sediments on the basis of their magnetic susceptibility anisotropy. Sedim. Geology, Amsterdam, 6 (1971) S. 187–199.

HUGHES, D. S.; CROSS, J. H.: Elastic wave velocities in rocks at high pressures and temperatures. Geophysics 16 (1951) 4, S. 577–593.

HUNTER, A. N.; LEGGE, R.; MATSUKAWA, E.: Measurements of acoustic attenuation and velocity in sand. Acoustica 11 (1961) 1, S. 26–31.

HURTIG, E.: Untersuchungen über die Fortpflanzungsgeschwindigkeit von P-Wellen in Sedimentsgesteinsproben. Geophysik und Geologie, Leipzig (1963) 5, S. 38–73.

HURTIG, E.: Untersuchungen der Wärmeleitfähigkeitsanisotropie von Sandsteinen, Grauwacken und Quarziten. Pure and Appl. Geoph. 60 (1965) 1, S. 85–100.

HURTIG, E.: Zum Problem der Anisotropie petrophysikalischer Parameter in anisotropen Körpern. Habilitationsschrift, Karl-Marx-Universität Leipzig 1966.

HURTIG, E.: Zum Problem der Anisotropie petrophysikalischer Parameter in geologischen Körpern. Geophysik und Geologie, Leipzig (1968), Folge 12, S. 3–36.

HURTIG, E.: Ergebnisse von Wärmeleitfähigkeitsmessungen an Gesteinsproben aus der DDR im Rahmen komplexer petrophysikalischer Untersuchungen. Freiberger Forschungshefte, C 238, Leipzig (1968) S. 101–118.

HURTIG, E.; BRUGGER, H.: Wärmeleitfähigkeitsmessungen unter einaxialem Druck. Tectonophysics 10 (1970) No. 1–3, S. 67–77.

HURTIG, E.; SCHLOSSER, P.: Geothermal studies in the GDR and relations to the geological structure. In: ADAM, A. (ed.) Geoelectric and geothermal studies (KAPG Monograph). Akad. Kiado, Budapest 1976, S. 384–394.

HURTIG, E.; SCHLOSSER, P.: Vertical changes of the heat flow in boreholes in the North-German sedimentary basin. In: ADAM, A. (ed.) Geoelectric and geothermal studies (KAPG Monograph). Akad. Kiado, Budapest 1976, S. 395–401.

HUTT, J. R.; BERG, J. W.: Thermal and electrical conductivities of sandstone rocks and ocean sediments. Geophysics **33** (1968) 3, S. 489–500.

Ingenieurtaschenbuch Bauwesen Bd. III, Leipzig 1965.

ITENBERG, S. S.: Interpretacija resultatov karotaša skvašin. Izdat. Nedra, Moskva 1978.

JÄGER, W.; KOPF, M.: Petrophysikalische Charakteristika beckentiefster Sedimente. Z. Geol. Wiss., Berlin **1** (1973) 2, S. 173–185.

JACKSON, P. D.; TAYLOR SMITH, D.; STANFORD, P. N.: Resistivity-porosity-particle shape relationships for marine sands. Geophysics **43** (1978) 6, S. 1250–1268.

JANBU, N.: Soil compressibility as determined by Oedometer and Triaxial tests. Proc. Europ. Conf. Soil Mech. Found. Engrg., Wiesbaden 1963, Vol. II, S. 19–25.

JAPSEN, P.: IP-measurements on sand samples. Inst. of Geophys. Univ. of Copenhagen 1890.

JOHNSTON, D. H.; TOKSÖZ, M. N.; TIMUR, A.: Attenuation of seismic waves in dry and saturated rocks (II. mechanisms). Geophysics **44** (1979) 4, S. 691–711.

JUBITZ, K.-B.: Beziehung zwischen Stoffbestand und Bauformen in Tafeldeckgebirge. Geologie **18** (1969) 8, S. 911–945.

JUST, G.: Die Bestimmung von Thorium, Uran und Kalium in Magmatiten als Beitrag zur petrophysikalisch-petrochemischen Interpretation regionaler geophysikalischer Arbeiten. Z. geol. Wiss., Berlin, **8** (1980) 5, S. 525–544.

KANAMORI, H.; FUJII, N.; MIZUTANI, H.: Thermal diffusity measurements of rock-forming minerals from 300° to 1100°K. J. Geoph. Res. **73** (1968) 2, S. 595–605.

KÄPPLER, R.; SCHÖN, J.: Untersuchungen zum Absorptionskoeffizienten elastischer Wellen in kohäsionslosen Sedimenten. Neue Bergbautechnik **9** (1979) 12, S. 667 bis 669.

KAPPELMEYER, O.; HAENEL, R.: Geothermics (Geoexploration Monographs). Gebr. Borntraeger Berlin, Stuttgart 1974.

KARL, R.; MANTHEY, W.; SCHUSTER, K.: Gesteinsphysikalische Parameter. Freiberger Forschungshefte, C 197, Leipzig 1965.

KARUS, E. B.; PASEČNIK, I. P.: Izučenie uprugich i poglaščajuščich svoistv gornich porod v ich estestvennom zaleganii metodami seismoakustiki. Izv. AN SSSR, Ser. geofiz. (1954) 6.

KATSUBE, T. J.; COLLETT, L. S.: Electromagnetic propagation characteristic of rocks. In: STRENS (edit.) The physics and chemistry of minerals and rocks. J. Wiley Sons, London – N. York – Sydney 1976, S. 279–296.

KERMABON, A.; GEHIN, C.; BLAVIER, P.: A deep – sea electrical resistivity probe for measuring porosity and density of unconsolidated sediments. Geophysics **34** (1969) 4, S. 554–571.

KÉZDI, A.: Bodenmechanik. Verl. Bauwesen, Berlin 1964.

KEZDI, A.: Handbuch der Bodenmechanik. Verl. Bauwesen, Berlin 1976.

KHATTRI, K.; GAUR, V. u. a.: Seismogram synthesis in multilayered dissipative media. Geoexploration, Amsterdam, **16** (1978) 3, S. 185–201.

KLIMA, K.; VANEK, I.; PROŠ, Z.: The attenuation of longitudinal waves in diabase and greywacke under pressures up to 4 kilobars. Studia Geoph. et Geod. 8 (1964) S. 247 to 254.

KNOLL, P.: Beitrag zum Einfluß der Zeit auf die Verformung und den Bruch von Salzgestein. Freiberger Forschungshefte, A 258, Leipzig 1973.

KNOPOFF, L.: Q; Rev. Geophysics **2** (1964), 4, S. 625–660.

KNOPOFF, L.: Attenuation of elastic waves in the earth. In: MASON, W. S. (Edit.): Physical acoustics. Academic Press III–B, S. 287–324, New York 1965.

KNOPOFF, L.: Density-velocity relations for rocks. Geophy. J., Oxford, **13** (1967) 1–3, S. 1–8.

KNOPOFF, L.; MC DONALD, G. J. F.: Models for acoustic loss in solids. J. Geoph. Res. **65** (1960), 7, S. 2191–2197.

KNOPOFF, L.; PORTER, L. D.: Attenuation of surface waves in a granular material. J. Geoph. Res. **68** (1963) S. 6317–6321.

KOBRANOVA, W. N.: Fizičeskie svoistra gornich porod. Izdat. Gostoptechizdat, Moskva 1962.

KOEFOED, O. u. a.: A laboratory investigation into the elastic properties of limestones. Geophys. Prosp. **11** (1963) 3, S. 300–312.

KOGAN, S. J.: Kratki obzor teorii pogloščenia seismičeskich voln. Fizika Zemli, Moskva (1966) 11, S. 3–28.

KOHLRAUSCH, F.: Praktische Physik. B. G. Teubner, Leipzig 1955.

KOMAROV, S. G.: Geofizičeskie metody issledovania skvašin. Izdat. Nedra, Moskva 1973.

KOPF, M.: Zum Begriff der Dichte in Geologie und Geophysik. Z. f. angew. Geol., Berlin, **12** (1966) 3, S. 145–153.

KOPF, M.: Der Dichteansatz für das Norddeutsch-Polnische Becken unter besonderer Berücksichtigung des vertikalen Dichtegradienten. Geologie, Berlin, **16** (1967) 2, S. 181–199.

KOPF, M.: Petrophysik der Stockwerke des Tafeldeckgebirges. Veröffentl. des Zentralinst. Phys. d. Erde, Nr. 14 (Akad. d. Wiss. d. DDR), Potsdam 1973, S. 157–174.

KOPF, M.: Die Teufenabhängigkeit der petrophysikalischen Parameter Dichte, Geschwindigkeit, Schallhärte und Reflexionskoeffizient. Dissertation B, Karl-Marx-Universität Leipzig 1977 (unveröff.).

KOPF, M.: Fortschritte der Petrophysik. In: Physik der Erdkruste (Herausg. R. LAUTERBACH). Akademie-Verlag, Berlin 1977.

KOPF, M.: Die Teufenabhängigkeit der petrophysikalischen Parameter Dichte, Geschwindigkeit, Schallhärte und Reflexionskoeffizient. Geophysik. u. Geologie, Berlin, **2** (1979) 1, S. 125–133.

KOPF, M.: Anwendung der ϱ-v_p-Korrelation bei der Ermittlung von Dichte- und Geschwindigkeitswerten für Gravimetrie und Seismik. Z. geol. Wiss., Berlin, **8** (1980) 4, S. 449–465.

KOPF, M.; GROSSE, S.; SONNTAG, K.: Dichtebestimmungen an Gesteinen des Westerzgebirges. Freiberger Forschungshefte, C 110, S. 5–53, Berlin 1961.

KOPF, M.; SCHRAGE, I., SCHUPPE, F.: Petrophysik – ein Hilfsmittel seismischer Erkundung. Geophysik und Geologie, Leipzig, Folge 15 (1970) S. 24–35.

KRAJEW, A. P.: Grundlagen der Geoelektrik. VEB Verl. Technik, Berlin 1957.

KRISCHER, O.; ESDORN, H.: Die Wärmeübertragung in feuchten, porigen Stoffen verschiedener Struktur. Forsch. a. d. Gebiet d. Ing.wesens **22** (1956) 1, S. 1–8.

KRIZEK, R. J.; MC LEAN, F. G.; GIGER, M. W.: Effect of particle characteristics on wave velocity. Proc. ASCE **54** (1974) No. GT 1, S. 89–94.

KUDO, K.; SHIMA, E.: Attenuation of shear waves in soil. Bull. Earthquake Res. Inst. Univ. Tokyo **48** (1970) S. 145–158.

KUJUNDŽIC, B.: Anwendung kombinierter statisch-dynamischer Methoden zur Ermittlung der Verformbarkeit des Gebirges. Neue Bergbautechnik **4** (1974) 11, S. 818–825.

KUMAZAWA, M.: The elastic constant of polycrystalline rocks and nonelastic behavior inherent of them. J. Geoph. Res. 74 (1969) 22, S. 5311–5320.

LANDAU, L. D.; LIFSCHITZ: Lehrbuch der theoretischen Physik. Bd. VII; Akademie Verlag, Berlin 1965.

LANGER, M.: Das Problem des Zusammenhanges zwischen dynamisch und statisch ermittelten Materialkennwerten. Felsmech. u. Ingenieurgeol. Suppl. II (1965) S. 109 bis 119.

LARIONOV, W. W., NEFEDOVA, N. J.: Estestvennaja radioaktivnost polymiktorych pesčanoglinistych otloženii jurskogo vosrasta polyostrova Mangyschlak. Trudy Inst. Neft. i. Gas Prom. im. GUBKINA vyp. 89. Moskva Izdat. Nedra 1969.

LAUGHTON, A. S.: Sound propagation in compacted ocean sediments. Geophysics 22 (1957) 2, S. 233–260.

LAUTERBACH, R.: Ergebnisse petrophysikalischer Untersuchungen in ihren möglichen Beziehungen zum Bau der Erdkruste. Geophysik und Geologie, Leipzig, Folge 8 (1966) S. 47–54.

LEBEDEV, T. S.: Investigations of some physical properties of mineral matter under thermodynamic conditions of the earth interior. Z. geol. Wiss. Berlin 3 (1975) 6, S. 717–739.

LEBEDEV, T. S.; BURTNIJ, P. A.; KORČIN, V. A.: Behaviour of the pore space in granites and its relationship with elastic wave velocities and high pressures. Gerl. Beitr. z. Geophys. 83 (1974) 2/3, S. 170–180.

LEBEDEV, T. S.; KORNIEC, D. W.: Experimentalnie issledovania skorosti rasprostranenie uprugich voln pri vsestronnem davlenii do 5000 kg/cm² v obraszach·magmatičeskich porod nekotorych rajonov Ukrainij. Geofiz. Sbornik AN. Ukrainsk. SSR, Kiev (1967) 20, S. 73–97.

LEBEDEV, T. S.; ŠAPOVAL, V. J.; KORČIN, V. A.: Untersuchungen der Geschwindigkeit von elastischen Wellen in Gesteinen unter den thermodynamischen Bedingungen der tieferen Erdkruste. Veröffentl. des Zentralinst. Phys. d. Erde, Nr. 22 (Akadem. d. Wiss. d. DDR) Potsdam 1974, S. 17–34.

LEBRETON, F.: Apport des diagraphies a l'etude de la subsurface dans les sondages de Gardanne. Industrie Minerale, Paris, Juni 1980, S. 61–68.

LEHNERT, K.: Interpretation von Bohrlochmessungen aus dem Zechstein-Hauptdolomit. Geophysik und Geologie, Leipzig, 12 (1968) S. 83–98.

LEHNERT, K.: Zur quantitativen Bestimmung petrophysikalischer Parameter aus Bohrlochmessungen, Geophysik und Geologie, Leipzig, Folge 15 (1970) S. 48–54.

LEHNERT, K.; FRICKE, S.: Diskussionsbeitrag zum Aufsatz von PESCHEL und DAI (1977) „Zur Bedeutung des sogenannten Zementationsexponenten". Z. Geol. Wiss. Berlin 6 (1978) 12, S. 1487–1489.

LEHNERT, K.; IRMERT, S.; HOCHSTRATE: Bohrlochmessung und Bohrlochgeophysik. Lehrbrief VEB Geophysik Leipzig 1970.

LEHNERT, K.; ROTHE, K.: Geophysikalische Bohrlochmessungen. Akademie-Verlag, Berlin 1962.

LEVYKIN, A. J.: Pogloščenie i skorosti prodolnych i poperečnych uprugich voln v obrascach gornich porod pri vsestronnych davleniach. Izv.AN. SSSR, Fizika Zemli (1965) 2.

LICHTENECKER, K.: Die Dielektrizitätskonstante natürlicher und künstlicher Mischkörper. Phys. Z. (1926) 27.

LINDNER, H.; SCHEIBE, R.: Zum gegenwärtigen Stand der Gravimetrie und der Magnetik bei der Erkundung tiefer geologischer Stockwerke. Z. geol. Wiss., Berlin 3 (1975) 12, S. 1559–1577.

LINOVSKI, H.: On the relation between dynamic and static moduli of elasticity (YOUNGS moduli). Acta Geophys. Polonica XVII (1969) 1, S. 53–66.

LINOVSKI, H.; STÖTZNER, U.: Vergleich zwischen dynamischen und statischen Elastizitätsmoduln nach seismischen, akustischen und statischen Messungen in situ. Neue Bergbautechnik, Leipzig, 6 (1976) 2, S. 124–129.

LOCK, G. A.; HOYER, W. A.: Natural gamma-ray spectral logging. Log Analyst, Sept. – Oct. 1971, S. 3–9.

MARLE, CHR.: Geophysik und subsequenter Vulkanismus (dargestellt am Beispiel des NW-sächsischen Vulkanitkomplexes). Diss. Karl-Marx-Univ. Leipzig 1978.

MARSHALL, D. J.; MADDEN, TH. R.: Induced Polarization, a study of its causes. Geophysics 24 (1959) 4, S. 790–816.

MASLENIKOV, A. I., GANIEV, I. A.: Issledovanie teploprovodosti gornich porod pri vysokich davleniach i temperaturach. Mat. IV. Allunionskonf. „Fizičeskie svoistva gornich porod i mineralov", Tbilissi 1974, S. 173–175.

MASON, W. P.: Internal friction at low frequencies due to dislocations: Applications to metals and rock mechanics. Proc. 7-th. Int. Congr. Acoustics Budapest 1971, vol. 4, S. 265.

MAVKO, G., NUR; A.: Melt squirt in the astenosphere. J. Geoph. Res. 80 (1975) S. 1444 to 1448.

MAVKO, G.; NUR, A.: Wave attenuation in partially saturated rocks. Geophysics. 44 (1979) 2, S. 161–178.

MAVKO, G.; KJARTANSSON, E.: The effect of friction on velocity and attenuation. Geophysics 44 (1979) 3, S. 334–335.

MAXWELL, I. C.; VERRALL, P.: Low porosity may limit oil in deep sands. World oil 138 (1954) 5, S. 106–113; 6, S. 102–104.

MAXWELL, J. C.: Influence of Depth, Temperature and geologic Age on Porosity of Quartzose Sandstones. Bull. A.A.P.G. 48 (1964) S. 697–709.

MAZZELLA, A.; MORISSON, H. F.: Electrical resistivity variation associated with earthquake on the San Andreas fault. Science 185 (1974) 4154, S. 855–857.

MCCANN, C.; MCCANN, D. M.: The attenuation of compressional waves in marine sediments. Geophysics, Tulsa, 34 (1969) 6, S. 882–892.

MEINHOLD, R.: Geophysikalische Meßverfahren in Bohrungen. Akad. Verl. ges., Geest und Portig Leipzig 1965.

MELNIKOV, N. W.; RSHEWSKI, W. W.; PRODOTJAKONOV, M. M.: Spravočnik (kadastr) fizičeskich svoistv gornich porod. Izdat. Nedra, Moskva 1975.

MERKULOVA, W. M.: Izmerenie skorostei ultrasvukovych voln v nekotorych gornich porodach. Izv. AN.SSSR, Fizika Semli (1965) 5, S. 75–81.

MERKULOVA, W. M.: Častotnaja zavisimost zatuchania ultrasvuka v gornich porodach dlja megagerzevoi oblasti. Izv. AN.SSSR Fizika Semli (1966), 7 S. 47–60.

MERKULOVA, W. M.: Pogloščenie ultrasvukovych voln v gornych porodach v oblasti častot 10–160 kHz. Izv. AN.SSSR Fizika Semli 22 (1968) 6, S. 20–25.

MERKULOVA, V. M.; PIGULEVSKII, E. D.; ZAPLEV, V. M.: Izmerenie pogloščenia zvuka v gornych porodach pri otnoosnom sšati. Izv. AN.SSSR Fizika Zemli, Moskva (1972) 3, S. 59–61.

MERKULOVA, V. U.; VASILČOV, E. A.: Izmerenie pogloščenia v gornych porodach sposobom izgibnych kolebanii. Izv. AN.SSSR Fizika Semli, Moskva (1967) 4, S. 75–77.

MILITZER, H.; LINDNER, H.: Grundlagen der angewandten Gravimetrie. Freiberger Forschungshefte, C 339; Leipzig 1979.

MILITZER, H.; ROTTER, D.; STOLL, R.; THON, H.-G.: Einige Probleme und Ergebnisse der Bestimmung geomechanischer Kennziffern mit Hilfe geophysikalischer Methoden. Bergakademie **20** (1968) 9, S. 523–527.

MILITZER, H.; SCHEIBE, R.: Grundlagen der angewandten Geomagnetik (Teil II). Internes Lehrmaterial, Bergakademie Freiberg 1980.

MILITZER, H.; SCHÖN, J.; STÖTZNER, U.; STOLL, R.: Angewandte Geophysik im Ingenieur- und Bergbau. VEB Deutscher Verlag f. Grundstoffind., Leipzig 1978.

MILITZER, H.; STOLL, R.: Einige Beiträge der Geophysik zur Primärdatenerfassung im Bergbau. Neue Bergbautechnik, Leipzig **3** (1973) 1, S. 21–25.

MILLICAN, M. L.: The sonic log and the Delaware sand. J. Petrol. Technol. **12** (1960) 1, S. 71.

MJAČKIN, V. J.; BRACE, W. F.; SOBOLEV, G. A.; DIETRICH, J. W.: Two models for earthquake Forerunners. Pure and appl. Geophys. **113** (1975) S. 169–182.

MOISSEENKO, U. J.: Wärmeleitfähigkeit der Gesteine bei hohen Temperaturen. In: Freiberger Forschungshefte, C 238, Leipzig 1968, S. 89–94.

MOISSEENKO, U. J.; DOZOGINIČKAJA, L. M.; LEONTEV, E. I., SOKOLOVA, L. S.: Zavisimost teploprovodosti terrigenych porod Zapadno-Sibirskoi nišmennosti ot drugich parametrov. Geophysik und Geologie, Leipzig Folge 15 (1970) S. 43–47.

MOISSEENKO, U. J.; SOKOLOVA, L. S.: Ergebnisse geothermischer Untersuchungen in Sibirien. In: Freiberger Forschungshefte, C 238, Leipzig 1968, S. 79–87.

MOISSEENKO, U. J.; SOKOLOVA, L. S.; ISTOMIN, W. J.: Električeskie i teplovye svoistva gornich porod v usloviach vysokich temperatur i davlenii. Geophysik und Geologie, Leipzig, Folge 15 (1970) S. 55–60.

MOLOTOVA, L. W.; VASILJEV, J. J.: O veličine otnošenija skorostei prodolnych i poperečnych voln v gornich porodach. Izv. Akad. Nauk SSSR, Ser. geofiz. Moskva (1960) 8, S. 1097–1116.

MORGAN, N. A.: Physical properties of marine sediments as related to seismic velocities. Geophysics **34** (1969) 4, S. 529–545.

MÜLLER, B.: Beziehungen zwischen chemischer Zusammensetzung, gesteinstechnischen Eigenschaften und dem Trennflächengefüge in Karbonatgesteinen. Z. geol. Wiss., Berlin, **6** (1978) 7, S. 897–914.

MÜLLER, L.: Der Felsbau. Ferd. Enke-Verl., Stuttgart 1963.

NAGATA, T.: Rock magnetism. Maruzen Co. Ltd. Tokyo 1961.

NAGATA, T.: Magnetic properties of rocks and minerals. In: FLÜGGE, S. (Herausg.), Handbuch der Physik Bd. XLIX/1 (Geophysik III/1). Springer-Verlag, Berlin, Heidelberg, New York 1966, S. 248–301.

NAGUMO, S.: Compaction of sedimentary rock. A consideration by the theory of porous media. Bull. Earthqu. Res. Inst. Tokyo, **43** (1965) 2, S. 339–348.

NAGUMO, S.: Effect of pore for deformation and failure of porous media. Bull. Earthqu. Res. Inst., Tokyo, **43** (1965) 2, S. 317–338.

NAKAMURA, S. T.: On visco — elastic medium. Science Repts. Tohoku Univ., 5. Ser. geophysics **1** (1949) 2, S. 91–95.

NEČAJ, A. M.: Voprosy količestvennoi ozenki vtoričnoi poristosti trescinovatych kollektorov nefti a gaza. Prikladn. Geofiz. vyp. **38** (1964) S. 201–212.

NEYMAN, B.; TROMBIK, M.: Praktyčzne wykorzystanie metod geofižycznych dla badania stanu zagroženia tapaniami. Bezpiečzenstwo pracy w gornigtwie **18** (1973) 1, S. 1–5.

NOSSKE, G.: Elektrische Methoden der Geophysik. In: Physik der Erdkruste (Herausg. R. LAUTERBACH). Akademie-Verlag, Berlin 1977, S. 144–161.

NOVIKOV, G. F.; KAPKOV, J. N.: Radioaktivnye metody razvedki. Izdat. Nedra, Leningrad 1965.

NUR, A.; SIMMONS, G.: The effect of saturation on velocity in low porosity rocks. Earth and Planet. sc. Letters. Amsterdam **7** (1969) 183—193.

NUR, A.; SIMMONS, G.: The origin of small cracks in igneous rocks, Int. J. Rock Mech. Min. Sci., London, **7** (1970) S. 307—314.

OGILVY, A. A.; KUZMINA, E. N.: Hydrologic and engineering geologic possibilities for employing the method of induced potentials. Geophysics **37** (1972) 5, S. 839—861.

OLHOEFT, G. R.: Electrical properties of rocks. In: STRENS (edit.) The physics and chemistry of minerals and rocks. J. Wiley a. Sons, London—N.York—Sydney 1976, S. 261—278.

ONODERA, T. F.: Dynamic investigation of foundation rocks in situ. Proc. 5-th. Symp. on Rock Mech. (edit. by FAIRHURST, C.), Minnesota 1962 Perg. Press, N.Y. 1963, S. 517—533.

PARASNIS, D. S.: Mining Geophysics. Elsevier Publ. Comp. Amsterd. New York, London 1966, 1973.

PARASNIS, D. S.: Physical guide for rocks and minerals. ABEM Geophysical Memorandum 4/71 (1971).

PARCHOMENKO, E. J.: Električeskie svoistva gornich porod. Izdat. Nauka, Moskva 1965.

PARCHOMENKO, E. J.: Electrical properties of minerals and rocks. In: VOLAROVIČ, M. P.; STILLER, H.: Issledovanija fizičeskich svoistv mineralnogo večestva Zemli pri vysokich termodinamičeskich parametrach. Izdat. Naukova Dumka, Kiev 1977, S. 135—146.

PARROT, J. E.; STUCKES, A. D.: Thermal conductivity of solids. Pion, London 1975.

PATNODE, H. W.; WYLLIE, M. R. J.: The presence of conductive solids in reservoir rock as a factor in electric log interpretation. Trans. AIME **189** (1950) S. 47—52.

PERÉZ-ROSALES, C.: Generalization of the MAXWELL Equation for formation resistivity factors. J. Petrol. Technol., July (1976) S. 819—824.

PESCHEL, G.; DAI, N. T.: Zur Bedeutung des sogenannten Zementationsexponenten. Z. Geol. Wiss. Berlin **5** (1977) 5, S. 623—632.

PESCHEL, G.: Die physikalischen Eigenschaften der Gesteine. Lehrmaterial der Ernst-Moritz-Arndt-Universität Greifswald 1978.

PESELNICK, L.; ZIETZ, J.: Internal friction of fine-grained limestones at ultrasonic frequencies. Geophysics **24** (1959) S. 285—296.

PFEIFFER, L.; KURZE, M.; MATHÉ, G.: Einführung in die Petrologie. Akademie-Verlag, Berlin 1981.

PFORR, H.: IBG-Richtlinien zur Ermittlung von geomechanischen Kennziffern der Gesteine und des Gebirgsmassivs. Freiberger Forschungshefte, A 505, Leipzig 1973.

PICKETT, G. R.: The use of acoustic logs in the evaluation of sandstone reservoirs. Geophysics, Tulsa, **25** (1960) 1, S. 250—269.

PIRSON, S. J.: Handbook of well log analysis; Prent-Hall N.York 1963 (Spravočnik po interpretacii dannych karotaša Izdat. Nedra, Moskva, 1966).

PISČALOVA, S.; IVANOVA, W.; LOSENKI, I.: Radiometria i jaderna geofizika. Technika Sofia 1978.

PLEWA, S.: Correlation between thermal conductivity and other physical parameters of rocks. In: ADAM, A. (ed.) Geoelectric and geothermal studies KAPG Geophysical monograph. Akad. Kiado, Budapest 1976, S. 48—52.

PLONA, T. J.; TSANG, L.: Characterisation of the average microscopic dimension in granular media using ultrasonic pulses: theory and experiments. Geophysics **44** (1979) 3, S. 334—335.

POLAK, L. S.; RAPOPORT, M. B.: O svjasi skorosti uprugich prodolnych voln s nekotorymi fizičeskimi svoistvami osadočnych porod. Prikl. geofiz., Moskva **29** (1961) S. 12—19.

POLJAKOV, E. A.: Issledovanie električeskogo soprotivlenia i plotnosti vodnych pastvorov solei pri vysokich davlenii i temperature. Prikladn. geofiz., Moskva **41** (1965) S. 163 do 180.

POOLEY, I. PH.; NOOTEBOOM, I. I.; DE WAAL, P. J.: Use of V.H.F. dielectric measurements for formation analysis. Log Analyst **XIX** (1978) 3, S. 8–30.

PORTER, C. R.; CAROTHERS, J. E.: Formation factor-porosity relation derived from well log data. Log Analyst (Jan.—Febr. 1971), S. 16–26.

POUPON, A. u. a.: Log analysis of shale-sand sequences — a systematical approach. J. Petr. Techn. **22** (1970) 7, S. 867–881.

POUPON, A.; HOYLE, W. R.; SCHMIDT, A. W.: Log analysis in formation with complex lithologies. J. Petrol. Technol. **23** (1971) 8, S. 995–1005.

PRESS, F.; BRACE, W. F.: Earthquake prediction. Science **152** (1966) 3729, S. 1575–1584.

PROŠ, Z.: Studies of anisotropy in elastic properties of rocks at uniform pressures on spherical samples. In: VOLAROVIČ, M. P.; STILLER, H.; LEBEDEV, T. S.: Issledovania fizičeskich svoistv mineralnogo večestva zemli pri vysokich termodinamičeskich parametrach. Izdat. Naukova Dumka, Kiew 1977, S. 56–66.

PUZICHA, K.: Der Magnetismus der Gesteine als Funktion ihres Magnetitgehaltes, Beitr. z. angew. Geophysik, Leipzig **9** (1942) 2, S. 158–186.

QUIEL, F.: Thermal-IR in Geology. Photogrammetric Engrg. u. Remote Sensing (1975) S. 341–346.

RAO, A. A.: Some studies on attenuation of elastic waves in rocks. Bull. NGRJ, New Delhi, **5** (1967) 4, S. 183–194.

REINHARDT, H.-G.: Seismische Geschwindigkeiten im Nordwestteil der DDR. Geophysik und Geologie, Leipzig, Folge 11 (1967), S. 23–29.

REEVES, R. G.; ANSON, A.; LANDEN, D.: Manual of remote Sensing. Am. Soc. Photogrammetry, Falls Church, Virg., 1975.

REPSOLD, H.: Über das Verhalten des Formationsfaktors in Lockersedimenten bei schwach mineralisierten Porenwässern. Geol. Jahrbuch E 9, Hannover 1976, S. 19 bis 39.

REUSS, A.: Berechnung der Fließgrenze von Mischkristallen. Angew. Mathem. u. Mech. **9** (1929) 49–58.

RICKER, N. H.: Transient waves in visco-elastic media. Elsevier Publ. Comp., Amsterd.—Oxford—N.York 1977.

RIKITAKE, T.: Earthquake prediction. Developments in solid earth geophysics, Vol. 9. Elsevier publ. comp., Amsterdam 1975.

RINK, M.; SCHOPPER, J. R.: Interface conductivity and its implications to electric logging. SPWLA 15-th Ann. logg. Symp., June 1974 I., S. 1–15.

RIZNIČENKO, J. W.: Issledovanie gornogo davlenija geofizičeskimi metodami. Izdat. Nauka, Moskva 1967.

RIZNIČENKO, J. V.: Wege zur Erdbebenvorhersage. Umschau **73** (1973) 7, S. 217–218.

ROSETZ, G.-P., STOLL, R.; PETZOLD, H.: Ein Beitrag zu komplexen Untersuchungen des Zusammenhanges zwischen geomechanischen und geoakustischen Parametern. Gerl. Beitr. z. Geoph. **86** (1977) 2, S. 137–147.

RÖSLER, R.: Betrachtungen zu den Spannungs-Dehnungs-Beziehungen nach NAKAMURA. Gerl. Beitr. z. Geophys. **67** (1958) S. 31–48.

RÖSLER, R.: Die galvanisch induzierte Polarisation an Dispersionen rotationsellipsoidischer Teilchen. Freiberger Forschungshefte, C 67, Berlin 1959.

RÖSLER, R.: Einführung in die Theorie der seismischen Wellenausbreitung. Internes Lehrmaterial, Bergakademie Freiberg 1975.

RÖSLER, H.-J.; LANGE, H.: Geochemische Tabellen. VEB Deutscher Verlag für Grundstoffindustrie, Leipzig 1965.

ROST, A.: Messung dielektrischer Stoffeigenschaften. WTB Bd. 242, Akademie-Verlag Berlin 1978.

ROST, L.: Amplitudenabhängige elastische Effekte bei Gesteinen. Gerl. Beitr. z. Geoph. 89 (1980) S. 71–72.

ROTTER, D.: Beiträge zur Untersuchung des Verformungs- und Bruchverhaltens von Gesteinen in situ. Dissertation B, Bergakademie Freiberg 1970.

ROTTER, D.: Möglichkeiten zur Bestimmung zeitabhängiger gesteinsphysikalischer Parameter aus Bohrlochweitungsmessungen. Neue Bergbautechnik 8 (1978) 4, S. 197 bis 201.

RSHEWSKI, W. W.; JAMŠČIKOV, W. S.: Akustičeskie metody issledovania i kontrolja gornich porod v massive. Izdat. Nauka, Moskva 1973.

RSHEWSKI, W. W.; NOWIK, G. J.: Osnovy fiziki gornich porod. Izdat. Nauka, Moskva 1964, 1978.

RUMMEL, F.: Die Physik des Erdbebenherd-Vorgangs (Bericht Symposium 1978). Physikal. Blätter 35 (1979) 4, S. 184–186.

RYBACH, L.: Radioactive heat production; a physical property determined by the chemistry of rocks. In: STRENS (edit.): The physics and chemistry of minerals and rocks. J. Wiley u. Sons, London–N.York–Sydney 1976, S. 309–318.

RYŠOVA, T. W.: Uprugie svoistva porodoobrasyjuščich mineralov Plagioklasy. Izv. Akad. Nauk SSSR, Ser. Geofiz. (1964) 7.

SAINT AMANT, M.; STRANGWAY, D. W.: Dielectric properties of dry geologic materials. Geophysics 35 (1970) 4, S. 624–645.

SAPOROŠCA, W. M.: Sakvšinnaja jadernaja geofizika. Izdat. Nedra, Moskva 1978.

SARMA, V. V. J.; RAO, V. B.: Variation of electrical resistivity of river sands, calcite and quartz powders with water content. Geophysics 27 (1962) 470–479; 28 (1963) 310–313.

SAVIČ, A. J.; KOPTEV, W. J.; NIKITIN, W. N.; JASČENKO, Z. D.: Seismoakustičeskie metody izučenia massivov skalnych porod. Izdat. Nedra, Moskva 1969.

SCHLUMBERGER: Log interpretation principles. Log interpretation charts. Schlumberger Ltd. Ausg. (1972).

SCHMIDT, A. W.; LAND, A. G.; YUNKER, J. D.; KILGORE, E. C.: Applications of the coriband technique to complex lithologies. Log Analyst Jan.–Febr. 1972, S. 19 to 36.

SCHÖN, J.: Modellseismische Untersuchungen im Hinblick auf die Schallgeschwindigkeit in Lockergesteinen. Freiberger Forschungshefte, C 173, VEB Dt. Verl. Grundstoffind. Leipzig 1964.

SCHÖN, J.: Die Geschwindigkeit von Longitudinalwellen und der Elastizitätsmodul von trockenen und gesättigten Sedimentgesteinen. Proc. 1st Int. Congress on Rock Mechanics, Lissabon 1966, I. S. 21–23.

SCHÖN, J.: Ein Beitrag zur Ausbreitungsgeschwindigkeit elastischer Wellen in Lockerböden, Teil I. Bergakademie, Leipzig, 20 (1968) 6, S. 332–336.

SCHÖN, J.: Ein Beitrag zur Ausbreitungsgeschwindigkeit elastischer Wellen in Lockerböden. Teil II. Bergakademie, Leipzig, 20 (1968), S. 381–384.

SCHÖN, J.: Die Ausbreitungsgeschwindigkeit elastischer Wellen in Lockerböden und ihre Beziehung zu bodenmechanischen Kennwerten. Freiberger Forschungshefte, C 250, VEB Dt. Verl. Grundstoffind. Leipzig 1969.

SCHÖN, J.: Ein Beitrag zur Klassifizierung und Systematisik petrophysikalischer Parameter. Neue Bergbautechnik, Leipzig, 1 (1971) 1, S. 2–10.

Schön, J.: Klassifizierung und Systematik der Theorien zur Behandlung petrophysikalischer Parameter poröser Medien. Neue Bergbautechnik, Leipzig, 2 (1972) 12.

Schön, J.: Vergleichende Betrachtungen zur Druckabhängigkeit der Ausbreitungsgeschwindigkeit elastischer Wellen an lunaren und terrestrischen Gesteinsproben. Gerl. Beitr. z. Geoph., **82** (1973) 6, S. 472—476.

Schön, J.: Ein Gesteinsmodell zur Berechnung petrophysikalischer Parameter. Freiberger Forschungshefte, C 299, VEB Dt. Verlag Grundstoffind., Leipzig 1974.

Schön, J.: Die Ausbreitungsgeschwindigkeit elastischer Wellen in granularen Medien — speziell im Regolith. Gerl. Beitr. z. Geoph. **88** (1979) 5, S. 387—393.

Schön, J.; Stoll, R.: Ermittlung eines vom Einfluß der Ankopplung freien Absorptionskoeffizienten der Gesteine. Bergakademie, Leipzig, **22** (1970) 3, S. 133—135.

Schoenberger, M.; Levin, F. K.: Apparent attenuation due to intrabedded multiples (I, II). Geophysics **39** (1974) 3, S. 278—291; **43** (1978), 4, S. 730—737.

Scholz, C. H.; Šykes, L. R.; Aggarwal, Y. P.: Earthquake Prediction. A physical basis. Science **181** (1973) 4102, S. 803—810.

Schopper, J. R.: A theoretical investigation on the formation factor-permeability-porosity relationships using a network model. Geophys. Prosp. **14** (1966) 3, S. 301 to 341.

Schopper, J. R.: Untersuchungen über elektrische und hydraulische Eigenschaften poröser Gesteine. Z. f. Geophysik **32** (1966) Sonderh., S. 525—530.

Schrage, J.: Experimentelle Untersuchungen zur induzierten galvanischen Polarisation an Sulfiderzen und graphitführenden Gesteinen. Freiberger Forschungshefte, C 28, Akademie-Verlag, Berlin 1956.

Schulze, E.: Petrophysikalische Untersuchungen an Lockermaterialien. Dipl.-Arbeit, Sektion Geowiss. Bergakademie Freiberg 1975.

Schuppe, F.: Zur Frage der phänomenologischen strukturellen Beschreibung des rheologischen Verhaltens von Salzgesteinen und Salzpfeilern. Dissertation Bergakademie Freiberg 1966.

Seigel, H. O.: The induced polarization method. Scientrex Ltd., Downsview Ont., S. 123—137.

Semenov, A. N.: Izmerenie otnošenia vremen probega poperečnych i prodolnych voln pered silnymi semletrašeniami. Izv. AN. SSSR Fizika Zemli (1969) 4, S. 72—74.

Seipold, U.; Gutzeit, W.: Temperature conductivity of rocks at high pressures. in: Issled. Fizičeskich svoistv mineralnogo večestva semli pri vysokich termodynamičeskich parametrach. Izdat. Naukova Dumka, Kiev 1977, S. 154—159.

Seipold, U.; Hurtig, E.: Thermische Eigenschaften einiger Gesteine und ihr Zusammenhang mit anderen physikalischen Parametern. Proc. 21-st. Geophys. Symposium Leipzig 1976 OMKDK-Technoinform, Budapest 1977, S. 857—872.

Sharma, P. V.: Geophysical methods in geology. Elsevier Publ. Comp., Amsterdam 1975.

Shumway, G.: Sound speed and absorption studies of marine sediments by a resonance method. Part I, Geophysics **25** (1960) 2, S. 451—467; Part II, Geophysics **25** (1960) 3, S. 659—682.

Silaeva, O. I., Šamina, O. G.: Pogloščenie ultrasvuka v granitach. Izv. Akad. Nauk SSSR, Ser. geofiz. (1960) 9, S. 1354—1359.

Simmons, G.: Velocity of compressional waves in various minerals at pressure to 10 kbars. J. Geoph. Res. **69** (1964) 6, S. 1117—1121.

Simmons, G.: Hashin bounds for aggregates of cubic crystal. J. of the Graduate Res. Center; South. Method. Univ. Press, Dallas, **XXXVI** (1967) 1.

Simmons, G.; Brace, W. F.: Comparison of static and dynamic measurements of compressibility of rocks. J. Geoph. Res. **70** (1965) 22, S. 5649—5656.

SIMMONS, G.; ENGLAND, A. W.: Universal equations of state for oxides and silicates. Phys. Earth Planet. Interiors **2** (1969) S. 69–76.

SIMMONS, G.; NUR, A.: Granites: Relation of properties in situ to laboratory measurements. Science **162** (1968) Nov., S. 789–791.

SIMMONS, G.; RICHTER, D.: Microcracks in rocks. In: STRENS (ed.), The physics and chemistry of minerals and rocks. J. Wiley u. Sons, London–N. York–Sydney 1976, S. 105–137.

SIMMONS, G.; TODD, T.; BALDRIDGE, W. S.: Toward a quantitative relationship between elastic properties and cracks in low porosity rocks. Am. J. of Science **275** (1975) S. 318–345.

SIMMONS, G.; SIEGFRIED, R.; RICHTER, D.: Characteristic of microcracks in lunar samples. Proc. Lunar Sci. Conf. 6th (1975) S. 3227–3254.

SJØGREN, B.; OFSTHUS, A.; SANDBERG, I.: Seismic classification of rock mass qualities. Geophys. Prosp. **27** (1979) 2, S. 409–442.

SNYDER, D. D.; MERKEL, R. H.; WILLIAMS, J. T.: Complex formation resistivity — the forgotten half of the resitivity log. SPWLA 18-th. Ann. Logg. Symp. (1977) paper Z.

SOMERTON, W. H.; BOOZER, G. D.: Thermal characteristics of porous rocks at elevated temperatures. J. Petr. Techn. **12** (1960) 6, S. 77–81.

SOMERTON, W. H.; ESFANDIARI, F.; SINGHAL, A.: Further studies of the relation of physical properties of rock to rock drillability. Soc. of Petr. Engr. of AIME, Paper No SPE 2390, Dallas 1969.

Spravočnik geofizika. Izdat. Nedra, Moskva 1966.

SREBREDOLSKIJ, D. M.; MATČINOVA, G. P.: Svjaz estestvennoi radioaktivnosti s glinostju gornich porod. Neftegaz. Geol. i Geofiz., Moskva (1977) 9, S. 32–34.

STEGENA, L.: The structure of the earths crust in Hungary. Acta Geologica, Budapest (1964) 8, S. 413–431.

STILLER, H.; SEIPOLD, U.; VOLLSTÄDT, H.: Elektrische und thermische Eigenschaften von einigen Gesteinen und Mineralen bei extremen Bedingungen. NKGG: Arbeiten zum Internat. Geodynamik-Projekt in der DDR (Progress-Report 1973/74) Berlin 1975, S. 51–57.

STILLER, H.; VOLAROVIČ, M. P. (ed.): Theoretical and experimental investigations of Physical properties of rocks and minerals under extreme p, T-conditions. Akademie-Verlag, Berlin 1979.

STILLER, H.; WAGNER, CHR.; FREUND, D.; VOIGT, M.: Eine Methode zur Bestimmung der Schallgeschwindigkeit v_p poröser flüssigkeitsgesättigter Gesteine unter Gebirgsdruck bis 2000 at. Neue Bergbautechnik **1** (1971) 5, S. 333–339.

STILLER, H.; WAGNER, F. C.; VOLLSTÄDT, H.: The dependence of longitudinal wave velocity on pressure in cracked rocks. XIV-th General Assembl. Europ. Seism. Comm./Trieste 1974, NKGG-Publik. (AdW d. DDR) Berlin 1975, S. 199–202.

STILLER, H.; WAGNER, F. C.; VOLLSTÄDT, H.: A model for the v_p-pressure function of cracked lunar rocks and some seismological consequences. Tectonophysics **31** (1976) S. 129–137.

STILLER, H.; WAGNER, F. C.; VOLLSTÄDT, H.: Influence of pressure and joints on the velocity of elastic waves in jointy rocks in the case of earthquakes. In: STILLER, H.; VOLAROVIČ, M. P. (ed.), Theoretical and experimental investigations of physical properties of rocks and minerals under extreme p, T-conditions. Akademie-Verlag, Berlin 1979, S. 177–194.

STILLER, H.; WAGNER, F. C.; VOLLSTÄDT, H.: Zavisimost skorostei rasprostranenia uprugich voln ot davlenia v tresčinovatych gornych porodach u svjas s predvestnikami zemletrašenie. Izv. AN. SSSR Fizika Zemli, Moskva (1980) 1, S. 52–61.

STINI, I.: Tunnelbaugeologie. Springer-Verlag Wien (1950).

STÖTZNER, U.: Ingenieurgeophysikalische Untersuchungsmethodik und Komplexinterpretation zur Lösung felsmechanischer Aufgaben. Freiberger Forschungshefte, VEB Dt. Verl. Grundstoffind., Leipzig 1975.

STOLL, R.: Vibratorseismische Untersuchungen in realen Medien zur Nahortung und Kennwertbestimmung für ingenieurgeophysikalische Belange. Freiberger Forschungshefte, C 274, VEB Dt. Verl. Grundstoffind., Leipzig 1971.

STOLL, R. D.; BRYAN, G. M.: Wave attenuation in saturated sediments. J. Acoust. Soc. Am. **47** (1970) S. 1440–1447.

STRENS, R. G. I. (edit.): The Physics and Chemistry of Minerals and Rocks. J. Wiley u. Sons, London–New York–Sydney 1976.

SUGAWARA, A.; YOSHIZAWA, Y.: An investigation on the thermal conductivity of porous materials and its application to porous rock. Austral. J. Physics **14** (1961) 4, S. 469 to 480.

SUNDBERG, K.: Effect of impregnating waters on electrical resistivity of soils and rocks. Trans. AIME. Geoph. Prosp. (1932) S. 367.

TAGIEV, K. K.; MUSTAFAEV, K. A.: Mechanism pogloščenia energii seismičeskich voln v nefti i vode, Prikladn. Geofiz., Moskva **80** (1975) S. 114–119.

TANGELST, M.: Ergebnisse geophysikalischer Bohrlochmessungen bei der Erkundung von Braunkohlenlagerstätten. Bergbautechnik, Leipzig, **14** (1964) S. 407 bis 411.

TAYLOR SMITH, D.: Acoustic and electric techniques for sea-flor sediment identification. Proc.. Int. Symp. Engrg. Prop. of Seafloor Soil. Seattle Wash. 1971, S. 253 bis 267.

TELFORD, W. M.; GELDART, L. P.; SHERIFF, R. E.; KEYS, D. A.: Applied geophysics. Cambridge Univ. Press. 1976.

THIEL, K.; LINOVSKI, H.; LUKAŠZEK, R.: Verformbarkeitsprüfungen eines heterogenen Gebirgsmassivs. Proc. 2nd Congr. Int. Soc. Rock Mech. Belgrad 1970, S. 2 bis 34.

THOMAS, E. C.; STIEBER, S. J.: The distribution of shale in sandstones and its effect upon porosity. SPWLA 16-th. Annual Logging Symp. 1975, New Orleans — Transactions paper T.

TODD, T.; SIMMONS, G.: Effect of Pore Pressure on the Velocity of Compressional Waves in Low-Porosity Rocks. J. Geoph. Res. **70** (1972) 20, S. 3731–3743.

TOKSÖZ, M. N.; CHENG, C. H.; TIMUR, A.: Velocities of seismic waves in porous rocks. Geophysics, Tulsa, **41** (1976) 4, S. 621–645.

TOKSÖZ, M. N.; JOHNSTON, D. H.; TIMUR, A.: Attenuation of seismic waves in dry and saturated rocks (I. Lab. measurements). Geophysics **44** (1979) 4, S. 681 bis 690.

TUNN, W.: Ermittlung einiger wichtiger gesteinsphysikalischer Daten von Erdöl- und Erdgas-Speichergesteinen. Erdöl-Erdgas-Zeitschr., Wien, **82** (1966) 10, S. 404–413.

UHMANN, I.: Volumengewicht, spezifisches Gewicht, Porosität und Suszeptibilität der Gesteine (tschech.). Prace vyzk. ust. cs. naft. dolu Brno, **20** (1963) S. 70–71.

ULLMANN, W.; PANKOV, V. L.; MAAZ, R.: Tables and diagrams for prediction of compressional properties of different substances under high pressure. Veröff. Zentralinst. Phys. d. Erde der AdW der DDR, Potsdam, (1977) 42.

UYEDA, S.; FULLER, M. D.; BELSHE, J. C.; GIRDLER, R. W.: Anisotropy of magnetic susceptibility of rocks and minerals. J. Geophys. Res. **68** (1963) S. 279–292.

VACQUIER, V. u. a.: Prospecting for groundwater by induced electrical polarization. Geophysics **22** (1957) 3, S. 660–687.

VENDELSTEJN, B. J.; LARIONOV, W. W.: Ispolzovanie dannych promyslovoi geofiziki pri pogsčete zapasov nefti i gaza. Izdat. Nedra, Moskva 1964.
VOIGT, W.: Lehrbuch der Kristallphysik. Teubner-Verlag, Leipzig 1910.
VOIGT, H.-D.: Berechnung der Erdgasvorräte nach der Druckabfallmethode bei deformierbarem Porenraum. Z. angew. Geol. **25** (1979) 1, S. 15—20.
VOLAROVIČ, M. P.: Issledovanie uprugich svoistv gornich porod pri vysokich davleniach v svjasi c izučeniem zemnoi kory i verchnej mantii. Fiz.-mechan. svoistva gornich porod. Izdat. Nauka, Moskva 1968, S. 30—36.
VOLAROVIČ, M. P.: Investigation of physical properties of rocks at high pressure and temperature as related to geodynamic processes. In: STILLER, H.; VOLAROVIČ, M. P. (ed.), Theoretical and experimental investigations of physical properties of rocks and minerals under extreme *p*, *T*-conditions. Akademie-Verlag, Berlin 1979.
VOLAROVIČ, M. P., BAJUK, E. I.: Elastic properties of rocks. In: VOLAROVIČ, M. P.; STILLER, H.; LEBEDEV, T. S., Issledovanie Fiziceskich svoit sv mineralnogo veščestva zemli pri vysokich termodinamičeskich parametrach. Izd. Naukova dumka, Kiev 1977, S. 43—49.
VOLAROVIČ, M. P.; BAJUK, E. I.; SALECHLI, T. M.; PAVLOGRADSKI, W. A.: Vlianie vsestoronnego davlenija na skorosti prodolnych voln v nasyščeniach kerosinom i vodoi obrazach osadočnich porod. Fiz.-mechan. Svoistva gornich porod. Izdat. Nauka, Moskva 1968, S. 123—127.
VOLAROVIČ, M. P.; BAJUK, E. I.; SALECHLI, T. M.; GUSEINOV, F. G.: Skorosti prodolnych voln v osadočnich gornych porodach Aserbaidshana pri vcestoronnych davleniach go 4000 kg/cm². Trudy Akad. Nauk SSSR, Inst. Fiz. Zemli No. 37 (204), Izdat. Nauka, Moskva 1966, S. 130—139.
VOLAROVIČ, M. P.; BAJUK, E. I.; SCHAGANJAN, G. S.: Izučenie skorosti prodolnych voln u ich pogloščenia v gornich porodach i mineralach v ustanovke vysokogo davlenia. Fiz. Svoitsva gornich porod i mineralov pri vysokich davleniach i temperaturach Izdat. Nauka, Moskva 1978, S. 9—23.
VOLAROVIČ, M. P.; BUDNIKOV, V. A.: Geschwindigkeiten elastischer Wellen in Gesteinsproben im Prozeß ihrer unelastischen Deformation unter Druckbedingungen. Gerl. Beitr. z. Geoph. **88** (1979) 3, S. 193—200.
VOLAROVIČ, M. P.; KURSKEEV, A. K.; LEVYKIN, A. I. u. a.: Issledovanie plotnosti gornich porod Zentralnogo Kasachstana pri vysokich davleniach. Izv. AN. SSSR Fizika Zemli (1970) 1, S. 46—51.
VOLAROVIČ, M. P.: PARCHOMENKO, E. I.: Electrical properties of rocks at high temperatures and pressures. in: ADAM, A. (ed), KAPG Geophysikal Monograph Chapter 3. Akademie Kiado Budapest 1976.
VOLAROVIČ, M. P.; PARCHOMENKO, E. I.; BONDARENKO, A. T.: Issledovaie elektrosoprotivlenija osnovnych ultrarasnovnych i ščeločnych gornich porod i mineralov. Trudy Inst. Fiz. Semli No. 37 (204). Izdat. Nauka, Moskva 1966, S. 168—179.
VOLAROVIČ, M. P.; STILLER, H.; LEBEDEV, T. S.: Issledovanie fizičeskich svoistv mineralnogo veščestva zemli pri vysokich termodinamičeskich parametrach. Izdat. Naukova dumka, Kiev 1977.
VOSSMERBÄUMER, H.: Allgemeine Geologie — ein Kompendium. Stuttgart 1976.
WACHHOLZ, H.: Über den Zusammenhang zwischen Schallgeschwindigkeit und Porosität bei Erdschichten. Geophys. Prosp. **10** (1962) 3, S. 352—402.
WAIT, J. R. (edit.): Overvoltage research and geophysical applications. Perg. Press, London, New York, Paris 1959.
WAIT, J. R. (edit.): Electromagnetic probing in geophysics. Golem Press, Boulder/Color. 1971.

WALSH, J. B.: The effect of cracks on the POISSON ratio. J. Geoph. Res. **70** (1965) 20, S. 5249–5257.

WALSH, J. B.: The effect of cracks on the uniaxial elastic compression of rocks. J. Geoph. Res. **70** (1965) 2, S. 399–441.

WALSH, J. B.: The effect of cracks on the compressibility of rock. J. Geoph. Res. **70** (1965) 2, S. 381–389.

WALSH, J. B.: Seismic wave attenuation in rock due to friction. J. Geoph. Res. **71** (1966) S. 2591–2599.

WALSH, I. B., BRACE, W. F.: A fracture criterion of brittle anisotropic rock. J. Geophys. Res. **69** (1964) 16, S. 3449–3456.

WANG, H.; TODD, T.; WEIDNER, D.; SIMMONS, G.: Elastic properties of Apollo 12 rocks. Proc. 2-nd Lunar Science Conf., vol. 3, Mass. Inst. Technol. Press 1971, S. 2327 to 2336.

WANG, J. R.; SCHMUGGE, TH. J.: An empirical model for the complex dielectric permittivity of soils as a function of water content IEEE Trans. Geosci. and Remote Sensing N. York GE-18 (1980), 4, S. 288–295.

WÄSCH, R.: Mondgestein. Spektrum, Berlin, (1980) 1, S. 18–21.

WAXMAN, M. H.; SMITS, L. J. M.: Electrical conductivities in oil-bearing sandstones; Soc. Petroleum Engrg. J. **8** (1968) 2, S. 107–122.

WEINBERG, A. K.: Spravnitelnaja charakteristika rasličnich sposobov opredelenija konzentracii magnetita v gornich porodach i rudach. Vopros. razved. geofiz., vyp. 6. Izdat. Nedra, Moskva, 1967, S. 156–167.

WERNER, A. G.: Kurze Klassifikation und Beschreibung der verschiedenen Gebirgsarten. Faksimiledruck des 1787 erschienenen Buches, Bergakademie Freiberg 1967.

WHITE, J. E.; SENGBUSH, R. L.: Velocity measurements in near surface formations. Geophysics **18** (1953) S. 54–69.

WHITCOMB, J. H.; GARMANY, J. D.; ANDERSON, D. L.: Earthquake, prediction: Variation of seismic velocities before San Francisco Earthquake. Science **180** (1973) S. 632–635.

WHITE, J. E.: Seismic waves: radiation, transmission and attenuation. Mc Graw Hill Book-Comp., New York 1965.

WHITE, J. E.: Static friction as a source of seismic attenuation. Geophysics **31** (1966) 2, S. 333–339.

WIESENEDER, H.: Verhalten der Gesteine unter extremen Druck- und Temperaturbedingungen. Erdöl–Erdgas Ztschr. **92** (1976) S. 411–413.

WINDLE, D.; WROTH, C. P.: Electrical resistivity method for determining volume changes that occour during a pressuremeter test, Proc. Spec. Conf. on in-situ Measurements of Soil properties. Am. Soc. Civ. Engrg., Raleigh N.C. June 1–4 (1975) S. 497–510.

WINSAUER, W. O.; MC CARDELL, W. M.: Ionic double layer conductivity in reservoir rocks. Trans. AIME **198** (1953) S. 129–134.

WITTE, L. DE: A study of electric log interpretation methods in shaly formations. Trans. AIME **204** (1955) S. 103–110.

WOLF, A.: Ultraschalldämpfung in Gesteinen. Dipl.-Arbeit, Bergakademie Freiberg, Sektion Geowiss., Freiberg 1975.

WONG, J.: An electrochemical model of induced – polarization phenomen in disseminated sulfide ores. Geophysics **44** (1979) 7, S. 1245–1265.

WOOD: A textbook of sound. G. Bell and Son, London 1930.

WOODSIDE, W.; MESSMER, J. H.: Thermal conductivity of porous media (I. Uncons. porous sands, II Consolidated rocks). J. Appl. Phys. **32** (1961) 9, S. 1688–1699.

WYBLE, D. O.: Effect of applied pressure on conductivity, porosity and permeability of sandstones. Trans. AIME **213** (1958) S. 430.

WYLLIE, M. R. J.; GARDNER, G. H. F.; GREGORY, A. R.: Studies of elastic wave attenuation in porous media. Geophysica **27** (1962) 5, S. 569–589.

WYLLIE, M. R. J.; GREGORY, A. R.: Formation factors of unconsolidated porous media. Petrol. Trans. AIME **198** (1953) S. 103–110.

WYLLIE, M. R. J.; GREGORY, A. R.: Formation Factors of Unconsolidated Porous Media — Influence of Particle Shape and Effect of Cementation. J. Trans. AIME **198** (1953) S. 103–110.

WYLLIE, M. R. J.; GREGORY, A. R.; GARDNER, L. W.: Elastic wave velocities in heterogeneous and porous media. Geophysics **21** (1956) 1, S. 41–70.

WYSS, M.: Earthquake prediction and rock mechanism. Birkhäuser Verlag, Basel/Stuttgart 1975.

YAMAKAWA, N.: Scattering and attenuation of elastic waves. Geophysical magazine, Tokyo, **31** (1962) S. 63–103.

ZAREVA, N. W.: Rasprostranenie uprugich voln v peske. Izv. Akad. Nauk SSSR, Ser. geofiz., Moskva, (1956) 9, S. 1044–1953.

ZWIKKER, C.: Physical properties of solid materials. Pergamon Press, London 1954.

Sachverzeichnis

Bei Fragen zur Produktsicherheit wenden Sie sich bitte an:
If you have any questions regarding product safety,
please contact:

Walter de Gruyter GmbH
Genthiner Straße 13
10785 Berlin
productsafety@degruyterbrill.com